2026 최신판

기술고시 · 기술직 공무원 · 군무원 · 공기업
일반 기업체 공개채용 대비 필독서

화공기사 기출문제집 필기

과목별 핵심이론 + 적중 예상문제 + 기출문제

최신 개정법과 기준 및 고시 등을 반영한 내용
꼭 필요한 핵심이론을 체계적으로 정리

합격을 위한
필수 **지침서**

주기율표 (PERIODIC TABLE)

족\주기	1A 알칼리 금속원소	2A 알칼리 토금속원소	3A	4A	5A	6A	7A	8 철족 원소(위 3) 백금족 원소(아래 6개)			1B 구리족 원소	2B 아연족 원소	3B 붕소족 원소	4B 탄소족 원소	5B 질소족 원소	6B 산소족 원소	7B 할로겐족 원소	0 비활성 기체
1	1.00797 **H** 1 수소																	4.0096 **He** 1 헬륨 0
2	6.939 **Li** 3 리튬 1	9.0122 **Be** 4 베릴륨 2											10.811 **B** 5 붕소 3	12.01115 **C** 6 탄소 ±4	14.0067 **N** 7 질소 ±3	15.9994 **O** 8 산소 −2	18.9984 **F** 9 플루오르 −1	20.179 **Ne** 10 네온 0
3	22.9898 **Na** 11 나트륨 1	24.312 **Mg** 12 마그네슘 2											26.9815 **Al** 13 알루미늄 3	28.086 **Si** 14 규소 4	30.9738 **P** 15 인 ±3 5	32.064 **S** 16 황 −2 4 6	35.453 **Cl** 17 염소 −1 3 5 7	39.948 **Ar** 18 아르곤 0
4	39.098 **K** 19 칼륨 1	40.08 **Ca** 20 칼슘 2	44.956 **Sc** 21 스칸듐 3	47.90 **Ti** 22 티탄 3 4	50.942 **V** 23 바나듐 3 5	51.996 **Cr** 24 크롬 2 3 6	54.9380 **Mn** 25 망간 2 3 4 6 7	55.847 **Fe** 26 철 2 3	58.9332 **Co** 27 코발트 2 3	58.70 **Ni** 28 니켈 2 3	63.546 **Cu** 29 구리 1 2	65.38 **Zn** 30 아연 2	69.72 **Ga** 31 갈륨 3	72.59 **Ge** 32 게르마늄 4	74.9216 **As** 33 비소 ±3 5	78.96 **Se** 34 셀렌 −2 4 6	79.904 **Br** 35 브롬 −1 3 5 7	83.80 **Kr** 36 크립톤 0
5	85.47 **Rb** 37 루비듐 1	87.62 **Sr** 38 스트론튬 2	88.905 **Y** 39 이트륨 3	91.22 **Zr** 40 지르코늄 4	92.906 **Nb** 41 나이오브 3 5	95.94 **Mo** 42 몰리브덴 3 5 6	[97] **Tc** 43 테크네튬 4 6 7	101.07 **Ru** 44 루테늄 3 4 6 8	102.905 **Rh** 45 로듐 3 4	106.4 **Pd** 46 팔라듐 2 4	107.868 **Ag** 47 은 1	112.40 **Cd** 48 카드뮴 2	114.82 **In** 49 인듐 3	118.69 **Sn** 50 주석 2 4	121.75 **Sb** 51 안티몬 ±3 5	127.60 **Te** 52 텔루르 −2 4 6	126.9044 **I** 53 요오드 −1 3 5 7	131.30 **Xe** 54 크세논 0
6	132.905 **Cs** 55 세슘 1	137.34 **Ba** 56 바륨 2	57~71 란탄계열 ★	178.49 **Hf** 72 하프늄 4	180.948 **Ta** 73 탄탈 5	183.85 **W** 74 텅스텐 6	186.2 **Re** 75 레늄 4 6 7	190.2 **Os** 76 오스뮴 3 4 6 8	192.2 **Ir** 77 이리듐 3 4	195.09 **Pt** 78 백금 2 4	196.967 **Au** 79 금 1 3	200.59 **Hg** 80 수은 1 2	204.37 **Tl** 81 탈륨 1 3	207.19 **Pb** 82 납 2 4	208.980 **Bi** 83 비스무트 3 5	[209] **Po** 84 폴로늄 2 4	[210] **At** 85 아스타틴 1 3 5 7	[222] **Rn** 86 라돈 0
7	[223] **Fr** 87 프랑슘 1	[226] **Ra** 88 라듐 2	89~ 악티늄계열 ●															

범례:
- 금속 원소
- 비금속 원소
- 전이 원소, 나머지는 전형 원소
- [ ] 안의 원자량은 가장 안정한 동위체의 질량수

설명 (Fe 예시):
- 원자량 → 55.847
- 원소기호 → **Fe**
- 원자번호 → 26
- 원소명 → 철
- 원자가 → 2, 3 (고딕자는 보다 안정한 원자가)

★ 란탄계열

| 138.91 **La** 57 란탄 3 | 140.12 **Ce** 58 세륨 3 4 | 140.907 **Pr** 59 프라세오디뮴 3 4 | 144.24 **Nd** 60 네오디뮴 3 | [145] **Pm** 61 프로메튬 3 | 150.35 **Sm** 62 사마륨 3 | 151.96 **Eu** 63 유로퓸 2 3 | 157.25 **Gd** 64 가돌리늄 3 | 158.925 **Tb** 65 테르븀 3 | 162.50 **Dy** 66 디스프로슘 3 | 164.930 **Ho** 67 홀뮴 3 | 167.26 **Er** 68 에르븀 3 | 168.934 **Tm** 69 툴륨 3 | 173.04 **Yb** 70 이테르븀 2 3 | 174.97 **Lu** 71 루테튬 3 |

● 악티늄계열

| [227] **Ac** 89 악티늄 3 | 232.038 **Th** 90 토륨 4 | [231] **Pa** 91 프로트악티늄 4 5 | 238.08 **U** 92 우라늄 5 | [237] **Np** 93 넵투늄 3 | [244] **Pu** 94 플루토늄 3 | [243] **Am** 95 아메리슘 3 4 5 6 | [247] **Cm** 96 퀴륨 3 | [247] **Bk** 97 버클륨 3 4 | [251] **Cf** 98 캘리포늄 3 | [254] **Es** 99 아인시타이늄 3 | [257] **Fm** 100 페르뮴 3 | [258] **Md** 101 멘델레븀 3 | [259] **No** 102 노벨륨 2 3 | [260] **Lr** 103 로렌슘 3 |

머리말

화학공업의 중심 분야인 화공기사는 과학기술 분야 중 그 범위가 대단히 넓다. 그 분야를 살펴보면, 화학공정을 전반적으로 계측·제어·감독하는 업무와 화학장치를 조작·관리하는 업무를 수행한다. 또한, 화공분야는 기초산업에서부터 첨단 정밀화학 분야, 환경시설 및 화학분석분야, 가스제조분야, 건설업분야에 이르기까지 응용의 범위가 대단히 넓다.

앞으로 산업체 기술이 고도로 급성장함에 있어서 과학기술의 첨단적인 약진이 있어야할 것이다. 특히 화공기사 과목이 기술고시, 기술직 공무원, 공기업, 일반 기업체 등의 공개채용 시험 등에서 필수적이어야 한다는 사실에 대해서는 두말할 나위가 없다.

본서는 오랜 강단의 경험으로, 학생 및 수험생들이 시험 전에 최종적으로 정리할 수 있는 기출문제집의 부재를 아쉬워하는 모습을 보고 출간을 하게 되었다.

화학 혹은 공업화학에 대한 관련 지식은 있으나, 기출문제집의 미출간으로 늘 두꺼운 이론서에 의존하는 학생 및 수험생들을 위하여 기출문제만 따로 엮어 새롭게 펴냈다.

끝으로 이 책이 출간되기까지 도움을 주신 많은 선배 및 제현들의 지속적인 지도편달을 바라며, 이 책의 출간을 위하여 아낌없는 지원과 노력을 기울여 주신 도서출판 북엠 임직원 여러분의 성원에 진심으로 감사드린다.

저자 씀

학습가이드

1. 개요
화학공업의 발전을 위한 제반환경을 조성하기 위해 전문지식과 기술을 갖춘 인재를 양성 하고자 자격제도 제정

2. 수행직무
화학공정 전반에 걸친 계측, 제어, 관리, 감독업무와 화학장치의 분리기, 여과기 정제 반응기, 유화기, 분쇄 및 혼합기 등을 제어, 조작, 관리, 감독하는 업무를 수행

3. 진로 및 전망
- 정부투자기관을 비롯해 석유화학, 플라스틱공업화학, 가스관련업체, 고무, 식품공업 등 화학제품을 제조·취급하는 분야로 진출가능하고 관련 연구소에서 화학분석을 포 함한 기술개발 및 연구업무를 담당할 수 있다. 또는 품질검사전문기관에서 종사하기도 한다.
- 화공분야는 기초산업에서부터 첨단 정밀화학분야, 환경시설 및 화학분석분야, 가스제조분야, 건설업분야에 이르기까지 응용의 범위가 대단히 넓고 특히「건설산업기본 법」에 의하면 산업 설비 공사업면허의 인력보유요건으로 자격증 취득자를 선임토록 되어 있어 자격증 취득시 취업이 유리한 편임

4. 취득방법
① 시 행 처 : 한국산업인력공단
② 관련학과 : 대학의 화학과, 화학공학, 공업화학 등 관련학과
③ 시험과목 : 제1과목 공업합성, 제2과목 반응운전, 제3과목 단위공정관리, 제4과목 화공계측제어
④ 검정방법 : 객관식 4지 택일형, 과목당 20문항(과목당 30분)
⑤ 합격기준 : 100점을 만점으로 하여 과목당 40점 이상, 전과목 평균 60점 이상

5. 출제 기준(적용 기간 : 2022.01.01~2026.12.31)

필기 과목명	출제 문제수	주요항목	세부항목	세세항목
공업합성	20	1. 무기공업화학	1. 산 및 알칼리공업	1. 황산 2. 질산 3. 염산 4. 인산 5. 탄산나트륨(소다회) 수산화 나트륨(가성소다) 6. 기타
			2. 암모니아 및 비료공업	1. 암모니아 2. 비료

필기 과목명	출제 문제수	주요항목	세부항목	세세항목
			3. 전기 및 전지화학공업	1. 1차전지, 2차전지 2. 연료전지 3. 부식, 방식
			4. 반도체공업	1. 반도체원리 2. 반도체 원료 및 제조공정
		2. 유기공업화학	1. 유기합성공업	1. 유기합성공업원료 2. 단위반응
			2. 석유화학공업	1. 천연가스 2. 석유정제 3. 합성수지원료
			3. 고분자공업	1. 고분자 종류 2. 고분자 중합 3. 고분자 물성
		3. 공업화학제품 생산	1. 시제품 평가	1. 배합, 공정 적정성 평가 2. 품질평가
			2. 공업용수, 폐수 관리	1. 공업용수처리 2. 공업폐수처리
		4. 환경·안전관리	1. 물질안전보건자료 (MSDS)	1. 물질안전보건자료 2. 화학물질 취급시 안전수칙 3. 규제물질
			2. 안전사고 대응	1. 안전사고 대응
반응운전	20	1. 반응시스템 파악	1. 화학반응 메커니즘 파악	1. 반응의 분류 2. 반응속도식 3. 활성화에너지 4. 부반응 5. 한계반응물 6. 화학조성분석
			2. 반응조건 파악	1. 반응조건 도출(온도, 압력, 시간) 2. 반응용매
			3. 촉매특성 파악	1. 균일·불균일 촉매 2. 촉매 활성도 3. 촉매 교체주기

학습가이드

필기 과목명	출제 문제수	주요항목	세부항목	세세항목
				4. 촉매독 5. 촉매 구조 6. 촉매반응 매커니즘 7. 촉매특성 측정장비
			4. 반응 위험요소 파악	1. 폭주반응 2. 위험요소 3. 반응물의 부식과 독성
		2. 반응기설계	1. 단일반응과 반응기해석	1. 단일반응의 종류와 속도론 2. 다중반응, 순환식반응, 자동 촉매반응 속도론 3. 이상형반응기의 물질 및 에너지 수지
			2. 복합반응과 반응기해석	1. 연속반응속도론 해석 2. 연속반응의 가역/비가역 반응 3. 최적반응조건
			3. 불균일 반응	1. 불균일 반응의 반응 변수
			4. 반응기설계	1. 회분 및 흐름반응기의 설계 방정식 2. 반응기의 특성 및 성능비교 3. 비정상상태에서의 반응기운 전 세항목 4. 반응기의 연결
		3. 반응기와 반응운전 효율화	1. 반응기운전 최적화	1. 직렬, 병렬 반응 2. 복합반응 3. 반응시간과 체류시간 4. 선택도 5. 전환율
		4. 열역학 기초	1. 기본양과 단위	1. 차원과 단위 2. 압력, 부피, 온도 3. 힘, 일, 에너지, 열
			2. 유체의 상태방정식	1. 이상기체와 상태방정식 2. $P \cdot V \cdot T$ 관계 3. 기체혼합물과 실제기체 상 태법칙 4. 액체와 초임계유체거동
			3. 열역학적 평형	1. 닫힌계와 열린계 2. 열역학적 상태함수

필기 과목명	출제 문제수	주요항목	세부항목	세세항목
			4. 열역학 제2법칙	1. 엔트로피와 열역학 제2법칙 2. 열효율, 일, 열 3. 정용, 정압, 등온, 단열, 폴리 트로프(Polytropic)과정 4. 열기관과 냉동기(Carnot)
		5. 유체의 열역학과 동력	1. 유체의 열역학	1. 잔류성질 2. 2상계 3. 열역학도표의 이해
			2. 흐름공정 열역학	1. 압축성유체의 도관흐름 2. 터빈 3. 내연기관 4. 제트, 로켓기관
		6. 용액의 열역학	1. 이상용액	1. 상평형과 화학포텐셜 2. 퓨가시티(Fugacity)와 계수
			2. 혼합	1. 혼합액의 평형해석 2. 혼합에서의 물성변화 3. 혼합과정의 열효과
		7. 화학반응과 상평형	1. 화학평형	1. 반응엔탈피 2. 평형상수 3. 반응과 상태함수 4. 다중반응평형
			2. 상평형	1. 평형과 안정성 2. 기-액, 액-액 평형조건 3. 평형과 상율
단위공정관리	20	1. 물질수지 기초지식	1. 비반응계 물질수지	1. 대수적 풀이 2. 대응 성분법
			2. 반응계물질수지	1. 화공양론 2. 한정반응물과 과잉반응물 3. 과잉백분율 4. 전화율, 수율 및 선택도 5. 연소반응
			3. 순환과 분류	1. 순환 2. 분류 3. 퍼지(Purging)

학습가이드

필기 과목명	출제 문제수	주요항목	세부항목	세세항목
		2. 에너지수지 기초지식	1. 에너지와 에너지 수지	1. 운동에너지와 위치에너지 2. 닫힌계/열린계의 에너지수지 3. 에너지 수지 계산 4. 기계적 에너지 수지
			2. 비반응공정의 에너지수지	1. 열용량 2. 상변화조작 3. 혼합과 용해
			3. 반응공정의 에너지 수지	1. 반응열 2. 생성열 3. 연소열 4. 연료와 연소
		3. 유동현상 기초지식	1. 유체정역학	1. 유체 정역학적 평형 2. 유체 정역학적 응용
			2. 유동현상 및 기본식	1. 유체의 유동 2. 유체의 물질수지목 3. 유체의 운동량수지 4. 유체의 에너지수지
			3. 유체수송 및 계량	1. 유체의 수송 및 동력 2. 유량측정
		4. 열전달 기초지식	1. 열전달원리	1. 열전달기구 2. 전도 3. 대류 4. 복사
			2. 열전달응용	1. 열교환기 2. 증발관 3. 다중효용증발
		5. 물질전달 기초지식	1. 물질전달원리	1. 확산의 원리 2. 확산 계수
		6. 분리조작 기초지식	1. 증류	1. 기액평형 2. 증류방법 3. 다성분계 증류 4. 공비혼합물의 증류 5. 수증기증류

필기 과목명	출제 문제수	주요항목	세부항목	세세항목
			2. 추출	1. 추출장치 및 조작 2. 추출계산 3. 침출
			3. 흡수, 흡착	1. 흡수, 흡착 장치 2. 흡수, 흡착 원리 3. 충전탑
			4. 건조, 증발	1. 건조 및 증발 원리 2. 건조장치 3. 습도 4. 포화도 5. 증발과 응축 6. 증기압
			5. 분쇄, 혼합, 결정화	1. 분쇄이론 2. 분쇄기의 종류 3. 교반 4. 반죽 및 혼합 5. 결정화
			6. 여과	1. 막 분리 2. 여과원리 및 장치
화공계측제어	20	1. 공정제어일반	1. 공정제어 일반	1. 공정제어 개념 2. 제어계(Control system) 3. 공정제어계의 분류
		2. 공정의 거동해석	1. 라플라스(Laplace) 변환	1. 퓨리에(Fourier)변환과 라플라스(Laplace) 변환 2. 적분의 라플라스(Laplace) 변환 3. 미분의 라플라스(Laplace) 변환 4. 라플라스(Laplace) 역변환
			2. 제어계 전달함수	1. 1차계의 전달함수 2. 2차계의 전달함수 3. 제어계의 과도응답(Transient Response)
		3. 제어계설계	1. 제어계	1. 전달함수와 블록다이아그램(Block Diagram) 2. 비례제어

학습가이드

필기 과목명	출제 문제수	주요항목	세부항목	세세항목
				3. 비례-적분 제어 4. 비례-미분 제어 5. 비례-적분-미분 제어
			2. 고급제어	1. 캐스케이드(Cascade) 제어 2. 피드포워드(Feed Forward) 제어
			3. 안정성	1. 안정성 개념 2. 특성방정식 3. 루스-허비츠(RouthHurwitz)의 안정판정 4. 특수한 경우의 안정판정
		4. 계측·제어 설비	1. 특성요인도 작성	1. 특성요인도(Cause and Effect)
			2. 설계도면 파악	1. 도면기호와 약어 2. 부품의 구조와 용도 3. 제어루프 4. 분산제어장치(DCS)
			3. 계장설비 원리 파악	1. 컨트롤밸브의 종류와 용도 2. PLC의 구조와 원리 3. 제어시스템 이론
			6. 안전밸브 용량 산정	1. 안전밸브 종류 2. 안전밸브 용량
		5. 공정모사(설계), 공정개선, 열물질 수지검토	1. 공정 설계 기초	1. 화학물질의 물리·화학적 특성 2. 설계도면 3. 국제규격(ASTM, ASME, API, IEC, JIS 등) 4. 공정 모사(Simulation)
			2. 설계도면	1. 공정운전자료 해석 2. 공정 개선안 도출 3. 효과분석
			3. 국제규격 (ASTM, ASME, API, IEC, JIS 등)	1. 에너지 활용과 절감

10. 응시 자격 요건

다음 각 호의 어느 하나에 해당하는 사람

- 산업기사 등급 이상의 자격을 취득한 후 응시하려는 종목이 속하는 동일 및 유사 직무분야에서 1년 이상 실무에 종사한 사람
- 기능사 자격을 취득한 후 응시하려는 종목이 속하는 동일 및 유사 직무분야에서 3년 이상 실무에 종사한 사람
- 응시하려는 종목이 속하는 동일 및 유사 직무분야의 다른 종목의 기사 등급 이상의 자격을 취득한 사람
- 관련학과의 대학졸업자등 또는 그 졸업예정자
- 3년제 전문대학 관련학과 졸업자등으로서 졸업 후 응시하려는 종목이 속하는 동일 및 유사 직무분야에서 1년 이상 실무에 종사한 사람
- 2년제 전문대학 관련학과 졸업자등으로서 졸업 후 응시하려는 종목이 속하는 동일 유사 직무분야에서 2년 이상 실무에 종사한 사람
- 동일 및 유사 직무분야의 기사 수준 기술훈련과정 이수자 또는 그 이수예정자
- 동일 및 유사 직무분야의 산업기사 수준 기술훈련과정 이수자로서 이수 후 응시하려는 종목이 속하는 동일 및 유사 직무분야에서 2년 이상 실무에 종사한 사람
- 응시하려는 종목이 속하는 동일 및 유사 직무분야에서 4년 이상 실무에 종사한 사람
- 외국에서 동일한 종목에 해당하는 자격을 취득한 사람

차 례

PART 01 과목별 핵심이론

제1과목 공업합성 ·· 18

제2과목 반응운전 ·· 25

제3과목 단위공정관리 ·· 34

제4과목 화공계측제어 ·· 40

PART 02 적중 예상문제

제1회 적중 예상문제 ··· 48

제2회 적중 예상문제 ··· 64

제3회 적중 예상문제 ··· 80

제4회 적중 예상문제 ··· 96

제5회 적중 예상문제 ··· 112

제6회 적중 예상문제 ··· 128

제7회 적중 예상문제 ··· 144

제8회 적중 예상문제 ··· 160

제9회 적중 예상문제 ··· 176

제10회 적중 예상문제 ·· 192

제11회 적중 예상문제 ··· 208

제12회 적중 예상문제 ··· 224

제13회 적중 예상문제 ··· 242

제14회 적중 예상문제 ··· 260

제15회 적중 예상문제 ··· 276

PART 03 과년도 기출문제

- 과년도 기출문제 ··· 292

PART **01**

과목별 핵심이론

제1과목 공업합성
제2과목 반응운전
제3과목 단위공정관리
제4과목 화공계측제어

제1과목 공업합성

1. 황 화합물

① 장치부식, 공해유발, 악취 발생

② 황산중에 들어있는 As, Se 제거 : H_2S를 통해 황화물로 제거

2. 황산, 발연황산

① 황산 : $H_2SO_4 + H_2O$

② 발연황산 : $SO_3 + H_2SO_4$

3. 접촉식 황산 제조

① $2SO_2 + O_2 \rightarrow 2SO_3 + Q$: 발열반응

㉠ 촉매 : Pt, V_2O_5 사용

㉡ SO_3를 냉각하여 흡수탑에서 98%의 황산에 흡수시켜 발연황산 제작

② SO_3 흡수탑 : 황산 중 수증기 분압이 가장 낮은 98.3% 이용

4. 격막법

① 소금물을 전기분해하여 가성소다를 제작하는 방법

② 전해조에서 양극과 음극 용액을 다공성의 격막으로 분리하는 주된 이유 : 양극에서 발생하는 Cl_2가 음극과 접촉시 부반응을 일으키기 때문

③ 양극 재료 : 내식성 우수, 순도 높은 것, 인조흑연 또는 금속 전극 사용

5. Ficher-Tropsch법

① 촉매를 사용해 일산화탄소를 수소화하여 인공 석유를 얻는 합성법

② 수성가스로부터 인조석유를 만드는 합성법

6. 진성반도체

① 불순물을 첨가하지 않는 순수한 반도체

② 결정 내에 불순물, 결함 없음, 화학 양론적 도체

③ 낮은 온도에서 부도체, 높은 온도에서 도체

④ Fermi 준위는 띠 간격 중앙에 형성

7. 옥탄가

① 옥탄가가 낮은 것 : 가솔린, 나프타

② 옥탄가가 높은 것 : 방향족, 이소파라핀을 함유한 것

③ 고옥탄가의 가솔린 제조 방법

㉠ 알킬화반응 : 올레핀 + 이소부탄

㉡ 접촉개질 : 방향족, 이소파라핀을 많이 함유하는 옥탄가가 많은 가솔린으로 전환시킴

8. 암모니아 소다법 (Solvay법)

① 탄산화 : $NaCl + NH_3 + H_2O + CO_2 \rightarrow NaHCO_3 + NH_4Cl$

② 가소 : $2NaHCO_3 \rightarrow Na_2CO_3 + CO_2 + H_2O$

③ 회수반응 : $2NH_4Cl + Ca(OH)_2 \rightarrow CaCl_2 + 2H_2O + 2NH_3$

④ 단점 : 염소의 회수가 어렵다.

⑤ NaCl 수용액에 NH_3을 포화시켜 암모니아 함수 제작, 탄산화 탑에 CO_2를 도입하여 $NaHCO_3$를 침전, 여과한 후 가소화해 Na_2CO_3 생성

9. 염안소다법

① NaCl을 정제한 고체상태로 도입

② 나트륨 이용율은 Solvay법 > 염안소다법

10. 가성소다(NaOH)를 만드는 방법

① 격막법 : NaOH의 농도가 낮다, 농축비가 많이 든다, 순도가 낮다.

② 수은법 : NaOH의 농도가 높다, 순도가 높다, 전력비가 많이든다, 수은을 사용해 공해의 원인이 된다.

11. 염화수소가스 합성시 폭발이 일어나지 않도록 유의해야 할 사항

① 공기와 같은 불활성 가스로 염소가스를 묽게 한다.

② 석영괘, 자기괘 등 반응완화 촉매를 사용한다.

③ 수소가스를 과잉으로 사용하여 염소가스를 미반응 상태가 안되도록 한다.

12. 탄화수소의 분해

① 열분해 : 자유라디칼에 의한 연쇄반응이다, 올레핀 다량 생성

② 접촉분해 : 촉매를 사용하여 열분해보다 낮은 온도에서 분해시킬 수 있다, 방향족이 올레핀보다 반응성이 낮다.
　　● 예 Platforming, Ultraforming 등

13. 수성가스

① Run 반응 : $C + H_2O \rightarrow CO + H_2$: 수성가스 생성

② Blow 반응 : $C + O_2 \rightleftarrows CO_2$: 산화 반응

14. 반도체 공정

① 이온 공정 : 화학 기상 증착법을 이용해 3족 또는 15족의 불순물 도입

② 실리콘의 건식 식각에 사용하는 기체 : CF_4, CHF_3, HBr

③ 에칭(식각) : 노광 후 PR로 보호되지 않는 부분 제거

④ 사진공정 : 회로의 패턴을 실리콘 기판에 새겨넣는 공정

⑤ 박막형성 : CVD법 – 기판에 원하는 원소 박막 형성

15. 암모니아 합성 방법

$N_2 + 3H_2 \rightarrow 2NH_3 + 22kcal$: 발열반응, 불활성 가스 증가시 암모니아 농도 감소

① Fauser법 : 200-300atm

② Haber-Bosch법 : 200-350atm

③ Casale법 : 약 600atm

④ Claude법 : 900-1000atm

16. 니트로벤젠

① (Zn + 산) → 아닐린

② (Zn + 물) → ⬡ – NHOH

③ (Zn + 알칼리) → ⬡ – NH　HN – ⬡

17. Friedel-Crafts 반응

① 알킬화 : $C_6H_6 + RCl \xrightarrow{AlCl_3} C_6H_5R$

② 아실화 : $C_6H_6 + RCOCl \xrightarrow{AlCl_3} C_6H_5COR$

③ $C_6H_6 + (RCO)_2O \xrightarrow{AlCl_3} C_6H_5CO + COOH$

18. DVS

① $DVS = \dfrac{혼합산\ 중의\ 황산양}{반응후\ 혼합산\ 중\ 물의양}$

② 니트로화 : $B + HNO_3 \rightarrow B-NO_2 + H_2O$, $T + HNO_3 \rightarrow T-NO_2 + H_2O$

19. 증류

① 상압증류 : 등유, 나프타, 경유

② 감압증류 : 윤활유, 아스팔트

20. 열가소성 vs 열경화성

① 열가소성 수지 : PS, PE, PVC, PS, PA, 아크릴수지, 불소수지

② 열경화성 수지 : 에폭시수지, 페놀수지, 요소수지

21. 분자량

- $\overline{M_n} = \dfrac{\sum W}{\sum W/M}$, $\overline{M_w} = \dfrac{\sum WM}{\sum W}$, $PDI = \dfrac{\overline{M_w}}{\overline{M_n}}$

22. 질소 화합물

① 황산암모늄 : $(NH_4)_2SO_4$

② 염화암모늄 : NH_4Cl

③ 질산암모늄 : NH_4NO_3

④ 요소 : $CO(NH_2)_2$

23. 단계성장중합 vs 사슬성장중합

① **단계성장중합** : 중간에 반응 중지 가능, 두 개 이상의 작용기를 포함하는 단량체들이 서로 반응

② **사슬성장중합** : 반응성이 크다, 고분자 사슬에 단량체 첨가

24. 에폭시수지

① 금속 표면에 잘 접착

② 멜라민과 관련있음

③ 비스페놀 A + 에피클로로하이드린

④ hydroxy기 + epoxy기 반응 : 가교결합

⑤ 견고하고 내화학성이 뛰어남

25. 인산의 제법

① 건식 : 용광로, 전기로

② 습식 : 황산, 질산, 염산 분해법

26. 황화철광 : FeS_2

① 산화 반응 : $4FeS_2 + 11O_2 \rightarrow 2Fe_2O_3 + 8SO_2$

27. 소다회 제조법

① **Leblanc법** : 망초

② **Solvay법(암모니아 소다법)** : 암모니아 회수

③ **염안소다법** : 100% 식염 이용 가능

28. 양쪽성 물질

반응 조건에 따라 산성과 염기성 모두로 반응하는 물질을 말한다. 아미노산, 단백질, 물 등이 양쪽성 물질에 해당한다.

29. Schotten-Baumann 반응

① 아민과 산 염화물로부터 아미드를 합성하는 방법이다.

② 일반식은 : $RNH_6 + RCl \xrightarrow{AlCl_3} C_6H_5R \quad RNH_2 + R'COCl \xrightarrow{NaOH} RNHCOR'$

30. 소금물의 전기분해

① 산화 전극 (+)극 : $2Cl^- \rightarrow Cl_2 + 2e^-$

② 환원 전극 (-)극 : $2H_2O + 2e^- \rightarrow H_2 + 2OH^-$

31. 칼륨 비료

① 유안 : 황산암모늄이 주성분인 비료

② 요소 : 질소를 주성분으로 하는 질소질비료

③ 볏집재 : 볏짚을 잘 말려서 불에 태운 후 물에 걸러서 말려 놓은 것. 규산분이 60% 이상이며 그 외에 알칼리 성분이 산화 칼륨, 산화 칼슘, 산화 나트륨, 산화 마그네슘, 산화 알루미늄 성분을 함유하고 있다.

④ 초안 : 질산암모늄이 주성분인 비료

32. 카바이드와 수분의 화학반응식

$CaC_2 + 2H_2O \rightarrow Ca(OH)_2 + C_2H_2$

33. p형 vs n형 반도체

① p형 반도체는 13족 원소를 소량 첨가한다.

② n형 반도체는 15족 원소를 소량 첨가한다.

③ 13족 원소 : 붕소(B), 알루미늄(Al), 갈륨(Ga), 인듐(In)

④ 15족 원소 : 질소(N), 인(P), 비소(As), 안티모니(Sb), 비스무스(Bi)

34. 촉매

① 지글러-나타 촉매 : Isotatic

② 메탈로센 촉매 : Syndiotatic

35. 여러 가지 물질의 화학구조식

① 폴리부타디엔

$$\left[-CH_2-CH=CH-CH_2- \right]_n$$

② 폴리클로로프렌

$$\left[-CH_2-C(Cl)=CH-CH_2- \right]_n$$

③ 폴리이소프렌

④ 폴리비닐알코올

석탄산 = 페놀	살리실산	톨루엔	피크르산 = 트리니트로페놀
OH	COOH, OH	CH₃	OH, (NO₂)₃

제2과목 반응운전

1. 기본식

① Batch : $t = \int_{C_A}^{C_{A0}} \dfrac{dC_A}{-r_A}$

② CSTR : $V = \dfrac{F_{A0}}{-r_A} \Delta X$

③ PFR : $V = \int_0^X \dfrac{F_{A0}}{-r_A} dX$

2. 회분식 반응기

① 0차 반응 : $kt = C_{A0} - C_A$

② 1차 반응 : $kt = \ln(C_{A0}/C_A)$ or $kt = -\ln(1-X)$

③ 2차 반응 : $kt = 1/C_A - 1/C_{A0}$

④ 2.5차 반응 : $\dfrac{1}{C_A^{1.5}} = \dfrac{1}{C_{A0}^{1.5}} + \dfrac{3}{2}kt$

⑤ 3차 반응 : $\dfrac{1}{C_A^2} = \dfrac{1}{C_{A0}^2} + 2kt$

⑥ 단점 : 인건비, 취급비가 많이 든다.

3. 아레니우스 식

$$K = A \exp\left(-\dfrac{E_a}{RT}\right)$$

① plot

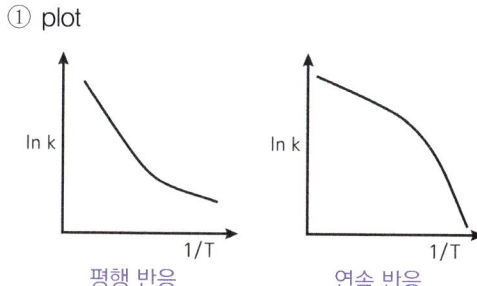

평행 반응   연속 반응

② 1이 목적생성물일 때 $E_1 > E_2$ 이면 고온조작이 유리하다.

4. 공간 시간, 체류시간

① 공간 시간 $\tau = \dfrac{V}{v_0}$: 반응기 부피만큼 공급물 처리에 필요한 시간

② 체류시간

　㉠ 반응물의 부피가 변하면 체류시간이 변한다.

　㉡ 반응흐름이 실제흐름이면 체류시간이 달라진다.

　㉢ 액상 반응에서 공간시간과 체류시간은 같다.

③ 공간속도 $SV = \dfrac{v_0}{V}$

5. 선택도, 수율

① 선택도 : 선택도가 증가하면 D는 증가, U는 감소

　㉠ $S_{D/U} = \dfrac{r_D}{r_U}$, $\tilde{S} = \dfrac{C_D}{C_U}$

　㉡ $S_{D/U} = \dfrac{k_1}{k_2} C_A^{a_1 - a_2}$ 에서 $a_1 > a_2$ 이면 batch 또는 PFR이 적합

　㉢ $a_1 < a_2$ 이면 CSTR이 적합

　㉣ $a_1 = a_2$ 이면 무관

② 수율 : 수율이 증가하면 D, U 모두 증가

　㉠ $Y_D = \dfrac{r_D}{-r_A}$, $\widetilde{Y_D} = \dfrac{C_D}{C_{A0} - C_A}$

　㉡ 순간 수율(ϕ)의 적분 : $\int_{C_{Af}}^{C_{A0}} \phi \, dC_A$ = 생성되는 R의 최종 농도, 반응기를 나오는 R의 농도

6. 반감기 ($\alpha \geq$ 2차 반응)

① 0차 반응 : $t_{\frac{1}{2}} = \dfrac{C_{A0}}{2k}$

② 1차 반응 : $t_{\frac{1}{2}} = \dfrac{\ln 2}{k}$

③ α차 반응 : $t_{\frac{1}{2}} = \dfrac{2^{\alpha-1}}{k(\alpha-1)} \dfrac{1}{C_{A0}^{\alpha-1}}$

7. 자동촉매 반응

낮은 전화율은 CSTR이 유리하다.

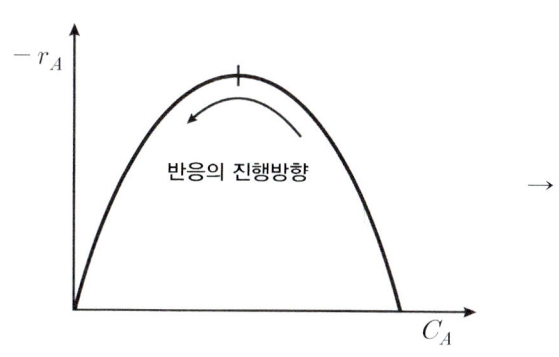 →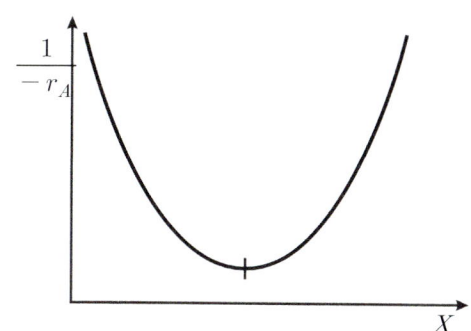

8. 촉매반응 유효인자, Thiele 계수

① 기상 1차 촉매반응 A → R에서 유효인자

② $\epsilon = \dfrac{\overline{C_A}}{C_{AS}} = \dfrac{\tanh\phi}{\phi}$

9. 효소반응

$-r_A = \dfrac{V_{\max}[S]}{K_M + [S]}$, $V_{\max} = k_{cat}[E_t]$

10. Thiele 계수

① 기공 내부로 이동 함에 따라 농도가 점차 떨어짐을 보여준다.

② 촉매 내 유효농도는 Thiele 계수 값에 의존

③ Thiele 계수는 촉매 표면과 내부의 효율적 이용의 척도

11. 1차 직렬 반응

① $A \xrightarrow{k_1} R \xrightarrow{k_2} S$ 을 $A \xrightarrow{k} S$ 로 단순화시키면, $k = \dfrac{1}{1/k_1 + 1/k_2}$

② $A \xrightarrow{k_1} R \xrightarrow{k_2} S$ 에서 $k_1 = k_2$ 일 때 R 의 농도 최대 조건 : $C_A = C_R$

12. CSTR vs PFR

V_m : CSTR, V_p : PFR일 때

① $n > 0$ 인 반응 차수에 대하여 $V_m > V_p$

② V_m / V_p 의 비는 전화율 증가에 따라 증가, 반응 차수에 따라 증가, 부피 분율 증가에 따라 증가한다.

13. 압축성 유체

① $V = f(T, P)$

② $dV = \left(\dfrac{\partial V}{\partial T}\right)_P dT + \left(\dfrac{\partial V}{\partial P}\right)_T dP \rightarrow \dfrac{dV}{V} = \beta dT - \kappa dP$

14. 자유도 계산

$F = 2 - \Pi + N - r - s$

Π : 상의 수, N : 화학종 수, r : 독립적인 화학반응 수, s : 특수 조건

15. 크기가 다른 두 혼합 흐름 반응기의 직렬연결에서 부피의 합이 최소가 되는 경우

① 1차 반응이면 부피가 같은 반응기를 사용한다.

② 1차보다 크면 작은 반응기가 먼저 와야 한다.

③ 1차보다 작으면 큰 반응기가 먼저 와야 한다.

16. 활동도계수

① 과잉 깁스에너지와 활동도의 관계

$$\dfrac{G^E}{RT} = x_1 \ln \gamma_1 + x_2 \ln \gamma_2$$

② 활동도계수의 식

$$\ln \gamma_i = \left[\dfrac{\partial \left(\dfrac{nG^E}{RT}\right)}{\partial n_i}\right]_{T, P, n_j}$$

만약 $\dfrac{G^E}{RT} = BX_1 X_2 + C$ 이라면, $\ln \gamma_1 = BX_2^2 + C$

17. 간단한 공식

① 순환비 R : $X_{Ai} = \dfrac{R}{R+1} X_{Af}$

② 평형상수 : $K_{eq} = \dfrac{k}{k_{rev}}$

③ 기상 반응 : $V = V_0(1 + \epsilon X), \epsilon = y_0 \delta$

④ CSTR, 1차 반응, n개의 반응기 직렬연결

$$X_n = 1 - \dfrac{1}{(1 + \tau k)^n}$$

⑤ 다단 완전 혼합류 조작, 1차반응 체류시간

$$kt = (1-X_{An})^{-\frac{1}{n}} - 1$$

18. 내부에너지 및 엔탈피

① $U = f(T, V)$, $H = f(T, P)$

② $dU = \left(\dfrac{\partial U}{\partial T}\right)_V dT + \left(\dfrac{\partial U}{\partial V}\right)_T dV$

③ $dH = \left(\dfrac{\partial H}{\partial T}\right)_P dT + \left(\dfrac{\partial H}{\partial P}\right)_T dP$

④ $dU = C_V dT + \left(\dfrac{\partial U}{\partial V}\right)_T dV$

⑤ $dH = C_P dT + \left(\dfrac{\partial H}{\partial P}\right)_T dP$

19. 이상기체

고온 저압 상태의 실체 기체는 이상기체와 유사하다.

$\left(\dfrac{\partial U}{\partial V}\right)_T = 0$, $\left(\dfrac{\partial H}{\partial P}\right)_T = 0$, $\mu = 0$

20. Joule-Thomson coefficient (μ)

① $\mu = \left(\dfrac{\partial T}{\partial P}\right)_H = -\dfrac{\left(\dfrac{\partial H}{\partial P}\right)_T}{\left(\dfrac{\partial H}{\partial T}\right)_P} = -\dfrac{1}{C_P}\left(\dfrac{\partial H}{\partial P}\right)_T$ ② $\left(\dfrac{\partial T}{\partial P}\right)_H \left(\dfrac{\partial P}{\partial H}\right)_T \left(\dfrac{\partial H}{\partial T}\right)_P = -1$

21. Carnot 열기관 vs 냉동기

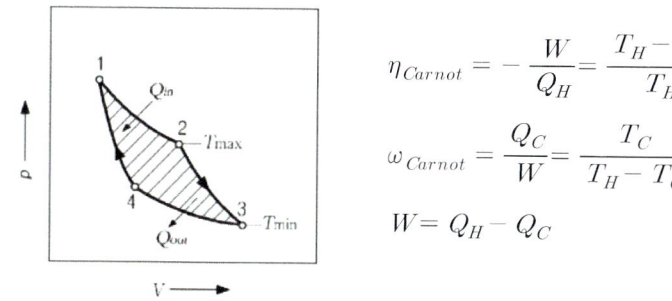

$\eta_{Carnot} = -\dfrac{W}{Q_H} = \dfrac{T_H - T_C}{T_H}$

$\omega_{Carnot} = \dfrac{Q_C}{W} = \dfrac{T_C}{T_H - T_C}$

$W = Q_H - Q_C$

Carnot Cycle : 단열압축 → 등온팽창 → 단열팽창 → 등온압축

22. 엔트로피

$$dS = \frac{dQ_{rev}}{T}$$

① 비가역 팽창과정은 엔트로피 증가

② 등엔트로피 과정은 가역 단열 과정

$$dS = \frac{C_P}{T}dT - \left(\frac{\partial U}{\partial T}\right)_P dP \rightarrow \Delta S = C_p \ln\frac{T_2}{T_1} - R\ln\frac{P_2}{P_1}$$

23. 단열과정

① $PV^\gamma = constant$

② $TP^{\frac{1-\gamma}{\gamma}} = constant$

③ $TV^{\gamma-1} = constant$

$$\left(\gamma = \frac{C_p}{C_v}\right)$$

24. 퓨개시티 f 및 퓨개시티 계수 ϕ

① 순수성분 : $f_i = P_i\phi_i = P_{total}y_i\phi_i$

② 용액 내 한 성분 : $\hat{f}_i = \hat{\phi}_i x_i P$

③ 이상기체 : $\hat{f}_i = y_i P$

25. 상태함수 및 경로함수

① 상태함수 : H, U, S, A, G

② 경로함수 : W, Q

26. 비압축성 유체의 특징

$$\left(\frac{\partial V}{\partial P}\right)_T = 0, \ \left(\frac{\partial V}{\partial T}\right)_P = 0 \rightarrow \left(\frac{\partial H}{\partial P}\right)_T = V, \ \left(\frac{\partial U}{\partial P}\right)_T = 0$$

27. 정상상태, 열린계, 흐름 공정 에너지 수지

$$Q + W = \frac{\Delta u^2}{2} + g\Delta z + \frac{\Delta P}{\rho}$$

28. 평형조건

① 순수성분 기-액 평형 : $\phi_i^V = \phi_i^L$

② 2성분 기-액 평형 : $\hat{f}_i^V = \hat{f}_i^L$, $y_i\hat{\phi}_i^V = x_i\hat{\phi}_i^L$

③ 2성분 액-액 평형 : $x_i^I \gamma_i^I = x_i^{II} \gamma_i^{II}$

④ 2성분 고-기 평형 : $\hat{f}_i^V = f_i^S$

29. 깁스 자유에너지

① 반응에서 : $\Delta G = RT \sum_{i=1}^{n} n_i \ln y_i$

② 화학반응 표준 Gibbs 에너지 : $\Delta G° = -RT \ln K$

$\Delta G = nRT \ln \dfrac{P_2}{P_1}$

30. P-H선도

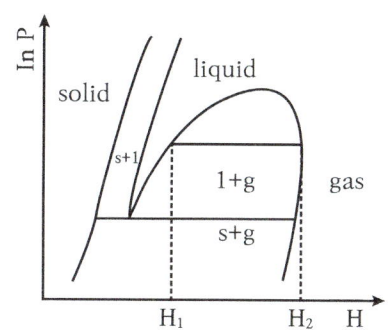

+ Mollier선도는 H-S 선도

31. 열의 일당량 : $427\, kg_f m/kcal$

① $1 kcal = 427\, kg_f m$

② $1 kg_f = 9.8 N$

32. 폴리트로픽 과정

PVn이 일정하게 유지되는 과정 :

n=0 : 등압 공정, n=1 : 등온 공정, n=γ : 단열 공정, n=∞ : 등적 공정

33. 수정된 라울의 법칙 : 2성분계

- $P_t = \gamma_A x_A P_A + \gamma_B x_B P_B$

  $\rightarrow y_B = \dfrac{\gamma_B x_B P_B}{P_t}$

  $\rightarrow \gamma_B = \dfrac{P y_B}{P_B x_B}$

  (공비혼합물은 $x_A = y_A$ 이므로 $\rightarrow \gamma_B = \dfrac{P_t}{P_B}$)

34. 이상용액

- $y_i = x_i \dfrac{P_i}{P}$, $\gamma = 1$

35. Duhem의 정리

- 독립적인 세기변수의 수는 상률에 의해 결정된다.

36. 비가역과정

- $dS > 0$

37. 여러 가지 사이클

① 공기표준 '오토'엔진 : 단열, 등적과정 (자동차에 사용되는 것 → 오토 사이클)

② $\eta = 1 - \left(\dfrac{1}{\gamma}\right)^{\gamma-1}$

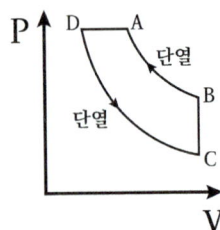

③ 공기표준 디젤기관

④ 기체 터빈 동력장치, 브레이튼 사이클

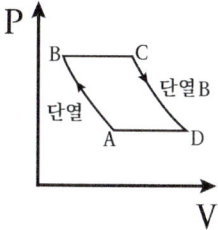

효율 $\eta = 1 - \left(\dfrac{P_A}{P_B}\right)^{\frac{\gamma-1}{\gamma}}$

38. 가역과정

가역과정은 엔트로피 생산 없이 계의 성질 일부에 무한소의 변화를 가함으로써 되돌릴 수 있는 과정이다. 가역과정을 끝마치기 위해서는 무한대의 시간이 필요하기 때문에 완전한 가역과정은 불가능하다.

제3과목 단위공정관리

1. 라울의 법칙

① $P_A = x_A P_A^*$, $P_A = P y_A$

② $P_A^* = f(T)$

2. 습도

① 비교습도 : $H_p = H_R \dfrac{P - P_A'}{P - P_A} = \dfrac{절대습도}{포화습도}$

② 상대습도 : $H_R = \dfrac{P_A}{P_A'} = \dfrac{실제분압}{포화증기압}$

③ 절대습도 : $H = \dfrac{M_A}{M_B} \dfrac{P}{P - P_A}$

한편, $P_A' > P_A$ 이므로, $H_P < H_R$

3. 증류탑

① 환류비 감소 → 단수 증가

② 최소이론단수 → 최대 환류비

4. 상당직경

- $D_{eq} = \dfrac{4S}{L_P}$, L_p : 젖음 둘레

5. 대응상태 원리

동일한 이심 인자를 갖는 모든 유체는 같은 T_r, P_r에서 거의 동일한 Z를 가지며, 이상 기체로부터 벗어나는 정도도 유사하다.

6. 기화 잠열 추산 방법

① Clausis-Clapeyron 식 : $\ln \dfrac{P_2}{P_1} = \dfrac{\Delta H}{R} \left(\dfrac{1}{T_1} - \dfrac{1}{T_2} \right)$

② Trouton's Rule : $\dfrac{\Delta H_n}{RT_n} \sim Constant$ (끓는점에서 증발잠열 추산)

③ Watson's Equation : $\dfrac{\Delta H_2}{\Delta H_1} = \left(\dfrac{1-T_{r2}}{1-T_{r1}}\right)^{0.38}$

④ Riedel's Equation : $\dfrac{\Delta H_n}{RT_n} = \dfrac{1.092(\ln P_c - 1.013)}{0.930 - T_{rn}}$

7. 열전달

① 전도 및 대류 : $Q = UA\Delta T$

② 흑체복사 : $q = \sigma A \Delta T^4$

8. flash 증류

① $x_F = fy_D + (1-f)x_B$

② $y_D = \dfrac{\alpha x_B}{1+(\alpha-1)x_B}$

9. Pipe

① BWG : 값이 클수록 관이 얇다.

② Schedule NO. : 값이 작을수록 관이 얇다.

10. 선택도

- $\beta = \dfrac{k_A}{k_B} = \dfrac{y_A/x_A}{y_B/x_B} = \dfrac{추출}{추잔}$

11. 다중 효용관

① 증발기를 직렬로 배치, 앞에서 발생한 증기를 보다 저압인 증발관의 가열 증기로 사용한다.

② 최종 증발관으로 갈수록 압력이 낮다.

③ 첫 번째 효용관에는 생 수증기가 공급된다.

12. Fanning 마찰 계수

- $f = \dfrac{16}{Re}$

13. 연소시 발열량

① 저(진)발열량 : 생성물이 수증기

② 고발열량 : 생성물이 액체 물

14. Newton's correction

① 수소, 헬륨에 적용

② $T_c^a = T_c + 8K,\ P_c^a = P_c + 8atm$

15. 본드(Bond)의 파쇄법칙

- 소요되는 일 $W \propto \sqrt{\dfrac{S}{V}}$

16. 무차원군

① 그라스호프수 : $Gr = \dfrac{gD^3 \rho^2 \beta \Delta t}{\mu^2}$

② 레이놀즈 수 : $Re = \dfrac{\rho D u}{\mu}$

③ 너셀수 : $Nu = \dfrac{hD}{k}$

④ 슈미트수 : $Sc = \dfrac{\mu}{\rho D}$

17. 향률 건조속도

- $R_c = \dfrac{\dot{m}_v}{A} = \dfrac{h_y(T - T_i)}{\lambda}$

18. 시계인자

- 두면이 무한히 평행한 경우 : $F_{12} = \dfrac{1}{1/\epsilon_1 + 1/\epsilon_2 - 1}$

19. Fick 법칙

- $J_A = -D_V \dfrac{dC_A}{db}$, 확산속도는 접촉면적에 비례

20. Ostwald 점도계

- $\dfrac{\mu}{\rho t} = constant$ (증류수의 점도 $\mu = 1\,cP$)

21. 롤 분쇄기

- $\cos\alpha = \dfrac{R+d}{R+r},\ \mu = \tan\alpha$

  α : 물림각, μ : 마찰계수, R : 롤 반지름, r : 입자 반지름(분쇄 전), d : 입자 반지름(분쇄 후)

22. 공급수의 산소 제거

- $2Na_2SO_3 + O_2 \rightarrow 2Na_2SO_4$

23. 반경이 R인 원형 파이프를 통하여 비압축성 유체가 층류로 흐를 때의 속도분포

- $v = v_{\max}\left(1 - \dfrac{r}{R}\right),\ \tilde{v} = \dfrac{1}{3}v_{\max}$

24. 기본식

① 열전달 : Fourier $q = \dfrac{Q}{A} = -k\dfrac{dT}{dL}$

② 물질전달 : Fick $N_A = \dfrac{dn_A}{d\theta} = -D_{AB}\dfrac{dC_A}{dx}$

③ 운동량전달 : Newton $\tau = \dfrac{F}{A} = -\mu\dfrac{du}{dy}$

25. 단위 환산

① 1stokes = 1cm2/s

② 1P = 1g/cm·s

③ 1cP = 1g/m·s

26. 종단속도

구가 자유 낙하할 때 아래 방향의 중력과 위 방향의 힘(유체의 부력과 마찰저항력)이 같을 때, 자유낙하 하는 물체는 종단속도를 갖게 된다.

$v_g = \dfrac{(\rho_s - \rho)d^2 g}{18\mu},\ v_g \propto \dfrac{m}{d}\ (\rho_s - \rho \simeq \rho_s)$

27. 분자확산

① 유체 내 분자의 임의 이동으로 인한 용존 화학물질의 혼합현상

② 분자의 진동, 회전, 병진운동의 동역학에너지에 의해서 발생하며 확산 현상은 매우 느리게 진행된다.

③ Fick's 확산 법칙에 따라 고농도 지역에서 저농도 지역으로 이동하며, 엔트로피 증가도 동시에 이루어진다.

28. 난류확산

① 미세입자 등의 작은 규모의 난류(Eddy)에 의해 혼합되는 것을 의미

② 난류 전단 유동에서 와류진동에 의해 발생되는 미세수준의 이류과정

③ 분자확산보다 양적으로 몇 배 더 크며 분산현상의 중요한 요소로 작용

④ 세 방향 모두 일어날 수 있지만, 일반적으로 이방성을 나타냄. 즉, 전단응력의 크기와 방향에 따라 혼합되는 난류의 방향이 존재한다.

29. 유량계

① 로터미터 : 유체 유량이 관 내에서 부표(float)를 떠오르게 하고, 유체의 통로를 넓힌다. 유량이 클수록 부표는 더 높게 떠오른다. 부표의 높이로 유량을 측정한다.

② 벤투리미터 : 오리피스미터의 원리와 비슷하며, 노즐 후방에 확대관을 두어 두손실을 적게 하고 압력을 회복하게 한 것이다.

③ 오리피스미터 : 흐름이 가장 좁은 부분, 축류부 근처와 오리피스 상류의 한 점에 마노미터를 연결하여 압력강하의 크기를 측정하여 유량을 측정한다.

④ 초음파 유량계 : 초음파를 조사하여 유체 내의 부유물에 반사되는 반사파를 수신하여 유량 속도를 측정한다.

30. 최소환류비

- $\dfrac{R_{D,\min}}{R_{D,\min}+1} = \dfrac{x_D - y_F'}{x_D - x_F}$

31. 진공증발

- 증기 공간의 압력을 낮추어 증발, 과즙, 젤라틴 등 열에 민감한 물질 처리에 이용

32. 헤스의 법칙

- 화학변화에서 발생 또는 흡수되는 열량은 변화의 시작과 종료의 상태로서 정해지고, 그 과정에는 관계하지 않는다.

33. 기타

① 과열증기 : 평형 온도보다 높은 온도의 증기

② 임계온도 : 기상, 액상이 공존하는 최고 온도

③ API : 원유 비중을 나타내는 방법

④ 분쇄 : 고체 입자를 작게 부수는 일

⑤ 펌프 : 액체 수송 장치

⑥ 플런저 펌프 : 왕복식 펌프

⑦ 기체흡수 : 조작선이 평형선 위에 있다.

⑧ 유체-에너지 밀의 분쇄 원리 : 입자 간 마멸, 입자-기벽 간 충돌, 마찰

⑨ 표준생성열 : 표준조건에 있는 원소로부터 표준조건의 화합물로 생성될 때의 반응열

⑩ 전열 계수는 적상 응축이 막상 응축의 5~8배이다.

⑪ 케비테이션(공동화) 현상 : 임펠러 흡입부의 압력이 낮아져 액체 내에 증기 기포 발생, 펌프 성능 저하

⑫ 열전달 계수는 강제대류가 자연대류보다 크다.

⑬ loading point : 액체 유량 증가 시점

⑭ floading point : 액체가 넘치는 지점

⑮ Kick 법칙 : 분쇄 전후의 대표 입경의 비가 일정하면 분쇄에 필요한 일의 양도 일정하다는 법칙

⑯ 정상상태, 유체가 유로의 확대된 부분을 흐를 때 유량은 일정

⑰ 비리얼 계수는 온도만의 함수

⑱ 피토관 : 국부 속도 측정

⑲ 진공증발 : 증기 공간의 압력을 낮추어 증발, 과즙, 젤라틴 등 열에 민감한 물질 처리에 이용

⑳ 최소이론단수 : 부분응축기 사용 가정, 계산식에서 단수 1단 빼기

㉑ 노즐흐름에서 충격파 : 급격한 압력 감소로 발생

㉒ Bomb 열량계 : 방출된 열량 $= Q + W = Q + \Delta(nRT)$

㉓ 니들밸브 : 디스크의 형상을 원뿔모양으로 바꾸어서 유체가 통과하는 단면이 극히 작은 구조로 되어있기 때문에 고압 소유량의 유체를 누설없이 조절 가능

㉔ 프로펠러형 교반기 : 점도가 낮은 액체의 다량 처리에 이용

㉕ 평균속도 $= \dfrac{\text{유효속도}}{\text{공극률}}$

㉖ 액체와 고체의 혼합 : 습윤성이 큰 것이 좋다.

㉗ 원심펌프 장점 : 대량 유체 수송 가능, 구조가 간단함, 용량에 비해 값이 싸다.

㉘ 침출 : 금광석에서 금을 회수

제4과목 화공계측제어

1. 시간상수

① 혼합 탱크 : $\tau = \dfrac{V}{v_0}$

② 액위 탱크 : $\tau = AR$, $R = \dfrac{2\sqrt{h_s}}{\beta}$, $q = \beta\sqrt{h}$

2. 진폭비

① 1차계 : $AR = |G(jw)| = \dfrac{K}{\sqrt{\tau^2 w^2 + 1}} = \dfrac{\hat{A}}{A} = \dfrac{\text{출력의 진폭}}{\text{입력의 진폭}}$, $\phi = -\tan^{-1}(\tau_p w)$

② 2차계 : $AR = \dfrac{K}{\sqrt{(1-\tau^2 w^2)^2 + (2\tau w \zeta)^2}}$

$AR_N = AR/K$ 이 최대인 경우 → $\tau w = \sqrt{1-2\zeta^2}$ ($\zeta < 0.707$)

$G(jw) = A(w) + B(w)j$

$|G(jw)| = \sqrt{A(w)^2 + B(w)^2}$

$\phi = \tan^{-1}\left(\dfrac{B(w)}{A(w)}\right)$

3. PID controller

$$G_c = K_c\left(1 + \dfrac{1}{\tau_I s} + \tau_D s\right)$$

① Zigler-Nichols 방법 : 전달함수 필수 ×

② 적분 동작 : 오프셋 제거, 오차가 없어지면 출력값이 일정하게 유지된다.

③ 미분 동작 : 값이 커질수록 응답속도가 빨라지며 잡음에 민감하다, 느린 동특성, 잡음이 적은 공정에 적합

④ 유입 유량의 변화가 없다면 비례 제어만으로 offset 없는 제어가 가능하다.

⑤ PI : 잔류편차 제거, 과거로부터 발생된 제어오차의 누적치 이용, Bode선도에서 $w\tau_I = 1$일 때 위상각이 $-45°$이다.

⑥ PD : 공정의 미래 응답 예측, 응답이 빨라지며 잡음에 민감하다, offset 제거 불가, 최종값 도달시간 단축

⑦ 조율

　　㉠ 공정의 시간상수가 클수록 적분 시간 값을 크게 설정해준다.

　　㉡ 공정이득이 커지면 비례이득을 줄인다.

　　㉢ 지연시간/시상수의 비가 커지면 비례이득을 줄인다.

　　㉣ 적분시간을 늘리면 응답 안정성이 커진다.

⑧ 큰 시간상수 → 느린 응답

⑨ P제어기가 항상 offset을 발생시키는 것은 아니다.

⑩ 시간지연이 없는 1차 공정 : K_C를 매우 증가시켜도 안정성 문제가 없다.

⑪ PD 제어기 : 위상 앞섬

4. 피드포워드 제어기

$$G_{FF} = -\frac{G_{외란-제어}}{G_{조작-제어}}$$

- 외부 교란 변수를 사전에 측정하여 제어에 이용한다.

5. 안정도 판정 : Routh array 판별법

① Routh array의 첫 번째 열 요소가 모두 양수이면 안정하다

② 복소수 오른쪽 열린 반평면에 존재하는 근의 수는 요소의 부호가 바뀌는 횟수이다.

③ 첫 번째 열의 요소가 0이 되면 Array 구성 X

④ 특성방정식 $a_3 s^3 + a_2 s^2 + a_1 s + a_0 = 0$에서 $a_1 a_2 > a_0 a_3$이어야 함

6. 계의 안정성 한계

- Span, Trim, 원료 조성 변화에 영향을 받는다.

[참고] 온도 전송기의 영점 변화는 출력 변수값에 영향을 준다.

7. 라플라스 변환

① $f(t-c)\mu(t-c) \xrightarrow{\mathcal{L}} e^{-cS}F(s)$

② $\cosh wt \xrightarrow{\mathcal{L}} \dfrac{s}{s^2-w^2}$, $\sinh wt \xrightarrow{\mathcal{L}} \dfrac{w}{s^2-w^2}$

③ $A[u(t)-u(t-T)] \xrightarrow{\mathcal{L}} \dfrac{A}{s}(1-e^{-sT})$

8. SISO, MIMO

① SISO : 단일입출력 / 제어의 장애요소 : 공정지연시간, 밸브 무반응 영역, 공정 운전상의 한계

② MIMO : 다중입출력 / 제어의 장애요소 : 공정 변수 간의 상호작용

9. 열교환기, 온도제어 시스템

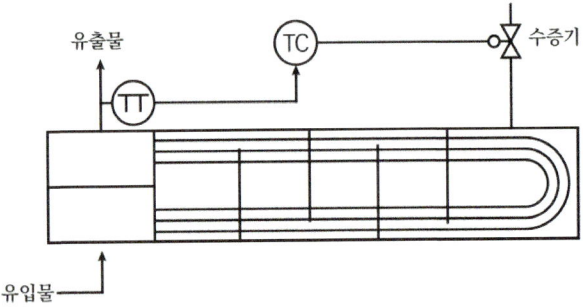

- 제어목적을 달성하기 위한 조절변수는 수증기 유량

10. 제어계 설계에서 가장 강인한 범위

① PM = 30° ~ 40°

② GM = 1.7 ~ 2

11. 주파수

① 고유주파수 : $\zeta = 0$

② 공명주파수 : AR이 최대

③ 구석주파수 : $\tau w = 1$

④ 한계주파수 : 위상지연이 180°

⑤ 임계주파수 : $P_u = \dfrac{2\pi}{w_n}$

12. Servo, Regulatory problem

① Servo : 외란이 없음, 입력만 존재

② Regulatory : 입력이 없음, 외란만 존재

13. offset

- offset = $R(\infty) - C(\infty)$

14. Zero가 있는 2차 공정

$$G = \frac{K(\tau_d s + 1)}{(\tau_1 s + 1)(\tau_2 s + 1)}$$

① Inverse Response : $\tau_d < 0$

② Overshoot : $\tau_d > \tau_1$

15. Zero가 없는 2차 공정의 Bode 선도

① $\zeta \geq 1$: 단순 감소

② $\zeta < 1$ (과소감쇠) : 10°에서 일시적으로 상승 후 감소

16. GM, PM

① $GM = \dfrac{1}{|G_{OL}(jw_c)|}$

② $PM = \phi_g + \pi$

17. Anti Reset Windup

① 제어기 출력이 공정입력의 한계에 걸렸을 때 작동

② 적분 동작에 부과

③ 큰 설정치 변화에 공정 출력이 크게 흔들리는 것을 방지

18. 2차계

① 안정한 2차계 공정 응답 : 사인파 입력에 대한 시간이 충분히 지난 후의 공정 응답은 같은 주기의 사인파가 된다.

$$\phi = -\tan^{-1}\left(\frac{2\tau w \zeta}{1 - \tau^2 w^2}\right)$$

$$AR = \frac{K}{\sqrt{(1 - \tau^2 w^2)^2 + (2\tau \zeta w)^2}}$$

$$P = \frac{2\pi \tau}{\sqrt{1 - \zeta^2}}$$

19. 적분 공정

① 비례제어만으로 입력 유량의 계단 변화에 대한 Offset 제거 불가

② 비례제어만으로 설정점의 계단 변화에 대한 Offset 제거 가능

③ 비례제어만으로 출력 외란의 계단 변화에 대한 Offset 제거 가능

20. 증류탑 온도추출에서 맨 위 단보다 몇 단 아래 온도를 측정하는 이유

- 제품의 조성에 변화가 일어나도 맨 위 단의 온도변화는 매우 작기 때문

21. 선형화

- $f(x) = f(x_s) + f'(x_s)(x - x_s)$

22. P&ID

① 공기신호 : ─#─#─#─ Pneumatic

② 유압신호 : ─└─└─└─ Hydraulic

③ 모세관 : ─X─X─X─X─ Capillary Tubing

④ 소프트웨어 또는 데이터 연결 : ─o─o─o─ Software or Data Link

23. 공정 모델

① UNIFAC : 이상적인 혼합물에서 비전해질 활동을 예측하기 위한 물성 모델

② NRTL : Non-Random Two Liquids
두 가지 이상의 물질이 혼합되어 있는 경우 라울의 법칙이 적용되는 이상용액으로부터 벗어나는 현상을 3개의 Interaction parameter를 이용해서 활동도계수를 구하고 이로부터 VLE 상평형 계산에 사용하도록 한 모델수식이다.

③ Peng-Robinson 상태방정식

$$P = \frac{RT}{V-b} - \frac{a(T)}{(V+\epsilon b)(V+\sigma b)}$$

④ Ideal gas law : 이상기체 상태방정식

$PV = nRT$

24. 기타

① 열전대와 관련있는 효과 : Thomson-Peltier 효과

② 역응답 조건 : 양의 Zero

③ 자동차 운전을 공정제어에 비유 : 손, 발이 최종 제어 요소

④ feedback 제어가 가장 용이한 공정 : 응답속도가 빠른 공정

⑤ 제어밸브 입출구 사이의 불평형 압력 해결법 : 면넉이 넓은 공압 구동기, 밸브 포지셔너, 복좌형 밸브 사용

⑥ 과도한 수송지연은 전송기 문제가 아님, 전송기 문제 : 잡음, 보정, 해상도

⑦ 소리 증폭 → Bode Stability와 관련

⑧ Feedback 제어기가 불안정한 경우 이득 여유 GM이 1보다 작다.

⑨ $DS = OS^2$

⑩ Smith predictor : 시간지연 보정

⑪ ATO : 반응기에 발열을 일으키는 반응 원료의 유량 제어용 제어밸브

⑫ **차압전송기** : 액체유량, 액위 절대압 측정 가능, 기체 분압 측정 불가

⑬ PB = 100/Kc

⑭ 공정이 정동작이면 제어기는 역동작

⑮ 케스케이드 제어 : 부제어루프의 동특성이 주제어 루프보다 빨라야한다.

⑯ on-off 제어기 : 제어의 결과로 항상 Cycling 발생

⑰ 진동응답 → 허근

⑱ 액위저장탱크의 전달함수 : $G = \dfrac{1}{As}$

⑲ 제어밸브는 공정흐름과 결합해 선형성이 좋아지도록 비선형형태로 제작한다.

⑳ 공정제어의 목적과 가장 먼 것 : 외부 시장 환경을 고려하여 이윤이 최대가 되도록 생산량 조절

㉑ 단위임펄스 : 높이와 폭이 1인 사각 펄스

㉒ 비선형계 : 2차반응이 일어나는 CSTR

㉓ 위상지연이 커진다고 해서 안정성이 보장되는 것은 아니다.

㉔ 발열이 있는 반응기 온도 제어 : 공압 구동부는 ATC, 밸브는 정보 부족

㉕ 시간지연 θ : $G = e^{-\theta s}$

PART 02

적중
예상문제

제1회 적중 예상문제

제1과목 공업합성

01 비중이 1.84인 황산 10m³는 몇 kg인가?

① 10,000 ② 13,500
③ 15,269 ④ 18,400

해설

$$\frac{10m^3 \mid 1.84g \mid 1 \times 10^6 cm^3 \mid 1kg}{cm^3 \mid 1m^3 \mid 1,000g} = 18,400kg$$

02 황산의 제조방법 중 연실법에서 Glover 탑의 기능으로서 잘못된 것은?

① 질산함유 황산의 질산 제거기능
② 연실산의 농축기능
③ 노(爐) 가스의 가열기능
④ 질산의 환원기능

해설

③ 노 가스를 세척, 냉각한다.

03 솔베이법과 염안소다법을 이용한 소다회 제조과정에 대한 비교 설명 중 틀린 것은?

① 솔베이법의 나트륨 이용률은 염안소다법보다 높다.
② 솔베이법이 염안소다법에 비하여 암모니아 사용량이 적다.
③ 솔베이법의 경우 CO₂를 얻기 위하여 석회석소성을 필요로 한다.
④ 염안소다법의 경우 원료인 NaCl을 정제한 고체 상태로 반응계에 도입한다.

해설

염안소다법은 식염의 이용률을 거의 100%까지 개선한 방법이므로 솔베이법의 나트륨 이용률은 염안소다법보다 낮다.

04 묽은 질산의 농축제로 다음 중 가장 적당한 것은?

① 진한 염산 ② 진한 황산
③ 진한 아세트산 ④ 진한 인산

해설

묽은 질산의 농축제 : 진한 황산

05 인산비료에서 유효인산 또는 가용성 인산이란 무엇인가?

① 수용성 인산만이 비효를 갖는 것
② 구용성 인산만이 비효를 갖는 것
③ 불용성 인산만이 비효를 갖는 것
④ 수용성 인산과 구용성 인산이 비효를 갖는 것

해설

유효(가용성)인산 : 수용성 인산과 구용성 인산이 비효를 갖는 것

06 소금의 전기분해에 의한 가성소다 제조에 있어서 전류효율은 94%이며 전해조의 전압은 4V이다. 이때 전력효율은 약 얼마인가? (단, 이론 분해전압은 2.31V이다.)

① 51.8% ② 54.3%
③ 57.3% ④ 60.9%

해설

$$전력효율 = \frac{이온분해\ 전압}{전해조\ 전압} \times 100 = \frac{2.31V}{4V} \times 100 = 57.75\%$$

$$\therefore 57.75 \times 0.94 = 54.3\%$$

07 솔베이법의 기본공정에서 사용되는 물질로 가장거리가 먼 것은?

① $CaCO_3$ ② NH_3
③ $NaCl$ ④ H_2SO_4

해설

솔베이법의 기본 공정에서 사용되는 물질 : $CaCO_3$, NH_3, $NaCl$

정답 01 ④ 02 ③ 03 ① 04 ② 05 ④ 06 ② 07 ④

08 아닐린을 삼산화크롬으로 산화시킬 때 생성물은?

① 아미노페놀 ② 아조벤젠
③ 벤조퀴논 ④ 니트로벤젠

해설

$C_6H_5NH_2 \xrightarrow{CrO_3}$ 벤조퀴논

09 다음 중 2차 전지에 해당하는 것은?

① 망간전지 ② 산화은전지
③ 납축전지 ④ 수은전지

해설

2차 전지의 종류
㉠ 수용액 2차 전지(Ni-Cd형, Ni-MH형)
㉡ 리튬 2차 전지
㉢ 납축전지

10 박막 형성 기체 중에서 SiO_2막에 사용되는 기체로 가장 거리가 먼 것은?

① SiH_4 ② O_2
③ N_2O ④ PH_3

해설

박막 형성 기체 중에서 SiO_2막에 사용되는 기체
㉠ SiH_4
㉡ O_2
㉢ N_2O

11 Witt의 발색단설에 의한 분류에서 조색단 기능성기로 옳은 것은?

① $-N=N-$ ② $-NO_2$
③ $>C=O$ ④ $-SO_3H$

해설

조색단은 색을 짙게 하고 섬유에 염착하기 쉽게 하는 원자단을 뜻한다.
$-SO_3H$, $-CO_2H$, $-OH$, $-NH_2$

12 다음 중 테레프탈산 합성을 위한 공업적 원료로 가장 거리가 먼 것은?

① p-자일렌 ② 톨루엔
③ 벤젠 ④ 무수프탈산

해설

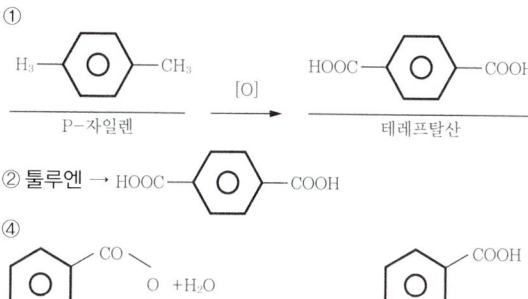

13 다음 중 에틸렌으로부터 얻는 제품으로 가장 거리가 먼 것은?

① 에틸벤젠 ② 아세트알데히드
③ 에탄올 ④ 염화알릴

해설

① $CH_2=CH_2 + $ 벤젠 → 에틸벤젠
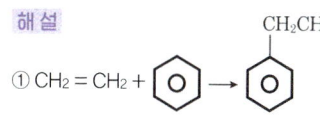
② $C_2H_4 + \frac{1}{2}O_2 \longrightarrow CH_3CHO$
③ $C_2H_4 + H_2O \xrightarrow{H_2SO_4} C_2H_6OH$

14 벤젠을 산촉매를 이용하여 프로필렌에 의해 알킬화함으로써 얻어지는 것은?

① 프로필렌옥사이드 ② 아크릴산
③ 아크롤레인 ④ 큐멘

해설

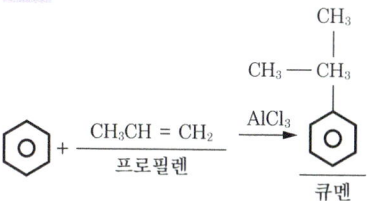

정답 08 ③ 09 ③ 10 ④ 11 ④ 12 ③ 13 ④ 14 ④

15 석유류의 불순물인 황, 질소, 산소 제거에 사용되는 방법은?

① Coking process
② Visbreaking process
③ Hydrorefining process
④ Isomerization process

해설
③ Hydrorefining process : 황, 질소, 산소 제거에 사용된다.

16 다음 중 중질유를 열분해하여 얻는 가솔린은 어느 것인가?

① 개질 가솔린　② 직류 가솔린
③ 알킬화 가솔린　④ 분해 가솔린

해설
④ 분해 가솔린 : 중질유(중유)를 열분해하여 얻는 가솔린

17 에폭시 수지에 대한 설명으로 틀린 것은?

① 접착제, 도료 또는 주형용 수지로 만들어지며 금속 표면에 잘 접착한다.
② 일반적으로 비스페놀A와 에피클로로히드린의 반응으로 제조한다.
③ 열에는 안정하지만 강도가 좋지 않은 단점이 있다.
④ 에폭시 수지 중 hydroxy기도 epoxy기와 비교하여 가교 결합을 형성할 수 있다.

해설
③ 열에는 불안정하지만 강도가 좋다.

18 Nylon 6의 원료 중 caprolactam의 화학식에 해당하는 것은?

① $C_6H_{11}NO_2$　② $C_6H_{11}NO$
③ C_6H_7NO　④ $C_6H_7NO_2$

해설
카프로락탐의 화학식 : $C_6H_{11}NO$

19 일반적인 성질이 열경화성 수지에 해당하지 않는 것은?

① 페놀 수지　② 폴리우레탄
③ 요소 수지　④ 폴리프로필렌

해설
폴리프로필렌 : 열가소성 수지

20 일산화탄소와 수소에 의한 메탄올의 공업적 제조방법에 대한 설명으로 옳은 것은?

① 압력은 낮을수록 좋다.
② $ZnO-Cr_2O_3$를 촉매로 사용할 수 있다.
③ $CO : H_2$의 사용비율은 3 : 1일 때가 가장 좋다.
④ 생성된 메탄올의 분해반응은 불가능하다.

해설
③ $CO : H_2$의 사용비율은 1 : 2일 때가 가장 좋다.
　$CO + 2H_2 \rightarrow CH_3OH$

제2과목 반응운전

21 어느 물질의 등압 부피팽창계수와 등온 부피압축 계수를 나타내는 β와 k가 각각 $\beta = \dfrac{a}{V}$와 $k = \dfrac{b}{V}$로 표시될 때 이 물질에 대한 상태방정식으로 적합한 것은?

① $V = aT + bP +$ 상수
② $V = aT - bP +$ 상수
③ $V = -aT + bP +$ 상수
④ $V = -aT - bP +$ 상수

해설
$\beta = \dfrac{1}{V}\left(\dfrac{\partial V}{\partial T}\right)_P$, $K = -\dfrac{1}{V}\left(\dfrac{\partial V}{\partial P}\right)_T$

$dV = \dfrac{\left(\dfrac{\partial V}{\partial T}\right)_P dT}{a} = \dfrac{+\left(\dfrac{\partial V}{\partial P}\right)_T dP}{-b}$ 이므로

$\therefore V = aT - bP + C$

22 2단 압축기를 사용하여 1기압의 공기를 7기압까지 압축시킬 때 동력 소요를 최저로 하기 위해서는 1단 압축기의 출구 입력은 약 얼마로 해야 하는가?

① 4기압　　② 3.5기압
③ 2.6기압　　④ 1.1기압

해설

$P = (P_1 \cdot P_2)^{\frac{1}{n}} = (1 \cdot 7)^{\frac{1}{2}} = 2.6$

$n = 2$(2단 압축기)

23 초임계 유체에 대한 설명으로 틀린 것은?

① 비등현상이 없다.
② 액상과 기상의 구분이 없다.
③ 열을 가하면 온도와 체적이 증가한다.
④ 온도가 임계온도보다 높고, 압력은 임계압력보다 낮은 범위이다.

해설

온도가 임계온도보다 낮고, 압력은 임계압력보다 높은 유체

24 크기가 동일한 3개의 상자 A, B, C에 상호작용이 없는 입자 10개가 각각 4개, 3개, 3개씩 분포되어있고, 각 상자들은 막혀있다. 상자들 사이의 경계를 모두 제거하여 입자가 고르게 분포되었다면 통계 열역학적인 개념의 엔트로피 식을 이용하여 경계를 제거하기 전후의 엔트로피 변화량은 약 얼마인가? (단, k는 Boltzmann 상수이다.)

① 8.343K　　② 15.324K
③ 22.321K　　④ 50.024K

해설

$S = k \ln \Omega$

$\Omega = \frac{(4+3+3)!}{4!3!3!} = 4,200$

∴ $S = k \ln 4,200 = 8.343K$

25 다음 중 열역학적 지표에 대한 설명으로 틀린 것은 어느 것인가?

① 이상기체의 엔탈피는 온도만의 함수이다.
② 일은 항상 $\int PdV$로 계산된다.
③ 고립계의 에너지는 일정해야만 한다.
④ 계의 상태가 가역 단열적으로 진행될 때 계의 엔트로피는 변하지 않는다.

해설

일의 크기 계산

$W = \int PdV = FS$

26 100atm, 40℃의 기체가 조름공정으로 1atm까지 급격하게 팽창하였을 때, 이 기체의 온도(K)는? (단, Joule-Thomson coeffiicient(μ;K/atm)는 다음 식으로 표시된다고 한다.)

$$\mu = -0.0011P[atm] + 0.245$$

① 426　　② 331
③ 294　　④ 250

해설

조름 공정

Joule-Thomsom coefficient : $\mu = \left(\frac{\partial T}{\partial P}\right)_H$

반응 전 : 100atm 40℃ 기체
반응 후 : 1atm T_2

주어진 식 $\mu = -0.0011P + 0.245$에 각각의 압력을 대입하면 다음과 같다.

$\mu(100atm) = -0.0011 \times 100 + 0.245 = 0.135$
$\mu(1atm) = -0.0011 \times 1 + 0.245 = 0.244$

두 값의 평균을 구하면

$\bar{\mu} = \frac{0.135 + 0.244}{2} = 0.1895$

$0.1895 = \frac{\Delta T}{\Delta P} = \frac{313 - T_2}{100 - 1}$

∴ $T_2 = 294K$

정답 22 ③　23 ④　24 ①　25 ②　26 ③

27 다음 등온선 그래프에서 빗금 친 부분의 면적은 무엇을 나타내는가?

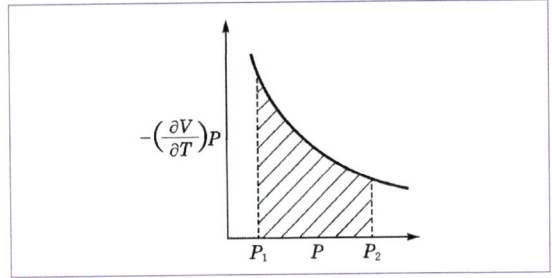

① Ω ② W
③ ΔS ④ ΔH

해설

$$\int_{P_2}^{P_1}\left(\frac{\partial V}{\partial T}\right)_P dP = \int_{P_2}^{P_1}\frac{nR}{p}dP$$
$$= nR\ln\frac{P_1}{P_2}$$
$$= \Delta S$$

28 아래와 같은 경쟁반응에서 R을 더 많이 생기게 하기 위한 조건으로 적절한 것은? (단, 농도 그래프의 R과 S의 농도는 경향을 의미하며, E_1은 1번 반응의 활성화에너지, E_2는 2번 반응의 활성화에너지이다.)

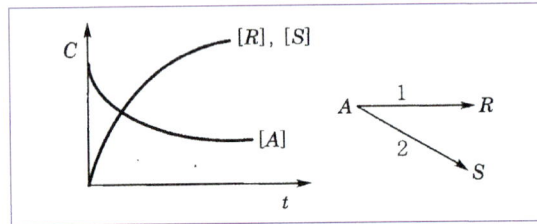

① $E_1 > E_2$이면 저온조작
② $E_1 < E_2$이면 고온조작
③ $E_1 = E_2$이면 저온조작
④ $E_1 = E_2$이면 고온조작

해설

R이 목적생성물인데 활성화에너지(E)가 더 크기 때문에 저온에서 조작한다.
$\ln k \propto -\dfrac{Ea}{RT}$

29 25℃에서 프로판 기체의 표준연소열(J/mol)은? (단, 프로판, 이산화탄소, 물$_{(L)}$의 표준 생성 엔탈피는 각각, -104,680J/mol, -393,509J/mol, -285,830J/mol이다.)

① 574,659 ② -574,659
③ 1,253,998 ④ -2,219,167

해설

프로판(C_3H_8)의 연소반응
$C_3H_8 + 5O_2 \rightarrow 4H_2O + 3CO_2 : \triangle H$

$\begin{cases} C_3H_8 \rightarrow 3C + 4H_2 : 104{,}680 J/mol(\triangle H_1) \\ 3C + 3O_2 \rightarrow 3CO_2 : 3 \times (-393{,}509) J/mol(\triangle H_2) \\ 4H_2 + 2O_2 \rightarrow 4H_2O : 4 \times (-285{,}830) J/mol(\triangle H_3) \end{cases}$

$C_3H_8 + 5O_2 \rightarrow 3CO_2 + 4H_2O$
$\triangle H_1 + \triangle H_2 + \triangle H_3 = -2{,}219{,}167 J/mol$

30 다음은 평형조건들 중 $T' = T''$, $P' = P''$ 조건을 제외한 평형 관계식 중 실제 물질의 거동과 가장 관련이 없는 것은? (단, X, Y는 액체, 기체의 몰분율이며, Φ_i는 i성분의 퓨가시티 계수, $\overline{G}_i$는 몰당 Gibbs 자유 에너지이다.)

① 기액평형 : $\overline{G}_i' = \overline{G}_i''$
② 기액평형 : $\hat{\Phi}_i' Y_i' = \hat{\Phi}_i'' X_i''$
③ 기액평형 : $Y_i' P = X_i' + P_i^{sat}$
④ 액액평형 : $\hat{\Phi}_i' X_i' = \hat{\Phi}_i'' X_i''$

해설

$Y_i' P = X_i' P_i^{sat} \rightarrow$ Raoult's law

31 비가역 액상반응에서 공간시간 τ가 일정할 때 전환율이 초기 농도에 무관한 반응차수는?

① 0차 ② 1차
③ 2차 ④ 0차, 1차, 2차

해설

PFR : $V = \int \dfrac{C_{A0} V_0}{-r_A} dX_A$ 에서 n차 반응일 때
$\tau k = \int \dfrac{dX_A}{C_{A0}^{n-1}(1-X_A)^n}$ 이므로
전환율이 초기 농도에 무관한 반응 차수는 1차이다.

정답 27 ③ 28 ② 29 ④ 30 ③ 31 ②

32 A, B성분의 이상용액에서 혼합에 의한 함수변화 값으로 틀린 것은? (단 x_A, x_B는 액상의 몰분율을 나타낸다.)

① $\Delta G = RT(x_A \ln x_A + x_B \ln x_B)$
② $\Delta V = 0$
③ $\Delta H = \infty$
④ $\Delta S = -R\sum_i x_i \ln x_i$

해설
이상용액 혼합의 성질변화
$\Delta V^{id} = 0$
$\Delta H^{id} = 0$
$\Delta S^{id} = -R\sum x_i \ln x_i$
$\Delta G^{id} = RT\sum x_i \ln x_i$

33 2번째 반응기의 크기가 1번째 반응기 체적의 2배인 2개의 혼합 반응기를 직렬로 연결하여 물질 A의 액상 분해 속도론을 연구한다. 정상상태에서 원료의 농도가 1mol/L이고, 1번째 반응기에서 평균체류시간은 96초이며, 1번째 반응기의 출구 농도는 0.5mol/L이고 2번째 반응기의 출구 농도는 0.25mol/L이다. 이 분해반응은 몇 차 반응인가?

① 0차   ② 1차
③ 2차   ④ 3차

해설
$\tau = \dfrac{V}{V_0}$
$= C_{A_0}\dfrac{X_A}{r_A}$
$= \dfrac{C_{A0} - C_A}{kC_A^n}$

V_0=일정이므로
㉠ $\tau = \dfrac{1-0.5}{k0.5^n} \rightarrow \tau k 0.5^n = 0.5$
㉡ $2\tau = \dfrac{0.5-0.25}{k0.25^n} \rightarrow 2\tau k 0.25^n = 0.25$
㉠ ÷ ㉡ ⇒ $0.5 \cdot 2^n = 2$
∴ $n = 2$

34 2중관 열교환기를 사용하여 500kg/h 기름을 240℃의 포화수증기를 써서 60℃에서 200℃까지 가열하고자 한다. 이때 총괄전열계수가 500kcal/m²·h·℃, 기름의 정압비열은 1.0kcal/kg·℃이다. 필요한 가열면적은 몇 m²인가?

① 3.1   ② 2.4
③ 1.8   ④ 1.5

해설
$Q = UA\Delta T_{LM}$
$\Delta T_{LM} = \dfrac{180 - 40}{\ln\dfrac{180}{40}}$
$= 93.08℃$

찬 유체가 얻은 열
∴ $Q = mC_1\Delta T$
$= 500\text{kg/h} \times 1\text{kcal/kg}\cdot℃ \times (200-60)$
$= 70,000\text{kcal/h}$

∴ $A = \dfrac{70,000\text{kcal/h}}{500\text{kcal/m}^2\cdot\text{h}\cdot℃ \times 96.08℃}$
$= 1.5\text{m}^2$

35 기체반응물 A가 2L/s의 속도로 부피 1L인 반응기에 유입될 때, 공간시간(s)은? (단, 반응은 A→3B이며, 전화율(X)은 50%이다.)

① 0.5   ② 1
③ 1.5   ④ 2

해설
$E = V/v_0(1+\varepsilon X)$ (평균체류시간)
$V = 1L$, $v_0 = 2L/s$
$\varepsilon = y_{A0}\delta = 1 \cdot \dfrac{3-1}{1} = 2$
$X = 0.5$
$E = \dfrac{1}{2\left(1+2\cdot\dfrac{1}{2}\right)}$
$= \dfrac{1}{4}$
$= 0.25$
$\tau = V/v_0 = \dfrac{1}{2}$

정답 32 ③ 33 ③ 34 ④ 35 ①

36 회분 반응기(batch reactor)의 일반적인 특성에 대한 설명으로 가장 거리가 먼 것은?

① 일반적으로 소량 생산에 적합하다.
② 단위생산량당 인건비와 취급비가 적게 드는 장점이 있다.
③ 연속조작이 용이하지 않은 공정에 사용된다.
④ 하나의 장치에서 여러 종류의 제품을 생산하는 데 적합하다.

해설
단위생산량당 인건비와 취급비가 비싸게 드는 단점이 있다.

37 다음 반응에서 R이 요구하는 물질일 때 어떻게 반응시켜야 하는가?

$$A + B \to R, \text{ desired, } r_1 = k_1 C_A C_B^2$$
$$R + B \to S, \text{ unwanted, } r_2 = k_2 C_R C_S$$

① A에 B를 한 방울씩 넣는다.
② B에 A를 한 방울씩 넣는다.
③ A와 B를 동시에 넣는다.
④ A에 B를 넣는 순서는 무관하다.

해설
첫 번째 반응이 많이 일어나야 하므로 A가 많아야 함.
B의 반응차수가 첫 번째가 더 높음.
∴ B도 많아야 함.

38 1차 비가역 액상반응이 일어나는 관형 반응기에서 공간시간은 2min이고, 전환율이 40%였을 때 전환율을 90%로 하려면 공간시간은 얼마가 되어야 하는가?

① 0.26min
② 0.39min
③ 5.59min
④ 9.02 min

해설
PFR : $\tau = C_{A_0} \int \dfrac{dX_A}{kC_A} = \int \dfrac{dX_A}{k(1-X_A)}$
∴ $\tau = \dfrac{-\ln(1-X_A)}{k}$
문제에서 $\tau = 2\text{min}, X_A = 0.4$
∴ $k = 0.2554/\text{min}$
∴ $X_A = 0.9$일 때 $\tau = 9.02\text{min}$

39 균일계 1차 액상 반응 $A \to R$이 플러그 반응기에서 전화율 90%로 진행된다. 다른 조건은 그대로 두고 반응기를 같은 크기의 혼합반응기로 바꾼다면 A의 전화율은 얼마로 되는가?

① 67%
② 70%
③ 75%
④ 81%

해설
PFR에서
$\tau = C_{A_0} \int \dfrac{dX_A}{kC_A}$
$= \dfrac{1}{k} \int \dfrac{dX_A}{1-X_A} = -\dfrac{\ln(1-X_A)}{k}$

MFR에서
$\tau = \dfrac{C_{A_0} X_A}{kC_A} = \dfrac{X_A}{k(1-X_A)}$
∴ $-\dfrac{\ln(1-0.9)}{k} = \dfrac{X_a}{k(1-X_A)}$
$X_A = 0.697 \to 70\%$

40 균일계 액상 병렬반응이 다음과 같을 때 R의 순간 수율 $\varnothing$ 값으로 옳은 것은?

$$A + B \xrightarrow{k_1} R, \; dC_R/dt = 1.0 C_A C_B^{0.5}$$
$$A + B \xrightarrow{k_2} S, \; dC_S/dt = 1.0 C_A^{0.5} C_B^{1.5}$$

① $\dfrac{1}{1 + C_A^{-0.5} C_B}$

② $\dfrac{1}{1 + C_A^{0.5} C_B^{-1}}$

③ $\dfrac{1}{C_A C_B^{0.5} + C_A^{0.5} C_B^{1.5}}$

④ $C_A^{0.5} C_B^{-1}$

해설
$\dfrac{dC_R/dt}{dC_R/dt + dC_S dt} = \dfrac{1.0 C_R C_B^{0.5}}{1.0 C_A C_B^{0.5} + 1.0 C_A^{0.5} C_B^{1.5}}$
$= \dfrac{1}{1 + C_A^{0.5} + C_B}$

정답 36 ② 37 ③ 38 ④ 39 ② 40 ①

제3과목 단위공정관리

41 27℃, 8기압의 공기 1kg이 밀폐된 강철용기 내에 들어 있다. 이 용기 내에 2공기 2kg을 추가로 집어넣었다. 이때 공기의 온도가 127℃이었다면 이 용기 내의 압력은 몇 기압이 되는가? (단, 이상기체로 가정한다.)

① 21　② 32
③ 48　④ 64

해설
$PV = nRT$
$8 \times V = \frac{1}{29} \times 0.082 \times 300$
$V = 0.106L$
$P \times 0.106 = \frac{3}{29} \times 0.082 \times 400$
$P = 32 atm$

42 10ppm SO_2을 %로 나타내면?

① 0.0001%　② 0.001%
③ 0.01%　④ 0.1%

해설
$PPM = 10^{-6}$
$\frac{10}{10^{-6}} \times 100 = 0.001\%$

43 100℃의 물 1,500g과 20℃의 물 2,500g을 혼합하였을 때의 온도는 몇 ℃인가?

① 20　② 30
③ 40　④ 50

해설
100℃물에서 잃은 열 = 20℃ 물에서 받은 열
물의 열용량은 1kcal/kg℃ - (1.5kg × 1kcal/℃ × (T_2 - 100)℃)
= 2.5kg × 1kcal/kg℃ × (T_2 - 20)℃
→ 4kcal/kg℃ × T_2 = 200kcal
∴ T_2 = 50℃

44 순수한 산소와 공기를 혼합하여 60vol%의 산소가 포함된 산소, 질소 혼합물을 만들려고 한다. 혼합물 제조 시 필요한 공기와 산소의 부피비를 옳게 나타낸 것은? (단, 공기는 산소 21vol%, 질소 79vol%이다.)

① 1 : 0.465　② 1 : 0.580
③ 1 : 0.673　④ 1 : 0.975

해설
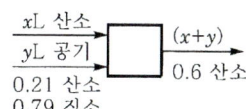
0.21 산소
0.79 질소
$x + 0.21y = (x+y)0.6$
$0.4x = 0.3ay$
$x = 0.975y$
공기 : 산소 = $y : x = y : 0.975y$
∴ 1 : 0.975

45 기화잠열을 추산하는 방법에 대한 설명 중 틀린 것은 어느 것인가?

① 포화압력의 대수값과 온도역수의 도시로부터 잠열을 추산하는 공식은 Clausius-Clapeyron equation이다.
② 기화잠열과 임계온도가 일정 비율을 가지고 있다고 추론하는 방법은 Trouton's rule이다.
③ 환산온도와 기화열로부터 잠열을 구하는 공식은 Watson's equation이다.
④ 정상비등온도와 임계온도·압력을 이용하여 잠열을 구하는 공식은 Riedel's equation이다.

해설
Trouton 식
$\frac{\Delta H}{T} = k$
(표준 끓는점에서 몰 증발잠열과 그 절대온도의 비는 일정)

정답 41 ② 42 ② 43 ④ 44 ④ 45 ②

46 탄소 3g이 산소 16g 중에서 완전연소되었다면 연소 후 혼합기체의 부피는 표준 상태를 기준으로 몇 L인가?

① 5.6　　② 11.2
③ 16.8　　④ 22.4

해설

$C + O_2 \rightarrow CO_2$

탄소 mol수 : 3/12 = 0.25mol
산소 mol수 : 16/32 = 0.5mol

	C	+	O_2	→	CO_2
	0.25		0.5		
	−0.25		−0.25		+0.25
	0		0.25		0.25

⇒ 총 0.5mol

1mol : 22.4L = 0.5mol : xL
x = 11.2L

47 라울(Raoult)의 법칙에 대한 설명이 아닌 것은?

① 라울(Raoult)의 법칙을 따르는 용액을 이상용액(ideal solution)이라 한다.
② 액체 혼합물에서 한 성분이 나타내는 증기압은 그 온도에서의 순성분 증기압에 액상혼합물 중의 몰분율을 곱한 것과 같다.
③ 라울(Raoult)의 법칙을 따르는 용액은 벤젠-톨루엔계와 같이 구조가 유사한 물질로 된 2성분계이다.
④ 액체에 녹는 기체의 질량은 온도에 비례하고 압력에 반비례한다.

해설

액체에 녹는 기체의 질량은 온도, 압력에 비례한다.

48 다음 중 국부속도(local velocity) 측정에 가장 적합한 것은?

① 오리피스미터　② 피토관
③ 벤투리미터　　④ 로터미터

해설

- 국부속도 측정에는 피토관이 사용된다.
- 로터미터 : 면적유량계
- 오리피스미터, 벤투리미터 : 차압유량계

49 동점도(kinematic viscosity)의 설명으로 틀린 것은?

① 점도를 밀도로 나눈 것이다.
② 기체의 동점도는 압력의 변화나 밀도의 변화에 무관하다.
③ 차원은 $[L^2 t^{-1}]$이다.
④ 스토크(stoke) 또는 센티스토크(centistoke)의 단위를 쓰기도 한다.

해설

동점도는 점도를 밀도로 나눈 값으로 압력과 온도의 함수이다.

50 관벽을 통해 일어나는 열전달에 있어 총괄 열전달계수에 영향을 미치지 않는 인자는?

① 관벽의 열전도도　② 관 밖의 열전달계수
③ 관의 외경　　　　④ 온도차

해설

열전달에 있어 총괄 열전달계수에 영향을 미치지 않는 인자는 온도차이다.

51 3중 효용관의 첫 증발관에 들어가는 수증기의 온도는 110℃이고 맨 끝 효용관에서 용액의 비점은 53℃이다. 각 효용관의 총괄 열전달계수(W/m² · ℃)가 2,500, 2,000, 1,000일 때 2효용관 액의 끓는점은 약 몇 ℃인가? (단, 비점 상승이 매우 작은 액체를 농축하는 경우이다.)

① 73　　② 83
③ 93　　④ 103

해설

$R_1 : R_2 : R_3 = \dfrac{1}{V_1} : \dfrac{1}{V_2} : \dfrac{1}{V_3} = \dfrac{1}{2,500} : \dfrac{1}{2,000} : \dfrac{1}{1,000}$
$= 4 : 5 : 10$

$R_T = 4 + 5 + 10 = 19$

$\dfrac{\Delta T_1}{R_1} = \dfrac{\Delta T_2}{R_2} = \dfrac{\Delta T_3}{R_3} = \dfrac{\Delta T}{R_T}$

$\Delta T_1 = \dfrac{\Delta T}{R_T} R_1 = 11.79$

$T_2 = 108 - 11.79 = 96.21$

$\Delta T_2 = \dfrac{\Delta T}{R_T} R_2 = 14.74$

$T_3 = 96.21 - 14.74 = 81.5℃$

정답 46 ② 47 ④ 48 ② 49 ② 50 ④ 51 ②

52 2가지 이상의 휘발성 물질의 혼합물을 분리시키는 조작은?

① 증류 ② 추출
③ 침출 ④ 증발

해설
증류
2가지 이상의 휘발성 물질의 혼합물을 분리시키는 조작

53 농축 조작선 방정식에서 환류비가 R일 때 조작선의 기울기를 옳게 나타낸 것은? (단, X_W는 탑제품 몰분율이고, X_D는 탑상 제품 몰분율이다.)

① $\dfrac{1}{R+1}$ ② $\dfrac{X_W}{R+1}$
③ $\dfrac{X_D}{R+1}$ ④ $\dfrac{R}{R+1}$

해설
상부 조작선 : $y = \dfrac{R}{R+1}x + \dfrac{X_D}{R+1}$

여기서, $\dfrac{R}{R+1}$: 기울기

$\dfrac{X_D}{R+1}$: 절편

54 흡수 충전탑에서 조작선(operating line)의 기울기를 $\dfrac{L}{V}$이라 할 때 틀린 것은?

① $\dfrac{L}{V}$의 값이 커지면 탑의 높이는 낮아진다.
② $\dfrac{L}{V}$의 값이 작아지면 탑의 높이는 높아진다.
③ $\dfrac{L}{V}$의 값은 흡수탑의 경제적인 운전과 관계가 있다.
④ $\dfrac{L}{V}$의 최솟값은 흡수탑 하부에서 기-액 간의 농도차가 가장 클 때의 값이다.

해설
조작선의 기울기 값이 커지면 흡수의 추진력이 커지므로 흡수탑의 높이는 작아도 된다.

55 다음 중 원유의 비중을 나타내는 지표로 사용되는 것은?

① Baume ② Twaddell
③ API ④ Sour

해설
API는 원유의 비중을 나타내는 지표이다.

56 물질의 증발잠열(heat of vaporization)을 예측하는 데 사용되는 식은?

① Raoult의 식
② Fick의 식
③ Clausius-Clapeyron의 식
④ Fourier의 식

해설
Clausius-Clapeyron 식 : $d\ln P = \dfrac{\Delta HV}{RT}$
증발잠열을 예측하는 데 사용된다.

57 18℃, 700mmHg에서 상대습도 50%의 공기의 몰습도는 약 몇 kmol H₂O/kmol 건조공기인가? (단, 18℃의 포화수증기압은 15.477mmHg이다.)

① 0.001 ② 0.011
③ 0.022 ④ 0.033

해설
상대습도 = $\dfrac{\text{실제증기압}}{\text{포화수증기압}} \times 100\%$

$0.5 = \dfrac{x}{15.477} \Rightarrow x = 7.7385\text{mmHg}$

kmol H₂O/kmol 건조공기

$= \dfrac{(\text{실제증기압})}{(\text{전체압} - \text{실제증기압})}$

$= \dfrac{(7.7385)}{(700 - 7.7385)}$

$= 0.011$

정답 52 ① 53 ④ 54 ④ 55 ③ 56 ③ 57 ②

58 5wt% NaOH 수용액을 시간당 500kg씩 증발기 속으로 공급하여 25wt%까지 농축하려고 한다. 이때 시간당 몇 kg씩 물을 증발시켜야 하는가?

① 325 ② 400
③ 450 ④ 475

해설

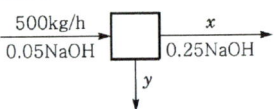

$(500)(0.05) = x(0.25)$
∴ $x = 100$ kg/h, $y = 400$ kg/h

59 다음 중 기계적 분리조작과 가장 거리가 먼 것은 어느 것인가?

① 여과 ② 침강
③ 집진 ④ 분쇄

해설
여과, 침강, 집진은 기계적 분리조작이다.
분쇄는 고체입자를 작게 부수는 조작으로 기계적 분리조작과 거리가 멀다.

60 세기 성질(Intensive property)이 아닌 것은?

① 내부에너지
② 온도
③ 압력
④ (질량)(길이)$^{-3}$

해설
㉠ 크기 성질 : 계의 크기에 비례하는 성질
㉡ 세기 성질 : 계의 크기와 무관한 성질

제4과목 화공계측제어

61 가정의 주방용 전기오븐을 원하는 온도로 조절하고자 할 때 제어에 관한 설명으로 다음 중 가장 거리가 먼 것은?

① 피제어변수는 오븐의 온도이다.
② 조절변수는 전류이다.
③ 오븐의 내용물은 외부교란변수(외란)이다.
④ 설정점(set point)는 전압이다.

해설
설정점은 설정한 온도이다.

62 아날로그 계장의 경우 센서 전송기의 출력신호, 제어기의 출력신호는 흔히 4~20mA의 전류로 전송된다. 이에 대한 설명으로 틀린 것은 어느 것인가?

① 전류신호는 전압신호에 비하여 장거리 전송시 전자기적 잡음에 덜 민감하다.
② 0%를 4mA로 설정한 이유는 신호선의 단락여부를 쉽게 판단하고, 0% 신호에서도 전자기적 잡음에 덜 민감하게 하기 위함이다.
③ 0~150℃ 범위를 측정하는 전송기의 이득은 150/16(℃/mA)이다.
④ 제어기 출력으로 ATC(Air-To-Close) 밸브를 동작시키는 경우, 8mA에서 밸브 열림도(valve position)가 0.75가 된다.

해설
전송기의 이득은 16/150 (mA/℃)이다.

63 PID 제어기에서 Derivative Kick을 방지하는 방법은?

① Bumpless transfer 동작을 첨가한다.
② 미분상수를 음수로 한다.
③ Anti-reset windup 동작을 첨가한다.
④ 미분동작을 공정변수에만 적용한다.

해설
Derivative Kick을 방지하기 위해서는 제어기에서 미분동작을 제거하고, 미분동작을 공정변수에만 적용한다.

정답 58 ② 59 ④ 60 ① 61 ④ 62 ③ 63 ④

64 모델식이 다음과 같은 공정의 Laplace 전달함수로 옳은 것은? (단, y는 출력변수, x는 입력변수이며 $Y(s)$와 $X(s)$는 각각 y와 x의 Laplace 변환이다.)

$$a_2 \frac{d^2y}{dt^2} + a_1 \frac{dy}{dt} + a_0 y = b_1 \frac{dx}{dt} + b_0 x$$
$$\frac{dy}{dt}(0) = y(0) = x(0) = 0$$

① $\dfrac{Y(s)}{X(s)} = \dfrac{a_2 s^2 + a_1 s + a_0}{b_1 s + b_0}$

② $\dfrac{Y(s)}{X(s)} = \dfrac{b_1 + b_0 s}{a_2 + a_1 s + a_0 s^2}$

③ $\dfrac{Y(s)}{X(s)} = \dfrac{b_1 s + b_0}{a_2 s^2 + a_1 s + a_0}$

④ $\dfrac{Y(s)}{X(s)} = \dfrac{b_1 + b_0 s}{a_2 s^2 + a_1 s + a_0}$

해설

$a_2 \dfrac{d^2y}{dt^2} + a_1 \dfrac{dy}{dt} + a_0 y = b_1 \dfrac{dx}{dt} + b_0 x$

$\rightarrow a_2[s^2 Y(s) = sY'(0) = Y''(0)]$
$\quad + a_1[sY(s) - Y'(0)] + a_0 Y(s)$
$\quad = b_1[sX(s) - X'(s)] + b_0 X(s)$

$(a_2 s^2 + a_1 s + a_0)Y(s) = (bs + b_0)X(s)$

$\therefore \dfrac{Y(s)}{X(s)} = \dfrac{b_1 s + b_0}{a_2 s^2 + a_1 s + a_0}$

65 전달함수가 $\dfrac{5s+1}{2s+1}$인 장치에 크기가 2인 계단입력이 들어왔을 때의 시간에 따른 응답은?

① $2 - 3e^{\frac{-t}{2}}$ ② $2 + 3e^{\frac{-t}{2}}$

③ $2 + 3e^{-2t}$ ④ $2 - 3e^{-2t}$

해설

$X(s) = \dfrac{2}{s}$, $G(s) = \dfrac{5s+1}{2s+1}$

$Y(s) = \dfrac{5s+1}{2s+1} \cdot \dfrac{2}{s} = \dfrac{2(5s+1)}{s(2s+1)} = 2\left[\dfrac{1}{s} + \dfrac{3}{2s+1}\right]$

역변환하면,

$y(t) = 2(1 + \dfrac{3}{2}e^{-\frac{t}{2}}) = 2 + 3e^{\frac{-t}{2}}$

66 바닥면적 $4m^2$의 빈 수직탱크에 물이 $f(t) = 10$L/min의 유속으로 공급될 때 시간에 따른 탱크 내부의 액위(m) 변화 $h(t)$와 라플라스 변환된 $H(s)$는? (단, Lapalce 변수 s의 단위는 [1/min]이다.)

① $h(t) = 0.0025t$, $H(s) = \dfrac{0.0025}{s^2}$

② $h(t) = 0.0025t$, $H(s) = \dfrac{0.0025}{s}$

③ $h(t) = 0.0025t^2$, $H(s) = \dfrac{0.0025}{s^2}$

④ $h(t) = 0.0025t^2$, $H(s) = \dfrac{0.0025}{s}$

해설

㉠ $h(t) = \dfrac{f(t)}{A}$
$= \dfrac{10\text{L/min}}{4\text{m}^2}$
$= \dfrac{10\text{L/min}}{4\text{m}^2} \cdot \dfrac{10^{-3}\text{m}^3}{1\text{L}}$
$\therefore h(t) = 0.0025t$

㉡ $H(s) = \mathcal{L}(h(t)) = \mathcal{L}(0.0025t) = \dfrac{0.0025}{s^2}$

67 다음 공정의 단위계단 응답은?

$$G_P(s) = \frac{4s^2 - 6}{s^2 + s - 6}$$

① $y(t) = 1 + e^{2t} + e^{-2t}$

② $y(t) = 1 + 2e^{2t} + e^{-2t}$

③ $y(t) = 1 + 2e^{2t} + e^{-3t}$

④ $y(t) = 1 + e^{2t} + 2e^{-3t}$

해설

단위계단 응답 : $\dfrac{1}{S}$

$Y(s) = G(s) \cdot X(s)$
$= \dfrac{4s^2 - 6}{s^2 + s - 6} \times \dfrac{1}{s}$
$= \dfrac{1}{s} + \dfrac{1}{s-2} + \dfrac{2}{s+3}$
$= y(t) = 1 + e^{2t} + 2e^{-3t}$

정답 64 ③ 65 ② 66 ① 67 ④

68 어떤 계의 단위계단 응답이 $(1-e^{-2t})$라고 하면 이 계의 단위충격(unit impulse) 응답은?

① $-e^{-2t}$ ② $\dfrac{1}{2}e^{-2t}$

③ $-\dfrac{1}{2}e^{-2t}$ ④ $2e^{-2t}$

해설

단위계단 응답을 미분하면 단위충격 응답이 되므로
$$\dfrac{d}{dt}(1-e^{-2t})=2e^{-2t}$$

70 전달함수가 다음과 같이 주어진 계가 역응답(inverse response)을 갖기 위한 τ값은?

$$G(s)=\dfrac{4}{2s+1}-\dfrac{1}{\tau s+1}$$

① $\tau<2$ ② $\tau>2$

③ $\tau>\dfrac{1}{2}$ ④ $\tau<\dfrac{1}{2}$

해설

역응답 ⇒ 전달함수의 영점이 양수
$$G(s)=\dfrac{4(\tau s+1)-(2s+1)}{(2s+1)(\tau s+1)}=\dfrac{4(\tau-2)s+3}{(2s+1)(\tau s+1)}$$
$$s=-\dfrac{3}{4\tau-2}>0=\tau<\dfrac{1}{2}$$

69 그림의 블록선도에서 전달함수 $Y(s)/R(s)$를 구하면?

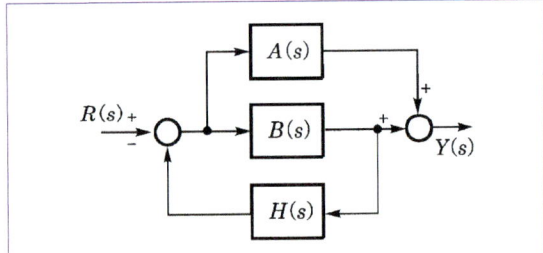

① $\dfrac{H(s)}{A(s)+B(s)}$ ② $\dfrac{H(s)B(s)}{1+A(s)B(s)}$

③ $\dfrac{H(s)A(s)B(s)}{1+A(s)+B(s)}$ ④ $\dfrac{A(s)+B(s)}{1+H(s)B(s)}$

해설

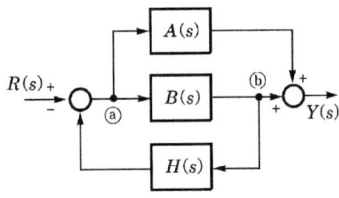

ⓐ $= R - H \times$ ⓑ

ⓑ $= B \times$ ⓐ $= BR - BH \times$ ⓑ

∴ ⓑ $= \dfrac{BR}{1+BH}$

$Y=$ ⓑ $+$ ⓐ $\times A = \dfrac{BR}{1+BH} + AR - \dfrac{AHBR}{1+BH}$

∴ $\dfrac{Y}{R} = \dfrac{B+A(1+BH)-ABH}{1+BH} = \dfrac{A+B}{1+BH}$

71 비례제어기에서 비례제어 상수를 선형계가 안정되도록 결정하기 위해 비례제어 상수를 0으로 놓고 특성방정식을 푼 결과 서로 다른 세 개의 음수의 실근이 구해졌다. 비례제어 상수를 점점 크게 할 때 나타나는 현상을 옳게 설명한 것은?

① 특성방정식은 비례제어 상수와 관계없으므로 세 개의 실근값은 변화가 없으며 계는 계속 안정하다.
② 비례제어 상수가 커짐에 따라 세 개의 실근값 중 하나는 양수의 실근으로 가게 되므로 계가 불안정해진다.
③ 비례제어 상수가 커짐에 따라 세 개의 실근값 중 두 개는 음수의 실수값을 갖는 켤레 복소수 근으로 갖게 되므로 계의 안정성은 유지된다.
④ 비례제어 상수가 커짐에 따라 세 개의 실근값 중 두 개는 양수의 실수값을 갖는 켤레 복소수 근으로 갖게 되므로 계가 불안정해진다.

해설

근 궤적 선도를 그리면 pole의 점 중 실수축 상의 홀수번째 점의 왼쪽에 존재하며, 점근선의 각도는 $\dfrac{2k+1}{3}\pi(k=0,1,2)$이므로 아래와 같이 그려진다.

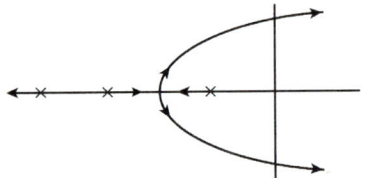

정답 68 ④ 69 ④ 70 ④ 71 ④

72 그림과 같은 제어계에서 입력은 R, 출력은 C라 할 때 전달함수는?

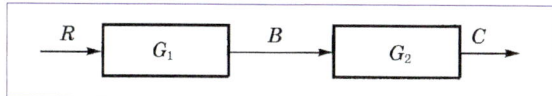

① $G_1 G_2$ ② G_1/G_2
③ $G_1 - G_2$ ④ $G_1 + G_2$

해설
$C = BG_1$, $B \cdot RG_1$ 이므로
$C = G_1 \cdot G_2 R$
따라서 전달함수는 $G_1 \cdot G_2$

73 비례-적분 제어기의 주파수 응답에서 위상각 $\emptyset$ 는?

① $-90° < \emptyset < 0°$ ② $0° < \emptyset < 90°$
③ $-180° < \emptyset < 0°$ ④ $0° < \emptyset < 180°$

해설
비례적분 : $-90° < \emptyset < 0°$
비례미분 : $0° < \emptyset < 90°$

74 어떤 공정에 대하여 수동모드에서 제어기 출력을 10% 계단 증가시켰을 때 제어변수가 초기에 5%만큼 증가하다가 최종적으로는 원래 값보다 10%만큼 줄어들었다. 이에 대한 설명으로 옳은 것은? (단, 공정 입력의 상승이 공정출력의 상승을 초래하면 정동작 공정이고, 공정출력의 상승이 제어출력의 상승을 초래하면 정동작 제어기이다.)

① 공정이 정동작 공정이므로 PID 제어기는 역동작으로 설정해야 한다.
② 공정이 정동작 공정이므로 PID 제어기는 정동작으로 설정해야 한다.
③ 공정 이득값은 제어변수 과도응답 변화 폭을 기준하여 -1.5이다.
④ 공정 이득값은 과도응답 최대치를 기준하여 0.5이다.

해설
공정이 역동작인 경우 제어기는 정동작이어야 한다.

75 비례대가 거의 영에 가까운 제어동작은?

① PD 제어동작   ② PI 제어동작
③ PID 제어동작   ④ on-off 제어동작

해설
on-off controller는 진동이 일정하므로 비례대가 거의 0에 가깝다.

76 다음 중 되먹임 제어계가 불안정한 경우에 나타나는 특성은?

① 이득여유(gain margin)가 1보다 작다.
② 위상여유(phase margin)가 0보다 크다.
③ 제어계의 전달함수가 1차계로 주어진다.
④ 교차주파수(crossover frequency)에서 갖는 개루프 전달함수의 진폭비가 1보다 작다.

해설
되먹임 제어계가 불안정한 경우에는 이득여유가 1보다 작다.

77 주파수 응답을 이용한 3차계의 안정성을 판정하기 위한 이득여유에 관한 설명으로 옳은 것은?

① 계가 안정하기 위해서는 Bode 선도 중 위상각이 $-180°$일 때의 진폭비가 1보다 작아야 하므로 이득여유는 1에서 이때 진폭비를 뺀 값이 된다.
② 계가 안정하기 위해서는 Bode 선도 중 위상각이 $-180°$일 때의 진폭비가 1보다 작아야 하지만 로그좌표를 사용하므로 이득여유는 이때 진폭비의 역수가 된다.
③ 계가 안정하기 위해서는 Bode 선도 중 위상각이 $-180°$일 때의 진폭비가 1보다 커야 하므로 이득여유는 이때의 진폭비에서 1을 뺀 값이 된다.
④ 계가 안정하기 위해서는 Bode 선도 중 위상각이 $-180°$일 때의 진폭비가 1보다 커야 하지만 로그좌표를 사용하므로 이득여유는 이때 진폭비가 된다.

해설
주파수 응답법에서 계가 안정하기 위해서는 G_{OL}(개루프 전달함수)의 위상각이 -180도일 때 진폭비가 1보다 작아야 한다.

정답 72 ①   73 ①   74 ②   75 ④   76 ①   77 ②

78 다음의 미분방정식을 푼 결과로 옳은 것은?

$$\frac{d}{dt}f(t) + 2f(t) = 0, \ f(0) = 1$$

① $f(t) = e^{-2t}$ ② $f(t) = e^2$
③ $f(t) = 2e^t$ ④ $f(t) = 2e^{-1}$

해설
$sF(s) - f(0) + 2F(s) = 0$
$F(s) = \dfrac{1}{s+2}$
$\to f(t) = e^{-2t}$

79 다음과 같은 특성식(characteristic equation)을 갖는 계가 있다면 이 계는 Routh 시험법에 의하여 다음의 어느 경우에 해당하는가?

$$s^4 + 3s^3 + 5s^2 + 4s + 2 = 0$$

① 안정(stable)하다.
② 불안정(unstable)하다.
③ 모든 근(root)이 허수축의 우측 반면에 존재한다.
④ 감쇠진동을 일으킨다.

해설
$s^4 + 3s^3 + 5s^2 + 4s + 2 = 0$
[Routh 시험법]

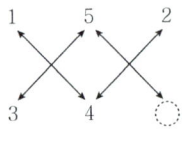

$\dfrac{15-4}{3} \quad \dfrac{8-0}{4}$
$\parallel \qquad \parallel$
$\dfrac{11}{3} > 0 \quad 2$

$\dfrac{\dfrac{44}{3} - 6}{\dfrac{11}{3}} = \dfrac{44-18}{11} = \dfrac{26}{11} > 0$

$\dfrac{\dfrac{26}{11} \times 2 - \bigcirc}{\dfrac{26}{11}} = \dfrac{52}{26} > 0$

1열 모두 양수 → ∴ stable

80 현장에서 주로 쓰이는 대부분의 제어밸브가 등비(equalpercentage) 조절특성을 나타내는 가장 큰 이유는?

① 밸브의 열림특성이 좋기 때문이다.
② 밸브의 무반응 영역이 존재하지 않기 때문이다.
③ 밸브의 공동화(cavitation) 현상이 없기 때문이다.
④ 설치밸브특성(installed valve character-istics)이 선형성을 보이기 때문이다.

해설
제어밸브가 등비 조절특성을 나타내는 것은 설치밸브 특성이 선형성을 보이기 때문이다.

정답 78 ① 79 ① 80 ④

M/E/M/O

제2회 적중 예상문제

제1과목 공업합성

01 H_2와 Cl_2를 직접 결합시키는 합성염화수소의 제법에서는 활성화된 분자가 연쇄를 이루기 때문에 반응이 폭발적으로 진행된다. 실제 조작에서 폭발을 막기 위해 행하는 조치는?

① 반응압력을 낮추어 준다.
② 수증기를 공급하여 준다.
③ 수소를 다소 과잉으로 넣는다.
④ 염소를 다소 과잉으로 넣는다.

해설
폭발 방지를 위해 수소가스를 과잉으로 사용하여 염소가스를 미반응 상태가 되지 않도록 한다.
$H_2 : Cl_2 = 1.2 : 1$

02 SO_2가 SO_3로 변화할 때 생성되는 반응열(ΔH)은 약 얼마인가? (단, ΔH_f는 SO_2 : -70.96kcal/mol, SO_3 : -94.45kcal/mol이다.)

① -165kcal/mol ② -95kcal/mol
③ -71kcal/mol   ④ -24kcal/mol

해설
$SO_2 + \frac{1}{2}O_2 \rightarrow SO_3$
$-94.45 + 70.96 = -23.49$ kcal/mol

03 소다회(Na_2CO_3) 제조방법 중 NH_3를 회수하는 것은?

① 산화철법   ② 가성화법
③ Solvay법   ④ Leblanc법

해설
$2NH_4Cl + Ca(OH)_2 \rightarrow 2NH_3 + 2H_2O + CaCl_2$

04 연실법 Glover 탑의 질산 환원공정에서 35wt% HNO_3 250kg으로부터 NO를 약 몇 kg 얻을 수 있는가?

① 2.17   ② 4.17
③ 6.17   ④ 8.17

해설
HNO_3의 양 : $\frac{35kg}{100kg} \times 250kg = 87.5kg = 0.1389$kmol

$4HNO_3 \rightarrow 4NO + 2H_2O + 3O_2$
0.1389kmol   0.1389kmol

$0.1389\text{kmol} \times \frac{30kg}{1kmol} = 4.17$kg

05 인광석에 의한 과인산석회 비료의 제조공정 화학반응식으로 옳은 것은?

① $CaH_4(PO_4)_2 + NH_3 \rightleftarrows NH_4H_2PO_4 + CaHPO_4$
② $Ca_3(PO_4)_2 + 4H_3PO_4 + 3H_2O \rightleftarrows 3[CaH_4(PO_4)_2 \cdot H_2O]$
③ $Ca_3(PO_4)_2 + 2H_2SO_4 + 5H_2O \rightleftarrows CaH_4(PO_4)_2 \cdot H_2O + 2(CaSO_4 \cdot 2H_2O)$
④ $Ca_3(PO_4)_2 + 4HCl \rightleftarrows CaH_4(PO_4)_2 + 2CaCl_2$

해설
인광석에 의한 과인산석회 비료의 제조공정 화학반응식
$Ca_3(PO_4)_2 + 2H_2SO_4 + 5H_2O \rightarrow CaH_4(PO_4)_2 \cdot H_2O + 2(CaSO_4 \cdot 2H_2O)$

06 Solvay법(암모니아 소다법)에서 암모니아를 회수하기 위해서 사용되는 것은?

① $Ca(OH)_2$ ② $Ca(NO_3)_2$
③ $NaHSO_4$ ④ $NaHCO_3$

해설
Solvay법 암모니아 회수
$2NH_4Cl + Ca(OH)_2 \rightarrow 2NH_3 + CaCl_2 + 2H_2O$

정답 01 ③ 02 ④ 03 ③ 04 ② 05 ③ 06 ①

07 수분 14%, NH₄HCO₃ 3.5%가 포함된 NaHCO₃ 케이크 1,000kg이 있다. 이 NaHCO₃가 단독으로 분해하면 물 몇 kg이 생성되는가?

① 108.25 ② 98.46
③ 88.39   ④ 68.65

해설

$2NaHCO_3 \rightarrow Na_2CO_3 + H_2O + CO_2$
9.82kmol   4.91kmol

NaHCO₃의 몰수

$\dfrac{82.5kg}{100kg} \Big| \dfrac{1,000kg}{} \Big| \dfrac{1kmol}{84kg} = 9.82kmol$

물의 양 : $4.91kmol \times \dfrac{18kg}{1kmol} = 88.39kg$

08 화학비료를 토양시비 시 토양이 산성화가 되는 주된 원인으로 옳은 것은?

① 암모늄 이온(종)   ② 토양콜로이드
③ 황산 이온(종)   ④ 질산화미생물

해설

황산기(이온)은 토양을 산성화하는 성질이 있다.

09 Ni/Cd 전지에서 음극의 수소 발생을 억제하기 위해 음극에 과량을 첨가하는 물질은?

① Cd(OH)₂   ② KOH
③ MnO₂   ④ Ni(OH)₂

해설

Ni/Cd 전지에서 음극의 수소 발생을 억제하기 위해 음극에 과량으로 첨가하는 물질 : Cd(OH)₂

10 반도체 공정 중 감광되지 않은 부분을 제거하는 공정은?

① 노광   ② 에칭
③ 세정   ④ 산화

해설

에칭공정의 설명이다.

11 페놀 수지에 대한 설명 중 틀린 것은?

① 열가소성 수지이다.
② 우수한 기계적 성질을 갖는다.
③ 전기적 절연성, 내약품성이 강하다.
④ 알칼리에 약한 결점이 있다.

해설

① 열경화성 수지이다.

12 에틸렌과 프로필렌을 공이량화(co-dimerization)시킨 후 탈수소시켰을 때 생성되는 주물질은?

① 이소프렌   ② 클로로프렌
③ n-펜탄   ④ n-헥센

해설

에틸렌 + 프로필렌 공이량화 후 수소 제거 ⇒ 이소프렌

13 벤조트리클로리드를 알칼리로 가수분해시켰을 때 얻을 수 있는 주생성물은?

① 벤조산   ② 페놀
③ 소듐페녹시드 ④ 염화벤젠

해설

상업적으로 판매되는 벤조산 : Toluene에 산소를 사용해서 부분적으로 산화시킨 것

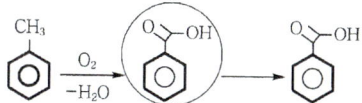

14 테레프탈산을 얻을 수 있는 반응은?

① m-크실렌(xylene)의 산화
② p-크실렌(xylene)의 산화
③ 나프탈렌의 산화
④ 벤젠의 산화

해설

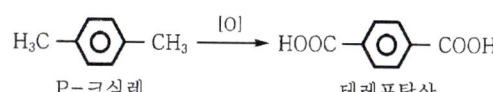

15 나프타를 열분해(Thermal cracking)시킬 때 주로 생성되는 물질로 거리가 먼 것은?

① 에틸렌　② 벤젠
③ 프로필렌　④ 메탄

해설
나프타를 열분해시키면 대부분 지방족 탄화수소가 생성되며, 접촉분해 시 방향족 탄화수소가 생성된다.

16 밀도 1.15g/cm³인 액체가 밑면의 넓이 930cm², 높이 0.75m인 원통 속에 가득 들어있다. 이 액체의 질량은 약 몇 kg인가?

① 8.0　② 80.2
③ 186.2　④ 862.5

해설
$V = 0.093m^2 \times 0.75m = 0.06975m^2$
∴ $1,150kg/m^3 \times 0.06975m^2 = 80.2kg$

17 Nylon6의 원료 중 caprolactam의 화학식에 해당하는 것은?

① $C_6H_{11}NO_2$　② $C_6H_{11}NO$
③ C_6H_7NO　④ $C_6H_7NO_2$

해설
나일론6
ε-카프롤락탐을 합성하고 이를 고리열림 중합시켜 제조하다.

18 디메틸테레프탈레이트와 에틸렌글리콜을 축중합하여 얻어지는 것은?

① 아크릴 섬유　② 폴리아미드 섬유
③ 폴리에스테르 섬유　④ 폴리비닐알코올 섬유

해설
디메틸테레프탈레이트 + 에틸렌글리콜
　　　　↓ 축합중합
⇒ 폴리에스테르

19 일반적으로 화장품, 의약품, 정밀화학 제조 등의 화학공업에 주로 사용되는 반응 공정은 어떠한 형태인가?

① 회분식 반응 공정
② 연속식 반응 공정
③ 유동층 반응 공정
④ 관형 반응 공정

해설
회분식 반응 공정의 설명이다.

20 부식반응에 대한 구동력(electromotive force) E는? (단, $\triangle G$는 깁스자유에너지, n은 금속 1몰당 전자의 몰수, F는 패러데이 상수이다.)

① $E = -nF$
② $E = -nF/\triangle G$
③ $E = -nF\triangle G$
④ $E = -\triangle G/nF$

해설
부식반응 $E = -\triangle G/nF$

제2과목　반응운전

21 이상기체에 대하여 $C_P - C_v = nR$이 적용되는 조건은?

① $\left(\dfrac{\partial V}{\partial T}\right)_P = 0$　② $\left(\dfrac{\partial C_v}{\partial V}\right)_T = R$

③ $\left(\dfrac{\partial H}{\partial V}\right)_T = R$　④ $\left(\dfrac{\partial U}{\partial V}\right)_T = 0$

해설
$dV = TdS - PdV$
$\left(\dfrac{dU}{dV}\right)_T = T\left(\dfrac{dS}{dV}\right)_T - P = T\left(\dfrac{dP}{dT_V}\right) - P = P - P = 0$

정답 15 ②　16 ②　17 ②　18 ③　19 ①　20 ④　21 ④

22 실험실에서 부동액으로 30mol% 메탄올 수용액 4L를 만들려고 한다. 25℃에서 4L의 부동액을 만들기 위하여 25℃의 물과 메탄올을 각각 몇 L씩 섞어야 하는가?

25℃	순수 성분	30mol%의 메탄올 수용액의 부분 mole 부피
메탄올	40.727cm³/g·mol	38.632cm³/g·mol
물	18.068cm³/g·mol	17.765cm³/g·mol

① 메탄올 = 2,000L, 물 = 2,000L
② 메탄올 = 2,034L, 물 = 2,106L
③ 메탄올 = 2,064L, 물 = 1,936L
④ 메탄올 = 2,100L, 물 = 1,900L

해설

$38.632x + (17.765)\left(\dfrac{7}{3}x\right) = 4,000$

$\therefore x = 49.95$

메탄올 부피(30%) → 물 부피 : $\dfrac{7}{3} \times (70\%)$

$\therefore$ 메탄올 = $49.95 \times 40.727 = 2,034$L

물 = $\dfrac{7}{3} \times 49.95 \times 18.068 = 2,106$L

23 다음 중 열역학 제2법칙의 수학적인 표현으로 올바른 것은?

① $\Delta U + \dfrac{\Delta u^2}{2} + g\Delta_z = Q - W$

② $\Delta S_{total} \geq 0$

③ $\lim\limits_{T \to 0} \Delta S = 0$

④ $dU = dQ - dW$

해설

열역학 제2법칙

엔트로피는 $ds = \dfrac{dQ}{T}$ 로 정의하며

모든 변화과정에 대해 $\Delta S_{total} \geq 0$ 이다.

24 평형(equilibrium)의 정의와 가장 거리가 먼 것은 어느 것인가?

① $\Delta G_{T.P} = 0$
② 시간에 따른 열역학적 특성 변화가 없는 상태
③ 정반응 속도와 역반응의 속도가 같다.
④ $\Delta V_{mix} = 0$

해설

평형에서는 정반응속도와 역반응속도가 같다.
시간에 따른 열역학적 특성 변화가 없다.
$(\Delta G)_{T.P} = 0$

25 이상기체가 가역공정을 거칠 때, 내부 에너지의 변화와 엔탈피의 변화가 항상 같은 공정은?

① 정적공정 ② 등온공정
③ 등압공정 ④ 단열공정

해설

등온공정($dT = 0$) : 이상기체일 때 내부 에너지와 엔탈피는 온도의 함수이므로 그 값은 0이 된다.

26 다음 열역학식 중 틀린 것은? (단, H : 엔탈피, Q : 열량, P : 압력, V : 부피, G : 깁스 에너지, S : 엔트로피, W : 일)

① $H = Q - PV$
② $G = H - TS$
③ $\Delta S = \int dQ_{rec}/T$
④ $W = -\int PdV$

해설

$H = U + PV$

정답 22 ② 23 ② 24 ④ 25 ② 26 ①

27 다음 중 혼합물에서 성분 I의 화학포텐셜(chemical potential)을 올바르게 나타낸 것은? (단, nA : 총 헬름홀츠에너지, nG : 총 깁스에너지, P : 압력, T : 절대온도, n_i : 성분 i의 몰수, n_j : i번째 성분 이외의 모든 몰수를 일정하게 유지한다는 뜻이다.)

① $\mu_i = \left(\dfrac{\partial(nA)}{\partial n_i}\right)_{P,T,n_j}$

② $\mu_i = \left(\dfrac{\partial(nA)}{\partial n_i}\right)_{P,V,n_j}$

③ $\mu_i = \left(\dfrac{\partial(nG)}{\partial n_i}\right)_{P,T,n_j}$

④ $\mu_i = \left(\dfrac{\partial(nG)}{\partial n_i}\right)_{P,V,n_j}$

해설

$\overline{M_i} = \left(\dfrac{\partial(nm)}{\partial n_i}\right)_{P,T,n_j}$

위 식은 용액 내의 i성분 부분 몰성질을 나타낸다. 부분 몰 깁스에너지는 화학포텐셜과 동일하다.

$\mu_i = \overline{G_i} = \left(\dfrac{\partial(nG)}{\partial n_i}\right)_{P,V,n_j}$

28 일정온도 80℃에서 라울(Raoult)의 법칙에 근사적으로 일치하는 아세톤과 니트로메탄 이성분계가 기액평행을 이루고 있다. 아세톤의 액상 몰분율이 0.4일 때 아세톤의 기체상 몰분율은? (단, 80℃에서 순수 아세톤과 니트로메탄의 증기압은 195.75kPa, 50.32kPa이다.)

① 0.85　　② 0.72
③ 0.28　　④ 0.15

해설

$P = x_A P_A{}^* + x_N P_N{}^* = 0.4 \times 195.75 + 0.6 \times 50.32$

$y_A = x_A P_A{}^*/P = \dfrac{0.4 \times 195.75}{6.4 \times 195.75 + 0.6 \times 50.32} = 0.72$

29 이성혼합물에 대한 깁스-두헴(Gibbs-Duhem)식에 속하지 않는 것은? (단, γ는 활성도계수(activity coefficient), μ는 화학포텐셜, x는 몰분율)

① $x_1\left(\dfrac{\partial \ln\gamma_1}{\partial x_1}\right)_{P_1 T} + (1-x_1)\left(\dfrac{\partial \ln\gamma_2}{\partial x_1}\right)_{P,T} = 0$

② $x_1\left(\dfrac{\partial \mu_1}{\partial x_1}\right)_{P_1 T} + (1-x_1)\left(\dfrac{\partial \mu_2}{\partial x_1}\right)_{P,T} = 0$

③ $x_1 d\mu_1 + x_2 d\mu_2 = 0 \,(const.\,T,\,P)$

④ $\mu_1 dx_1 + \mu dx_2 = 0 \,(const.\,T,\,P)$

해설

Gibbs-Duhem 식

$\left(\dfrac{\partial M}{\partial P}\right)_{T,x} dP + \left(\dfrac{\partial M}{\partial T}\right)_{P,x} dT - \sum x_i d\overline{M_i} = 0$

T, P가 상수일 때, $\sum x_i d\overline{M_i} = 0$

$x_1 d\overline{M_1} + x_2 d\overline{M_2} = 0$

$x_1 \dfrac{d\overline{M_1}}{dx_1} + x_2 \dfrac{d\overline{M_2}}{dx_1} = 0$

$\sum x_i dmu_i = 0$

$\sum x_i d\ln f_i = 0$

$\sum x_i d\ln r_i = 0$

30 반응물질 A는 2L/min 유속으로 부피가 2L인 혼합흐름 반응기에 공급된다. 이때 A의 출구 농도 C_{AP} =0.2mol/L이고, 초기 농도 $C_{A0} = 0.2$mol/L일 때 A의 반응속도는?

① 0.045mol/L·min　② 0.062mol/L·min
③ 0.18mol/L·min　　④ 0.1mol/L·min

해설

$\tau = \dfrac{V}{V_0} = \dfrac{2L}{2L/min} = 1min$

1분당 반응기에 반응물질이 2L 꽉 찼다가 빠져 나간다.

$C_{A0} - C_A = (0.2 - 0.02)$mol/L $= 0.18$mol/L

분당 2L가 들어갔으므로

0.18mol/L × 2L = 0.36mol

분당 2L가 들어가며, 0.36mol이 반응한다.

즉, A의 반응속도 $= \dfrac{0.36mol}{2L \times min} = 0.18$mol/L·min

정답 27 ③　28 ②　29 ④　30 ③

31 액상 1차 가역반응($A \rightleftharpoons R$)을 등온반응시켜 80%의 평형전화율(X_{Ae})을 얻으려 할 때, 적절한 반응온도(℃)는? (단, 반응열은 온도에 관계없이 −10,000 cal/mol로 일정하고, 25℃에서의 평형상수는 300, R의 초기농도는 0이다.)

① 75　　② 127
③ 185　　④ 212

해설

$$k = Ae^{\frac{-E}{RT}}$$

$k_1 = 300$, $k_2 = \dfrac{X}{1-X} = 4$

$$\frac{k_2}{k_1} = \frac{Ae^{\frac{-E}{RT_2}}}{Ae^{\frac{-E}{RT_1}}} = e^{\frac{E}{R}\left(\frac{1}{T_1} - \frac{1}{T_2}\right)}$$

$$\frac{300}{4} = e^{\frac{-10,000 cal/mol \times 4.1858 J/cal}{8.314}\left(\frac{1}{298} - \frac{1}{T}\right)}$$

$\therefore T = 400K = 127℃$

32 기초 2차 액상반응은 2A → 2R을 순환비가 2인 등온 플러그흐름 반응기에서 반응시킨 결과 50%의 전화율을 얻었다. 동일 반응에서 순환류를 폐쇄시킨다면 전화율은?

① 0.6　　② 0.7
③ 0.8　　④ 0.9

해설

$X_{A_1} = \left(\dfrac{R}{R+1}\right)X_{Af} = \left(\dfrac{2}{2+1}\right) \times \dfrac{50}{100} = \dfrac{1}{3}$

$$\frac{\tau}{C_{A0}} = \frac{V}{F_{A0}} = (R+1)\int_{X_{A_1}}^{X_{Af}} \frac{dX_A}{-r_A} = 3\int_{X_{A_1}}^{X_{Af}} \frac{dX_A}{kC_{A0}^2(1-X_A)^2}$$

$$= \frac{3}{kC_{A0}^2} \times \int_{X_{A_1}}^{X_{Af}} \frac{dX_A}{(1-X_A)^2} = \frac{3}{kC_{A0}^2}\left[\frac{1}{(1-X_A)}\right]_{\frac{1}{3}}^{\frac{1}{2}}$$

$= \dfrac{3}{2kC_{A0}^2}$

$\therefore k\tau C_{A0} = 1.5$이므로

if) $R = 0$

$\dfrac{\tau}{C_{A0}} = \int_0^{X_A} \dfrac{dX}{kC_{A0}^2(1-X)^2} = \dfrac{1}{kC_{A0}^2}\left(\dfrac{X_A}{1-X_A}\right)$

$k\tau C_{A0} = \dfrac{X_A}{1-X_A} = 1.5$

$\therefore X_A = 0.6$

33 HBr의 생성반응 속도식이 다음과 같을 때 k_1의 단위는?

$$r_{HBr} = \frac{k_1[H_2][Br_2]^{1/2}}{k_2 + [HBr]/[Br_2]}$$

① $(mol/m^3)^{-1.5}(s)^{-1}$　　② $(mol/m^3)^{-1.0}(s)^{-1}$
③ $(mol/m^3)^{-0.5}(s)^{-1}$　　④ $(s)^{-1}$

해설

{k_2 + [HBr]/[Br$_2$]} 단위는 무차원이므로

$(mol/m^3 \cdot s) = (mol/m^3)^1 \cdot (mol/m^3)^{\frac{1}{2}} \cdot K$

$\therefore k$의 단위 : $(mol/m^3)^{-0.5} \cdot s^{-1}$

34 $C_{A0} = 1$, $C_{R0} = C_{S0} = 0$, $A \to R \leftrightarrow S$, $k_1 = k_2 = k_{-2}$일 때, 시간이 충분히 지나 반응이 평형에 이르렀을 때 농도의 관계로 옳은 것은?

① $C_A = C_R$　　② $C_A = C_S$
③ $C_R = C_S$　　④ $C_A \neq C_R \neq C_S$

해설

$A \to R \leftrightarrow S$에서 $k_1 = k_2 = k_{-2}$이므로 모두 가역반응이면 평형에 도달한다. 그런데 $A \to R$의 비가역반응이 있으므로 $C_R = C_S$, $C_A \neq C_R$이다.

35 A → Product인 액상 반응의 속도식은 다음과 같다. 혼합 흐름 반응기의 용적이 20L일 때 A가 60% 반응하는 데 필요한 공급속도를 구하면? (단, 초기 농도 $C_{A0} = 1$mol/L이다.)

$$-r_A = 0.1C_A^2 [mol/L \cdot min]$$

① 0.533mol/min　　② 1.246mol/min
③ 1.961mol/min　　④ 2.115mol/min

해설

$-r_A = 0.1C_A^2 = 0.1\{C_{A0}/(1-X_A)\}^2 = (0.1)(0.4)^2$

$-r_A = \dfrac{dF_A}{dV} = \dfrac{F_A}{\Delta V} = (0.1)(0.4)^2$

$\therefore F_A = \Delta V(0.1)(0.4)^2 = 20 \cdot 0.1 \cdot (0.4)^2$

정답 31 ②　32 ①　33 ③　34 ③　35 ①

36 체적이 일정한 회분식 반응기에서 다음과 같은 1차 가역반응이 초기 농도가 0.1mol/L인 순수 A로부터 출발하여 진행된다. 평형에 도달했을 때 A의 분해율이 85%이면 이 반응의 평형상수 K_c는 얼마인가?

$$A \underset{k_1}{\overset{k_2}{\rightleftarrows}} R$$

① 0.18　　② 0.57
③ 1.76　　④ 5.67

해설

$A \underset{k_1}{\overset{k_2}{\rightleftarrows}} R$

처음	C_{A0}	
반응	$-X_A C_{A0}$	$X_A C_{A0}$
	$(1-X_A)C_{A0}$	$X_A C_{A0}$

$\therefore K_c = \dfrac{X_A C_{A0}}{(1-X_A)C_{A0}} = \dfrac{X_A}{1-X_A} = 5.67$

37 액상반응이 다음과 같이 병렬반응으로 진행될 때 R을 많이 얻고 S를 적게 얻으려면 A, B의 농도는 어떻게 되어야 하는가?

$$A + B \xrightarrow{k_1} R, \quad r_R = k_1 C_A C_B^{0.5}$$
$$A + B \xrightarrow{k_2} S, \quad r_S = k_2 C_A^{0.5} C_B$$

① C_A는 크고, C_B도 커야 한다.
② C_A는 작고, C_B는 커야 한다.
③ C_A는 크고, C_B는 작아야 한다.
④ C_A는 작고, C_B도 작아야 한다.

해설

$\dfrac{r_R}{r_R + r_S} = \dfrac{k_1 C_A C_B^{0.5}}{k_1 C_A C_B^{0.5} + k_2 C_A^{0.5} C_B}$

$= \dfrac{k_1 C_A^{0.5}}{k_1 C_A^{0.5} + k_2 C_B^{0.5}}$

38 다음의 액상반응에서 R이 요구하는 물질일 때에 대한 설명으로 가장 거리가 먼 것은?

$$A + B \rightarrow R, \quad r_R = k_1 C_A C_S$$
$$R + B \rightarrow S, \quad r_S = k_2 C_R C_S$$

① A에 B를 조금씩 넣는다.
② B에 A를 조금씩 넣는다.
③ A와 B를 빨리 혼합한다.
④ A의 농도가 균일하면 B의 농도는 관계없다.

해설

R이 요구하는 물질일 경우 C_A의 농도는 높게, C_R의 농도는 낮게 유지해야 한다. 그러므로 R의 수득률을 높이기 위해서는 A와 B를 빨리 혼합하거나 A에 B를 조금씩 넣으면 된다. 한편, A의 농도가 균일한 경우 R의 수득률은 B의 농도와 관계없다.

39 $A \xrightarrow{k_1} R \xrightarrow{k_2} S$ 반응에서 R의 농도가 최대가 되는 점은? (단, $k_1 = k_2$이다.)

① $C_A > C_S$　　② $C_R = C_S$
③ $C_A = C_S$　　④ $C_A = C_R$

해설

$dC_R/dt = k_1 C_A - k_2 C_A = 0$

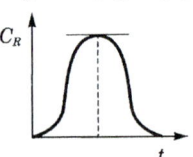

→ 미분값이 0일 때 C_R 농도 최대
$k_1 = k_2 \Rightarrow C_A = C_R$

40 밀도 1.15g/cm³인 액체가 밑면의 넓이 930cm², 높이 0.75m인 원통 속에 가득 들어있다. 이 액체의 질량은 약 몇 kg인가?

① 8.0　　② 80.2
③ 186.2　　④ 862.5

해설

$V = 0.093\text{m}^3 \times 0.75\text{m} = 0.06975\text{m}^3$
$\therefore 1,150\text{kg/m}^3 \times 0.06975\text{m}^3 = 80.2\text{kg}$

정답 36 ④　37 ③　38 ②　39 ④　40 ②

제3과목 단위공정관리

41 에탄올 20wt%, 수용액 200kg을 증류장치를 통하여 탑 위에서 에탄올 40wt% 수용액 20kg을 얻었다. 탑 밑으로 나오는 에탄올 수용액의 농도는 약 얼마인가?

① 3wt%   ② 8wt%
③ 12wt% ④ 18wt%

해설

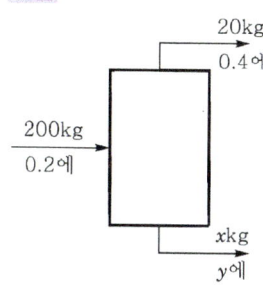

$200 = 20 + x$
$\therefore x = 180kg$
$(200)(0.2) = (20)(0.4) + (180)y$
$\therefore y = 0.1778 = 17.78wt\%$

42 다음 중 임계상태에 대한 설명으로 옳은 것은 어느 것인가?

① 임계온도 이하의 기체는 압력을 아무리 높여도 액체로 변화시킬 수 없다.
② 임계압력 이하의 기체는 온도를 아무리 낮추어도 액체로 변화시킬 수 없다.
③ 임계점에서 체적에 대한 압력의 미분값이 존재하지 않는다.
④ 증발잠열이 0이 되는 상태이다.

해설
임계상태는 상의 경계가 사라진 상태로 증발잠열이 존재하지 않는다.

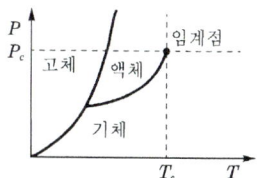

43 탄산가스 30vol%, 일산화탄소 5vol%, 산소 10vol%, 질소 55vol%인 혼합가스의 평균 분자량은? (단, 모두 이상기체로 가정한다.)

① 33.2   ② 43.2
③ 45.2   ④ 47.2

해설
몰분율 = 부피분율 = 압력분율
$M_{CO_2} = 44$, $M_{CO} = 28$, $M_{O_2} = 32$, $M_{N_2} = 28$
$\overline{M} = (44)(0.3) + (28)(0.05) + (32)(0.1) + (28)(0.55) = 33.2$

44 이상기체 1몰이 300K에서 100kPa로부터 400kPa로 가역과정으로 등온압축되었다. 이때 작용한 일의 크기를 옳게 나타낸 것은?

① $(1)(8.314)(300)\ln\frac{400}{100}[J]$
② $(1)(8.314)(\frac{1}{300})\ln\frac{400}{100}[J]$
③ $(1)(\frac{1}{8.314})(300)\ln\frac{400}{100}[kJ]$
④ $(1)(\frac{1}{8.314})(\frac{1}{300})\ln\frac{400}{100}[kJ]$

해설
$W = +\int PdV = +\int \frac{nRT}{V}dV = nRT\ln\frac{V_2}{V_1}$
$W = (1)(8.314)(300K)\ln\left(\frac{400}{100}\right)[J]$

45 이상기체 혼합물일 때 참인 등식은?

① 몰% = 분압% = 부피%
② 몰% = 부피% = 중량%
③ 몰% = 중량% = 분압%
④ 몰% = 부피% = 질량%

해설
Dalton의 분압법칙과 Amagat의 법칙에서
압력분율 $\left(\dfrac{P}{P_1}\right)$ = 부피분율 $\left(\dfrac{V}{V_1}\right)$ = 몰분율 $\left(\dfrac{n}{n_1}\right)$

정답 41 ④ 42 ④ 43 ① 44 ① 45 ①

46 탄소 3g이 산소 16g 중에서 완전연소되었다면 연소 후 혼합기체의 부피는 0℃, 1atm에서 몇 L인가?

① 22.4 ② 16.8
③ 11.2 ④ 5.6

해설

$$C\ 3g \xrightarrow{\div 분자량(12)} 0.25mol$$
$$O_2\ 16g \xrightarrow{\div 분자량(32)} 0.5mol$$

$$\begin{array}{cccc} C & + & O_2 & - & CO_2 \\ 0.25 & & 0.5 & & \\ -0.25 & & -0.25 & & +0.25 \\ \hline 0 & & 0.25 & & 0.25 \end{array}$$
⇒ 전체 0.5mol 남음

$PV = nRT$

$V = \dfrac{nRT}{P} = \dfrac{0.5mol}{1atm} \cdot \dfrac{273K \cdot 0.082atm \cdot L}{K \cdot mol} = 11.193$

47 그림과 같은 3성분계에서의 평형곡선에 대한 설명으로 옳은 것은?

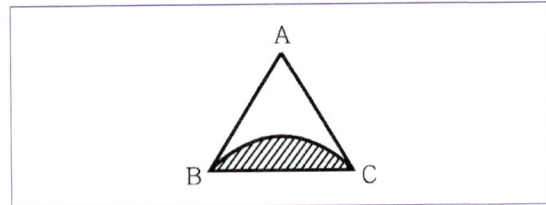

① A와 B는 잘 섞이지 않는다.
② B와 C는 잘 섞이지 않는다.
③ C와 A는 잘 섞이지 않는다.
④ 빗금친 부분에서 A, B, C는 완전혼합이다.

해설

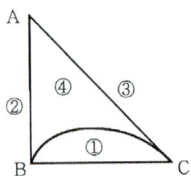

① : 층상분리(서로 안녹음)
②, ③ : 균일상이 되는 시작점
④ : 완전혼합

48 점도 0.05poise를 kg/m·s로 환산하면?

① 0.005 ② 0.025
③ 0.05   ④ 0.25

해설
$\mu = 0.05\,poise$
$= 0.005\,pa \cdot s(kg/m \cdot s)$
여기서, $1poise = \dfrac{1}{10} pa \cdot s$

49 다음 중 디스크의 형상을 원뿔모양으로 바꾸어서 유체가 통과하는 단면이 극히 작은 구조로 되어 있기 때문에 고압 소유량의 유체를 누설없이 조절할 목적에 사용하는 것은?

① 콕밸브(cock valve)
② 체크밸브(check valve)
③ 게이트밸브(gate valve)
④ 니들밸브(needle valve)

해설
니들밸브의 설명이다.

50 Fourier의 법칙에 대한 설명으로 옳은 것은?

① 전열속도는 온도차의 크기에 비례한다.
② 전열속도는 열전도도의 크기에 반비례한다.
③ 열플럭스는 전열면적의 크기에 반비례한다.
④ 열플럭스는 표면계수의 크기에 비례한다.

해설
Fourier's law
$q = -kA\dfrac{dT}{dX}$

정답 46 ③ 47 ② 48 ① 49 ④ 50 ①

51 p-Xylene 40mol%, o-Xylene 60mol%인 혼합물을 비점으로 연속 공급하여 탑정 중의 p-Xylene을 95mol%로 만들고자 한다. 비휘발도가 1.5라면 최소 환류비는 얼마인가?

① 1.5 ② 2.5
③ 3.5 ④ 4.5

해설

최소 환류비 $R_m = \dfrac{x_p - y'}{y' - x'}$

여기서,
$x_D = 0.95$
x', y' : 원료 공급선과 평형선 교점
비점으로 공급 $q = 1$, 비휘발도 $\alpha = 1.5$

$y = -\dfrac{q}{1-q}x + \dfrac{x_F}{1-q}$

$\therefore x = x_F = 0.4$

평형선 식

$y = \dfrac{\alpha x}{1 + (\alpha +1)x} = \dfrac{1.5x}{1+0.5x}$

$\therefore x' = 0.4, \ y = 0.5$

$\therefore R_m = \dfrac{0.95 - 0.5}{0.5 - 0.4} = 4.5$

52 C_2H_4 40kg을 연소시키기 위하여 800kg의 공기를 공급하였다. 과잉공기 백분율을 구하면 약 몇 %인가?

① 45.2 ② 35.2
③ 25.2 ④ 12.2

해설

$C_2H_4 + 3O_2 \rightarrow 2CO_2 + 2H_2O$

$\left. \begin{array}{l} 22\text{kg}: 3\times 32\text{kg} \\ 40\text{kg}: x \end{array} \right\} \rightarrow x = 137\text{kgO}_2$

$\dfrac{137\text{kgO}_2}{} \Big| \dfrac{1\text{air}}{0.232\text{O}_2} = 591\text{kg air}$

$\therefore$ 과잉공기 백분율(%)
$= \dfrac{800 - 591}{591} \times 100 ≒ 35.36\%$

53 탑 내에서 기체속도를 점차 증가시키면 탑 내 액정체량(hold up)이 증가함과 동시에 입력손실도 급격히 증가하여 액체가 아래로 이동하는 것을 방해할 때의 속도를 무엇이라고 하는가?

① 평균속도 ② 부하속도
③ 초기속도 ④ 왕일속도

해설

부하속도의 설명이다.

54 건조조작에서 임계 함수율(critical moisture content)을 옳게 설명한 것은?

① 건조속도가 0일 때의 함수율이다.
② 감률 건조기간이 끝날 때의 함수율이다.
③ 항률 건조기간에서 감률 건조기간으로 바뀔 때의 함수율이다.
④ 건조조작이 끝날 때의 함수율이다.

해설

임계 함수율 ; 항률 건조기간→감률 건조기간으로 바뀔 때의 함수율

55 20℃, 730mmHg에서 상대습도가 75%인 공기가 있다. 공기의 mol 습도는? (단, 20℃에서 물의 증기압은 17.5mmHg이다.)

① 0.0012 ② 0.0076
③ 0.0183 ④ 0.0375

해설

㉠ 상대습도 75%

$H_R = \dfrac{P}{P_S} \times 100 = 75\%$

여기서, $P_S = 17.5$mmHg이다.

$\therefore P = 0.75 \times P_S = 0.75 \times 1.75 = 13.125$mmHg

㉡ 몰 습도는

$H_M = \dfrac{P}{P_1 - P} = \dfrac{13.125}{730 - 13.125}$

$= 0.0183 \dfrac{\text{mol H}_2O}{\text{mol dry air}}$

정답 51 ④ 52 ② 53 ② 54 ③ 55 ③

56 상대휘발도에 관한 설명 중 틀린 것은?

① 휘발도는 어느 성분의 분압과 몰분율의 비로 나타낼 수 있다.
② 상대휘발도는 2물질의 순수성분 증기압의 비와 같다.
③ 상대휘발도가 클수록 증류에 의한 분리가 용이하다.
④ 상대휘발도는 액상과 기상의 조성에는 무관하다.

해설

상대휘발도

$$\alpha = \frac{증기조성}{액조성} = \frac{\frac{y}{1-y}}{\frac{x}{1-x}} = \frac{P_A}{P_B}$$

여기서, x : 저비점의 액조성, y : 저비점의 증기조성
등온에서 $P_A > P_B$

57 25℃에서 71g의 Na_2SO_4(분자량=142)를 물 200g에 녹여 만든 용액의 증기압은? (단, 25℃에서 순수한 물의 증기압은 25mmHg이고, Raoult의 법칙을 이용한다.)

① 23.9mmHg   ② 22.0mmHg
③ 20.1mmHg   ④ 18.5mmHg

해설

$y_A P = x_A P_A^{sat}$
$y_B P = x_B P_B^{sat}$ $\Rightarrow$ $P = (y_A + y_B)P = x_A P_A^{sat} + x_B P_B^{sat}$

- Na_2SO_4 mol수 : $\frac{71}{142} = 0.5$mol → 2개 Na 이온 / 1개 SO_4 이온
  (A) $0.5 \times 3 = 1.5$mol
- H_2O mol수 : $\frac{200}{18} = 11.11$mol
  (B)

물 순수증기압 × 물의 몰분율
$= 25 \times \frac{11.11}{11.11 + 1.5} = 22.03$mmHg

58 다음 중 가장 낮은 압력을 나타내는 것은 어느 것인가?

① 760mmHg   ② 101.3kPa
③ 14.2psi   ④ 1bar

해설

① 760mmHg = 1atm

② $\frac{101.3 \times 10^3 Pa}{} \cdot \frac{1atm}{1.01325 \times 10^5 Pa} = 0.999$atm

③ $\frac{14.2psi}{} \cdot \frac{1atm}{14.7psi} = 0.965$atm

④ $\frac{1bar}{} \cdot \frac{1atm}{1.01325bar} = 0.987$atm

59 액체와 비교한 초임계 유체의 성질로서 틀린 것은 어느 것인가?

① 밀도가 크다.   ② 점도가 낮다.
③ 고압이 필요하다.   ④ 용질의 확산도가 높다.

해설

① 밀도가 낮다.

60 연속 입출력 흐름과 내부 가열기가 있는 저장조의 온도제어 방법 중 공정제어 개념이라고 볼 수 없는 것은?

① 유입되는 흐름의 유량을 측정하여 저장조의 가열량을 조절한다.
② 유입되는 흐름의 온도를 측정하여 저장조의 가열량을 조절한다.
③ 유출되는 흐름의 온도를 측정하여 저장조의 가열량을 조절한다.
④ 저장조의 크기를 증가시켜 유입되는 흐름의 온도 영향을 줄인다.

해설

온도제어 방법 중 공정제어의 개념
㉠ 유입되는 흐름의 유량을 측정하여 저장조의 가열량을 조절한다.
㉡ 유입되는 흐름의 온도를 측정하여 저장조의 가열량을 조절한다.
㉢ 유출되는 흐름의 온도를 측정하여 저장조의 가열량을 조절한다.

정답 56 ④ 57 ② 58 ③ 59 ① 60 ④

제4과목 화공계측제어

61 여름철 사용되는 일반적인 에어컨(air conditioner)의 동작에 대한 설명 중 틀린 것은?

① 온도 조절을 위한 피드백 제어 기능이 있다.
② 희망온도가 피드백 제어의 설정값에 해당된다.
③ 냉각을 위하여 에어컨으로 흡입되는 공기의 온도변화가 외란에 해당된다.
④ 사용되는 제어방법은 주로 On/Off 제어이다.

해설
외란으로는 외부온도 변화 등이 있음.

62 $F(s) = \dfrac{4(s+2)}{s(s+1)(s+4)}$ 인 신호의 최종값(final value)은?

① 2　　② ∞
③ 0　　④ 1

해설
$$\lim_{t \to \infty} f(t) = \lim_{s \to 0} sF(s) = \lim_{s \to 0} \frac{4s \cdot (s+2)}{s(s+1)(s+4)} = 2$$

63 Routh array에 의한 안정성 판별법 중 옳지 않은 것은?

① 특성방정식에 계수가 다른 부호를 가지면 불안정하다.
② Routh array의 첫 번째 칼럼의 부호가 바뀌면 불안정하다.
③ Routh array test를 통해 불안정한 pole의 개수도 알 수 있다.
④ Routh array의 첫 번째 칼럼에 0이 존재하면 불안정하다.

해설
Routh array의 첫 번째 칼럼에 존재하는 0은 안정성에 영향을 미치지 않는다.

64 시정수가 0.1분이며 이득이 1인 1차 공정의 특성을 지닌 온도계가 90℃로 정상상태에 있다. 시간 $t=0$ 일 때 이 온도계를 100℃인 곳에 옮겼다면 몇 분 후에 98℃에 도달하겠는가?

① 0.161　　② 0.230
③ 0.303　　④ 0.404

해설
$$G(s) = \frac{1}{\tau s + 1} = \frac{1}{0.1s+1} = \frac{10}{S+10}$$
$$f(t) = 10 \to F(s) = \frac{10}{S}$$
$$Y(s) = G(s)F(s) = \frac{10}{S+10} \times \frac{10}{S} = 10\left(\frac{1}{S} - \frac{1}{S+10}\right)$$
$$y(t) = 10(1-e^{-10t})$$
$y(t) = 8$에서 $1 - e^{-10t} = 0.8$
$\therefore t = 0.161$

65 다음 중 $y(s) = \dfrac{w}{(s+a)^2 + w^2}$ 의 Laplace 역변환은?

① $y(t) = \exp(-at)\sin(wt)$
② $y(t) = \sin(wt)$
③ $y(t) = \exp(at)\cos(wt)$
④ $y(t) = \exp(at)$

해설
$\exp(-at)f(t) \xrightarrow{\mathcal{L}} F(s+a)$

66 2차계의 전달함수가 아래와 같을 때 시간상수(τ)와 제동계수(damping ratio; ζ)는?

$$\frac{Y(s)}{X(s)} = \frac{4}{9s^2 + 10.8s + 9}$$

① $\tau = 1, \zeta = 0.4$　　② $\tau = 1, \zeta = 0.6$
③ $\tau = 3, \zeta = 0.4$　　④ $\tau = 3, \zeta = 0.6$

해설
2차계 전달함수 : $\dfrac{Y(s)}{X(s)} = \dfrac{\frac{4}{9}}{s^2 + \frac{10.8}{9}s + 1} = \dfrac{K_c}{\tau^2 s^2 + 2\tau\zeta s + 1}$

$\therefore \tau^2 = 1, \tau = 1$
$2\tau\zeta = \dfrac{10.8}{9}, \therefore \zeta = \dfrac{10.8}{18} = 0.6$

정답 61 ③　62 ①　63 ④　64 ①　65 ①　66 ②

67 전달함수 $\dfrac{2(3s+1)}{(5s+1)(2s+1)}e^{-4s}$ 로 표현되는 공정에 단위계단 입력이 들어왔을 때의 응답과 관련한 내용으로 틀린 것은? (단, 시간단위는 분이다.)

① 출력응답은 최종적으로 6만큼 변한다.
② 실제 출력변화는 4분 지난 후에 발생한다.
③ 역응답(inverse response)은 보이지 않는다.
④ 극점값이 실수이므로 진동응답은 발생하지 않는다.

해설
① 최종치 정리 ⇒ 2(×)
② 시간 지연 4 ⇒ (○)
③ 영점이 음수 → 역응답 × ⇒ (○)
④ 극점이 실수 → 진동 × ⇒ (○)

68 그림과 같은 제어계에서 전달함수 $\dfrac{C}{U_1}$는?

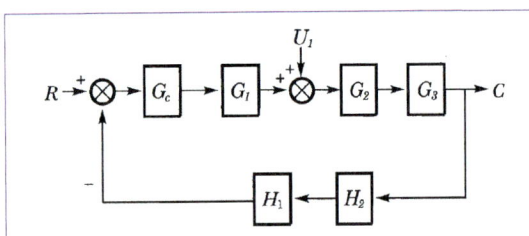

① $\dfrac{G_2 G_3}{1 + G_c G_1 G_2 G_3 H_1 H_2}$

② $\dfrac{G_c G_1 G_2 G_3}{1 + G_c G_1 G_2 H_1 H_2}$

③ $\dfrac{G_2 G_3}{1 + G_2 G_3 H_1 H_2}$

④ $\dfrac{G_c G_1 G_2 G_3}{1 + G_c G_1 G_2 G_3}$

해설

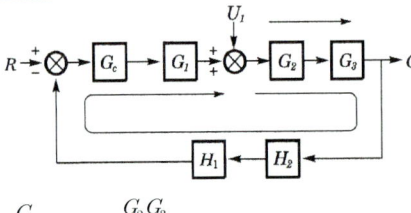

$\dfrac{C}{U_1} = \dfrac{G_2 G_3}{1 + G_c G_1 G_2 G_3 H_1 H_2}$

69 다음 그림에서와 같은 제어계에서 안정성을 갖기 위한 K_c의 범위(lower bound)를 가장 옳게 나타낸 것은?

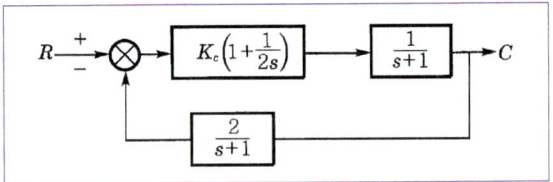

① $K_c > 0$
② $K_c > \dfrac{1}{2}$
③ $K_c > -\dfrac{2}{3}$
④ $K_c > 2$

해설
$$G(s) = \dfrac{K_c(1+\dfrac{1}{2s})(\dfrac{1}{s+1})}{1 + K_c(1+\dfrac{1}{2s})(\dfrac{1}{s+1})(\dfrac{2}{s+1})}$$

$$= \dfrac{\dfrac{K_c(2s+1)}{2s(s+1)}}{\dfrac{2s(s+1)^2 + K_c(2s+1) \cdot 2}{2s(s+1)^2}}$$

$$= \dfrac{K_c(2s^2+3s+1)}{2(s^3+2s^2+s) + 2K_c(2s+1)}$$

$$= \dfrac{K_c(2s^2+3s+1)}{2s^3 + 4s^2 + (2+4K_c)s + 2K_c}$$

특성방정식 = $2s^3 + 4s^2 + (2+4k_c)s + 2K_c$

라우스 배열

2	$2+4K_c$
4	$2K_c$
$\dfrac{8+16K_c-4K_c}{4}$	
$\dfrac{12K_c+8}{4} > 0$	

$\therefore K_c > -\dfrac{2}{3}$

70 기초적인 되먹임 제어(feedback control) 형태에서 발생되는 여러 가지 문제점들을 해결하기 위해서 사용되는 보다 진보된 제어방법 중 Smith Predictor는 어떤 문제점을 해결하기 위하여 채택된 방법인가?

① 역응답
② 지연시간
③ 비선형 요소
④ 변수 간 상호 간섭

해설
Smith Predictor : 지연시간 해결

정답 67 ① 68 ① 69 ③ 70 ②

71 비례적분(PI) 제어계에 단위계단 변화의 오차가 인가되었을 때 비례이득(K_c) 또는 적분시간(τ_1)을 응답으로부터 구하는 방법이 타당한 것은?

① 절편으로부터 적분시간을 구한다.
② 절편으로부터 비례이득을 구한다.
③ 적분시간과 무관하게 기울기에서 비례이득을 구한다.
④ 적분시간은 구할 수 없다.

해설

$G_{P_1} = K_c(1+\dfrac{1}{\tau_1 s})$에서 단위 계단 변화의 오차가 인가된 경우 $Y(S) = \dfrac{K_c}{s} + \dfrac{K_c}{\tau_1 s^2}$이므로 $y(t) = K_c + \dfrac{K_c}{\tau_1}t$이다. 그러므로 절편으로부터 비례 이득을 구한다.

72 최종값에 도달하는 제어시간은 오래 걸리나 offset을 제거할 수 있는 제어기는?

① 비례 제어기
② 비례–미분 제어기
③ 비례–적분 제어기
④ 미분 제어기

해설

제어기에 적분동작을 도입하면 offset을 제어할 수 있다.

73 PID 제어기 조율에 대한 지침 중 잘못된 것은?

① 적분시간은 미분시간보다 작게 주되 1/4 이하로는 줄이지 않는 것이 바람직하다.
② 공정이득(process gain)이 커지면 비례이득(proportional gain)은 대략 반비례의 관계로 줄인다.
③ 지연시간(dead time)/시상수(time constant) 비가 커질수록 비례이득을 줄인다.
④ 적분시간을 늘리면 응답 안정성이 커진다.

해설

① 시간지연이 큰 공정은 미분동작은 크게, 적분동작은 작게 설정한다.

PID 제어기 조율
- 공정의 시간상수가 클수록 적분 시간 값을 크게 설정해준다.
- 공정이득이 커지면 비례이득을 줄인다.
- 지연시간/시상수의 비가 커지면 비례이득을 줄인다.
- 적분시간을 늘리면 응답 안정성이 커진다.

74 순수한 적분공정에 대한 설명으로 옳은 것은?

① 진폭비(amplitude ratio)는 주파수에 비례한다.
② 입력으로 단위임펄스가 들어오면 출력은 계단형 신호가 된다.
③ 작은 구멍이 뚫린 저장탱크의 높이와 입력 흐름의 관계는 적분공정이다.
④ 이송지연(transportation lag) 공정이라고 부르기도 한다.

해설

적분공정의 경우 입력으로 단위임펄스($X_{(s)}=1$)이 들어오면, 출력은 계단형 신호$\left(Y_{(s)}=\dfrac{1}{s}\right)$가 된다.

75 $G(s) = \dfrac{1}{(s+1)^3}$ 인 공정에 $C(s) = K_c\left(1+\dfrac{1}{2s}\right)$인 PI 제어기가 연결되었을 때, 폐루프가 안정하기 위한 K_c의 최대치와 임계주파수(critical frequency 또는 phase crossover frequency) 값은?

① (4.34, 1.33 (radian/time))
② (0.23, 1.33 (radian/time))
③ (4.34, 2.68 (radian/time))
④ (0.23, 2.68 (radian/time))

해설

$G_t(s) = \dfrac{G(s)}{1+G(s)C(s)}$
$= \dfrac{K_c(2s+1)}{2s(s+1)^3}$

특성방정식
$1+G_t(s) = 0$에서
$2s^4 + 6s^3 + 6s^2 + 2(K_c+1)s + K_c = 0$

여기에 $s = j\omega$를 대입하면
$(2\omega^4 - 6\omega^2 + K_c) + (-6\omega^3 + 2(K_c+1)\omega)j = 0$

이므로 $K_c = 3\omega^2 - 1$
$\omega = \sqrt{\dfrac{3+\sqrt{17}}{2}} = 1.33 (\because \omega > 0)$
$K_{cu} = 3\omega^2 - 1 = 4.34$

정답 71 ② 72 ③ 73 ① 74 ② 75 ①

76 임계주파수(ultimate frequency)가 3이고, 임계이득(ultimate gain)이 4인 공정에 대해 공정입력 $u(t) = 2\sin(3t)$를 적용하면 시간이 많이 지난 후의 고정출력 $y(t)$는 무엇인가?

① $y(t) = \sin t$ ② $y(t) = \sin 3t$
③ $y(t) = 3\sin t$ ④ $y(t) = 0.5\sin(3t - \pi)$

해설

$W_c = 3$, $\dfrac{1}{AR} = 4$

$AR = 0.25$, $W = 3$, $\varnothing = 180°$

$u(t) = 2\sin(3t)$

$\therefore y(t) = 0.5\sin(3t - 180°) = 0.5\sin(3t - \pi)$

77 Bode 선도를 이용한 안정성 판별법 중 옳지 않은 것은?

① 위상 크로스오버 주파수(phase crossover frequency)에서 AR은 1보다 작아야 안정하다.
② 이득여유(gain margin)는 위상 크로스오버 주파수에서 AR의 역수이다.
③ 열린 루프에서 안정한 공정 전달함수에 대해서만 적용 가능하다.
④ 이득 크로스오버 주파수(gain crossover frequency)에서 위상각은 -180도보다 커야 안정하다.

해설

Bode선도를 이용한 안정성 판별은 닫힌 루프에 대해 적용 가능하다.

78 다음의 공정변수 제어 중 미분동작이 제어성능 향상에 가장 도움이 되는 경우는?

① 배관을 흐르는 기체 유량 제어
② 배관을 흐르는 액체 유량 제어
③ 혼합 탱크의 액위 제어
④ 반응기의 온도 제어

해설

제어기의 미분동작은 offset은 없어지지 않으나 최종값에 도달하는 시간이 단축되므로 반응이 온도 제어에 적합하다.

79 $S^3 + 4S^2 + 2S + 6 = 0$으로 특성방정식이 주어지는 계의 Routh 판별을 수행할 때 다음 배열의 (a), (b)에 들어갈 숫자는?

(행)		
①	1	2
②	4	6
③	(a)	
④	(b)	

① (a)=$\dfrac{1}{2}$, (b)=3 ② (a)=$\dfrac{1}{2}$, (b)=6
③ (a)=$-\dfrac{1}{2}$, (b)=3 ④ (a)=$-\dfrac{1}{2}$, (b)=6

해설

(a) : $\dfrac{(4 \times 2) - (1 \times 6)}{4} = 0.5$

(b) : $\dfrac{(0.5 \times 6) - (4 \times 0)}{0.5} = 6$

80 전달함수가 $G(s) = \dfrac{2}{3s+1}$와 같은 1차 공정 $G(s)$에 대하여 원하는 닫힌루프(closed-loop) 전달함수 $(C/R)_d$을 $(C/R)_d = \dfrac{1}{s+1}$이 되도록 제어기를 정하고자 한다. 이로부터 얻어지는 제어기는 어떤 형태이며, 그 제어기의 조정(tuning) 파라미터는 얼마인가?

① P 제어기이며, $K_c = 2/3$이다.
② PI 제어기이며, $K_c = 1.5$, $\tau_I = 3$이다.
③ PD 제어기이며, $K_c = 1/3$, $\tau_D = 2$이다.
④ PID 제어기이며, $K_c = 1.5$, $\tau_I = 2$, $\tau_D = 3$이다.

해설

$C/R = \dfrac{1}{s+1}$ 이므로 나올 수 있는 제어기는 PI 제어기밖에 없다.

PI : $K_c\left(1 + \dfrac{1}{\tau_I s}\right)$일 때

$C/R = \dfrac{2K_c\left(\dfrac{1}{3s+1}\right)\left(1 + \dfrac{1}{\tau_I s}\right)}{1 + 2K_c\left(\dfrac{1}{3s+1}\right)\left(1 + \dfrac{1}{\tau_I s}\right)}$

$= \dfrac{2K_c(\tau_I s + 1)}{(3s+1)\tau_I s + 2K_c(\tau_I s + 1)} = \dfrac{1}{s+1}$

이를 풀면 $K_c = 1.5$, $\tau_I = 3$

정답 76 ④ 77 ③ 78 ④ 79 ② 80 ②

M/E/M/O

제3회 적중 예상문제

제1과목　공업합성

01 HCl 가스를 합성할 때 H_2 가스를 이론량보다 과잉으로 넣어 반응시키는 주된 목적은?

① Cl_2 가스의 손실 억제
② 장치부식 억제
③ 반응열 조절
④ 폭발방지

해설
폭발방지를 위해 수소가스를 과잉으로 사용하여 염소가스를 미반응상태가 되지 않도록 한다.
$H_2 : Cl_2 = 1.2 : 1$

02 접촉식 황산제조 방법에 대한 설명 중 옳지 않은 것은?

① 백금, 바나듐 등의 촉매가 이용된다.
② SO_3는 물에만 흡수시켜야 한다.
③ 촉매층의 온도는 410~420℃로 유지하면 좋다.
④ 주요 공정별로 온도 조절이 중요하다.

해설
② SO_3는 흡수산(98% H_2SO_4)에 흡수시킨다.

03 N_2O_4와 H_2O가 같은 몰비로 존재하는 용액에 산소를 넣어 HNO_3 100kg을 만들고자 한다. 이때 필요한 산소의 양은 약 몇 kg인가? (단, 100% 반응이 일어난다고 가정한다.)

① 6.35　　② 12.7
③ 14.3　　④ 28.6

해설
$2N_2O_4 + 2H_2O + O_2 \rightarrow 4HNO_3$
　　　　　　　　0.4kmol　　1.59kmol

$0.4 \text{kmol} \times \dfrac{32\text{kg}}{1\text{kmol}} = 12.8\text{kg}$

04 다음 중 염산의 생산과 가장 거리가 먼 것은 어느 것인가?

① 직접합성법
② NaCl의 황산분해법
③ 칠레초석의 황산분해법
④ 부생염산 회수법

해설
③ 질산제법 : $NaNO_3 + H_2SO_4 \rightarrow HNO_3 + NaHSO_4$

05 가성소다 제조에 있어 격막법과 수은법에 대한 설명 중 틀린 것은?

① 전류밀도는 수은법이 격막법의 약 5~6배가 된다.
② 가성소다 제품의 품질은 수은법이 좋고 격막법은 약 1~1.5% 정도의 NaCl을 함유한다.
③ 격막법은 양극실과 음극실 액의 PH가 다르다.
④ 수은법은 고농도를 만들기 위해서 많은 증기가 필요하기 때문에 보일러용 연료가 필요하므로 대기오염의 문제가 없다.

해설
④ 수은법은 대기오염의 문제가 있다.

06 암모니아 합성장치 중 고온 전환로에 사용되는 재료로서, 뜨임취성의 경향이 작은 것은?

① 18-8 스테인리스강
② Cr-Mo강
③ 탄소강
④ Cr-Ni강

해설
Cr-Mo강은 뜨임취성의 경향이 발생하기 어렵다.

정답 01 ④　02 ②　03 ②　04 ③　05 ④　06 ②

07 비료 중 P_2O_5이 많은 순서대로 열거된 것은?

① 과인산석회 > 용성인비 > 중과인산석회
② 용성인비 > 중과인산석회 > 과인산석회
③ 과인산석회 > 중과인산석회 > 용성인비
④ 중과인산석회 > 소성인비 > 과인산석회

해설
중과인산석회(P_2O_5 50% 정도) > 소성인비(P_2O_5 40% 정도) > 과인산석회(P_2O_5 15~20% 정도)

08 실용전지 제조에 있어서 작용물질의 조건으로 가장 거리가 먼 것은?

① 경량일 것
② 기전력이 안정하면서 낮을 것
③ 전기용량이 클 것
④ 자기방전이 적을 것

해설
② 기전력이 안정하면서 커야 한다.

09 1,000ppm의 처리제를 사용하여 반도체 폐수 1,000 m^3/day를 처리하고자 할 때 하루에 필요한 처리제는 몇 kg인가?

① 1 ② 10
③ 100 ④ 1,000

해설
$1,000ppm = \dfrac{1000g}{1m^3}$

$\dfrac{1,000m^3}{day} \times \dfrac{1,000g}{1m^3} \times \dfrac{1kg}{1,000g} = 1,000kg$

10 $AlCl_3$와 $FeCl_3$는 어떤 시약에 해당하는가?

① 친전자시약 ② 친핵시약
③ 라디칼 제거시약 ④ 라디칼 생성시약

해설
염화금속($AlCl_3$, $FeCl_3$ 등)은 친전자시약이다.

11 니트릴이온(NO_2^+)을 생성하는 중요 인자로 밝혀진 것과 가장 거리가 먼 것은?

① $C_2H_5ONO_2$ ② N_2O_4
③ HNO_3 ④ N_2O_5

해설
니트로화제
질산, N_2O_4, N_2O_5, KNO_3, $NaNO_3$

12 Fischer 에스테르화 반응에 대한 설명으로 틀린 것은?

① 염기성 촉매하에서의 카르복시산과 알코올의 반응을 의미한다.
② 가역반응이다.
③ 알코올이나 카르복시산을 과량 사용하여 에스테르의 생성을 촉진할 수 있다.
④ 반응물로부터 물을 제거하여 에스테르의 생성을 촉진할 수 있다.

해설
④ 진한 황산 촉매하에서 카르복시산과 알코올의 반응을 의미한다.
$CH_3COOH + C_2H_5OH \xrightarrow[\text{탈수}]{C-H_2SO_4} CH_3COOC_2H_5 + H_2O$

13 다음 물질 중 친전자적 치환반응이 일어나기 쉽게 하여 술폰화가 가장 용이하게 일어나는 것은?

① $C_6H_5NO_2$ ② $C_6H_5NH_2$
③ $C_6H_5SO_3H$ ④ $C_6H_4(NO_2)_2$

해설
$C_6H_5NH_2$은 친전자적 치환반응이 일어나기 쉽게 하여 술폰화가 가장 용이하게 일어난다.

정답 07 ④ 08 ② 09 ④ 10 ① 11 ① 12 ① 13 ②

14 아세톤(acetone)에 과량의 페놀(phenol)을 섞어 HCl 촉매를 포화시킬 때 주로 생성되는 물질은?

① $CH_3CCl_2CH_3$

② $HO-\phenyl-\phenyl-OH$

③ $HO-\phenyl-CH(CH_3)_2$

④ $HO-\phenyl-C(CH_3)_2-\phenyl-OH$

해설
Bisphenol A : 페놀을 아세톤과 축합반응하여 제조한다. 에폭시 수지와 폴리카보네이트 수지 합성의 원료로 아주 중요하다.

15 수성가스로부터 인공석유를 만드는 합성법으로 옳은 것은?

① Williamson법
② Kolbe-Schmitt법
③ Fischer-Tropsch법
④ Hoffman법

해설
촉매를 사용하여 일산화탄소를 수소화하여 인공석유를 얻는 합성법으로 Fischer-Tropsch법이 있다.

16 정상상태의 라디칼 중합에서 모노머가 2,000개 소모되었다. 이 반응은 2개의 라디칼에 의하여 개시·성장되었고, 재결합에 의하여 정지반응이 이루어졌을 때, 생성된 고분자의 동역학적 사슬 길이 ⓐ와 중합도 ⓑ는?

① ⓐ : 1,000, ⓑ : 1,000
② ⓐ : 1,000, ⓑ : 2,000
③ ⓐ : 1,000, ⓑ : 4,000
④ ⓐ : 2,000, ⓑ : 4,000

해설
ⓐ : 2,000/2 = 1,000, ⓑ : 2,000

17 다음 중 가솔린의 옥탄가에 대한 설명으로 옳은 것은?

① n-헵탄의 옥탄가를 100으로 한 값이다.
② 일반적으로 동일 계열의 탄화수소에서는 분자량이 큰 것일수록 옥탄가는 높다.
③ 일반적으로 곁가지가 많은 구조의 탄화수소일수록 옥탄가가 높다.
④ 나프텐계 탄화수소는 같은 탄소수의 n-파라핀보다 옥탄가가 낮고, 방향족 탄화수소보다 크다.

해설
① 이소옥탄의 옥탄가를 100으로 한 값이다.
② 일반적으로 동일 계열의 탄화수소에서는 분자량이 큰 것일수록 옥탄가는 낮다.
④ 나프텐계 탄화수소는 같은 탄소수의 n-파라핀보다 옥탄가가 높고, 방향족 탄화수소보다 작다.

18 다음 중 열가소성 수지의 대표적인 종류가 아닌 것은?

① 에폭시수지
② 염화비닐수지
③ 폴리스틸렌
④ 폴리에틸렌

해설
㉠ 열가소성 수지 : 염화비닐 수지, 폴리스틸렌, 폴리에틸렌 등
㉡ 열경화성 수지 : 에폭시수지, 페놀 수지, 폴리우레탄 수지 등

19 유지 성분의 공업적 분리방법으로 다음 중 가장 거리가 먼 것은?

① 분별결정법
② 원심분리법
③ 감압증류법
④ 분자증류법

해설
유지 성분의 공업적 분리방법
㉠ 분별결정법, ㉡ 감압증류법, ㉢ 분자증류법

20 발색단만을 가지고 있는 화합물에 도입하면 색을 짙게 하는 동시에 섬유에 대하여 염착하기 쉽게 하는 원자단은?

① -OH
② -N=N-
③ C=S
④ -N=O

해설
수소결합을 하고 있어 수용성을 잘 흡수한다.

정답 14 ④ 15 ③ 16 ② 17 ③ 18 ① 19 ② 20 ①

제2과목 반응운전

21 다음 중 이상기체에 대한 특성식과 관련이 없는 것은? (단, Z : 압축인자, C_P : 정압비열, C_V : 정적비열, U : 내부에너지, R : 기체상수, P : 압력, V : 부피, T : 절대온도, n : 몰수)

① $Z = 1$
② $C_P + C_V = R$
③ $\left(\dfrac{\partial U}{\partial V}\right)_T = 0$
④ $PV = nRT$

해설
② $C_P - C_V = R$

22 열역학 모델을 이용하여 상평형 계산을 수행하려고 할 때 응용계에 대한 모델의 조합이 적합하지 않은 것은?

① 물속의 이산화탄소의 용해도 : 헨리의 법칙
② 메탄과 에탄의 고압 기·액 상평형 : SRK(Soave/Redlich/Kwong) 상태방정식
③ 에탄올과 이산화탄소의 고압 기·액 상평형 : Wilson 식
④ 메탄올과 헥산의 저압 기·액 상평형 : NRTL (Non-Random-Two-Liquid) 식

해설
액체용액에서 국부조성은 전체 혼합물의 조성과는 다르며, 분자의 크기와 분자 간 작용력의 차이에서 비롯된 근거리 질서와 불규칙하지 않은 분자의 배향을 설명하기 위해 도입된 식이 Wilson식이다.

23 단열계에서 비가역 팽창이 일어난 경우의 설명으로 가장 옳은 것은?

① 엔탈피가 증가되었다.
② 온도가 내려갔다.
③ 일이 행해졌다.
④ 엔트로피가 증가되었다.

해설
- 가역 : $dS = 0$
- 비가역 : $dS > 0$

24 두헴(Duhem)의 정리는 "초기에 미리 정해진 화학성분들의 주어진 질량으로 구성된 어떤 닫힌계에 대해서도 임의의 두 개의 변수를 고정하면 평형상태는 완전히 결정된다."라고 표현할 수 있다. 다음 중 설명이 옳지 않은 것은?

① 정해주어야 하는 두 개의 독립변수는 세기변수일 수도 있고 크기변수일 수도 있다.
② 독립적인 크기변수의 수는 상률에 의해 결정된다.
③ $F = 1$일 때 두 변수 중 하나는 크기변수가 되어야 한다.
④ $F = 0$일 때는 둘 모두 크기변수가 되어야 한다.

해설
② 크기변수가 아닌 세기변수이다.

25 800kPa, 240℃의 과열수증기가 노즐을 통하여 150kPa까지 가역적으로 단열팽창될 때, 노즐 출구에서 상태는? (단, 800kPa, 240℃에서 과열수증기의 엔트로피는 6.9979kJ/kg·K이고 150kPa에서 포화액체(물)와 포화수증기의 엔트로피는 각각 1.4336 kJ/kg·K과 7.2234kJ/kg·K이다.)

① 과열수증기
② 포화수증기
③ 증기와 액체혼합물
④ 과냉각액체

해설
단열과정에서, $\left(\dfrac{T_2}{T_1}\right) = \left(\dfrac{P_2}{P_1}\right)^{\frac{r-1}{r}}$

초기상태 : 800kPa, 240℃
나중상태 : 50kPa, T_2

$\dfrac{T_2}{273+240} = \left(\dfrac{150}{800}\right)^{\frac{1.33-1}{1.33}}$ 에서

$T_2 = 338.6$K

노즐 출구의 온도, 압력 : 338.6K, 150kPa
가역 단열과정이므로 등엔트로피 과정이다.
$S_1 = S_2 = 6.9976$kJ/kg·K
$S_1 = (1 - x_2^V)S_2^l + x_2^V S_2^V$
6.9976kJ/kg·K $= (1 - x_2^V) \times 1.4336 + x_2^V \times 7.2234$
이를 계산하면, $x_2^V = 0.96, x_2^l = 1 - x_2^V = 0.04$
그러므로 증기와 액체가 모두 존재한다.

정답 21 ② 22 ③ 23 ④ 24 ② 25 ③

26 100,000kW를 생산하는 발전소에서 600K에서 스팀을 생산하여 발전기를 작동시킨 후 잔열을 300K에서 방출한다. 이 발전소의 발전효율이 이론적 최대효율의 60%라고 할 때, 300K에 방출하는 열량(kW)은?

① 100,000 　　② 166,667
③ 233,333 　　④ 333,333

해설

최대 효율은 카르노기관의 열효율이다.

$$\eta_{carnot} = \frac{W}{Q_H} = \frac{Q_H - Q_C}{Q_H} = \frac{T_H - T_C}{T_H} = 0.5$$

실제효율 $\eta_{real} = \frac{W}{Q_H} = \frac{100,000kW}{Q_H} = 0.3$

그러므로, $Q_H = 333,333 kW$

한편, $W = Q_H - Q_C$에서

$Q_C = Q_H - W = 233,333 kW$

28 두 성분이 완전 혼합되어 하나의 이상용액을 형성할 때 한 성분 i의 화학포텐셜 μ_i는 $\mu^{Oi}(T, P) + RT \cdot \ln X_i$로 표시할 수 있다. 동일 온도와 압력하에서 한 성분의 i의 순수한 화학포텐셜 $\mu^{Pure}{}_i$는 어떻게 나타낼 수 있는가? (단, X_i는 성분의 몰분율, $\mu^{Oi}(T,P)$는 같은 T와 P에 있는 이상용액 상태의 순수성분 i의 화학포텐셜이다.)

① $\mu^{pure_i} = \mu^{Oi}(T, P) + RT + \ln X_i$
② $\mu^{pure_i} = RT \ln X_i$
③ $\mu^{pure_i} = \mu^{Oi}(T, P) + RT$
④ $\mu^{pure_i} = \mu^{Oi}(T, P)$

해설

$\mu^{id} = G_i + RT \ln X_i$
$\mu_i = \mu_i^o(T, P) + RT \ln X_i$
$\mu_i^{pure} = \mu^o(T, P) + RT \ln i = \mu^o(T, P)$

27 다음 $T-S$ 선도에서 건도 x인 (1)에서의 습증기 1kg당 엔트로피는 어떻게 표시되는가? (단, 건도 x는 습증기 중 증기의 질량분율이고, V는 증기, L은 액체를 나타낸다.)

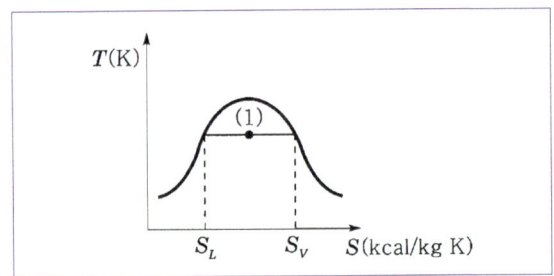

① $S_V + x(S_V - S_L)$ 　② $S_L + xS_V$
③ $S_V x + S_L(1-x)$ 　④ $S_L x + S_V(1-x)$

해설

Entropy balance를 이용하면
$S = V \cdot S_V + L \cdot S_L$
　(vspor의) (Liquid
　Entropy) Entropy)
$= xS_V + \frac{L}{L+V}S_L$

습증기 1kg당 Entropy이므로
$S_L x + S_V(1-x)$

29 0℃, 1atm인 상태에 있는 100L의 헬륨을 밀폐된 용기에서 100℃로 가열하였을 때 ΔH를 구하면 약 몇 cal인가? (단, 헬륨은 $C_V = \frac{3}{2}R$인 이상기체로 가정하고, 기체상수 R=1.987cal/mol·K이다.)

① 1,477 　② 1,772
③ 2,018 　④ 2,216

해설

$\Delta H = nC_P \Delta T$
$C_P = \frac{3}{2}R + R = \frac{5}{2}R$
$\Delta H = \frac{PV}{RT} \times 2.5T \times \Delta T = 2,216 cal$

30 혼합물의 용해·기화·승화 시 변하지 않는 열역학적 성질에 해당하는 것은?

① 엔트로피 　② 내부에너지
③ 화학포텐셜 　④ 엔탈피

해설

엔트로피, 내부에너지, 엔탈피는 증가한다.

정답 26 ③　27 ④　28 ④　29 ④　30 ③

31 부피 $V=1L$인 혼합반응기에 A용액($C_{A0}=0.1$mol/L)만 1L/min으로 들어가서 A와 B가 $C_{A1}=0.02$mol/L, $C_{B1}=0.04$mol/L의 상태로 흘러나갈 때 B의 생성반응속도는 몇 mol/L·min인가?

① -0.04
② -0.02
③ 0.04
④ 0.02

해설

$$\tau = \frac{V}{V_0} = \frac{1L}{1L/\min} = 1\min$$

1분당 반응물질이 반응기 1L에 꽉 찼다가 빠져나간다. 들어간 용액은 A밖에 없으므로

$$\tau_B = \frac{dC_B}{dt} = \frac{0.04mol/L}{1\min} = 0.04mol/L \cdot \min$$

32 다음 반응에서 전환율 X_A에 따르는 반응 후, 총 몰수를 구하면 얼마인가? (단, 반응 초기에 B,C,D는 없고, n_{A_0}는 초기 A성분의 몰수, X_A는 A성분의 전화율이다.)

$$A \rightarrow B + C + D$$

① $n_{A_o} + n_{A_o}X_A$
② $n_{A_o} - n_{A_o}X_A$
③ $n_{A_o} + 2n_{A_o}X_A$
④ $n_{A_o} - 2n_{A_o}X_A$

해설

A → B + C + D
$n_\tau = n_{\tau_0} + n_{A_0} \cdot \delta X$
$n_\tau = n_{\tau_0} + n_{A_0}(3-1)X$
$n_\tau = n_{\tau_0} + 2n_{A_0} \cdot X$

33 물리적 흡착에 대한 설명으로 가장 거리가 먼 것은?

① 다분자층 흡착이 가능하다.
② 활성화에너지가 작다.
③ 가역성이 낮다.
④ 고체 표면에서 일어난다.

해설

물리적 흡착은 고체 표면에 붙었다가 잘 떨어지는 가역성을 가진다.

34 반응물 A의 농도를 C_A, 시간을 t라고 할 때 0차 반응의 경우 직선으로 나타나는 관계는?

① C_A vs t
② $\ln C_A$ vs t
③ $\frac{1}{C_A}$ vs t
④ $\frac{1}{\ln C_A}$ vs t

해설

0차 반응의 경우 직선으로 나타나는 관계 : C_A vs t

35 반응물질 A는 1L/mm 속도로 부피가 2L인 혼합반응기로 공급된다. 이때 A의 출구 농도 C_{Af}는 0.01mol/L이고 초기 농도 C_{A_0}는 0.1mol/L일 때 A의 반응속도는 몇 mol/L·min인가?

① 0.045
② 0.062
③ 0.082
④ 0.100

해설

in CSTR

$$-\tau_A = \frac{F_{A_0} - F_A}{V}$$
$$= \frac{F_{A_0}(C_{A_0} - C_{Af})}{V}$$
$$= \frac{1 \times (0.1 - 0.01)}{2}$$
$$= 0.045 mol/L \cdot \min$$

36 반응기의 체적이 2,000L인 혼합반응기에서 원료가 1,000mol/min씩 공급되어서 80%가 전화될 때, 원료 A의 소멸속도(mol/L·min)는?

① 0.1
② 0.2
③ 0.3
④ 0.4

해설

혼합반응기

$$-r_A = C_{A_0}X_A, \quad r = \frac{V}{v_0} = \frac{C_{A_0}}{F_{A_0}}$$

$$-r_A = \frac{F_{A_0}}{V}X_A = 0.4 mol/L \cdot \min$$

정답 31 ③ 32 ③ 33 ③ 34 ① 35 ① 36 ④

37 밀도 변화가 없는 균일계 비가역 0차 반응($A \rightarrow R$)이 어떤 혼합반응기에서 전화율 90%로 진행될 때, A의 공급속도를 2배로 증가시켰을 때의 결과로 옳은 것은?

① R의 생산량은 변함이 없다.
② R의 생산량이 2배로 증가한다.
③ R의 생산량이 1/2로 증가한다.
④ R의 생산량이 50% 증가한다.

해설
0차 반응의 속도는 $V_A = k$이다. 즉, k에만 영향을 받기 때문에 공급속도의 영향을 받지 않는다.

38 다음 중 이상형 반응기의 대표적인 예가 아닌 것은 어느 것인가?

① 회분식 반응기
② 플러그 흐름 반응기
③ 혼합 흐름 반응기
④ 촉매 반응기

해설
이상형 반응기
회분식 반응기, 플러그 흐름 반응기, 혼합 흐름 반응기

39 균질계 비가역 1차 직렬반응, $A \xrightarrow{k_1} R \xrightarrow{k_2} S$가 회분식 반응기에서 일어날 때, 반응시간에 따르는 A의 농도 변화를 바르게 나타낸 식은?

① $C_A = C_{A0} e^{-k_1 t}$
② $C_A = C_{A0} e^{-k_2 t}$
③ $C_A = C_{A0} e^{-(k_1 + k_2)t}$
④ $C_A = C_{A0} \left(\dfrac{k_1}{k_2 - k_1}\right) e^{-k_1 t}$

해설
$\dfrac{-dC_A}{dt} = k_1 C_A$

$\dfrac{dC_A}{C_A} = -k_1 \int_0^t dt$

$\ln C_A / C_{A0} = -k_1 t$

$\therefore C_A = C_{A0} \exp^{(-k_1 t)}$

40 $A \xrightarrow{k_1} V$(목적물, $r_v = k_1 C_A^{a_1}$), $A \xrightarrow{k_2} W$(비목적물, $r_w = k_2 C_A^{a_2}$)의 두 반응이 평행하게 동시에 진행되는 반응에 대해 목적물의 선택도를 높이기 위한 설명으로 옳은 것은?

① a_1과 a_2가 같으면 혼합 흐름 반응기가 관형 흐름 반응기보다 훨씬 더 낫다.
② a_1이 a_2보다 작으면 관형 흐름 반응기가 적절하다.
③ a_1이 a_2보다 작으면 혼합 흐름 반응기가 적절하다.
④ a_1과 a_2가 같으면 관형 흐름 반응기가 혼합 흐름 반응기보다 훨씬 더 낫다.

해설
(선택도) $= \dfrac{r_v}{r_w} = \dfrac{k_1 C_A^{a_1}}{k_2 C_A^{a_2}} = \left(\dfrac{k_1}{k_2}\right) C_A^{a_1 - a_2}$

㉠ $a_1 < a_2$이면 CSTR(혼합 흐름 반응기)가 적절하다.
㉡ $a_1 > a_2$이면 PFR(관형 흐름 반응기)가 적절하다.

제3과목 단위공정관리

41 벤젠의 비중은 0.872, 디클로로에탄의 비중은 1.246이라고 할 때, 벤젠 20mol%, 디클로로에탄 80mol% 용액을 만들려면 벤젠 대 디클로로에탄의 용적비는?

① 1 : 1.54
② 1 : 2.00
③ 1 : 3.55
④ 1 : 4.62

해설
밀도 ÷ 분자량 ⇒ 부피당 mol수
벤젠 분자량 : 78, 디클로로에탄 분자량 : 99
몰비 = 1:4
0.872÷78 : 1.246÷99
0.011179487 : 0.012585858
↓역수
89.45 : 79.45
↓몰비 곱해줌
$1 : \dfrac{(79.45)(4)}{89.45}$
∴ 1 : 3.553

정답 37 ① 38 ④ 39 ① 40 ③ / 41 ①

42 0℃, 0.5atm하에 있는 질소가 있다. 이 기체를 같은 압력하에서 20℃ 가열하였다면 처음 체적의 몇 %가 증가하였는가?

① 0.54　　　② 3.66
③ 7.33　　　④ 103.66

해설

$V_1 = \dfrac{0.080 \times 273}{0.5} \left(\because V = \dfrac{RT}{P}\right) = 44.772 ≒ 44.8$

20℃ 가열

$V_2 = \dfrac{0.082 \times 293}{0.5} = 48.052 ≒ 48.1$

$\therefore \dfrac{48.1 - 44.8}{44.8} \times 100 = 7.36\%$

43 600ppm의 소금이 함유된 염수를 증발시켜 얻는 수증기를 냉각해서 관개용수로 쓰고자 한다. 관개용수는 소금 48ppm까지 허용되기 때문에 다음 그림과 같이 염수의 일부를 분류(by-pass)시킨다. 생산되는 관개용수에 대하여 분류되는 염수의 분율(fraction)은 얼마인가?

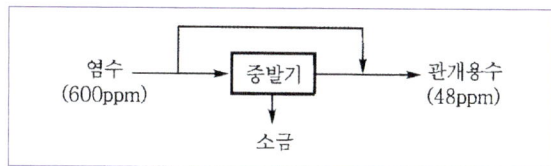

① 0.06　　　② 0.08
③ 0.10　　　④ 0.13

해설

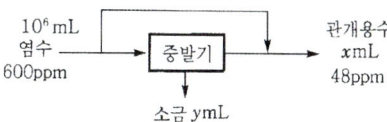

염수 : 10^6 mL로 가정

$\begin{cases} 10^6 = x + y \\ 600 = \dfrac{48}{10^6}x + y \end{cases}$

$999,400 = 0.999952x$

$x = 999447.9735$

분율 $= \dfrac{\left(\dfrac{48}{10^6}\right)(999447.9735)}{\left(\dfrac{600}{10^6}\right)(10^6)} = 0.079$

44 과열수증기가 190℃(과열), 10bar에서 매시간 2,000 kg/h로 터빈에 공급되고 있다. 증기는 1bar 포화증기로 배출되며 터빈은 이상적으로 가동된다. 수증기의 엔탈피가 다음과 같다고 할 때 터빈의 출력은 몇 kW인가?

$\widehat{H}_{in}(10\text{bar},\ 190℃) = 3,201\text{kJ/kg}$
$\widehat{H}_{out}(1\text{bar},\ 포화증기) = 2,675\text{kJ/kg}$

① $W = -1,200\text{kW}$　　② $W = -292\text{kW}$
③ $W = -130\text{kW}$　　　④ $W = -30\text{kW}$

해설

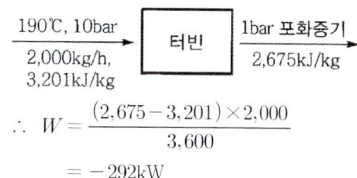

$\therefore W = \dfrac{(2,675 - 3,201) \times 2,000}{3,600}$
$= -292\text{kW}$

45 200g의 $CaCl_2$가 1몰당 6몰의 비율로 공기 중의 수분을 흡수할 경우 발생하는 열은 몇 kcal인가?

$CaCl_2(s) + 6H_2O(L) \rightarrow$
$\qquad CaCl_2 \cdot 6H_2O(s) + 22.63\text{kcal}$
$H_2O(g) \rightarrow H_2O(L) + 10.5\text{kcal}$

① 85.6　　　② 154.3
③ 174.2　　　④ 194.3

해설

$CaCl_2$의 분자량 : 108g/mol

$\dfrac{200\text{g}CaCl_2}{} \Big| \dfrac{\text{mol}}{108\text{g}} = 1.85\text{mol}$

$CaCl_2(s) + 6H_2O(l) \rightarrow CaCl_2 \cdot 6H_2O(s) + 22.63\text{kcal}$
$H_2O(g) \rightarrow H_2O(l) + 10.5\text{kcal}$

⬇

$1.85CaCl_2(s) + 11.1H_2O(l) \rightarrow 1.85CaCl_2 \cdot 6H_2O(s) + 41.86\text{kcal}$
$11.1H_2O(g) \rightarrow 11.1H_2O(l) + 116.55\text{kcal}$

⬇ 합치면

$1.85CaCl_2(s) + 11.1H_2O(g) \rightarrow 1.85CaCl_2 \cdot 6H_2O(s) + 158.41\text{kcal}$

정답 42 ③　43 ②　44 ②　45 ②

46 1기압, 300℃에서 과열수증기의 엔탈피(kcal/kg)는? (단, 1기압에서 증발잠열은 539kcal/kg, 수증기의 평균비열은 0.45kcal/kg·℃이다.)

① 190　　② 250
③ 629　　④ 729

해설

과열수증기의 엔탈피
$h = (r+h') + C_p(T \to T_i)$
$= (539 + 100) + 0.45 \times (573 - 373)$
$= 729 \text{kcal/kg}$

47 Isotropic turbulent란?

① 난류에서 x, y, z 세 방향의 편차속도의 자승의 평균값이 모두 다른 경우
② 난류에서 x, y, z 세 방향의 편차속도의 자승의 평균값이 모두 같은 경우
③ 난류의 편차속도가 x, y, z 세 방향에 대하여 서로 다른 경우
④ 난류의 편차속도가 x, y, z 세 방향에 대하여 서로 같은 경우

해설

Isotropic turbulent란 난류에서 x, y, z 세 방향의 편차속도의 자승의 평균값이 모두 같은 경우

48 도관 내 흐름을 해석할 때 사용되는 베르누이식에 대한 설명으로 틀린 것은?

① 마찰손실이 압력손실 또는 속도수두 손실로 나타나는 흐름을 해석할 수 있는 식이다.
② 수평흐름이면 압력손실이 속도수두 증가로 나타나는 흐름을 해석할 수 있는 식이다.
③ 압력수두, 속도수두, 위치수두의 상관관계 변화를 예측할 수 있는 식이다.
④ 비점성, 비압축성, 정상상태, 유선을 따라 적용할 수 있다.

해설

마찰손실은 압력손실을 나타내는 흐름을 해석할 수 없다.

49 고체면에 접하는 유체의 흐름에 있어서 경계층이 분리되고 웨이크(wake)가 형성되어 발생하는 마찰현상을 나타내는 용어는?

① 두손실(head loss)
② 표면마찰(skin friction)
③ 형태마찰(form friction)
④ 자유난류(free turbulent)

해설

형태마찰이란 고체면에 접하는 유체의 흐름에 있어서 경계층이 분리되고 웨이크가 형성되어 발생하는 마찰현상이다.

50 정압비열이 1cal/g·℃인 물 100g/s을 20℃에서 40℃로 이중 열교환기를 통하여 가열하고자 한다. 사용되는 유체는 비열이 10cal/g·℃이며 속도는 10g/s, 들어갈 때의 온도는 80℃이고, 나올 때의 온도는 60℃이다. 유체의 흐름이 병류라고 할 때 열교환기의 총괄열전달계수는 약 몇 cal/m²·s·℃인가? (단, 이 열교환기의 전열면적은 10m²이다.)

① 5.5　　② 10.1
③ 50.0　　④ 100.5

해설

$Q = UA \cdot \Delta T_m = m \cdot C_p \cdot \Delta T$ (열교환기의 열수지식에 의해)

㉠ $Q = U \cdot 10 \cdot 36.4$
$\left(\Delta T_m = \dfrac{60-20}{\ln 3} = 36.4℃\right)$

㉡ 물이 얻은 열량(Q)
$Q = 100\text{g/s} \cdot 1\text{cal/g} \cdot ℃ \cdot 20℃ = 2,000\text{cal/s}$

㉢ $\therefore U = \dfrac{2,000\text{cal/s}}{100\text{m}^2 \cdot 36.4℃} \fallingdotseq 5.5\text{cal/m}^2 \cdot s \cdot ℃$

51 2성분 혼합물의 액·액 추출에서 평형관계를 나타내는 데 필요한 자유도의 수는?

① 2　　② 3
③ 4　　④ 5

해설

$F_{(혼합시)} = C - P + 2$
　　　　　　↓　　↓
　　　　성분수:2　상의수:1
$= 2 - 1 + 2 = 3$

정답 46 ④　47 ②　48 ①　49 ③　50 ①　51 ②

52 다음 중에서 Nusselt수(N_{NU})를 나타내는 것은? 단, h는 경막열전달계수, D는 관의 직경, K는 열전도도이다.)

① $K \cdot D \cdot h$
② $K \cdot D$
③ $\dfrac{D}{K \cdot h}$
④ $\dfrac{D \cdot h}{K}$

해설

$N_{(NU)} = \dfrac{D \cdot h}{K}$

여기서, K : 열전도도, D : 관의 직경, h : 경막열전달계수

53 공급원료 1몰을 원료 공급단에 넣었을 때 그 중 증류탑의 탈거부(stripping section)로 내려가는 액체의 몰수를 q로 정의한다면, 공급원료가 과열증기일 때 q값은?

① $q < 0$
② $0 < q < 1$
③ $q = 0$
④ $q = 1$

해설

q선도

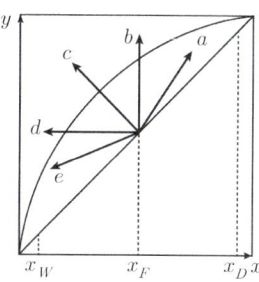

㉠ $a(q>1)$: 차가원 원액
㉡ $b(q=1)$: 포화 원액(비등에 있는 원액)
㉢ $c(0<q<1)$: 부분적으로 기화된 원액
㉣ $d(q=0)$: 포화증기(노점에 있는 원액)
㉤ $e(q<0)$: 과열증기 원액

54 흡수탑에서 전달단위수(NTU)는 20이고 전달단위 높이(HTU)가 0.7m일 경우, 필요한 충전물의 높이는 몇 m인가?

① 1.4
② 14
③ 2.8
④ 28

해설

높이 = NTU × HTU = 20 × 0.7 = 14

55 추출에서는 3성분계로 추질 a를 포함하는 용액(추료) b를 용매 S로서 추출하면 서로 혼합되지 않는 두 상, 즉 추출액과 추잔액의 두 층으로 나뉜다. 이 평형계는 3상이 서로 용존해 있으므로 그림과 같이 삼각좌표를 사용한다. 점 P에서의 용매 S의 성분은?

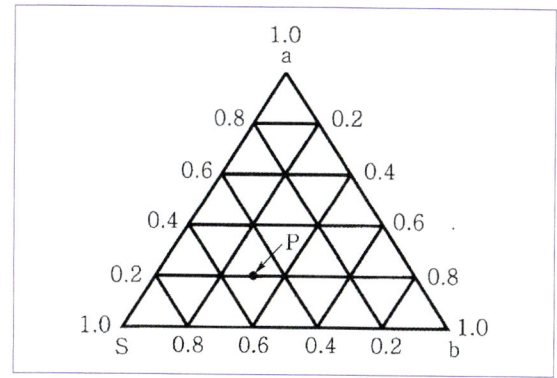

① 60%
② 50%
③ 30%
④ 20%

해설

점 P의 S성분 : 50%
　　　a성분 : 20%
　　　b성분 : 30%

56 1,000m³의 밀폐된 방에 25℃, 1atm에서 상대습도 60%인 습윤공기가 있다. 산소의 분용(partial volume)은? (단, 건조공기 중 산소의 부피는 21vol%이고, 25℃에서의 포화수증기압은 23.75mmHg이다.)

① 103m³
② 206m³
③ 375m³
④ 479m³

해설

1,000m³, 25℃, 1atm, hr = 60%
산소의 분용
포화수증기압 23.75mmHg
23.75 × 0.6 = 14.25mmHg
분압 = 몰비
건조공기의 분압 = 760mmHg − 14.25mmHg = 745.75mmHg
산소의 분압 = 745.75 × 0.21 = 156.6mmHg
Wet Air의 산소분압(몰비) = $\dfrac{156.6}{760}$ = 0.206
1,000m³ × 0.206 = 206m³

정답 52 ④　53 ①　54 ②　55 ②　56 ②

57 온도에 민감하여 증발하는 동안 손상되기 쉬운 의약품을 농축하는 방법으로 적절한 것은?

① 가열시간을 늘린다.
② 증기공간의 절대압력을 낮춘다.
③ 가열온도를 높인다.
④ 열전도도가 높은 재질을 쓴다.

해설
열에 민감한 물질을 처리하는데 진공증발이 사용된다.
증발관 내를 감압상태로 유지한다.

58 침수식 방법에 의한 수직관식 증발관이 수평관식 증발관보다 좋은 이유가 아닌 것은?

① 열전달 계수가 크다.
② 관석이 생기는 물질의 증발에 적합하다.
③ 증기 중의 비응축 기체의 탈기효율이 좋다.
④ 증발효과가 좋다.

해설
③ 수평관식 증발관의 특성이다.

59 초미분쇄기(ultrafine grinder)인 유체-에너지 밀(mill)의 분쇄 원리로 가장 거리가 먼 것은?

① 입자 간 마멸
② 입자와 기벽 간 충돌
③ 입자와 기벽 간 마찰
④ 입자와 기벽 간 열전달

해설
유체-에너지 밀
입자 간 마멸, 입자와 기벽 사이에서 충돌과 마찰작용을 일으켜 분쇄한다.

60 각 온도 단위에서의 온도 차이(Δ) 값의 관계를 옳게 나타낸 것은?

① $\Delta 1℃ = \Delta 1K$, $\Delta 1.8℃ = \Delta 1℉$
② $\Delta 1℃ = \Delta 1.8℉$, $\Delta 1℃ = \Delta 1K$
③ $\Delta 1℉ = \Delta 1.8°R$, $\Delta 1.8℃ = \Delta 1℉$
④ $\Delta 1℃ = \Delta 1.8℉$, $\Delta 1℃ = \Delta 1.8K$

해설
$\Delta 1℃ = \Delta 1K$
$\Delta 1℃ = \Delta 1.8℉$

제4과목 화공계측제어

61 공정제어(Process Control)의 범주에 들지 않는 것은?

① 전력량을 조절하여 가열로의 온도를 원하는 온도로 유지시킨다.
② 폐수처리장의 미생물의 양을 조절함으로써 유출수의 독성을 격감시킨다.
③ 증류탑(Distillation Column)의 탑상농도(Top Concentration)를 원하는 값으로 유지시키기 위하여 무엇을 조절할 것인가를 결정한다.
④ 열효율을 극대화시키기 위해 열교환기의 배치를 다시 한다.

해설
열교환기의 재배치는 설계를 바꾸는 것에 해당하므로 공정제어의 범주에 들지 않는다.

62 제어계(control system)의 구성요소가 아닌 것은?

① 전송부
② 기획부
③ 검출부
④ 조절부

해설
기획부는 제어계의 구성요소가 아니다.

정답 57 ② 58 ③ 59 ④ 60 ② 61 ④ 62 ②

63 다음 라플라스 함수 중 최종값 정리를 적용할 수 없는 것은?

① $\dfrac{1}{(s-1)}$ ② $\dfrac{1}{(s+1)}$

③ e^{-3s} ④ $\dfrac{1}{(s+2)^2}$

해설

최종치 정리를 적용하기 위해서는 $\lim_{t\to\infty} f(t)$가 존재하고 $SF(s)$의 극점 실수부가 0보다 크거나 같으면 $\lim_{t\to\infty} f(t)$가 존재하지 않아 최종값 정리 적용이 불가하다.

∴ $\dfrac{1}{(s-1)}$

64 함수 $f_{(t)}$의 Laplace 변환이 다음과 같이 주어졌을 때, $f_{(0)}$의 값을 구하면?

$$F_{(s)} = \dfrac{2s+1}{s^2+s+1}$$

① 0.5 ② 1
③ 2 ④ 3

해설

$\lim_{t\to 0} f(t) = \lim_{s\to\infty} sF(s) = \lim_{s\to\infty} \dfrac{2s^2+1}{s^2+s+1} = 2$

65 단면적이 3ft²인 액체저장탱크에서 유출유량은 $8\sqrt{h-2}$로 주어진다. 정상상태 액위(h_s)가 9ft²일 때, 이 계의 시간상수(τ ; 분)는?

① 5 ② 4
③ 3 ④ 2

해설

$A\dfrac{dh}{dt} = q = 8\sqrt{h-2}$

$\int_2^{h_s}(h-2)^{-\frac{1}{2}}dh = \int_0^t \dfrac{8}{3}dt$

$[2\sqrt{h-2}]_2^{h_s} = 2\sqrt{h_s-2} = \dfrac{8}{3}t$

$2\cdot\sqrt{9-2} = \dfrac{8}{3}t \Rightarrow t - 1.98 ≒ 2$

66 error(e)에 단위계단변화(unit step change)가 있었을 때 다음과 같은 제어기 출력응답(response : P)을 보이는 제어기는?

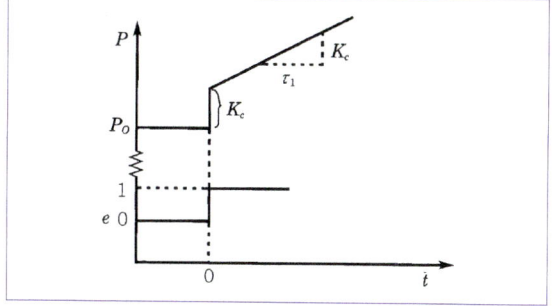

① PID ② PI
③ PD ④ P

해설

출력응답이 reset-time은 일정하고, off-set은 사라졌으므로 PI 제어기 사용

67 $\dfrac{1}{10s+1}$로 표현되는 일차계 공정에 경사입력 $2/s^2$가 들어갔을 때 시간이 충분히 지난 후의 출력은? (단, 이득은 무단위이며, 시간은 "분" 단위를 가진다.)

① 입력에 2분만큼 뒤지면서 기울기가 10인 경사응답을 보인다.
② 초기에 경사응답을 보이다가 최종응답값이 2로 일정하게 유지된다.
③ 입력에 10분만큼 뒤지면서 기울기가 2인 경사응답을 보인다.
④ 초기에 경사입력을 보이다가 최종응답값이 10으로 일정하게 유지된다.

해설

$G(s) = \dfrac{K}{\tau s+1} = \dfrac{1}{10s+1}$

$X(s) = \dfrac{a}{s^2} = \dfrac{2}{s^2}$

$\tau = 10$이므로 출력은 입력에 10분만큼 뒤지며, $a=2$이므로 기울기가 2인 경사응답

정답 63 ① 64 ③ 65 ④ 66 ② 67 ③

68 다음 중 1차 지연시간 공정(First-Order Plus Dead Time Process)으로의 근사가 가장 부적절한 공정은?

① $G(s) = \dfrac{10(-0.2s+1)}{4s+1}$

② $G(s) = \dfrac{5(-0.2s+1)}{(0.2s+1)^3}$

③ $G(s) = \dfrac{10}{(0.2s+1)(2s+1)}$

④ $G(s) = \dfrac{5(-0.2s+1)}{(0.1s+1)(2s+1)}$

해설

1차 지연시간 공정 ⇒ 분모를 1차로 만들 수 있어야 함.

$F(s) = \dfrac{a}{(s-b)^{n+1}} \xrightarrow{\mathcal{L}^{-1}} f(t) = \dfrac{a}{h}t^n e^{bt}$

즉, $n \geq 2$이면 1차 지연시간 공정으로 근사하지 않음.

69 $Y = P_1 X \pm P_2 X$의 블록선도로 틀린 것은?

①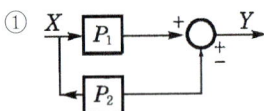

②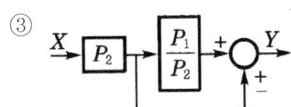

③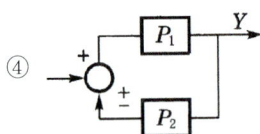

④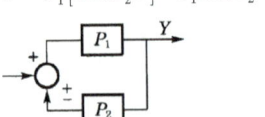

해설

$Y = P_1[X \pm P_2 Y] = P_1 X \pm P_2 Y$

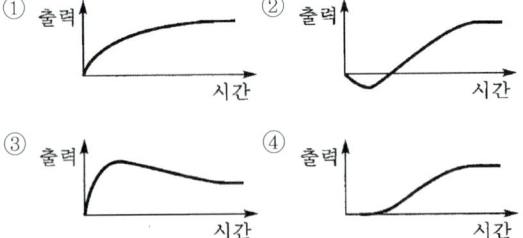

70 다음과 같은 블록선도에서 폐회로 응답의 시간 상수 τ에 대한 옳은 설명은?

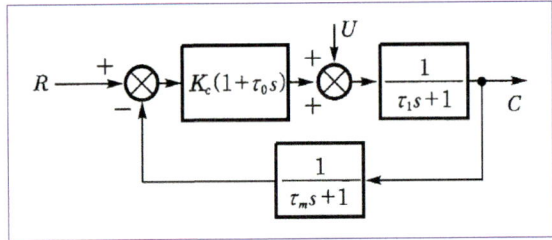

① τ_1이 감소하면 증가한다.

② τ_0가 감소하면 증가한다.

③ K_c가 증가하면 감소한다.

④ τ_m이 증가하면 감소한다.

해설

$G(s) = \dfrac{K_c(1+\tau_1 s)\dfrac{1}{\tau_1 s+1}}{1+K_c(1+\tau_0 s)\dfrac{1}{\tau_1 s+1}\dfrac{1}{\tau_w s+1}}$

$= \dfrac{K_c(1+\tau_0 s)(\tau_w s+1)}{(\tau_1 s+1)(\tau_w s+1)+K_c(1+\tau_0 s)}$

$= \dfrac{K_c(\tau_0 \tau_w s^2+\tau_0 s+\tau_w s_0+1)}{(\tau_1 \tau_w s^2+\tau_1 s+\tau_w s)+1+K_c \tau_0 s+K_c}$

$= \dfrac{\dfrac{K_c}{1+K_c}(\tau_0 \tau_w s^2+\tau_0 s+\tau_w s+1)}{\dfrac{\tau_1 \tau_w}{1+K_c}s^2+\dfrac{\tau_1+\tau_w+K_c \tau_0}{1+K_c}s+1}$

$\therefore \tau = \sqrt{\dfrac{\tau_1 \tau_w}{1+K_c}}$ 따라서, K_c가 증가하면 τ는 감소한다.

71 전달함수가 $G(s) = \dfrac{-2s+1}{(s+1)^2}$인 공정의 단위계단 응답의 모양으로 옳은 것은?

해설

② 영점이 양수 ⇒ 역응답

정답 68 ② 69 ④ 70 ③ 71 ②

72 어떤 공정로 비례이득(gain)이 2인 비례제어기로 운전되고 있다. 이때 공정출력이 주기 3으로 계속 진동하고 있다면, 다음 설명 중 옳은 것은?

① 이 공정의 임계이득(Ultimate gain)은 2이고 임계주파수(Ultimate frequency)는 3이다.
② 이 공정의 임계이득(Ultimate gain)은 2이고 임계주파수(Ultimate frequency)는 $\frac{2\pi}{3}$이다.
③ 이 공정의 임계이득(Ultimate gain)은 1/2이고 임계주파수(Ultimate frequency)는 3이다.
④ 이 공정의 임계이득(Ultimate gain)은 1/2이고 임계주파수(Ultimate frequency)는 $\frac{2\pi}{3}$이다.

해설
출력이 주기적으로 진동하기 위해서는 위상각이 -180°, 진폭비가 1이어야 한다.
그러므로 $K_c = K_{cu} = 2$, $w_n = \frac{2\pi}{P} = \frac{2\pi}{3}$

73 PID 제어기의 조율방법에 대한 설명으로 가장 올바른 것은?

① 공정의 이득이 클수록 제어기 이득 값도 크게 설정해 준다.
② 공정의 시상수가 클수록 적분시간 값을 크게 설정해 준다.
③ 안정성을 위해 공정의 시간지연이 클수록 제어기 이득 값을 크게 설정해 준다.
④ 빠른 폐루프 응답을 위하여 제어기 이득값을 작게 설정해 준다.

해설
① 시상수가 작고, 측정음이 큰 공정에는 미분동작을 작게 설정한다.
③ 시간지연이 큰 공정은 미분동작은 크게, 적분동작은 작게 설정한다.
④ 적분공정의 경우 제어기의 적분동작을 작게 설정한다.

74 제어기의 와인드업(windup) 현상에 대한 설명 중 잘못된 것은?

① 이 문제를 해소하기 위한 기능을 Anti-windup이라 부른다.
② Windup이 해소되기까지 제어기는 사실상 제어 불능상태가 된다.
③ 공정의 출력이 제어기에 바르게 전달되지 못할 때에 나타나는 현상이다.
④ 제어기의 적분동작과 관련된 현상이다.

해설
Windup : 제어기 출력이 최대 허용치에서 머물고 있음에도 불구하고 $e(t)$의 적분값은 계속 증가되는 현상

75 $\frac{1}{(s^2+1)s^2}$의 역변환으로 옳은 것은 어느 것인가? (단, $U(t)$는 단위계단함수이다.)

① $(\cos t + 1 + t)U(t)$
② $(-\sin t + t)U(t)$
③ $(-\cos t + 1 + t)U(t)$
④ $(\sin t - t)U(t)$

해설
$\frac{1}{(s^2+1)s^2} = \frac{-1}{s^2+1} + \frac{1}{s^2}$
역변환하면 $(-\sin t + t)U(t)$

76 주파수 응답해석(frequency response analysis)에 대한 설명 중 틀린 것은?

① 사인파 형태의 공정입력이 가해졌을 경우 공정출력의 형태를 해석한 것이다.
② 주파수 응답해석은 앞먹임 제어루프의 안정도를 해석하는 데에 주로 사용된다.
③ $G(s)$를 전달함수로 가지는 공정의 진폭비는 $[G(iw)]$이다.
④ 보데선도(Bode plot)는 주파수에 대한 공정의 진폭비와 위상각 변화를 그래프로 표시한 것이다.

해설
주파수 응답해석은 되먹임 제어루프의 안정도를 해석하는 데에 주로 사용된다.

정답 72 ② 73 ② 74 ③ 75 ② 76 ②

77 어떤 이차계의 특성방정식의 두 근이 다음과 같다고 할 때 단위계단입력에 대하여 감쇠하는 진동 응답을 보이는 공정은?

① $1+3i$, $1-3i$
② -1, -2
③ 2, 4
④ $-1+2i$, $-1-2i$

해설
계가 안정하기 위해서는 특성방정식의 두 근의 실수부가 모두 음수이어야 한다.

78 선형제어계의 안정성을 판별하기 위한 특성방정식을 옳게 나타낸 것은?

① $1+$ 닫힌 루프 전달함수 $= 0$
② $1-$ 닫힌 루프 전달함수 $= 0$
③ $1+$ 열린 루프 전달함수 $= 0$
④ $1-$ 열린 루프 전달함수 $= 0$

해설
선형 제어계의 안정성 판별 : $1+G_{OL}=0$

79 어떤 제어계의 총괄전달함수의 분모가 다음과 같이 나타날 때 그 계가 안정하게 유지되려면 K의 최대범위(upper bound)는 다음 중에서 어느 것이 되어야 하는가?

$$s^3 + 3s^2 + 2s + 1 + K$$

① $K<5$
② $K<1$
③ $K<\dfrac{1}{2}$
④ $K<\dfrac{1}{3}$

해설
$s^3+3s^2+2s+1+K=0$
(Routh array)

1	2
3	$1+K$
$\dfrac{6-(1+K)}{3}$	0
$1+K$	

$\Rightarrow 6-(1+K)>0, 1+K>0$
$\therefore K<5$

80 그림과 같은 산업용 스팀보일러의 스팀발생기에서 조작변수 유량(x3)과 유량(x5)을 조절하여 액위(x2)와 스팀압력(x6)을 제어하고자 할 때 틀린 설명은? (단, FT, PT, LT는 각각 유량, 압력, 액위전송기를 나타낸다.)

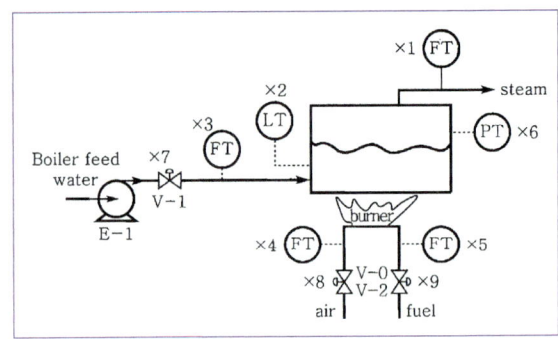

① 압력이 변하면 유량이 변하기 때문에 Air, Fuel, Boiler feed wataer의 공급압력은 외란이 된다.
② 제어성능 향상을 위하여 유량 x3, x4, x5를 제어하는 독립된 유량제어계를 구성하고 그 상위에 액위와 압력을 제어하는 다단제어계(cascade control loop)를 구성하는 것은 바람직하다.
③ x1의 변화가 x2와 x6에 영향을 주기 전에 선제적으로 조작변수를 조절하기 위해서 피드백 제어기를 추가하는 것이 바람직하다. (이때, x1은 측정 가능하다.)
④ Air와 Fuel 유량은 독립적으로 제어하기보다는 비율(ratio)을 유지하도록 제어되는 것이 바람직하다.

해설
외란을 조절하기 위해서는 피드포워드 제어기를 추가하는 것이 바람직하다.

정답 77 ④ 78 ③ 79 ① 80 ③

M/E/M/O

PART 02 _ 적중 예상문제

제4회 적중 예상문제

제1과목 | 공업합성

01 98wt% H_2SO_4 용액 중 SO_3의 비율(wt%)은?

① 55 ② 60
③ 75 ④ 80

해설

$$\frac{98g H_2SO_4}{100g \text{ 용액}} \times \frac{80g SO_3}{98g H_2SO_4} \times 100 = 80wt\% \; SO_3 \text{ 용액}$$

02 질산의 직접 합성반응이 다음과 같을 때 반응 후 응축하여 생성된 질산 용액의 농도는 얼마인가?

$$NH_3 + 2O_2 \rightleftarrows HNO_3 + H_2O$$

① 68wt% ② 78wt%
③ 88wt% ④ 98wt%

해설

HNO_3 분자량 $= 1 + 14 + 3 \times 16 = 63g/mol$
H_2O 분자량 $= 2 + 16 = 18g/mol$

$$\therefore \frac{63}{63+18} \times 100 = 78wt\%$$

03 다음 중 무수염산의 제조법이 아닌 것은?

① 직접 합성법
② 액중 연소법
③ 농염산의 증류법
④ 건조 흡·탈착법

해설

무수염산의 제조법
㉠ 직접 합성법
㉡ 농염산의 증류법
㉢ 건조 흡·탈착법

04 하루 117ton의 NaCl을 전해하는 NaOH 제조 공장에서 부생되는 H_2와 Cl_2를 합성하여 39wt% HCl을 제조할 경우 하루 약 몇 ton의 HCl이 생산되는가? (단, NaCl은 100%, H_2와 Cl_2는 99% 반응하는 것으로 가정한다.)

① 200 ② 185
③ 156 ④ 100

해설

$2NaCl + 2H_2O \rightarrow 2NaOH + H_2 + Cl_2$
$0.39x = 1,980 \times 36.5$ $\therefore x = 185 ton/day$

05 포화식염수에 직류를 통과시켜 수산화나트륨을 제조할 때 환원이 일어나는 음극에서 생성되는 기체는?

① 염화수소 ② 산소
③ 염소 ④ 수소

해설

$$2NaCl + 2H_2O \xrightarrow{DC} 2NaOH + \underset{(-\frac{\rightharpoonup}{\neg})}{H_2 \uparrow} + \underset{(+\frac{\rightharpoonup}{\neg})}{Cl_2 \uparrow}$$

06 H_2SO_4 60%, HNO_3 32%, H_2O 8%의 질량조성을 가진 혼합산 100kg을 벤젠으로 니트로화할 때 그 중 질산이 화학양론적으로 전부 벤젠과 반응하였다면 DVS(Dehydration Value of Sulfuric acid) 값은 얼마인가?

① 2.50 ② 3.50
③ 4.50 ④ 5.50

해설

$C_6H_6 + HNO_3 \rightarrow C_6H_5NO_2 + H_2O$
$\qquad\quad$ 0.51kmol $\qquad\qquad\quad$ 0.51kmol

HNO_3 32kg에서 생기는 물의 양

$0.51 kmol \times \dfrac{18kg}{1kmol} = 9.18kg$

$DVS = \dfrac{60}{8+9.18} = 3.49$

정답 01 ④ 02 ② 03 ② 04 ② 05 ④ 06 ②

07 암모니아 합성 공업의 원료가스인 수소가스 제조공정에서 2차 개질공정의 주반응은?

① $CO + H_2O \rightarrow CO_2 + H_2$
② $CH_4 + \frac{1}{2}O_2 \rightarrow CO + 2H_2$
③ $CO_2 + 3H_2 \rightarrow CH_4 + H_2O + \frac{1}{2}O_2$
④ $C + O_2 \rightarrow CO_2$

해설
수소가스 제조공정에서 2차 개질공정 주반응
$CH_4 + \frac{1}{2}O_2 \rightarrow CO + 2H_2$

08 다음 중 칼륨 비료의 원료가 아닌 것은?

① 칼륨광물   ② 초목재
③ 간수   ④ 골분

해설
칼륨 비료의 원료 : 식물의 재(ash)는 다량의 칼륨이 포함되어 있기 때문에 예로부터 목초의 재(초목재)가 칼륨 비료로 사용되어 왔다. 퇴비, 외양간 두엄과 같은 자급 비료의 형태로 시비되어 왔다. 간수, 해조, 칼륨함유 광물, 용광로 더스트, 사탕무의 알코올 발효액 등으로부터 칼륨염을 얻는다.

09 다음 중 1차 전지가 아닌 것은?

① 산화은전지   ② Ni-MH전지
③ 망간전지   ④ 수은전지

해설
② Ni-MH전지 : 2차 전지

10 $Ca(ClO)_2$는 무엇이라고 하는가?

① 클로랄   ② 고도 표백분
③ 포스겐   ④ 2, 4-D

해설
$Ca(ClO)_2$: 고도 표백분

11 가성소다 제보법과 가장 관계가 먼 것은?

① 수은법
② 격막법
③ Solvay법
④ Causticization법

해설
Solvay법 : 암모니아소다법

12 Friedel-Crafts 반응에 쓰이는 대표적인 촉매는?

① Al_2O_3 ② H_2SO_4
③ P_2O_5 ④ $AlCl_3$

해설
Friedel-Crafts 촉매 : $AlCl_3$, $FeCl_3$, BP_3 등

13 루이스산 촉매에 해당하는 $AlCl_3$와 BF_3는 어떤 시약에 해당하는가?

① 친전자시약   ② 친핵시약
③ 라디칼 제거시약 ④ 라디칼 개시시약

해설
① **친전자시약** : 상대로부터 전자를 획득하거나 상대의 전지쌍에 의해서 공유결합을 생성한다. 산화제는 전자이고, 프로톤, 즉 산, 할로겐양이온, 니트로늄이온, 이시륨이온은 후자의 예이다. 일반적으로 루이스산이 이에 속한다.

14 황산 존재하에서 C_2H_5OH에 KBr을 작용시키면 생성되는 주생성물은?

① CH_3-O-CH_3 ② C_2H_5OBr
③ C_2H_5Br ④ CH_3CHO

해설
$C_2H_5OH \xrightarrow{H_2SO_4 \text{ 또는 } KBr} C_2H_5Br$

정답 07 ② 08 ④ 09 ② 10 ② 11 ③ 12 ④ 13 ① 14 ③

15 석유의 증류공정 중 원유에 다량의 황화합물이 포함되어 있을 경우 발생되는 문제점이 아닌 것은 어느 것인가?

① 장치 부식 ② 공해 유발
③ 촉매 환원 ④ 악취 발생

해설
원유에 다량의 황화합물이 포함되어 있을 경우 장치 부식, 공해 유발, 악취 발생의 문제점이 있으므로 스위트닝을 통해 이황화물로 만들어 제거해야 한다.

16 다음 중 국내 올레핀계 탄화수소의 공급원으로 가장 많이 쓰이는 것은?

① 석탄가스
② 정유소 가스
③ 나프타의 열분해
④ 석유유분의 분리

해설
국내 올레핀계 탄화수소의 공급원 : 나프타의 열분해

17 융점이 327℃이며, 이 온도 이하에서는 용매가공이 불가능할 정도로 매우 우수한 내약품성을 지니고 있어 화학공정기계의 부식방지용 내식재료로 많이 응용되고 있는 고분자 재료는?

① 폴리테트라 플로로에틸렌
② 폴리카보네이트
③ 폴리이미드
④ 폴리에틸렌

해설
폴리테트라 플루오로에틸렌(테플론)
- 융점 : 327℃
- 우수한 내약품성, 내열성, 소수성을 지닌다.

18 양이온 중합에서 공개시제(coinitiator)로 사용되는 것은?

① Lewis 산 ② Lewis 염기
③ 유기금속염기 ④ sodium amide

해설
Lewis산 : 양이온 중합에서 공개시제로 사용된다.

19 수평균 분자량이 100,000인 어떤 고분자 시료 1g과 수평균 분자량이 200,000인 같은 고분자 시료 2g을 서로 섞으면 혼합시료의 수평균 분자량은?

① 0.5×10^5 ② 0.667×10^5
③ 1.5×10^5 ④ 1.667×10^5

해설
- A : 수평균 분자량 100,000, 1g
- B : 수평균 분자량 200,000, 2g
- 혼합시료 수평균 분자량
$$= \frac{1+2}{\frac{1}{100,000} + \frac{2}{200,000}} = 1.5 \times 10^5$$

20 수(水)처리와 관련된 다음의 설명 중 옳은 것으로만 짝지어진 것은?

ⓐ 물의 경도가 높으면 관 또는 보일러의 벽에 스케일이 생성된다.
ⓑ 물의 경도는 석회소다법 및 이온교환법에 의하여 낮출 수 있다.
ⓒ BOD는 생물학적인 산소요구량을 말한다.
ⓓ 물의 온도가 증가할 경우 용존산소의 양은 증가한다.

① ⓐ, ⓑ, ⓒ ② ⓑ, ⓒ, ⓓ
③ ⓐ, ⓒ, ⓓ ④ ⓐ, ⓑ, ⓓ

해설
물의 온도가 증가할 경우 용존산소의 양은 감소한다.

정답 15 ③ 16 ③ 17 ① 18 ① 19 ③ 20 ①

제2과목 반응운전

21 열역학 제1법칙에 대한 설명과 가장 거리가 먼 것은?

① 받은 열량을 모두 일로 전환하는 기관을 제작하는 것은 불가능하다.
② 에너지의 형태는 변할 수 있으나 총량은 불변한다.
③ 열량은 상태량이 아니지만 내부에너지는 상태량이다.
④ 계가 외부에서 흡수한 열량 중 일을 하고 난 나머지는 내부에너지를 증가시킨다.

해설

열역학 제1법칙
고립된 계의 총 내부에너지는 일정하다. (내부에너지 변화가 계에 가해진 열과 계가 주변에 한 일 사이의 차와 같다.)
① : 열역학 제2법칙에 관한 설명

22 20℃, 1atm에서 아세톤에 대해 부피팽창률 $\beta = 1.488 \times 10^{-3}$(℃)$^{-1}$, 등온압축률 $k = 6.2 \times 10^{-5}$ (atm)$^{-1}$, $V = 1.287$cm^3/g이다. 정용하에서 20℃, 1atm에서 30℃까지 가열한다면 그때 압력은 몇 atm인가?

① 1 ② 5.17
③ 241 ④ 20.45

해설

$\beta = \frac{1}{V}\left(\frac{\partial V}{\partial T}\right)_P$, $K = -\frac{1}{V}\left(\frac{\partial V}{\partial P}\right)_T$

$\left(\frac{\partial V}{\partial T}\right)_P \left(\frac{\partial T}{\partial P}\right)_V \left(\frac{\partial P}{\partial V}\right)_T = -1$

$(\beta V)\left(\frac{\partial T}{\partial P}\right)_V \left(-\frac{1}{KV}\right) = -1$

$\therefore \left(\frac{\partial T}{\partial P}\right)_V = \frac{K}{\beta}$

$= \frac{6.2 \times 10^{-5}}{1.488 \times 10^{-3}}$

$= \frac{1}{24}$

$= 0.04167$

10℃ 변화
24 × 10 = 240atm

23 "액체 혼합물 중의 한 성분이 나타내는 증기압은 그 온도에 있어서 그 성분이 단독으로 존재할 때의 증기압에 그 성분의 몰분율을 곱한 값과 같다." 이것은 누구의 법칙인가?

① 라울(Raoult)의 법칙
② 헨리(Henry)의 법칙
③ 픽(Fick)의 법칙
④ 푸리에(Fourier)의 법칙

해설

라울의 법칙 : $P_A = P_A^* x_A$
액체 혼합물 중의 한 성분이 나타내는 증기압은 그 온도에 있어서 순수성분의 증기압에 그 성분의 몰분율을 곱한 값과 같다.

24 이상기체에 대하여 일(W)이 다음과 같은 식으로 표현될 때, 이 계의 변화과정은? (단, Q는 열, V_1은 초기부피, V_2는 최종부피이다.)

$$W = Q = -RT\ln\frac{V_2}{V_1}$$

① 단열과정 ② 등압과정
③ 등온과정 ④ 정용과정

해설

등온과정일 때 $\Delta U = 0$
$\Delta U = Q + W = 0$
→ $W = -Q = -RT\ln V_2/V_1$

25 어떤 가역 열기관이 300℃에서 400kcal의 열을 흡수하여 일을 하고 50℃에서 열을 방출한다. 이때 낮은 열원의 엔트로피 변화량(kcal/K)의 절대값은?

① 0.698 ② 0.798
③ 0.898 ④ 0.998

해설

$ds = \frac{dQ}{T}$ $\therefore \Delta s = \frac{400\text{kcal}}{(300+273)K} = 0.698\frac{\text{kcal}}{K}$

정답 21 ① 22 ③ 23 ① 24 ③ 25 ①

26 혼합물 중 성분 i의 화학포텐셜 μ_i에 관한 식으로 옳은 것은? (단, G는 깁스 자유에너지, n_i는 성분 i의 몰수, n_j는 i번째 성분 이외의 몰수를 나타낸다.)

① $\mu_i = \left[\dfrac{\partial(nG)}{\partial n_i}\right]_{P,\,T,\,n_j}$

② $\mu_i = \left(\dfrac{\partial G}{\partial n_i}\right)_{T,\,V,\,n_j}$

③ $\mu_i = \left(\dfrac{\partial G}{\partial n_i}\right)_{P,\,V}$

④ $\mu_i = \left(\dfrac{\partial G}{\partial n_i}\right)_{n_j}$

해설

화학포텐셜 $\mu_i = \left[\dfrac{\partial(nG)}{\partial n_i}\right]_{P,\,T,\,n_j}$

27 화학반응의 평형상수 K의 정의로부터 다음의 관계식을 얻을 수 있을 때, 이 관계식에 대한 설명 중 틀린 것은?

$$\dfrac{d\ln K}{dT} = \dfrac{\Delta H^\circ}{RT^2}$$

① 온도에 대한 평형상수의 변화를 나타낸다.
② 발열반응에서는 온도가 증가하면 평형상수가 감소함을 보여준다.
③ 주어진 온도구간에서 ΔH°가 일정하면 $\ln K$를 T의 함수로 표시했을 때 직선의 기울기가 $\dfrac{\Delta H^\circ}{R^2}$이다.
④ 화학반응의 ΔH°를 구하는 데 사용할 수 있다.

해설

$d\ln K = \dfrac{\Delta H^\circ}{R}\dfrac{dT}{T^2} \Rightarrow \ln K = \dfrac{\Delta H^\circ}{R}\left(-\dfrac{1}{T}\right)$

∴ 기울기 : $-\dfrac{\Delta H^\circ}{R}$

28 2성분계 공비혼합물에서 성분 A, B의 활동도계수 γ_A와 γ_B, 포화증기압을 P_A 및 P_B라 하고, 이계의 전압을 P_t라 할 때 수정된 Raoult의 법칙을 적용하여 γ_B를 옳게 나타낸 것은? (단, B성분의 기상 및 액상에서의 몰분율은 y_B와 x_B이며, 퓨가시티 계수는 1이라 가정한다.)

① $\gamma_B = P_t/P_B$ ② $\gamma_B = P_t/P_B(1-X_A)$
③ $\gamma_B = P_t y_B/P_B$ ④ $\gamma_B = P_t/P_B X_B$

해설

$y_i P = x_i \gamma_i P_i^{sat}$

$\gamma_B = \dfrac{y_B P_t}{x_B P_B}$ (공비 혼합물 → $x_B = y_B$) $\Rightarrow \gamma_B = \dfrac{P_t}{P_B}$

29 $P-H$ 선도에서 등엔트로피 선 기울기 $\left(\dfrac{\partial P}{\partial H}\right)_s$의 값은?

① V ② T
③ $\dfrac{1}{V}$ ④ $\dfrac{1}{T}$

해설

Maxwell 방정식 유출할 때 $dH = TdS + VdP$

등엔트로피 $\left(\dfrac{dH}{dP}\right)_s = V$

$\left(\dfrac{\partial P}{\partial H}\right)_s = \dfrac{1}{V}$

30 1atm, 90°C, 2성분계(벤젠 – 톨루엔) 기액평형에서 액상 벤젠의 조성은? (단, 벤젠, 톨루엔의 포화증기압은 각각 1.34atm, 0.53atm이다.)

① 1.34   ② 0.58
③ 0.53   ④ 0.42

해설

부분 압력 법칙
다성분계에서 전압은 각 성분의 부분압과 조성의 곱을 합한 값이다.
$P = P_A x_A + P_B x_B$
$P = 1$atm, $P_A = 1.34$atm, $P_B = 0.53$atm이므로
$1 = 1.34 x_A + 0.53(1-x_A)$
∴ $x_A = 0.58$

정답 26 ① 27 ③ 28 ① 29 ③ 30 ②

31 어떤 회분식 반응기에서 전화율을 90%까지 얻는데 소요된 시간이 4시간이었다고 하면, 3m³/min을 처리하여 같은 전화율을 얻는 데 필요한 반응기의 부피는 얼마인가?

① 620m³ ② 720m³
③ 820m³ ④ 920m³

해설

$3m^3/min \times \dfrac{60min}{1hr} \times 4hr = 720m^3$

32 다음과 같은 플러그 흐름 반응기에서의 반응시간에 따른 $C_B(t)$는 어떤 관계로 주어지는가? (단, k는 각 경로에서의 속도상수, C_{A_0}는 A의 초기농도, t는 시간이고, 초기에 A만 존재한다.)

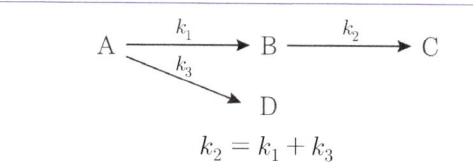

$k_2 = k_1 + k_3$

① $k_3 C_{A_0} t e^{-k_2 t}$

② $k_1 C_{A_0} t e^{-k_2 t}$

③ $k_1 C_{A_0} e^{-k_3 t} + k_2 C_B$

④ $k_1 C_{A_0} e^{-k_2 t} + k_2 C_B$

해설

$\dfrac{dC_B}{dt} = k_1 C_A - k_2 C_B$

$\dfrac{-dC_A}{dt} = k_1 C_A + k_3 C_A + k_2 C_A$

적분하면

$k_2 t = \ln \dfrac{C_{A_0}}{C_A} \rightarrow C_A = C_{A_0} e^{-k_2 t}$

$\dfrac{dC_B}{dt} = k_1 C_{A_0} e^{-k_2 t} + k_2 C_B$

$\dfrac{dC_B}{dt} = k_2 C_B = k_1 C_{A_0} e^{-k_2 t}$

Laplace

$sf(s) + k_2 f(s) = \int_0^\infty k_1 C_{A_0} e^{-k_2 t} \cdot e^{-st} dt$

(초기 A만 존재하므로 $f(0) = 0$) $\rightarrow k_1 C_{A_0} \int_0^\infty e^{-(k_2+s)t} dt$

33 플러그 흐름 반응기에서 아래와 같은 반응이 진행될 때, 빗금 친 부분이 의미하는 것은? (단, ∅는 반응 $A \rightarrow R$에 대한 R의 순간수율(instantaneous fractional yield)이다.)

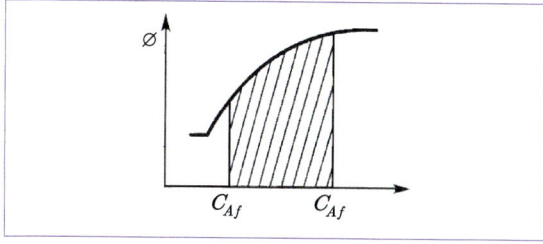

① 총괄수율
② 반응해서 없어진 반응물의 몰수
③ 생성되는 R의 최종농도
④ 그 순간의 반응물의 농도

해설

$\int_{C_{Af}}^{C_{A_0}} \emptyset dC_A = \int_{C_{Af}}^{C_{A_0}} \dfrac{dC_R}{-dC_A} dC_A = C_R(C_{Af}) - C_R(C_{A_0}) = C_R$

34 액상 가역 1차 반응 A ⇌ R을 등온하에서 반응시켜 평형 전화율 X_{A_c}은 80%로 유지하고 싶다. 반응온도를 얼마로 해야 하는가? (단, 반응열은 온도에 관계없이 −10,000cal/mol, 25℃에서의 평형상수는 300, $C_{R_0} = 0$이다.)

① 75℃ ② 127℃
③ 185℃ ④ 212℃

해설

$k = Ae^{\dfrac{-E}{RT}}$

$k_1 = 300, \ k_2 = \dfrac{X}{1-X} = 4$

$\dfrac{k_2}{k_1} = \dfrac{Ae^{\frac{-E}{RT_2}}}{Ae^{\frac{-E}{RT_1}}} = e^{\frac{E}{R}\left(\frac{1}{T_1} - \frac{1}{T_2}\right)}$

$\dfrac{300}{4} = e^{\frac{-10,000cal/mol \times 4.1858J/cal}{8.314}\left(\frac{1}{298} - \frac{1}{T}\right)}$

$\therefore T = 400K = 127℃$

정답 31 ② 32 ② 33 ③ 34 ②

35 정압반응에서 처음에 80%의 A를 포함하는(나머지 20%는 불활성 물질) 반응 혼합물의 부피가 2min에 20% 감소한다면 기체반응 $2A \rightarrow R$에서 A의 소모에 대한 1차 반응속도상수는 약 얼마인가?

① $0.147min^{-1}$ ② $0.247min^{-1}$
③ $0.347min^{-1}$ ④ $0.447min^{-1}$

해설

$\varepsilon_A = 0.8 \cdot \dfrac{1-2}{2} = -0.4$

$V = V_0(1 - 0.4X_A) - \dfrac{dC_A}{dt} = kC_A$

$\ln C_A/C_{A_0} = -Kt,\ C_A = C_{A_0}(1-X_A)$

36 불균일촉매반응에서 확산이 반응율속 영역에 있는지를 알기 위한 식과 가장 거리가 먼 것은 어느 것인가?

① Thiele modulus
② Weisz-Prater 식
③ Mears 식
④ Langmuir-Hishelwood 식

해설

Langmuir-Hishelwood 식 : 흡착등온식

37 1차 기본반응의 속도상수가 $1.5 \times 10^{-3} s^{-1}$일 때, 이 반응의 반감기(s)는?

① 162 ② 262
③ 362 ④ 462

해설

$t_{1/2} = \dfrac{\ln 2}{k} = \dfrac{\ln 2}{1.5 \times 10^{-3}} s = 462s$

38 다음 그림은 균일계 비가역 병렬반응이 플러그 흐름 반응기에서 진행될 때 순간 수율 $\varnothing \left(\dfrac{R}{A}\right)$와 반응물의 농도($C_A$) 간의 관계를 나타낸 것이다. 빗금 친 부분의 넓이가 뜻하는 것은?

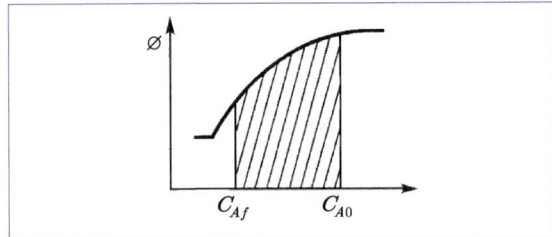

① 총괄 수율 $\varnothing$
② 반응하여 없어진 반응물의 몰수
③ 반응으로 생긴 R의 몰수
④ 반응기를 나오는 R의 농도

해설

㉠ 순간 수율

$\varnothing = \dfrac{dC_R}{-dC_A}$

㉡ 색칠된 부분의 면적

$\displaystyle\int_{C_{Af}}^{C_{A0}} \varnothing dC_A = \int_{C_{Af}}^{C_{A0}}(-dC_R)$
$= C_R(C_A = C_{Af}) - C_R(C_A = C_{A0})$
$= C_R$

39 다음 반응기 중 체류시간 분포가 가장 좁게 나타난 것은?

① 완전혼합형 반응기
② Recycle 혼합형 반응기
③ Recycle 미분형 반응기(plug type)
④ 미분형 반응기(pulg type)

해설

미분형 반응기는 체류시간 분포가 델타함수로 나타나므로 폭이 가장 좁다.

정답 35 ③ 36 ④ 37 ④ 38 ④ 39 ④

40 다음 그림은 이상적 반응기의 설계 방정식의 반응시간을 결정하는 그림이다. 회분반응기의 반응시간에 해당하는 면적으로 옳은 것은? (단, 그림에서 점 D의 C_A 값은 반응 끝 시간의 값을 나타낸다.)

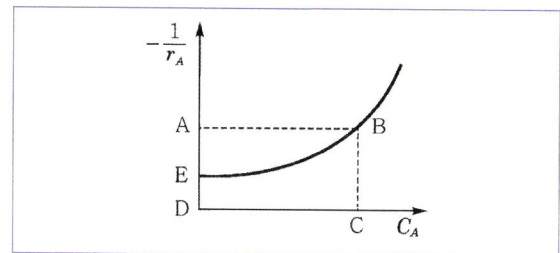

① ▭ ABCD
② ◿ ABE
③ ◢ BCDE
④ $\frac{1}{2}$ ▭ ABCD

해설

$(-r_A)V + \dfrac{dN_A}{dt} = 0$

$\Rightarrow \int_0^t dt = \dfrac{1}{-r_A}\dfrac{dN_A}{V} = \left(-\dfrac{1}{r_A}\right)dC_A$

$t = -\dfrac{1}{r_A}\int_{C_{A_0}}^{C_A} dC_A$

제3과목 단위공정관리

41 염화칼슘의 용해도 데이터가 아래와 같을 때, 80℃ 염화칼슘 포화용액 70g을 20℃로 냉각시켰을 때 석출되는 염화칼슘 결정의 무게(g)는?

[용해도 데이터]
- 20℃ 140.0g/100gH$_2$O
- 80℃ 160.0g/100gH$_2$O

① 4.61
② 5.39
③ 6.61
④ 7.39

해설
포화용액 260g당 20g의 염화칼슘이 석출되므로 포화용액 70g을 냉각시키면 $\dfrac{20 \times 70}{260}$ = 5.39g이 석출된다.

42 분자량 119인 화합물을 분석한 결과 질량%로 C 70.6%, H 4.2%, N 11.8%, O 13.4%이었다면 분자식은?

① $C_6H_5NO_2$
② $C_6H_4N_2O$
③ $C_6H_6N_2O_2$
④ C_7H_5NO

해설
- C의 mol수 = $\dfrac{119 \times 0.706}{12}$ = 7
- H mol수 = $\dfrac{119 \times 0.042}{1}$ = 5
- N mol수 = $\dfrac{119 \times 0.118}{14}$ = 1
- O mol수 = $\dfrac{119 \times 0.134}{16}$ = 1

∴ C_7H_5NO

43 다음 그림과 같은 순환조작에서 각 흐름의 질량 관계를 옳지 않게 나타낸 것은?

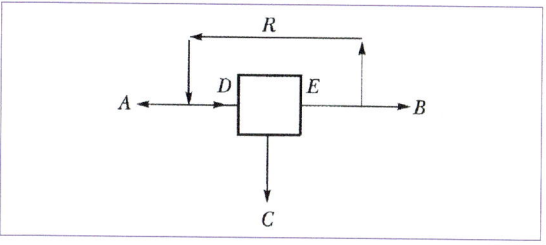

① $D = B + C$
② $A + R = D$
③ $A + R = E + C$
④ $E = R + B$

해설
① $D \neq B + C \Rightarrow D = A + R$

44 다음 식을 이용해 100g N$_2$를 100℃에서 200℃까지 가열하는 데 필요한 열량을 구하면 약 몇 kcal인가?

$$C_P[\text{cal/mol} \cdot \text{K}] = 6.46 + 1.39 \times 10^{-3}T$$

① 1.0
② 1.5
③ 2.0
④ 2.5

해설

$dQ_P = mC_pdT$

$Q_P = m\int_{200℃}^{100℃} C_p dT = 3.57 \times \int_{200}^{100}(6.46 + 1.39 \times 10^{-3}T)dt$

$= 3.57 \times \left\{6.46 \times (200-100) + 1.39 \times 10^{-3} \times \dfrac{1}{2}(473^2 - 373^2)\right\}$

$= 2,516\text{cal} ≒ 2.5\text{kcal}$

정답 40 ③ 41 ② 42 ④ 43 ① 44 ④

45 n-C$_5$H$_{12}$와 iso-C$_5$H$_{12}$의 혼합물을 다음 그림과 같이 증류할 때 우회(by-pass)되는 양 X는 몇 kg/h인가?

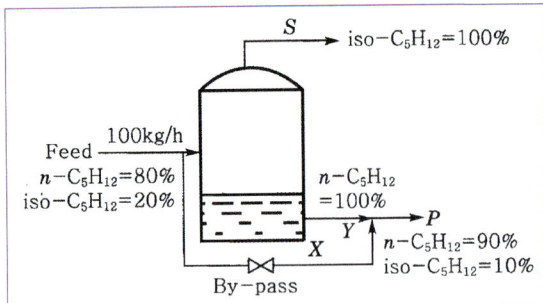

① 89.5
② 55.5
③ 44.5
④ 11.5

해설

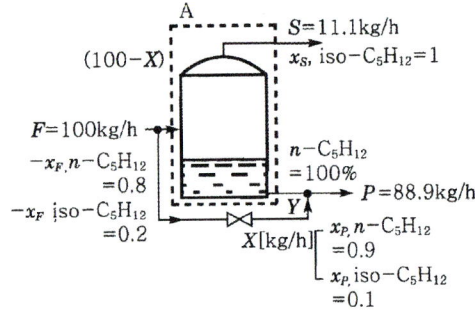

㉠ 총 질량수지
 $F = S + P \rightarrow 100 = S + P$

㉡ n–C$_5$H$_{12}$ 수지
 $F_x x_F, n-C_5H_{12} = S \times 0 + P \times x_P, n-C_6H_{12}$
 $100 \times 0.8 = P \times 0.9$
 ∴ $P ≒ 88.9$ kg/h
  $S = 11.1$ kg/h

㉢ 사각점선 A에서 iso–C$_5$H$_{12}$수지식
 • 증류탑으로 공급되는 feed가 분기점에서 X[kg/h] 우회되므로, 증류탑으로는 $(100-X)$[kg/h]만큼 공급된다. (단, 공급물 조성은 불변)
 • $(100-X) \cdot 0.2 = 11.1 \cdot 1$
 ∴ $X = 44.5$ kg/h
  $Y = 44.4$ kg/h

46 다음과 같은 일반적인 베르누이의 정리에 적용되는 조건이 아닌 것은?

$$\frac{P}{\rho g} + \frac{V^2}{2g} + Z = \text{constant}$$

① 직선 관에서만의 흐름이다.
② 마찰이 없는 흐름이다.
③ 정상상태의 흐름이다.
④ 같은 유선상에 있는 흐름이다.

해설

베르누이의 정리 조건
㉠ 마찰이 없는 흐름
㉡ 정상상태
㉢ 비압축성 유체
㉣ 같은 유선상의 유체

47 반응에 관한 설명으로 옳지 않은 것은?

① 강산과 강염기의 중화열은 일정하다.
② 수소이온의 생성열은 편의상 0으로 정한다.
③ 약산과 강염기의 중화열은 강산과 강염기의 중화열과 같다.
④ 반응 전후의 온도 변화가 없을 때 엔탈피 변화는 0이다.

해설

같은 농도, 같은 부피에서는 강산, 강염기에 수소이온과 수산화이온이 더 많기 때문에 열이 더 많이 발생한다.

48 Prandtl 수가 1보다 클 경우 다음 중 옳은 것은?

① 운동량 경계층이 열 경계층보다 더 두껍다.
② 운동량 경계층이 열 경계층보다 더 얇다.
③ 운동량 경계층과 열 경계층의 두께가 같다.
④ 운동량 경계층과 열 경계층의 두께와는 관계가 없다.

해설

$\Pr = \dfrac{C_P \mu}{K} > 1$
$C_P \mu > K$

정답 45 ③ 46 ① 47 ③ 48 ①

49 다음 무차원군 중 밀도와 관계없는 것은?

① 그라스호프(Grashof)수
② 레이놀즈(Reynolds)수
③ 슈미트(Schmidt)수
④ 넛셀(Nusselt)수

해설

① $Gr = \dfrac{9\beta L^3 \Delta T}{W^2}$

② $Re = \dfrac{eud}{\mu}$

③ $sh = \dfrac{관성력}{분자확산력} = \dfrac{V_L}{K_D}$

④ $N_u = \dfrac{대류열전달}{전도열전달} = \dfrac{hL}{k} = \dfrac{대류열전달계수 \times 특성길이}{열전도계수}$

$= \dfrac{w/m^2k \times m}{w/mk} = 1$

50 안지름 10cm의 수평관을 통하여 상온의 물을 수송한다. 관의 길이 100m, 유속 7m/s, 패닝 마찰 계수(Fanning friction factor)가 0.005일 때 생기는 마찰손실 kgf·m/kg은?

① 5   ② 25
③ 50 ④ 250

해설

$h_f = 4f \dfrac{L}{D} \dfrac{U^2}{2g_c} = 4 \times 0.005 \times \dfrac{100}{0.1} \times \dfrac{n^2}{2 \times 9.8} = 50\text{m}$

51 3층의 벽돌로 된 로벽이 있다. 내부로부터 각 벽돌의 두께는 각각 10, 8, 30cm이고 열전도도는 각각 0.10, 0.05, 1.5kcal/m·h·℃이다. 로벽의 내면 온도는 1,000℃이고 외면 온도는 40℃일 때 단위 면적당의 열손실은 약 얼마인가? (단, 벽돌 간의 접촉저항은 무시한다.)

① 343kcal/m²·h   ② 533kcal/m²·h
③ 694kcal/m²·h   ④ 830kcal/m²·h

해설

$\dfrac{q}{A} = \dfrac{\Delta T}{\dfrac{L_1}{K_1} + \dfrac{L_2}{K_2} + \dfrac{L_3}{K_3}} = \dfrac{1{,}000 - 40}{\dfrac{0.1}{0.1} + \dfrac{0.08}{0.05} + \dfrac{0.3}{1.5}} = 343\text{kcal/m}^2\cdot\text{h}$

52 동일한 압력에서 어떤 물질의 온도가 dew point보다 높은 상태를 나타내는 것은?

① 포화   ② 과열
③ 과냉각 ④ 임계

해설

이슬점보다 높은 온도는 과열상태이다.

53 40mol% 벤젠-톨루엔 혼합물을 증류하여 탑정에서 98mol% 벤젠을 얻었다. 공급액은 비점에서 공급하며 벤젠 액조성 40mol%일 때 기-액 평형상태의 증기조성은 68mol%이다. 이때 최소 환류비는 얼마인가?

① 0.76   ② 0.92
③ 1.07   ④ 1.21

해설

최소환류비 $R_m = \dfrac{x_b - y'}{y' - x'}$

(여기서, x', y' : 원료 공급선과 평형선의 교점)

비점으로 공급 ∴ $q = 1$

$y = -\dfrac{q}{1-q}x + \dfrac{x_F}{1-q}$

$x = x_F = 0.4$

벤젠액 조성이 0.4일 때 평형상태 증기 조성 0.68

∴ $x' = 0.4$, $y' = 0.68$

∴ $R_m = \dfrac{0.98 - 0.68}{0.68 - 0.4} = 1.071$

54 추출에서 선택도(β)에 대한 설명 중 틀린 것은? (단, k_A, k_B는 분배계수로서 A는 추질, B는 원용매이다.)

① β는 k_A/k_B로 표현된다.
② 추질의 분배계수가 원용매의 분배계수보다 작을수록 선택도가 높다.
③ $\beta = 1.0$에서는 분리가 불가능하다.
④ 선택도가 클수록 추제는 적게 든다.

해설

추질의 분배계수가 원용매의 분배계수보다 클수록 선택도가 높다.

정답 49 ④ 50 ③ 51 ① 52 ② 53 ③ 54 ②

55 충전탑에서 기체의 속도가 매우 커서 액이 거의 흐르지 않고, 넘치는 현상을 무엇이라고 하는가?

① 편류(Channeling)
② 범람(Flooding)
③ 공동화(Cavitation)
④ 비말동반(Entrainment)

해설
충전탑에서 기체의 속도가 매우 커서 액이 넘치는 현상은 범람(flooding)이다.

56 고체건조의 항률건조단계(constant rate period)에 대한 설명으로 틀린 것은?

① 항률건조단계에서 복사나 전도에 의한 열전달이 없는 경우 고체온도는 공기의 습구온도와 동일하다.
② 항률건조단계에서 고체의 건조속도는 고체의 수분함량과 관계가 없다.
③ 항률건조속도는 열전달식이나 물질전달식을 이용하여 계산할 수 있다.
④ 주로 고체의 임계 함수량(critical moisture content) 이하에서 항률건조를 할 수 있다.

해설
주로 고체의 임계 함수량 이상에서 항률건조를 할 수 있다.

57 30℃, 760mmHg에서 공기 중의 수증기압이 30mmHg이고, 이 온도에서의 포화수증기압은 0.0533kgf/cm²이다. 이때 상대습도는 얼마인가?

① 55.5%
② 65.5%
③ 76.5%
④ 85.5%

해설
30℃, 760mmHg, 수증기압 30mmHg
포화수증기압 0.0533kgf/cm²

$\frac{0.0533\text{kgf}}{\text{cm}^2} \times \frac{9.81\text{N}}{1\text{kgf}} \times \frac{(10^2)^2 \text{cm}^2}{\text{m}^2} = 5228.73 \text{N/m}^2$

$5228.73 \text{N/m}^2 \times \frac{760\text{mmHg}}{101,325\text{Pa}} = 39.22 \text{mmHg}$

$\therefore \frac{30}{39.22} \times 100 = 76.49 \fallingdotseq 76.5\%$

58 다중효용 증발관에 있어서 원액의 점도가 낮고 첫 효용관에서 마지막으로 가면서 점도가 커지는 방법으로 공급하는 방식으로, 희박액 공급과 농축액 배출에 펌프가 필요하나 효용관 사이에는 펌프가 필요 없는 것은?

① 순류
② 역류
③ 병류
④ 착류

해설
순류의 설명이다.

59 다음 막 분리공정 중 역삼투법에서 물과 염류의 수송 메커니즘에 대한 설명으로 가장 거리가 먼 것은?

① 물과 용질은 용액 확산 메커니즘에 의해 별도로 막을 통해 확산된다.
② 치밀층의 저압쪽에서 1atm일 때 순수가 생성된다면 활용도는 사실상 1이다.
③ 물의 플럭스 및 선택도는 압력 차에 의존하지 않으나, 염류의 플럭스는 압력 차에 따라 크게 증가한다.
④ 물 수송의 구동력은 활동도 차이이며, 이는 압력 차에서 공급물과 생성물의 삼투압 차이를 뺀 값에 비례한다.

해설
물의 플럭스 및 선택도는 압력 차에 의존하지 않으나, 염류의 플럭스는 압력 차에 따라 크게 증가하지 않는다.

60 다음 중 경로에 관계되는 양은?

① 열
② 내부에너지
③ 압력
④ 엔탈피

해설
경로에 관계되는 양 : 열, 일

정답 55 ② 56 ④ 57 ③ 58 ① 59 ③ 60 ①

제4과목 화공계측제어

61 열교환기에서 외부교란 변수로 볼 수 없는 것은?

① 유출액 온도
② 유입액 온도
③ 유입액 유량
④ 사용된 수증기의 성질

해설
유출액의 온도는 출력값으로, 외부교란 변수로 볼 수 없다.

62 제어계의 구성요소 중 제어오차(에러)를 계산하는 것은 어느 부분에 속하는가?

① 측정요소(센서)
② 공정
③ 제어기
④ 최종제어요소(액츄에이트)

해설
제어오차(에러)는 제어기에서 계산된다.

63 $\dfrac{Y(s)}{X(s)} = \dfrac{10}{s^2 + 1.6s + 4}$, $X(s) = \dfrac{4}{s}$ 인 계에서 $y(t)$ 의 최종값(ultimate value)은?

① 10
② 2.5
③ 2
④ 1

해설
$\dfrac{Y(s)}{X(s)} = \dfrac{10}{s^2 + 1.6s + 4}$

$X(s) = \dfrac{4}{s}$, $y(t)$ 의 최종값

$\lim_{t \to 0} y(t) = \lim_{s \to 0} Y(s)$

$= \dfrac{10}{s^2 + 1.6s + 4} \times \dfrac{4}{s} \times s = 10$

64 다음 중 d초의 수송지연을 가진 공정에 단위계단입력을 적용했을 때 얻어지는 출력의 라플라스 변환(Laplace transform)은 무엇인가?

① se^{-ds}
② se^{ds}
③ $\dfrac{1}{s}e^{-ds}$
④ $\dfrac{1}{s}e^{ds}$

해설
d초의 수송지연 : e^{-ds}, 단위계단 입력 : $\dfrac{1}{s}$

따라서 출력의 라플라스 변환 : $\dfrac{1}{s}e^{-ds}$

65 다음의 전달함수를 역변환하면 어떻게 되는가?

$$F(s) = \dfrac{5}{s^2 + 3}$$

① $f(t) = \dfrac{5}{\sqrt{3}} \cos 3t$
② $f(t) = 5\sin\sqrt{3}\,t$
③ $f(t) = \dfrac{5}{\sqrt{3}} \sin\sqrt{3}\,t$
④ $f(t) = 5\cos\sqrt{3}\,t$

해설
$\dfrac{5}{s^2+3} = \dfrac{\sqrt{3}}{s^2+(\sqrt{3})^2} \cdot \dfrac{5}{\sqrt{3}} \xrightarrow{\mathcal{L}^{-1}} \dfrac{5}{\sqrt{3}}\sin\sqrt{3}\,t$

66 제어동작에 대한 다음 설명 중 틀린 것은?

① 단순한 비례동작제어는 오프셋을 일으킬 수 있다.
② 비례적분동작제어는 오프셋을 일으키지 않는다.
③ 비례미분동작제어는 공정출력을 Set point에 유지시키면서 장시간에 걸쳐 계를 정상상태로 이끌어간다.
④ 비례적분미분동작제어는 PD 동작제어와 PI 동작제어의 장점을 복합한 것이다.

해설
비례미분동작제어는 Offset은 없어지지 않으나 최종값에 도달하는 시간은 단축된다.

정답 61 ① 62 ③ 63 ① 64 ③ 65 ③ 66 ③

67 다음 중 Cascade 제어에 관한 설명으로 옳은 것은?

① 직접 측정되지 않는 외란에 대한 대처에 효과적일 수 없다.
② Slave 루프는 Master 루프에 비해 느린 동특성을 가져야 한다.
③ 외란이 Master 루프에 영향을 주기 전에 Slave 루프가 외란을 미리 제거할 수 있다.
④ Slave 루프를 재튜닝해도 Master 루프를 재튜닝할 필요는 없다.

해설
Cascade conttrol은 Slave loop가 Master loop에 비해 느린 동특성을 갖는다.

68 동일한 2개의 1차계가 상호작용 없이(non interacting) 직렬연결 되어 있는 계는 다음 중 어느 경우의 2차계와 같아지는가? (단, ζ는 감쇠계수(damping coefficient)이다.)

① $\zeta > 1$ ② $\zeta = 1$
③ $\zeta < 1$ ④ $\zeta = \infty$

해설
$$\frac{1}{\tau s+1} \cdot \frac{1}{\tau s+1} = \frac{1}{\tau^2 s^2 + 2\tau\zeta s + 1} \Rightarrow \zeta = 1$$

69 역응답의 특성을 나타내는 전달함수는?

① $G(s) = \dfrac{s+1}{0.25s+1}$
② $G(s) = \dfrac{0.5s+1}{(s+1)^3}$
③ $G(s) = \dfrac{1}{2s+1}$
④ $G(s) = \dfrac{-2s+3}{(2s+1)(3s+1)}$

해설
역응답 : 입력 신호가 양의 방향으로 가해졌음에도 불구하고, 출력 응답은 음의 방향으로 나타난 후 시간이 지나며 양의 방향으로 복귀되는 현상

$G(s) = \dfrac{(k_1\tau_2 - k_2\tau_1)s + (k_1 - k_2)}{(\tau_1 s+1)(\tau_2 s+1)}$ 일 때,

$s = -\dfrac{(k_1 - k_2)}{(k_1\tau_2 - k_2\tau_1)} > 0$이 되어야 함.

70 다음 그림과 같은 계의 총괄 전달함수는?

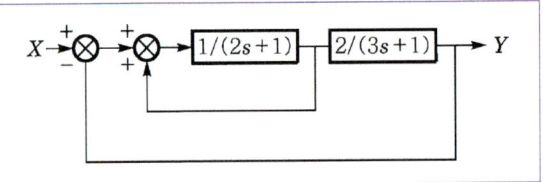

① $\dfrac{Y(s)}{X(s)} = \dfrac{2}{6s^2 + 8s + 4}$
② $\dfrac{Y(s)}{X(s)} = \dfrac{2}{6s^2 + 2s + 2}$
③ $\dfrac{Y(s)}{X(s)} = \dfrac{2}{6s^2 + 8s + 2}$
④ $\dfrac{Y(s)}{X(s)} = \dfrac{2}{6s^2 + 5s + 3}$

해설
$G(s) = \dfrac{Y(s)}{X(s)}$
$= \dfrac{\left(\dfrac{1}{2s+1}\right)\left(\dfrac{2}{3s+1}\right)}{1 + \left(\dfrac{1}{2s+1}\right)\left(\dfrac{2}{3s+1}\right)} = \dfrac{2}{6s^2 + 5s + 3}$

71 그림과 같은 음의 피드백(negative feedback)에 대한 설명으로 잘못된 것은? (단, 비례상수 K는 상수이다.)

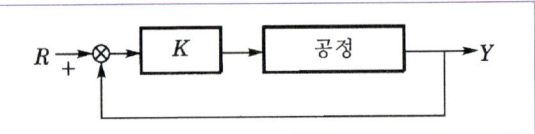

① 불안정한 공정을 안정화시킬 수 있다.
② 안정한 공정을 불안정하게 만들 수 있다.
③ 일반적으로 비선형 공정을 선형화시키는 효과를 준다(R과 Y의 관계가 선형화됨).
④ 선형 공정을 비선형화시키기도 한다(R과 Y의 관계가 비선형화됨).

해설
피드백 공정은 비선형 공정을 선형화시키며, K값에 따라 공정을 안정하게 또는 불안정하게 만든다.

정답 67 ③ 68 ② 69 ④ 70 ② 71 ④

72 다음 블록선도로부터 레귤레이터 문제(regulator problem)에 총괄전달함수 C/U는?

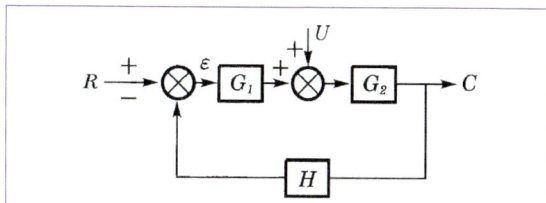

① $\dfrac{G_2}{1+G_1G_2H}$ ② $\dfrac{G_1}{1+G_1G_2H}$

③ $\dfrac{G_1G_2}{1+G_1G_2H}$ ④ $\dfrac{G_1G_2H}{1+G_1G_2H}$

해설

$G = \dfrac{G_2}{1+G_1G_2H}$

73 제어기 설계를 위한 공정모델과 관련된 설명으로 틀린 것은?

① PID 제어기를 Ziegler-Nichols 방법으로 조율하기 위해서는 먼저 공정의 전달함수를 구하는 과정이 필수로 요구된다.
② 제어기 설계에 필요한 모델은 수지식으로 표현되는 물리적 원리를 이용하여 수립될 수 있다.
③ 제어기 설계에 필요한 모델은 공정의 입출력 신호만을 분석하여 경험적 형태로 수립될 수 있다.
④ 제어기 설계에 필요한 모델은 물리적 모델과 경험적 모델을 혼합한 형태로 수립될 수 있다.

해설

open-loop의 전달함수를 구하는 방법을 사용할 때는 필수로 요구되지만, 실험적으로 제어기 이득 값을 바꾸면서 K_{CM} 값을 구할 때는 전달함수를 구할 필요가 없다.

74 편차(offset)는 제거할 수 있으나 미래의 에러(error)를 반영할 수 없어 제어성능 향상에 한계를 가지는 제어기는? (단, 모든 제어기들이 튜닝이 잘 되었을 경우로 가정한다.)

① P형   ② PD형
③ PI형   ④ PID형

해설

적분동작 : offset을 제거

75 다음의 적분공정에 비례 제어기를 설치하였다. 계단 형태의 외란 D_1과 D_2에 대하여 옳은 것은?

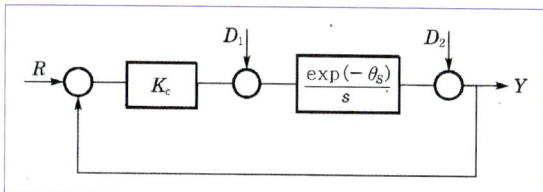

① 외란 D_1에 대한 offset은 없으나, 외란 D_2에 대한 offset은 있다.
② 외란 D_1에 대한 offset은 있으나, 외란 D_2에 대한 offset은 없다.
③ 외란 D_1 및 D_2에 대하여 모두 offset이 있다.
④ 외란 D_1 및 D_2에 대하여 모두 offset이 없다.

해설

적분공정 전에 들어온 외란의 offset은 제거할 수 없고, 적분 공정 후에 들어온 외란의 offset은 제거할 수 있다.

76 어떤 공정이 전달함수 $G(s) = \dfrac{1}{(s+1)(3s+1)}$로 표현된다. 공정입력으로 $\sin(t)$가 계속 들어갈 때 시간이 충분히 지난 후의 공정출력에 관한 설명 중 틀린 것은?

① 공정출력은 공정입력과 비교해서 $\arctan(1) + \arctan(3)$[radian]만큼 지연되어서 나타나는 sin파이다.
② 공정출력은 진폭이 $1/(\sqrt{2}\sqrt{10})$인 sin파이다.
③ 공정이 안정하기 때문에 출력은 진동하면서 점점 0으로 수렴한다.
④ 공정출력은 주파수(frequency)가 1인 sin파이다.

해설

주기함수가 입력변수로 주어질 경우 시간이 충분히 지나면 일정주기, 진폭을 가지고 진동한다.

정답 72 ① 73 ① 74 ③ 75 ② 76 ③

77 근사적으로 다음 보데(Bode) 선도와 같은 주파수 응답을 보이는 전달함수는? (단, AR은 진폭비, w는 각 주파수이다.)

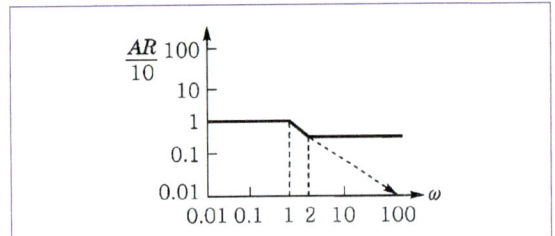

① $G(s) = \dfrac{5(s+2)}{s+1}$ ② $G(s) = \dfrac{10(2s+2)}{s+1}$

③ $G(s) = \dfrac{0.5s+2}{s+1}$ ④ $G(s) = \dfrac{10(s+2)}{s+1}$

해설

$G(s) = \dfrac{5(5+2)}{5+1}$

$G(jw) = \dfrac{5(jw+2)}{jw+1}$

$AR = 10 \to \dfrac{AR}{10} = 1(w \to 0)$

$G(jw) = \dfrac{5(jw+2)}{jw+1} = \dfrac{5\left(j+\dfrac{2}{w}\right)}{j+\dfrac{1}{w}}$

$AR = 5 \to \dfrac{AR}{10} = 0.5(w \to \infty)$

$\therefore G(s) = \dfrac{5(s+2)}{s+1}$

78 불안정한 계에 해당하는 것은?

① $y(s) = \dfrac{\exp(-3s)}{(s+1)(s+3)}$

② $y(s) = \dfrac{1}{(s+1)(s+3)}$

③ $y(s) = \dfrac{1}{s^2+0.5s+1}$

④ $y(s) = \dfrac{1}{s^2-0.5s+1}$

해설

특성방정식 근의 양의 실수부를 가지면 불안정

$S^2 - 0.5S + 1$의 근 : $\dfrac{0.5 \pm \sqrt{0.5^2 - 4}}{2}$

79 $S^3 + 4S^2 + 2S + 6 = 0$으로 특성방정식이 주어지는 계의 Routh 판별을 수행할 때 다음 배열의 (a), (b)에 들어갈 숫자는?

(행)		
①	1	2
②	4	6
③	(a)	
④	(b)	

① $a = \dfrac{1}{2}$, b=3   ② $a = \dfrac{1}{2}$, b=6

③ $a = -\dfrac{1}{2}$, b=3   ④ $a = -\dfrac{1}{2}$, b=3

해설

(a) : $\dfrac{(4 \cdot 2) - (1 \cdot 6)}{4} = \dfrac{1}{2}$

(b) : $\dfrac{(a) \cdot 6 - 0}{(a)} = 6$

80 Anti Reset Windup에 관한 설명으로 가장 거리가 먼 것은?

① 제어기 출력이 공정 입력 한계에 걸렸을 때 작동한다.
② 적분 동작에 부과된다.
③ 큰 설정치 변화에 공정 출력이 크게 흔들리는 것을 방지한다.
④ Offset을 없애는 동작이다.

해설

Anti Reset Windup
· 제어기 출력이 공정 입력의 한계에 걸렸을 때 작동
· 적분 동작에 부과
· 큰 설정치 변화에 공정 출력이 크게 흔들리는 것을 방지

정답 77 ① 78 ④ 79 ② 80 ④

M/E/M/O

제5회 적중 예상문제

제1과목 공업합성

01 염화수소가스 42.3kg을 물 83kg에 흡수시켜 염산을 제조할 때 염산의 농도 백분율(wt%)은? (단, 염화수소가스는 전량 물에 흡수된 것으로 한다.)

① 13.76% ② 23.76%
③ 33.76% ④ 43.76%

해설
염산 농도 백분율 = $\dfrac{42.3}{42.3+83} \times 100 = 33.76\%$

02 황산제조방법 중 연실법에 있어서 장치의 능률을 높이고 경제적으로 조업하기 위하여 개량된 방법(또는 설비)인 것은?

① 소량 응축법
② Pertersen Tower법
③ Reynold법
④ Monsanto법

해설
Pertersen Tower법의 설명이다.

03 부식 전류가 커지는 원인이 아닌 것은?

① 용존산소 농도가 낮을 때
② 온도가 높을 때
③ 금속이 전도성이 큰 전해액과 접촉하고 있을 때
④ 금속 표면의 내부 응력의 차가 클 때

해설
① 서로 다른 금속들이 접하고 있을 경우

04 염화수소가스를 제조하기 위해 고온, 고압에서 H_2와 Cl_2를 연소시키고자 한다. 다음 중 폭발방지를 위한 운전조건으로 가장 적합한 H_2 : Cl_2의 비율은?

① 1.2:1 ② 1:1
③ 1:1.2 ④ 1:1.4

해설
폭발방지를 위해 수소가스를 과잉으로 사용하여 염소가스를 미반응 상태가 되지 않도록 한다.
H_2 : Cl_2 = 1.2 : 1

05 공업적으로 인산을 제조하는 방법 중 인광석의 산분해법에 주로 사용되는 산은?

① 염산 ② 질산
③ 초산 ④ 황산

해설
황산분해법
인광석을 황산으로 분해하는 방법이다.
$Ca_5F(PO_4)_3 + 5H_2SO_4 + 10H_2O$
$\rightarrow H_3PO_4 + 5CaSO_4 \cdot 2H_2O + HF$
$3Ca_3(PO_4)_2 \cdot CaF_2 + 10H_2SO_4 + 20H_2O$
$\rightarrow 6H_3PO_4 + 10(CaSO_4 \cdot 2H_2O) + 2HF$

06 $Na_2CO_3 \cdot 10H_2O$ 중에는 H_2O를 몇 % 함유하는가?

① 48% ② 55%
③ 63% ④ 76%

해설
Na_2CO_3 분자량 : 106g/mol
$Na_2CO_3 \cdot 10H_2O$: 106 + 180 = 286
∴ $\dfrac{180}{286} \times 100 = 63\%$

정답 01 ③ 02 ② 03 ① 04 ① 05 ④ 06 ③

07 암모니아 합성용 수성가스 제조 시 blow 반응에 해당하는 것은?

① $C + H_2O \rightleftarrows CO + H_2 - 29,400cal$
② $C + 2H_2O \rightleftarrows CO_2 + 2H_2 - 19,000cal$
③ $C + O_2 \rightleftarrows CO_2 + 96,630cal$
④ $1/2O_2 \rightleftarrows O + 67,410cal$

해설
- Run 반응 : $C + H_2O \rightleftarrows CO + H_2$
- Blow 반응 : $C + O_2 \rightleftarrows CO_2$

08 다음 중 칼륨질 비료의 원료와 가장 거리가 먼 것은 어느 것인가?

① 간수　　② 초목재
③ 고로더스트　　④ 칠레초석

해설
칼륨질 비료의 원료
㉠ 간수
㉡ 초목재
㉢ 고로더스트
㉣ 해조
㉤ 볏짚재
㉥ 목재
㉦ 연초대의 재
㉧ 해수

09 다음 중 연료전지의 형태에 해당하지 않는 것은?

① 인산형 연료전지
② 용융탄산염 연료전지
③ 알칼리 연료전지
④ 질산형 연료전지

해설
㉠ 인산형 연료전지
㉡ 용융탄산염 연료전지
㉢ 알칼리 연료전지
㉣ 고분자 전해질형
㉤ 고체 산화물형

10 Poly(vinyl alcohol)의 주원료 물질에 해당하는 것은?

① 비닐알코올　　② 염화비닐
③ 초산비닐　　④ 플루오르화비닐

해설
Poly의 주원료 물질 : 초산비닐

11 공기 중에서 프로필렌을 산화시켜서 알코올과 작용시켰을 때 얻는 주생성물은?

① $CH_3-R-COOH$　② CH_3-CH_2-COOR
③ $CH_2=R-COOH$　④ $CH_2=CH-COOR$

해설
$CH_2=CH-CH_3 \xrightarrow[O_2]{산화} CH_2=CH-CHO \xrightarrow[\frac{1}{2}O_2]{산화}$

$\underset{아크릴산}{CH_2=CH-COOH}$

$CH_2=CH-COOH \xrightarrow[C-H_2SO_4]{ROH} \underset{아크릴산에스테르}{CH_2=CH-COOR} + H_2O$

12 200℃에서 활성탄 담체를 촉매로 아세틸렌에 아세트산을 작용시키면 생성되는 주물질은?

① 비닐에테르　　② 비닐카르복실산
③ 비닐아세테이트　　④ 비닐알코올

해설
$C_2H_2 + CH_3COOH \rightarrow$ 비닐아세테이트
$CH_2=CH$
$\quad\;|$
$\quad O-C-CH_3$
$\quad\quad\;\;\|$
$\quad\quad\;\;O$

13 아닐린을 삼산화크롬으로 산화시킬 때 생성물은?

① 아미노페놀　　② 아조벤젠
③ 벤조퀴논　　④ 니트로벤젠

해설
$C_6H_5NH_2 \xrightarrow{CrO_3}$ 벤조퀴논

정답 07 ③　08 ④　09 ④　10 ③　11 ④　12 ③　13 ③

14 다음 중 니트로벤젠을 환원시킬 때 첨가하여 다음 물질을 가장 많이 생성하는 것은?

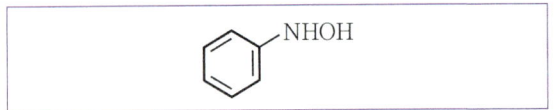

① Zn + acid
② Zn + water
③ Cu + H₂
④ Fe + acid

해설
환원제 종류에 따른 여러 가지 화합물
㉠ 가장 강한 환원방법 중의 하나인 금속과 산에 의한 환원의 최종 물질은 아연이다.
㉡ 아연과 알칼리용액으로 니트로벤젠 환원 → 히드라조벤젠
　아연과 황산으로 니트로벤젠 환원 → 아닐린
　아연분말과 물로 니트로벤젠 반응 → 페닐히드록실아민

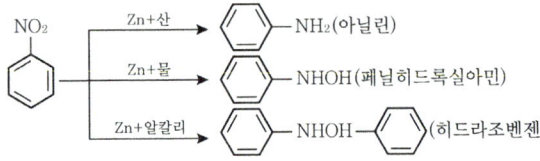

15 석유화학공업에서 분해에 의해 에틸렌 및 프로필렌 등 제조의 주된 공업원료로 이용되고 있는 것은 무엇인가?
① 경유
② 등유
③ 나프타
④ 중유

해설
나프타의 설명이다.

16 pH가 2인 공장 폐수 내에 Cu^{+2}, Zn^{+2} 등의 중금속 이온이 다량 함유되어 있다. 이들을 중화처리할 때 중금속 이온은 수산화물 형태로 대부분 침전되어 제거되지만, 입자의 크기가 작은 경우에는 콜로이드 상태로 존재하게 되므로 응집제를 사용하여야 한다. 이와 같은 폐수처리과정에서 필요한 물질들을 옳게 나열한 것은?
① NaOH, H_2SO_4
② H_2SO_4, $FeCl_3$
③ H_2SO_4, $Al_2(SO_4)_3 \cdot 18H_2O$
④ CaO, $Al_2(SO_4)_3 \cdot 18H_2O$

해설
콜로이드 응집제로 가장 효과적인 것
$Al_2(SO_4)_3 + 18H_2O$
$Al_2(SO_4)_3 + 3Ca(HCO_3)_2 \rightleftarrows 2Al(OH)_2 + 3CaSO_4 + 6CO_2$

17 탄화수소의 분해에 대한 설명 중 틀린 것은?
① 열분해는 자유라디칼에 의한 연쇄반응이다.
② 열분해는 접촉분해에 비해 방향족과 이소파라핀이 많이 생성된다.
③ 접촉분해에서는 촉매를 사용하여 열분해보다 낮은 온도에서 분해시킬 수 있다.
④ 접촉분해에서는 방향족이 올레핀보다 반응성이 낮다.

해설
열분해는 접촉분해에 비해 올레핀이 더 생성된다.0

18 공업용수 중 칼슘이온의 농도가 20mg/L이었다면, 이는 몇 ppm 경도에 해당하는가?
① 20
② 30
③ 40
④ 50

해설
ppm 경도 = $\dfrac{ppm \times 50}{원자번호} = \dfrac{20 \times 50}{20} = 50$

19 분자량이 5,000, 10,000, 15,000, 20,000, 25,000 (g/mol)로 이루어진 다섯 개의 고분자가 각각 50, 100, 150, 200, 250(kg)이 있다. 이 고분자의 다분산도(polydispersity)는?
① 0.8
② 1.0
③ 1.2
④ 1.4

해설
polydispersity(다분산도)
$PDI(kg/mol) = \dfrac{M_w}{M_n} = \dfrac{중량\ 평균\ 분자량}{수\ 평균\ 분자량}$

분자량(kg)	5	10	15	20	25
몰수(mol)	10	10	10	10	10

$M_n = \dfrac{\sum N_i M_i}{\sum N_i} = \dfrac{10 \times (5+10+15+20+25)}{10 \times 5} = 15$

$M_w = \dfrac{\sum N_i M_i^2}{\sum N_i M_i} = \dfrac{10(5^2+10^2+15^2+20^2+25^2)}{10(5+10+15+20+25)} = 18.3$

∴ $PDI = \dfrac{18.3}{15} = 1.2$

정답 14 ③　15 ③　16 ④　17 ②　18 ④　19 ③

20 Polyisobutylene의 중합방법은?

① 양이온중합
② 음이온중합
③ 라디칼중합
④ 지글러나타중합

해설
양이온중합은 연쇄말단이 양전하를 가지는 것이다.

제2과목 반응운전

21 다음의 관계식을 이용하여 기체의 정압 열용량(C_P)과 정적 열용량(C_V) 사이의 일반식을 유도하였을 때 옳은 것은?

$$dS = \left(\frac{C_P}{T}\right)dT - \left(\frac{\partial V}{\partial T}\right)_P dP$$

① $C_P - C_V = \left(\frac{\partial T}{\partial T}\right)_P \left(\frac{\partial T}{\partial P}\right)_V$

② $C_P - C_V = T\left(\frac{\partial T}{\partial V}\right)_P \left(\frac{\partial T}{\partial P}\right)_V$

③ $C_P - C_V = \left(\frac{\partial V}{\partial T}\right)_P \left(\frac{\partial T}{\partial P}\right)_V$

④ $C_P - C_V = T\left(\frac{\partial V}{\partial T}\right)_P \left(\frac{\partial P}{\partial T}\right)_V$

해설

$dS = \left(\frac{C_P}{T}\right)dT - \left(\frac{\partial V}{\partial T}\right)_P dP \div dT\left(\frac{\partial S}{\partial T}\right)_V$

$= \left(\frac{C_P}{T}\right) - \left(\frac{\partial V}{\partial T}\right)_P \left(\frac{\partial P}{\partial T}\right)_V$

$\frac{C_P}{T} - \frac{C_V}{T} = \left(\frac{\partial V}{\partial T}\right)_P \left(\frac{\partial P}{\partial T}\right)_V \quad \left(C_V = \frac{Q_V}{T}\right)$

$\therefore C_P - C_V = T\left(\frac{\partial V}{\partial T}\right)_P \left(\frac{\partial P}{\partial T}\right)_V$

22 이상기체 혼합물에 대한 설명 중 옳지 않은 것은 어느 것인가? (단, $\Gamma_i(T)$는 일정온도 T에서의 적분상수, y_i는 이상기체 혼합물 중 성분 i의 몰분율이다.)

① 이상기체의 혼합에 의한 엔탈피 변화는 0이다.
② 이상기체의 혼합에 의한 엔트로피 변화는 0보다 크다.
③ 동일한 T, P에서 성분 i의 부분몰부피는 순수성분의 몰부피보다 작다.
④ 이상기체 혼합물의 깁스(Gibbs) 에너지는 $G^{ig} = \sum_i y_i \Gamma_i(T) + RT\sum_i y_i \ln(y_i P)$이다.

해설
이상기체의 혼합에 의한 부피 및 엔탈피 변화는 0이지만 엔트로피는 변화한다.

23 압력 240kPa에서 어떤 액체의 상태량이 V_f는 0.00177m³/kg, V_g는 0.105m³/kg, H_f는 181kJ/kg, H_g는 496kJ/kg일 때 이 압력에서의 U_{fg}는 약 몇 kJ/kg인가? (단, V는 비체적, U는 내부에너지, H는 엔탈피, 하첨자 f는 포화액, g는 건포화증기를 나타내고 U_{fg}는 $U_g - U_f$이다.)

① 24.8
② 290.2
③ 315.0
④ 339.8

해설

$H = U + PV$
$U = H - PV$
$U_f = 181,000 - 240,000 \times 0.00177$
$\quad = 181,000 - 424.8$
$\quad = 180,575.2$
$U_g = 496,000 - 240,000 \times 0.105$
$\quad = 496,000 - 25,200$
$\quad = 470,800$
$U_{fg} = 470,800 - 180575.2$
$\quad = 290,224.8 \text{J/kg}$
$\therefore U_{fg} = 290.2 \text{kJ/kg}$

정답 20 ① 21 ④ 22 ③ 23 ②

24 압력이 일정한 정지상태의 닫힌 계(Closed system)가 흡수한 열은 다음 중 어느 것의 변화량과 같은가?

① 온도
② 운동에너지
③ 내부에너지
④ 엔탈피

해설
압력이 일정한 정지상태의 닫힌 계가 흡수한 열은 엔탈피의 변화량과 같다.

25 주위(Surrounding)가 매우 큰 전체 계에서 일손실(lost work)의 열역학적 표현으로 옳은 것은? (단, 하첨자 total, sys, sur, 0는 각각 전체, 계, 주위, 초기를 의미한다.)

① $T_0 \Delta S_{sys}$
② $T_0 \Delta S_{total}$
③ $T_{sur} \Delta S_{sur}$
④ $T_{sys} \Delta S_{sys}$

해설
일손실(lost work) : $T_0 \Delta S_{total}$

26 1m³의 공기를 20atm으로부터 100atm으로 등엔트로피공정으로 압축했을 때, 최종 상태의 용적(m³)은? (단, C_P/C_V = 1.40이며, 공기는 이상기체라 가정한다.)

① 0.40
② 0.32
③ 0.20
④ 0.16

해설
단열과정일 때
$PV^r = 일정 \left(r = \dfrac{C_p}{C_v}\right) \to P_1 V_1^r = P_2 V_2^r$

$\therefore V_2 = \left(\dfrac{P_1}{P_2}\right)^{\frac{1}{r}} \cdot V_1$

$= \left(\dfrac{20}{100}\right)^{\frac{1}{1.4}} \cdot 1m^3 = 0.32 m^3$

27 증기 압축식 냉동 사이클의 냉매 순환경로는?

① 압축기 → 팽창밸브 → 증발기 → 응축기
② 압축기 → 응축기 → 증발기 → 팽창밸브
③ 응축기 → 압축기 → 팽창밸브 → 증발기
④ 압축기 → 응축기 → 팽창밸브 → 증발기

해설
증기 압축식 냉동 사이클 냉매 순환경로
압축기 → 응축기 → 팽창밸브 → 증발기

28 몰리에 선도(Mollier diagram)는 어떤 성질들을 기준으로 만든 도표인가?

① 압력과 부피
② 온도와 엔트로피
③ 엔탈피와 엔트로피
④ 부피와 엔트로피

해설
Mollier diagram은 보통 $H-S$ 선도를 일컫는다.

29 활동도계수(activity coefficient)를 구할 수 있는 식이 아닌 것은?

① 윌슨(wilson) 식
② 반 라르(Van Laar) 식
③ 레드리히-키스터(Redlich-Kister) 식
④ 베네딕트-웹-루빈(Benedict-Webb-Rubin) 식

해설
베네딕트-웹-루빈 방정식(Benedict-Webb-Rubin equation)은 활동도계수를 구하는 것이 아니다.

정답 24 ④ 25 ② 26 ② 27 ④ 28 ③ 29 ④

30 에탄올-톨루엔 2성분계에 대한 기액 평형상태를 결정하는 실험적 방법으로 다음과 같은 결과를 얻었다. 에탄올의 활동도계수는? (단, X_1, Y_1 : 에탄올의 액상, 기상의 몰분율이다.)

> - $T = 45℃$, $P = 183\text{mmHg}$
> - $X_1 = 0.3$, $Y_1 = 0.634$
> - 45℃의 순수성분에 대한 포화증기압(에탄올) = 173mmHg

① 3.152 ② 2.936
③ 2.235 ④ 1.875

해설

활동도 $= \dfrac{P_1}{P_1^o} = \dfrac{116}{173} = 0.67$

$P_1 = 183 \times 0.634 = 116\text{mmHg}$

활동도계수 $= \dfrac{\text{활동도}}{\text{몰분율}} = \dfrac{0.67}{0.3} = 2.235$

---

31 효소발효반응($A \rightarrow R$)이 플러그 흐름 반응기에서 일어날 때, 95%의 전화율을 얻기 위한 반응기의 부피(m³)는? (단, A의 초기농도(C_{A0}) : 2mol/L, 유량(v) : 25L/min, 효소발효반응의 속도식은 $-r_A = \dfrac{0.1 C_A}{1 + 0.5 C_A}$ [mol/L · min]이다.)

① 1 ② 2
③ 3 ④ 4

해설

$-r_A = -\dfrac{dC_A}{dt}$

$= \dfrac{0.1 C_A}{1 + 0.5 C_A} - dt$

$= \dfrac{1 + 0.5 C_A}{0.1 C_A} dC_A - t$

$= 10\ln\dfrac{C_A}{C_{A_0}} + 5(C_A - C_{A_0})$

$t = 39.5\text{min}$
$V = \tau \cdot v_0$
$= 39.5\text{min} \times 25\text{L/min}$
$= 988\text{L} = 1\text{m}^3$

---

32 반응식이 $2A + 2B \rightarrow R$일 때 각 성분에 대한 반응속도식의 관계로 옳은 것은?

① $-r_A = -r_B = r_R$
② $-2r_A = -2r_B = r_R$
③ $-\dfrac{1}{2}r_A = -\dfrac{1}{2}r_B = r_R$
④ $(-r_A)^2 = (-r_B)^2 = r_R$

해설

반응식이 $aA + bB \rightarrow cC$인 경우 반응속도식의 관계는 $\dfrac{-r_A}{a} = \dfrac{-r_B}{b} = \dfrac{r_C}{c}$이다.

---

33 어떤 반응의 온도를 47℃에서 57℃로 증가시켰더니 이 반응의 속도는 두 배로 빨라졌다고 한다. 이때의 활성화에너지는?

① 약 12,500cal ② 약 13,500cal
③ 약 14,500cal ④ 약 15,500cal

해설

$\ln\left(\dfrac{K_2}{K_1}\right) = \dfrac{E_a}{R}\left(\dfrac{1}{T_1} - \dfrac{1}{T_2}\right)$

$\ln 2 = \dfrac{E_a}{1.987}\left(\dfrac{1}{320} - \dfrac{1}{330}\right)$

$\therefore E_a = 14,500\text{cal}$

---

34 반응 물질 A의 농도가 $[A_0]$에서 시작하여 t시간 후 $[A]$로 감소하는 액상반응에 대하여 반응속도 상수 $k = \dfrac{[A_0] - [A]}{t}$로 표현된다. 이때 k를 옳게 나타낸 것은?

① 0차 반응의 속도상수
② 1차 반응의 속도상수
③ 2차 반응의 속도상수
④ 3차 반응의 속도상수

해설

$k = \dfrac{[A_0] - [A]}{t} = \dfrac{d[A]}{dt} = -r_A = k[C_A]^0$

정답 30 ③ 31 ① 32 ③ 33 ③ 34 ③

35 다음 반응에서 $-\ln(C_A/C_{A0})$를 t로 plot하여 직선을 얻었다. 이 직선의 기울기는? (단, 두 반응 모두 1차 비가역반응이다.)

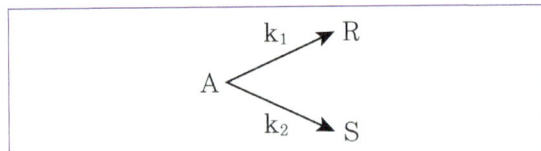

① k_1 ② k_2
③ k_1/k_2 ④ $k_1 \cdot k_2$

해설

$-r_A = k_1 C_A + k_2 C_A$
$= (k_1 + k_2) C_A$
$= \dfrac{dC_A}{dt}$

$(k_1 + k_2) dt = \dfrac{dC_A}{C_A}$

$(k_1 + k_2) t = \ln C_A \Big|_{C_A}^{C_{A0}}$

$(k_1 + k_2) t = -\ln(C_A/C_{A0})$

36 $A + R \rightarrow R + R$인 자동촉매반응이 회분식 반응기에서 일어날 때 반응속도가 가장 빠를 때는? (단, 초기 반응기 내에는 A가 대부분이고 소량의 R이 존재한다.)

① 반응 초기
② 반응 말기
③ A와 R의 농도가 서로 같을 때
④ A의 농도가 R의 농도의 2배일 때

해설
- **회분식 반응**: n차($n > 0$) 반응속도로 물질이 반응할 때 물질의 반응속도는 반응물의 농도가 높은 초기에는 빠르나, 반응물이 소모되면서 느려진다.
- **자동촉매반응**: 처음에 생성물이 거의 존재하지 않으므로 반응속도가 느리다가 생성물이 생기면서 최댓값까지 증가했다가 다시 반응물이 소모되면서 느려지므로 A와 R의 농도가 같을 때 가장 빠르다.

37 정용 회분식 반응기에서 비가역 0차 반응이 완결되는데 필요한 반응시간에 대한 설명으로 옳은 것은?

① 초기농도의 역수와 같다.
② 반응속도 정수의 역수와 같다.
③ 초기농도를 반응속도 정수를 나눈 값과 같다.
④ 초기농도를 반응속도 정수를 곱한 값과 같다.

해설

$(-r_A) V = -\dfrac{dN_A}{dt}$

$-r_A = k$ (0차 반응)

$k \cdot V = N_{A0} \dfrac{dX}{dt}$

$k \int_0^t dt = C_{A0} \int_0^X dX$

$kt = C_{A0} X$

$\therefore t = \dfrac{C_{A0}}{k} (X = 1)$

38 A의 분해반응이 아래와 같을 때, 등온 플러그 흐름 반응기에서 얻을 수 있는 T의 최대농도는? (단, $C_{A0} = 1$이다.)

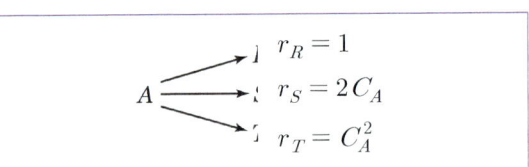

① 0.051 ② 0.114
③ 0.235 ④ 0.391

해설

순간 선택도를 적분하면 최종 농도를 알 수 있다.

$\varnothing\left(\dfrac{T}{A}\right) = \dfrac{dC_T/dt}{dC_R/dt + dC_S/dt + dC_T/dt} = \dfrac{C_A^2}{(1+C_A)^2}$

$C_{Tf} = -\int_{C_{A0}}^{C_{Af}} \varnothing\left(\dfrac{T}{A}\right) dC_A$

($C_{Af} = 0$일 때 T의 농도가 최대가 된다)

$= \int_0^1 \dfrac{C_A^2}{(1+C_A)^2} dC_A = \left[(1+C_A) - 2\ln(1+C_A) - \dfrac{1}{1+C_A}\right]_0^1$

$= \left\{2 - 2\ln 2 - \dfrac{1}{2}\right\} - 0$

$= 0.114$

정답 35 ④ 36 ③ 37 ③ 38 ②

39 어떤 반응을 '플러그 흐름 반응기 → 혼합 흐름 반응기 → 플러그 흐름 반응기'의 순으로 직렬 연결시켜 반응하고자 할 때 반응기 성능을 나타낸 것으로 옳은 것은?

①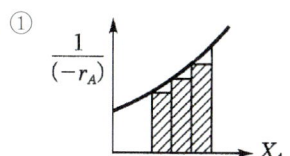

②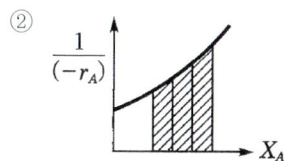

③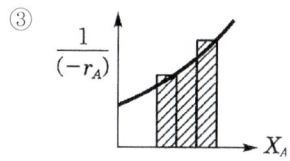

④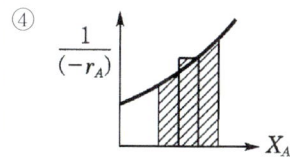

해설
PFR의 경우 적분 면적으로 계산하고, CSTR의 경우 사각형 면적으로 계산한다.

40 공간시간이 5분일 때의 설명으로 옳은 것은?

① 5분 안에 100% 전화율을 얻을 수 있다.
② 반응기 부피의 5배 되는 원료를 처리할 수 있다.
③ 매 5분마다 반응기 부피만큼의 공급물이 반응기에서 처리된다.
④ 5분 동안에 반응기 부피의 5배 원료를 도입한다.

해설
㉠ 공간시간$(\tau) = \dfrac{\text{반응기의 부피}(v)}{\text{원료의 부피유량}(v_0)} = \dfrac{v}{\dfrac{F_{A0}}{C_{A0}}} \cdots (hr)$

원료가 반응기를 1번 통과할 때(처리될 때) 필요한 시간

㉡ 공간속도$(s) = \dfrac{1}{\text{공간시간}(\tau)} \cdots (hr^{-1})$

원료가 반응기를 통과할 때의 속도

제3과목 단위공정관리

41 분자량이 103인 화합물을 분석해서 아래와 같은 데이터를 얻었다. 이 화합물의 분자식은?

C : 81.5, H : 4.9, N : 13.6, unit : wt%

① $C_{82}H_5H_{14}$　　② $C_{16}HN_7$
③ C_9H_3N　　　　④ C_7H_5N

해설
$C_7H_5N = 12 \times 7 + 1 \times 5 + 14 \times 1 = 103$

42 반대수(semi-log) 좌표계에서 직선을 얻을 수 있는 식은? (단, F와 y는 종속변수이고, t와 x는 독립변수이며, a와 b는 상수이다.)

① $F(t) = at^b$　　② $F(t) = ae^{bt}$
③ $y(x) = ax^2 + b$　　④ $y(x) = ax$

해설
$F(t) = ae^{bt}$
$\ln F(t) = \underbrace{\ln a}_{semi} + \underbrace{bt}_{\log}$

43 수소 16wt%, 탄소 84wt%의 조성을 가진 연료유 100g을 다음 반응식과 같이 연소시킨다. 이때 연소에 필요한 이론 산소량은 몇 mol인가?

$$C + O_2 \rightarrow CO_2$$
$$H_2 + \dfrac{1}{2}O_2 \rightarrow H_2O$$

① 6　　② 11
③ 22　　④ 44

해설
수소 : $\dfrac{16}{2} = 8\text{mol}$, 탄소 : $\dfrac{84}{12} = 7\text{mol}$

$7C + 7O_2 \rightarrow 7CO_2$
$8H_2 + 4O_2 \rightarrow 8H_2O$
∴ $7 + 4 = 11\text{mol}$

정답 39 ④　40 ③　41 ④　42 ②　43 ②

44 980N(Newton)은 몇 kgf인가?

① 9.8　　② 10
③ 100　　④ 980

해설
1kgf = 9.8N
$\dfrac{980N}{} \Big| \dfrac{1kgf}{9.8N} = 100kgf$

45 101kPa에서 물 1몰을 353K에서 393K까지 가열할 때 엔탈피 변화는 약 몇 J인가? (단, 물의 비열 = 75.0 J/mol·K, 물의 기화열 = 47.3kJ/mol, 수증기의 비열 = 35.4J mol·K)

① 3,102　　② 48,008
③ 49,508　　④ 52,080

해설
일정 압력에서의 엔탈피 변화값을 구하므로
$\Delta H = nC_P \Delta T$
$353K \xrightarrow{\Delta H_1} 373K(H_2O(l)) \xrightarrow{\Delta H_V} 373K(H_2O(g)) \xrightarrow{\Delta H_2} 393K$
$\Delta H = \Delta H_1 + \Delta H_V + \Delta H_2$
$= (1 \times 75 \times 20) + (1 \times 47,300) + (1 \times 35.4 \times 20)$
$= 49,508 J$

46 각 물질의 생성열이 다음과 같다고 할 때 $CH_4(g) + 2O_2(g) \rightarrow CO_2(g) + 2H_2O(L)$의 반응열은 몇 kcal/mol인가?

| $CH_4(g)$의 생성열 : −17.9kcal/mol |
| $CO_2(g)$의 생성열 : −94kcal/mol |
| $H_2O(L)$의 생성열 : −68.4kcal/mol |

① −144.5　　② −180.3
③ −212.9　　④ −284.7

해설
CH_4의 반응열 = 생성물의 생성열의 합 − 반응물의 생성열의 합
$[2(-68.4) + (-94)] - (-17.9) = -212.9 kcal/mol$

47 동점성계수와 직접적인 관련이 없는 것은?

① m^2/s　　② $kg/m \cdot s^2$
③ $\dfrac{\mu}{\rho}$　　④ stokes

해설
동점성계수 $v = \dfrac{\mu}{\rho}$, 1stokes=1cm²/s

48 반경이 R인 원형파이프를 통하여 비압축성 유체가 층류로 흐를 때의 속도 분포는 다음 식과 같다. v는 파이프 중심으로부터 벽쪽으로의 수직 거리 r에서의 속도이며, V_{max}는 중심에서의 최대 속도이다. 파이프 내에서 유체의 평균 속도는 최대 속도의 몇 배인가?

$$v = V_{max}(1 - r/R)$$

① 1/2　　② 1/3
③ 1/4　　④ 1/5

해설
유량 $Q = \overline{AU} = \int_O^R V_{max}\left(1 - \dfrac{r}{R}\right)2\pi r dr = \dfrac{\pi R^2}{3}V_{max}$

49 그림은 전열장치에 있어서 장치의 길이와 온도 분포의 관계를 나타낸 그림이다. 이에 해당하는 전열장치는? (단, T는 증기의 온도, t는 유체의 온도, Δt_1, Δt_2는 각각 입구 및 출구에서의 온도차이다.)

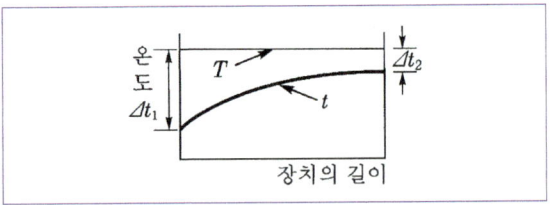

① 과열기　　② 응축기
③ 냉각기　　④ 가열기

해설
전열장치에는 응축기 또는 가열기가 있다.

정답 44 ③　45 ③　46 ③　47 ②　48 ②　49 ②

50 다음 펌프 중 왕복펌프가 아닌 것은?

① Piston 펌프
② Turbine 펌프
③ Plunger 펌프
④ Diaphragm 펌프

해설
왕복펌프에는 Piston 펌프, Plunger 펌프, Diaphragm 펌프가 있다.

51 다음 효용증발기에 대한 급송방법 중 한 효용관에서 다른 효용관으로의 용액 이동이 요구되지 않는 것은?

① 순류식 급송(forward feed)
② 역류식 급송(backward feed)
③ 혼합류식 급송(mixed feed)
④ 병류식 급송(parallel feed)

해설
병류식 급액 : 원액을 각 증발관에 직접 공급하여 수증기만 순환한다.

52 라울의 법칙에 대한 설명 중 틀린 것은?

① 벤젠과 톨루엔의 혼합액과 같은 이상용액에서 기-액 평형의 정도를 추산하는 법칙이다.
② 용질의 용해도가 높아 액상에서 한 성분의 몰분율이 거의 1에 접근할 때 잘 맞는 법칙이다.
③ 기-액 평형 시 기상에서 한 성분의 압력(P_A)은 동일 온도에서의 순수한 액체성분의 증기압(P_A^*)과 액상에서 한 액체성분의 몰분율(X_A)의 식으로 나타나는 법칙이다.
④ 순수한 액체성분의 증기압(P_A^*)은 대체적으로 물질 특성에 따른 압력 만의 함수이다.

해설
증기압은 물질의 총괄 특성을 나타내는 것으로 물질의 조성과 관계가 있다.

53 50mol% 톨루엔을 함유하고 있는 원료를 정류함에 있어서 환류비가 1.5이고 탑상부에서의 유출몰 중의 톨루엔의 몰분율이 0.96이라고 할 때 정류부(rectifying section)의 조작선을 나타내는 방정식은? (단, x : 용액 중의 톨루엔의 몰분율, y : 기상에서의 몰분율이다.)

① $y = 0.714x + 0.96$
② $y = 0.6x + 0.384$
③ $y = 0.384x + 0.64$
④ $y = 0.6x + 0.2$

해설
조작선의 식
$$y = \frac{R}{1+R}x + \frac{x_D}{1+R}$$
R(환류비) = 1.5
x_D(탑상부 유출물 몰분율) = 0.96
$$\therefore y = \frac{1.5}{1+1.5}x + \frac{0.96}{1+1.5} = 0.6x + 0.384$$

54 향류다단 추출에서 추제비 4와 단수 2로 조작할 때 추진율은?

① 0.05
② 0.11
③ 0.89
④ 0.95

해설
향류다단 추출에서의 추진율
$$\frac{a_p}{a_o} = \frac{\alpha - 1}{\alpha^{p+1} - 1} = \frac{4-1}{4^{2+1}-1} \fallingdotseq 0.048$$
여기서, p : 단수, α : 추제비

55 열풍에 의한 건조에서 항률건조속도에 대한 설명으로 틀린 것은?

① 총괄 열전달계수에 비례한다.
② 열풍온도와 재료 표면온도의 차이에 비례한다.
③ 재료 표면온도에서의 증발잠열에 비례한다.
④ 건조면적에 반비례한다.

해설
$R_c = \dfrac{h_t(t-t_m)}{\lambda_m}$ 이므로 항률건조속도는 증발잠열에 반비례한다.

정답 50 ② 51 ④ 52 ② 53 ② 54 ① 55 ③

56 흡수 충전탑에서 조작선(operating line)의 기울기를 $\dfrac{L}{V}$이라 할 때 틀린 것은?

① $\dfrac{L}{V}$의 값이 커지면 탑의 높이는 짧아진다.
② $\dfrac{L}{V}$의 값이 작아지면 탑의 높이는 길어진다.
③ $\dfrac{L}{V}$의 값은 흡수탑의 경제적인 운전과 관계가 있다.
④ $\dfrac{L}{V}$의 최소값은 흡수탑 하부에서 기액 간의 농도차가 가장 클 때의 값이다.

해설
조작선의 기울기 값이 커지면 흡수의 추진력이 커지므로 흡수탑의 높이는 작아도 된다.

57 습윤공기 1mol당 증기가 0.1mol이다. 이때 절대습도는 약 얼마인가?

① 0.069   ② 0.1
③ 0.191   ④ 0.2

해설
절대습도 = $\dfrac{\text{증기 kg}}{\text{건조공기 kg}} = \dfrac{(0.1\text{mol})(18\text{g/mol})}{(0.9\text{mol})(29\text{g/mol})} = 0.069$

58 탄산칼슘 200kg을 완전히 하소(煆燒 ; calcination)시켜 생성된 건조 탄산가스의 25℃, 740mmHg에서의 용적(m³)은? (단, 탄산칼슘의 분자량은 100g/mol이고, 이상기체로 간주한다.)

① 14.81   ② 25.11
③ 50.22   ④ 87.31

해설
탄산칼슘($CaCO_3$)
200kg $CaCO_3 \times \dfrac{1\text{kmol}}{100\text{kg}} = 2\text{kmol}$

$CaCO_3 \rightarrow CaO + CO_2$
2kmol   2kmol

$V = \dfrac{nRT}{P} = \dfrac{(2\text{kmol})(0.082\text{m}^3 \cdot \text{atm/kmol} \cdot \text{K})(298\text{K})}{740\text{mmHg} \times \dfrac{1\text{atm}}{760\text{mmHg}}}$

$= 50.2\text{m}^3$

59 포도당($C_6H_{12}O_6$) 4.5g이 녹아 있는 용액 1L와 소금물을 반투막 사이에 두고 방치해 두었더니 두 용액의 농도 변화가 일어나지 않았다. 이 농도에서 소금은 완전히 전리한다고 보고 1L 중에는 몇 g의 소금이 녹아있는가?

① 0.0731g   ② 0.146g
③ 0.731g   ④ 1.462g

해설
농도 변화 없다. → 양쪽 농도 같음.
∴ 포도당 몰농도 = 소금물 몰농도
$\dfrac{4.5g}{180g/mol} = \dfrac{x(g)}{58.5g/mol \times 2}$
(Na 원자량 : 23, Cl 원자량 : 35.5)
(*2배하는 이유 : 소금이 완전히 전리, 즉 $NaCl \rightarrow Na^+, Cl^-$)
∴ $x = 0.731g$

60 반 데르 발스(Van der Waals) 상태방정식을 다음과 같이 나타내었다. P의 단위 N/m², n의 단위 kmol, V의 단위 m³, T의 단위 K로 표시하였을 때 상수 a의 단위는?

$$\left(P + \dfrac{n^2 a}{V^2}\right)(V - nb) = nRT$$

① $N\left(\dfrac{m^3}{kmol}\right)^2$ ② $N\left(\dfrac{m^4}{kmol}\right)^2$
③ $N\left(\dfrac{m^2}{kmol}\right)^2$ ④ $N\left(\dfrac{m}{kmol}\right)^2$

해설
$\dfrac{n^2 a}{V^2} = \dfrac{N}{m^2}$
$\left(\dfrac{kmol}{m^3}\right)^2 a = \dfrac{N}{m^2}$
$a = \dfrac{N}{m^2} \times \left(\dfrac{m^3}{kmol}\right)^2 = N\left(\dfrac{m^2}{kmol}\right)^2$

정답 56 ④ 57 ① 58 ③ 59 ③ 60 ③

제4과목 화공계측제어

61 공정에 대한 수학적 모델의 직접적 용도로 부적절한 것은?

① 공정에 대한 이해의 향상
② 공정 운전의 최적화
③ 제어 시스템의 설계와 평가
④ 제품 시장의 분석 및 평가

해설
제품 시장의 분석 및 평가는 수학적 모델의 직접적 용도로 부적절하다.

62 제어계를 조작하는 방법으로 몇 가지 방법이 있다. 부하(load)에 변화가 들어오고 설정치(set point)를 일정하게 유지하며 화학공장에서 흔히 나타나는 문제는?

① 서보 문제
② 레귤레이터 문제
③ 혼합 문제
④ 브라시우스 문제

해설
Servo 제어의 경우 외란의 변화가 없고, Regulator 제어의 경우 설정치의 변화가 없다.

63 Laplace 변환에 대한 설명 중 틀린 것은?

① 모든 시간의 함수는 해당되는 Laplace 변환을 갖는다.
② Laplace 변환을 통해 함수의 주파수 영역에서의 특성을 알 수 있다.
③ 상미분방정식을 Laplace 변환하면 대수방정식으로 바뀐다.
④ Laplace 변환은 선형 변환이다.

해설
모든 "적분 가능한" 시간의 함수는 해당되는 Laplace 변환을 가진다.

64 다음의 함수를 라플라스로 전환한 것으로 옳은 것은?

$$f(t) = e^{2t}\sin 2t$$

① $F(s) = \dfrac{\sqrt{2}}{(s+2)^2 + 2}$

② $F(s) = \dfrac{\sqrt{2}}{(s-2)^2 + 2}$

③ $F(s) = \dfrac{2}{(s-2)^2 + 4}$

④ $F(s) = \dfrac{2}{(s+2)^2 + 4}$

해설
$$\mathcal{L}(f(t)) = \mathcal{L}(e^{2t}\sin 2t)$$
$$= \mathcal{L}(\sin 2t)\mid_{s \to s-2}$$
$$= \dfrac{2}{(s-2)^2 + 4}$$

65 어떤 계의 단위계단 응답이 다음과 같을 경우, 이계의 단위충격 응답(impulse response)은?

$$Y(t) = 1 - \left(1 + \dfrac{t}{\tau}\right)e^{-\frac{t}{\tau}}$$

① $\dfrac{t}{\tau}e^{-\frac{t}{\tau}}$

② $\left(1 + \dfrac{t}{\tau}\right)e^{-\frac{t}{\tau}}$

③ $\dfrac{t}{\tau^2}e^{-\frac{t}{\tau}}$

④ $\left(1 + \dfrac{t}{\tau^2}\right)e^{-\frac{t}{\tau}}$

해설
impuls response
$$\Rightarrow \dfrac{dY(t)}{dt}$$
$$= -\left\{\dfrac{1}{\tau}e^{-\frac{t}{\tau}} + \left(1 + \dfrac{t}{\tau}\right)\left(-\dfrac{1}{\tau}\right)e^{-\frac{t}{\tau}}\right\}$$
$$= -\dfrac{1}{\tau}e^{-\frac{t}{\tau}}\left\{1 - \left(1 + \dfrac{t}{\tau}\right)\right\}$$
$$= \dfrac{t}{\tau^2}e^{-\frac{t}{\tau}}$$

정답 61 ④ 62 ② 63 ① 64 ③ 65 ③

66 다음 식을 풀이하면 $f(t)$는?

$$\frac{df(t)}{dt} + f(t) = 1 \cdot f(0) = 0$$

① $\frac{1}{t} - e^{-t}$ ② $\frac{1}{t} - \frac{1}{t+1}$

③ $t - e^t$ ④ $1 - e^{-t}$

해설

$\frac{df(t)}{dt} + f(t) = 1$

$\rightarrow sF(s) - F(0) + F(s) = \frac{1}{s}$

$F(s) = \frac{1}{s(s+1)} = \frac{1}{s} - \frac{1}{s+1}$

$\therefore f(t) = 1 - e^{-t}$

67 어떤 계의 전달함수 $\frac{Y(s)}{X(s)} = \frac{4}{0.5s+1}$로 표시된다. 정상상태 이득(steady state gain)은?

① 2 ② 4
③ 6 ④ 8

해설

$G(s) = \frac{4}{0.5s+1} = \frac{K_c}{is+1}$

여기서, K_c : 정상상태 이득

68 다음 2차계들 중 어느 것이 1차계 2개를 직렬로 연결한 것과 같은가?

① $\frac{1}{(s^2+3s+2)}$ ② $\frac{1}{(s^2+0.9s+0.7)}$

③ $\frac{1}{(s^2+5)}$ ④ $\frac{1}{(s^2+s+2)}$

해설

$\frac{1}{(\tau_1 s+1)} \frac{1}{(\tau_2 s+1)}$ 인걸 찾으면 ①번밖에 없다.

69 Smith predictor는 어떠한 공정문제를 보상하기 위하여 사용되는가?

① 역응답 ② 공정의 비선형
③ 지연시간 ④ 공정의 상호간섭

해설

Smith predictor는 지연시간을 보상하기 위해 사용한다.

70 대표적인 제어계의 block diagram을 그림에 표시하였다. H는 무엇의 전달함수인가? (단, C는 공정출력이고, R은 설정치이다.)

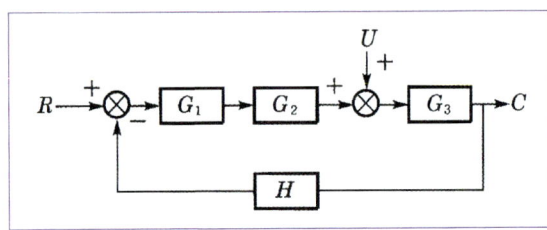

① 제어기 ② 측정요소
③ 공정 ④ 최종 제어요소

해설

G_1 : 제어기
G_2 : 최종제어요소
G_3 : 공정
H : 측정요소

71 비례대(proportional band)의 정의로 옳은 것은? (단, K_c는 제어기 비례이득이다.)

① K_c ② $100K_c$

③ $\frac{1}{K_c}$ ④ $\frac{100}{K_c}$

해설

비례대의 정의 : $PB(\%) = \frac{100}{K_c}$

정답 66 ④ 67 ② 68 ① 69 ③ 70 ② 71 ④

72 그림의 블록선도에서 출력 $Y_1(s)$와 $Y_2(s)$의 표현으로 옳은 것은?

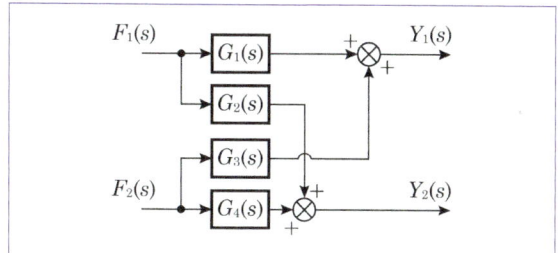

① $Y_1(s) = G_1(s)F_1(s) + G_3(s)F_2(s)$
    $Y_2(s) = G_2(s)F_1(s) + G_4(s)F_2(s)$

② $Y_1(s) = G_1(s)F_1(s) + G_2(s)F_2(s)$
    $Y_2(s) = G_3(s)F_1(s) + G_4(s)F_2(s)$

③ $Y_1(s) = G_3(s)F_1(s) + G_1(s)F_2(s)$
    $Y_2(s) = G_2(s)F_1(s) + G_4(s)F_2(s)$

④ $Y_1(s) = G_1(s)F_1(s) + G_4(s)F_2(s)$
    $Y_2(s) = G_2(s)F_1(s) + G_3(s)F_2(s)$

해설

$Y_1(s) = G_1(s)F_1(s) + G_3(s)F_2(s)$
$Y_2(s) = G_2(s)F_1(s) + G_4(s)F_2(s)$

73 주파수 응답에서 위상 앞섬(phase lead)을 나타내는 제어기는?

① P 제어기
② PI 제어기
③ PD 제어기
④ 제어기는 모두 위상의 지연을 나타낸다.

해설

비례-미분(PD) 제어기의 설명이다.

74 PID 제어기에 관한 설명 중 옳지 않은 것은?

① Reset windup 현상은 I-모드를 사용할 때 발생하며 자동 모드로 Startup할 때 많이 발생한다.
② 제어출력이 증가할 때 공정출력이 감소하는 공정일 경우, 비례이득의 부호는 양이 되어야 한다.
③ Bumpless transfer란 수동에서 자동으로 또는 자동에서 수동으로 변환될 때 제어기 출력의 bias value를 현재 MV값으로 바꾸어 주는 동작을 말한다.
④ Derivative kick 오차에 대한 미분 $\left(\dfrac{de}{dt}\right)$을 측정변수의 미분 $\left(-\dfrac{dy}{dt}\right)$으로 대체하면 제거할 수 있다.

해설

제어출력이 증가할 때 공정출력이 감소하는 공정일 경우 비례이득의 부호는 음이 되어야 한다.

75 적분공정($G(s) = 1/s$)을 제어하는 경우에 대한 설명으로 틀린 것은?

① 비례제어만으로 설정값의 계단변화에 대한 잔류오차(offset)를 제거할 수 있다.
② 비례제어만으로 입력외란의 계단변화에 대한 잔류오차(offset)를 제거할 수 있다.(입력외란은 공정입력과 같은 지점으로 유입되는 외란)
③ 비례제어만으로 출력외란의 계단변화에 대한 잔류오차(offset)를 제거할 수 있다.(출력외란은 공정출력과 같은 지점으로 유입되는 외란)
④ 비례-적분제어를 수행하면 직선적으로 상승하는 설정값 변화에 대한 잔류오차(offset)를 제거할 수 있다.

해설

적분 공정 전에 들어온 외란의 offset은 제거할 수 없고, 적분공정과 같은지점 혹은 후에 들어온 외란의 offset은 제거할 수 있다.

정답 72 ① 73 ③ 74 ② 75 ②

76 다음 중 안정한 공정을 보여주는 폐루프 특성방정식은?

① $s^4 + 5s^3 + s + 1$
② $s^3 + 6s^2 + 11s + 10$
③ $3s^3 + 5s^2 + s - 1$
④ $s^3 + 16s^2 + 5s + 170$

해설
Routh array method

$$a_0 S^4 + a_1 S^3 + a_2 S^2 + a_3 S^1 + a_4 = 0$$

S^4	a_0	a_2	a_4
S^3	a_1	a_3	0
S^2	$\dfrac{a_1 a_2 - a_0 a_3}{a_1} = A$	a_4	0
S^1	$\dfrac{A a_3 - a_1 a_4}{A} = B$	0	0
S^0	a_4	0	0

위 표에서 제1열인 a_0, a_1, A, B, a_4가 모두 같은 부호이며 0이 없어야 안정하다.

$$a_0 S^3 + a_1 S^2 + a_2 S^1 + a_3 S = 0$$

S^3	a_0	a_2
S^2	a_1	a_3
S^1	$\dfrac{a_1 a_2 - a_0 a_3}{a_1} = A$	0
S^0	a_3	0

위 표에서 제1열인 a_0, a_1, A, a_3가 모두 같은 부호이며 0이 없어야 안정하다.

① A가 $-\dfrac{1}{5}$로 음수이다.
③ a_3이 -1로 음수이다.
④ A가 $-\dfrac{45}{8}$로 음수이다.

77 폐루프 특성방정식의 근에 대한 설명으로 옳은 것은?

① 음의 실수근은 진동 수렴 응답을 의미한다.
② 양의 실수근은 진동 발산 응답을 의미한다.
③ 음의 실수부의 복소수근은 진동 발산 응답을 의미한다.
④ 양의 실수부의 복소수근은 진동 발산 응답을 의미한다.

해설
음의 실수부의 복소수근은 진동 수렴 응답을 의미한다.
양의 실수부의 복소수근은 진동 발산 응답을 의미한다.

78 일차계 공정에 사인파 입력이 들어갔을 때 시간이 충분히 지난 후의 출력은?

① 입력 사인파의 진폭에 공정이득을 곱한 크기의 진폭을 가지는 사인파를 보인다.
② 입력 사인파와 같은 주파수를 가지는 사인파를 보인다.
③ 입력 사인파와 같은 위상을 가지는 사인파를 보인다.
④ 입력 사인파의 진폭에 공정이득을 나눈 크기의 진폭을 가지는 사인파를 보인다.

해설
$y(t) = A \sin \omega t \rightarrow y(t) = A \mid G(j\omega) \mid \sin(\omega t + \varnothing)$
∴ 입력 사인파와 같은 주파수를 가지는 사인파를 보인다.

79 Routh의 판별법에서 수열의 최좌열(最左列)이 다음과 같을 때 이 주어진 계의 특성방정식은 양의 근 또는 양의 실수부를 갖는 근이 몇 개 있는가?

① 0개
② 1개
③ 2개
④ 3개

1
3
−1
3
2

해설
첫 번째 열의 성분들의 부호가 바뀌는 횟수는 허수측 우측에 존재하는 근의 개수와 같다.

80 다음 중 가능한 한 커야 하는 계측기의 특성은?

① 감도(sensitivity)
② 시간상수(time constant)
③ 응답시간(response time)
④ 수송지연(transportation lag)

해설
시간상수, 응답시간, 수송지연이 작아야 한다.

정답 76 ② 77 ④ 78 ② 79 ③ 80 ①

M/E/M/O

제6회 적중 예상문제

제1과목 공업합성

01 1기압에서의 HCl, HNO₃, H₂O의 ternary plot과 공비점 및 용액 A와 B가 아래와 같을 때 틀린 설명은?

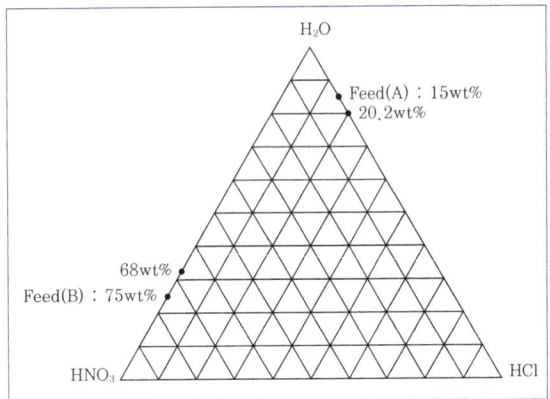

① 황산을 이용하여 A용액을 20.2wt% 이상으로 농축할 수 있다.
② 황산을 이용하여 B용액을 75wt% 이상으로 농축할 수 있다.
③ A용액을 가열 시 최고 20.2wt%로 농축할 수 있다.
④ B용액을 가열 시 최고 80wt%까지 농축할 수 있다.

해설
질산-물 계 : 질산의 농도가 68wt%일 때 공비점
염산-물 계 : 염산의 농도가 20.2wt%일 때 공비점

02 황산 제조방법 중 연실법에서 장치의 능률을 높이고 경제적으로 조업하기 위하여 개량된 방법 또는 설비는?

① 소량응축법   ② Pertersen Tower법
③ Reynold법   ④ Monsanto법

해설
Pertersen Tower법의 설명이다.

03 염화수소가스의 직접 합성 시 화학반응식이 다음과 같을 때 표준상태 기준으로 200L의 수소가스를 연소시키면 발생되는 열량은 약 몇 kcal인가?

$$H_2 + Cl_2 \rightarrow 2HCl + 44.12\text{kacl}$$

① 365   ② 394
③ 407   ④ 603

해설
표준상태(0℃, 1atm, 22.4L)
몰수 = $\frac{200L}{22.4L}$ = 8.929mol
8.929 × 44.12 = 394kcal

04 다음 중 중과린산 석회의 반응은?

① $Ca_3(PO_4)_2 + 2H_2SO_4 + 5H_2O$
  $\rightleftarrows CaH_4(PO_4)_2 \cdot H_2O + 2[CaSO_4 \cdot 2H_2O]$
② $Ca_3(PO_4)_2 + 4H_3PO_4 + 3H_2O$
  $\rightleftarrows 3[CaH_4(PO_4)_2 \cdot H_2O]$
③ $Ca_3(PO_4) + 4HCl \rightleftarrows CaH_4(PO_4)_2 + 2CaCl_2$
④ $CaH_4(PO_4)_2 + NH_3 \rightleftarrows NH_4H_2PO_4 + CaHPO_4$

해설
중과린산 석회 반응
$Ca_3(PO_4)_2 + 4H_3PO_4 + 3H_2O \rightleftarrows 3[CaH_4(PO_4)_2 \cdot H_2O]$

05 소금을 전기분해하여 수산화나트륨을 제조하는 방법에 대한 설명 중 옳지 않은 것은?

① 이론 분해전압은 격막법이 수은법보다 높다.
② 전류밀도는 수은법이 격막법보다 크다.
③ 격막법은 공정 중 염분이 남아있게 된다.
④ 격막법은 양극실과 음극실 액의 pH가 다르다.

해설
① 이론 분해전압은 격막법이 수은법보다 낮다.

정답 01 ① 02 ② 03 ② 04 ② 05 ①

06
암모니아 합성공정에 있어서 촉매 $1m^3$당 1시간에 통과하는 원료가스의 m^3수를 나타내는 용어는? (단, 가스의 부피는 0℃, 1atm 상태로 환산한다.)

① 순간속도 ② 공시득량
③ 공간속도 ④ 원단위

해설
㉠ 공간속도 : 촉매 $1m^3$당 1시간에 통과하는 원료가스(0℃, 760 mmHg 환산)의 m^3수
㉡ 공시득량 : 촉매 $1m^3$당 1시간에 생성하는 암모니아톤수

07
요소비료 1ton을 합성하는 데 필요한 CO_2의 원료로 탄산칼슘 85%를 포함하는 석회석을 사용한다면 석회석은 약 몇 ton이 필요한가?

① 0.96 ② 1.96
③ 2.96 ④ 3.96

해설
$2NH_3 + CO_2 \rightarrow NH_2CONH_2 + H_2O$
$CaCO_3 \rightarrow CaO + CO_2$

$$\frac{1,000kg요소}{} \cdot \frac{1kmol요소}{60kg} \cdot \frac{1kmolCO_2}{1kmol요소}$$
$$\cdot \frac{1kmolCaCO_3}{1kmolCO_2} \cdot \frac{100kgCaCO_3}{1kmolCaCO_3} \cdot \frac{100}{85}$$
= 1,960kg = 1.96ton

08
연료전지에 쓰이는 전해질이 아닌 것은?

① 인산
② 지르코늄 다이옥사이드
③ 용융탄산염
④ 테프론 고분자막

해설
연료전지의 분류

종류	전해질
알칼리형	수산화칼륨
고분자 전해질형	이온(H^-) 전도성 고분자막
인산형	인산
용융탄산염형	용융탄산염
고체 산화물형	고체 산화물

09
반도체 공정에 대한 설명 중 틀린 것은?

① 감광반응되지 않은 부분을 제거하는 공정을 에칭이라 하며, 건식과 습식으로 구분할 수 있다.
② 감광성 고분자를 이용하여 실리콘웨이퍼에 회로패턴을 전사하는 공정을 리소그래피(lithography)라고 한다.
③ 화학기상증착법 등을 이용하여 3족 또는 6족의 불순물을 실리콘웨이퍼 내로 도입하는 공정을 이온주입이라 한다.
④ 웨이퍼 처리공정 중 잔류물과 오염물을 제거하는 공정을 세정이라 하며, 건식과 습식으로 구분할 수 있다.

해설
③ 전하를 띤 원자인 도판트(B,P,As 등), 이온들을 직접 기판의 원하는 부분에 주입하는 공정을 이온주입이라 한다.

10
Sylvinite 중 NaCl의 함량은 약 몇 wt%인가?

① 40% ② 44%
③ 56% ④ 60%

해설
Sylvinite(KCl, NaCl) = $\frac{58.5}{74.6+58.5}$ = 44%

11
양쪽성 물질에 대한 설명으로 옳은 것은?

① 동일한 조건에서 여러 가지 축합반응을 일으키는 물질
② 수계 및 유계에서 계면활성제로 작용하는 물질
③ pK_a값이 7 이하인 물질
④ 반응조건에 따라 산으로도 작용하고 염기로도 작용하는 물질

해설
양쪽성 물질 : Al, Zn, Sn, Pb, As이다.

정답 06 ③ 07 ② 08 ④ 09 ③ 10 ② 11 ④

12 환원반응에 의해 알코올(alcohol)을 생성하지 않는 것은?

① 카르복시산 ② 나프탈렌
③ 알데히드 ④ 케톤

해설
② $-\overset{O}{\underset{\|}{C}}-$ 작용기가 없다.

13 Fischer-Tropsch 반응을 옳게 표현한 것은?

① $nCO + (2n+1)H_2 \rightarrow C_nH_{2n+2} + nH_2O$
② $C_nH_{2n+2} + H_2O \rightarrow CH_4 + CO_2$
③ $CH_3OH + H_2 \rightarrow HCHO + H_2O$
④ $CO_2 + H_2 \rightarrow CO + H_2O$

해설
Fischer-Tropsch 반응 : 일산화탄소와 접촉 탄화수소에 의한 탄화수소 합성법

14 에탄올을 황산 존재하에 브롬화칼륨과 작용시켜 얻을 수 있는 주생성물은?

① $C_2H_5OC_2H_5$ ② C_2H_5Br
③ C_2H_5OBr ④ $C_2H_4Br_2$

해설
$C_2H_5OH \xrightarrow{H_2SO_4 \text{ 또는 } KBr} C_2H_5Br$

15 다음 원유 및 석유 성분 중 질소화합물에 해당하는 것은?

① 나프텐산 ② 피리딘
③ 나프토티오펜 ④ 벤조티오펜

해설

16 연실법 황산 제조공정에서는 질소산화물 공급에 HNO_3를 사용할 수 있다. 36wt% HNO_3 20kg으로부터 약 몇 kg의 NO가 발생할 수 있는가?

① 3.44 ② 8.32
③ 12.22 ④ 17.15

해설
HNO_3의 양
$\dfrac{36kg}{100kg} \times 20kg = 7.2kg = 0.114kmol$

$4HNO_3 \rightarrow 4NO + 2H_2O + 3O_2$
0.114kmol   0.114kmol

$0.114kmol \times \dfrac{36kg}{1kg} = 3.42kg$

17 열가소성 수지에 해당하는 것은?

① 폴리비닐알코올 ② 페놀 수지
③ 요소 수지 ④ 멜라민 수지

해설
열가소성 수지 : 부가중합에 의한 중합체로 가열하면 유동성을 가지며, 식으면 다시 굳어지는 수지 예 폴리비닐알코올

18 다음 중 유화중합 반응과 관계없는 것은?

① 비누(soap) 등을 유화제로 사용한다.
② 개시제는 수용액에 녹아있다.
③ 사슬이동으로 낮은 분자량의 고분자가 얻어진다.
④ 반응온도를 조절할 수 있다.

해설
③ 사슬이동으로 높은 분자량의 고분자가 얻어진다.

19 다음 중 전도성 고분자가 아닌 것은?

① 폴리아닐린 ② 폴리피롤
③ 폴리실록산 ④ 폴리티오펜

해설
전도성 고분자 : 전도율이 반도체 이상의 값을 표시하는 고분자 예 폴리아닐린, 폴리피롤, 폴리티오펜, 폴리에틸렌 등

정답 12 ② 13 ① 14 ② 15 ② 16 ① 17 ① 18 ③ 19 ③

20 알칼리성 폐수의 중화에 사용되는 것으로 가장 거리가 먼 것은?

① Na_2CO_3 ② CO_2
③ H_2SO_4 ④ HCl

해설
㉠ 산성 폐수 중화제 : $NaOH$, Na_2CO_3, $Ca(OH)_2$, CaO, $CaCO_3$, $CaMg(CO_3)_2$ 등
㉡ 알칼리성 폐수 중화제 : H_2SO_4, HCl, CO_2 등

제2과목 반응운전

21 "에너지 보존의 법칙"으로 불리는 것은?

① 열역학 제0법칙   ② 열역학 제1법칙
③ 열역학 제2법칙   ④ 열역학 제3법칙

해설
열역학 제1법칙(에너지 보존의 법칙)

22 맥스웰 관계식(Maxwell relation) 중에서 옳지 않은 것은?

① $\left(\dfrac{\partial T}{\partial V}\right)_S = \left(\dfrac{\partial P}{\partial S}\right)_V$

② $\left(\dfrac{\partial T}{\partial P}\right)_S = \left(\dfrac{\partial V}{\partial S}\right)_P$

③ $\left(\dfrac{\partial P}{\partial T}\right)_V = \left(\dfrac{\partial S}{\partial V}\right)_T$

④ $\left(\dfrac{\partial V}{\partial T}\right)_P = -\left(\dfrac{\partial S}{\partial P}\right)_T$

해설
맥스웰 관계식
$\left(\dfrac{\partial S}{\partial V}\right)_T = \left(\dfrac{\partial P}{\partial T}\right)_V$
$\left(\dfrac{\partial S}{\partial P}\right)_T = -\left(\dfrac{\partial V}{\partial T}\right)_P$
$\left(\dfrac{\partial V}{\partial S}\right)_P = \left(\dfrac{\partial T}{\partial P}\right)_S$
$\left(\dfrac{\partial P}{\partial S}\right)_V = -\left(\dfrac{\partial T}{\partial V}\right)_S$

23 물의 증발잠열 $\Delta \overline{H}$는 1기압, 100℃에서 539cal/g이다. 만일 이 값이 온도와 기압에 따라 큰 변화가 없다면 압력이 635mmHg인 고산지대에서 물의 끓는 온도는 약 몇 ℃인가? (단, 기체상수 R = 1.987cal/mol·K이다.)

① 26.2   ② 30
③ 95   ④ 98

해설
Clausisu-Clapeyron 식의 사용
$\ln \dfrac{P_2}{P_1} = -\dfrac{\Delta H}{R}\left(\dfrac{1}{T_2} - \dfrac{1}{T_1}\right)$
$\ln \dfrac{635}{760} = -\dfrac{(539)\times(18)}{1.987}\left(\dfrac{1}{T_2} - \dfrac{1}{373}\right)$
$\therefore T_2 = 368K = 95℃$

24 다음 중 경로함수(Path property)에 해당하는 것은?

① 내부에너지(J/mol)   ② 위치에너지(J/mol)
③ 열(J/mol)   ④ 엔트로피(J/mol·K)

해설
㉠ 경로함수 : 열, 일 등
㉡ 상태함수 : 내부에너지, 위치에너지, 엔트로피 등

25 다음 도표상의 점 A로부터 시작되는 여러 경로 중 액화가 일어나지 않는 공정은?

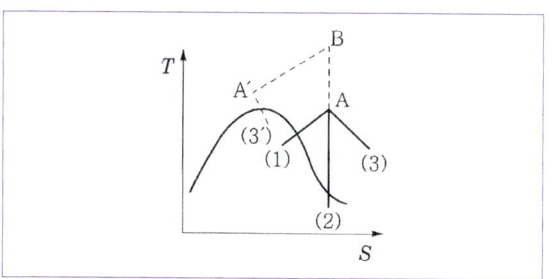

① A → (1)   ② A → (2)
③ A → (3)   ④ A → B → A' → (3')

해설
A → (3)은 Entropy가 증가하므로 액화가 일어나지 않는다.

정답 20 ①   21 ②   22 ①   23 ③   24 ③   25 ③

26 정압공정에서 80℃ 물 2kg과 10℃의 물 3kg을 단열된 용기에서 혼합하였을 때 발생한 총 엔트로피 변화(kJ/K)는? (단, 물의 열용량은 C_P = 4.184kJ/kg·K으로 일정하다고 가정한다.)

① 0.134 ② 0.124
③ 0.114 ④ 0.104

해설

$dS = C_P \ln T_2/T_1 - R \ln P_2/P_1$ 에서
정압공정이므로
$dS = C_P \ln T_2/T_1$
$Q = 2\text{kg} \cdot C_P \cdot (353 - T)$
$\quad = 3\text{kg} \cdot C_P \cdot (T - 283)$
$\Rightarrow T = 311\text{K}$
$\Delta S = 2\text{kg} \cdot C_P \ln \frac{311}{353} + 3\text{kg} \cdot C_P \cdot \ln \frac{311}{283}$
$\quad = 0.124 \text{kJ/K}$

27 화학포텐셜(chemical potential)에 대한 설명이 올바르지 못한 것은?

① 단위는 압력의 단위인 kPa로 표시된다.
② $\mu_i = \left(\frac{\partial(nA)}{\partial n_i}\right)_{T, nV, n_i}$ 로 표시될 수 있다.
③ $\mu_i = \left(\frac{\partial(nG)}{\partial n_i}\right)_{T, P, n_i}$ 로 표시될 수 있다.
④ 평형에서 각 성분의 값들이 같아져야 한다.

해설

μ_i(chemical potential)
㉠ $\mu_i = \left(\frac{\partial(nA)}{\partial n_i}\right)_{T, nV, n_i}$
㉡ $\mu_i = \left(\frac{\partial(nG)}{\partial n_i}\right)_{T, P, n_i}$
㉢ 평형에서는 각 성분의 μ_i가 같아야 한다.

28 다음의 $P-H$선도에서 $H_2 - H_1$값이 의미하는 것은?

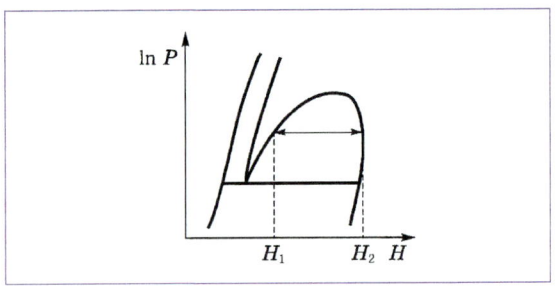

① 혼합열 ② 승화열
③ 증발열 ④ 융해열

해설

증발열 : 단위질량의 포화액체를 등압 아래서 증발시켜서 건포화증기로 하는 데 요하는 열량을 말한다.

29 화학 평형상태에서 CO, CO_2, H_2, H_2O 및 CH_4로 구성되는 가상계에서 자유도는?

① 3 ② 4
③ 5 ④ 6

해설

$F = 2 - \pi + N - r$
$\pi = 2$
$N = 6$
$C + \frac{1}{2}O_2 \rightarrow CO$ ⋯⋯⋯ ⓐ
$C + O_2 \rightarrow CO_2$ ⋯⋯⋯ ⓑ
$H_2 + \frac{1}{2}O_2 \rightarrow H_2O$ ⋯⋯⋯ ⓒ
$C + 2H_2 \rightarrow CH_4$ ⋯⋯⋯ ⓓ
ⓐ - ⓑ - ⓓ
$CO_2 + CH_4 \rightarrow 2CO + 2H_2$
ⓐ - ⓑ + ⓒ
$CO_2 + H_2 \rightarrow CO + H_2O$
$r = 2$
∴ $F = 4$

정답 26 ② 27 ① 28 ③ 29 ②

30 액상과 기상이 서로 평형이 되어 있을 때에 대한 설명으로 틀린 것은?

① 두 상의 온도는 서로 같다.
② 두 상의 압력은 서로 같다.
③ 두 상의 엔트로피는 서로 같다.
④ 두 상의 화학포텐셜은 서로 같다.

해설

액상과 기상이 서로 평행일 때, 두상의 온도, 압력, 화학적 포텐셜은 서로 같다.

31 다음은 Arrhenius 법칙에 의해 그림 활성화 에너지(Activation energy)에 대한 그래프이다. 이 그래프에 대한 설명으로 옳은 것은?

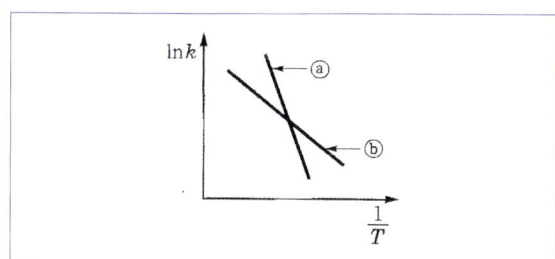

① 직선 ⓑ보다 ⓐ가 활성화 에너지가 크다.
② 직선 ⓐ보다 ⓑ가 활성화 에너지가 크다.
③ 초기에는 직선 ⓐ의 활성화 에너지가 크나, 후기에는 ⓑ가 크다.
④ 초기에는 직선 ⓑ의 활성화 에너지가 크나, 후기에는 ⓐ가 크다.

해설

Arrhenius equation : 반응속도 상수와 온도의 측정

$$K = A \cdot e^{-\frac{E_a}{RT}}$$

여기서, A : 비례인자
E_a : 활성화 에너지

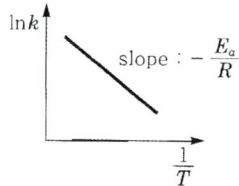

32 $A \to B$의 화학반응에서 생성되는 물질의 화학 반응 속도식 r_B와 소실되는 반응물질의 화학반응 속도식 $-r_A$를 옳게 나타낸 것은?

① $r_B = -\frac{1}{V_R} \cdot \frac{dn_B}{dt},\ -r_A = \frac{1}{V_R} \cdot \frac{dn_A}{dt}$

② $r_B = \frac{1}{V_R} \cdot \frac{dn_B}{dt},\ -r_A = -\frac{1}{V_R} \cdot \frac{dn_A}{dt}$

③ $r_B = \frac{1}{V_R} \cdot \frac{dn_A}{dt},\ -r_A = \frac{1}{V_R} \cdot \frac{dn_A}{dt}$

④ $r_B = \frac{1}{V_R} \cdot \frac{dn_A}{dt},\ -r_A = -\frac{1}{V_R} \cdot \frac{dn_B}{dt}$

해설

㉠ 생성되는 물질의 반응속도식
$r_B = \frac{1}{V_R} \cdot \frac{dn_B}{dt}$

㉡ 소실되는 반응물질의 반응속도식
$-r_A = -\frac{1}{V_R} \cdot \frac{dn_A}{dt}$

33 고체 촉매의 고정층 반응기를 이용한 비압축성 유체의 반응에서 반응속도에 영향이 가장 적은 변수는?

① 반응온도 ② 반응압력
③ 반응물 농도 ④ 촉매의 활성도

해설

비압축성 유체의 반응속도는 반응속도 상수와 반응물이 농도(기체의 경우 압축성 유체이며 압력으로 표현할 수 있다)의 곱으로 표현되며, 반응속도 상수는 아레니우스 식에서 온도 의존성을 확인할 수 있으므로 비압축성 유체에서 반응속도에 영향이 가장 적은 변수는 반응 압력이다.

34 반응기로 A와 C 기체 5 : 5 혼합물이 공급되어 $A \to 4B$ 기상반응이 일어날 때, 부피팽창계수 ε_A는?

① 0 ② 0.5
③ 1.0 ④ 1.5

해설

$y_{A_0} = 0.5,\ \delta = \frac{4-1}{1} = 3,\ \varepsilon = y_{A_0}\delta = 1.5$

정답 30 ③ 31 ① 32 ② 33 ② 34 ④

35 CH₃CHO 증기를 정용 회분식 반응기에서 518℃로 열분해한 결과 반감기는 초기압력이 363mmHg일 때 410s, 169mmHg일 때 880s였다면, 이 반응의 반응차수는?

① 0차　　② 1차
③ 2차　　④ 3차

해설

Batch
$$-r_A V = N_{A_0}\frac{dx}{dt}$$

$k = C_A^n$, 압력 ∝ 농도이므로

$$kC_A^n = C_{A_0}\frac{dx}{dt}$$

$$kC_{A_0}^n(1-X)^n = C_{A_0}\frac{dx}{dt}$$

$$k\int_0^{t_{1/2}}dt = \frac{1}{C_{A_0}^{n-1}}\int_0^{0.5}\frac{dx}{(1-x)^n}$$

$$kt_{1/2} = \frac{1}{C_{A_0}^{n-1}} \cdot \frac{-1}{n+1}\left[(1-x)^{n+1}\right]_0^{0.5}$$

$$= \frac{1}{C_{A_0}^{n-1}} \cdot \frac{1-\left(\frac{1}{2}\right)^{n+1}}{n+1}$$

ⓐ $k \cdot 410$
$$= \frac{1}{363^{n-1}} \cdot \frac{1-\left(\frac{1}{2}\right)^{n+1}}{n+1}$$

ⓑ $k \cdot 880$
$$= \frac{1}{169^{n-1}} \cdot \frac{1-\left(\frac{1}{2}\right)^{n+1}}{n+1}$$

ⓐ/ⓑ를 하여 n에 관하여 풀면 n = 2

36 다음과 같은 두 1차 병렬반응이 일정한 온도의 회분식 반응기에서 진행되었다. 반응시간이 1,000초일 때 반응물 A가 90% 분해되어 생성물은 R이 S보다 10배 생성되었다. 반응 초기에 R와 S의 농도를 0으로 할 때, k_1, k_2, k_1/k_2는?

$$A \to R, \quad r_{A1} = k_1 C_A$$
$$A \to 2S, \quad r_{A2} = k_2 C_A$$

① $k_1 = 0.131$/min, $k_2 = 6.57 \times 10^{-3}$/min,
　$k_1/k_2 = 20$

② $k_1 = 0.046$/min, $k_2 = 2.19 \times 10^{-3}$/min,
　$k_1/k_2 = 21$

③ $k_1 = 0.131$/min, $k_2 = 11.9 \times 10^{-3}$/min,
　$k_1/k_2 = 11$

④ $k_1 = 0.046$/min, $k_2 = 4.18 \times 10^{-3}$/min,
　$k_1/k_2 = 11$

해설

$$-r_A = k_1 C_A + k_2 C_A = (k_1 + k_2)C_A$$
$$-r_A = -dC_A/dt \text{이므로}$$
$$(k_1+k_2)C_{A0}(1-X) = C_{A0}\frac{dX}{dt}$$
$$(k_1+k_2)t = \int_0^{0.9}\frac{1}{1-X}dX = \ln\frac{1}{1-0.9} = \ln 10$$
$$\Rightarrow k_1 + k_2 = \frac{\ln 10}{1,000}s^{-1}$$

$\frac{C_R}{C_S} = 10$인데

$$-r_A = r_B = k_1 C_A, \quad -r_{A_2} = \frac{r_s}{2}k_2 C_A$$

$$\Rightarrow \frac{r_R}{r_S} = \frac{k_1 C_A}{2k_2 C_A} = 10$$

$$\therefore \frac{k_2}{k_1} = 20$$

$k_1 = 20k_2$이므로 $20k_2 + k_2 = \frac{\ln 10}{100}s^{-1}$

$$\therefore k_2 = 6.57 \times 10^{-3}/\text{min}$$
$$k_1 = 0.131/\text{min}$$

정답 35 ③　36 ①

37 적당한 조건에서 A는 다음과 같이 분해되고 원료 A의 유입속도가 100L/h일 때 R의 농도를 최대로 하는 플러그 흐름 반응기의 부피(L)는? (단, $k_1 = 0.2$min, $k_2 = 0.2$/min, $C_{A0} = $ 1mol/L, $C_{R0} = C_{S0} = 0$이다.)

$$A \xrightarrow{k_1} R \xrightarrow{k_2} S$$

① 5.33 ② 6.33
③ 7.33 ④ 8.33

해설

PFR에서 $k_1 = k_2 = k$일 때

$\tau_{opt} = \dfrac{1}{k} = 5$min $(k = 0.2$/min$)$

$V/v_0 = \tau$

∴ $V = v_0 \cdot \tau$
$= 100$L/h $\cdot 5$min
$= 8.33$L

38 단일 이상형 반응기(single ideal reactor)에 해당하지 않는 것은?

① 플러그 흐름 반응기(plug flow reactor)
② 회분식 반응기(batch reactor)
③ 매크로 유체 반응기(marco fluid reactor)
④ 혼합 흐름 반응기(mixed flow reactor)

해설

단일 이상형 반응기 종류
㉠ 플러그 흐름 반응기(plug flow reactor)
㉡ 회분식 반응기(batch reactor)
㉢ 혼합 흐름 반응기(mixed flow reactor)

39 다음의 균일계 액상평행반응에서 S의 순간 수율을 최대로 하는 C_A의 농도는? (단, $r_R = C_A$, $r_S = 2C_A^2$, $r_T = C_A^3$이다.)

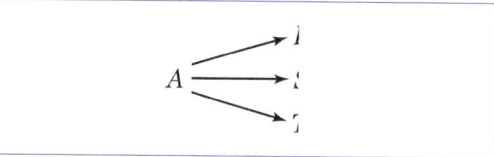

① 0.25 ② 0.5
③ 0.75 ④ 1

해설

$A \begin{matrix} \xrightarrow{k_1=1} R \\ \xrightarrow{k_2=1} S \\ \xrightarrow{k_3=1} T \end{matrix} \rightarrow \begin{cases} r_R = \dfrac{dC_R}{dt} = C_A \\ r_S = \dfrac{dC_S}{dt} = 2C_A^2 \\ r_T = \dfrac{dC_T}{dt} = 2C_A^3 \end{cases}$

sol) $\varnothing$(순간 수율) $= \dfrac{dC_S}{-dC_A}$

㉠ $-r_A = -\dfrac{dC_A}{dt} = k_1 C_A + k_2 C_A + k_3 C_A = C_A + 2C_A + C_A$
$= 4C_A$

㉡ $\varnothing = \dfrac{\dfrac{dC_S}{dt}}{-\dfrac{dC_A}{dt}} = \dfrac{2C_A^2}{4C_A} = \dfrac{1}{2}C_A$

∴ C_A가 높을수록 S의 순간 수율은 높아진다.

40 0차 균질반응이 $-r_A = 10^{-3}$mol/L·s로 플러그 흐름 반응기에서 일어난다. A의 전화율이 0.9이고 C_{A0} = 1.5mol/L일 때 공간시간은 몇 초인가? (단, 이때 용적 변화율은 일정하다.)

① 1,300 ② 1,350
③ 1,450 ④ 1,500

해설

0차 반응에서
㉠ $\tau = \dfrac{C_{A0} \cdot X_A}{k}$

㉡ $\tau = \dfrac{1.5(0.9)}{10^{-3}} = 1,350$s

정답 37 ④ 38 ③ 39 ④ 40 ②

제3과목 단위공정관리

41 어느 공장의 폐가스는 공기 1L당 0.08g의 SO_2를 포함한다. SO_2의 함량을 줄이고자 공기 1L에 대하여 순수한 물 2kg의 비율로 연속 향류 접촉(continuous counter current contact)시켰더니 SO_2의 함량이 1/10로 감소하였다. 이때 물에 흡수된 SO_2 함량은?

① 물 1kg당 SO_2 0.072g
② 물 1kg당 SO_2 0.036g
③ 물 1kg당 SO_2 0.018g
④ 물 1kg당 SO_2 0.009g

해설
공기 1L당 물 2kg의 비율로 연속 향류 접촉했다.
• 흡수 전 SO_2의 함량 : 0.08g SO_2/L Air
• 흡수 후 SO_2의 함량 : 0.008g SO_2/L Air
물 2kg당 0.072g SO_2를 흡수하므로, 물 1kg당 0.036g SO_2가 흡수된다.

42 건식법으로 전기로를 써서 인광석을 환원 및 증발시키는 공정에서 배출가스가 지름 26cm의 강관을 통해 152.4cm/s의 속도로 로에서 나간다. 이 가스의 밀도가 0.0012g/cm³일 때 1일 배출가스량은 약 얼마인가?

① 5.4ton/day
② 6.4ton/day
③ 7.4ton/day
④ 8.4ton/day

해설
$Q = A \cdot U = \dfrac{\pi \times 26^2}{4} \times 152.4 = 80872.58 \text{cm}^2/s$
$m = p \cdot Q = 0.0012 \text{g/cm}^3 \times 80872.58 \text{cm}^2/s = 97.05 \text{g/s}$
∴ $97.05 \times 10^{-6} \times 3,600 \times 24 \text{ton/day} = 8.4 \text{ton/day}$

43 다음 중 에너지를 나타내는 단위는?

① $Pa \cdot m^3$
② W
③ N/m^2
④ J/s

해설
$Pa \cdot m^3 \rightarrow \dfrac{N}{m^2} \cdot m^3 = J$

44 300kg의 공기와 24kg의 탄소가 반응기 내에서 연소하고 있다. 연소하기 전 반응기 내에 있는 산소는 약 몇 kmol인가?

① 2
② 2.18
③ 10.34
④ 15.71

해설
공기 중 산소 21%, 질소 79%(몰분율)
∴ $\dfrac{21 \times 32}{100 \times 29} = 0.232$(질량분율)
∴ $\dfrac{300 \text{kg} \times 0.232}{32 \text{kg/kmol}} = 2.18 \text{kmol}$

45 이상기체를 T_1에서 T_2까지 일정압력과 일정용적에서 가열할 때 열용량에 관한 식 중 옳은 것은? (단, C_P는 정압 열용량이고, C_V는 정적 열용량이다.)

① $C_V + C_P = R$
② $C_V \cdot \Delta T = (C_P - R) \cdot \Delta T$
③ $\Delta U = C_V \cdot \Delta T - W$
④ $\Delta U = R \cdot \Delta T \cdot C_P$

해설
$C_P = C_V + R$
$C_V \cdot \Delta T = (C_P - R) \cdot \Delta T$

46 다음 반응이 표준상태에서 행하여졌다. 정용반응열이 -26,711kcal/kmol일 때 정압반응열은 약 몇 kcal/kmol인가? (단, 기체는 이상기체라고 가정한다.)

$$C(s) + \dfrac{1}{2}O_2(g) \rightarrow CO(g)$$

① 296
② -296
③ 26,415
④ -26,415

해설
$C(s) + \dfrac{1}{2}O_2(g) \rightarrow CO(g)$, 이상기체, 표준상태
$Q_V = -26,711 \text{kcal/kmol}$, $Q_P = ?$
sol) $\Delta H = \Delta u + \Delta(pV)$
∴ $Q_P = Q_V + \Delta n_g RT$ (단, Δn_g : 기체 몰수만 고려)
$= -26,711 + \left(1 - \dfrac{1}{2}\right) \times 1.987 \times 298 = -26,415$

정답 41 ② 42 ④ 43 ① 44 ② 45 ② 46 ④

47 공기를 왕복 압축기를 사용하여 절대압력 1기압에서 64기압까지 3단(3stage)으로 압축할 때 각 단의 압축비는?

① 3
② 4
③ 21
④ 64

해설

$x^3 = \dfrac{64}{1} = 4^3$

48 포텐셜 흐름(potential flow)에 대한 설명이 아닌 것은?

① 이상유체(ideal fluid)의 흐름이다.
② 고체 벽에 인접한 유체층에서의 흐름이다.
③ 비회전 흐름(irrotational flow)이다.
④ 마찰이 생기지 않는 흐름이다.

해설

이상유체의 흐름은 비점성 흐름, 비회전성 흐름, 포텐셜 흐름, 전단응력이 고려되지 않는 유동장을 가진 유체다.

49 다음의 확산식 중 단일 성분 확산과 관계가 있는 식은? (단, N_A = 물질이동속도, D_m = 확산계수, B : 확산층 두께, A : 면적, yi, y : 상경계 및 기상의 용질 몰분율)

① $\dfrac{N_A}{A} = \dfrac{D_m}{B} \ln\left(\dfrac{1-y}{1-yi}\right)$

② $\dfrac{N_A}{A} = \dfrac{D_m}{B}(yi - y)$

③ $\dfrac{N_A}{A} = \dfrac{D_m}{B}\dfrac{1-y}{1-yi}$

④ $\dfrac{N_A}{A} = \dfrac{D_m}{B}\ln(yi - y)$

해설

$\dfrac{N_A}{A} = \dfrac{N_y}{A} - D_m\dfrac{dy}{db}$ 에서

㉠ 기체의 등몰 상호 확산 : $N = 0$

$\dfrac{N_A}{A} = \dfrac{D_m}{B}(y_i - y)$

㉡ 한방향 확산 : $N = N_A$

$\dfrac{N_A}{A}(1-y) = D_m\dfrac{dy}{db}$

$N_A = \dfrac{D_m}{B}\ln\left(\dfrac{1-y}{1-y_i}\right)$

50 2개의 관을 연결할 때 사용되는 관 부속품이 아닌 것은?

① 유니온(union)
② 니플(nipple)
③ 소켓(socket)
④ 플러그(plug)

해설

플러그(plug) : 엘보와 티와 같이 내경이 나사로 된 부품을 폐쇄할 필요가 있을 때 사용된다.

51 성분 A, B가 각각 50mol%인 혼합물을 flash 증류하여 feed의 50%를 유출시켰을 때 관출물의 A 조성(X_{WA})은? (단, 혼합물의 비휘발도(α_{AB})는 2이다.)

① $X_{WA} = 0.31$
② $X_{WA} = 0.41$
③ $X_{WA} = 0.59$
④ $X_{WA} = 0.85$

해설

용액 속의 임의의 두 성분 A, B의 몰분율은 x_A, x_B이고, 이와 평형인 기상의 각 몰분율은 y_A, y_B라 할 때 비휘발도(상대휘발도)

$\alpha_{AB} = \dfrac{\dfrac{y_A}{x_A}}{\dfrac{y_B}{x_B}}$ 이다.

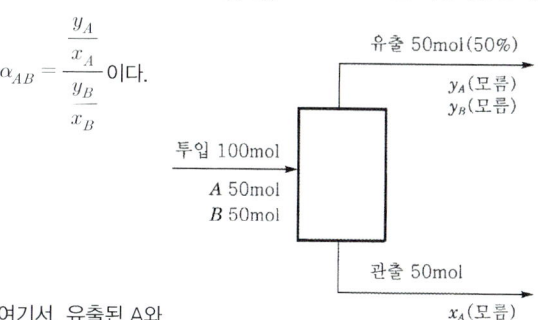

여기서, 유출된 A와 관출된 A의 합은 1이고 유출된 B와 관출된 B의 합은 1이므로

$y_A + x_A = 1 \to y_A = 1 - x_A$
$y_B + x_B = 1 \to y_B = 1 - x_B$

또 $y_A + y_B = 1 \to y_B = 1 - y_A = x_A$

비휘발도 식에 대입하면

$\dfrac{\dfrac{y_A}{x_A}}{\dfrac{1-y_A}{1-x_A}} = \dfrac{\dfrac{1-x_A}{x_A}}{\dfrac{x_A}{1-x_A}} = 2 \to x^2 - 2x + 1 = 2x^2$

∴ $x^2 + 2x - 1 = 0$

근의 공식으로 풀면

$x = \dfrac{-2 \pm \sqrt{4-(-4)}}{2 \cdot 1}$

$x = 0.4142$ 또는 $x = -2.4142$

이중음수를 버리면 $x = 0.41$

정답 47 ② 48 ② 49 ② 50 ④ 51 ②

52 벤젠 40mol%와 톨루엔 60mol%의 혼합물을 200 kmol/h의 속도로 정류탑에 비점으로 공급한다. 유출액의 농도는 95mol% 벤젠과 관출액의 농도는 98 mol%의 톨루엔이다. 이때 최소 환류비를 구하면 얼마인가? (단, 벤젠과 톨루엔의 순성분 증기압은 각각 1,180, 481mmHg이다.)

① 1.5 ② 1.7
③ 1.9 ④ 2.1

해설

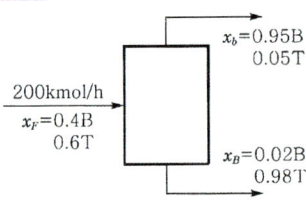

최소 환류비를 구하려면 평형곡선, 원료곡선이 필요

㉠ 평형곡선

$$y_n = \frac{ax_n}{1+(\alpha-1)x_n}$$

$$\alpha = \text{비휘발도} = \frac{\text{더 휘발되는 물질}}{\text{덜 휘발되는 물질}}$$

$$\alpha = \frac{1,180}{481} = 2.45 \Rightarrow y_n = \frac{2.45x_n}{1+1.45x_n}$$

㉡ 원료 공급선 : (X_P, X_F) 지남

$$y_{n+1} = \frac{-q}{1-q}x_n + \frac{x_F}{1-q}$$

q는 비점이므로 1
그러므로 기울기는 ∞이고
x_F를 지나는 직선

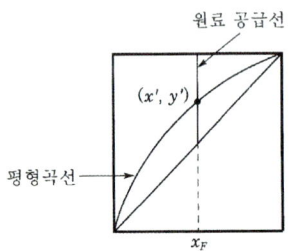

두 식을 연립하여 교정을 구하면
$x_F = 0.4$

$$y_n = \frac{2.45x_n}{1+1.45x_n} \Rightarrow y' = 0.62$$

교정$(x', y') = (0.4, 0.62)$
최소 환류비

$$R_{Dm} = \frac{x_D - y'}{y' - x'}$$

$$R_{Dm} = \frac{x_D - y'}{y' - x'} = \frac{0.95 - 0.62}{0.62 - 0.4} \quad \therefore R_{Dm} = 1.5$$

53 열전달과 온도관계를 표시한 가장 기본이 되는 법칙은?

① 뉴턴의 법칙 ② 푸리에의 법칙
③ 픽의 법칙 ④ 후크의 법칙

해설

Fourier's law : 전열속도는 온도차의 크기에 비례한다.

$$q = -KA\frac{dT}{dx}$$

54 초산과 물의 혼합액에 벤젠을 추제로 가하여 초산을 추출한다. 추출상의 wt%가 초산 3, 물 0.5, 벤젠 96.5이고, 추잔상은 wt%가 초산 27, 물 70, 벤젠 3일 때 초산에 대한 벤젠의 선택도는 약 얼마인가?

① 8.95 ② 15.6
③ 72.5 ④ 241.5

해설

$$\beta = \frac{\text{추출상}}{\text{추잔상}} = \frac{\frac{3}{0.5}}{\frac{27}{70}} = 15.6$$

55 HETP에 대한 설명으로 가장 거리가 먼 것은?

① "Height Equivalent to a Theoretical Plate"를 말한다.
② HEPT의 값이 1m보다 클 때 단의 효율이 좋다.
③ (충전탑의 높이 : Z)/(이론 단위수 : N)이다.
④ 탑의 한 이상단과 똑같은 작용을 하는 충전탑의 높이이다.

해설

② HERT의 값이 1m보다 작을 때 단의 효율이 좋다.

56 30℃, 1atm에서 건조장치로부터 유출된 습한 공기 210kg에 수증기 10kg이 함유되어 있을 때 절대습도는?

① 0.0476 ② 0.0445
③ 0.0500 ④ 0.0545

해설

절대습도 $= \frac{\text{수증기}[kg]}{\text{건조공기}[kg]} = \frac{10kg}{(210-20)kg} = 0.05$

정답 52 ① 53 ② 54 ② 55 ② 56 ③

57 건구온도와 습구온도에 대한 설명 중 틀린 것은?

① 공기가 습할수록 건구온도와 습구온도 차는 작아진다.
② 공기가 건조할수록 건구온도가 증가한다.
③ 공기가 수증기로 포화될 때 건구온도와 습구온도는 같다.
④ 공기가 건조할수록 습구온도는 높아진다.

해설
공기가 건조할수록 증발이 잘 되므로 습구온도는 낮아진다.

58 내부에너지에 대한 설명으로 가장 거리가 먼 것은?

① 분자들의 운동에 기인한 에너지이다.
② 분자들의 전자기적 상호작용에 기인한 에너지이다.
③ 분자들의 병진, 회전 및 진동운동에 기인한 에너지이다.
④ 내부에너지는 압력에 의해서만 결정된다.

해설
내부에너지는 온도에 의해서만 결정된다.

59 막 분리공정 중 역삼투법에서 물과 염류의 수송 메커니즘에 대한 설명으로 가장 거리가 먼 내용은?

① 물과 용질은 용액 확산 메커니즘에 의해 별도로 막을 통해 확산된다.
② 치밀층의 저압 쪽에서 1atm일 때 순수가 생성된다면 활동도는 사실상 1이다.
③ 물의 훌럭스 및 선택도는 압력차에 의존하지 않으나, 염류의 훌럭스는 압력차에 따라 크게 증가한다.
④ 물 수송의 구동력은 활동도 차이이며, 이는 압력차에서 공급물과 생성물의 삼투압 차이를 뺀 값에 비례한다.

해설
역삼투법 : 물의 플럭스 및 선택도는 압력차에 의존한다.

60 섭씨온도 단위를 대체하는 새로운 온도 단위를 정의하여 1기압하에서 물이 어는 온도를 새로운 온도 단위에서는 10도로 선택하고 물이 끓는 온도를 130도로 정하였다. 섭씨 20도는 새로운 온도 단위로 환산하면 몇 도인가?

① 30　② 34
③ 38　④ 42

해설
0 → 10, 100 → 130
$y = ax + b$ 여기서, $a = 1.2$, $b = 10$
∴ $1.2 \times 20 + 10 = 34$

제4과목 화공계측제어

61 가정의 주방용 전기오븐을 원하는 온도로 조절하고자 할 때 제어에 관한 설명으로 다음 중 가장 거리가 먼 것은?

① 피제어변수는 오븐의 온도이다.
② 조절변수는 전류이다.
③ 오븐의 내용물은 외부교란변수(외란)이다.
④ 설정점(setpoint)은 전압이다.

해설
설정점은 설정한 온도이다.

62 연속 입·출력 흐름과 내부 가열기가 있는 저장조의 온도를 어떤 값으로 유지하기 위해 들어오는 입력흐름의 온도와 유량을 조작하여 나가는 출력흐름의 온도와 유량을 제어하고자 하는 시스템을 분류한다면 어떠한 것에 해당하는가?

① 다중 입력 - 다중 출력 시스템
② 다중 입력 - 단일 출력 시스템
③ 단일 입력 - 단일 출력 시스템
④ 단일 입력 - 다중 출력 시스템

해설
입력과 출력의 온도와 입력을 모두 조작, 제어하므로 다중 입력-다중 출력 시스템이다.

정답 57 ④　58 ④　59 ③　60 ②　61 ④　62 ①

63 다음 중 함수 $f(t)(t \geq 0)$의 라플라스 변환(Laplace transform)을 $F(s)$라 할 때, 다음 설명 중 틀린 것은?

① 모든 연속함수 $f(t)$가 이에 대응하는 $F(s)$를 갖는 것은 아니다.
② $g(t)(t \geq 0)$의 라플라스 변환을 $G(s)$라 할 때, $f(t)g(t)$의 라플라스 변환은 $F(s)G(s)$이다.
③ $g(t)(t \geq 0)$의 라플라스 변환을 $G(s)$라 할 때, $f(t)+g(t)$의 라플라스 변환은 $F(s)+G(s)$이다.
④ $d^2f(t)/dt^2$의 라플라스 변환은 $s^2F(s)-sf(0)-df(0)/dt$이다.

해설
라플라스 변환에서 합·차 관계는 그대로 성립하지만 곱·나눗셈 관계는 성립하지 않으므로 나누어서 계산한다.

64 전달함수가 $G(s) = \dfrac{\exp(-3s)}{(s-1)(s+2)}$의 계단응답(step response)에 대해 옳게 설명한 것은?

① 계단입력을 적용하자 곧바로 출력이 초기치에서 움직이기 시작하여 1로 진동하면서 수렴한다.
② 계단입력을 적용하자 곧바로 출력이 초기치에서 움직이기 시작하여 진동하지 않으면서 발산한다.
③ 계단입력에 대해 시간이 3만큼 지난 후 진동하지 않고 발산한다.
④ 계단입력에 대해 진동하면서 발산한다.

해설
전달함수에 e^{-3s}가 있으므로 응답은 입력에 대해 시간이 3만큼 지난 후 움직인다.

65 $F(s) = \dfrac{2}{(s+1)(s+3)}$의 Laplace 역변환은?

① $e^t - e^{3t}$　　② $e^{-t} - e^{-3t}$
③ $e^{3t} - e^t$　　④ $e^{-3t} - e^{-t}$

해설
$F(s) = \dfrac{2}{(s+1)(s+3)} = \dfrac{1}{s+1} - \dfrac{1}{s+3} \to y(t) = e^{-t} - e^{-3t}$

66 어떤 항온조에서 항온조 내의 온도계가 나타내는 온도와 항온조 내의 실제 유체온도 사이의 관계는 이득인 1인 1차계로 나타낼 수 있으며, 이때 시간상수는 0.2min이다. 평형상태에 도달한 후 항온조의 유체온도가 1℃/min의 속도로 평형상태의 값에서 시간에 따라 선형적으로 증가하기 시작하였다. 이 경우 1min 경과 후 온도계의 온도와 항온조 내 실제 유체온도 사이의 온도차는 얼마인가?

① 0.2℃　　② 0.8℃
③ 1.5℃　　④ 2.0℃

해설
$G_{(s)} = \dfrac{1}{0.2s+1}$, $X_{(t)} = t$ 이므로
$Y_{(s)} = G_{(s)}X_{(s)}$
$= \dfrac{1}{S^2(0.2s+1)}$
$= \dfrac{1}{s^2} - \dfrac{1}{5s} + \dfrac{1}{5(s+5)}$
$\therefore Y_{(1)} \cdot t - 0.2 + 0.2e^{-5t}$
$Y_{(1)} = 0.8$
$\therefore X_{(1)} - Y_{(1)} = 1 - 0.8 = 0.2$

67 전달함수가 $G(s) = \dfrac{4}{s^2+2s+4}$인 시스템에 대한 계단응답의 특징은?

① 2차 과소 감쇠(underdamped)
② 2차 과도 감쇠(overdamped)
③ 2차 임계 감쇠(critically damped)
④ 1차 비진동

해설
$G(s) = \dfrac{1}{\frac{1}{4}S^2 + \frac{1}{2}S + 1}$
$\tau = \dfrac{1}{2}$, $2\zeta = 2$, $\dfrac{1}{2}\zeta = \dfrac{1}{2}$
$\therefore \zeta = \dfrac{1}{2}(\zeta < 1) \Rightarrow$ 2차 과소 감쇠

정답 63 ②　64 ③　65 ②　66 ①　67 ①

68 2차계에 단위계단입력이 가해져서 자연진동(진폭이 일정한 지속적 진동)을 할 때 이 계의 특징을 옳게 설명한 것은?

① 제동비(damping ratio) 값이 0이다.
② 제동비(damping ratio) 값이 1이다.
③ 시간상수 값이 1이다.
④ 2차계는 자연진동 할 수 없다.

해설

2차계 일반식에서 위상각은 $\tan\phi = \dfrac{-2\zeta\tau\omega}{1-\tau^2\omega^2}$ 이다.

한편, $\phi = -180°$, $K_c = K_{CU}$일 때
자연진동하므로 $\tan(-180°) = 0$에서 제동비 $\zeta = 0$이다.

69 다음 그림과 같은 계에서 전달함수 $\dfrac{B}{U_2}$는?

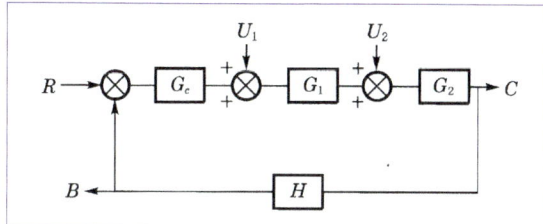

① $\dfrac{B}{U_2} = \dfrac{G_c G_1}{1 + G_c G_1 G_2 H}$

② $\dfrac{B}{U_2} = \dfrac{G_1 G_2}{1 + G_c G_1 G_2 H}$

③ $\dfrac{B}{U_2} = \dfrac{H G_2}{1 + G_c G_1 G_2 H}$

④ $\dfrac{B}{U_2} = \dfrac{G_c G_1 G_2 H}{1 + G_c G_1 G_2 H}$

해설

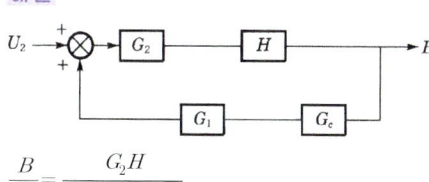

$\dfrac{B}{U_2} = \dfrac{G_2 H}{1 + G_c G_1 G_2 H}$

70 시간지연이 θ이고 시정수가 τ인 시간지연을 가진 1차계의 전달함수는?

① $G(s) = \dfrac{e^{\theta s}}{s + \tau}$ ② $G(s) = \dfrac{e^{\theta s}}{\tau s + 1}$

③ $G(s) = \dfrac{e^{-\theta s}}{s + \tau}$ ④ $G(s) = \dfrac{e^{-\theta s}}{\tau s + 1}$

해설

시간지연이 θ인 시상수 τ인 1차계 전달함수
$\left(G(s) = \dfrac{e^{-\theta s}}{\tau s + 1}\right)$

71 그림과 같은 닫힌 루프계에서의 압력 L에 대한 출력 Y의 전달함수는?

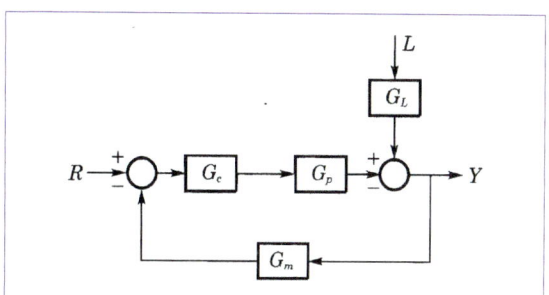

① $\dfrac{Y}{L} = \dfrac{G_L}{1 + G_c G_p G_m}$

② $\dfrac{Y}{L} = G_L$

③ $\dfrac{Y}{L} = \dfrac{G_L G_c G_p}{1 + G_c G_p G_m}$

④ $\dfrac{Y}{L} = \dfrac{G_L}{1 + G_L}$

해설

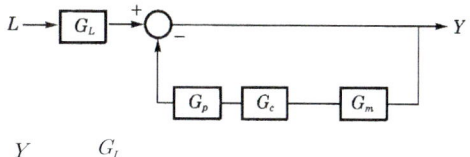

$\dfrac{Y}{L} = \dfrac{G_L}{1 + G_c G_p G_m}$

정답 68 ① 69 ③ 70 ④ 71 ①

72 비례이득이 2, 적분시간이 1인 비례-적분(PI) 제어기로 도입되는 제어오차(error)에 단위계단 변화가 주어졌다. 제어기로부터의 출력 $m(t)$, $t \geq 0$를 구한 것으로 옳은 것은? (단, 정상상태에서의 제어기의 출력은 0으로 간주한다.)

① $1 - 0.5t$　　② $2t$
③ $2(1 + t)$　　④ $1 + 0.5t$

해설

$PI : 2\left(1 + \dfrac{1}{s}\right)$

$Y(s) = \dfrac{2}{s}\left(1 + \dfrac{1}{s}\right) = \dfrac{2(s+1)}{s^2} = 2\left(\dfrac{1}{s} + \dfrac{1}{s^2}\right) \xrightarrow{\mathcal{L}^{-1}} 2(1+t)$

73 다음 중 폐회로 응답에서 PD 제어보다는 overshoot이 크지만 다른 양식보다는 작고, 잔류편차가 완전히 제거되는 제어양식은?

① P방식 제어　　② PI방식 제어
③ PID방식 제어　④ I방식 제어

해설

PID형은 미분제어와 적분제어를 조합시킨 방법으로 off-set을 없애주고, reset 시간도 단축시켜준다. PD 제어보다는 적분제어가 추가되어 overshoot이 증가한다.

74 다음 중 PID 동작을 가장 잘 나타낸 것은?

① 진동과 잔류편차를 제거할 수 있고, 응답속도와 안정성도 좋다.
② 잔류편차를 제거할 수 없으며 PI 동작과 비교할 때 제어대상에 큰 지연시간이 있으면 응답이 더욱 느리다.
③ 진동을 제거할 수 있으나 잔류편차가 생긴다.
④ 응답을 빨리할 수는 있으나 잔류편차는 제거할 수 없다.

해설

PID 동작의 경우 적분동작에 의해 진동과 잔류편차를 제거할 수 있고, 미분동작에 의해 응답속도와 안정성이 좋다.

75 유체가 유입부를 통하여 유입되고 있고, 펌프가 설치된 유출부를 통하여 유출되고 있는 드럼이 있다. 이때 드럼의 액위를 유출부에 설치된 제어밸브의 개폐 정도를 조절하여 제어하고자 할 때, 다음 설명 중 옳은 것은?

① 유입 유량의 변화가 없다면 비례동작만으로도 설정점 변화에 대하여 오프셋 없는 제어가 가능하다.
② 설정점 변화가 없다면 유입 유량의 변화에 대하여 비례동작만으로도 오프셋 없는 제어가 가능하다.
③ 유입 유량이 일정할 때 유출 유량을 계단으로 변화시키면 액위는 시간이 지난 다음 어느 일정수준을 유지하게 된다.
④ 유출 유량이 일정할 때 유입 유량이 계단으로 변화되면 액위는 시간이 지난 다음 어느 일정 수준을 유지하게 된다.

해설

유입 유량의 변화가 없을 때 비례동작만으로도 설정점 변화에 대하여 오프셋 없는 제어가 가능하다(제어 밸브가 유출에 있기 때문).

76 1차계에 사인파 함수가 입력될 때 위상지연(phase lag)은 주파수가 증가함에 따라서 어떻게 변하는가?

① 증가한다.
② 감소한다.
③ 무관하다.
④ $1/\sqrt{\tau^2\omega^2 + 1}$ 만큼 늦어진다.

해설

1차계 위상지연 : $\varnothing = \tan^{-1}(-\omega\tau)$

정답 72 ③　73 ③　74 ①　75 ①　76 ①

77 다음 시스템이 안정하기 위한 조건은?

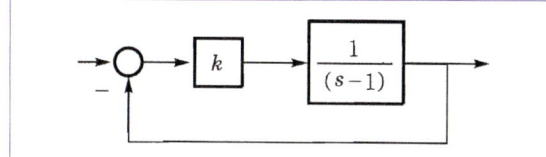

① $0 < k < 1$
② $k > 1$
③ $k < 1$
④ $k > 0$

해설

특성방정식을 구하면
$1 + \dfrac{k}{s-1} = 0$
$s - 1 + k = 0$이고, $s = 1 - k < 0$이므로 $k > 1$

78 특성방정식이 $10s^3 + 17s^2 + 8s + 1 + K_c = 0$과 같을 때 시스템의 한계이득(ultimate gain, K_{cu})과 한계주기(ultimate period, T_u)를 구하면?

① K_{cu} = 12.6, T_u = 7.0248
② K_{cu} = 12.6, T_u = 0.8944
③ K_{cu} = 13.6, T_u = 7.0248
④ K_{cu} = 13.6, T_u = 0.8944

해설

$s = jw$ 대입, 정리
$(-10w^3 + 8w)j + (-17w^2 + 1 + k_c) = 0$
$\xrightarrow{연립} w = 0.8944, k_c = 12.6$
$\rightarrow T_u = \dfrac{2\pi}{w} = 7.0215$

79 비례폭(proportional band)이 0에 가까운 값을 갖는 제어기는?

① PI controller
② PD controller
③ PID controller
④ on-off PI controller

해설

on-off controller는 진동이 일정하므로 비례폭이 0에 가깝다.

80 제어결과로 항상 cycling이 나타나는 제어기는?

① 비례 제어기
② 비례-미분 제어기
③ 비례-적분 제어기
④ on-off 제어기

해설

on-off 제어기는 제어결과 라디오를 끄면 약간 흔들리는 현상과 같은 사이클링 현상을 항상 일으킨다.

정답 77 ② 78 ① 79 ④ 80 ④

제7회 적중 예상문제

제1과목 공업합성

01 합성염산 제조 시 원료기체인 H₂와 Cl₂는 어떻게 제조하여 사용하는가?

① 공기의 액화
② 소금물의 전해
③ 염화물의 치환법
④ 공기의 아크방전법

해설
㉠ 소금물의 전해
   $2NaCl + 2H_2O \rightarrow 2NaOH + H_2 + Cl_2$
㉡ 합성염산 반응
   $H_2 + Cl_2 \rightarrow 2HCl$

02 황산공업의 원료가 될 수 없는 것은?

① 섬아연광
② 자류철광
③ 황화철광
④ 자철광

해설
황산공업의 원료
㉠ 섬아연광
㉡ 자류철광
㉢ 황화철광

03 다음의 O₂ : NH₃의 비율 중 질산 제조 공정에서 암모니아 산화율이 최대로 나타나는 것은? (단, Pt 촉매를 사용하고 NH₃ 농도가 9%인 경우이다.)

① 9 : 1
② 2.3 : 1
③ 1 : 9
④ 1 : 2.3

해설
O₂ : NH₃ = 2.3 : 1 비율이다.

04 30wt% HCl 용액 1,000kg에서 HCl은 약 몇 kmol인가?

① 6.2
② 7.2
③ 8.2
④ 9.2

해설
$$\frac{30kg}{100kg} \times \frac{1,000kg}{1} \times \frac{1kmol}{36.5kg} = 8.22kmol$$

05 식염수를 전기분해하여 1ton의 NaOH를 제조하고자 할 때 필요한 NaCl의 이론량(kg)은? (단, Na와 Cl의 원자량은 각각 23, 35.5g/mol이다.)

$$2NaCl + 2H_2O \rightarrow 2NaOH + Cl_2 + H_2$$

① 1,463
② 1,520
③ 2,042
④ 3,211

해설
$2NaCl + 2H_2O \rightarrow 2NaOH + Cl_2 + H_2$
$2 \times 58.5kg \qquad 2 \times 40kg$
$x \qquad\qquad 1,000kg$

$$x = \frac{2 \times 58.5 \times 1,000}{2 \times 40} = 1,463kg$$

06 암모니아 소다법에서 탄산화 과정의 중화탑이 하는 주된 작용은?

① 암모니아 함수의 부분 탄산화
② 알칼리성을 강산성으로 변화
③ 침전탑에 도입되는 가소로 가스와 암모니아의 완만한 반응 유도
④ 온도 상승을 억제

해설
암모니아 소다법 중 탄산화 과정의 중화탑이 하는 주된 작용 : 암모니아 함수의 부분 탄산화

정답 01 ② 02 ④ 03 ② 04 ③ 05 ① 06 ①

07 암모니아 합성공업에 있어서 1,000℃ 이상의 고온에서 코크스에 수증기를 통할 때 주로 얻어지는 가스는?

① CO, H_2
② CO_2, H_2
③ CO, CO_2
④ CH_4, H_2

해설
수성가스 제법 : $C + H_2O \rightarrow CO + H_2$

08 다음 중 비료의 3요소에 해당하는 것은?

① N, P_2O_5, CO_2
② K_2O, P_2O_5, CO_2
③ N, K_2O, P_2O_5
④ N, P_2O_5, C

해설
비료의 3요소 : 질소(N), 칼륨(K_2O), 인산(P_2O_5)

09 다음 중 1차 전지가 아닌 것은?

① 수은전지
② 알칼리망간전지
③ Leclanche전지
④ 니켈카드뮴전지

해설
④ 니켈카드뮴전지 : 2차 전지

10 다음 중 아세틸렌과 반응하여 염화비닐을 만드는 물질은?

① NaCl
② KCl
③ HCl
④ HOCl

해설
염화비닐
$H-C \equiv C-H + HCl \rightarrow CH_2 = CHCl$ (염화비닐)

11 다음 유기용매 중에서 물과 가장 섞이지 않는 것은?

① CH_3COCH_3
② CH_3COOH
③ C_2H_5OH
④ $C_2H_5OC_2H_5$

해설
물은 극성이고, 에테르($C_2H_5OC_2H_5$)는 비극성이므로 물과 섞이지 않는다.

12 일반적인 공정에서 에틸렌으로부터 얻는 제품이 아닌 것은?

① 에틸벤젠
② 아세트알데이드
③ 에탄올
④ 염화알릴

해설
① $C_2H_4 + C_6H_6 \rightarrow C_6H_5C_2H_5$
② $C_2H_4 + \frac{1}{2}O_2 \rightarrow CH_3CHO$
③ $C_2H_4 + H_2O \xrightarrow{H_2SO_4} C_2H_5OH$

13 다음 중 아세트알데히드가 산화되어 생성되는 주요 물질은?

① 프탈산
② 벤조산
③ 아세트산
④ 피크르산

해설
$CH_3CHO + \frac{1}{2}O_2 \rightarrow CH_3COOH$

14 CuO 존재하에 NH_3를 염화벤젠에 첨가하고, 가압하면 생성되는 주요물질은?

①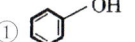
②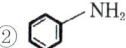
③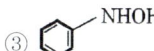
④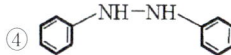

해설
$C_6H_5Cl + NH_3 \xrightarrow{CuO}$ (아닐린) $+ HCl$

정답 07 ① 08 ③ 09 ④ 10 ③ 11 ④ 12 ④ 13 ③ 14 ②

15 전화 공정 중 아래의 설명의 부합하는 것은?

> - 수소화/탈소수화 및 탄소양이온 형상 촉진의 이원기능 촉매 사용
> - Platforming, Ultraforming 등의 공정이 있음
> - 생성물을 가솔린으로 사용 시 벤젠의 분리가 반드시 필요함

① 열분해법　　② 이성화법
③ 접촉분해법　④ 수소화분해법

해설
접촉분해법의 설명이다.

16 중질유의 점도를 내릴 목적으로 중질유를 약 20기압과 약 500℃에서 열분해시키는 공정은?

① Coking process
② Hydroforming process
③ Reforming process
④ Visbreaking process

해설
① 중질유(원유 중 비교적 끓는점이 높은 성분을 많이 함유한 석유)의 열분해에 의하여 주생성물로서 경유를, 부생성물로서 분해가스와 가솔린, 석유코크를 제조하는 방법이다.
④ 중질 가솔린을 고온 처리하여 고급 가솔린을 얻는 개질의 한 방법으로, 중질 가솔린의 고온 처리과정에서 촉매를 쓰지 않고 가열만 하는 열 개질법과 달리 촉매를 이용하는 것을 말한다.

17 분량 1.0×10^4g/mol인 고분자 100g과 분자량 2.5×10^4g/mol인 고분자 50g, 그리고 분자량 1.0×10^5g/mol인 고분자 50g이 혼합되어 있다. 이 고분자 물질의 수평균 분자량은?

① 16,000　　② 28,500
③ 36,250　　④ 57,000

해설
$$\frac{100+50+50}{\frac{100}{1\times 10^4}+\frac{50}{2.5\times 10^4}+\frac{50}{1\times 10^5}} = 16,000$$

18 다음 중 지방산의 일반적인 식을 나타낸 것으로 옳은 것은?

① RCOR　　② RCOOH
③ ROH　　　④ R-COO

해설
지방산의 일반식 : RCOOH

19 첨가축합에 의해 주로 생성되는 수지가 아닌 것은?

① 요소　　② 페놀
③ 멜라민　④ 폴리에스테르

해설
첨가축합에 의해 생성되는 수지
㉠ 요소, ㉡ 페놀, ㉢ 멜라민

20 다음 Sylvinite 중 NaCl의 함량은 약 몇 wt%인가?

① 40　　② 44
③ 56　　④ 60

해설
Sylvinte(KCl, NaCl) = $\frac{58.5}{74.6+58.5} \times 100 = 44\%$

제2과목　반응운전

21 열의 일당량을 옳게 나타낸 것은?

① 427kgf·m/kcal　　② $\frac{1}{427}$kgf·m/kcal
③ 427kcal·m/kgf　　④ $\frac{1}{427}$kcal·m/kgf

해설
열의 일당량
427kgf·m/kcal = $\frac{1}{427}$kcal/kgf·m

정답 15 ③　16 ④　17 ①　18 ②　19 ④　20 ②　21 ①

22 부피가 1m³인 용기에 공기를 25℃의 온도와 100bar의 압력으로 저장하려 한다. 이 용기에 저장할 수 있는 공기의 질량은 약 얼마인가? (단, 공기의 평균분자량은 29이며 이상기체로 간주한다.)

① 107kg ② 117kg
③ 127kg ④ 137kg

해설
$PV = GRT$
$G = \dfrac{PV}{RT} = \dfrac{100 \times 10^2 \times 1}{0.287 \times (25+273)} = 117 \text{kg}$
여기서, $1\text{bar} = 10^5 \text{Pa} = 100 \text{kPa}$
$mR = \overline{R} = 8.314$
$R = \dfrac{\overline{R}}{m} = \dfrac{8.314}{29} = 0.287 \text{kJ/kg} \cdot \text{K}$

23 액체의 증발잠열을 계산하는 식과 관계없는 식은?

① Clapeyron식
② Watson correlation식
③ Riedel식
④ Gibbs-Duhem식

해설
Gibbs-Duhem식은 몰성질과 부분몰성질 사이의 관계식이다.
$\left(\dfrac{\partial M}{\partial P}\right)_{Tx} dP + \left(\dfrac{\partial M}{\partial P}\right)_{Px} dT - \sum x_i d\overline{M_i} = 0$
∴ T, P가 상수일 때, $\sum x_i d\overline{M_i} = 0$

24 비가역과정에 있어서 다음 식 중 옳은 것은? (단, S는 엔트로피, Q는 열량, T는 절대온도이다.)

① $\Delta S > \int \dfrac{dQ}{T}$ ② $\Delta S = \int \dfrac{dQ}{T}$
③ $\Delta S < \int \dfrac{dQ}{T}$ ④ $\Delta S = 0$

해설
ΔS_{total}의 값은 항상 양수이며, 과정이 점차 가역적으로 될수록 그 값은 0으로 접근한다.
비가역 : $\Delta S_{total} > \int \dfrac{dQ}{T}$
가역 : $\Delta S = \int \dfrac{dQ}{T}$

25 다음 그림은 열기관 사이클이다. T_1에서 열을 받고 T_2에서 열을 방출할 때 이 사이클의 열효율은?

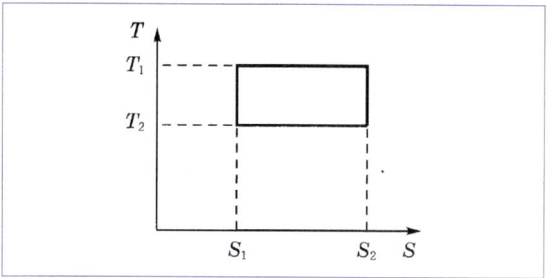

① $\dfrac{T_2}{T_1 - T_2}$ ② $\dfrac{T_1}{T_2 - T_1}$
③ $\dfrac{T_2 - T_1}{T_1}$ ④ $\dfrac{T_1 - T_2}{T_1}$

해설
카르노기관 열효율 : $\dfrac{T_1 - T_2}{T_1}$

26 역카르노 사이클에 대한 그래프이다. 이 사이클의 성능계수를 표시한 것으로 옳은 것은? (단, T_1에서 열이 방출되고, T_2에서 열이 흡수된다.)

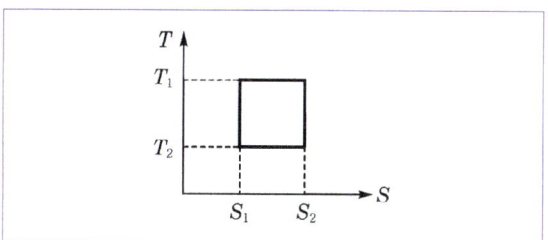

① $\dfrac{T_2}{T_1 - T_2}$ ② $\dfrac{T_1}{T_2 - T_1}$
③ $\dfrac{T_2 - T_1}{T_1}$ ④ $\dfrac{T_1 - T_2}{T_1}$

해설
역카르노 사이클 = 냉동기
$COP = \dfrac{|Q_1|}{|Q_2| - |Q_1|} = \dfrac{T_2}{T_1 - T_2}$

정답 22 ② 23 ④ 24 ① 25 ④ 26 ①

27 다음 그래프가 나타내는 과정으로 옳은 것은? (단, T는 절대온도, S는 엔트로피이다.)

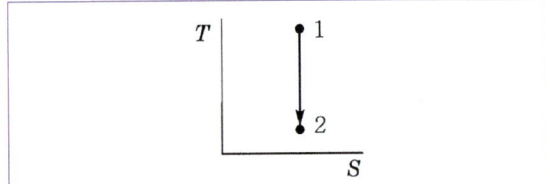

① 등엔트로피 과정(isentropic process)
② 등온 과정(isothermal process)
③ 정용 과정(isometric process)
④ 등압 과정(isobaric process)

해설
엔트로피(s)가 일정하므로 등엔트로피 과정

28 다음 화학평형에 대한 설명 중 옳지 않은 것은?

① 화학평형 판정기준은 일정 T와 P에서 폐쇄계의 총 깁스(Gibbs)에너지가 최소가 되는 상태를 말한다.
② 화학평형 판정기준은 일정 T와 P에서 수학적으로 표현하면 $\sum v_i \mu_i = 0$이다. (단 v_i : 성분 i의 양론수, μ_i : 성분 i의 화학포텐셜)
③ 화학반응의 표준 깁스(Gibbs)에너지 변화(ΔG^0)와 화학평형상수(K)의 관계는 $\Delta G^0 = -R \cdot \ln K$이다.
④ 화학반응에서 평형전환율은 열역학적 계산으로 알 수 있다.

해설
화학평형
일정한 온도와 압력에 있는 닫힌계의 전체 깁스에너지는 평형에서 최솟값을 가진다.
$\ln K = \dfrac{-\Delta G^o}{RT}$

29 G^E가 다음과 같이 표시된다면 활동도계수는? (단, G^E는 과잉 깁스에너지, B, C는 상수, γ는 활동도계수, X_1, X_2 : 액상 성분 1, 2의 몰분율이다.)

$$G^E/RT = BX_1X_2 + C$$

① $\ln \gamma_1 = BX_2^2$
② $\ln \gamma_1 = BX_2^2 + C$
③ $\ln \gamma_1 = BX_1^2 + C$
④ $\ln \gamma_1 = BX_1^2$

해설

$\ln \gamma_1 = \left[\dfrac{\partial\left(n \cdot \dfrac{G^E}{RT}\right)}{\partial n_i}\right]_{T,P,n_i}$

$\dfrac{G^E}{RT} = BX_1X_2 + C$

$n = n_1 + n_2,\ n_i = n_1,\ n_i = n_2$

$X_1 = \dfrac{n_1}{n_1 + n_2},\ X_2 = \dfrac{n_2}{n_1 + n_2}$

$\Rightarrow \ln \gamma_1 = \left[\dfrac{\partial((n_1+n_2)(BX_1X_2+C))}{\partial n_1}\right]_{T,P,n_2}$

$= \left[\dfrac{\partial\left(\dfrac{Bn_1n_2}{n_1+n_2} + C(n_1+n_2)\right)}{\partial n_1}\right]_{T,P,n_2}$

$= \dfrac{Bn_1(n_1+n_2) - Bn_1n_2}{(n_P+n_2)^2} + C = \dfrac{Bn_2^2}{(n_1+n_2)} + C = BX_2^2 + C$

30 평형의 조건이 되는 열역학적 물성이 아닌 것은?

① 퓨가시티(fugacity)
② 깁스 자유에너지(Gibbs free energy)
③ 화학 포텐셜(Chemical potential)
④ 엔탈피(Enthalpy)

해설
평형의 조건
$(dG^t)_{T,P} = 0$
$\sum v_i \mu_i = 0,\ \mu_i = \overline{G}_i + RT\overline{f}_i + F_i(T)$

정답 27 ① 28 ③ 29 ② 30 ④

31 어떤 반응의 속도상수가 25℃일 때, $3.46 \times 10^{-5} s^{-1}$이고, 65℃일 때 $4.87 \times 10^{-3} s^{-1}$이다. 이 반응의 활성화에너지(kcal/mol)는?

① 10.75 ② 24.75
③ 213   ④ 399

해설

$$\ln k_2/k_1 = \frac{E}{R}\left(\frac{1}{T_1} - \frac{1}{T_2}\right)$$

$$E = \frac{\ln k_2/k_1}{\frac{1}{R}\left(\frac{1}{T_1} - \frac{1}{T_2}\right)} \quad \therefore E = 24.75 \text{kcal/mol}$$

32 촉매반응일 때의 평형상수(K_{PC})와 같은 반응에서 촉매를 사용하지 않았을 때의 평형상수(K_P)와의 관계로 옳은 것은?

① $K_P > K_{PC}$ ② $K_P < K_{PC}$
③ $K_P = K_{PC}$ ④ $K_P + K_{PC} = 0$

해설

촉매는 평형에 영향을 주지 않고 활성화 에너지 값을 낮춘다. 그러므로 $K_P = K_{PC}$이다.

33 다음 그림은 기초적 가역반응에 대한 농도 시간 그래프이다. 그래프의 의미를 가장 잘 나타낸 것은?

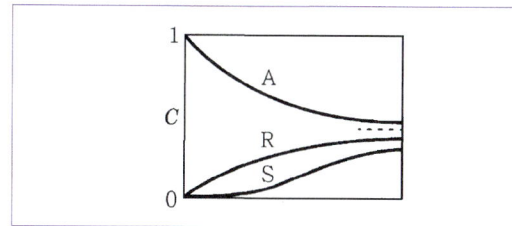

① $A \underset{1}{\overset{1}{\rightleftharpoons}} R \underset{1}{\overset{1}{\rightleftharpoons}} S$ ② $A \underset{1}{\overset{1}{\rightleftharpoons}} R \overset{1}{\rightarrow} S$

③ 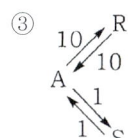   ④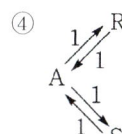

해설

A, R, S 모두 평형에 도달하고 R과 S의 최종 농도가 다르므로 $A \underset{1}{\overset{1}{\rightleftharpoons}} R \underset{1}{\overset{1}{\rightleftharpoons}} S$이다.

34 우유를 63℃에서 저온살균하면 30분이 걸리고, 74℃에서는 15초가 걸린다. 활성화 에너지는 약 몇 kJ/mol인가?

① 365 ② 401
③ 422 ④ 450

해설

$\begin{cases} 63℃(336K) \to 1,800\text{sec} \\ 74℃(347K) \to 15\text{sec} \end{cases}$

Arrhenius식

$$k = k_o \cdot e^{-\frac{E_a}{RT}} \to \ln k = \ln k_o - \frac{E_a}{RT}$$

$$\ln \frac{k_1}{k_2} = -\frac{E_a}{R}\left(\frac{1}{T_1} - \frac{1}{T_2}\right)$$

$$\Rightarrow \ln \frac{1,800}{15} = -\frac{E_a}{8.314}\left(\frac{1}{336} - \frac{1}{347}\right)$$

$$\therefore E_a = 422 \text{kJ/mol}$$

35 400K에서 이상기체 반응에 대한 속도가 $-\frac{dP_A}{dt} = 3.66 P_A^2$ atm/h이다. 이 반응의 속도식이 다음과 같을 때, 반응속도상수의 값은 얼마인가?

$$-r_A = kC_A^2 \text{mol/L} \cdot \text{h}$$

① $120 \text{L} \cdot \text{mol}^{-1} \cdot \text{h}^{-1}$
② $120 \text{mol} \cdot \text{L}^{-1} \cdot \text{h}^{-1}$
③ $3.66 \text{h}^{-1} \cdot \text{mol} \cdot \text{L}^{-1}$
④ $3.66 \text{h}^{-1} \cdot \text{mol}^{-1} \cdot \text{L}$

해설

$P_A = C_A RT$이므로 대입하면,

$$-\frac{dP_A}{dt} = -\frac{dC_A}{dt} \cdot RT$$
$$= 3.66(C_A RT)^2$$
$$= \underbrace{3.66 \cdot (RT)^2}_{k} \cdot C_A^2 = -r_A$$

$\therefore k = 3.66(RT)^2$
$= 3.66(0.082 \times 400)^2 (\text{L} \cdot \text{mol}^{-1} \text{h}^{-1})$
$= 120 \text{L} \cdot \text{mol}^{-1} \cdot \text{h}^{-1}$

정답 31 ② 32 ③ 33 ① 34 ③ 35 ①

36 균일계 액상반응($A \rightarrow R$)이 회분식 반응기에서 1차 반응으로 진행된다. A의 40%가 반응하는데 5분이 걸린다면, A의 60%가 반응하는 데 걸리는 시간(min)은?

① 5　　　　② 9
③ 12　　　　④ 15

해설

$$-r_A V = N_{Ao} \frac{dX}{dt}$$
$$kC_{Ao}(1-X) = \frac{N_{Ao}}{V}\frac{DX}{dt} = C_{Ao}\frac{dX}{dt}$$
$$k\int_0^1 dt = \int_0^X \frac{dX}{(1-X)}$$
$$k = \frac{[-In^{(1-X)}]_0^X}{t}$$

$X = 0.4$일 때 $t = 5\text{min}$

$$k = \frac{-(In^{0.6} - In^1)}{5\text{min}} = \frac{In\frac{10}{6}}{5\text{min}}$$

$X = 0.6$일 때

$$\therefore t = \frac{[-In^{(1-X)}]_0^X}{k}$$
$$= \frac{-(In^{0.4} - In^1)}{k} \simeq 8.9\text{min}$$

37 균일 액상반응($A \rightarrow R$, $-r_A = kC_A^2$)이 혼합 흐름 반응기에서 50%가 전환된다. 같은 반응을 크기가 같은 플러그 흐름 반응기로 대치시킬 때 전환율은?

① 0.67　　　② 0.75
③ 0.50　　　④ 0.60

해설

$$k\tau C_{A0} = \frac{X_A}{(1-X_A)^2} = 2$$

CSTR에서 이를 PFR식에 대입하면,

$$k\tau C_{A0} = \frac{X_A}{1-X_A} = 2 \text{에서}$$

$$X_A = 0.67$$

38 $A \rightarrow R$ 액상 기초반응을 부피가 2.5L인 혼합 흐름 반응기 2개를 직렬로 연결해 반응시킬 때의 전화율(%)은? (단, 반응상수는 0.253min^{-1}, 공급물은 순수한 A이며, 공급속도는 400cm^3/min이다.)

① 73%　　　② 78%
③ 80%　　　④ 85%

해설

CSTR, 1차 반응, n개의 반응기 직렬연결의 경우 전화율은

$$X_n = 1 - \frac{1}{(1+\tau k)^n} \text{이다.}$$

$$\tau = \frac{2.5L}{0.4L/\text{min}} = 6.25\text{min 이므로}$$

$$X = 1 - \frac{1}{(1+6.25 \times 0.253)^2} = 0.8499$$

39 부피가 일정한 회분식(batch) 반응기에서 다음의 기초반응(elementary reaction)이 일어난다. 반응속도 상수 $k = 1.0\text{m}^3/(\text{s} \cdot \text{mol})$, 반응 초기 A의 농도는 1.0mol/m^{3}이라면 A의 전환율이 75%일 때까지 걸리는 반응시간은 얼마인가?

$$A + A \rightarrow D$$

① 1.4s　　　② 3.0s
③ 4.2s　　　④ 6.0s

해설

$A + A \rightarrow D$

$$\therefore -\frac{dC_A}{dt} = kC_A^2$$

$$\frac{1}{C_A} - \frac{1}{C_{A_0}} = kt$$

$C_{A_0} = 1.0\text{mol/m}^3$, $k = 1.0\text{cm}^3/\text{s} \cdot \text{mol}$

$X_A = 0.75$이므로 $\frac{1}{0.25} - \frac{1}{1} = 1 \times t$

$\therefore t = 3s$

정답 36 ② 37 ① 38 ④ 39 ②

40 A → P의 비가역 1차 반응에서 A의 전화율 관련 식을 옳게 나타낸 것은? (단, N_{A_0}는 초기의 몰수이고, N_A는 시간 t에서 존재하는 몰수이다.)

① $1 - \dfrac{N_{A_0}}{N_A} = X_A$ ② $1 - \dfrac{C_{A_0}}{C_A} = X_A$

③ $N_A = N_{A_0}(1 - X_A)$ ④ $dX_A = \dfrac{dC_A}{C_{A_0}}$

해설
전화율
$$X_A = \dfrac{\text{반응한 } A \text{mol수}}{\text{초기에 공급한 } A \text{의 mol수}} = \dfrac{N_{A_0} - N_A}{N_{A_0}}$$
$$\therefore N_A = N_{A_0}(1 - X_A)$$

제3과목 단위공정관리

41 어떤 기체 혼합물의 성분 분석 결과가 아래와 같을 때, 기체의 평균 분자량은?

> CH_4 80mol%, C_2H_6 12mol%, N_2 8mol%

① 18.6   ② 17.4
③ 7.4   ④ 6.0

해설
평균 분자량(M_{avg}) = 16 × 0.8 + 30 × 0.12 + 28 × 0.08
= 18.64g/mol

42 37wt% HNO_3 용액의 노르말(N) 농도는? (단, 이 용액의 비중은 1.227이다.)

① 6   ② 7.2
③ 12.4   ④ 15

해설
N = M(몰농도) × 당량수
H^+, NO_3^- → 당량수 = 1eq

M(몰농도) = $\dfrac{1\text{mol}}{63\text{g}} \bigg| \dfrac{1.227\text{g}}{\text{cm}^3} \bigg| \dfrac{10^3 \text{cm}^3}{1\text{L}} \times 0.37$
= 19.5M × 0.37 = 7.34

$\therefore$ N = $7.34 \dfrac{\text{mol}}{\text{L}} \times \dfrac{1\text{eq}}{\text{mol}}$ = 73.4eq/L

43 에탄과 메탄으로 혼합된 연료가스가 산소와 질소 각각 50mol%씩 포함된 공기로 연소된다. 연소 후 연소가스 조성은 CO_2 25mol%, N_2 60mol%, O_2 15mol%이었다. 이때 연료가스 중 메탄의 mol%는?

① 25.0   ② 33.3
③ 50.0   ④ 66.4

해설
$n_{CO_2} + n_{O_2} + n_{N_2}$ = 100mol, 공기의 양을 Amol이라 하면,
A = 120mol, O_2 : 60mol, N_2 : 60mol

$CH_4 + 2O_2 \rightarrow CO_2 + 2H_2O$
  1 : 2 : 1
  x : 2x : x

$C_2H_6 + \dfrac{7}{2}O_2 \rightarrow 2CO_2 + 3H_2O$
  1 : $\dfrac{7}{2}$: 2
  y : $\dfrac{7}{2}y$: 2y

O_2의 소모량과 CO_2의 생성량을 통해 연립방정식을 풀면 $x = 5$, $y = 10$이다.

$\dfrac{x}{x+y} = \dfrac{5}{5+10} \times 100 = 33.3\%$

44 질량 10kg의 물체가 120m의 높이에서 지상에 떨어질 때 에너지를 열로 환산하면 몇 kcal인가?

① 0.253   ② 2.53
③ 2.81   ④ 281

해설
$\Delta E_P = mgh = \dfrac{10\text{kg}}{} \bigg| \dfrac{9.8\text{m}}{\text{s}^2} \bigg| \dfrac{120\text{m}}{} \bigg| \dfrac{1\text{cal}}{4.184\text{J}} \bigg| \dfrac{1\text{kcal}}{10^3 \text{cal}}$ = 2.81kcal

45 물질의 상을 변화시키지 않고 물질의 온도를 변화시키기 위해 가해지는 에너지는?

① 혼합열   ② 희석열
③ 현열   ④ 잠열

해설
현열의 설명이다.

정답 40 ③ 41 ① 42 ② 43 ② 44 ③ 45 ③

46 다음 반응을 고려할 경우 291K에서 ΔH^o = 241.75 kJ·mol^{-1}이라면 301K에서 ΔH^o는 약 몇 J/mol인가? (단, 이 온도 범위에서 H$_2$O(g), H$_2$, O$_2$의 몰당 열용량은 각각 33.56, 38.83, 29.12J·K^{-1}·mol^{-1}이다.)

$$H_2O(g) \rightarrow H_2 + \frac{1}{2}O_2$$

① 241506.1 ② 241750.0
③ 241848.3 ④ 241993.9

해설

219K에서 ΔH^o = 241.75kJ·mol
301K에서 ΔH^o = ? ↵ 10K 상승
$C_{m(H_2O(g))}$ = 33.56J/mol·K
$C_{m(H_2)}$ = 28.83J/mol·K
$C_{m(O_2)}$ = 29.12J/mol·K

sol) $\Delta H^o_{(301K)}$
$= \Delta H^o_{(291K)} + \int_{291}^{301} C_m dT$
$= 241,750 \text{J/mol}$
$+ \left\{ \left(28.83 \times 10 + \frac{1}{2} \times 29.12 \times 10\right) - 33.56 \times 10 \right\}$
$= 241848.3 \text{J/mol}$

47 가열된 평판 위로 Prandtl수가 1보다 큰 액체가 흐를 때 수력학적 경계층 두께 δ_h 와의 관계로 옳은 것은?

① $\delta_h > \delta_T$
② $\delta_h < \delta_T$
③ $\delta_h = \delta_T$
④ Prandtl수만으로는 알 수 없다.

해설

$P_r = \dfrac{C_p \mu}{K} = \dfrac{\text{운동량 전달계수}}{\text{열전달계수}} = \dfrac{\delta_n}{\delta_T}$

48 관속을 흐르는 난류의 압력손실은?

① 평균유속에 비례한다.
② 평균유속의 제곱에 비례한다.
③ 평균유속의 제곱근에 반비례한다.
④ 관 직경의 제곱에 비례한다.

해설

$\Delta P = 4f \dfrac{L}{D} p \dfrac{u^2}{2}$ 이므로 평균유속의 제곱에 비례한다.

49 가로 30cm, 세로 60cm인 직사각형 단면을 갖는 도관에 세로 35cm까지 액체가 차서 흐르고 있다. 상당직경(equivalent diameter)은 얼마인가?

① 62cm ② 52cm
③ 42cm ④ 32cm

해설

상당직경
$De = 4 \times \dfrac{\text{관의 단면적}}{\text{젖은 벽의 총 길이}} = 4 \times \dfrac{30 \times 35}{30 + 35 + 35} = 42\text{cm}$

50 N_{Nu}(Nusselt number)의 정의로서 옳은 것은? (단, N_{st}는 Stanton 수, N_{pr}는 Prandtl 수, k는 열전도도, D는 지름, h는 개별 열전달계수, N_{Re}는 레이놀즈 수이다.)

① $\dfrac{kD}{h}$

② $\dfrac{\text{전도저항}}{\text{대류저항}}$

③ $\dfrac{\text{전체의 온도구배}}{\text{표면에서의 온도구배}}$

④ $\dfrac{N_{st}}{N_{Re} \cdot N_{pr}}$

해설

$N_{Nu} = \dfrac{hD}{k} = \dfrac{\text{대류열전달}}{\text{전도열전달}} = \dfrac{\text{전도저항}}{\text{대류저항}}$

정답 46 ③ 47 ① 48 ② 49 ③ 50 ②

51 항류 열교환기에서 온도 300K의 냉각수 30kg/s을 사용하여 더운 물 20kg/s을 370K에서 340K로 연속 냉각시키려고 한다. 총괄 전열계수를 2.5kW/m² · K로 가정하였을 때 전열면적은 약 몇 m²인가?

① 22.4　② 34.1
③ 41.3　④ 50.2

해설

- 더운물이 잃은 열량

$$q = m_1 C_{P_1} \Delta T_1$$
$$= 20 \text{kg/s} \times 4.2 \text{kJ/kg} \cdot \text{K} \times 30\text{K}$$
$$= 2{,}520 \text{kJ/s}$$

- 냉각수가 얻은 열량

$$q = m_2 C_{P_2} \Delta T_2$$
$$= 30 \text{kg/s} \times 4.2 \text{kJ/kg} \cdot \text{K} \times (T-300)\text{K}$$
$$= 2{,}520 \text{kJ/s}$$

$$\therefore T = 300\text{K}$$

더운물 → 냉각수 열량

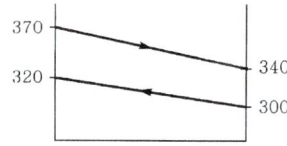

$$q = UA \Delta T_{LM}$$

$$\Delta T_{LM} = \frac{50-40}{\ln \frac{50}{40}} = 44.81\text{K}$$

$$\therefore A = \frac{2.5 \text{kW/m}^2 \cdot \text{K} \times 44.81\text{K}}{2{,}520 \text{kJ/s}} = 22.49\text{m}^2$$

(※ 찬 유체가 얻은 q = 뜨거운 유체가 잃은 q = 뜨거운 유체에서 찬 유체로 간 q)

52 50mol% 에탄올 수용액을 밀폐용기에 넣고 가열하여 일정온도에서 평형이 되었다. 이때 용액은 에탄올 27mol%이고, 증기조성은 에탄올 57mol%이었다. 원용액의 몇 %가 증발되었는가?

① 23.46　② 30.56
③ 76.66　④ 89.76

해설

원용액이 100mol이라 하면
$(100-x) \times 0.27 + x \times 0.57 = 100 \times 0.50$
$\therefore x = 76.66$

53 증류탑의 이상단수 작도법으로서의 McCabe-Thiezcle법의 가정과 가장 관계가 먼 것은?

① 혼합열은 무시한다.
② 각 성분의 증발잠열은 같다.
③ 외부로의 열손실이 없다.
④ 각 성분의 용해열은 같다.

해설

McCabe-Thiecle법 가정 시 각 성분의 용해열은 무시한다.

54 환류비에 대한 설명으로 옳지 못한 것은?

① 환류비가 커지면 이론단수는 감소한다.
② 환류비가 무한대일 때 나타나는 단수를 최소이론단수라 한다
③ 환류비가 크면 클수록 실용적이다.
④ 최적 환류비는 시설비와 운전비의 경제성 등을 고려해 구한다.

해설

환류비가 작으면 작을수록 실용적이다.

55 기체-고체 반응에서 율속단계(rate-determining)에 관한 설명으로 옳은 것은?

① 고체 표면 반응단계가 항상 율속단계이다.
② 기체막에서의 물질전달 단계가 항상 율속단계이다.
③ 저항이 작은 단계가 율속단계이다.
④ 전체 반응속도를 지배하는 단계가 율속단계이다.

해설

기체-고체 반응에서 율속단계는 전체 반응속도를 지배하는 단계이다.

정답 51 ① 52 ③ 53 ④ 54 ③ 55 ④

56 건조특성곡선상 정속기간이 끝나는 점은?

① 수축(shrink) 함수율
② 자유(free) 함수율
③ 임계(critical) 함수율
④ 평형(equilibrium) 함수율

해설
임계 함수율의 설명이다.

57 20℃, 760mmHg에서 상대습도가 75%인 공기의 mol 습도는? (단, 물의 증기압은 20℃에서 17.5mmHg이다.)

① 0.0176
② 0.0276
③ 0.0376
④ 0.0476

해설

mol 습도 = $\dfrac{\text{부분압}}{\text{전체압} - \text{부분압}}$

상대습도 = $\dfrac{\text{부분압}}{\text{증기압}} \times 100\%$

$0.75 = \dfrac{x}{17.5} \Rightarrow x = 13.125\,\text{mmHg}$

mol 습도 = $\dfrac{13.125}{760 - 13.125} = 0.01757$

58 어떤 증발관에 1wt%의 용질을 가진 70℃ 용액을 20,000kg/h로 공급하여 용질의 농도를 4wt%까지 농축하려 할 때 증발관이 증발시켜야 할 용매의 증기량(kg/h)은?

① 5,000
② 10,000
③ 15,000
④ 20,000

해설
증발관이 증발시켜야 할 용매의 증기량은 다음 식을 통해 구할 수 있다.

$W = F\left(1 - \dfrac{a}{b}\right)$

이때, $a = 1\,\text{wt\%}$이고 $b = 4\,\text{wt\%}$이므로,

$W = 20,000\,\text{kg/h}\left(1 - \dfrac{1}{4}\right) = 15,000\,\text{kg/h}$

59 벤젠을 25몰% 함유하는 용액이 1기압, 100℃ 상태에 있을 때 벤젠의 분압은? (단, 100℃에서 벤젠의 증기압은 1,357mmHg이다.)

① 0.25기압
② 339.25mmHg
③ 1기압
④ 1.357mmHg

해설
$(0.25)(1.357) = 339.25\,\text{mmHg}$

60 70℉, 750mmHg 질소 79vol%, 산소 21vol%로 이루어진 공기의 밀도(g/L)는?

① 1.10
② 1.14
③ 1.18
④ 1.22

해설

$\rho = \dfrac{PM}{RT}$

$P = \dfrac{750\,\text{mmHg}}{760\,\text{mmHg}/1\,\text{atm}} = 0.9868\,\text{atm}$

$M = 28 \times 0.79 + 32 \times 0.21 = 28.9\,\text{g/mol}$

$T = 70℉ = 21.1℃ = 294\,\text{K}\,(\because ℉ = 1.8℃ + 32)$

그러므로

$\rho = \dfrac{0.9868\,\text{atm}}{} \cdot \dfrac{28.9\,\text{g}}{\text{mol}} \cdot \dfrac{\text{molK}}{0.082066\,\text{atmL}} \cdot \dfrac{1}{294\,\text{K}} = 1.18\,\text{g/L}$

제4과목 화공계측제어

61 공정제어의 목적과 가장 거리가 먼 것은?

① 반응기의 온도를 최대 제한값 가까이에서 운전함으로 반응속도를 올려 수익을 높인다.
② 평행반응에서 최대의 수율이 되도록 반응온도를 조절한다.
③ 안전을 고려하여 일정 압력 이상이 되지 않도록 반응속도를 조절한다.
④ 외부 시장환경을 고려하여 이윤이 최대가 되도록 생산량을 조정한다.

해설
공정제어의 목적에 외부 시장환경은 고려 대상이 아니다.

정답 56 ③　57 ①　58 ③　59 ②　60 ③　61 ④

62 사람이 차를 운전하는 경우 신호등을 보고 우회전하는 것을 공정 제어계와 비교해 볼 때 최종 조작변수에 해당된다고 볼 수 있는 것은?

① 사람의 두뇌 ② 사람의 눈
③ 사람의 손   ④ 사람의 가슴

해설
③ 사람의 손 – 최종 조작변수

63 $\cosh\omega t$의 Laplace 변환은?

① $\dfrac{s}{s^2+\omega^2}$ ② $\dfrac{\omega}{s^2-\omega^2}$

③ $\dfrac{s}{s^2-\omega^2}$ ④ $\dfrac{w}{s^2+\omega^2}$

해설
$\cosh\omega t \xrightarrow{\mathcal{L}} \dfrac{s}{s^2-\omega^2}$, $\sinh\omega t \xrightarrow{\mathcal{L}} \dfrac{s}{s^2-\omega^2}$

64 다음 함수 $f_{(t)}$의 그림의 식에 해당하는 것은?

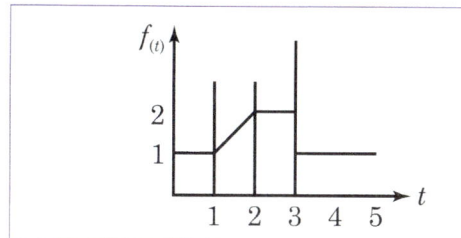

① $f_{(s)} = \dfrac{1}{s} + \dfrac{-e^{-s}-e^{-2s}}{s^2} - \dfrac{e^{-3s}}{s}$

② $f_{(s)} = \dfrac{-e^{-s}-e^{-2s}}{s^2}$

③ $f_{(s)} = \dfrac{1}{s}\left\{\dfrac{1}{s} - \dfrac{e^{-s}}{1-e^{-s}}\right\}$

④ $f_{(s)} = \dfrac{1}{s^2}(1-2e^{-s}+e^{-2s})$

해설
$f_{(t)} = 1 + (t-1)u(t-1) + (2-t)u(t-2) - u(t-3)$
$\to f_{(t)} = \dfrac{1}{3} + \dfrac{-e^{-s}-e^{-2s}}{s^2} - \dfrac{e^{-3s}}{s}$

65 1차계의 시간상수에 대한 설명이 아닌 것은?

① 시간의 단위를 갖는 계의 특정상수이다.
② 그 계의 용량과 저항의 곱과 같은 값을 갖는다.
③ 직선관계로 나타나는 입력함수와 출력함수 사이의 비례상수이다.
④ 단위계단 변화 시 최종치의 63%에 도달하는데 소요되는 시간과 같다.

해설
③ 시간상수가 큰 계일수록 출력함수의 응답이 느리다.

66 $\dfrac{d^2y_{(t)}}{dt^2} + 2\dfrac{dy_{(t)}}{dt} = u_{(t)}$, $y_{(0)} = \dfrac{dy_{(0)}}{dt} = 0$으로 표현되는 동특성 공정의 단위계단 응답은?

① $(2e^{-t}-2+t)U_{(t)}$ ② $(-2e^{-t}-2+t)U_{(t)}$

③ $(e^{-t}+1+t)U_{(t)}$ ④ $\dfrac{1}{4}(e^{-2t}-1+2t)$

해설
$s^2Y_{(s)} - sY_{(0)} - Y_{(0)} + 2sY_{(s)} - Y_{(0)} = Y_{(s)}$
$Y_{(s)} = \dfrac{1}{s^2+2s}V_{(s)} = \dfrac{1}{s^3+2s^2} = -\dfrac{1}{4}\dfrac{1}{s} + \dfrac{1}{2}\dfrac{1}{s^2} + \dfrac{1}{4}\dfrac{1}{s+2}$
$\therefore Y_{(t)} = \dfrac{1}{4}(e^{-2t}-1+2t)$

67 초기상태가 공정입출력이 0이고 정상상태일 때, 어떤 선형 공정에 계단입력 $u(t) = 1$을 입력했더니 출력 $y(t)$는 $y(1) = 0.1$, $y(2) = 0.2$, $y(3) = 0.4$이었다. 입력 $u(t) = 0.5$를 입력할 때 출력은 각각 얼마인가?

① $y(1) = 0.1$, $y(2) = 0.2$, $y(3) = 0.4$
② $y(1) = 0.05$, $y(2) = 0.1$, $y(3) = 0.2$
③ $y(1) = 0.1$, $y(2) = 0.3$, $y(3) = 0.7$
④ $y(1) = 0.2$, $y(2) = 0.4$, $y(3) = 0.8$

해설
입력값이 $\dfrac{1}{2}$로 줄었으므로 출력값도 각각 $\dfrac{1}{2}$씩 줄어든다.

정답 62 ③ 63 ③ 64 ① 65 ③ 66 ④ 67 ②

68 과소감쇠진동공정(underdamped process)의 전달함수를 나타낸 것은?

① $G(s) = \dfrac{\exp(-3s)}{(s+1)(s+3)}$

② $G(s) = \dfrac{(s+2)}{(s+1)(s+3)}$

③ $G(s) = \dfrac{1}{(s^2+0.5s+1)(s+5)}$

④ $G(s) = \dfrac{1}{(s^2+5.0s+1)(s+1)}$

해설
①, ②는 극점에 허수부 × ⇒ 진동 안함
③의 ξ값 : $2\xi\tau = 0.5$ ∴ $\xi = 0.25(\tau=1)$
④의 ξ값 : $2\xi\tau = 5.0$ ∴ $\xi = 2.5(\tau=1)$

69 1차 지연(first-order lag) 공정에 대한 설명 중 옳은 것은?

① 저대역 필터(low-pass filter)의 성질을 가지며, corner 주파수(또는 대역폭)는 시정수에 따라 달라진다.
② 고대역 필터(high-pass filter)의 성질을 가지며, corner 주파수(또는 대역폭)는 정상상태 이득과 시정수에 따라 달라진다.
③ 정상상태 이득과 시정수에 따라 저대역 필터(low-pass filter)가 될 수도 있고 고대역 필터(high-pass filter)가 될 수도 있다.
④ 고대역 필터(high-pass filter)의 성질을 가지며, corner 주파수(또는 대역폭)는 정상상태 이득과 시정수에 따라 달라지지 않는다.

해설
1차 지연 공정 : 저대역 필터의 성질을 가지며 corner 주파수(ω)에 대한 식은 $\tau\omega = 1$이므로 시정수에 따라 달라진다.

70 그림과 같은 귀환계의 입력을 R, 출력을 C라 할 때 전달함수에 해당하는 것은?

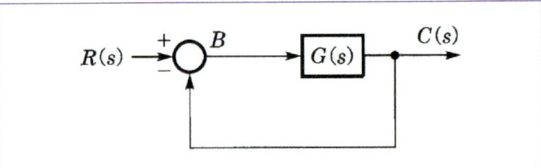

① $\dfrac{G(s)}{1+R(s)}$ ② $\dfrac{G(s)}{1+G(s)}$

③ $\dfrac{R(s)}{1+R(s)} \cdot C(s)$ ④ $\dfrac{R(s)}{1+R(s)}$

해설
$\dfrac{C(s)}{R(s)} = \dfrac{G(s)}{1+G(s)}$

71 다음 블록선도의 총괄전달함수 C/R을 구한 것 중 옳은 것은?

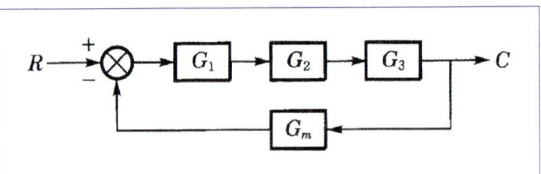

① $\dfrac{G_1G_2G_3}{1+G_m}$

② $\dfrac{G_1G_2G_3}{1+G_mG_1G_2G_3}$

③ $\dfrac{1+G_mG_1G_2G_3}{G_1G_2G_3}$

④ $\dfrac{G_mG_1G_2G_3}{G_1G_2G_3}$

해설
$C = G_1G_2G_3[R - G_mC]$
∴ $\dfrac{C}{R} = \dfrac{G_1G_2G_3}{1+G_mG_1G_2G_3}$

정답 68 ③ 69 ① 70 ② 71 ②

72 공정이득(gain)이 2인 공정을 설정치(set point)가 1이고 비례이득(proportional gain)이 1/2인 비례(proportional)제어기로 제어한다. 이때 오프셋은 얼마인가?

① 0
② 1/2
③ 3/4
④ 1

해설

$$G(s) = \frac{K_c \cdot K_P}{1 + K_c \cdot K_P} = \frac{1}{2}$$

$$\therefore \text{offset} = 1 - \frac{1}{2} = \frac{1}{2}$$

73 비례-미분제어장치의 전달함수 형태를 옳게 나타낸 것은? (단, K는 이득, τ는 시간정수이다.)

① $K\tau s$
② $K\left(1 + \dfrac{1}{\tau s}\right)$
③ $K(1 + \tau s)$
④ $K\left(1 + \tau_1 s + \dfrac{1}{\tau_2 s}\right)$

해설

비례-미분제어장치
$G(s) = K(1 + \tau s)$

74 PID 제어기의 비례 및 적분 동작에 의한 제어기 출력 특성 중 옳은 것은?

① 비례동작은 오차가 일정하게 유지될 때 출력값은 0이 된다.
② 적분동작은 오차가 일정하게 유지될 때 출력값이 일정하게 유지된다.
③ 비례동작은 오차가 없어지면 출력값이 일정하게 유지된다.
④ 적분동작은 오차가 없어지면 출력값이 일정하게 유지된다.

해설

PID 제어기에서 적분동작은 오차가 없어지면 출력값이 일정하게 유지된다.

75 $f(t) = te^{at}$일 때 Laplace transform은?

① $\dfrac{1}{(s+a)^2}$
② $\dfrac{1}{(s-a)^2}$
③ $\dfrac{1}{s^2(s-1)^2}$
④ $\dfrac{1}{s^2(s+1)^2}$

해설

$$f(t) = te^{at} \rightarrow F(s) = \frac{1}{(s-a)^2}$$

76 순수한 적분공정에 대한 설명으로 옳은 것은?

① 진폭비(amplitude ratio)는 주파수에 비례한다.
② 입력으로 단위임펄스가 들어오면 출력은 계단형 신호가 된다.
③ 작은 구멍이 뚫린 저장탱크의 높이와 입력흐름의 관계는 적분공정이다.
④ 이송지연(transportation lag) 공정이라고 부르기도 한다.

해설

단위임펄스 $\Rightarrow X(S) = 1$

77 다음 중 Gain margin(이득마진)과 관계되는 수식은? (단, ω는 frequency이며 ω_∞는 phase lag가 $-180°$일 때의 ω이다. G_{OL}은 안정도 판정에 사용되는 개루프 전달함수이고, G는 공정 전달함수이다.)

① $\dfrac{1}{|G_{OL}(j\omega_\infty)|}$
② $G_{OL}(j\omega)$
③ $G_{OL}(j\omega) = 1$
④ $\left|\dfrac{G(j\omega)}{1 \div G_{OL}(j\omega)}\right|$

해설

$$\text{Gain margin} = \frac{1}{A} = \frac{1}{|G_{OL}(j\omega_\infty)|}$$

정답 72 ② 73 ③ 74 ④ 75 ② 76 ② 77 ①

78 선형계의 제어시스템의 안정성을 판별하는 방법이 아닌 것은?

① Routh-Hurwitz 시험법 적용
② 특성방정식 근궤적 그리기
③ Bode나 Nyquist 선도 그리기
④ Laplace 변환 적용

해설

선형계의 제어시스템의 안정성을 판별하는 방법
㉠ Routh-Hurwitz 시험법 적용
㉡ 특성방정식 근궤적 그리기
㉢ Bode나 Nyquist 선도 그리기

79 특성방정식이 $s^2+6s^2+11s+6=0$인 제어계가 있다. 이 제어계의 안정성은?

① 안정하다.
② 불안정하다.
③ 불충분 조건이 있다.
④ 식의 성립이 불가하다.

해설

Routh 법칙

s^3	1	13
s^2	6	6
s^1	10	0
s^0	6	

Routh 배열에 의해서 첫 번째 열의 부호가 같으므로 안정하다.

80 현장에서 주로 쓰이는 대부분의 제어밸브가 등비(equal percentage) 조절특성을 나타내는 가장 큰 이유는?

① 밸브의 열림특성이 좋기 때문이다.
② 밸브의 무반응 영역이 존재하지 않기 때문이다.
③ 밸브의 공동화(cavitation) 현상이 없기 때문이다.
④ 설비밸브특성(installed valve characteristics)이 선형성을 보이기 때문이다.

해설

현장에서 주로 쓰이는 대부분의 제어밸브는 설치밸브 특성이 선형성을 보이기 때문에 등비조절특성을 나타낸다.

정답 78 ④ 79 ① 80 ④

M/E/M/O

제8회 적중 예상문제

제1과목 | 공업합성

01 순수 염화수소(HCl)가스의 제법 중 흡착법에서 흡착제로 이용되지 않는 것은?

① $MgCl_2$
② $CuSO_4$
③ $PbSO_4$
④ $Fe_3(PO_4)_2$

해설

순수 염화수소(HCl)가스의 제법 중 흡착법에서 흡착제로 이용되는 것
㉠ $CuSO_4$, ㉡ $PbSO_4$, ㉢ $Fe_3(PO_4)_2$

02 20wt% HNO_3 용액 1,000kg을 55wt% 용액으로 농축하였을 때 증발된 수분의 양(kg)은?

① 334
② 550
③ 636
④ 800

해설

20wt% HNO_3 = 1,000kg
HNO_3 20kg + H_2O 980kg
$MV = M^t V^t$
55wt% HNO_3 수용액 질량은
$(20\%)(1{,}000\text{kg}) = (55\%)(x\text{kg})$
$x = (0.2 \times 1{,}000)/0.55 = 363.636\text{kg}$
∴ $1{,}000\text{kg} - 363.636 = 636.364\text{kg}$

03 다음 중 암모니아 산화반응 시 촉매로 주로 쓰이는 것은?

① Nd-Mo
② Ra
③ Pt-Rh
④ Al_2O_3

해설

$4NH_3 + 5O_2 \xrightarrow{\text{Pt}-\text{Rh}} 4NO_2 + 6H_2O + 216\text{kcal}$

04 중과린산석회의 제법으로 가장 옳은 것은?

① 인산을 암모니아로 처리한다.
② 과린산석회를 암모니아로 처리한다.
③ 칠레초석을 황산으로 처리한다.
④ 인광석을 인산으로 처리한다.

해설

중과린산석회 제법
㉠ 인광석을 인산으로 처리한다.
$3Ca_3(PO_4)_2 \cdot CaF_2 + 14H_3PO_4 + 10H_2O$
$\rightarrow 10[Ca(H_2CO_4)_2 \cdot H_2O] + 2HF$
㉡ 건조방법은 회전원통형의 장치에 열풍을 송입하는 방법

05 소금물의 전기분해에 의한 가성소다 제조공정 중 격막식 전해조의 전력원단위를 향상시키기 위한 조치로서 옳지 않은 것은?

① 공급하는 소금물을 양극액 온도와 같게 예열하여 공급한다.
② 동판 등 전해조 자체의 재료의 저항을 감소시킨다.
③ 전해조를 보온한다.
④ 공급하는 소금물의 망초(Na_2SO_4) 함량을 2% 이상 유지한다.

해설

격막식 전해조의 전력원단위 향상
• 공급하는 소금물의 양극액 온도(60~70℃)와 같게 예열하여 공급한다.
• 동판 등 전해조 자체 재료의 저항을 감소시킨다.
• 전해조를 보온한다.
• 망초(Na_2SO_4) 등 불순물의 농도를 낮춘다.

정답 01 ① 02 ③ 03 ③ 04 ④ 05 ④

06 수산화나트륨을 제조하기 위해서 식염을 전기분해할 때 격막법보다 수은법을 사용하는 이유로 가장 타당한 것은?

① 저순도의 제품을 생산하지만 Cl_2와 H_2가 접촉해서 HCl이 되는 것을 막기 위해서
② 흑연, 다공철판 등과 같은 경제적으로 유리한 전극을 사용할 수 있기 때문에
③ 순도가 높으며 비교적 고농도의 NaOH를 얻을 수 있기 때문에
④ NaCl을 포함하여 대기오염 문제가 있지만 전해 시 전력이 훨씬 적게 소모되기 때문에

해설
NaOH 제조의 특징
수은법은 순도가 높으며 비교적 고농도의 NaOH를 얻을 수 있다.

07 다음 중 공업적으로 수소를 제조하는 방법이 아닌 것은?

① 수성 가스법 ② 수증기 개질법
③ 부분 산화법 ④ 공기액화분리법

해설
공업적 제법
㉠ 물의 전기분해
㉡ 수성 가스법
㉢ 일산화탄소의 전화법
㉣ 천연가스 분해법
 • 수증기 개질법
 • 부분 산화법
㉤ 석유 분해법

08 페놀을 수소화한 후 질산으로 산화시킬 때 생성되는 주물질은 무엇인가?

① 프탈산 ② 아디프산
③ 시크로헥사놀 ④ 말레산

해설

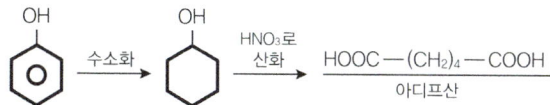

09 음성감광제와 양성감광제를 비교한 것 중 틀린 것은 어느 것인가?

① 음성감광제가 양성감광제보다 노출속도가 빠르다.
② 음성감광제가 양성감광제보다 분해능이 좋다.
③ 음성감광제가 양성감광제보다 공정상태에 민감하다.
④ 음성감광제가 양성감광제보다 접착성이 좋다.

해설
② 양성감광제가 음성감광제보다 분해능이 좋다.

10 헥산(C_6H_{14})의 구조이성질체 수는?

① 4개 ② 5개
③ 6개 ④ 7개

해설
㉠ C-C-C-C-C-C
㉡ C-C-C-C-C
　　　　|
　　　　C
㉢ C-C-C-C-C
　　　|
　　　C
㉣ C-C-C-C
　　|　|
　　C　C
㉤ C-C-C-C
　　　|
　　　C
　　　|
　　　C

11 황산 제조공업에서의 바나듐 촉매작용기구로서 가장 거리가 먼 것은?

① 원자가의 변화
② 3단계에 의한 회복
③ 산성의 피로인산염 생성
④ 화학변화에 의한 중간 생성물의 생성

해설
황산 제조공업에서 바나듐 촉매작용기구
㉠ 원자가의 변화
㉡ 3단계에 의한 회복
㉢ 화학변화에 의한 중간 생성물의 생성

정답 06 ③ 07 ④ 08 ④ 09 ② 10 ② 11 ③

12 삼산화황과 디메틸에테르를 반응시킬 때 주생성물은?

① $(CH_3)_3SO_3$ ② $(CH_3)_2SO_4$
③ CH_3-OSO_3H ④ $CH_3-SO_2-CH_3$

해설
$SO_3 + CH_3OCH_3 \rightarrow (CH_3)_2SO_4$

13 다음 중 니트로벤젠을 어떠한 물질과 같이 환원시켰을 때 아닐린(aniline)을 생성하는가?

① 전해환원수 ② Zn + 물
③ Zn + 염기 ④ Fe + 강산

해설
$C_6H_5NO_2 + 3H_2 \xrightarrow{Fe, Sn + HCl} C_6H_5NH_2 + 2H_2O$

14 테레프탈산을 공업적으로 제조하는 방법은?

① m-크실렌의 산화
② p-크실렌의 산화
③ 벤젠의 산화
④ 나프탈렌의 산화

해설
P-크실렌 $\xrightarrow{[O]}$ 테레프탈산

15 석유 정제 공정에서 사용되는 증류법 중 중질유의 비점이 강하되어 가장 낮은 온도에서 고비점 유분을 유출시키는 증류법은?

① 가압증류법 ② 상압증류법
③ 공비증류법 ④ 수증기증류법

해설
수증기증류법의 설명이다.

16 석유의 증류, 전화과정 등에서 포함되는 불순물을 제거하거나 불쾌한 냄새를 제거하는 방법으로 가장 거리가 먼 것은?

① 용제추출 ② 스위트닝
③ 수소화 정제 ④ 비스브레이킹

해설
석유의 증류, 전화과정 등에서 불순물을 제거하거나 불쾌한 냄새를 제거하는 방법
㉠ 용제추출, ㉡ 스위트닝, ㉢ 수소화 정제

17 폴리아미드계인 nylon 66이 이용되는 분야에 대한 설명으로 가장 거리가 먼 것은?

① 용융방사한 것은 직물로 이용된다.
② 고온의 전열기구용 재료로 이용된다.
③ 로프제작에 이용된다.
④ 사출성형에 이용된다.

해설
② 타이어, 벨트, 끈, 여과천 등의 공업용 재료와 의류제조에 쓰인다.

18 일반적으로 고분자의 합성은 단계 성장 중합(축합중합)과 사슬 성장 중합(부가중합) 반응으로 분리될 수 있다. 이에 대한 설명으로 옳지 않은 것은?

① 단계 성장 중합은 작용기를 가진 분자들 사이의 반응으로 일어난다.
② 단계 성장 중합은 우간에 반응이 중지될 수 없고, 중간체도 사슬 성장 중합과 마찬가지로 분리될 수 없다.
③ 사슬 성장 중합은 중합 중에 일시적이지만 분리될 수 없는 중간체를 가진다.
④ 사슬 성장 중합은 탄소-탄소 이중 결합을 포함한 단량체를 기본으로 하여 중합이 이루어진다.

해설
② 단계 성장 중합은 우간에 반응이 중지될 수 있고, 중간체도 사슬 모양 중합과 마찬가지로 분리될 수 있다.

정답 12 ② 13 ④ 14 ② 15 ④ 16 ④ 17 ② 18 ②

19 다음 고분자 중 T_g(glass transition temperature)가 가장 높은 것은?

① polycarbonate
② polystyrene
③ poly vinyl chloride
④ polyisoprene

해설
T_g가 높은 순서 : ① > ② > ③ > ④

20 제염방법 중 해수를 가열하여 농축된 슬러리를 건조기로 보낸 후 소금을 얻는 방식으로서, 각종 미네랄 및 흡습방지 성분이 포함되어 식탁염을 생산하는 것은?

① 진공 증발법
② 증기압축식 증발법
③ 액중 연소법
④ 이온수지막법

해설
액중 연소법의 설명이다.

제2과목 반응운전

21 기체상의 부피를 구하는 데 사용되는 식과 가장 거리가 먼 것은?

① 반 데르 발스 방정식(Van der Waals Equation)
② 래킷 방정식(Rackett Equation)
③ 펭-로빈슨 방정식(Peng-Robinson Equation)
④ 베네딕트-웹-루빈 방정식(Bendict-Webb-Rubin Equation)

해설
기체의 부피를 구하는 식은 다음과 같다.
- Van der Waals 방정식
- Berthelot 방정식
- Benedict-Webb-Rubin 방정식
- Peng-Robinson 방정식
- Beattie-Bridgman 방정식
- Redlich-Kwong 식

22 실제기체의 조름공정(Throttling process)을 전후해서 변하지 않는 성질은?

① 온도
② 엔탈피
③ 압력
④ 엔트로피

해설
조름공정이란 기체를 가는 구멍이나 다공정 마개를 통과시키면 온도가 변하는 현상으로 엔탈피가 일정한 공정이다.

23 평행(equilibrium)에 대한 정의가 아닌 것은? (단, G는 깁스(Gibbs)에너지, mix는 혼합에 의한 변화를 의미한다.)

① 계(system) 내의 거시적 성질들이 시간에 따라 변하지 않는 경우
② 정반응의 속도와 역반응의 속도가 동일할 경우
③ $\Delta G_{T.P} = 0$
④ $\Delta V_{mix} = 0$

해설
①, ②, ③은 평형에 대한 설명이다. ④는 용액의 혼합에서 이상용액인 경우 부피 변화가 없다는 말로 평형과는 관계없다.

24 이상기체의 거동을 따르는 산소와 질소를 0.21대 0.79의 몰(mol) 비로 혼합할 때에 혼합 엔트로피 값은?

① 0.443kcal/kmol·K
② 1.021kcal/kmol·K
③ 0.161kcal/kmol·K
④ 0.00kcal/kmol·K

해설
$\Delta S = -R\sum X_i \ln X_i$
$= -1.987\text{kcal} \cdot K(0.21\ln 0.21 + 0.79\ln 0.79)$
$= 1.021\text{kcal/kmol} \cdot K$

정답 19 ① 20 ③ 21 ② 22 ② 23 ④ 24 ②

25 반 데르 발스(Van der Waals)의 상태식에 따르는 n(mol)의 기체가 초기 용적(v_1)에서 나중 용적(v_2)으로 정온가역적으로 팽창할 때 행한 일의 크기를 나타낸 식으로 옳은 것은?

① $W = nRT\ln\left(\dfrac{v_1-nb}{v_2-nb}\right) - n^2a\left(\dfrac{1}{v_1}-\dfrac{1}{v_2}\right)$

② $W = nRT\ln\left(\dfrac{v_2-nb}{v_1-nb}\right) - n^2a\left(\dfrac{1}{v_1}+\dfrac{1}{v_2}\right)$

③ $W = nRT\ln\left(\dfrac{v_2-nb}{v_1-nb}\right) + n^2a\left(\dfrac{1}{v_2}-\dfrac{1}{v_1}\right)$

④ $W = nRT\ln\left(\dfrac{v_2-nb}{v_1-nb}\right) + n^2a\left(\dfrac{1}{v_1}+\dfrac{1}{v_2}\right)$

해설

n(mol)의 기체가 정온가역 팽창 시 한 일
Vander Waals eguation
$\left(P+\dfrac{n^2a}{v^2}\right)(v-nb) = nRT$에서

$P = \dfrac{nRT}{v-nb} - \dfrac{n^2a}{v^2}$ ⋯⋯ⓐ

⇒ 정온가역 팽창 시 한 일은
$\Delta u = Q - W = 0$

$Q = W = \int_{v_1}^{v_2} Pdv$ (P에 ⓐ대입)

$= \int_{v_1}^{v_2}\left(\dfrac{nRT}{v-nb} - \dfrac{n^2a}{v^2}\right)dv = nRT\ln\dfrac{v_2-nb}{v_1-nb} + n^2a\left(\dfrac{1}{v_2}-\dfrac{1}{v_1}\right)$

26 두 절대온도 T_1, T_2($T_1 < T_2$) 사이에서 운전하는 엔진의 효율에 관한 설명 중 틀린 것은?

① 가역과정인 경우 열효율이 최대가 된다.
② 가역과정인 경우 열효율은 $(T_2-T_1)/T_2$이다.
③ 비가역과정인 경우 열효율은 $(T_2-T_1)/T_2$보다 크다.
④ T_1이 0K인 경우 열효율은 100%가 된다.

해설

엔진의 열효율 $\eta = \dfrac{T_2-T_1}{T_2}$

∴ 가역과정인 경우 열효율은 최대가 된다.

27 과잉 깁스에너지 모델 중에서 국부조성(local composition) 개념에 기초한 모델이 아닌 것은?

① 윌슨(Wilson) 모델
② 반 라르(Van Laar) 모델
③ NRTL(Non-Random-Two-Liquid) 모델
④ UNIQUAC(UNIversal QUAsi-Chemical) 모델

해설

국부조성 개념에 기초한 모델에는 NRTL, 윌슨, UNIQUAC 모델이 있다.
② 반 라르 모델은 정규용액 이론에 기초한 모델이다.

28 460K, 15atm n-Butane 기체의 퓨가시티 계수는? (단, n-Butane의 환산온도(T_r)는 1.08, 환산압력(P_r)은 0.40, 제1, 2비리얼 계수는 각각 -0.29, 0.014, 이심인자(Acentric factor : w)는 0.193이다.)

① 0.9
② 0.8
③ 0.7
④ 0.6

해설

$Z = \dfrac{PV}{RT} = 1 + \dfrac{B}{V} + \dfrac{C}{V^2} + \dfrac{D}{V^3} + \cdots$ 에서

$\ln\varnothing = (B+\omega C)\dfrac{P_r}{T_r} = (-0.29 + 0.193 \times 0.014)\dfrac{0.40}{1.08} = -0.1064$

∴ $\varnothing = e^{-0.1064} = 0.90$

29 어떤 화학반응이 평형상수에 대한 온도의 미분계수 $\left(\dfrac{\partial \ln K}{\partial T}\right)_P > 0$로 표시된다. 이 반응에 대하여 옳게 설명한 것은?

① 흡열반응이며, 온도 상승에 따라 K값은 커진다.
② 발열반응이며, 온도 상승에 따라 K값은 커진다.
③ 흡열반응이며, 온도 상승에 따라 K값은 작아진다.
④ 발열반응이며, 온도 상승에 따라 K값은 작아진다.

해설

$\dfrac{\partial \ln K}{\partial T} = \dfrac{\Delta H}{RT^2} > 0$ 이므로 흡열반응이다.
온도가 증가하면 K값도 커진다.

정답 25 ③ 26 ③ 27 ② 28 ① 29 ①

30 상평형에서 계의 성질이 최대가 되는 것은?

① 엔탈피
② 엔트로피
③ 내부에너지
④ 깁스(Gibbs) 자유에너지

해설
상평형에서 깁스 자유에너지 변화는 0이다.
∴ $\Delta G = 0$
자발적 반응에서 자유에너지 변화는 $\Delta G < 0$이다.

31 Batch reactor의 일반적인 특성을 설명한 것으로 가장 거리가 먼 것은?

① 설비가 적게 든다.
② 노동력이 많이 든다.
③ 운전비가 작게 든다.
④ 쉽게 작동할 수 있다.

해설
Batch reactor는 운전비가 많이 든다.

32 이상기체인 A와 B가 일정한 부피 및 온도의 반응기에서 반응이 일어날 때 반응물 A의 분압이 P_A라고 하면 반응속도식이 옳은 것은?

① $-r_A = -\dfrac{V}{RT}\dfrac{dP_A}{dt}$
② $-r_A = -\dfrac{RT}{V}\dfrac{dP_A}{dt}$
③ $-r_A = -RT\dfrac{dP_A}{dt}$
④ $-r_A = -\dfrac{1}{RT}\dfrac{dP_A}{dt}$

해설
$-r_A = -\dfrac{dC_A}{dt} = -d\left(\dfrac{P_A}{dt}\right)$
$\left(\because C_A = \dfrac{P_A}{RT}\right)$
$= -\dfrac{1}{RT}\cdot\dfrac{dP_A}{dt}$

33 Arrhenius law에 따라 작도한 다음 그림 중에서 평행반응(Parallel reaction)에 가장 가까운 그림은?

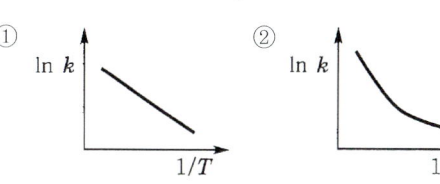
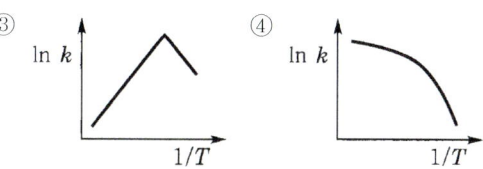

해설
평행반응

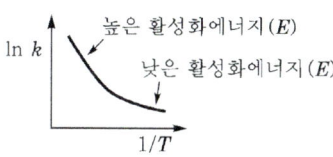

34 다음 비가역 기초 반응에 의하여 연간 2억kg 에틸렌을 생산하는 데 필요한 플러그 흐름 반응기의 부피는 몇 m^3인가? (단, 압력은 8atm, 온도는 1,200K 등온이며 압력강하는 무시하고 전화율 90%를 얻고자 한다.)

- $C_2H_6 \rightarrow C_2H_4 + H_2$
- 속도상수 $k_{(1,200K)} = 4.07 s^{-1}$

① 2.82
② 28.2
③ 42.8
④ 82.2

해설
활성화에너지가 $E_1 < E_2$인 경우 낮은 온도가 선택도를 향상시킬 수 있다.

정답 30 ② 31 ③ 32 ④ 33 ② 34 ①

35 순환비가 1로 유지되고 있는 등온의 플러그 흐름 반응기에서 아래의 액상반응이 0.5의 전환율(X_A)로 진행되고 있을 때, 순환류를 폐쇄시켰을 때 전환율(X_A)은?

$$A \to R, \ -r_A = kC_A$$

① $\dfrac{5}{9}$ ② $\dfrac{4}{5}$

③ $\dfrac{2}{3}$ ④ $\dfrac{3}{4}$

해설

순환비가 1인 경우

$$\dfrac{V}{F_{A0}} = (R+1)\int_{X_{A1}}^{X_{Af}} \dfrac{dX_A}{-r_A}$$ 에서

$$X_{A1} = \dfrac{R}{R+1} X_{Af}$$

$$= \dfrac{1}{1+1} \times 0.5 = 0.25$$

공간시간 $\tau = \dfrac{C_{A0} V}{F_{A0}}$ 에서

$$\dfrac{\tau}{C_{A0}} = (R+1)\int_{0.25}^{0.5} \dfrac{dX_A}{kC_{A0}(1-X_A)}$$

$$= \dfrac{R+1}{kC_{A0}} \int_{0.25}^{0.5} \dfrac{dX_A}{1-X_A}$$

$$\dfrac{\tau}{C_{A0}} = \dfrac{2}{kC_{A0}} -\ln(1-X_A)\Big|_{0.25}^{0.5}$$

이를 계산하면,

$$k\tau = 2\left[-\ln\dfrac{(1-0.5)}{(1-0.25)}\right] = 0.81$$

순환류를 폐쇄시키면 PFR이 되므로 1차 PFR식에 대입하면,

$k\tau = -\ln(1-X_A)$에서 $X_A = \dfrac{5}{9}$

36 회분식 반응기(batch reactor)에서 균일계 비가역 1차 직렬반응 $A \xrightarrow{k_1} R \xrightarrow{k_2} S$가 일어날 때 R 농도의 최대값은 얼마인가? (단, $k_1 = 1.5\min^{-1}$, $k_2 = 3\min^{-1}$이고, 각 물질의 초기 농도는 $C_{A0} = 5\text{mol/L}$, $C_{R0} = 0$, $C_{S0} = 0$이다.)

① 1.25mol/L ② 1.67mol/L
③ 2.5mol/L ④ 5.0mol/L

해설

C_R이 최대일 때는

$$\dfrac{dC_R}{dt} = r_A - r_R = k_1 C_A - k_2 C_R = 0$$

$\therefore C_A = 2C_R$

$C_A = C_{A9}\rho$

$$\int_{C_{R0}}^{C_A} dC_R = C_R - C_{R0}$$

$$= \int_0^t (k_1 C_A - k_2(R)) dt$$

$$= \int_0^1 k_1 C_A dt - \int_0^t k_2 C_R dt$$

$C_R = C_{A0} - C_A - \int_0^t k_2 C_R dt$

$C_A = C_{A0} - 2C_R - 3\int_0^t C_R dt$

$3\int_0^t C_A dt + 3C_R = C_{A0}$

$\therefore C_R = \dfrac{C_{A0}}{3} p^{-t} + \dfrac{C_{A0}}{3}$

$C_S = \int_0^t C_R dt = C_R, \ C_A + C_R + C_S = C_{A0}$

$\therefore C_A = \dfrac{C_{A0}}{4} = 1.25$

37 어떤 반응의 전화율과 반응속도가 아래의 표와 같다. 혼합 흐름 반응기(CSTR)와 플러그 흐름 반응기(PFR)를 직렬연결하여 CSTR에서 전환율 40%까지, PFR에서 60%까지 반응시키려 할 때, 각 반응기의 부피 합(L)은? (단, 유입 몰유량은 15mol/s이다.)

전화율(X)	반응속도(mol/L·s)
0.0	0.0053
0.1	0.0052
0.2	0.0050
0.3	0.0045
0.4	0.0040
0.5	0.0033
0.6	0.0025

① 1,066   ② 1,996
③ 2,148   ④ 2,442

해설

$F_A = 15\text{mol/s}$

CSTR : $V_1 = F_A \times \dfrac{X_1 - X_0}{-r_A} = 1,500$

PFR : $V_2 = F_A \times \int_{X_1}^{X_2} \dfrac{dX}{-r_A} = 940.44$

$V = V_1 + V_2 = 2,440$

38 반응차수가 1차인 반응의 반응물 A를 공간시간(spacetime)이 같은 다음의 반응기에서 반응을 진행시킬 때 가장 유리한 반응기는?

① 이상 혼합 반응기
② 이상 관형 반응기
③ 이상 관형 반응기와 이상 혼합 반응기의 직렬 연결
④ 전화율에 따라 다르다.

해설

KSTR : $V = \dfrac{F_A X}{-r_A}$

PFR : $V = F_{A0} \int_0^X \dfrac{dX}{-r_A}$

τ가 같으면 모두 같은 V에 더 많은 전화율을 만들 수 있는 것은 PFR이다.

39 $A \to P$ 1차 액상반응이 부피가 같은 N개의 직렬연결된 완전혼합 흐름 반응기에서 진행될 때 생성물이 농도변화를 옳게 설명한 것은?

① N이 증가하면 생성물의 농도가 점진적으로 감소하다 다시 증가한다.
② N이 작으면 체적 합과 같은 관형 반응기 출구의 생성물 농도에 접근한다.
③ N은 체적 합과 같은 관형 반응기 출구의 생성물 농도에 무관하다.
④ N이 크면 체적 합과 같은 관형 반응기 출구의 생성물 농도에 접근한다.

해설

N개의 직렬 CSTR이 1차 반응인 경우(부피가 같은 CSTR)

㉠ N번째 반응기를 나가는 농도

$C_{AN} = \dfrac{C_{A0}}{(1+\tau k)^N}$

㉡ N번째 반응기를 나가는 전환율

$X_{AN} = 1 - \dfrac{1}{(1+\tau k)^N}$

㉢ 동일 부피의 CSTR N개를 직렬연결(1차 반응일 경우)

$\tau_p = \dfrac{1}{k} \ln \dfrac{C_{A_0}}{C_{AN}}$ (PFR 설계식)

40 액상반응이 아래와 같이 병렬반응으로 진행될 때, R을 많이 얻고 S를 적게 얻기 위한 A와 B의 농도는?

$$A + B \xrightarrow{k_1} R, \quad r_R = k_1 C_A C_B^{0.5}$$

$$A + B \xrightarrow{k_2} S, \quad r_S = k_2 C_A^{0.5} C_B$$

① C_A는 크고, C_B도 커야 한다.
② C_A는 작고, C_B는 커야 한다.
③ C_A는 크고, C_B는 작아야 한다.
④ C_A는 작고, C_B도 작아야 한다.

해설

$$\dfrac{r_B}{r_R + r_S} = \dfrac{k_1 C_A C_B^{0.5}}{k_1 C_A C_B^{0.5} + k_2 C_A^{0.5} C_B} = \dfrac{k_1 C_A^{0.5}}{k_1 C_A^{0.5} + k_2 C_B^{0.5}}$$

정답 37 ④ 38 ② 39 ④ 40 ③

제3과목 단위공정관리

41 20wt% 메탄올 수용액에 10wt% 메탄올 수용액을 섞어 17wt% 메탄올 수용액을 만들었다. 이때 20wt% 메탄올 수용액에 대한 17wt% 메탄올 수용액의 질량비는?

① 1.43　　② 2.72
③ 3.85　　④ 4.86

해설

A를 20wt% 수용액의 질량, B를 10wt% 수용액의 질량이라고 하고 물질수지식을 작성하면,
$0.2A + 0.1B = 0.17(A+B)$
$0.03A = 0.07B$
$\therefore B = \frac{3}{7}A = A + B = A + \frac{3}{7}A = \frac{10}{7}A$

17% 메탄올 수용액

$\frac{17wt\% \text{메탄올 수용액}}{30wt\% \text{메탄올 수용액}} = \frac{\frac{10}{7}A}{A} = 1.43$

42 80% 물을 함유한 솜을 건조시켜 초기 수분량의 60%를 제거시켰다. 건조된 솜의 수분함량은 약 몇 %인가?

① 39.2　　② 48.7
③ 52.3　　④ 61.5

해설

총 100g으로 가정

초기 ┌ 솜 20g
　　 └ 물 80g

⇒ 물 60% 제거
⇒ $80g \times \frac{40}{100} = 32g$ (남은 물)

$\therefore \frac{32}{32+20} \times 100 = 61.5\%$

43 다음 중 표준상태에서 일산화탄소의 완전연소 반응열(kcal/gmol)은? (단, 일산화탄소와 이산화탄소의 표준생성엔탈피는 아래와 같다.)

$$-C_{(S)} + \frac{1}{2}O_{2(g)} \rightarrow CO_{(g)}$$
$$\Delta H = -26.4157 \text{kcal/gmol}$$
$$-C_{(S)} + O_{2(g)} \rightarrow CO_{2(g)}$$
$$\Delta H = -94.0518 \text{kcal/gmol}$$

① -67.6361　　② 63.6361
③ 94.0518　　④ -94.0518

해설

일산화탄소 연소 반응식

$CO_{(g)} + \frac{1}{2}O_{2(g)} \rightarrow CO_{2(g)}$

㉠ $CO_{(g)} \rightarrow C_{(s)} + \frac{1}{2}O_{2(g)}$: 26.4157kcal/mol
㉡ $C_{(s)} + O_{2(g)} \rightarrow CO_{2(g)}$: -94.0518kcal/mol
㉠ + ㉡
⇒ $CO_{(g)} + \frac{1}{2}O_{2(g)} \rightarrow CO_{2(g)}$: -67.6361kcal/mol

44 10kg 질량의 추가 10m 낙하할 때의 일을 모두 열로 전환시킨다면, 몇 g의 물을 1℃ 상승시킬 수 있는가? (단, 마찰은 무시한다.)

① 117　　② 234
③ 351　　④ 468

해설

$mgh = \Delta E_P = (10\text{kg})(10\text{m})(9.8\text{m/s}^2) = 980\text{J}$
$Q \cdot C \cdot m \cdot \Delta T$
$m = \frac{Q}{C \cdot \Delta T}$

$= \frac{980\text{J}}{} \left| \frac{℃ \cdot g}{4.184\text{J}} \right| \frac{1}{1℃} = 234.2$

정답 41 ①　42 ④　43 ①　44 ②

45 내부에너지에 대한 설명으로 가장 거리가 먼 것은?

① 분자들의 운동에 기인한 에너지이다.
② 분자들의 전자기적 상호작용에 기인한 에너지이다.
③ 분자들의 병진, 회전 및 진동운동에 기인한 에너지이다.
④ 내부에너지는 압력에 의해서만 결정된다.

해설
내부에너지는 온도에 의해서만 결정된다.

46 25℃에서 정용 반응열 ΔH_V가 −326.1kcal일 경우에 같은 온도에서 정압 반응열 ΔH_P는 약 얼마인가?

$$C_2H_5OH(L) + 3O_2(g) \rightarrow 3H_2O(L) + 2CO_2(g)$$

① −325.5kcal ② +325.5kcal
③ −326.7kcal ④ +326.7kcal

해설
$C_2H_5OH(L) + 3O_2(g) \rightarrow 3H_2O(L) + 2CO_2(g)$
$\begin{cases} \Delta H_V = -326.1kcal \\ \Delta H_P = ? \end{cases}$
sol) $\Delta H = \Delta U + \Delta(PV)$
$Q_P = Q_V + \Delta n_g RT = -326.1 + \underline{(2-3) \times 1.987 \times 298}$
$ -592.13 cal$
$ = -326.7kcal$

47 FPS 단위로부터 레이놀즈수를 계산한 결과 1,000이었다. MKS 단위로 환산하여 레이놀즈수를 계산하면 그 값은 얼마로 예상할 수 있는가?

① 10 ② 136
③ 1,000 ④ 13,600

해설
레이놀즈수는 무차원이므로 FPS 단위나 MKS 단위와 상관없이 1,000으로 같다.

48 다음 중 순수한 물 20℃의 점도를 가장 옳게 나타낸 것은?

① 1g/cm·s ② 1cP
③ 1Pa·s ④ 1kg/m·s

해설
순수한 물 20℃의 점도 : 1cP = 10^{-3}g/cm·s

49 펌프의 동력이 150kgf·m/s일 때 이 펌프의 동력은 몇 마력(HP)에 해당하는가?

① 1.97 ② 5.36
③ 9.2 ④ 15

해설
$\frac{150}{76} = 1.97HP$

50 두께 45cm의 벽돌로 된 평판노벽을 두께 8.5cm 석면으로 보온하였다. 내면온도와 외면온도가 각각 1,000℃와 40℃일 때 벽돌과 석면 사이의 계면온도는 몇 ℃가 되는가? (단, 벽돌 노벽과 석면의 열전도도는 각각 3.0kcal/m·h·℃, 0.1kcal/m·h·℃이다.)

① 296℃ ② 632℃
③ 856℃ ④ 904℃

해설

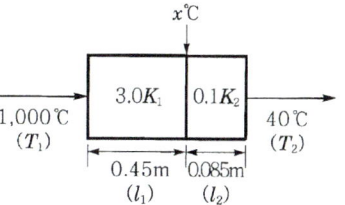

$\frac{9}{A} = K_1 \frac{T_1 - x}{l_1} = K_2 \frac{x - T_2}{l_2} = 3 \cdot \frac{(1000-x)}{0.45} = 0.1 \frac{(x-40)}{0.085}$

∴ $x = 856$℃

정답 45 ④ 46 ③ 47 ③ 48 ② 49 ① 50 ③

51 어떤 물질의 한 상태에서 온도가 dew point 온도보다 높은 상태는 어떤 상태를 의미하는가? (단, 압력은 동일하다.)

① 포화 ② 과열
③ 과냉각 ④ 임계

해설
이슬점보다 높은 온도는 과열상태이다.

52 일정한 상대 휘발도를 갖는 A, B 2성분계 종류에서 탑상 및 탑저 제품의 A성분 몰분율이 각각 0.97, 0.06이라면 최소단수는? (단, 순수한 액체 A와 B의 증기압은 각각 0.8, 0.4atm이다.)

① 6 ② 7
③ 8 ④ 9

해설
최소 이론단수(N_{min})는 $x-y$ 도표에서 조작선과 대직선이 일치하고 생산량이 없으며 전환류이다. 이것은 Fenske 식으로 구한다.

$$N_{min}+1 = \frac{\log\left[\frac{x_D}{1-x_D} \cdot \frac{1-x_W}{x_W}\right]}{\log \alpha_{av}}$$

- $x_D = 0.97$, $x_W = 0.06$
- $P_A^* = 0.8\text{atm}$, $P_B^* = 0.4\text{atm}$

㉠ $\alpha_{av} = \dfrac{P_A^*}{P_B^*} = \dfrac{0.8}{0.4} = 2$

㉡ $N_{min}+1 = \dfrac{\log\left[\dfrac{0.97}{1-0.97} \cdot \dfrac{1-0.06}{0.06}\right]}{\log 2} = 8.98$

∴ $N_{min} = 7.98$ ⇒ 최소 이론단수는 8단

53 고-액 추출이나 액-액 추출에서 추제가 갖추어야 할 조건으로 옳지 않은 것은?

① 선택도가 커야 한다.
② 회수가 용이해야 한다.
③ 응고점이 낮고, 부식성이 작아야 한다.
④ 추질과의 비중 차가 작아야 한다.

해설
추질과의 비중 차가 커야 한다.

54 탑내에서 기체속도를 점차 증가시키면 탑내 액정체량(hold up)이 증가함과 동시에 압력손실은 급격히 증가하여 액체가 아래로 이동하는 것을 방해할 때의 속도를 무엇이라고 하는가?

① 평균속도 ② 부하속도
③ 초기속도 ④ 왕일속도

해설
부하속도의 설명이다.

55 건조특성곡선에서 항률 건조기간으로부터 감률건조기간으로 바뀔 때의 함수율은?

① 전(total) 함수율
② 자유(free) 함수율
③ 임계(critical) 함수율
④ 평형(equilibruium) 함수율

해설
항률건조기간에서 감률건조기간으로 변하는 점은 한계 함수율(임계 함수율)이다.

56 아세톤 13mol%를 함유하고 있는 질소의 혼합물이 있다. 19℃, 700mmHg에서 이 혼합물의 상대포화도[%]는? (단, 19℃에서 아세톤 증기압은 182mmHg이라고 가정한다.)

① 13 ② 26
③ 50 ④ 60

해설
상대포화도 = $\dfrac{\text{부분압}}{\text{증기압}} \times 100\%$

몰비 = 압력비

상대포화도 = $\dfrac{(100\text{mmHg})(0.13)}{182\text{mmHg}} \times 100 = 50\%$

정답 51 ② 52 ③ 53 ④ 54 ② 55 ③ 56 ③

57 2wt% NaOH 수용액을 10wt% NaOH 수용액으로 농축하기 위해 농축 증발관으로 2wt% NaOH 수용액을 1,000kg/h 공급하면 시간당 증발되는 수분의 양은 몇 kg인가?

① 200
② 400
③ 600
④ 800

해설
1,000kg/h × 0.02 = $x$kg/h × 0.1
x = 200kg(농축된 물질)
∴ 1,000 − 200 = 800kg(증발되는 수분양)

58 포도당($C_6H_{12}O_6$) 4.5g이 녹아있는 용액 1L와 소금물을 반투막 사이에 두고 방치해 두었더니 두 용액의 농도 변화가 일어나지 않았다. 이때 소금의 L당 용해량(g)은? (단, 소금물의 소금은 완전히 전리했다.)

① 0.0731
② 0.146
③ 0.731
④ 1.462

해설
농도 변화 없다 → 양쪽 농도 같음
∴ 포도당 몰농도 = 소금물 몰농도
$$\frac{4.5g}{180g/mol} = \frac{x(g)}{58.5g/mol \times 2}$$
(Na 원자량 : 23, Cl 원자량 : 35.5)
(*2배하는 이유 : 소금이 완전히 전리, 즉 NaCl → Na$^+$, Cl$^-$)
∴ x = 0.731g

59 비리얼 상태식의 설명으로 틀린 것은?

① 제2 비리얼 계수는 2분자 간 상호작용을 고려한 계수이다.
② 비리얼 계수는 온도와 압력의 함수이다.
③ 제2, 3, 4, 5, 6 … 비리얼 계수가 0이면 이상기체 상태식이 된다.
④ 이상기체의 물리량도 비리얼 상태식으로 구할 수 있다.

해설
비리얼 계수는 온도만의 함수이다.

60 가로 40cm, 세로 60cm의 직사각형 단면을 갖는 도관(duct)에 공기를 100m³/h로 보낼 때의 레이놀즈수를 구하려고 한다. 이때 사용될 상당직경(수력직경)은 얼마인가?

① 48cm
② 50cm
③ 55cm
④ 45cm

해설
$$D_{eq} = 4 \times \frac{유로의 단면적}{유로의 둘레} = 4 \times \frac{40 \times 60}{200} = 48cm$$

제4과목 화공계측제어

61 단일입출력(SISO ; Single Input Single Output) 공정을 제어하는 경우에 있어서, 제어의 장애요소로 다음 중 가장 거리가 먼 것은?

① 공정지연시간(dead time)
② 밸브 무반응 영역(valve deadband)
③ 공정변수 간의 상호작용(interaction)
④ 공정운전상의 한계

해설
제어의 장애요소 : 공정지연시간, 밸브 무반응 영역, 공정운전상의 한계

62 함수 $f(t)$의 Laplace 변환이 다음 식과 같을 때 함수 $f(t)$의 최종값을 구하면?

$$f(s) = \frac{s+4}{s^4 + 3s^3 + 3s^2 + s}$$

① 1
② 2
③ 3
④ 4

해설
$$\lim_{t \to \infty} f(t) = \lim_{s \to 0} sf(s) = \lim_{s \to 0} \frac{s+4}{s^3 + 3s^2 + 3s + 1} = 4$$

정답 57 ④ 58 ③ 59 ② 60 ① 61 ③ 62 ④

63 다음 함수의 Laplace 변환은? (단, $u(t)$는 단위 계단 함수(unit step function)이다.)

$$f(t) = \frac{1}{h}\{u(t) - u(t-h)\}$$

① $\frac{1}{h}\left(\frac{1-e^{-h/s}}{s}\right)$ ② $\frac{1}{h}\left(\frac{1-e^{-hs}}{s}\right)$

③ $\frac{1}{h}\left(\frac{1+e^{-hs}}{s}\right)$ ④ $\frac{1}{h}\left(\frac{1+e^{-h/s}}{s}\right)$

해설

$u(t) \xrightarrow{\mathcal{L}} \frac{1}{s}$, $u(t-h) \xrightarrow{\mathcal{L}} \frac{e^{-hs}}{s}$ 이므로

$f(t) \xrightarrow{\mathcal{L}} \frac{1}{h}\left(\frac{1-e^{-hs}}{s}\right)$

64 정상상태에서의 x와 y의 값을 각각 1, 2라 할 때 함수 $f(x, y) = 2x^2 + xy^2 - 6$을 선형화시키면?

① $4x + 8y - 8$ ② $8x + 4y - 16$
③ $4x + 8y + 2$ ④ $8x + 4y + 8$

해설

$f(x, y) \simeq f(x_0, y_0) + \left(\frac{\partial f}{\partial x}\right)_{x_0, y_0}(x-x_0) + \left(\frac{\partial f}{\partial y}\right)_{x_0, y_0}(y-y_0)$

$= 0 + 8(x-1) + 4(y-2)$
$= 8x + 4y - 16$

65 $G(s) = \frac{1}{s^2(s+1)}$인 계의 unit impulse 응답은?

① $t - 1 + e^{-t}$ ② $t + 1 + e^{-t}$
③ $t - 1 - e^{-t}$ ④ $t + 1 - e^{-t}$

해설

$G(s) = \frac{Y(s)}{X(s)} = \frac{1}{s^2(s+1)}$

$X(s) = 1$

$G(s) = Y(s) = \frac{1}{s^2} - \frac{1}{s} + \frac{1}{s+1}$

∴ 역변환 : $t - 1 + e^{-t}$

66 어떤 계의 단위계단 응답이 다음과 같을 경우 이 계의 단위충격 응답(impulse response)은?

$$Y(t) = 1 - \left(1 + \frac{t}{\tau}\right)e^{-\frac{t}{\tau}}$$

① $\frac{1}{\tau}e^{-\frac{t}{\tau}}$ ② $\frac{1}{\tau^2}e^{-\frac{t}{\tau}}$

③ $\left(1 + \frac{t}{\tau}\right)e^{-\frac{t}{\tau}}$ ④ $\left(1 - \frac{t}{\tau}\right)e^{-\frac{t}{\tau}}$

해설

$Y(t) = 1 - e^{-\frac{t}{2}} - \frac{t}{\tau}e^{-\frac{t}{2}}$

$Y'(t) = \frac{1}{2}e^{-\frac{t}{2}} - \frac{1}{2}e^{-\frac{t}{\tau}} + \frac{t}{\tau^2}e^{-\frac{t}{\tau}}$

$Y'(t) = \frac{t}{\tau^2}e^{-\frac{t}{\tau}}$

67 시간지연(delay)이 포함되고 공정이득이 1인 1차 공정에 비례제어기가 연결되어 있다. 임계주파수에서의 각속도 w의 값이 0.5rad/min일 때 이득 여유가 1.7이 되려면 비례제어상수(K_c)는? (단, 시상수는 2분이다.)

① 0.83   ② 1.41
③ 1.70   ④ 2.0

해설

$G(s) = \frac{k_c}{2s+1}e^{-\theta s}$, $w = 0.5$

이득여유는 진폭비의 역수 → $AR = 1/1.7$

$|G(jw)| = \left|\frac{k_c e^{-\theta}}{2jw+1}\right| = \left|\frac{k_c \cdot e^{-\theta - 0.5j}}{1+j}\right|$

$= \left|\frac{k_c}{1+j}\right|$ (시간지연 항의 진폭비는 항상 일정하다.)

$= \frac{k_c}{\sqrt{2}} = 1/1.7$

∴ $k_c = 0.832$

정답 63 ② 64 ② 65 ① 66 ② 67 ①

68 2차계에 대한 단위계단 응답은 다음과 같다. 임계감쇠(critical damping)인 경우 응답곡선 $Y(t)$는?

(단, $\omega = \dfrac{\sqrt{1-\xi^2}}{\tau}$, $\varnothing = \tan^{-1}\left[\dfrac{1-\xi}{\xi}\right]$ 이다.)

$$Y(s) = \dfrac{K_p}{s(\tau^2 s^2 + 2\xi\tau s + 1)}$$

① $y(t) = K_p\left[1 - \dfrac{1}{\sqrt{1-\xi^2}} e^{-\xi\frac{t}{\tau}} \sin(\omega t + \varnothing)\right]$

② $y(t) = K_p\left[1 - \left(1 + \dfrac{t}{\tau}\right)e^{-\frac{t}{\tau}}\right]$

③ $y(t) = 1 - \cos\dfrac{t}{\tau}$

④ $y(t) = 1 - e^{-\xi\frac{t}{\tau}}\left(\cos h\dfrac{\sqrt{\xi^2-1}\,t}{\tau} + \sin h\dfrac{\sqrt{\xi-1}\,t}{\tau}\right)$

해설

$\dfrac{k_p}{s(\tau s+1)^2} = \dfrac{A}{s} + \dfrac{B}{\tau s+1} + \dfrac{C}{(\tau s+1)^2}$

$A(\tau s+1)^2 + Bs(\tau s+1) + Cs = k_p$

$\underbrace{(A\tau^2+B\tau)s^2}_{0} + \underbrace{(2A\tau+B+C)s}_{0} + \underbrace{A}_{k_p} = k_p$

$\Rightarrow B = -k_p\tau,\ C = -k_p\tau$

$\rightarrow \dfrac{k_p}{s} - \dfrac{k_p\tau}{\tau s+1} - \dfrac{k_p\tau}{(\tau s+1)^2}$

$= k_p\left\{\dfrac{1}{s} - \dfrac{1}{s+\frac{1}{\tau}} - \dfrac{\frac{1}{\tau}}{\left(s+\frac{1}{\tau}\right)^2}\right\}$

$\xrightarrow{\mathcal{L}^{-1}} y(t) = k_p\left(1 - e^{-\frac{t}{\tau}} - \dfrac{t}{\tau}e^{-\frac{t}{\tau}}\right)$

69 다음 중 비례-적분제어의 가장 중요한 장점은 어느 것인가?

① 최대변위가 작다.
② 잔류편차(offset)가 없다.
③ 진동주기가 작다.
④ 정상상태에 빨리 도달한다.

해설

비례제어기에서 잔류편차 제거를 위해 적분기능을 추가한 것이다.

70 전달함수에 대한 설명 중 잘못된 것은?

① 입·출력 변수 사이의 관계를 나타낸 것이며 초기조건의 영향을 표현하지는 않는다.
② 공정의 동특성이 선형 미분방정식으로 표현된다는 가정하에 얻어진 것이다.
③ 공정의 단위계단응답의 Laplace 변환과 일치한다.
④ 전달함수의 입·출력 변수는 실제 변수와 정상상 태값과의 차이인 편차변수(deviation variable) 이다.

해설

전달함수는 공정의 단위충격응답의 Laplace 변환과 일치한다.

71 다음 중 Feedback 제어에 대한 설명으로 옳지 않은 것은?

① 중요변수(CV)를 측정하여 이를 설정값(SP)과 비교하여 제어동작을 계산한다.
② 외란(DV)을 측정할 수 없어도 Feedback 제어를 할 수 있다.
③ PID 제어기는 Feedback 제어기의 한 종류이다.
④ Feedback 제어는 Feedforward 제어에 비해 성능이 이론적으로 우수하다.

해설

Feedback 제어나 Feedforward 제어는 공정의 상태나 조건에 따라 우수성이 정해진다.

72 주파수 응답의 위상각이 0°와 90° 사이인 제어기는?

① 비례제어기
② 비례-미분제어기
③ 비례-적분제어기
④ 비례-미분-적분제어기

해설

위상의 인도, 즉 off-set은 없어지지 않으나 최종값에 도달하는 시간이 단축되는 것을 나타내는 제어기는 비례-미분제어기이다.

정답 68 ② 69 ② 70 ③ 71 ④ 72 ②

73 PID 제어기에서 미분동작에 대한 설명으로 옳은 것은?

① 제어에러의 변화율에 반비례하여 동작을 내보낸다.
② 미분동작이 너무 작으면 측정잡음에 민감하게 된다.
③ 오프셋을 제거해 준다.
④ 느린 동특성을 가지고 잡음이 적은 공정의 제어에 적합하다.

해설
PID 제어기에서 미분동작 : 느린 동특성을 가지고 잡음이 적은 공정의 제어에 적합하다.

74 다음 중 측정 가능한 외란(measurable disturbance)을 효과적으로 제거하기 위한 제어기는?

① 앞먹임 제어기(feedforward controller)
② 되먹임 제어기(feedback controller)
③ 스미스 예측기(smith predictor)
④ 다단 제어기(cascade controller)

해설
피드포워드(feedforward) 제어 : 외란 변수를 측정하고 이 값을 이용해서 외란이 공정에 미치는 영향을 미리 보정시켜 주는 제어방식으로, 공정이 외란의 영향을 받기 전에 측정하여 조절변수에 사용하는 제어시스템이다.

75 공정의 전달함수가 $\frac{2}{s+2}$ 이다. 이 계에 $x(t) = \sin\frac{1}{2}t$의 입력이 주어졌을 때, 위상지연(phase lag)은?

① 12.05°
② 14.04°
③ 15.03°
④ 17.02°

해설
$\sin\frac{1}{2}t$로부터 $w=0.5$

$\frac{2}{s+2}$에 ($s=jw$ 대입)

$\frac{2}{jw+2} = \frac{2-2wj}{4+w^2} \Rightarrow \tan\varnothing = \frac{-2w}{4} = -\frac{1}{4} \Rightarrow \varnothing = 14.04°$

76 비례 제어기를 이용하는 어떤 폐루프 시스템의 특성 방정식이 $1+\frac{K_c}{(s+1)(2s+1)}=0$과 같이 주어진다. 다음 중 진동 응답이 예상되는 경우는?

① $K_c = -1.25$
② $K_c = 0$
③ $K_c = 0.25$
④ K_c에 관계없이 진동이 발생된다.

해설
특성방정식 $2s^2+3s+1+K_c=0$
$D=9-8(1+K_c)<0$ (허수근 ⇒ 진동)
$K_c>0.125$

77 단위 귀환(unit negative feedback)계의 개루프 전달함수가 $G(s)=\frac{-(s-1)}{s^2-3s+3}$이다. 이 제어계의 폐회로 전달함수의 특성방정식의 근은 얼마인가?

① -2, +2
② -2(중근)
③ +2(중근)
④ ±3j(중근)

해설
$1=\frac{s-1}{s^3-3s+3}=0 \rightarrow s=2$

78 열전대(thermocouple)와 관계있는 효과는?

① Thomson-Peltier 효과
② Piezo-electric 효과
③ Joule-Thomson 효과
④ Van der waals 효과

해설
열전대와 관련있는 효과
- Seebeck 효과
- Peltier 효과
- Thomson 효과

정답 73 ④ 74 ① 75 ② 76 ③ 77 ③ 78 ①

79 다음 중 안정도 판정을 위한 개회로 전달함수가 $\dfrac{2K(1+\tau S)}{S(1+2S)(1+3S)}$ 인 피드백 제어계가 안정할 수 있는 K와 τ의 관계로 옳은 것은?

① $12K < (5+2\tau K)$ ② $12K < (5+10\tau K)$

③ $12K > (5+10\tau K)$ ④ $12K > (5+2\tau)$

해설

특성방정식을 쓰면
$s(1+2s)(1+3s)+2K(1+\tau s)=0$
$6s^3+5s^2+(1+2K\tau)s+2K=0$
Routh array법에 의해
6    $(1+2K\tau)$
5   2K
$\dfrac{5(1+2K\tau)-12K}{5} > 0 \Rightarrow 12K < 5+10\tau K$

80 다음 중 Cascade 제어에 관한 설명으로 옳은 것은?

① 직접 측정되지 않는 외란에 대한 대처에 효과적일 수 없다.
② Slave 루프는 Master 루프에 비해 느린 동특성을 가져야 한다.
③ 외란이 Master 루프에 영향을 주기 전에 Slave 루프가 외란을 미리 제거할 수 있다.
④ Slave 루프를 재튜닝해도 Master 루프를 재튜닝할 필요는 없다.

해설

Cascade control은 Slave loop가 Master loop에 비해 느린 동특성을 갖는다.

제9회 적중 예상문제

제1과목 공업합성

01 25wt% HCl 가스를 물에 흡수시켜 35wt% HCl 용액 1ton을 제조하고자 한다. 이때 배출가스 중 미반응 HCl 가스가 0.012wt% 포함된다면 실제 사용된 25wt% HCl 가스의 양(ton)은?

① 0.35　　② 1.40
③ 3.51　　④ 7.55

해설

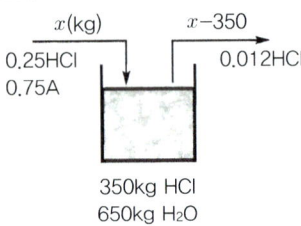

$0.25x = 350 + 0.012(x - 350)$
∴ $x = 1,452$ kg ⇒ 1.4ton

02 NaOH 제조에 사용하는 격막법과 수은법을 옳게 비교한 것은?

① 전류밀도는 수은법이 크고, 제품의 품질은 격막법이 좋다.
② 전류밀도는 격막법이 크고, 제품의 품질은 수은법이 좋다.
③ 전류밀도는 격막법이 크고, 제품의 품질도 격막법이 좋다.
④ 전류밀도는 수은법이 크고, 제품의 품질도 수은법이 좋다.

해설

NaOH 제조의 특징
수은법은 전류밀도도 크고 제품의 품질도 좋다.

03 20%의 HNO_3 용액 1,000kg을 55% 용액으로 농축하였다. 증발된 수분의 양은 얼마인가?

① 550kg　　② 800kg
③ 334kg　　④ 636kg

해설

1,000kg 20% HNO_3 용액
200kg HNO_3 함유
$\dfrac{200}{X} = 0.55$ (55% 용액)
즉, 용액(X) 363.6kg
∴ $1,000 - 363.6 = 636$kg 증발

04 소금을 전기분해하여 하루에 1ton의 염소가스를 생산하는 전해 수산화나트륨 공장이 있다. 이 공장에서 생산되는 NaOH는 하루에 약 몇 ton인가?

① 1.13　　② 2.13
③ 3.13　　④ 4.13

해설

$2NaCl + 2H_2O \rightarrow 2NaOH + H_2 + Cl_2$
　　　　　　　　　　28.17kmol　　　14.08kmol

$28.17 \text{kmol} \times \dfrac{40\text{kg}}{1\text{kmol}} \times \dfrac{1\text{ton}}{1,000\text{kg}} = 1.127$ton

05 2단계식 건식법(2단법)에 의한 인산제조법의 일반적인 특징이 아닌 것은?

① 응축기와 저장탱크를 사용한다.
② 부생 CO를 연료로 사용할 수 있다.
③ 응축과 산화가 별도이다.
④ 많은 가스량에 비하여 비교적 묽은 산이 얻어진다.

해설

④ 고순도 및 고농도의 인산이 얻어진다.

정답 01 ②　02 ④　03 ④　04 ①　05 ④

06 질소와 수소를 원료로 암모니아를 합성하는 발열 반응에서 암모니아의 생성을 방해하는 조건은?

① 온도를 높인다.
② 압력을 높인다.
③ 생성된 암모니아를 제거한다.
④ 평형반응이므로 생성을 방해하는 조건은 없다.

해설
① 온도를 낮춘다.

07 인산비료에서 인 함량을 나타낼 때 그 기준은 통상 어느 것에 의하는가?

① P
② P_2O_3
③ P_2O_5
④ PO_4

해설
인산비료에서 인 함량을 나타낼 때 기준 : P_2O_5

08 다음 중 연료전지에 있어서 캐소드에 공급되는 물질은?

① 산소
② 수소
③ 탄화수소
④ 일산화탄소

해설
㉠ 양극 : 수소
㉡ 음극 : 산소

09 아미드(Amide)를 이루는 핵심 결합은?

① -NH-NH-CO
② -NH-CO-
③ -NH-N=CO
④ -N=N-CO

해설
아미드 결합을 이루는 핵심 결합은 펩티드 결합(-NH-CO-)이다.

10 톨루엔의 중간체로 폴리우레탄 제조에 사용되는 TDI의 구조식은?

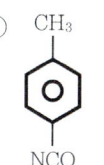 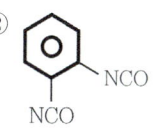
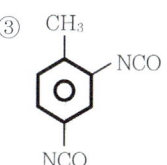 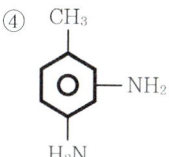

해설
TDI(Toluene Diisocyanate)의 구조식
isocyanate : R-N=C=O

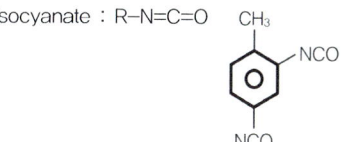

11 에폭시 수지의 합성과 관련이 없는 물질은?

① Melamine
② Bisphenol A
③ Epichlorohydrin
④ Toluene diisocyante

해설
• 비스페놀A + 에피클로로히드린 $\xrightarrow{NaOH}$ 에폭시수지
• 에폭시 수지와 마찬가지로 멜라민 수지는 열경화성 수지의 한 종류다.
• 톨루엔 다이아이소사이아네이트는 석유정제를 통해 얻을 수 있는 물질이다.

12 아크릴산에스테르의 공업적 제법과 가장 거리가 먼 것은?

① Reppe 고압법
② 프로필렌의 산화법
③ 에틸렌시안히드린법
④ 에틸알코올법

해설
아크릴산에스테르의 공업적 제법
㉠ Reppe 고압법
㉡ 프로필렌의 산화법
㉢ 에틸렌시안히드린법

정답 06 ① 07 ③ 08 ① 09 ② 10 ③ 11 ④ 12 ④

13 페놀을 수소화한 후 질산으로 산화시킬 때 생성되는 주물질은 무엇인가?

① 프탈산 ② 아디프산
③ 시클로헥산올 ④ 말레산

해설

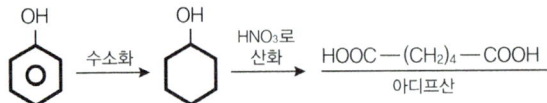

14 무수프탈산으로부터 제조할 수도 있고 톨루엔의 액상 공기산화에 의한 방법으로도 제조할 수 있는 것은?

① 페놀 ② 큐멘
③ 아세톤 ④ 벤조산

해설
벤조산 제법
㉠ 실험실적 제법 : 톨루엔을 질산, 중크롬산 등으로 산화한다.
㉡ 공업적 제법 : 프탈산무수물을 수증기와 함께(촉매 : 크롬염, 산화아연 등) 통한다.

15 다음 물질 중 감압증류로 얻는 것은?

① 등유, 가솔린 ② 등유, 경유
③ 윤활유, 등유 ④ 윤활유, 아스팔트

해설
감압증류 : 상압증류에 의해 생성된 비점이 높은 찌꺼기유를 이용하여 비점이 높은 윤활유와 같은 유분을 얻기 위해 50mmHg 정도로 감압하여 증류하는 조작(예 윤활유, 아스팔트)

16 일반적으로 원유 속에 거의 포함되어 있지 않지만 열 분해 등을 통해 다량 생성되는 탄화수소는?

① 파라핀계 ② 올레핀계
③ 나프텐계 ④ 방향족계

해설
① **파라핀계** : 탄소가 사슬모양으로 연결된 것으로, 다른 결합수는 수소와 결합한 포화결합으로 되어 있는 탄화수소
③ **나프텐계** : 결합수가 모두 탄소와 수소로 채워져 있는 포화결합의 탄화수소이며, 골격을 이루는 탄소 원자가 고리모양으로 결합된 것(예 윤활유나 기계유 등)
④ **방향족계** : 방향족 고리를 포함하고 있는 탄화수소로서 벤젠, 톨루엔과 같은 벤젠고리를 갖는 화합물이 이에 속함.

17 기하이성질체를 나타내는 고분자가 아닌 것은?

① 폴리부타디엔 ② 폴리클로로프렌
③ 폴리이소프렌 ④ 폴리비닐알코올

해설
기하이성질체
두 탄소 원자가 2중 결합으로 연결될 때 탄소에 결합된 원자나 원자단의 위치가 다름으로 인하여 생기는 이성질체로서 cis형과 trans형으로 구분한다.

18 비닐단량체(VCM)의 중합반응으로 생성되는 중합체 PVC가 분자량 425,000으로 형성되었다. Carothers에 의한 중합도(degree of polymerization)는 얼마인가?

$$n\text{CH}_2 = \text{CH} \rightarrow -(\text{CH}_2 - \text{CH})n- \\ \quad\quad\quad | \quad\quad\quad\quad\quad\quad\quad\quad | \\ \quad\quad\quad \text{Cl} \quad\quad\quad\quad\quad\quad\quad\quad \text{Cl}$$

① 2,500 ② 3,580
③ 5,780 ④ 6,800

해설
$\left(\begin{matrix} \text{CH}_2 - \text{CH} \\ | \\ \text{Cl} \end{matrix}\right)_n$ 이므로

CH_2CHCl의 분자량은 $24 + 3 + 35.5 = 62.5$

$\therefore \dfrac{425,000}{62.5} = 6,800$

19 다음 중 고분자의 일반적인 물리적 성질에 관련된 설명으로 가장 거리가 먼 것은?

① 중량 평균 분자량에 비해 수평균 분자량이 크다.
② 분자량의 범위가 넓다.
③ 녹는점이 뚜렷하지 않아 분리정제가 용이하지 않다.
④ 녹슬지 않고, 잘 깨지지 않는다.

해설
① 중량 평균 분자량에 비해 수평균 분자량이 작다.

정답 13 ② 14 ④ 15 ④ 16 ② 17 ④ 18 ④ 19 ①

20 석유·석탄 등의 화석연료 이용 효율 및 환경오염에 대한 설명으로 옳은 것은?

① CO_2의 배출은 오존층 파괴의 주원인이다.
② CO_2와 SO_x는 광화학 스모그의 주원인이다.
③ NO_x는 산성비의 주원인이다.
④ 열에너지로부터 기계에너지로의 변환효율은 100%이다.

해설
석유·석탄 등의 화석연료 이용효율 및 환경오염 : NO_x는 산성비의 주원인

제2과목 반응운전

21 다음 중 열과 일 사이의 에너지 보존의 원리를 표현한 것은 어느 것인가?

① 열역학 제0법칙
② 열역학 제1법칙
③ 열역학 제2법칙
④ 열역학 제3법칙

해설
열역학 제1법칙 : 에너지 보존 법칙

22 다음 중 상태함수에 해당하지 않는 것은?

① 비용적(specific volume)
② 몰 내부에너지(molar internal energy)
③ 일(work)
④ 몰 열용량(molar heat capacity)

해설
- 상태함수 : 온도, 압력, 밀도, 비용적
- 경로함수 : 열, 일

23 비가역 과정에서의 관계식으로 옳은 것은?

① $dS > 0$
② $dS < 0$
③ $dS = 0$
④ $dS = -1$

해설
비가역 과정 시 entropy는 항상 증가한다.
∴ $dS > 0$

24 이상기체인 경우와 관계가 없는 것은? (단, Z는 압축인자이다.)

① $Z = 1$이다.
② 내부에너지는 온도만의 함수이다.
③ $PV = RT$가 성립하는 경우이다.
④ 엔탈피는 압력과 온도의 함수이다.

해설
이상기체의 경우 엔탈피는 온도만의 함수다.

25 $C_p/C_v = 1.4$인 공기 $1m^3$을 5atm에서 20atm으로 단열압축 시 최종 체적은 얼마인가? (단, 이상기체로 가정한다.)

① $0.18m^3$
② $0.37m^3$
③ $0.74m^3$
④ $3.7m^3$

해설
$P_1 V_1^\gamma = P_2 V_2^\gamma$
$5 \cdot 1^{1.4} = 20 V_2^{1.4}$
$\therefore V_2 = \left(\frac{5}{20}\right)^{\frac{1}{1.4}} = 0.37m^3$

26 과잉 깁스에너지(G^E)가 아래와 같이 표시된다면 활동도계수(γ)에 대한 표현으로 옳은 것은? (단, R은 이상기체상수, T는 온도, B, C는 상수, x는 액상 몰분율, 하첨자는 성분 1과 2에 대한 값임을 의미한다.)

$$G^E/RT = Bx_1 x_2 + C$$

① $\ln \gamma_1 = Bx_1^2$
② $\ln \gamma_1 = Bx_2^2$
③ $\ln \gamma_1 = Bx_1^2 + C$
④ $\ln \gamma_1 = Bx_2^2 + C$

해설
$\frac{G^E}{RT} = Bx_1 x_2 + C$로 나타내지는 경우, 활동도계수의 식은 아래와 같다.
$\ln \gamma_1 = Bx_2^2 + C$
$\ln \gamma_2 = Bx_1^2 + C$

정답 20 ③ 21 ② 22 ③ 23 ① 24 ④ 25 ② 26 ④

적중 예상문제

27 압축 또는 팽창에 대해 가장 올바르게 표현한 내용은? (단, 하첨자 S는 등엔트로피를 의미한다.)

① 압축기의 효율은 $\eta = \dfrac{(\Delta H)_S}{\Delta H}$로 나타낸다.

② 노즐에서 에너지수지식은 $W_S = -\Delta H$이다.

③ 터빈에서 에너지수지식은 $W_S = -\int udu$이다.

④ 조름공정에서 에너지수지식은 $dH = -udu$이다.

해설

다음 식은 일반적인 수지식이다.
$$\Delta H + \dfrac{\Delta u^2}{2} + g\Delta z = Q + W_S$$

i) 노즐에서의 에너지 수지식
$$\Delta H + \dfrac{\Delta u^2}{2} = 0$$
$$dH = -udu$$

ii) 터빈은 여러 세트의 노즐과 회전날개로 구성되며, 이를 통과하여 기체가 정상상태의 팽창과정을 거치면서 흐른다.
$$\dot{W_S} = \dot{m}\Delta H$$
$$\dot{W_S} = \Delta H$$

iii) 조름 공정은 축열을 생성하지 않는다. 열전달이 없다고 하면 이 공정은 일정 엔탈피에서 이루어진다.
$$\Delta H = 0$$

28 이성분 혼합물에 대한 깁스 두헴(Gibbs-Duhem)식에 속하지 않는 것은? (단, γ는 활성도 계수(activity coefficient), μ는 화학포텐셜, x는 몰분율이고 온도와 압력은 일정하다.)

① $x_1\left(\dfrac{\partial \ln\gamma_1}{\partial x_1}\right) + (1-x_1)\left(\dfrac{\partial \ln\gamma_2}{\partial x_1}\right) = 0$

② $x_1\left(\dfrac{\partial \mu_1}{\partial x_1}\right) + (1-x_1)\left(\dfrac{\partial \mu_2}{\partial x_1}\right) = 0$

③ $x_1 d\mu_1 + x_2 d\mu_2 = 0$

④ $(\gamma_1 + \gamma_2)dx_1 = 0$

해설

Gibbs-Duhem 식

① $x_1\left(\dfrac{\partial \mu_1}{\partial x_1}\right)_{P,T} + (1-x_1)\left(\dfrac{\partial \mu_2}{\partial x_1}\right)_{P,T} = 0$

② $x_1\left(\dfrac{\partial \ln f_1}{\partial x_1}\right)_{P,T} + (1-x_1)\left(\dfrac{\partial \ln f_2}{\partial x_1}\right)_{P,T} = 0$

③ $x_1\left(\dfrac{\partial \ln\gamma_1}{\partial x_1}\right)_{P,T} + (1-x_1)\left(\dfrac{\partial \ln\gamma_2}{\partial x_1}\right)_{P,T} = 0$

29 다음 설명 중 맞는 표현은? (단, 하첨자 $i_{(i)}$: i성분, 상첨자 $sat^{(sat)}$: 포화, Hat($\hat{}$): 혼합물, f: 퓨가시티, $\varnothing$: 퓨가시티 계수, P: 증기압, x: 용액의 몰분율을 의미한다.)

① 증기가 이상기체라면 $\varnothing_i^{sat} = 1$이다.

② 이상용액인 경우 $\hat{\varnothing} = \dfrac{x_i f_i}{P}$이다.

③ 루이스-랜들(Lewis-Randall)의 법칙에서 $\hat{f}_i = \dfrac{f_i^{sat}}{P}$이다.

④ 라울의 법칙은 $y_i = \dfrac{P_i^{sat}}{P}$이다.

해설

② **이상용액**: 용액의 각성분의 부분 몰부피가 동일한 온도와 압력에서 순수성분의 부피와 같은 혼합물
$$\varnothing_i^{-id} = \dfrac{\hat{f}_i^{id}}{x_i P} = \dfrac{x_i f_i}{x_i P} = \dfrac{f_i}{P} = \varnothing_i$$
$$\therefore \hat{\varnothing} \neq \dfrac{x_i f_i}{P}$$

③ **루이스-랜들 법칙**: 이상용액 중의 각 성분의 Fugacity는 그 성분의 몰분율에 비례하며 비례상수는 같은 T,P에서 용액과 같은 물리적 상태에서의 순수성분의 휘산도(Fugacity)임을 보여준다.
$$\hat{f}_i^{id} = x_i f_i$$
$$\therefore \hat{f}_i \neq \dfrac{f_i^{sat}}{P}$$

④ **라울의 법칙**: 용매에 용질을 녹일 경우, 용매의 증기압이 감소하는데, 용매에 용질을 용해하는 것에 의해 생기는 증기압 강하의 크기는 용액 중에 녹아 있는 용질의 몰분율에 비례한다.
$$y_1 = \dfrac{x_i P_i^{sat}}{P}$$
$$\therefore y_1 \neq \dfrac{P_i^{sat}}{P}$$

30 물과 수증기와 얼음이 공존하는 삼중점에서 자유도의 수는?

① 0   ② 1

③ 2   ④ 3

해설

$2 - 3 + 1 = 0$

정답 27 ① 28 ④ 29 ① 30 ①

31 회분식 반응기에서 A의 분해반응을 50℃ 등온하에서 진행시켜 얻는 C_A와 반응시간 t간의 그래프로부터 각 농도에서의 곡선에 대한 접선의 기울기를 다음과 같이 얻었다. 이 반응의 반응속도식은?

C_A(mol/L)	접선의 기울기(mol/L·min)
1.0	−0.50
2.0	−2.00
3.0	−4.50
4.0	−8.00

① $-\dfrac{dC_A}{dt} = 0.5 C_A^2$ ② $-\dfrac{dC_A}{dt} = 0.5 C_A$

③ $-\dfrac{dC_A}{dt} = 2.0 C_A^2$ ④ $-\dfrac{dC_A}{dt} = 8.0 C_A^2$

해설

$C_A = 1$일 때 접선의 기울기가 −0.50이므로

$-\dfrac{dC_A}{dt} = = 0.5 C_A^n$ 이다.

한편, C_A가 n배 증가할 때 접선의 기울기는 n^2배 증가하므로 알맞은 반응속도식은 $-\dfrac{dC_A}{dt} = 0.5 C_A^2$ 이다.

32 R이 목적 생산물인 반응($A \xrightarrow{1} R \xrightarrow{2} S$)의 활성화에너지가 $E_1 < E_2$일 경우, 반응에 대한 설명으로 옳은 것은?

① 공간시간(τ)이 상관없다면 가능한 한 최저온도에서 반응시킨다.
② 등온반응에서 공간시간(τ) 값이 주어지면 가능한 한 최고온도에서 반응시킨다.
③ 온도 변화가 가능하다면 초기에는 낮은 온도에서, 반응이 진행됨에 따라 높은 온도에서 반응시킨다.
④ 온도 변화가 가능하더라도 등온 조작이 가장 유리하다.

해설

목적 생산물이 R인데 $E_1 < E_2$이다. 따라서 온도를 높일 경우, 2의 반응이 증가해 목적 생산물이 감소할 것이다.

33 H_2O_2를 촉매를 이용하여 회분식 반응기에서 분해시켰다. 분해반응이 시작된 t분 후에 남아있는 H_2O_2의 양(v)을 $KMnO_4$ 표준용액으로 적정한 결과는 다음 표와 같다. 이 반응은 몇 차 반응이겠는가?

t(분)	0	10	20
$v(mL)$	22.8	13.8	8.25

① 0차 반응 ② 1차 반응
③ 2차 반응 ④ 3차 반응

해설

1차 반응이라고 가정

$\ln \dfrac{C_A}{C_{A_0}} = -kt$

$\therefore \ln \dfrac{13.8}{22.8} = -10k,\ k = 0.005$

$\ln \dfrac{8.25}{13.8} = -10k,\ k = 0.005$

$\therefore$ 참

34 반응 $A \rightarrow$ 생성물의 속도식이 $-r_A = KC_A^n$로 주어질 때 초기 농도 C_{A0}가 $\dfrac{C_{A0}}{2}$ 되는 데 걸리는 시간 $t_{1/2}$을 반감기라 한다. $t_{1/2} = \dfrac{\ln 2}{K}$ 인 경우에는 몇 차 반응인가?

① $n=1$ ② $n=2$
③ $n=3$ ④ $n=\dfrac{1}{2}$

해설

혼합반응기가 아닌 1차 반응에서

$\ln \dfrac{C_A}{C_{A0}} = kt = -\ln(1-X_A)$

$t_{1/2}$일 때 $X_A = 0.50$이다.

즉, $t_{1/2} = \dfrac{\ln 2}{K}$

정답 31 ① 32 ① 33 ② 34 ①

35 플러그 흐름 반응기에서 0차 반응($A \to R$)이 반응속도가 10mol/L·h로 반응하고 있을 때, 요구되는 반응기의 부피(L)는? (단, 반응물의 초기공급속도 : 1,000mol/h, 반응물의 초기농도 : 10mol/L 반응물의 출구농도 : 5mol/L이다.)

① 10　　② 50
③ 100　　④ 150

해설
PFR
$dF_A + (-r_A)dV = 0$
$-r_A = k = 10\text{mol/L·h}$
$F_{Ao} = 1,000\text{mol/h}, \ C_{Ao} = 10\text{mol/L},$
$C_A = 5\text{mol/L}, \ V_0 = \dfrac{F_{Ao}}{C_{Ao}} = 100\text{L/h}$

$\int_0^V dV = V$
$= \dfrac{-dF_A}{-\gamma_A}$
$= \dfrac{F_{Ao} - F_A}{k}$
$= \dfrac{V_o(C_{Ao} - C_A)}{k}$
$= \dfrac{100(10-5)}{10} = 50\text{L}$

36 액상 병렬반응을 연속 흐름 반응기에서 진행시키고자 한다. 같은 입류조건에 A의 전화율이 모두 0.9가 되도록 반응기를 설계한다면 어느 반응기를 사용하는 것이 R로의 전화율을 가장 크게 해주겠는가? (단, $r_R = 20CA$이고, $r_S = 5CA^2$이다.)

① 플러그 흐름 반응기
② 혼합 흐름 반응기
③ 환류식 플러그 흐름 반응기
④ 다단식 혼합 흐름 반응기

해설
비목적 반응생성물 반응차수가 목적생성물 반응차수보다 크므로 CSTR이 유리하다. 그 반대면 PFR이나 bstch가 유리하다.

37 액상 순환반응($A \to P$, 1차)의 순환율이 ∞일 때 총괄 전화율의 변화 경향으로 옳은 것은?

① 관형 흐름 반응기의 전화율보다 크다.
② 완전혼합 흐름 반응기의 전화율보다 크다.
③ 완전혼합 흐름 반응기의 전화율과 같다.
④ 관형 흐름 반응기의 전화율과 같다.

해설
$R \to \infty = \dfrac{\text{순환하는 몰구}}{\text{생성되어 없어지는 몰수}}$
CSTR의 전화율과 같다.

38 다음과 같은 기초반응이 동시에 진행될 때 R의 생성에 가장 유리한 반응조건은?

$$A + B \to R, \ A \to S, \ B \to T$$

① A와 B의 농도를 높인다.
② A와 B의 농도를 낮춘다.
③ A의 농도는 높이고, B의 농도는 낮춘다.
④ A의 농도는 낮추고, B의 농도는 높인다.

해설
A와 B가 1:1 반응으로 R을 생성하므로 A, B의 농도를 같이 높인다.

39 1차 비가역 액상반응을 관형반응기에서 반응시켰을 때 공간속도가 6,000h^{-1}이었으며 전화율은 40%였다. 같은 반응기에서 전화율이 90%가 되게 하는 공간속도(h^{-1})는?

① 1,221　　② 1,331
③ 1,441　　④ 1,551

해설
$-\ln(1-X_A) = k\tau$
$\tau = \dfrac{1}{sv} = \dfrac{1}{6000}h, \ X_A = 0.4$
$-\ln(1-0.4) = \dfrac{k}{6,000}, \ k = 3,065h^{-1}$
k를 $-\ln(1-X_A) = k\tau$에 대입하고 공간속도를 구한다.
$-\ln(1-0.9) = 3,065\tau, \ \tau = 7.51 \times 10^{-4}h$
$sv = \dfrac{1}{\tau} = \dfrac{1}{7.51 \times 10^{-4}} = 1,331h^{-1}$

정답 35 ② 36 ② 37 ③ 38 ① 39 ②

40 다음 반응식과 같이 A와 B가 반응하여 필요한 생성물 R과 불필요한 물질 S가 생길 때, R로의 전화율을 높이기 위해서 반응물질의 농도(C)를 어떻게 조정해야 하는가? (단, 반응 1은 A 및 B에 대하여 1차 반응이고, 반응 2도 1차 반응이다.)

$$A + B \xrightarrow{1} R \quad A \xrightarrow{2} S$$

① C_A의 값을 C_B의 2배로 한다.
② C_B의 값을 크게 한다.
③ C_A의 값을 크게 한다.
④ C_A와 C_B의 값을 같게 한다.

해설

전화율 $= \dfrac{dC_B}{-dC_A} = \dfrac{k_1 C_A C_B}{k_1 C_A C_B + k_2 C_A} = \dfrac{k_1 C_B}{k_1 C_B + k_2}$

∴ 전화율 $\propto C_B$

제3과목 단위공정관리

41 SI 기본단위가 아닌 것은?

① A(ampere) ② J(joule)
③ cm(centimeter) ④ kg(kilogram)

해설

길이의 SI 기본단위는 m(meter)이다.

42 비용(specific volume)의 차원으로 옳은 것은?(단, 길이(L), 질량(M), 힘(F), 시간(T)이다.)

① $\dfrac{F}{L^2}$ ② $\dfrac{L^3}{M}$

③ ML^2 ④ $\dfrac{ML^2}{T^2}$

해설

비용적 $= \dfrac{V}{m} = m^3/kg = \dfrac{L^3}{M} = L^3 M^{-1}$

43 메탄가스를 20vol% 과잉산소를 사용하여 연소시킨다. 초기 공급된 메탄가스의 50%가 연소될 때, 연소 후 이산화탄소의 습량기준(wet basis) 함량(vol%)은?

① 14.7 ② 16.3
③ 23.2 ④ 30.2

해설

20vol% 과잉산소로 존재하므로 CH_4가 n몰 있을 때 O_2는 2.4n몰 존재

	CH_4	+	$2O_2$	→	CO_2	+	$2H_2O$
처음	n		2.4n				
반응	−0.5n (50% 연소)		−n		+0.5n		+n
나중	0.5n		1.4n		0.5n		n

$\Rightarrow \dfrac{0.57(CO_2 \text{ 양})}{3.47} \times 100 = 14.7\%$

44 내부에너지를 나타내는 단위가 아닌 것은?

① Btu ② cal
③ J ④ N

해설

㉠ 에너지 단위 : J, cal, Btu
㉡ [N] : 힘의 단위

45 다음 중 이상기체의 비엔탈피에 대한 설명으로 틀린 것은?

① 물질의 열역학적 상태변화를 규정짓는 특성치이다.
② 비엔탈피 변화는 비내부에너지, 압력 및 비용적에 의해 결정된다.
③ 비엔탈피 변화는 일반적으로 일정 압력하의 비열과 온도차에 의해 결정된다.
④ 비엔탈피 변화는 일반적으로 일정 부피하의 비열과 온도차에 의해 결정된다.

해설

$H = V + PV$

비엔탈피의 변화는 일반적으로 일정 압력하의 비열과 온도차에 의해 결정된다.

정답 40 ② 41 ③ 42 ② 43 ① 44 ④ 45 ④

46 직선 원형관으로 유체가 흐를 때 유체의 레이놀즈수가 1,500이고 이 관의 안지름이 50mm일 때 전이길이가 3.75m이다. 동일한 조건에서 100mm의 안지름을 가지고 같은 레이놀즈수를 가진 유체 흐름에서의 전이길이는 약 몇 m인가?

① 1.88
② 3.75
③ 7.5
④ 15

해설

전이길이
$0.05 \times D \times N_{Re} = 0.05 \times 0.1 \times 1,500 = 7.5$

47 경사 미노미터를 사용하여 측정한 두 파이프 내 기체의 압력차는?

① 경사각의 sin값에 반비례한다.
② 경사각의 sin값에 비례한다.
③ 경사각의 cos값에 반비례한다.
④ 경사각의 cos값에 비례한다.

해설

$\Delta P = R' \sin\alpha (\rho_A - \rho_B) g$

48 다음 중 직경이 15cm인 파이프에 비중이 0.7인 디젤유가 280ton/h의 유량으로 이송되고 있다. 1,509m의 배관 거리를 통과하는 데 걸리는 시간은 약 몇 분인가?

① 1
② 2
③ 3
④ 4

해설

$\dfrac{280 \times 10^3 \text{kg}}{\text{h}} \left| \dfrac{1\text{h}}{60\text{min}} \right| \dfrac{\text{m}^3}{0.7 \times 10^3 \text{kg}} = 6.667 \text{m}^3/\text{min}$

파이프 부피 : $(1,509\text{m}) \dfrac{\pi}{4}(0.15\text{m})^2 = 26.667\text{m}^3$

$26.667\text{m}^3 \div 6.667\text{m}^3/\text{min} = 4\text{min}$

∴ 4min

49 CO_2는 고온에서 다음과 같이 분해된다. 0℃, 1atm에서 11.2L인 CO_2를 일정 압력으로 3,000K까지 가열했다면 기체의 부피는 약 몇 L가 되는가? (단, 3,000K, 1atm에서 CO_2의 60%가 분해된다고 가정한다.)

$$2CO_2 \rightarrow 2CO + O_2$$

① 160
② 150
③ 140
④ 130

해설

$\begin{cases} T_1 = 273\text{K} \\ P_1 = 1\text{atm} \\ V_1 = 11.2\text{L} \end{cases} \rightarrow \begin{cases} T_2 = 3,000\text{K} \\ P_2 = 1\text{atm} \\ V_2 = ? \end{cases}$

㉠ $V_2 = V_1 \times \dfrac{T_2}{T_1} = 11.2 \times \dfrac{3,000}{273} ≒ 123.1\text{L}$

㉡ $2CO_2 \rightarrow 2CO + O_2$ 이므로

  2 : 2 : 1
  123.1L : 123.1L : 61.5L로 반응

여기서, CO_2의 60%가 분해되므로
123.1 + 61.5 = 184.6L × 0.6 = 110.76L(생성물)
∴ 총 기체의 부피 = 49.24L(남은 CO_2양) + 110.76L = 160L

50 전열에 관한 설명으로 틀린 것은?

① 자연대류에서의 열전달계수가 강제대류에서의 열전달계수보다 크다.
② 대류의 경우 전열속도는 벽과 유체의 온도 차이와 표면적에 비례한다.
③ 흑체란 이상적인 방열기로서 방출열은 물체의 절대온도의 4승에 비례한다.
④ 물체표면에 있는 유체의 밀도 차이에 의해 자연적으로 열이 이동하는 것이 자연대류이다.

해설

• 강제대류 : fan 등에 의하여 대류가 생기는 경우
• 자연대류 : 유체의 밀도 차이로 대류가 생기는 경우
자연대류에서의 열전달계수는 강제대류에서의 열전달계수보다 작다.

정답 46 ③ 47 ② 48 ④ 49 ① 50 ①

51 다중 효용 증발조작의 목적으로 다음 중 가장 중요한 것은?

① 열을 경제적으로 이용하기 위한 것이다.
② 제품의 순도를 높이기 위한 것이다.
③ 작업을 용이하게 하기 위한 것이다.
④ 장치비를 절약하기 위한 것이다.

해설
효용 증발조작의 목적 : 열을 경제적으로 이용하기 위한 것

52 섭씨온도 눈금과 화씨온도 눈금의 수치가 일치되는 온도는?

① 40°F
② 25°F
③ -25°F
④ -40°F

해설
°F = 1.8℃ + 32
(-40°F - 32) ÷ 1.8 = -40℃

53 기포탑(bubble tower)과 비교한 충전탑의 특성과 거리가 먼 것은?

① 구조가 간단하다.
② 편류가 형성되는 단점이 있다.
③ 부식 및 압력에 의한 문제점이 크다.
④ 충전물에 오염물이 부착될 수 있는 단점이 있다.

해설
충전탑의 특성
㉠ 구조가 간단하다.
㉡ 편류가 형성되는 단점이 있다.
㉢ 충전물에 오염물이 부착될 수 있는 단점이 있다.

54 건조공정 중 정속기간이 끝나고 감속기간이 시작되는 점의 수분함량을 무엇이라고 하는가?

① 자유함수량
② 평형수분함량
③ 임계수분함량
④ 총수분함량

해설
임계수분량의 설명이다.

55 다음 방정식 중 원료공급선(feed line)은? (단, f : 원료의 흐름 중 기화된 증기분율, y : 기체분율, x : 액체분율)

① $y = -\dfrac{1-f}{f}x + \dfrac{x_F}{f}$

② $y = \dfrac{1+f}{f}x - \dfrac{x_F}{f}$

③ $y = -\dfrac{f}{1-f}x + \dfrac{x_F}{1-f}$

④ $y = \dfrac{f}{1+f}x - \dfrac{x_F}{1+f}$

해설
원료공급선
$y = \dfrac{-q}{1-q}x + \dfrac{x_F}{1-q}$, $q + f = 1$
$y = \dfrac{-(1-f)}{f}x + \dfrac{x_F}{f}$

56 다음 추출에서 추제의 선택도(β)에 대한 설명 중 틀린 것은?

① β가 클수록 분리효과가 좋다.
② β가 1.0일 때 분리효과가 최대이다.
③ β가 클수록 추제의 양이 적게 든다.
④ β를 구하는 것은 추질과 원용매의 분배계수에서 한다.

해설
β가 1보다 클 때 분리효과가 최대이다.

57 낮은 온도에서 증발이 가능해서 증기의 경제적 이용이 가능하고 과즙, 젤라틴 등과 같이 열에 민감한 물질을 처리하는 데 주로 사용되는 것은?

① 다중효용 증발
② 고압 증발
③ 진공 증발
④ 압축 증발

해설
진공 증발의 설명이다.

정답 51 ① 52 ④ 53 ③ 54 ③ 55 ① 56 ② 57 ③

58 30°C, 750mmHg에서 공기의 상대습도가 75%이다. 공기 중에서 수증기 분압은 약 몇 mmHg인가? (단, 30°C에서 물의 증기압은 30.7mmHg라고 가정한다.)

① 0.31　　② 5.71
③ 23　　　④ 91

해설

상대습도 = $\dfrac{\text{수증기분압}}{\text{포화수증기압}} \times 100\%$

$0.75 = \dfrac{x}{30.7}$

$\therefore x = 23.025 \text{mmHg}$

59 본드(Bond)의 파쇄 법칙에서 매우 큰 원료로부터 입자크기 D_p의 입자들을 만드는 데 소요되는 일은 무엇에 비례하는가? (단, s는 입자의 표면적(m^2), v는 입자의 부피(m^3)를 의미한다.)

① 입자들의 부피에 대한 표면적비 : s/v
② 입자들의 부피에 대한 표면적비의 제곱근 : $\sqrt{s/v}$
③ 입자들의 표면적에 대한 부피비 : v/s
④ 입자들의 표면적에 대한 부피비의 제곱근 : $\sqrt{v/s}$

해설

Bond의 파쇄법칙

$W \propto \sqrt{\dfrac{1}{D_P}}$, $D_P = \dfrac{V}{S}$

60 석유제품에서 많이 사용되는 비중단위로 많은 석유제품이 10~70° 범위에 들도록 설계된 것은?

① Baumé　　② API
③ Twaddell　④ 표준비중

해설

API는 원유의 비중을 나타내는 지표로서 일반적으로 탄소수가 많을수록 비중이 커진다.

제4과목 화공계측제어

61 공정변수 값을 측정하는 감지 시스템을 일반적으로 센서, 전송기로 구성된다. 다음 중 전송기에서 일어나는 문제점으로 가장 거리가 먼 것은?

① 과도한 수송지연
② 잡음
③ 잘못된 보정
④ 낮은 해상도

해설

전송기에서 일어나는 문제는 잡음, 잘못된 보정, 낮은 해상도 등이 있다.

62 어떤 압력측정장치의 측정범위는 0~400psig, 출력범위는 4~20mA로 조정되어 있다. 이 장치의 이득을 구하면 얼마인가?

① 25mA/psig　　② 0.01mA/psig
③ 0.08mA/psig　④ 0.04mA/psig

해설

출력/입력 = $\dfrac{20-4}{400-0} = 0.04$

63 폭 w이고, 높이가 h인 사각펄스의 Laplace 변환으로 옳은 것은?

① $\dfrac{h}{s}(1-e^{-ws})$　　② $\dfrac{h}{s}(1-e^{-s/w})$
③ $\dfrac{hw}{s}(1-e^{-ws})$　④ $\dfrac{h}{ws}(1-e^{-s/w})$

해설

$h\{u(t)-u(t-w)\} \xrightarrow{\mathcal{L}^{-1}} \dfrac{h}{s}(1-e^{-ws})$

정답 58 ③　59 ②　60 ②　61 ①　62 ④　63 ①

64 $f(t) = 1$의 Laplace 변환은?

① s ② $\dfrac{1}{s}$
③ s^2 ④ $\dfrac{1}{s^2}$

해설
$f(t) = 1 \rightarrow F(s) = \dfrac{1}{s}$

65 $\dfrac{d^2X}{dt^2} + 2\dfrac{dX}{dt} = 2$에서 $X(t)$의 Laplace 변환은? (단, $X(0) = X'(0) = (0)$)

① $2s/(s^2 + 2s)$ ② $2/(s+2)s$
③ $2/(s^3 + 2s^2)$ ④ $2s/(s^3 - 2s)$

해설
$\dfrac{d^2X}{dt^2} + 2\dfrac{dX}{dt} = 2$
$\xrightarrow{LT} s^2X_{(s)} - sX_{(0)} - X'_{(0)} + 2sX_{(s)} - 2X_{(0)} = \dfrac{2}{s}$
$\therefore X_{(s)} = \dfrac{2}{s^3 + 2s^2}$

66 폐회로의 응답이 다음 식과 같이 주어진 제어계의 설정점(set point)에 단위계단 변화(unit step change)가 일어났을 때 잔류편차(offset)는? (단, $y(s)$: 출력, $R(s)$: 설정점이다.)

$$y(s) = \dfrac{0.2}{3s+1}R(s)$$

① -0.8 ② -0.2
③ 0.2 ④ 0.8

해설
$R(s) = \dfrac{1}{s}$
$y(\infty) = \lim_{s \to 0} sy(s)$
$= \lim_{s \to 0} \dfrac{0.2}{3s+1} = 0.2$
$offset = R(\infty) - C(\infty)$

67 어떤 액위(liquild level) 탱크에서 유입되는 유량(m³/min)과 탱크의 액위(h) 간의 관계는 다음과 같은 전달함수로 표시된다. 탱크로 유입되는 유량에 크기 1인 계단변화가 도입되었을 때 정상상태에서 h의 변화폭은 얼마인가?

$$\dfrac{H(s)}{Q(s)} = \dfrac{1}{2s+1}$$

① 1 ② 2
③ 3 ④ 6

해설
$Q(s) = \dfrac{1}{s}$
$H(s) = \dfrac{1}{2s+1} \cdot \dfrac{1}{s}$
$= \dfrac{a}{2s+1} + \dfrac{b}{s}$
$= \dfrac{as + 2bs + b}{(2s+1)s}$
$\rightarrow b = 1, a = -2$
$= \dfrac{1}{s} - \dfrac{2}{2s+1} \xrightarrow{\mathcal{L}^{-1}} 1 - \dfrac{2}{2}e^{-\frac{t}{2}} = 1 - e^{-\frac{t}{2}}$
정상상태 : $t \to \infty$
$\therefore h(t) = 1$

68 1차계 2개로 이루어진 2차계에 관한 설명으로 옳은 것은?

① 2차계의 전달함수는 1차계 전달함수의 2배이다.
② 2차계의 계단응답은 1차계의 과도응답보다 빠르다.
③ 2차계의 감쇠계수(damping factor)는 1보다 작다.
④ 2차계의 감쇠계수(damping factor)는 1과 같거나 크다.

해설
1차계 2계로 이루어진 2차 계는 극점에 허수부가 없으므로 진동이 없는 과소감쇠 또는 임계감쇠에 해당한다. 그러므로 감쇠계수는 1과 같거나 크다.

정답 64 ② 65 ③ 66 ④ 67 ① 68 ④

69 단면적이 A, 길이가 L인 파이프 내에 평균속도 U로 유체가 흐르고 있다. 입구 유체온도와 출구 유체온도 사이의 전달함수는? (단, 파이프는 단열되어 파이프로부터 유체로 열전달은 없다.)

① $\dfrac{1}{\dfrac{L}{U}s+1}$ ② $e^{-\dfrac{AL}{U}s}$

③ $e^{\dfrac{L}{U}s}$ ④ $e^{-\dfrac{L}{U}s}$

해설

시간 t는 속도가 빠를수록 적게 걸리고, 길이가 길수록 오래 걸린다.

즉, $t = \dfrac{L(길이)}{U(속도)}$

지연시간 $= e^{-\dfrac{L}{U}s}$

70 전달함수 $G_{(s)} = e^{-2s}$에 대한 주파수 응답에 있어 위상지연각(phase lag)은? (단, radian frequency $(\omega) = 1$[rad/time]이다.)

① $28.7°$ ② $57.3°$
③ $114.6°$ ④ $287.0°$

해설

$\varnothing = \tan^{-1}(-시상수 \times 주파수) = \tan^{-1}(-2) = -63.4 = 116.6°$

71 다음 공정에 P 제어기가 연결된 닫힌 루프 제어계가 안정하려면 비례이득 K_c의 범위는? (단, 나머지 요소의 전달함수는 1이다.)

$$G_p(s) = \dfrac{1}{2s-1}$$

① $K_c < 1$ ② $K_c > 1$
③ $K_c < 2$ ④ $K_c > 2$

해설

$G(s) = \dfrac{\dfrac{K_c}{2s-1}}{1+\dfrac{K_c}{2s-1}} = \dfrac{K_c}{2s+K_c-1}$

특정방정식 $2s + K_c - 1 = 0$이므로

Routh array에서 $K_c - 1 > 0$이므로 $K_c > 1$이다.

72 피드포워드(feedforward) 제어에 대한 설명 중 옳지 않은 것은?

① 화학공정제어는 lead-lag 보상기로 피드포워드 제어기를 설계하는 일이 많다.
② 피드포워드 제어기는 폐루프 제어시스템의 안정도(stability)에 영향을 미치지 않는다.
③ 제어계 설계 시 피드포워드 제어와 피드백 제어 중 하나를 선택하여야 한다.
④ 피드포워드 제어기의 설계는 공정의 정적 모델, 혹은 동적 모델에 근거하여 설계될 수 있다.

해설

제어계 설계 시 피드포워드 제어의 피드백 제어 외에 캐스케이드 제어 등을 사용할 수 있다.

73 다음 그림과 같은 제어계의 전달함수 $\dfrac{Y(s)}{X(s)}$는 무엇인가?

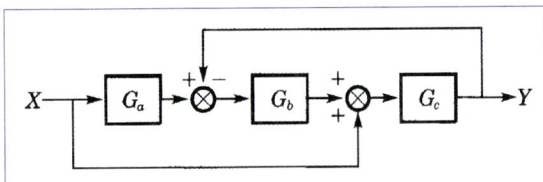

① $\dfrac{Y(s)}{X(s)} = \dfrac{G_c(1+G_aG_b)}{1+G_aG_bG_c}$

② $\dfrac{Y(s)}{X(s)} = \dfrac{G_aG_bG_c}{1+G_bG_c}$

③ $\dfrac{Y(s)}{X(s)} = \dfrac{G_aG_bG_c}{1+G_aG_bG_c}$

④ $\dfrac{Y(s)}{X(s)} = \dfrac{G_c(1+G_aG_b)}{1+G_bG_c}$

해설

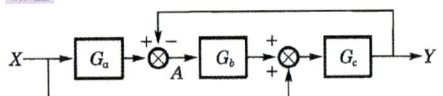

$A = G_aX - Y, \ Y = [G_b(G_aX-Y)+X]G_c$

$Y = (G_aG_bX - G_bY + X)G_c = (G_aG_bG_c + G_c)X - G_bG_cY$

$\therefore \dfrac{Y}{X} = \dfrac{G_c(1+G_aG_b)}{1+G_bG_c}$

74 PID 제어기의 작동식이 아래와 같을 때 다음 중 틀린 설명은?

$$p = K_C\varepsilon + \frac{K_C}{\tau_I}\int_0^t \varepsilon dt + K_C\tau_D\frac{d\varepsilon}{dt} + p_s$$

① p_s값은 수동모드에서 자동모드로 변환되는 시점에서의 제어기 출력값이다.
② 적분동작에서 적분은 수동모드에서 자동모드로 변환될 때 시작된다.
③ 적분동작에서 적분은 자동모드에서 수동모드로 전환될 때 중지된다.
④ 오차 절대값이 증가하다 감소하면 적분동작 절대값도 증가하다 감소하게 된다.

해설
오차 절대값이 증가하다 감소하더라도 부호가 바뀌지 않으면 적분동작의 값은 증가하거나 감소하는 상태를 유지한다.

75 다음 그림의 블록선도에서 $T_R'(s) = \frac{1}{s}$일 경우, 서보(servo) 문제의 정상상태 잔류편차(offset)는 얼마인가?

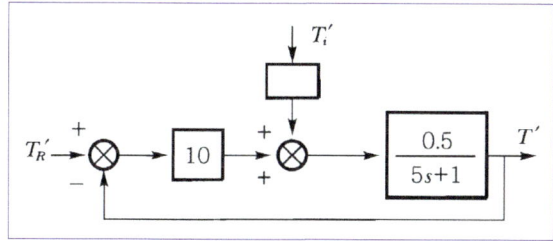

① 0.133
② 0.167
③ 0.189
④ 0.213

해설
$$\frac{T'}{T_R'} = \frac{\frac{5}{5s+1}}{1+\frac{5}{5s+1}} = \frac{5}{5s+6}$$

$$T' = \frac{1}{s}\cdot\frac{5}{5s+6}$$

$$\lim_{t\to\infty}T'(t) = \lim_{s\to 0}sT'(s) = \frac{5}{6}$$

따라서, offset $= 1 - \frac{5}{6} = \frac{1}{6} = 0.167$

76 공정의 전달함수와 제어기의 전달함수 곱이 $G_{OL}(s)$이고 다음의 식이 성립한다. 이 제어시스템의 Gain Margin(GM)과 Phase Margin(PM)은 얼마인가?

- $G_{OL}(3i) = -0.25$
- $G_{OL}(1i) = -\frac{1}{\sqrt{2}} - \frac{i}{\sqrt{2}}$

① GM = 0.25, PM = $\pi/4$
② GM = 0.25, PM = $3\pi/4$
③ GM = 4, PM = $\pi/4$
④ GM = 4, PM = $3\pi/4$

해설
$$GM = \frac{1}{G_{OL}(j\omega c)} = \frac{1}{0.25} = 4$$

$\tan^{-1}\varnothing_y = 1$이므로 $\varnothing_y = -\frac{3}{4}\pi$

$PM = \varnothing_y + x = \frac{\pi}{4}$

77 개회로 전달함수의 Phase lag가 180°인 주파수에서 Amplitude Ratio(AR)가 어느 범위일 때 폐회로가 안정한가?

① AR < 1
② AR < 1/0.707
③ AR > 1
④ AR > 0.707

해설
개회로 전달함수의 위상각이 −180°인 주파수에서 전폭비가 1보다 작을 때 안정

78 특성방정식이 $s^3 - 3s + 2 = 0$인 계에 대한 설명으로 옳은 것은?

① 안정하다.
② 불안정하고, 양의 중근을 갖는다.
③ 불안정하고, 서로 다른 2개의 양의 근을 갖는다.
④ 불안정하고, 3개의 양의 근을 갖는다.

해설
두 개의 양근을 가지므로 불안정

정답 74 ④ 75 ② 76 ③ 77 ① 78 ②

79 Routh array에 의한 안정성 판별법 중 옳지 않은 것은?

① 특성방정식의 계수가 다른 부호를 가지면 불안정하다.
② Routh array의 첫 번째 칼럼의 부호가 바뀌면 불안정하다.
③ Routh array test를 통해 불안정한 Pole의 개수도 알 수 있다.
④ Routh array의 첫 번째 칼럼에 0이 존재하면 불안정하다.

해설
Routh array 판별법에서 첫 번째 열의 요소가 0이 되면 Array가 구성되지 않는다.

80 증류탑의 응축기와 재비기에 수은기둥 온도계를 설치하고 운전하면서 한 시간마다 온도를 읽어 다음 그림과 같은 데이터를 얻었다. 이 데이터와 수은기둥 온도값 각각의 성질로 옳은 것은?

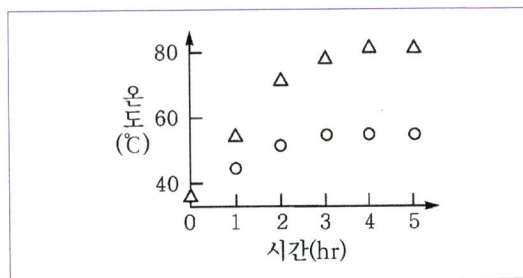

① 연속(coutinuous), 아날로그
② 연속(coutinuous), 디지털
③ 이산시간(discrete-time), 아날로그
④ 이산시간(discrete-time), 디지털

해설
한 시간마다 온도를 읽어 이산시간, 수은기둥 온도계를 사용했으므로 아날로그 데이터이다.

정답 79 ④ 80 ③

M/E/M/O

제10회 적중 예상문제

제1과목 공업합성

01 95.6% 황산 100g을 40% 발연황산을 이용하여 100% 황산을 만들려고 한다. 이론적으로 필요한 발연황산의 무게(g)는?

① 42.4 ② 48.9
③ 53.6 ④ 60.2

해설

95.6% 황산 100g ┌ 95.6g H_2SO_4
　　　　　　　　└ 4.4g H_2O

100% 황산을 만들기 위해 4.4g H_2O → H_2SO_4로 전환
$SO_3 + H_2O → H_2SO_4$

4.4g H_2O → 4.4/1g = 0.24mol H_2O
즉, 0.244mL의 SO_3 필요

$$\frac{0.244\,mol\,SO_3}{} \cdot \frac{80g\,SO_3}{1\,mol\,SO_3} \cdot \frac{100}{40} = 48.9g$$

02 암모니아 산화법에 의하여 질산을 제조하면 상압에서 순도가 약 65% 내외가 되어 공업적으로 사용하기 힘들다. 이럴 경우 순도를 높이기 위해 일반적으로 어떻게 하는가?

① H_2SO_4의 흡수제를 첨가하여 3성분계를 만들어 농축한다.
② 온도를 높여 끓여서 물을 날려 보낸다.
③ 촉매를 첨가하여 부가반응을 시킨다.
④ 계면활성제를 사용하여 물을 제거한다.

해설

암모니아 산화법에서 질산 제조 시 상압에서 순도가 약 65% 내외가 되어 공업적으로 사용하기 힘들 경우 순도를 높이기 위해 H_2SO_4의 흡수제를 첨가하여 3성분계를 만들어 농축한다.

03 염소(Cl_2)에 대한 설명으로 틀린 것은?

① 염소는 식염수의 전해로 제조할 수 있다.
② 염소는 황록색의 유독가스이다.
③ 건조 상태의 염소는 철, 구리 등을 급격하게 부식시킨다.
④ 염소는 살균용, 표백용으로 이용된다.

해설

③ 습한 상태의 염소는 철, 구리 등을 급격하게 부식시킨다.

04 인산 제조법 중 건식법에 대한 설명으로 틀린 것은?

① 전기로법과 용광로법이 있다.
② 철과 알루미늄 함량이 많은 저품위의 광석도 사용할 수 있다.
③ 인의 기화와 산화를 별도로 진행시킬 수 있다.
④ 철, 알루미늄, 칼슘의 일부가 인산 중에 함유되어 있어 순도가 낮다.

해설

④ 철, 알루미늄, 칼슘의 일부가 인산 중에 함유되어 있어 순도가 높다.

05 암모니아 소다법에 주된 단점에 해당하는 것은?

① 원료 및 중간 과정에서의 물질을 재사용하는 것이 불가능하다.
② Na 변화율이 20% 미만으로 매우 낮다.
③ 염소의 회수가 어렵다.
④ 암모니아의 회수가 불가능하다.

해설

암모니아 소다법 단점 : 염소의 회수가 어렵다.

정답 01 ② 02 ① 03 ③ 04 ④ 05 ③

06 격막법에서 사용하는 식염수의 농도는 30g/100mL 이다. 분해율은 50%일 때 전체 공정을 통한 염의 손실률이 5%이면 몇 m^3의 식염수를 사용하여 NaOH 1ton을 생산할 수 있는가? (단, NaCl 분자량은 58.5이고, NaOH 분자량은 40이다.)

① 10.26 ② 20.26
③ 30.26 ④ 40.26

해설

NaCl + H₂O → NaOH + HCl

NaOH의 양 : $1,000kg \times \dfrac{1kmol}{40kg} = 25kmol$

NaCl = 25kmol 존재

$25kmol \times 2 \times \dfrac{58.5kg}{1kmol} = 2,925kg$

$2,925kg \times \dfrac{100}{95}(손실률) \times \dfrac{100mL}{30g} \times \dfrac{1m^3}{10^5 mL} = 10.26m^3$

07 가성소다 제조 시 수은법에서 해홍실에 넣어 단락 전지를 구성하는 물질은?

① 흑연 ② 철
③ 구리 ④ 니켈

해설

가성소다 제조방법 중 전해법에서
㉠ 수은법
- 음극 : $Na^+ + (Hg) + e^- \rightarrow Na(Hg)$
  $2H^+ + 2e^- \rightarrow H_2$
- 양극 : 흑연전극

㉡ 격막법
- 양극 : 산소와 염소가 방전된다.
- 음극 : 철망, 다공 철판 등이 이용된다.

08 다음 중 질소질 비료가 아닌 것은?

① 요소 ② 질산암모늄
③ 석회질소 ④ 용성인비

해설

④ 용성인비 : 인산질 비료

09 다음의 설명에 가장 잘 부합되는 연료전지는?

- 전극으로는 세라믹 산화물이 사용된다.
- 작동온도는 약 1,000℃이다.
- 수소나 수소/일산화탄소 혼합물을 사용할 수 있다.

① 인산형 연료전지(PAFC)
② 용융탄산염 연료전지(MCFC)
③ 고체 산화물형 연료전지(SOFC)
④ 알칼리 연료전지(AFC)

해설

고체 산화물형 연료전지(SOFC)의 설명이다.

10 반도체 제조공정 중 원하는 형태로 패턴이 형성된 표면에서 원하는 부분을 화학반응 또는 물리적 과정을 통해 제거하는 공정은?

① 세정 ② 에칭
③ 리소그래피 ④ 이온주입공정

해설

에칭공정의 설명이다.

11 카프락탐에 관한 설명으로 옳은 것은?

① 나일론 6,6의 원료이다.
② cyclohexanone oxime을 황산처리하면 생성된다.
③ cyclohexanone과 암모니아의 반응으로 생성된다.
④ cyclohexanone 및 초산과 아민의 반응으로 생성된다.

해설

카프로락탐 개환중합으로 얻어지는 섬유는 나일론 6이다.

정답 06 ① 07 ① 08 ④ 09 ③ 10 ② 11 ②

적중 예상문제

12 다음 중 설폰화 반응이 가장 일어나기 쉬운 화합물은 어느 것인가?

해설

설폰화 반응 : 방향족 탄화수소의 수소원자가 설폰산 작용기에 의해 치환되는 유기반응

⇒ (benzene-NH₂)

13 R–COOH와 SOCl₂ 또는 PCl₅를 반응시킬 때 주 생성물은?

① R–Cl ② R–CH₂Cl
③ R–COCl ④ R–CHCl₂

해설

$R-COOH \xrightarrow{SOCl_2 \text{ 또는 } PCl_5} R-COCl$

14 일반적으로 많이 사용하고 있는 페놀의 공업적 제조방법으로 페놀과 아세톤을 동시에 합성할 수 있는 것은?

① Raschig법 ② Cumene법
③ Dow법 ④ Toluene법

해설

② Cumene법

(벤젠) + CH₃CH=CH₂ $\xrightarrow{AlCl_3}$ (큐멘) $\xrightarrow{4~6기압, 100℃}$

(큐멘하이드로퍼옥사이드) $\xrightarrow{H_2SO_4, 45~75℃}$ (페놀) + CH₃COCH₃

15 다음 중 석유의 전화법으로 거리가 먼 것은 어느 것인가?

① 개질법 ② 이성화법
③ 수소화법 ④ 고리화법

해설

석유의 전화법
㉠ 개질법, ㉡ 이성화법, ㉢ 수소화법

16 석유화학공정 중 전화(conversion)와 정제로 구분할 때 전화공정에 해당하지 않는 것은?

① 분해(cracking)
② 알킬화(alkylation)
③ 스위트닝(sweetening)
④ 개질(reforming)

해설

스위트닝(sweetening) : 가솔린, 등유 등의 유분에 함유되는 티올을 산화 탈수소하여 이황화물로 변화시켜 불쾌한 냄새와 부식성을 제거하는 조작이다.

17 용액중합반응의 일반적인 특징을 옳게 설명한 것은?

① 유화제로는 계면활성제를 사용한다.
② 온도조절이 용이하다.
③ 높은 순도의 고분자물질을 얻을 수 있다.
④ 물을 안정제로 사용한다.

해설

용액중합반응은 온도조절이 용이하다.

18 중량 평균분자량 측정법에 해당하는 것은?

① 말단기분석법 ② 분리막 삼투압법
③ 광산란법 ④ 비점상승법

해설

광산란법(light scttering method) : 빛의 산란을 이용하여 고분자나 콜로이드 입자의 분자량, 크기, 형 등을 검색하는 방법, 용액 속에서는 용질 때문에 굴절률이 요동해 입사광이 흩어진다.

정답 12 ③ 13 ③ 14 ② 15 ④ 16 ③ 17 ② 18 ③

19 고분자에서 열가소성과 열경화성의 일반적인 특징을 옳게 설명한 것은?

① 열가소성 수지는 유기용매에 녹지 않는다.
② 열가소성 수지는 분자량이 커지면 용해도가 감소한다.
③ 열가소성 수지는 열에 잘 견디지 못한다.
④ 열가소성 수지는 가열하면 경화하다가 더욱 가열하면 연화한다.

해설
① 열가소성 수지는 유기용매에 녹는다.
③ 열가소성 수지는 열에 잘 견딘다.
④ 열가소성 수지는 가열하면 연화하다가 더욱 가열하면 쉽게 변형된다.

20 다음 중 CFC-113에 해당되는 것은?

① $CFCl_3$
② $CFCl_2CF_2Cl$
③ CF_3CHCl_2
④ $CHClF_2$

해설
CFC-113 : $CFCl_2CF_2Cl$

제2과목 반응운전

21 SI 단위계의 유도단위와 차원의 연결이 틀린 것은? (단, 차원의 표기법은 시간 : t, 길이 : L, 질량 : M, 온도 : T, 전류 : I이다.)

① Hz(hertz) : t^{-1}
② C(coulomb) : $I \times t^{-1}$
③ J(joule) : $M \times L^2 \times t^{-2}$
④ rad(radian) : (무차원)

해설
Coulomb : 1A의 전류가 1초 동안 흐를 때 이동하는 전하의 양
∴ $1C = 1A \times 1s$이므로 It이다.

22 엔탈피 H에 관한 식이 다음과 같이 표현될 때 식에 관한 설명으로 옳은 것은?

$$dH = \left(\frac{\partial H}{\partial T}\right)_P dT + \left(\frac{\partial H}{\partial P}\right)_T dP$$

① $\left(\frac{\partial H}{\partial T}\right)_P$는 P의 함수이고, $\left(\frac{\partial H}{\partial T}\right)_T$는 T의 함수이다.
② $\left(\frac{\partial H}{\partial T}\right)_P$, $\left(\frac{\partial H}{\partial T}\right)_T$ 모두 P의 함수이다.
③ $\left(\frac{\partial H}{\partial T}\right)_P$, $\left(\frac{\partial H}{\partial P}\right)_T$ 모두 T의 함수이다.
④ $\left(\frac{\partial H}{\partial T}\right)_P$는 T의 함수이고, $\left(\frac{\partial H}{\partial P}\right)_T$는 P의 함수이다.

해설
$\left(\frac{\partial H}{\partial T}\right)_P$는 T의 함수이고, $\left(\frac{\partial H}{\partial P}\right)_T$는 P의 함수이다.

23 비리얼(Virial)식으로부터 유도된 옳은 식은? (단, B = 제2비리얼계수, Z = 압축계수)

① $B = R\lim_{P \to 0}\left(\frac{P}{Z-1}\right)$
② $B = R \cdot T\lim_{P \to 0}\left(\frac{P}{Z-1}\right)$
③ $B = R\lim_{P \to 0}\left(\frac{Z-1}{P}\right)$
④ $B = R \cdot T\lim_{P \to 0}\left(\frac{Z-1}{P}\right)$

해설
$Z = 1 + \frac{BP}{RT}$
$PV = ZRT$
∴ $PV = RT + BP$
$B = V - \frac{RT}{P} = \frac{ZRT}{P} - \frac{RT}{P} = \frac{(Z-1)}{P}RT$

정답 19 ② 20 ② 21 ② 22 ④ 23 ④

24 0℃, 1atm의 물 1kg이 100℃, 1atm의 물로 변하였을 때 엔트로피 변화는 몇 kcal/K인가? (단, 물의 비열은 1.0cal/g·K이다.)

① 100
② 1.366
③ 0.312
④ 0.136

해설

$$\Delta S = mC_P \ln\frac{T_2}{T_1} + R\ln\frac{P_2}{P_1}$$
$$= mC_P \ln\frac{T_2}{T_1} = 1kg \times 1kcal/kg \cdot K \times \ln\frac{373}{273}$$
$$= 0.312 kcal/K$$

25 역학적으로 가역인 비흐름과정에 대하여 이상기체의 폴리트로픽 과정(Polytropic process)은 PV^n이 일정하게 유지되는 과정이다. 이때 n값이 열용량비(또는 비열비)라면 어떤 과정인가?

① 단열과정(Adiabatic process)
② 정온과정(Isothermal process)
③ 가역과정(Reversible process)
④ 정압과정(Isobaric process)

해설

$PV^n = C$
$TV^{n-1} = C$
$\left(\frac{T_2}{T_1}\right) = \left(\frac{P_2}{P_1}\right)^{\frac{n-1}{n}}$

26 어떤 실제기체의 실제상태에서 가지는 열역학적 특성치와 이상상태에서 가지는 열역학적 특성치의 차이를 나타내는 용어는?

① 부분성질(partial property)
② 과잉성질(excess property)
③ 시강성질(intensive property)
④ 잔류성질(residual property)

해설
잔류성질이란 실제 상태에서 특성치에서 이상 상태의 특성치를 뺀 값이다.

27 1,540°F와 440°F 사이에서 작동하고 있는 카르노 사이클 열기관(Carnot cycle heat engine)의 효율은?

① 29%
② 35%
③ 45%
④ 55%

해설

$n_c = 1 - \frac{T_2}{T_1} = 1 - \frac{500}{1110.8} = 0.55(55\%)$
$T_1 = t_{c_1} + 273 = 837.8 + 273 = 1110.8K$
$t_{c_1} = \frac{5}{9}(F-32), 837.8℃ = \frac{5}{9}(1,540-32)$
$T_2 = t_{c_2} + 273 = 226.7 + 273 = 500K$
$t_{c_2} = \frac{5}{9}(F-32) = \frac{5}{9}(400-32) = 226.7℃$

28 2성분계 공비 혼합물에서 성분 A, B의 활동도 계수를 γ_A와 γ_B, 포화증기압을 P_A 및 P_B라 하고, 이 계의 전압을 P_t라 할 때 수정된 Raoult의 법칙을 적용하여 γ_B를 옳게 나타낸 것은? (단, B 성분의 기상 및 액상에서의 몰분율은 y_B와 X_B이며, 퓨가시티계수 $\widehat{\varnothing}_B = 1$이라 가정한다.)

① $\gamma_B = P_t/P_B$
② $\gamma_B = P_t/P_B(1-X_A)$
③ $\gamma_B = P_t y_B/P_B$
④ $\gamma_B = P_t/P_B X_B$

해설

$y_i P = x_i \gamma_i P_i^{sat}$
$y_A P + y_b P = x_A \gamma_A P_A^{sat} + x_B \gamma_B P_B^{sat} = P_t$
$y'_A P_t = x'_A \gamma_A P_A$
$y'_B P_t = x'_B \gamma_B P_B$
공비점에서는 액체와 기체의 조성이 같다.
$\gamma_B = \frac{P_t}{P_B}$

정답 24 ③ 25 ① 26 ④ 27 ④ 28 ①

29 화학평형상수에 미치는 온도의 영향을 옳게 나타낸 것은? (단, ΔH^o는 표준반응 엔탈피로서 온도에 무관하며, K_o는 온도 T_o에서의 평형상수, K는 온도 T에서의 평형상수이다.)

① 발열반응이면 온도 증가에 따라 화학평형상수는 증가
② $\Delta H^o = -RT\dfrac{d\ln K}{dT}$
③ $\ln \dfrac{K}{K_o} = -\dfrac{\Delta H^o}{R}\left(\dfrac{1}{T} - \dfrac{1}{T_o}\right)$
④ $\dfrac{\Delta G^o}{RT} = \ln K$

해설
① 발열반응 : 온도 증가에 따라 화학평형상수 감소
② $\dfrac{d\ln K}{dT} = \dfrac{\Delta H^o}{RT^2}$
④ $\Delta G^o = -RT\ln K$

30 우유를 저온살균할 때 63℃에서 30분이 걸리고, 74℃ 에서는 15초가 걸렸다. 이때 활성화 에너지는 약 몇 kJ/mol인가?

① 365 ② 401
③ 422 ④ 450

해설
$\tau \propto \dfrac{1}{rA}$
$\therefore k_1 : k_2 = \dfrac{1}{1,800} : \dfrac{1}{15} = 1 : 120$
$k = Ae^{-\frac{E}{RT}}$
$\left(\dfrac{k_2}{k_1}\right) = 120 \dfrac{Ae^{-\frac{E}{RT_2}}}{Ae^{-\frac{E}{RT_1}}} = e^{\frac{E}{R}\left(\dfrac{1}{T_1} - \dfrac{1}{T_2}\right)}$

 ln

$\ln 120 = \dfrac{E}{R}\left(\dfrac{1}{T_1} - \dfrac{1}{T_2}\right) = \dfrac{E}{8.314}\left(\dfrac{1}{336} - \dfrac{1}{347}\right)$
$\therefore E = 4.22 \times 10^5 \text{J/mol}$
$= 422 \text{kJ/mol}$

31 화학 평형상태에서 CO, CO_2, H_2, H_2O 및 CH_4로 구성되는 기상계에서 자유도는?

① 3 ② 4
③ 5 ④ 6

해설
$2 - 1 + 5 - 2 = 4$
$CH_4 + H_2O \leftrightarrows CO + 3H_2$
$CH_4 + 2H_2O \leftrightarrows CO_2 + 4H_2$

32 일반적인 반응 $A \to B$에서 생성되는 물질기준의 반응속도 표현을 옳게 나타낸 것은? (단, n은 몰수, V_R은 반응기의 부피이다.)

① $r_B = \dfrac{1}{V_R} \cdot \dfrac{dn_B}{dt}$ ② $r_B = -\dfrac{1}{V_R} \cdot \dfrac{dn_B}{dt}$
③ $r_A = \dfrac{2}{V_R} \cdot \dfrac{dn_A}{dt}$ ④ $r_A = -\dfrac{2}{V_R} \cdot \dfrac{dn_A}{dt}$

해설
$r_A = -\dfrac{1}{V_R} \cdot \dfrac{dn_A}{dt}$

33 정용회분식 반응기(batch reactor)에서 반응물 A ($C_{Ao} = 1 mol/L$)가 80% 전환되는 데 8분 걸렸고, 90% 전환되는 데 18분이 걸렸다면 이 반응은 몇 차 반응인가?

① 0차 ② 2차
③ 2.5차 ④ 3차

해설
$-\dfrac{dC_A}{dt} = r_A$
• 0차 : k • 2차 : kC_A^2 • 2.5차 : $kC_A^{2.5}$
$-r_A = -\dfrac{dC_A}{dt} = kC_A^n = kC_{Ao}^n(1-X_A)^n$
$C_A^{1-n} - C_{Ao}^{1-n} = k(n-1)t$
$C_{Ao}^{1-n}(1-X_A)^{1-n} - C_{Ao}^{1-n} = k(n-1)t$
$(1-X_A)^{1-n} - 1 = k(n-1)t$
$(1-0.8)^{1-n} - 1 = k(n-1)t \times 8 \cdots $ ⓐ
$(1-0.9)^{1-n} - 1 = k(n-1)t \times 18 \cdots $ ⓑ
$\therefore $ ⓐ와 ⓑ식에 의해서 2차 반응이다.

정답 29 ③ 30 ③ 31 ② 32 ① 33 ②

34 $A \to C$의 촉매반응이 다음과 같은 단계로 이루어진다. 탈착반응이 율속단계 일 때 Langmuir Hinshelwood모델의 반응속도식으로 옳은 것은? (단, A는 반응물, S는 활성점, AS와 CS는 흡착 중간체이며, k는 속도상수, K는 평형상수, S_0는 초기 활성점, [ ]는 농도를 나타낸다.)

- 단계 1 : $A + S \xrightleftharpoons{k_1} AS$
  $[AS] = K_1[S][A]$
- 단계 2 : $AS \xrightleftharpoons{k_2} CS$
  $[CS] = K_2[AS] = K_2K_1[S][A]$
- 단계 3 : $CS \xrightarrow{k_3} C + S$

① $r_3 = \dfrac{[S_0]k_1K_1K_2[A]}{1+(K_1+K_2K_1)[A]}$

② $r_3 = \dfrac{[S_0]k_3K_1K_2[A]}{1+(K_1+K_2K_1)[A]}$

③ $r_3 = \dfrac{[S_0]k_1k_2K_1K_2[A]}{1+(K_1+K_2K_1)[A]}$

④ $r_3 = \dfrac{[S_0]k_1k_3K_1K_2[A]}{1+(K_1+K_2K_1)[A]}$

해설

$A(g) + S \xrightleftharpoons[k_1']{k_1} AS, \ AS \xrightleftharpoons[k_2']{k_2} BS$

$BS \xrightleftharpoons[k_3']{k_2} B(g) + S$ 에서 탈착의 반응속도 결정 관계식

$r = \dfrac{C_T k_3 K_1 K_2 (P_A - P_B)/K}{1 + K_1(1+K_2)P_A}$

35 그림과 같은 기초적 반응에 대한 농도–시간 곡선을 가장 잘 표현하고 있는 반응 형태는?

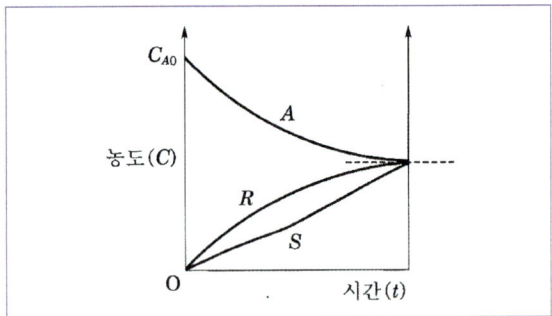

① $A \xrightleftharpoons[1]{1} R \xrightleftharpoons[1]{1} S$ ② $A \xrightleftharpoons[10]{1} R \xrightleftharpoons[1]{1} S$

③ $A \xrightarrow{1} R \xrightleftharpoons[1]{1} S$ ④ $A \xrightarrow{1} R \xrightleftharpoons[10]{1} S$

해설

$C_{Aeq} = C_{Req} = C_{Seq}$

36 그림은 단열 조작에서 에너지 수지식의 도식적 표현이다. 발열반응의 경우 불활성 물질을 증가시켰을 때 단열 조작선은 어느 방향으로 이동하겠는가? (단, 실선은 불활성 물질이 없는 경우를 나타낸다.)

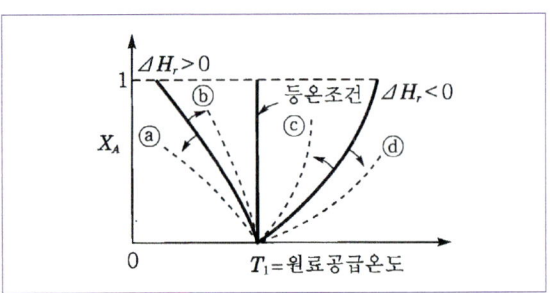

① ⓐ   ② ⓑ
③ ⓒ   ④ ⓓ

해설

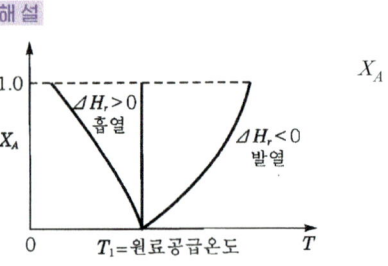 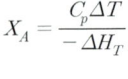

$X_A = \dfrac{C_p \Delta T}{-\Delta H_T}$

정답 34 ② 35 ① 36 ③

37 성분 A의 비가역반응에 대한 혼합 흐름 반응기의 설계식으로 옳은 것은? (단, N_A : A성분의 몰수, V : 반응기 부피, t : 시간, F_{A0} : A의 초기유입유량, F_A : A의 출구 몰유량, r_A : 반응속도를 의미한다.)

① $\dfrac{dN_A}{dt^2} = r_A V$ ② $V = \dfrac{F_{A0} - F_A}{-r_A}$

③ $\dfrac{dF_A}{dV} = r_A$ ④ $-\dfrac{dN_A}{dt} = -r_A V$

해설

$F_{A0} = F_A + (-r_A)V + \dfrac{dN_A}{dt}$, $\dfrac{dN_A}{dt} = 0 \Rightarrow V = \dfrac{F_{A0} - F_A}{-r_A}$

38 혼합 흐름 반응기에 3L/h로 반응물을 유입시켜서 75%가 전환될 때의 반응기 부피(L)는? (단, 반응은 비가역적이며, 반응속도상수(k)는 0.0207/min, 용적 변화율(ε)은 0이다.)

① 7.25 ② 12.7
③ 32.7 ④ 42.7

해설

속도상수의 단위가 $\min^{-1}$이므로 이 반응은 1차 반응임을 유추할 수 있다.

$-r_A \left[\dfrac{mol}{L \cdot min}\right]$

$V = \dfrac{F_{A0}X}{-r_A} = \dfrac{C_{A0}v_0 X}{kC_{A0}(1-X)} = \dfrac{v_0 X}{k(1-X)} = 7.24L$

39 (CH₃)₂O → CH₄ + CO + H₂ 기상반응이 1atm, 550℃의 CSTR에서 진행될 때 (CH₃)₂O의 전화율이 20%될 때의 공간시간(s)은? (단, 속도상수는 $4.50 \times 10^{-3} s^{-1}$이다.)

① 87.78 ② 77.78
③ 67.78 ④ 57.78

해설

$\tau = \dfrac{1}{k} \cdot \dfrac{X_A}{1-X_A}(1+\varepsilon_A X_A)$

$\varepsilon_A = \dfrac{3-1}{1} = 2$

$\therefore \tau = 77.78s$

40 두 개의 CSTR을 직렬 연결했을 때, 반응기의 최적 부피에 대한 설명으로 가장 거리가 먼 것은?

① 최적 부피는 반응속도에 의존한다.
② 1차 반응이면 부피가 같은 반응기를 사용한다.
③ 차수가 1보다 크면 큰 반응기를 먼저 놓는다.
④ 최적 부피는 전화율에 의존한다.

해설

두 반응기가 필요한 경우
㉠ n이 1차면 동일 크기
㉡ $n > 1$이면, 작은 것 먼저, 큰 것 나중
㉢ $n < 1$이면, 큰 것 먼저, 작은 것 나중
관형과 혼합일 경우 : 관형 먼저, 혼합 나중

제3과목 단위공정관리

41 수소와 질소의 혼합물의 전압이 500atm이고, 질소의 분압이 250atm이라면 이 혼합기체의 평균분자량은?

① 3.0 ② 8.5
③ 9.4 ④ 15.0

해설

$P = 500$atm
$P_{N_2} = 250$atm → $P_{H_2} = P - P_{N_2} = 250$atm

⇒ 혼합물이 n몰 존재한다면 질소와 수소는 각각 $\dfrac{1}{2}n$몰씩 존재한다.

$\therefore \overline{M} = \dfrac{28\dfrac{g}{mol} \times \left(\dfrac{n}{2}\right)mol + 2\dfrac{g}{mol} \times \left(\dfrac{n}{2}\right)mol}{n(mol)} = 15g/mol$

42 "고체나 액체의 열용량은 그 화합물을 구성하는 개개 원소의 열용량의 합과 같다."는 누구의 법칙인가?

① Dulong Petit ② Kopp
③ Trouton ④ Hougen Watson

해설

Kopp의 법칙의 설명이다.

정답 37 ② 38 ① 39 ② 40 ③ 41 ④ 42 ②

43 15℃에서 포화된 NaCl 수용액 100kg을 65℃로 가열하였을 때 이 용액에 추가로 용해시킬 수 있는 NaCl은 약 kg인가? (단, 15℃에서 NaCl의 용해도는 6.12kmol/1,000kg H₂O, 65℃에서 NaCl의 용해도는 6.37kmol/1,000kg H₂O이다.)

① 1.1　　② 2.1
③ 3.1　　④ 4.1

해설
NaCl 분자량 : 58

$$\frac{6.12\text{kmol}}{} \cdot \frac{58\text{kg}}{\text{kmol}} = 355\text{kg}$$

$$\frac{6.37\text{kmol}}{} \cdot \frac{58\text{kg}}{\text{kmol}} = 369\text{kg}$$

$x : 100 = 355 : 1,355$ (15 CENTIGRADE)
∴ $x = 26.2$ (NaCl)
$100 - 26.2 = 73.8$kg(물)
$y : 73.8 = 369 : 1,000$ (65℃)
∴ $y = 27.2$kg
⇒ $y - x = 27.2 - 26.2 = 1$kg

44 다음과 같은 화학반응에서 공급물의 몰유량(molar flow rate)은 100kmol/h이고, C₂H₄ 40kmol/h가 생산되고 CH₄의 생산이 5kmol/h로 병행되고 있다면 메탄에 대한 에틸렌의 선택도(selectivity) S는?

$$C_2H_6 \rightarrow C_2H_4 + H_2 \text{(주반응)}$$
$$C_2H_6 + H_2 \rightarrow 2CH_4 \text{(부반응)}$$

① $S = 0.05$mol CH₄/mol 공급물
② $S = 0.8$mol 공급물/mol CH₄
③ $S = 8$mol C₂H₄/mol CH₄
④ $S = 8$mol C₂H₄/mol 공급물

해설
$$S = \frac{\text{에틸렌몰수}}{\text{메탄몰수}} = \frac{40\text{kmol/h C}_2\text{H}_4}{5\text{kmol/h CH}_4}$$
∴ 8mol C₂H₄/mol CH₄

45 미분수지(differential balabce)의 개념에 대한 설명으로 가장 옳은 것은?

① 어떤 한 시점에서 계의 물질 출입관계를 나타낸 것이다.
② 계에서의 물질 출입관계를 성분 및 시간과 무관한 양으로 나타낸 것이다.
③ 계로 특정성분이 유출과 관계없이 투입되는 총 누적 양을 나타낸 것이다.
④ 계에서의 물질 출입관계를 어느 두 질량 기준 간격 사이에 일어난 양으로 나타낸 것이다.

해설
미분수지는 특정한 시점에서의 수지이다.

46 열에 관한 용어의 설명 중 틀린 것은?

① 표준 생성열은 표준조건에 있는 원소로부터 표준 조건의 혼합물로 생성될 때의 반응열이다.
② 표준 연소열은 25℃, 1atm에 있는 어떤 물질과 산소분자와의 산화반응에서 생기는 반응열이다.
③ 표준 반응열이란 25℃, 1atm의 상태에서의 반응열을 말한다.
④ 진발열량이란 연소해서 생성된 물이 액체 상태일 때의 발열량이다.

해설
진발열량 : 연소해서 생성된 물이 기체상태일 때의 발열량

47 무차원 항이 밀도와 관계 없는 것은?

① 레이놀즈(Reynolds)수
② 너셀(Nusselt)수
③ 슈미트(Schmidt)수
④ 그라쇼프(Grashof)수

해설
① $N_{Re} = \dfrac{D_u \rho}{\mu}$　　② $N_{Sc} = \dfrac{\mu}{\rho D_G}$
③ $N_u = \dfrac{hD}{K}$　　④ $N_{Gr} = \dfrac{gD^3 \rho^2 \beta \Delta t}{\mu^2}$

정답 43 ①　44 ③　45 ①　46 ④　47 ②

48 정상상태로 흐르는 유체가 유로의 확대된 부분을 흐를 때 변화하지 않는 것은?

① 유량　　② 유속
③ 압력　　④ 유동단면적

해설

정상상태로 흐르는 유체가 유로의 확대된 부분을 흐를 때 유량은 변화하지 않는다.

49 다음 중 국부속도(local velocity) 측정에 가장 적합한 것은?

① 오리피스미터　　② 피토관
③ 벤투리미터　　④ 로터미터

해설

피토관은 배관에서 점속도를 측정할 때 쓰이는 계측기이다.

50 두께 150mm의 노벽에 두께 100mm의 단열재로 보온한다. 노벽의 내면온도는 700℃이고, 단열재 외면온도는 40℃이다. 노벽 10m²로부터 10시간동안 잃은 열량은? (단, 노벽과 단열재의 열전도는 각각 3.0 및 0.1kcal/m·h·℃이다.)

① 6285.7kcal　　② 6754.4kcal
③ 62857.0kcal　　④ 67.544kcal

해설

$q = KA \dfrac{\Delta T}{\Delta L}$

노벽 150mm | 단열재 100mm
700℃ | 40℃

$\dfrac{q}{A} = \dfrac{660}{\dfrac{0.15}{3} + \dfrac{0.1}{0.1}} = 628.57 \text{kcal/m}^2 \cdot \text{h}$

노벽 10m²로부터 10시간 동안 잃은 열량
= 628.57kcal/m²·h × 10m² × 10h = 62,857kcal

51 확산계수의 차원으로 옳은 것은? (단, L은 길이, T는 시간이다.)

① L/T　　② L^2/T
③ L^3/T　　④ L/T^2

해설

Fick's law

$J = -D \dfrac{dC}{dX}$

$[\text{mol/s} \cdot \text{m}^2] = -[\text{m}^2/\text{s}][\text{mol/m}^3 \cdot \text{m}]$

52 전압이 1atm에서 n-헥산과 n-옥탄의 혼합물이 기-액 평형에 도달하였다. n-헥산과 n-옥탄의 순성분 증기압이 1,025mmHg와 173mmHg이다. 라울의 법칙이 적용된 경우 n-헥산의 기상 평형 조성은 약 얼마인가?

① 0.93　　② 0.69
③ 0.57　　④ 0.49

해설

n-헥산의 몰분율
$1.025 \times x_h + 173(1 - x_h) = 760$
$x_h = 0.69$

n-헥산의 기상 평형 조성
$\dfrac{1,025 \times 0.69}{760} = 0.93$

53 상계점(plait point)에 대한 설명으로 옳지 않은 것은?

① 추출상과 추잔상의 조성이 같아지는 점이다.
② 상계점에서 2상(相)이 1상이 된다.
③ 추출상과 평형에 있는 추잔상의 대응선(tie-line)의 길이가 가장 길어지는 점이다.
④ 추출상과 추잔상이 공존하는 점이다.

해설

③ 추잔상의 대응선이 가장 짧아지는 점이다.

정답 48 ① 49 ② 50 ③ 51 ② 52 ① 53 ③

54 다음 x(액상 조성)−y(기상 조성) 도표에서 원료가 비점 이하로 공급될 때의 급액선(q-line)은?

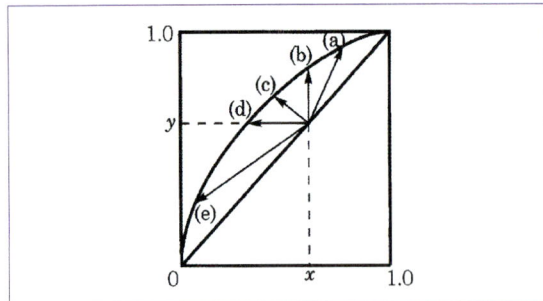

① (a)   ② (b)
③ (c)   ④ (d)

해설

q선(원료선)의 방정식

$$y = \frac{q}{q-1}x - \frac{x_F}{q-1}$$

여기서, $\dfrac{q}{q-1}$: 기울기, $\dfrac{x_F}{q-1}$: 절편

문제의 $x-y$ 도표로부터 다음을 알 수 있다.

(a) : 원료가 비점 이하로 공급될 때 $q>1$, $\dfrac{q}{q-1}>1$

(b) : 원료가 비점일 때(포화액체) $q=1$, $\dfrac{q}{q-1}=\infty$

(C) : 원료가 기·액 공존일 때 $0<q<1$, $\dfrac{q}{q-1}<0$

(d) : 원료가 노점으로 공급될 때(포화증기) $q=0$, $\dfrac{q}{q-1}=0$

(e) : 원료가 과열증기일 때 $q<0$, $\dfrac{q}{q-1}<1$

55 충전탑 내 기체 공급유량을 증가시키면 기-액상의 접촉이 증가하고 효율이 증가하지만, 특정한 값 이상이 되면 탑 전체가 액체로 채워져 운전할 수 없게 된다. 이때의 기체속도를 무엇이라고 하는가?

① 총괄속도(overall velocity)
② 범람속도(flooding velocity)
③ 평형속도(equivalent velocity)
④ 공탑속도(superficial velocity)

해설

비밀동반 현상이 일어나는 때 속도는 범람속도이다.

56 물질의 증발잠열(heat of vaporization)을 예측하는 데 사용되는 식은?

① Raoult의 식
② Fick의 식
③ Clausius−Clapeyron의 식
④ Fourier의 식

해설

Clausius−Clapeyron 식 : $d\ln P = \dfrac{\Delta HV}{RT}$
증발잠열을 예측하는 데 사용된다.

57 펄프로 종이의 연속 시트(sheet)를 만들 경우 다음 중 가장 적당한 건조기는?

① 터널 건조기(Tunnel dryer)
② 회전 건조기(Rotary dryer)
③ 상자 건조기(Tray dryer)
④ 원통형 건조기(Cylinder dryer)

해설

펄프로 종이의 연속 시트를 만들 경우, 원통형 건조기가 가장 적당하다.

58 25℃에서 71g의 Na_2SO_4를 증류수 200g에 녹여 만든 용액의 증기압(mmHg)은? (단, Na_2SO_4의 분자량은 142g/mol이고, 25℃ 순수한 물의 증기압은 25mmHg이다.)

① 23.9   ② 22.0
③ 20.1   ④ 18.5

해설

Na_2SO_4의 몰수 : $n = \dfrac{71}{142} = 0.5\,\text{mol}$

물의 몰수 : $n = \dfrac{200}{18} = 11.11\,\text{mol}$

Na_2SO_4는 물에서 $2Na^+$, SO_4^{2-}로 존재하므로 이온의 몰수는 1.5mol이다.

$x_{ion} = \dfrac{11.11}{11.11+1.5} = 0.8810$

$P = xP^* = 0.8810 \times 25\,\text{mmHg} = 22\,\text{mmHg}$
(P : 용액의 증기압, P^* : 용매의 증기압)

정답 54 ①   55 ②   56 ③   57 ④   58 ②

59 롤 분쇄기에 상당직경 4cm인 원료를 도입하여 상당직경 1cm로 분쇄한다. 분쇄 원료와 롤 사이의 마찰계수가 $\dfrac{1}{\sqrt{3}}$일 때 롤 지름은 약 몇 cm인가?

① 6.6　　② 9.2
③ 15.3　　④ 18.4

해설

$\dfrac{1}{\sqrt{3}} = \tan\alpha$

$\alpha = 30°$

$\therefore \cos\alpha = \dfrac{\sqrt{3}}{2} = \dfrac{R+0.5}{R+2}$

$\sqrt{3}(R+2) = 2R+1$

$(\sqrt{3}-2)R = 1 - 2\sqrt{3}$

$R = \dfrac{1-2\sqrt{3}}{\sqrt{3}-2} = 9.2$

∴ 지름은 2배인 18.4cm

60 20℃, 740mmHg에서 N_2 79mol%, O_2 21mol% 공기의 밀도(g/L)는?

① 1.17　　② 1.23
③ 1.35　　④ 1.42

해설

$PV = nRT = \dfrac{W}{M}RT$

$\rho = \dfrac{W}{V} = \dfrac{PM}{RT}$

$M = \dfrac{0.79 \times 28 + 0.21 \times 32}{0.79 + 0.21} = 28.84$

$= \dfrac{740\text{mmHg}}{} \cdot \dfrac{1\text{atm}}{740\text{mmHg}} \cdot \dfrac{\text{mol}\cdot\text{K}}{0.082\text{L}\cdot\text{atm} \cdot 293\text{K}} \cdot \dfrac{28.84\text{g}}{\text{mol}}$

$= 1.168 ≒ 1.17\text{g/L}$

제4과목 화공계측제어

61 전류식 비례제어기가 20℃에서 100℃까지의 범위로 온도를 제어하는 데 사용된다. 제어기는 출력전류가 4mA에서 20m까지 도달하도록 조정되어 있다면 제어기의 이득(mA/℃)은?

① 5　　② 0.2
③ 1　　④ 10

해설

이득 $= \dfrac{20-4\text{mA}}{100-20℃} = \dfrac{16}{80} = \dfrac{1}{5} = 0.2$

62 설정치(set point)는 일정하게 유지되고, 외부교란변수(disturbance)가 시간에 따라 변화할 때 피제어변수가 설정치를 따르도록 조절변수를 제어하는 것은?

① 조정(regulatory) 제어
② 서보(servo) 제어
③ 감시 제어
④ 예측 제어

해설

외부교란변수가 시간에 따라 변화할 때이므로, 조정(regulatory) 제어이다.

63 다음 그림의 펄스 Laplace 변환은?

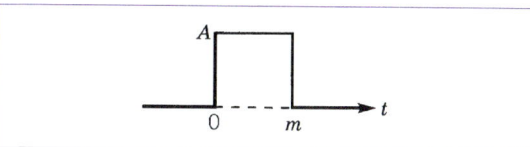

① $\dfrac{A}{s}(1-e^{-ms})$　　② $As(1-e^{-ms})$

③ $\dfrac{As}{1-e^{-ms}}$　　④ Ase^{-ms}

해설

$y(t) = 0, \quad t < 0$
$y(t) = A, \quad 0 \leq t < m$
$y(t) = 0, \quad t \geq m$
$Y(s) = \dfrac{A}{s}(1-e^{-ms})$

정답 59 ④　60 ①　61 ②　62 ①　63 ①

64 라플라스 변환에 대한 것 중 옳지 않은 것은?

① $L[f(t)] = \int_0^\infty f(t)e^{-st}dt$

② $L[e^{at}] = \dfrac{1}{s-a}$

③ $L[a_1 f_1(t) f_2(t)] = a_1 L[f_1(t)] \cdot L[f_2(t)]$

④ $L[f(t+t_o)] = e^{st_o} L[f(t)]$

해설

라플라스 변환에서 곱의 분배법칙은 성립하지 않는다.

65 열교환기에서 유출물의 온도를 제어하려고 한다. 열교환기는 공정이득 1, 시간상수 10을 갖는 1차계 공정의 특성을 나타내는 것으로 파악되었다. 온도 감지기는 시간상수 1을 갖는 1차계 공정 특성을 나타낸다. 온도 제어를 위하여 비례제어기를 사용하여 되먹임 제어 시스템을 채택할 경우, 제어 시스템이 임계감쇠계(critically damped system) 특성을 나타낼 경우의 제어기 이득(K_c) 값은? (단, 구동기의 전달함수는 1로 가정한다.)

① 1.013   ② 2.025
③ 4.050   ④ 8.100

해설

임계 감쇠계 → $\varepsilon = 1$

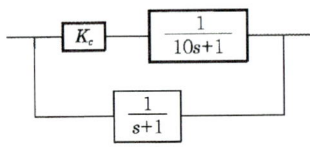

$1 + \dfrac{K_c}{(s+1)(10s+1)} = 0$

$10s^2 + 11s + 1 + K_c = 0$

s가 중근을 가져야 하므로, 2차 방정식 특성근에 의해

$b^2 - 4ac = 0 (ax^2 + bx + c = 0$에서$)$

$11^2 - 4 \times 10(1 + k_c) = 0$

$\therefore K_c = 2.025$

66 Laplace 변환된 형태가 다음과 같은 경우, 역 Laplace 변환을 구하면?

$$Y(s) = \dfrac{1}{s^2(s^2+5s+6)}$$

① $-\dfrac{5}{36} + \dfrac{1}{4}e^{-2t} - \dfrac{1}{9}e^{-3t}$

② $\dfrac{1}{6} + \dfrac{1}{4}e^{-2t} - \dfrac{1}{9}e^{-3t}$

③ $\dfrac{1}{6}t - \dfrac{5}{36}\left(\dfrac{1}{4}e^{-2t} - \dfrac{1}{9}e^{-3t}\right)$

④ $-\dfrac{5}{36} + \dfrac{1}{6}t + \dfrac{1}{4}e^{-2t} - \dfrac{1}{9}e^{-3t}$

해설

$\mathcal{L}^{-1}(Y(s)) = \mathcal{L}^{-1}\left(\dfrac{1}{s^2(s+2)(s+3)}\right) = \mathcal{L}^{-1}\left(\dfrac{1}{s^2(s^2+5s+6)}\right)$

$= \mathcal{L}^{-1}\left(\dfrac{\frac{1}{6}}{s^2} + \dfrac{\frac{1}{4}}{(s+2)} + \dfrac{-\frac{1}{9}}{(s+3)} + \dfrac{-\frac{5}{36}}{s}\right)$

$= -\dfrac{5}{36} + \dfrac{1}{6}t + \dfrac{1}{4}e^{-2t} - \dfrac{1}{9}e^{-3t}$

67 전달함수가 $\dfrac{Y(s)}{X(s)} = \dfrac{\tau_1 s + 1}{\tau_2 s + 1}$인 계에서 단위계단 응답 $Y(t)$는?

① $1 + \dfrac{\tau_1 - \tau_2}{\tau_2}e^{-t/\tau_2}$ ② $1 + \dfrac{\tau_1 - \tau_2}{\tau_1}e^{-t/\tau_2}$

③ $1 + \dfrac{\tau_2 - \tau_1}{\tau_1}e^{-t/\tau_2}$ ④ $1 + \dfrac{\tau_2 - \tau_1}{\tau_2}e^{-t/\tau_2}$

해설

$X(s) = \dfrac{1}{s}$ (단계 계단 응답)

$Y(s) = \dfrac{\tau_1 s + 1}{\tau_2 s + 1} \cdot \dfrac{1}{s} = \dfrac{a}{\tau_2 s + 1} + \dfrac{b}{s}$

$= \dfrac{as + b\tau_2 s + b}{(\tau_2 s + 1)s} = \dfrac{(a + b\tau_2)s + b}{(\tau_2 s + 1)s}$

$(b = 1, a + \tau_2 = \tau_1, a = \tau_1 - \tau_2)$

$\Rightarrow Y(s) = \dfrac{\tau_1 - \tau_2}{\tau_2 s + 1} + \dfrac{1}{s} \xrightarrow{\mathcal{L}^{-1}} y(t) = \dfrac{\tau_1 - \tau_2}{\tau_2}e^{-t/\tau_2} + 1$

정답 64 ③ 65 ② 66 ④ 67 ①

68 다음과 같은 블록 다이어그램에서 총괄전달함수(overall transfer function)는?

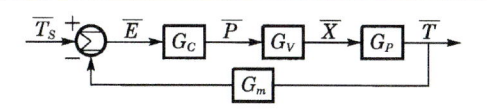

① $\dfrac{G_c G_V G_p G_m}{1 - G_c G_V G_p}$ ② $\dfrac{G_c G_V G_p G_m}{1 + G_c G_V G_p}$

③ $\dfrac{G_c G_V G_p}{1 - G_c G_V G_p G_m}$ ④ $\dfrac{G_c G_V G_p}{1 + G_c G_V G_p G_m}$

해설

$\dfrac{\overline{T_s}}{\overline{T}} = \dfrac{G_c G_V G_p}{1 + G_c G_V G_p G_m}$

69 그림과 같은 보데 선도로 나타내어지는 시스템은?

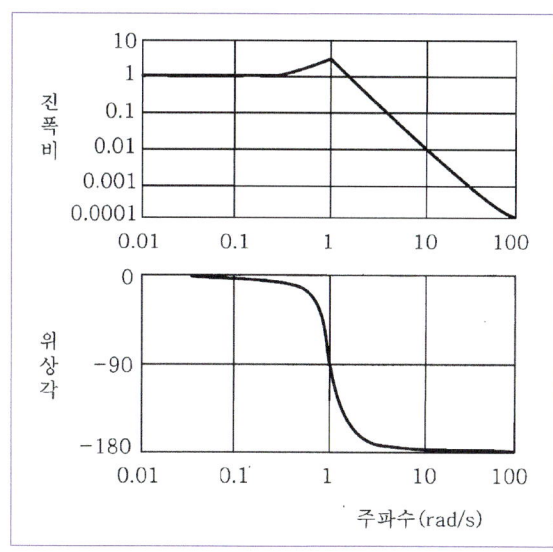

① 과소감쇠 2차계 시스템(underdamped second order system)
② 2개의 1차계 공정이 직렬연결된 시스템
③ 순수 적분공정 시스템
④ 1차계 공정 시스템

해설

Bode 선도에서 주파수가 1rad/s일 때 진폭비가 증가했다가 감소하는 시스템은 과소감쇠 2차계 시스템이다.

70 공정의 정상상태 이득(k), ultimate gain(K_{cu}) 그리고 ultimate period(P_u)를 실험으로 측정하였다. $k=2$, $K_{cu}=3$, $P_u=3.14$일 때, 이와 같은 결과를 주는 일차 시간지연 모델, $G(s)\dfrac{ke^{-\theta s}}{\tau s + 1}$의 시간상수 τ를 구하면?

① 1.414 ② 2.958
③ 3.163 ④ 3.872

해설

$P_u = \dfrac{\pi}{\omega_{cu}}$에서 $\omega_{cu} = 2$

$K_{cu} = \dfrac{1}{AR_G(\omega_{cu})} = 3$에서 $AR_G(\omega_{cu}) = \dfrac{1}{3}$

일차 시간지연 모델의 진폭비를 구하면

$e^{-\theta s}$의 진폭비는 1, $\dfrac{k}{\tau s + 1}$의 진폭비는 $\dfrac{k}{\sqrt{1+\tau^2 \omega^2}}$

$k=2$, $AR_G(\omega_{cu}) = \dfrac{1}{3}$임을 이용하면

$\dfrac{1}{3} = \dfrac{2}{\sqrt{1+4\tau^2}}$에서 $\tau = 2.958$

71 전달함수가 $\dfrac{K}{2s^2+4s+1+K}$인 계의 Step response가 진동 없이 최종치에 접근하려면 K값은 얼마인가?

① 1 ② 2
③ 3 ④ 4

해설

㉠ $G(s) = \dfrac{K}{2s^2+4s+1+K} = \dfrac{\dfrac{K}{1+K}}{\dfrac{2}{1+K}s^2 + \dfrac{4}{1+K}S + 1}$

→ $\tau^2 = \dfrac{2}{1+K} / 2\tau \cdot \xi = \dfrac{4}{1+K}$

∴ $\tau = \sqrt{\dfrac{2}{1+K}}$, $\xi = \sqrt{\dfrac{2}{1+K}}$

㉡ 진동 없이 최종치에 도달하려면 $\xi = 1$이어야 하므로

$\sqrt{\dfrac{2}{1+K}} = 1$

$1+K = 2$

∴ $K = 1$

72 다음 블록선도로부터 서보 문제(Servo problem)에 대한 총괄전달함수 C/R는?

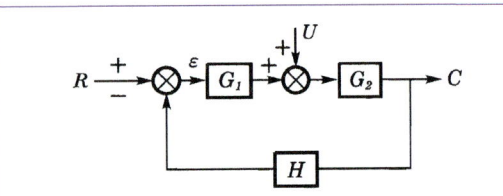

① $\dfrac{G_2}{1+G_1G_2H}$ ② $\dfrac{G_1}{1+G_1G_2H}$

③ $\dfrac{G_1G_2}{1+G_1G_2H}$ ④ $\dfrac{G_1G_2H}{1+G_1G_2H}$

해설

$C/R = \dfrac{G_1G_2}{1+G_1G_2H}$

73 다음 그림과 같은 제어계의 전달함수 $\dfrac{Y(s)}{X(s)}$는?

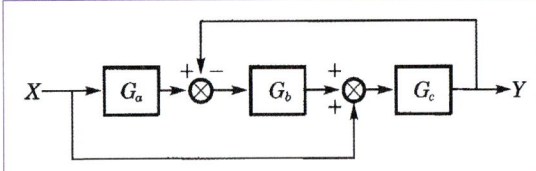

① $\dfrac{Y(s)}{X(s)} = \dfrac{G_c(1+G_aG_b)}{1+G_aG_bG_c}$

② $\dfrac{Y(s)}{X(s)} = \dfrac{G_aG_bG_c}{1+G_bG_c}$

③ $\dfrac{Y(s)}{X(s)} = \dfrac{G_aG_bG_c}{1+G_aG_bG_c}$

④ $\dfrac{Y(s)}{X(s)} = \dfrac{G_c(1+G_aG_b)}{1+G_bG_c}$

해설

$[(XG_a - Y)G_b + X]G_c = Y$

$XG_aG_bG_c - YG_bG_c + XG_c = Y$

$\dfrac{Y(s)}{X(s)} = \dfrac{G_c(1+G_aG_b)}{1+G_bG_c}$

74 앞먹임 제어에서 사용되는 측정 변수는?

① 공정상태 변수
② 출력 변수
③ 입력조작 변수
④ 측정가능한 외란

해설

앞먹임 제어에서는 측정가능한 외란이 측정 변수로 사용된다.

75 전달함수가 $Ke^{\dfrac{-\theta s}{\tau s+1}}$ 인 공정에 대한 결과가 아래와 같을 때, K, τ, θ의 값은?

- 공정입력 $\sin(\sqrt{2}\,t)$ 적용 후 충분한 시간이 흐른 후의 공정출력 $\dfrac{2}{\sqrt{2}}\sin\left(\sqrt{2}\,t - \dfrac{\pi}{2}\right)$
- 공정입력 1 적용 후 충분한 시간이 흐른 후의 공정출력 2

① $K=1$, $\tau = \dfrac{1}{\sqrt{2}}$, $\theta = \dfrac{\pi}{2\sqrt{2}}$

② $K=1$, $\tau = \dfrac{1}{\sqrt{2}}$, $\theta = \dfrac{\pi}{4\sqrt{2}}$

③ $K=2$, $\tau = \dfrac{1}{\sqrt{2}}$, $\theta = \dfrac{\pi}{2\sqrt{2}}$

④ $K=2$, $\tau = \dfrac{1}{\sqrt{2}}$, $\theta = \dfrac{\pi}{4\sqrt{2}}$

해설

$u(t) = \sin\sqrt{2}\,t$, $y(t) = \dfrac{2}{\sqrt{2}}\sin\left(\sqrt{2}\,t - \dfrac{\pi}{2}\right)$

$AR = \dfrac{2}{\sqrt{2}}$, $\omega = \sqrt{2}$, $\tau = \dfrac{1}{\sqrt{2}}$, $\varnothing = -\dfrac{\pi}{2}$

$Y(s) = \dfrac{Ke^{-\theta s}}{\tau s+1} \cdot \dfrac{1}{s}$

$\lim_{t \to \infty} y(t) = \lim_{s \to 0} Y(s) = K = 2$

$\varnothing = -\tan^{-1}(\tau\omega) - \theta\omega = -\tan^{-1}\left(\dfrac{1}{\sqrt{2}} \cdot \sqrt{2}\right) - \sqrt{2}\theta$

$-\dfrac{\pi}{2} = -\dfrac{\pi}{4} - \sqrt{2}\theta$

$\therefore \theta = \dfrac{\pi}{4\sqrt{2}}$

정답 72 ③ 73 ④ 74 ④ 75 ④

76 PI 제어기는 Bode diagram상에서 어떤 특징을 갖는가? (단, τ_I은 PI 제어기의 적분시간을 나타낸다.)

① $w\tau_I$가 1일 때 위상각이 $-45°$
② 위상각이 언제나 0
③ 위상앞섬(phase lead)
④ 진폭비가 언제나 1보다 작음

해설

PI 제어기

$$G(s)=K_C\left(1+\frac{1}{\tau_I s}\right),\ G(j\omega)=K_C-\frac{K_C}{\tau_I \omega}j$$

$$AR=|G(j\omega)|=\sqrt{K_C^2+\left(\frac{K_C}{\tau_I^2 \omega^2}\right)^2}$$

$\tan\varnothing=-\dfrac{1}{\tau_I \omega}$ 이므로 $\omega\tau_I=1$일 때 위상각 $=-45°$이다.

77 이득이 1이고 시간상수가 τ인 1차계의 Bode 선도에서 corner frequency $\omega_c=\dfrac{1}{\tau}$ 일 경우 진폭비 AR의 값은 얼마인가?

① $\sqrt{2}$　② 1
③ 0　④ $\dfrac{1}{\sqrt{2}}$

해설

$\tau=1,\ \omega_c=\dfrac{1}{\tau}$

$$AR=\frac{1}{\sqrt{\omega_c^2\cdot\tau^2+1}}=\frac{1}{\sqrt{2}}$$

78 다음 중 Bernoulli의 법칙을 이용한 Head-type 차압 유량계는?

① Corriolis flowmeter
② Hot-wire anemometer
③ Pitot tube
④ Vortex shedder

해설

Pitot tube의 설명이다.

79 전형적인 제어루프에 관한 설명 중 틀린 것은?

① 가스크로마토그래피로 측정되는 농도제어루프의 경우 긴 시간지연을 보이게 된다.
② 동적응답이 느린 온도제어루프는 미분동작을 추가하여 성능 향상을 얻을 수 있다.
③ 적분공정 형태의 액위 제어루프에는 비례동작보다는 적분동작을 위주로 설계되어야 한다.
④ 매우 빠른 동특성과 측정 노이즈가 심한 유량제어 루프에는 비례-적분 제어기가 추진된다.

해설

- 적분동작 : 오프셋 제거, 오차가 없어지면 출력값이 일정하게 유지된다.
- 미분동작 : 값이 커질수록 응답속도가 빨라지며 잡음에 민감하다. 느린 동특성, 잡음이 적은 공정에 적합
- 적분공정에서 비례제어만으로 입력 유량의 계단 변화에 대한 Offset 제거 불가, 비례제어만으로 설정점의 계단 변화에 대한 Offset 제거 가능, 비례제어만으로 출력외란의 계단 변화에 대한 Offset 제거 가능하므로 적분동작 외에도 비례동작을 고려해야 한다.

80 다음 보데(Bode) 선도에서 위상각 여유(Phase margin)는 몇 도인가?

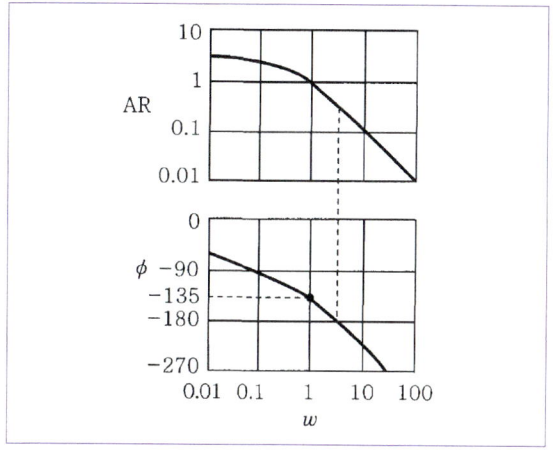

① 30°　② 45°
③ 90°　④ 135°

해설

위상 여유 $= 180°+KG(j\omega)=180°-135°=45°$

정답 76 ① 77 ④ 78 ③ 79 ③ 80 ②

제11회 적중 예상문제

제1과목 공업합성

01 진성 반도체(intrinsic semiconductor)에 대한 설명 중 틀린 것은?

① 전자와 hole쌍에 의해서만 전도가 일어난다.
② Fermi 준위가 band gap 내의 valence band 부근에 형성된다.
③ 결정 내에 불순물이나 결함이 거의 없는 화학 양론적 도체를 이룬다.
④ 낮은 온도에서는 부도체와 같지만, 높은 온도에서는 도체와 같이 거동한다.

해설
진성반도체의 Fermi 준위는 띠간격 중앙에 형성된다.

02 N_2O_4와 H_2O가 같은 몰 비로 존재하는 용액에 산소를 넣어 HNO_3 30kg을 만들고자 한다. 이때 필요한 산소의 양은 약 몇 kg인가? (단, 반응은 100% 일어난다고 가정한다.)

① 3.5kg   ② 3.8kg
③ 4.1kg   ④ 4.5kg

해설

$N_2O_4 + H_2O + \frac{1}{2}O_2 \rightarrow 2HNO_3$

HNO_3 30kg/63kg/kmol = 0.476kmol

476mol × $\frac{1}{4}$ × 32g/mol = 3,809g = 3.8kg

03 연실법 황산제조 공정에서는 질소산화물 공급을 위해 HNO_3를 사용할 수 있다. 36wt%의 HNO_3 용액 10kg으로부터 약 몇 kg의 NO가 발생할 수 있는가?

① 1.72   ② 3.43
③ 6.86   ④ 10.29

해설

$\underline{2HNO_3} + 3SO_2 + 2H_2O \rightarrow 3H_2SO_3 + \underline{2NO}$
$\qquad\qquad\qquad\quad 2 : 2$

HNO_3 몰수 $\frac{0.36 \times 10kg}{63kg/kmol} = 0.0507kmol$

∴ 생성된 NO 질량 = 0.0507 × 30 = 1.72kg

04 고온, 고압에서 H_2와 Cl_2 가스를 연소시켜 HCl 가스를 제조하는 공정에서 폭발방지를 위해 보통 운전조건으로 택하는 H_2 : Cl_2의 비율은?

① 1.2 : 1   ② 0.8 : 1
③ 1 : 1.4   ④ 1 : 1

해설
H_2와 Cl_2는 가열하거나 자외선(빛)을 쬐어주면 폭발적으로 반응하므로 조심해야 한다. 이를 방지하고 염소에 대한 부식을 방지하기 위하여 H_2와 Cl_2의 비율을 1.2 : 1로 주입한다.

05 건식법에 의한 인산제조 공정에 대한 설명 중 옳은 것은?

① 인의 농도가 낮은 인광석을 원료로 사용할 수 있다.
② 고순도의 인산은 제조할 수 없다.
③ 전기로에서는 인의 기화와 산화가 동시에 일어난다.
④ 대표적인 건식법은 이수석고법이다.

해설
② 고순도의 인산을 제조할 수 있다.
③ 전기로에서는 인의 기화와 산화가 각각 일어난다.
④ 대표적인 건식법은 전기가마법, 용광로법이다.

정답 01 ② 02 ② 03 ① 04 ① 05 ①

06 소금물을 분해하여 수산화나트륨을 제조하려고 한다. 1kg의 수산화나트륨을 제조할 때 필요한 소금(NaCl)의 양은 약 몇 kg인가? (단, 반응은 화학양론적으로 진행한다고 가정하며, Na, Cl의 원자량은 각각 23과 35.5이다.)

① 0.684
② 1.463
③ 2.735
④ 2.925

해설

$2NaCl + 2H_2O \xrightarrow{DC} 2NaOH + H_2 + Cl_2$
$2 \times 58.5kg \quad\quad 2 \times 40kg$
$x\,kg \quad\quad 1\,kg$

$x = \dfrac{2 \times 58.5 \times 1}{2 \times 40}$, $x = 1.463\,kg$

07 암모니아 합성용 수성가스 제조 시 blow 반응에 해당하는 것은?

① $C + H_2O \leftrightarrows CO + H_2 - 29,400\,cal$
② $C + 2H_2O \leftrightarrows CO_2 + 2H_2 - 19,000\,cal$
③ $C + O_2 \leftrightarrows CO_2 + 96,630\,cal$
④ $1/2O_2 \leftrightarrows O + 67,410\,cal$

해설

암모니아 합성용 수성가스 제조 시 blow 반응
$C + O_2 \leftrightarrows CO_2 + 96,630\,cal$

08 다음 질소 비료 중 질소 함유량이 가장 낮은 비료는?

① 황산암모늄(황안)
② 염화암모늄(염안)
③ 질산암모늄(질안)
④ 요소

해설

① $\dfrac{N_2}{(NH_4)_2SO_4} \times 100$, $\dfrac{28}{132} \times 100 = 21.21\%$
② $\dfrac{N}{NH_4Cl} \times 100$, $\dfrac{14}{53.5} \times 100 = 26.17\%$
③ $\dfrac{N_2}{NH_4NH_3} \times 100$, $\dfrac{28}{80} \times 100 = 35\%$
④ $\dfrac{N_2}{(NH_2)_2CO} \times 100$, $\dfrac{28}{60} \times 100 = 46.67\%$

09 고분자 전해질 연료전지에 대한 설명 중 틀린 것은 어느 것인가?

① 전기화학 반응을 이용하여 전기에너지를 생산하는 전지이다.
② 전지전해질은 수소이온 전도성 고분자를 주로 사용한다.
③ 전극 촉매로는 백금과 백금계 합금이 주로 사용된다.
④ 방전 시 전기화학 반응을 시작하기 위해 전기충전이 필요하다.

해설

④ 작동온도가 낮아서 보다 간단하게 적층할 수 있다.

10 다음 반응의 주생성물 A는?

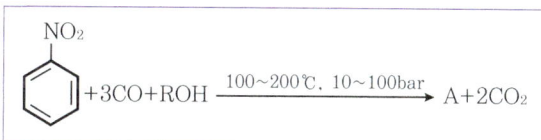

① NHCOOR (phenyl)
② NHCOR (phenyl)
③ NH$_2$–C$_6$H$_4$–OR
④ NH$_2$–C$_6$H$_4$–COOR

해설

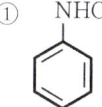 +3CO+ROH $\xrightarrow[10\sim100bar]{100\sim200℃}$ 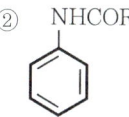 +2CO$_2$

11 Sylvinite 중 NaCl의 함량을 약 몇 wt%인가?

① 40%
② 44%
③ 56%
④ 60%

해설

Sylvinite(KCl, NaCl) = $\dfrac{58.5}{74.6+58.5} = 44\%$

적중 예상문제

12 아세틸렌으로 염화비닐을 생성할 때 아세틸렌과 반응하는 물질로 옳은 것은?

① HCl　　　　② NaCl
③ H_2SO_4　　　④ HOCl

해설

$C_2H_2 + HCl \rightarrow \underset{H}{\overset{H}{>}}C=C\underset{Cl}{\overset{H}{<}}$

13 다음 중 syndiotactic-폴리스타이렌의 합성에 관여하는 촉매로 가장 적합한 것은?

① 메탈로센 촉매　　② 메탈옥사이드 촉매
③ 린들러 촉매　　　④ 벤조일퍼록사이드

해설

syndiotactic-폴리스타이렌의 합성 촉매 : 메탈로센 촉매

14 아세트알데히드를 산화시켜 주로 얻는 물질은?

① 프탈산　　　② 스티렌
③ 아세트산　　④ 피크르산

해설

$CH_3CHO + \frac{1}{2}O_2 \rightarrow CH_3COOH$

15 중질유와 같이 끓는점이 높고 고온에서 분해하기 쉬우며 물과 섞이지 않는 경우에 적당한 증류방법은?

① 수증기 증류　　② 가압 증류
③ 공비 증류　　　④ 추출 증류

해설

수증기 증류의 설명이다.

16 결정성 폴리프로필렌을 중합할 때 다음 중 가장 적합한 중합방법은?

① 양이온 중합　　② 음이온 중합
③ 라디칼 중합　　④ 지글러-나타 중합

해설

지글러-나타 중합 : 결정성 폴리프로필렌 중합

17 원유의 증류 시 탄화수소의 열분해를 방지하기 위하여 사용되는 증류법은?

① 상압증류　　② 감압증류
③ 가압증류　　④ 추출증류

해설

① 상압증류(atmospheric distillation) : 대기압하에서의 증류를 이른다. 석유 정유에서는 원유를 상압하에서 증류하여 나프타, 등유, 경유 등을 유출하고, 잔유 등과 분리하는 것이다.
③ 가압증류(cracking distillation) : 중유 또는 경유를 가압증류법으로 분해하여 가솔린을 제조하는 방법. 비등점이 높은 고위의 탄화수소가 비등점이 낮은 저위의 탄화수소로 분해된다.
④ 추출증류(extractive distillation) : 비점이 비슷한 혼합물이나 공기혼합물 성분의 분리를 용이하게 하기 위하여 사용되는 증류법으로 혼합된 두 성분보다 비점이 높은 제3성분을 가하여 두 성분 간의 비휘발도가 커지는 것을 이용한다.

18 다음 중 축합(condensation)중합반응으로 형성되는 고분자로서 알코올기와 이소시안기의 결합으로 만들어진 것은?

① 폴리에틸렌(polyethylene)
② 폴리우레탄(polyurethane)
③ 폴리메틸메타크릴레이트(poly(methylmetha-crylate))
④ 폴리아세트산비닐(poly(vinyl acetate))

해설

폴리우레탄의 설명이다.

19 열가소성(thermoplastic) 고분자에 대한 설명으로 틀린 것은?

① 망상구조의 고분자가 갖고 있는 특징이다.
② 비결정성 플라스틱의 경우는 일반적으로 투명하다.
③ 고체 상태의 고분자 물질이 많다.
④ PVC 같은 고분자가 이에 속한다.

해설

① 선모양의 구조이다.

정답 12 ①　13 ①　14 ③　15 ①　16 ④　17 ②　18 ②　19 ①

20 청바지의 색을 내는 염료로 사용하는 청색 배트 염료에 해당하는 것은?

① 매염아조 염료
② 나프톨 염료
③ 아세테이트용 아조염료
④ 인디고 염료

해설
인디고 염료의 설명이다.

제2과목 반응운전

21 비흐름 가역과정에서 압축(또는 수축)에 의한 일이 없다고 가정할 때 이상기체의 내부에너지에 관한 설명으로 옳은 것은?

① 내부에너지는 압력만의 함수이다.
② 내부에너지는 온도만의 함수이다.
③ 내부에너지는 부피만의 함수이다.
④ 내부에너지는 온도 및 압력만의 함수이다.

해설
내부에너지는 온도만의 함수이다.

22 이상기체에 대한 설명 중 틀린 것은? (단, U : 내부에너지, R : 기체상수, C_P : 정압 열용량, C_V : 정적 열용량이다.)

① 이상기체의 등온가역 과정에서는 PV값은 일정하다.
② 이상기체의 경우 $C_P - C_V = R$이다.
③ 이상기체의 단열가역 과정에서는 TV값은 일정하다.
④ 이상기체의 경우 $\left(\dfrac{\partial U}{\partial V}\right)_T = 0$이다.

해설
이상기체의 단열가역 과정 시
$\left(\dfrac{T_2}{T_1}\right) = \left(\dfrac{V_1}{V_2}\right)^{\gamma-1} \Rightarrow TV^{\gamma-1} =$ 일정

23 평형상태에 대한 설명 중 옳은 것은?

① $(dG^t)_{T.P} > 0$가 성립한다.
② $(dG^t)_{T.P} < 0$가 성립한다.
③ $(dG^t)_{T.P} = 1$이 성립한다.
④ $(dG^t)_{T.P} = 0$이 성립한다.

해설
평형상태 : $(dG^t)_{T.P} = 0$이 성립한다.

24 다음 중 등엔트로피 과정(Isentropic process)은?

① 줄-톰슨 팽창과정 ② 가역등온과정
③ 가역등압과정 ④ 가역단열과정

해설
$dSt = \dfrac{dQ_{rev}}{T}$
가역단열과정 $dQ_{rev} = 0$, $dSt = 0$이다.

25 그림과 같은 공기 표준 오토사이클의 효율을 옳게 나타낸 식은? (단, a는 압축비이고, r은 비열비 (C_p/C_v)이다.)

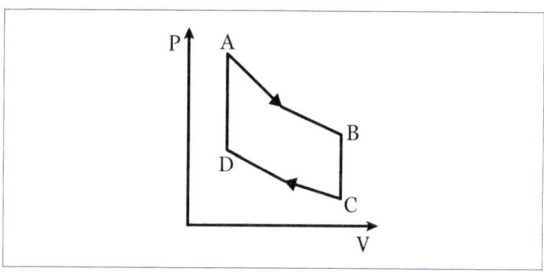

① $1 - a^r$
② $1 - a^{r-1}$
③ $1 - \left(\dfrac{1}{a}\right)^r$
④ $1 - \left(\dfrac{1}{a}\right)^{r-1}$

해설
오토사이클의 효율
$\eta = 1 - \left(\dfrac{1}{\varepsilon}\right)^{r-1}$ (r : 열용량비, ε : 압축비)

기체터빈 동력사이클의 효율
$\eta = 1 - \left(\dfrac{1}{\varepsilon}\right)^{\frac{r-1}{r}}$

26 C_P에 대한 압력의존성을 설명하기 위해 정압하에서 온도에 대해 미분해야 하는 식으로 옳은 것은? (단, C_P : 정압열용량, μ : Joule–Thomson coefficient 이다.)

① $-\mu C_P$
② C_P/μ
③ $C_P - \mu$
④ $C_P + \mu$

해설

줄–톰슨계수 $(\mu) = \left(\dfrac{\partial T}{\partial P}\right)_h = \left[T\left(\dfrac{\partial T}{\partial P}\right)_P - V\right]/C_P$

∴ 비엔탈피 $\left(\dfrac{\partial T}{\partial P}\right)_T = V - T\left(\dfrac{\partial T}{\partial P}\right)_P = -\mu C_P$

27 과잉 특성과 혼합에 의한 특성치의 변화를 나타낸 상관식으로 옳지 않은 것은? (단, H : 엔탈피, V : 용적, M : 열역학 특성치, id : 이상 용액이다.)

① $H^E = \Delta H$
② $V^E = \Delta V$
③ $M^E = M - M^{id}$
④ $\Delta M^E = \Delta M$

해설

$\Delta M^E = M - \sum x_i M_i$

28 용액 내에서 한 성분의 퓨가시티 계수를 표시한 것은? (단, $\varnothing_i$는 퓨가시티 계수, $\widehat{\varnothing}_i$는 용액 중의 성분 i의 퓨가시티 계수, f_i는 순수 성분 i의 퓨가시티, $\hat{f}_i$는 용액 중의 성분 i의 퓨가시티, x_i는 용액의 몰분율이다.)

① $\widehat{\varnothing}_i = f_i P$
② $\widehat{\varnothing}_i = \dfrac{f_i}{P}$
③ $\widehat{\varnothing}_i = \dfrac{\hat{f}_i}{x_i P}$
④ $\widehat{\varnothing}_i = \dfrac{P\hat{f}_i}{x_i}$

해설

- 순수한 성분의 퓨가시티 계수 : $\widehat{\varnothing}_i = \dfrac{f_i}{P}$
- 용액 내 한 성분의 퓨가시티 계수 : $\widehat{\varnothing}_i = \dfrac{\hat{f}_i}{x_i P}$

29 평형상수의 온도에 따른 변화를 알기 위하여 필요한 물성은 무엇인가?

① 반응에 관여된 물질의 증기압
② 반응에 관여된 물질의 확산계수
③ 반응에 관여된 물질의 임계상수
④ 반응에 수반되는 엔탈피 변화량

해설

아레니우스 식에서 $K = A exp\left(-\dfrac{\Delta H}{RT}\right)$이므로 평형상수의 온도에 따른 변화를 알기 위해서는 반응에 수반되는 엔탈피 변화량을 알아야 한다.

30 고체 $MgCO_3$가 부분적으로 분해되어 있는 계의 자유도는?

① 1
② 2
③ 3
④ 4

해설

$MgCO_3(s) \rightarrow MgO(s) + CO_2(g)$
$F = 2 - \pi + N - r = 2 - 3 + 3 - 1 = 1$

31 체중 70kg, 체적 0.075m³인 사람이 포도당을 산화시키는 데 하루에 12.8mol의 산소를 소모한다고 할 때 이 사람의 반응속도를 mol $O_2/m^3 \cdot s$로 표시하면 약 얼마인가?

① 2×10^{-4}
② 5×10^{-4}
③ 1×10^{-3}
④ 2×10^{-3}

해설

$\dfrac{\Delta n_{O_2}}{V \times t} = \dfrac{12.8 \text{mol} O_2}{0.075 \text{m}^3 \times 24 \times 3,600 \text{s}} = 2 \times 10^{-3}$

정답 26 ① 27 ④ 28 ③ 29 ④ 30 ① 31 ④

32 단일반응 A → R의 반응을 동일한 조건하에서 촉매 A, B, C, D를 사용하여 적분반응기에서 실험하였을 때 다음과 같은 원료성분 A의 전화율 X_A와 V/F_O (또는 W/F_O)를 얻었다. 촉매 활성이 가장 큰 것은? (단, V는 촉매 체적, W는 촉매 질량, F_O는 공급원료 $mole$ 수이다.)

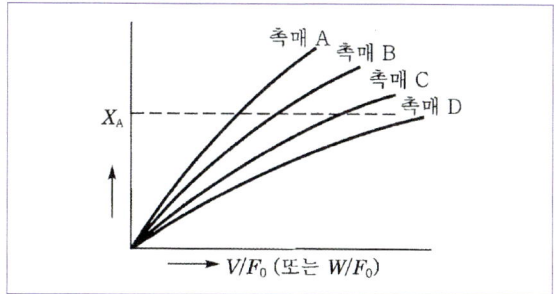

① 촉매 A
② 촉매 B
③ 촉매 C
④ 촉매 D

해설
단위체적당 전화율이 높은 촉매 → 활성이 큰 촉매

33 액상에서 운전되는 회분식 반응기에서 시간에 따른 농도 변화를 측정하여 $\dfrac{1}{C_A}$과 t를 도시(plot)하였을 때 직선이 되는 반응은?

① 0차 반응
② $\dfrac{1}{2}$차 반응
③ 1차 반응
④ 2차 반응

해설
2차 반응

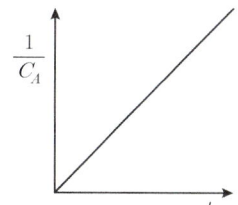

34 포스핀의 기상분해 반응은 다음과 같다. 처음에 순수한 포스핀만 있다고 할 때 이 반응계의 팽창계수 (ε_{PH_3})는?

$$4PH_3(g) \rightarrow P_4(g) + 6H_2(g)$$

① $\varepsilon_{PH_3} = 1.75$
② $\varepsilon_{PH_3} = 1.50$
③ $\varepsilon_{PH_3} = 0.75$
④ $\varepsilon_{PH_3} = 0.50$

해설
$\varepsilon_A = y_{A0}\delta$
순수한 포스핀이므로 $y_{A0} = 1$
$\delta = \dfrac{생성물\ 계수합 - 반응물\ 계수}{반응물\ 계수합} = \dfrac{1+6-4}{4} = 0.75$
∴ $\varepsilon_A = 0.75$

35 $\dfrac{V}{F_{A0}} = (R+1)\displaystyle\int_{\frac{R}{R+1}X_{Af}}^{X_{Af}} \dfrac{dX_A}{-r_A}$의 식에서 순환비 R을 0으로 하면 어떤 반응기에 적용되는 식이 되는가? (단, V : 반응기 부피, F_{A0} : 반응물 유입몰속도, X_A : 전화율, $-r_A$: 반응속도)

① 회분식 반응기
② 플러그 흐름 반응기
③ 혼합 흐름 반응기
④ 다중 효능 반응기

해설
순환비를 0으로 하면 PFR, 순환비를 무한대로 하면 CSTR이 된다.

36 정용회분식 반응기에서 1차 반응의 반응속도식은? (단, $[A]$는 반응물 A의 농도, $[A_0]$는 반응물 A의 초기농도, k는 속도상수, t는 시간이다.)

① $[A] = -kt + [A_0]$
② $\ln[A] = -kt + \ln[A_0]$
③ $\dfrac{1}{[A]} = kt + \dfrac{1}{[A_0]}$
④ $\dfrac{1}{\ln[A]} = kt + \dfrac{1}{\ln[A_0]}$

해설
$-\dfrac{dC_A}{dt} = r_A = kC_A$ → 적분

정답 32 ① 33 ④ 34 ③ 35 ② 36 ②

37 비가역 1차 액상반응을 부피가 다른 두 개의 이상 혼합 반응기에서 다른 조건은 같게 하여 반응시켰더니 전환율이 각각 40%, 60%이었다면 두 반응기의 부피비(V40%/V60%)는 얼마인가?

① $\dfrac{1}{3}$ ② $\dfrac{4}{9}$
③ $\dfrac{2}{3}$ ④ $\dfrac{3}{2}$

해설

반응기 부피비 = 공간시간의 비

$\tau = \dfrac{X_A}{1-X_A}$

$\therefore \dfrac{\frac{0.4}{1-0.4}}{\frac{0.6}{1-0.6}} = \dfrac{4}{9}$

38 크기가 같은 반응기 2개를 직렬로 연결하여 $A \to R$로 표시되는 액상 1차 반응을 진행시킬 때 최종 전화율이 가장 큰 경우는?

① 관형반응기 + 혼합반응기
② 혼합반응기 + 관형반응기
③ 관형반응기 + 관형반응기
④ 혼합반응기 + 혼합반응기

해설

같은 부피일 때 PFR의 전화율이 가장 크다.

39 가역적 소반응(기초반응) $A+B \rightleftharpoons R+S$에서 $r_R = k_1 C_A C_B$이고 $-r_R = k_2 C_R C_S$일 때 다음 중 이 반응의 평형상수 K_C에 해당하는 것은?

① $\dfrac{k_2}{k_1}$ ② $\dfrac{k_1}{k_2}$
③ $\dfrac{1}{k_1 k_2}$ ④ $k_1 k_2$

해설

평형에서 정반응속도 = 역반응속도

$\therefore k_1 C_A C_B = k_2 C_R C_S$

$k_c = \dfrac{C_R C_S}{C_A C_B} = \dfrac{k_1}{k_2}$

40 반응물 A가 동시반응에 의하여 분해되어 아래와 같은 두 가지 생성물을 만든다. 이때, 비목적 생성물(U)의 생성을 최소화하기 위한 조건으로 틀린 것은?

- $A \to D$, $r_D = 0.002 e^{4,500\left(\frac{1}{300[K]} - \frac{1}{T}\right)} C_A$
- $A \to U$, $r_U = 0.004 e^{2,500\left(\frac{1}{200[K]} - \frac{1}{T}\right)} C_A^2$

① 불활성 가스의 혼합 사용
② 저온반응
③ 낮은 C_A
④ CSTR 반응기 사용

해설

$S_{D/U} = \dfrac{r_D}{r_U}$

$= \dfrac{0.002 e^{4,500\left(\frac{1}{300} - \frac{1}{T}\right)}}{0.004 e^{2,500\left(\frac{1}{300} - \frac{1}{T}\right)} C_A}$

$E_D > E_U$이므로 고온일 때 비목적 생성물을 최소화할 수 있다.

제3과목 단위공정관리

41 A와 B 혼합물의 구성비가 각각 30wt%, 70wt%일 때, 혼합물에서의 A의 몰분율은? (단, 분자량 A : 60g/mol, B : 140g/mol이다.)

① 0.3 ② 0.4
③ 0.5 ④ 0.6

해설

구성비가 질량비로 30wt%, 70wt%로 존재하므로 A가 30g, B가 70g 들어 있다고 가정하면

A의 몰수는 30g/60g/mol = $\dfrac{1}{2}$ mol

B의 몰수는 70g/140g/mol = $\dfrac{1}{2}$ mol

$\therefore$ A의 몰분율 = $\dfrac{\frac{1}{2}}{\frac{1}{2}+\frac{1}{2}} = \dfrac{1}{2}$

정답 37 ② 38 ③ 39 ② 40 ② 41 ③

42 산소 75vol%와 메탄 25vol%로 구성된 혼합가스의 평균 분자량은?

① 14　　② 18
③ 28　　④ 30

해설
$\overline{M} = 0.75 \times 32 + 0.25 \times 16 = 28\text{g/gmol}$

43 다음 반응을 위해 H₂ 25mol/h와 Br₂ 20mol/h이 반응기에 공급되고 있다. 과잉 반응물의 과잉 백분율[%]은?

$$H_2 + Br_2 \rightarrow 2HBr$$

① 0.2　　② 0.5
③ 25　　④ 55

해설
한정반응물 : Br_2
$\dfrac{(25-20)}{20} \times 100 = 25\%$

44 이상기체법칙이 적용된다고 가정할 때 용적이 5.5m³인 용기에 질소 28kg을 넣고 가열하여 압력이 10atm이 될 때 도달하는 기체의 온도(℃)는?

① 81.51　　② 176.31
③ 287.31　　④ 397.31

해설
$PV = nRT$, $P = 10\text{atm}$
$V = 5.5\text{m}^3 \Rightarrow 5.5\text{m}^3 \times \dfrac{1{,}000\text{L}}{1\text{m}^3} = 5{,}500\text{L}$
$n = \dfrac{28}{28} = 1\text{kmol}$, $R = 82 \dfrac{\text{atm} \cdot \text{L}}{\text{kmol} \cdot \text{K}}$
$T = xK$
$T = \dfrac{PV}{nR} = \dfrac{10 \times 5{,}500}{1 \times 82} = 670\text{K}$
∴ $670 - 273 ≒ 397℃$

45 18℃의 물 500g을 80℃로 온도를 높이는 데 발열량 5,200kcal/m³의 기체 연료 12L가 소비되었다. 연료가 완전히 연소하였다면 열손실은 약 몇 %인가?

① 25.2　　② 30.2
③ 50.3　　④ 70.5

해설
18℃의 물(500g) → 80℃
1g의 물 1℃ 올리는 데 1cal/g
$80 - 18 = 62℃$
$62 \times 1\text{cal/g} \times 500\text{g} = 31{,}000\text{cal}$
$5{,}200\text{kcal/m}^3 \times 12 \times \dfrac{\text{m}^3}{10^3} \times \dfrac{10^3\text{cal}}{\text{kcal}} = 62{,}400\text{cal}$
∴ $\dfrac{62{,}400 - 31{,}000}{62{,}400} \times 100 = 50.3$

46 다음 실험 데이터로부터 CO의 표준생성열(ΔH)을 구하면 몇 kcal/mol인가?

- $C(s) + O_2(g) \rightarrow CO_2(g)$
  $\Delta H = -94.052\text{kcal/mol}$
- $CO(g) + 0.5O_2(g) \rightarrow CO_2(g)$
  $\Delta H = -67.636\text{kcal/mol}$

① -26.42　　② -41.22
③ 26.42　　④ 41.22

해설
$\Delta H = 67.636 - 94.052 = -26.42\text{kcal/mol}$

47 Fanning 마찰계수를 f라 하고 손실수두를 H_f라 할 때 H_f와 f의 관계를 나타내는 식은?

① $H_f = 4f\dfrac{L}{D}\dfrac{\overline{V^2}}{2g}$　　② $H_f = f\dfrac{L}{D^2}\dfrac{\overline{V^2}}{g}$
③ $H_f = \dfrac{16}{f}$　　④ $H_f = \dfrac{16f}{N_{Rc}}$

해설
손실수두(H_f)
$= \dfrac{g_c}{g}F = \dfrac{g_c}{g} \cdot \dfrac{2f\overline{V^2}L}{g_c D} = \dfrac{2f\overline{V^2}L}{gD} = 4f\dfrac{L}{D}\dfrac{\overline{V^2}}{g}$

정답 42 ③　43 ③　44 ④　45 ③　46 ①　47 ①

48 중력가속도가 지구와 다른 행성에서 물이 흐르는 오리피스의 압력차를 측정하기 위해 U자관 수은압력계(manometer)를 사용하였더니 입력계의 읽음이 10cm이고 이때의 압력차가 0.05kgf/cm²였다. 같은 오리피스에 기름을 흘려보내고 압력차를 측정하니 압력계의 읽음이 15cm라고 할 때 오리피스에서의 압력차(kgf/cm²)는? (단, 액체의 밀도는 지구와 동일하며, 수은과 기름의 비중은 각각 13.5, 0.8이다.)

① 0.0750 ② 0.0762
③ 0.0938 ④ 0.1000

해설

$\Delta P = \Delta \rho g h = (\rho_{수은} - \rho_{물}) g \cdot h$

$0.05 \text{kgf/cm}^2 = 4903.325 \text{Pa} = (13,500 - 1,000) \frac{\text{kg}}{\text{m}^3} \times g \times 0.1\text{m}$

$\Rightarrow g = 3.92 \text{m/s}^2$

$\therefore \Delta P = (\rho_{수은} - \rho_{기름}) \cdot g \cdot h$

$= (13,500 - 800) \frac{\text{kg}}{\text{m}^3} \times 3.92 \frac{\text{m}}{\text{s}^2} \times 0.15\text{m} = 7467.6 \text{Pa}$

$= 0.0762 \text{kgf/cm}^2$

49 일정한 압력손실에서 유로의 면적변화로부터 유량을 알 수 있게 한 장치는?

① 피토 튜브(Pitot tube)
② 로터미터(Rota meter)
③ 오리피스미터(Orifice meter)
④ 벤투리미터(Venturi meter)

해설

일정한 압력손실에서 유로의 면적변화로부터 유량을 알 수 있는 장치는 로터미터이다.

50 나머지 셋과 서로 다른 단위를 갖는 것은?

① 열전도도 ÷ 길이
② 총괄열전달계수
③ 열전달속도 ÷ 면적
④ 열유속(heat flux) ÷ 온도

해설

①, ②, ④ : kcal/m² · hr · ℃
③ : kcal/m² · hr

51 2중관 열교환기를 사용하여 500kg/h의 기름을 240℃의 포화수증기를 써서 60℃에서 200℃까지 가열하고자 한다. 이때 총괄전열계수가 500kcal/m² · h · ℃, 기름의 정압비열은 1.0kcal/kg · ℃이다. 필요한 가열면적은 몇 m²인가?

① 3.1 ② 2.4
③ 1.8 ④ 1.5

해설

$Q = UA \Delta T_{LM}$

$\Delta T_{LM} = \frac{180 - 40}{\ln \frac{180}{40}} = 93.08 ℃$

찬 유체가 얻은 열
$\therefore Q = mC_p \Delta T$
$= 500 \text{kg/h} \times 1 \text{kcal/kg} \cdot ℃ \times (200 - 60) = 70,000 \text{kcal/h}$

$\therefore A = \frac{70,000 \text{kcal/h}}{500 \text{kcal/m}^2 \cdot \text{h} \cdot ℃ \times 96.08 ℃} = 1.5 \text{m}^2$

52 1mol% 에탄올을 함유한 기체가 20℃, 20atm에서 물과 접촉할 때 용해된 에탄의 몰분율은? (단, 탄수화물은 비교적 물에 녹지 않으며, 에탄의 헨리상수는 2.63 × 10⁴atm/몰분율이다.)

① 7.6 × 10⁻⁶ ② 6.3 × 10⁻⁵
③ 5.4 × 10⁻⁵ ④ 4.6 × 10⁻⁶

해설

Henry 법칙
20atm × 0.01 = x × 2.63 × 10⁴atm/몰분율
∴ x = 7.6 × 10⁻⁶

53 추출조작에 이용하는 용매의 성질로서 옳지 않은 것은?

① 선택도가 클 것
② 값이 저렴하고 환경친화적일 것
③ 화학 결합력이 클 것
④ 회수가 용이할 것

해설

③ 화학 결합력이 작은 것

정답 48 ② 49 ② 50 ③ 51 ④ 52 ① 53 ③

54 정류탑에서 증기유량 V, 탑상 제품유량 D 및 환류액의 질량유량 L에서 환류비 R에 대한 식으로 틀린 것은?

① $R_D = \dfrac{L}{D}$ ② $R_D = \dfrac{V}{V-D}$

③ $R_V = \dfrac{L}{V}$ ④ $R_V = \dfrac{L}{L+D}$

해설

환류비

$R_D = \dfrac{L}{D}$, $R_V = \dfrac{L}{V}$

$V = D + L$

$R_D = \dfrac{L}{D+L}$, $R_V = \dfrac{L}{L+D}$

55 다음 중 높이가 큰 충전탑(packed tower)에서 충전물(packing)을 3~5m 높이로 나누어 여러단으로 충전하는 가장 주된 이유는?

① 편류(channeling) 현상을 작게 하기 위하여
② 압력강하(pressure drop)를 작게 하기 위하여
③ flooding(왕일) 현상을 없애기 위하여
④ 공급액(feed)의 양을 줄이기 위하여

해설

편류(channeling) : 충전탑 내 액체가 한쪽 방향으로 흐르는 현상이다.

56 피건조물에서 자유수분(free moisture)을 수식으로 옳게 나타낸 것은?

① 총수분함량 − 임계수분함량
② 총수분함량 − 평형수분함량
③ 임계수분함량 − 평형수분함량
④ 임계수분함량 + 평형수분함량

해설

㉠ 평형함수율 : 고체 속에 습윤기체와 평형상태에서 남는 수분함량

㉡ 자유함수율 : 고체가 동반하고 있는 전체함수율과 평형함수율의 차, 즉 일정온도, 습도의 공기를 사용하여 건조 때 제거되는 수분

57 전압 750mmHg, 수증기 분압 40mmHg일 때 절대습도는 몇 kg H₂O/kg dry air인가?

① 35 ② 3.5
③ 0.35 ④ 0.035

해설

$x = 0.622 \dfrac{P_V}{P - P_V}$

$= 0.622 \dfrac{40}{750 - 40} = 0.035$ kg H₂O/kg dry air

58 40%의 수분을 포함하고 있는 고체 1,000kg을 10%의 수분을 가질 때까지 건조할 때 제거된 수분량(kg)은?

① 333 ② 450
③ 550 ④ 667

해설

40% 수분을 가진 고체 1,000kg

⇒ 400kg의 물, 600kg의 건조 고체

건조될 때 고체는 증발되지 않으므로 제거된 수분량 x(kg)이라고 하면, $\dfrac{400-x}{600+(400-x)} = 0.1$

∴ $x = 333$kg

59 롤 분쇄기에 상당직경 5cm의 원료를 도입하여 상당직경 1cm로 분쇄한다. 롤분쇄기와 원료 사이의 마찰계수가 0.34일 때 필요한 롤의 직경은 몇 cm인가?

① 35.1 ② 50.0
③ 62.3 ④ 70.1

해설

롤 분쇄기

$\cos\alpha = \dfrac{R+d}{R+r}$, $\mu = \tan\alpha = 0.34$

∴ $\alpha = 18.78$

$\cos\alpha = 0.9468 = \dfrac{R+\frac{1}{2}}{R+2.5}$

∴ $R = 35.1$cm

∴ 직경은 70.2cm

정답 54 ② 55 ① 56 ② 57 ④ 58 ① 59 ④

60 어떤 기체의 임계압력이 2.9atm이고, 반응기 내의 계기압력이 30psig였다면 환산압력은?

① 0.727
② 1.049
③ 0.990
④ 1.112

해설

절대압력 = 계기압력 + 대기압

환산압력 = $\dfrac{\text{절대압력}}{\text{임계압력}} = \dfrac{\dfrac{30}{14.7}\text{atm} + 1\text{atm}}{2.9\text{atm}} = 1.049$

∴ 1.049(1atm = 14.7psi)

제4과목 화공계측제어

61 다음 중 공정제어의 목적과 가장 거리가 먼 것은?

① 반응기의 온도를 최대 제한값 가까이에서 운전함으로써 반응속도를 올려 수익을 높인다.
② 평형반응에서 최대의 수율이 되도록 반응온도를 조절한다.
③ 안전을 고려하여 일정 압력 이상이 되지 않도록 반응속도를 조절한다.
④ 외부 시장 환경을 고려하여 이윤이 최대가 되도록 생산량을 조정한다.

해설

외부 시장 환경을 고려하는 것은 공정에서 외관이 될 수 없으며 이윤도 변수가 될 수 없으므로 공정제어의 목적과 거리가 멀다.

62 다음 중 공정제어를 최적으로 하기 위한 조건으로 틀린 것은?

① 제어편차 e가 최대일 것
② 응답의 진동이 작을 것
③ Overshoot이 작을 것
④ $\int_0^\infty t|e|dt$가 최소일 것

해설

공정제어를 최적으로 하기 위해서는 제어편차가 최소가 되어야 한다.

63 다음 미분방정식을 Laplace 변환하여 $Y(s)$를 구한 것은?

$$2\dfrac{d^2y}{dt^2} + \dfrac{dy}{dt} + y = 2$$

$$y(0) = \dfrac{dy}{dt}(0) = 0$$

① $Y(s) = \dfrac{s^2 + 0.5s + 0.5}{s}$
② $Y(s) = s(+0.5s + 0.5)$
③ $Y(s) = \dfrac{1}{s(s^2 + 0.5s + 0.5)}$
④ $Y(s) = \dfrac{s}{s^2 + 0.5s + 0.5}$

해설

$2s^2 Y(s) + sY(s) + Y(s) = \dfrac{2}{s}$

$Y(s) = \dfrac{2}{(2s^2 + s + 1)s} = \dfrac{1}{s(s^2 + 0.5s + 0.5)}$

64 Laplace 함수가 $X(s) = \dfrac{4}{s(s^3 + 3s^2 + 3s + 2)}$인 함수 $X(t)$의 final value는 얼마인가?

① 1
② 2
③ 4
④ 4/9

해설

$\lim\limits_{s \to 0} S(X(s)) = 2$

65 $Y(s) = \dfrac{1}{s^2(s+1)}$일 때, $y(t)$, $t \geq 0$ 값은?

① $e^{-t} + 1$
② $e^{-t} + t - 1$
③ $e^{-t} + 1 + 1$
④ $e^{-t} - 1$

해설

$\dfrac{1}{s^2(s+1)} = \dfrac{1}{s^2} - \dfrac{1}{s} + \dfrac{1}{s+1}$

∴ $y(t) = t - 1 + e^{-t}$

정답 60 ② 61 ④ 62 ① 63 ③ 64 ② 65 ②

66 1차 공정의 계단응답의 특징 중 옳지 않은 것은?

① $t = 0$일 때 응답의 기울기는 0이 아니다.
② 최종응답 크기의 63.2%에 도달하는 시간은 시상수와 같다.
③ 응답의 형태에서 변곡점이 존재한다.
④ 응답이 98% 이상 완성되는데 필요한 시간은 시상수의 4~5배 정도이다.

해설
③ 1차 공정의 계단응답 형태에는 변곡점이 존재하지 않는다.

67 $G(s) = \dfrac{10}{(s+1)^2}$ 인 공정에 대한 설명 중 틀린 것은?

① P 제어를 하는 경우 모든 양의 비례이득 값에 대해 제어계가 안정하다.
② PI 제어를 하는 경우 모든 양의 비례이득 및 적분시간에 대해 제어계가 안정하다.
③ PD 제어를 하는 경우 모든 양의 비례이득 및 미분시간에 대해 제어계가 안정하다.
④ 한계이득, 한계주파수를 찾을 수 없다.

해설
PI 제어에서 특성방정식을 쓰면,
$1 + \dfrac{10K_c}{(s+1)^2}\left(1 + \dfrac{1}{\tau_I s}\right) = 0$
$\tau_I s^3 + 2\tau_I s^2 + (\tau_I + 10K_c\tau_I)s + 10K_c = 0$
Routh array 판별법에 의해
$a_0 > 0, a_2 > 0, a_3 > 0, a_1 a_2 > a_3 a_0$ 이어야 하므로,
$\tau_I > 0, 2\tau_I^2(1 + 10K_c) > 10K_c\tau_I$ 이어야 한다.
즉, $K_c > \dfrac{1}{5}\left(\dfrac{\tau_I}{1 - 2\tau_I}\right)$ 이어야 한다.
$\tau_I > 0$ 이므로 $1 - 2\tau_I > 0$ 이어야 계가 안정하다.
즉, 계가 안정한 적분상수 값은 $0 < \tau_I < \dfrac{1}{2}$

68 시간상수가 1분인 1차계로 표현되는 수은온도계가 25℃의 실내에 놓여 있었다. 어느 순간 이 온도계를 5℃의 바깥공기에 노출시켰다면, 약 몇 분 후에 온도계 눈금이 6℃를 나타내겠는가?

① 1.0분
② 2.0분
③ 3.0분
④ 4.0분

해설
$G(s) = \dfrac{1}{s+1}$
$f(t) = -20 \rightarrow F(s) = \dfrac{-20}{s}$
$Y(s) = G(s) \cdot F(s)$
$= -\dfrac{20}{s(s+1)}$
$= -20\left(\dfrac{1}{s} - \dfrac{1}{s+1}\right)$
$= 20\left(\dfrac{1}{s+1} - \dfrac{1}{s}\right)$
$y(t) = 20(e^{-t} - 1)$
$20(e^{-t} - 1) = -19$
$e^{-t} = \dfrac{1}{20}$
$\therefore t = 2.99\cdots \simeq 3$

69 시간지연항의 성격에 대한 설명으로 옳지 않은 것은?

① 공정의 측정지연, 이송지연을 표현하기도 하며, 또한 고차 전달함수를 간략하게 표현하기 위한 용도로도 사용된다.
② 어떤 전달함수 공정에 시간지연이 더해지면 더해지지 않을 때에 비하여 한계이득(ultimate gain)이 작아진다.
③ 어떤 전달함수 공정에 시간지연이 더해지면 더해지지 않을 때에 비하여 한계주파수(ultimate 혹은 crossover frequency)가 감소한다.
④ 주파수의 증가에 따라 위상각(phase angle)이 음의 방향으로 지수적으로 증가하기 때문에 피드백 제어계에 좋지 않은 영향을 준다.

해설
시간지연항($e^{-\theta s}$)의 위상각은 $-\tau\omega$이다.

정답 66 ③ 67 ② 68 ③ 69 ④

70 다음 블록선도에서 C/R의 전달함수는?

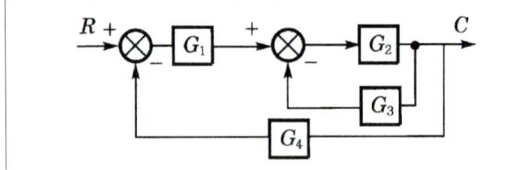

① $\dfrac{G_1 G_2}{1 + G_1 G_2 + G_3 G_4}$

② $\dfrac{G_1 G_2}{1 + G_2 G_3 + G_1 G_2 G_4}$

③ $\dfrac{G_3 G_4}{1 + G_1 G_2 G_3 G_4}$

④ $\dfrac{G_1 G_2}{1 + G_1 + G_3 + G_4}$

해설

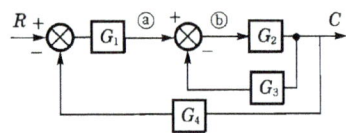

ⓐ $= G_1(R - G_A C)$
ⓑ $= G_1(R - G_A C) - G_B C$
$C = G_2[G_1(R - G_A C) - G_B C] = G_1 G_2 R - G_1 G_2 G_4 C - G_2 G_3 C$
$C/R = \dfrac{G_1 G_2}{1 + G_2 G_3 + G_1 G_2 G_4}$

71 다음 공정에 비례제어기($K_C = 3$)가 연결되어 있고 초기 정상상태에서 설정값이 5만큼 계단변화할 때 잔류편차는?

$$G_P(s) = \dfrac{2}{3s + 1}$$

① 0.71　② 1.43
③ 3.57　④ 4.29

해설

$\dfrac{3 \cdot \frac{2}{3s+1}}{1 + 3\frac{2}{3s+1}} = \dfrac{6}{3s+7}$

$\lim\limits_{s \to 0} \dfrac{6}{3s+7} \cdot \dfrac{5}{s} \cdot s$ (최종치 정리) $= \dfrac{30}{7} = 4.29$

72 다음 중에서 사인응답(Sinusoidal Response)이 위상앞섬(Phase lead)을 나타내는 것은?

① P 제어기
② PI 제어기
③ PD 제어기
④ 수송지연(Transportation lag)

해설

PD 제어기 : 시민 응답에서 위상 앞섬을 나타낸다.

73 PDI 제어기 조율에 대한 지침 중 잘못된 것은?

① 적분시간은 미분시간보다 작게 주되 1/4 이하로는 줄이지 않는 것이 바람직하다.
② 공정이득(process gain)이 커지면 비례이득(proportional gain)은 대략 반비례의 관계로 줄인다.
③ 지연시간(dead time)/시상수(time constant) 비가 커질수록 비례이득을 줄인다.
④ 적분시간은 시상수와 비슷한 값으로 설정한다.

해설

PID 제어기 조율
· 공정의 시간상수가 클수록 적분 시간 값을 크게 설정해준다.
· 공정이득이 커지면 비례이득을 줄인다.
· 지연시간/시상수의 비가 커지면 비례이득을 줄인다.
· 적분시간을 늘리면 응답 안정성이 커진다.

74 비례이득을 변화시켜 공정출력을 연속적으로 진동하게 하여 제어기를 튜닝하는 방법(coninuous cycling)에 관한 다음 설명 중 옳지 않은 것은?

① 시간지연이 없는 1차 공정에 적용이 가능하다.
② 공정에 대한 사전지식이 없어도 된다.
③ 연속진동 주기와 연속진동을 가져오는 비례이득 정보를 이용하여 제어기를 튜닝한다.
④ 시간이 많이 걸리고 진동폭이 커지면 위험할 수 있기 때문에 적용할 수 없는 경우가 있다.

해설

② 공정에 대한 사전지식이 있어야 한다.

정답 70 ② 71 ① 72 ③ 73 ① 74 ②

75 안정도 판정에 사용되는 열린 루프 전달함수가 $G(s)H(s) = \dfrac{K}{s(s+1)^2}$인 제어계에서 이득여유가 2.0이면 K값은 얼마인가?

① 1.0
② 2.0
③ 5.0
④ 10.0

해설
$s = j\omega$를 대입하고 정리하면
$G(j\omega)H(j\omega) = \dfrac{K}{-2\omega^2 + (\omega - \omega^3)j}$ 이므로
위상각은 $\tan\phi = \dfrac{\omega - \omega^3}{2\omega^2}$
위상각은 -180°일 때 $\tan(-180°) = 0$이므로 $\omega_{c0} = 1$
한편, $GM = \dfrac{1}{AR_{OL}(\omega_{c0})}$에서 $AR_{OL}(\omega_{c0}) = 0.5$이므로
진폭비 $AR = \dfrac{K}{\sqrt{4\omega^4 + (\omega - \omega^3)^2}}$에서 $\omega_{c0} = 1$을 대입하면
$K = 1$

76 영점(zero)이 없는 2차 공정의 Bode 선도가 보이는 특성을 잘못 설명한 것은?

① Bode 선도상의 모든 선은 주파수의 증가에 따라 단순 감소한다.
② 제동비(damping factor)가 1보다 큰 경우 정규화된 진폭비의 크기는 1보다 작다.
③ 위상각의 변화 범위는 0도에서 -180도까지이다.
④ 제동비(damping factor)가 0.707보다 작은 경우 진폭비는 공명진동수에서 1보다 큰 최대값을 보인다.

해설
2차 공정의 damping factor가 0.707보다 작을 경우 Bode 선도상의 주파수 증가에 따라 증가 후 감소한다.

77 강연회 같은 데서 간혹 일어나는 일로 마이크와 스피커가 방향이 맞으면 '삐'하는 소리가 나게 된다. 마이크의 작은 신호가 스피커로 증폭되어 나오고, 다시 이것이 마이크로 들어가 증폭되는 동작이 반복되어 매우 큰 소리로 되는 것이다. 이러한 현상을 설명하는 폐루프의 안정성 이론은 어느 것인가?

① Routh Stability
② Unstable Pole
③ Lyapunov Stability
④ Bode Stability

해설
주파수 응답에 관한 현상을 설명하는 안정성 이론은 Bode Stability이다.

78 조작변수와 제어변수와의 전달함수가 $\dfrac{2e^{-3s}}{5s+1}$, 외란과 제어변수와의 전달함수가 $\dfrac{-4e^{-4s}}{10s+1}$로 표현되는 공정에 대하여 가장 완벽한 외란보상을 위한 피드포워드 제어기 형태는?

① $\dfrac{2(5s+1)}{(10s+1)}e^{-s}$

② $\dfrac{(10s+1)}{2(5s+1)}e^{-\frac{3}{4}s}$

③ $\dfrac{-8}{(10s+1)(5s+1)}e^{-7s}$

④ $\dfrac{-2(5s+1)}{(10s+1)}e^{-s}$

해설
$-\dfrac{\frac{-4e^{-4s}}{(10s+1)}}{\frac{2e^{-3s}}{(5s+1)}} = \dfrac{2(5s+1)}{(10s+1)}e^{-s}$

외란은 회로에 합류할 때 (+)로 합류되기 때문에 (-) 값을 넣어야 외란이 상쇄됨.

정답 75 ① 76 ① 77 ④ 78 ①

79 Unstable 공정은 비례제어기로 먼저 안정화시키는 것이 운전에 중요하다. 공정 $G(s) = \dfrac{2e^{-s}}{s-1}$을 안정화시키는 비례이득 값의 아래 한계(lower bound)는?

① 0.5
② 1
③ 2
④ 5

해 설

공정에 비례제어기를 적용하면

$$G_t(s) = \frac{G(s)}{1 + G(s)K_c} = \frac{2e^{-s}}{s - 1 + 2K_c e^{-s}}$$

특성방정식 : $s - 1 + 2K_c e^{-s} = 0$

시간지연항을 무시하면, $s - 1 + 2K_c = 0$

이때 극점이 음수이어야 안정하므로 $s = 1 - 2K_c < 0$

$K_c > \dfrac{1}{2}$ 이다.

80 제어루프를 구성하는 기본 hardware를 주요 기능별로 분류하면?

① 센서, 트랜스듀서, 트랜스미터, 제어기, 최종제어요소, 공정
② 변압기, 제어기, 트랜스미터, 최종제어요소, 공정, 컴퓨터
③ 센서, 차압기, 트랜스미터, 제어기, 최종제어요소, 공정
④ 샘플링기, 제어기, 차압기, 밸브, 반응기, 펌프

해 설

제어루프
제어루프를 구성하는 기본 하드웨어는 센서, 트랜스듀서, 트랜스미터, 제어기, 최종제어요소, 공정이다.

M/E/M/O

제12회 적중 예상문제

제1과목 공업합성

01 황산 제조 시 원료로 FeS₂나금속 제련가스를 사용할 때 H₂S를 사용하여 제거시키는 불순물에 해당하는 것은?

① Mn ② Al
③ Fe ④ As

해설
H₂S를 사용하여 황화합물로 비소산화물을 침전 제거한다.

02 다음 중 황산암모늄의 제조법이 아닌 것은?

① 합성황안법 ② 순환황안법
③ 변성황안법 ④ 부생황안법

해설
황산암모늄의 제조법
㉠ 합성황안법
㉡ 변성황안법
㉢ 부생황안법

03 암모니아 산화에 의한 질산제조 공정에서 사용되는 촉매에 대한 설명으로 틀린 것은?

① 촉매로는 백금(Pt)에 Rh나 Pd를 첨가하여 만든 백금계 촉매가 일반적으로 사용된다.
② 촉매는 단위 중량에 대한 표면적이 큰 것이 유리하다.
③ 촉매 형상은 직경 0.2cm 이상의 선으로 망을 떠서 사용한다.
④ Rh은 가격이 비싸지만 강도, 촉매 활성, 촉매 손실을 개선하는 데 효과가 있다.

해설
③ 촉매 표면에서 온도가 750℃ 정도일 때, 산화율이 최고이다.

04 인 31g을 완전연소시키기 위한 산소의 부피는 표준상태에서 몇 L인가? (단, P의 원자량은 31이다.)

① 11.2 ② 22.4
③ 28 ④ 31

해설
P 31g(1mol)을 완전연소시키기 위한 산소의 부피는?
(표준상태(0℃, 1atm), P의 원자량 31)
$4P + 5O_2 \rightarrow 2P_2O_5$
P 1mol에는 O_2 $\frac{5}{4}$ mol 소모

∴ 1mol, 0℃, 1atm에서 P의 부피는 $22.4L \times \frac{5}{4} = 28L$

05 수은법에 의한 NaOH 제조에 있어서 아말감 중 Na 함유량이 많아지면 다음 중 어떤 결과를 가져오는가?

① 아말감의 유독성이 좋아진다.
② 아말감의 분해속도가 느려진다.
③ 전해질 내에서 수소가스가 발생한다.
④ 불순물의 혼입이 많아진다.

해설
수은법에 의한 NaOH 제조 중 아말감 중의 Na의 함유량이 많아지면 전해질 내에서 수소가스가 발생한다.

06 다음 중 공업적으로 수소를 제조하는 방법이 아닌 것은?

① 수성가스법 ② 수증기개질법
③ 부분산화법 ④ 공기액화분리법

해설
수소 제조 방법
① 수성가스법
② 수증기개질법
③ 부분산화법

정답 01 ④ 02 ② 03 ③ 04 ③ 05 ③ 06 ④

07 벤젠의 니트로화 반응에서 황산 60%, 질산 24%, 물 16%의 혼산 100kg을 사용하여 벤젠을 니트로화할 때 질산이 화학양론적으로 전량 벤젠과 반응하였다면 DVS 값은 얼마인가?

① 4.54　　② 3.50
③ 2.63　　④ 1.85

해설

$$DVS = \frac{혼합산 중의 황산의 양}{반응 후 혼합산 중의 물의 양}$$

$$\bigcirc + HNO_2 \rightarrow \bigcirc\text{-}NO_2 + H_2O$$

반응 후 생기는 물의 양 = $24 \times \frac{18}{63} = 6.86kg$

$DVS = \frac{60}{16+6.86} = 2.62$

08 반도체의 일반적인 성질에 대한 설명 중 틀린 것은?

① 4족 원소 가운데 에너지 갭의 크기 순서는 탄소 > 실리콘 > 게르마늄이다.
② 에너지 갭의 크기가 클수록 전기전도도는 감소한다.
③ 진성반도체의 전기전도도는 온도가 증가함에 따라 감소한다.
④ 절대온도 0K에서 전자가 존재하는 최상위 에너지 준위를 페르미 준위라고 한다.

해설

③ 진성반도체의 전기전도도는 온도가 증가함에 따라 증가한다.

09 벤젠 유도체 중 니트로화 과정에서 meta 배향성을 갖는 것은?

① 벤조산　　② 브로모벤젠
③ 톨루엔　　④ 바이페닐

해설

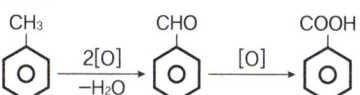

10 소금을 전기분해하여 수산화나트륨을 제조하는 방법에 대한 설명 중 옳지 않은 것은?

① 이론 분해전압은 격막법이 수은법보다 낮다.
② 전류밀도는 수은법이 격막법보다 크다.
③ 수은법이 1.5%의 염분을 함유하므로 품질은 격막법이 좋다.
④ 격막법은 양극실과 음극실 액의 pH가 다르다.

해설

수은법이 0.2%의 염분을 함유하므로 품질이 격막법보다 좋다.

11 지하수 내에 Ca^{2+} 40mg/L, Mg^{2+} 24.3mg/L가 포함되어 있다. 지하수 경도를 mg/L $CaCO_3$로 옳게 나타낸 것은? (단, 원자량은 Ca 40, Mg 24.3이다.)

① 32.15　　② 64.3
③ 100　　④ 200

해설

$Ca^{2+} = \frac{40mg}{L} \cdot \frac{1mol}{40g} \cdot \frac{1g}{1,000mg} = 1 \times 10^{-3} mol/L$

$Mg^{2+} = \frac{24.3mg}{L} \cdot \frac{1mol}{24.3g} \cdot \frac{1g}{1,000mg} = 1 \times 10^{-3} mol/L$

$Ca^{2+} + Mg^{2+} = 1 \times 10^{-3} + 1 \times 10^{-3} = 2 \times 10^{-3} mol/L$

$\frac{2 \times 10^{-3} mol}{L} \cdot \frac{100g}{1mol} \cdot \frac{1,000mg}{1g} = 200 mg/L \ CaCO_3$

12 모노글리세라이드에 대한 설명으로 가장 옳은 것은?

① 양쪽성 계면활성제이다.
② 비이온 계면활성제이다.
③ 양이온 계면활성제이다.
④ 음이온 계면활성제이다.

해설

모노글리세라이드 : 글리세린 1분자에 1개의 지방산 결합

정답 07 ③　08 ③　09 ①　10 ③　11 ④　12 ②

적중 예상문제

13 방향족 아민에 1당량의 황산을 가했을 때의 생성물에 해당하는 것은?

① 아닐린 + H_2SO_4 → 페닐설팜산 ($C_6H_5NHSO_3H$)

② 아닐린 + H_2SO_4 → 5-아미노나프탈렌-1-설폰산

③ 아닐린 + H_2SO_4 → 설파닐산 (4-aminobenzenesulfonic acid)

④ 아닐린 + H_2SO_4 → 3,5-다이설폰산 아닐린

해설

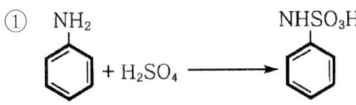

14 산화하여 아세톤이 되는 것은?

① $CH_3CH_2CH_2OH$ ② CH_3CHCH_3
                              |
                              OH

③ CH_3CH_2CHO ④ CH_3CHCH_3
                              |
                              COH

해설

아세톤의 제법

㉠ $CH_3-CH_3=CH_2 + H_2SO_4 \rightarrow CH_3-CH(OSO_3H)-CH_3$
$\xrightarrow{가수분해} CH_2CH(OH)CH_3 + H_2SO_4$

㉡ $CH_3CHCH_2 + H_2O \rightarrow CH_2CH(OH)CH_3$

15 산화에틸렌의 수화반응으로 만들어지는 것은?

① 아세트알데히드 ② 에틸렌글리콜
③ 에틸알코올   ④ 글리세린

해설

$CH_2-CH_2 + H_2O \rightarrow HOCH_2CH_2OH$
  \\O/

16 옥탄가에 대한 설명으로 틀린 것은?

① iso-옥탄의 옥탄가를 0으로 하여 기준치로 삼는다.
② 가솔린의 안티노크성(antiknock property)을 표시하는 척도이다.
③ n-헵탄과 이소옥탄의 비율에 따라 옥탄가를 구할 수 있다.
④ 탄화수소의 분자구조와 관계가 있다.

해설

① iso-옥탄의 옥탄가를 100으로 하여 기준치로 삼는다.

17 생성된 입상 중합체를 직접 사용하여 연속적으로 교반하여 중합하며, 중합열의 제어가 용이하지만 안정제에 의한 오염이 발생하므로 세척, 건조가 필요한 중합법은?

① 괴상중합   ② 용액중합
③ 현탁중합   ④ 축중합

해설

① 괴상중합 : 부가중합에 있어서 용매를 쓰지 않고 단량체만을 중합시키는 방법이다. 괴상중합을 중합체가 단량체에 녹지 않아 그 덩어리가 반응계에서 분리될 때 불균일한 벌크중합을 의미한다.
② 용액중합 : 단량체를 적당한 용매에 녹이고 필요에 따라 개시제를 첨가하여 가열한다. 반응온도 조절은 용이하나 중합체로서 용매의 완전한 제거가 어려워 중합체를 용액상태에서 그대로 사용할 수 있을 때에만 사용한다.
④ 축중합 : 하나 또는 여러 종류의 화합물 사이에 축합이 반응해서 일어나고 중합체를 생성하는 반응이다.

18 수평균 분자량이 100,000인 어떤 고분자 시료 1g과 수평균 분자량이 200,000인 같은 고분자 시료 2g을 서로 섞으면 혼합시료의 수평균 분자량은?

① 0.5×10^5 ② 0.667×10^5
③ 1.5×10^5 ④ 1.667×10^5

해설

수평균 분자량 $= \dfrac{1+2}{\dfrac{1}{100,000}+\dfrac{2}{200,000}} = 150,000 = 1.5 \times 10^5$

정답 13 ③ 14 ② 15 ② 16 ① 17 ③ 18 ③

19 아세틸렌을 원료로 하여 합성되는 물질로 가장 거리가 먼 것은?

① 아세트알데히드　② 염화비닐
③ 메틸알코올　　　④ 아세트산비닐

해설
① H—C≡C—H + HOH → [CH$_2$=CH—OH]
　　　　　　　　　　　　순간적으로 비닐알코올
　→ CH$_3$CHO
　　아세트알데히드
② H—C≡C—H + HCl → CH$_2$=CHCl
　　　　　　　　　　　　　염화비닐
④ CH≡CH + CH$_3$COOH → CH$_2$=CH
　　　　　　　　　　　　　　　　 |
　　　　　　　　　　　　　　　　O—C—CH$_3$
　　　　　　　　　　　　　　　　　 ‖
　　　　　　　　　　　　　　　　아세트산비닐

20 일반적으로 물의 순도는 비저항값으로 표시한다. 이때 사용되는 비저항의 단위로 옳은 것은?

① Ω·cm　　② Ω/cm
③ Ω·s　　　④ Ω/s

해설
비저항의 단위 : Ω·cm

제2과목　반응운전

21 열의 일당량을 옳게 나타낸 것은?

① 427kgf·m/kcal
② $\frac{1}{427}$kgf·m/kcal
③ 427kcal·m/kgf
④ $\frac{1}{427}$kcal·m/kgf

해설
1kcal = 4,200J
1kgf·m = 9.8Nm = 9.8J
1kcal = 4,200J = $\frac{4,200J}{} \left| \frac{1kgf·m}{9.8J} \right.$ = 427kgf·m
∴ 열의 일당량 = 427kgf·m/kcal

22 27°C, 800atm하에서 산소 1mol 부피는 몇 L인가? (단, 이때 압축계수는 1.50이다.)

① 0.46L　　② 0.72L
③ 0.046L　④ 0.072L

해설
$PV = ZnRT$
∴ $V = \frac{(1.5)(1)(0.082)(300)}{800} = 0.046L$

23 순환 법칙 $\left(\frac{\partial P}{\partial T}\right)_V \left(\frac{\partial T}{\partial V}\right)_P \left(\frac{\partial V}{\partial P}\right)_T = -1$에서 얻을 수 있는 최종 식은? (단, β는 부피팽창률(Volume expansivity), κ는 등온압축률(Isothermal compressibility)이다.)

① $(\partial P/\partial T)_V = -\frac{\kappa}{\beta}$　② $(\partial P/\partial T)_V = \frac{\kappa}{\beta}$
③ $(\partial P/\partial T)_V = \frac{\beta}{\kappa}$　④ $(\partial P/\partial T)_V = -\frac{\beta}{\kappa}$

해설
$\left(\frac{\partial P}{\partial T}\right)_V \left(\frac{\partial T}{\partial V}\right)_P \left(\frac{\partial V}{\partial P}\right)_T = -1$
$\beta = \frac{1}{V}\left(\frac{\partial V}{\partial T}\right)_P$, $\kappa = \frac{-1}{V}\left(\frac{\partial V}{\partial P}\right)_T$
∴ $\left(\frac{\partial P}{\partial T}\right)_V \frac{1}{V\beta} - \kappa V = -1$
$\left(\frac{\partial P}{\partial T}\right)_V = \frac{\beta}{\kappa}$

24 2성분계 용액(binary solution)이 그 증기와 평형상태하에 놓여있을 경우 그 계 안에서 독립적인 반응이 1개 있을 때, 평형상태를 결정하는 데 필요한 독립변수의 수는?

① 1　　② 2
③ 3　　④ 4

해설
$F = 2 - P + C - R - S$
여기서 P : 2(액체·기체평형), C : 2(2성분), R : 1(반응 1개)
$F = 2 - 2 + 2 - 1 = 1$

정답 19 ③　20 ①　21 ①　22 ③　23 ③　24 ①

25 김박사는 400K에서 25,000J/s로 에너지를 받아 200K에서 12,000J/s로 열을 방출하고 15kW의 일을 하는 열기관을 발명하였다고 주장하고 있다. 김박사의 주장을 열역학 제1·2법칙에 의해 평가한 것으로 가장 적절한 것은?

① 이 열기관은 열역학 제1법칙으로는 가능하나, 제2법칙에 위배되므로 김박사의 주장은 믿을 수 없다.
② 이 열기관은 열역학 제1법칙으로는 위배되나, 제2법칙에 가능하므로 김박사의 주장은 믿을 수 없다.
③ 이 열기관은 열역학 제1·2법칙에 모두 위배되므로 김박사의 주장은 믿을 수 없다.
④ 이 열기관은 열역학 제1·2법칙에 모두 가능하므로 김박사의 주장은 옳다.

해설

$$\eta = \frac{W(한일)}{Q_1(흡수열)}$$
$$= \frac{Q_1 - Q_2}{Q_1} = \frac{T_1 - T_2}{T_1}$$

즉, $\frac{15,000}{25,000} = \frac{400-200}{400}$

$0.6 \neq 0.5$

제2법칙에 위배된다. 또한 제1법칙에 의해 에너지는 생성되거나 소멸될 수 없으므로 제1법칙에도 위배된다.

26 이상기체의 단열변화를 나타내는 식 중 옳은 것은? (단, γ는 비열비이다.)

① $T_1 P_2^{\frac{\gamma-1}{1}} = 일정$
② $T_1 P_2^{\frac{\gamma-1}{1}} = T_2 P_1^{\frac{\gamma-1}{1}}$
③ $TP^{\frac{1}{1-\gamma}} = 일정$
④ $P_1 T_1^{\frac{\gamma-1}{\gamma}} = P_2 T_2^{\frac{\gamma-1}{\gamma}}$

해설

단열과정에서
$PV^\gamma = 일정$, $TP^{\frac{1-\gamma}{\gamma}} = 일정$, $TV^{\gamma-1} = 일정$

27 32℃의 방에서 운전되는 냉장고를 -12℃로 유지한다. 냉장고로부터 2,300cal의 열량을 얻기 위하여 필요한 최소 일량(J)은?

① 1,272
② 1,443
③ 1,547
④ 1,621

해설

- 냉동기 성능계수 $(\varepsilon_P) = \frac{T_2}{T - T_2}$
$$= \frac{-12 + 273}{(32+273) - (-12+273)}$$
$$= \frac{261}{305 - 261}$$
$$= 5.93$$

- 압축기 소비일량 $(W_c) = \frac{Q_c}{\varepsilon_p}$
$$= \frac{2,300 \times 4.18}{5.93}$$
$$= 1621.25J$$

28 실제 기체의 압력이 0에 접근할 때, 잔류(residual) 특성에 대한 설명으로 옳은 것은? (단, 온도는 일정하다.)

① 잔류 엔탈피는 무한대에 접근하고 잔류 엔트로피는 0에 접근한다.
② 잔류 엔탈피와 잔류 엔트로피 모두 무한대에 접근한다.
③ 잔류 엔탈피와 잔류 엔트로피 모두 0에 접근한다.
④ 잔류 엔탈피는 0에 접근하고 잔류 엔트로피는 무한대에 접근한다.

해설

잔류성질
$M^R \equiv M - M^{ig}$
($M = V, U, H, S, G$ 등 열역학적 성질)
M : 실제 값, M^{ig} : 이상기체 값
∴ 실제 입력 → 0이면, 이상기체 압력 → 0
∴ M^R(잔류성질) = 0

정답 25 ③ 26 ② 27 ④ 28 ③

29 평형에 대한 다음의 조건 중 틀린 것은? (단, ϕ_i는 순수성분의 퓨가시티 계수, $\hat{\phi}_i$는 혼합물에서 성분 i의 퓨가시티 계수, $\hat{f}_i$는 혼합물에서 성분 i의 퓨가시티 계수, γ_i는 활동도계수이며, x_i는 액상에서 성분 i의 조성을 나타내며, 상첨자 V는 기상, L은 액상, S는 고상, Ⅰ과 Ⅱ는 두 액상을 나타낸다.)

① 순수성분의 기-액 평형 : $\phi_i^V = \phi_i^L$

② 2성분 혼합물의 기-액 평형 : $\hat{\phi}_i^V = \hat{\phi}_i^L$

③ 2성분 혼합물의 액-액 평형 : $x_i^I \gamma_i^I = x_i^{II} \gamma_i^{II}$

④ 2성분 혼합물의 고-기 평형 : $\hat{f}_i^V = f_i^S$

해설

$\hat{f}_i^V = \hat{f}_i^L$

30 초기에 메탄, 물, 이산화탄소, 수소가 각각 1몰씩 존재하고 다음과 같은 반응이 이루어질 경우 물의 몰분율을 반응 좌표 ε로 옳게 나타낸 것은 어느 것인가?

$$CH_4 + 2H_2O \rightarrow CO_2 + 4H_2$$

① $y_{H_2O} = \dfrac{1-2\varepsilon}{4+2\varepsilon}$ ② $y_{H_2O} = \dfrac{1+\varepsilon}{4-2\varepsilon}$

③ $y_{H_2O} = \dfrac{1+2\varepsilon}{4-\varepsilon}$ ④ $y_{H_2O} = \dfrac{1-2\varepsilon}{4+\varepsilon}$

해설

$CH_4 + 2H_2O \rightarrow CO_2 + 4H_2$
1mol   1mol   1mol   1mol

$y_{H_2O} = \dfrac{n_{H_2O}}{n_{total}}$

$= \dfrac{n_{0(H_2O)} + v_{H_2O}\varepsilon}{n_c + v_\varepsilon}$

$= \dfrac{1-2\varepsilon}{4+(5-3)\varepsilon}$

$\therefore y_{H_2O} = \dfrac{1-2\varepsilon}{4+2\varepsilon}$

31 $A + B \rightarrow R$인 비가역 기상 반응에 대해 다음과 같은 실험 데이터를 얻었다. 반응 속도식으로 옳은 것은? (단, $t_{1/2}$은 B의 반감기이고 P_A 및 P_B는 각각 A 및 B의 초기압력이다.)

실험번호	1	2	3	4
P_A(mmHg)	500	125	250	250
P_B(mmHg)	10	15	10	20
$t_{1/2}$(min)	80	213	160	80

① $r = -\dfrac{dP_B}{dt} = k_P P_A P_B$

② $r = -\dfrac{dP_B}{dt} = k_P P_A^2 P_B$

③ $r = -\dfrac{dP_B}{dt} = k_P P_A P_B^2$

④ $r = -\dfrac{dP_B}{dt} = k_P P_A^2 P_B^2$

해설

P_A의 경우 500 → 250mmHg

$t_{1/2}$ 80min → 160min

압력이 $\dfrac{1}{2}$배가 되었을 때 $t_{1/2}$가 2배가 되었음.

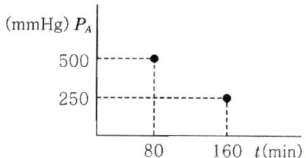

→ n=1차

P_B의 경우 10mmHg → 20mmHg

$t_{1/2}$ 80 = 800min

압력이 2배가 되었을 때 $t_{1/2}$가 그대로임.

32 다음 중 불균일 촉매반응에서 일어나는 속도결정단계(rate determining step)와 거리가 먼 것은 어느 것인가?

① 표면반응단계   ② 흡착단계

③ 탈착단계   ④ 촉매불활성화단계

해설

불균일 촉매반응에서 일어나는 속도결정단계 : 표면반응단계, 흡착단계, 탈착단계

정답 29 ② 30 ① 31 ③ 32 ④

33 메탄의 열분해반응($CH_4 \rightarrow 2H_2 + C_{(s)}$)의 활성화에너지는 7,500cal/mol이다. 위의 열분해반응이 546℃에서 일어날 때 273℃보다 몇 배 빠른가?

① 2.3　　② 5.0
③ 7.5　　④ 10.0

해설

$$\ln\frac{k_2}{k_1} = \frac{E}{R}\left(\frac{1}{T_1} \cdot \frac{1}{T_2}\right)$$

$$\frac{k_2}{k_1} = \exp\left(\frac{E}{R}\left(\frac{1}{T_1} - \frac{1}{T_2}\right)\right)$$

$$= \exp\left(\frac{7,500\text{cal}}{\text{mol}}\bigg|\frac{\text{mol} \cdot \text{k}}{8.314\text{J}}\left(\frac{1}{546k} - \frac{1}{819k}\right)\right) = 10$$

34 다음과 같이 진행되는 반응은 어떤 반응인가?

> Reactants → (Intermediates)*
> → (Intermediates)* → Products

① Non-chain reaction
② Chain reaction
③ Elementary reaction
④ Parallel reaction

해설

㉠ 기초반응(elementary reaction) : 반응속도식이 화학양론식에 대응하는 방법
㉡ 비기초반응(nonelementary reaction) : 화학양론과 속도 사이에 아무런 대응관계가 없는 반응
㉢ 비연쇄반응(non-chain reaction) : 비연쇄반응에서 중간체는 첫 번째 반응에서 생성되고 그 중간체는 더 반응하여 생성물이 된다.
　　즉, 반응물 → (중간체)*
　　　　 (중간체)* → 생성물
㉣ 연쇄반응(chain reaction)
　　반응물 → (중간체)* : 개시단계
　　(중간체)* + 반응물 → (중간체)* + 생명물 : 전파단계
　　(중간체)* → 생성물 : 정지단계
⇒ 전파단계에서 중간체는 소모되지 않고, 물질을 전화시키는 촉매로 작용

35 직렬반응 $A \rightarrow R \rightarrow S$의 각 단계에서 반응속도상수가 같으면 회분식 반응기 내의 각 물질의 농도는 반응시간에 따라서 어느 그래프처럼 변화하는가?

①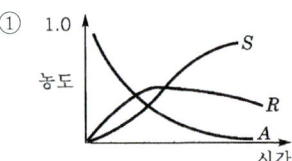

②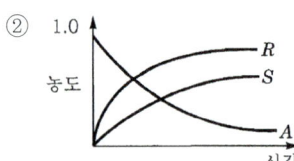

③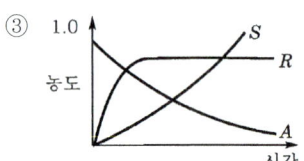

④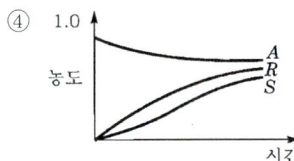

해설

$A \rightarrow R \rightarrow S$
'연계 연속반응' 또는 '직렬반응'이라 한다.

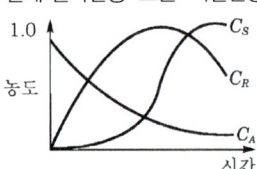

㉠ C_R이 최대가 되는 시간

$$t = \frac{1}{K}\begin{cases}\text{관형 반응기} & K = \dfrac{K_2 - K_1}{\ln\dfrac{K_2}{K_1}} \\ \text{혼합반응기} & K = \sqrt{K_1 K_2} \\ K_1 = K_2 \text{일 경우는} & K = K_1 = K_2\end{cases}$$

㉡ C_R의 최대농도

$$C_{R_{\max}} = C_{A0}\left(\frac{K_1}{K_2}\right)^{\frac{K_2}{K_2 - K_1}} \quad \text{(관형반응기)}$$

$$C_{R_{\max}} = C_{A0}\frac{1}{\left\{\left(\dfrac{K_2}{K_1}\right)^{0.5} + 1\right\}^2} \quad \text{(혼합반응기)}$$

정답 33 ④　34 ①　35 ①

36 다음의 액상 균일 반응을 순환비가 1인 순환식 반응기에서 반응시킨 결과 반응물 A의 전화율이 50%이었다. 이 경우 순환 pump를 중지시키면 이 반응기에서 A의 전화율은 얼마인가?

$$A \to B, \ r_A = -kC_A$$

① 45.6% ② 55.6%
③ 60.6% ④ 66.6%

해설

순환식 반응기에서
$$X_{A0} = \frac{R}{R+1} X_{Af} = \frac{0.5}{2} = 0.25$$

$$V = F_{A0}(R+1) \int_{X_A}^{X_{Af}} \frac{dX_A}{kC_{A0}(1-X_A)}$$

$$= C_{A0} v_0 \int_{0.25}^{0.5} \frac{dX_A}{kC_{A0}(1-X_A)} \ \text{이므로}$$

$$\frac{kV}{v_0} = 2[-\ln(1-X_A)]_{0.25}^{0.5} = 2\ln\frac{3}{2}$$

순환 pump를 중지시키면 $R=0$이 되므로
$$\frac{kV}{v_0} = -\ln(1-X_A) = 2\ln\frac{3}{2} \ \text{에서}$$
$$X_A = 0.556$$

37 다음 반응기 중 체류시간 분포가 가장 좁게 나타난 것은?

① 완전 혼합형 반응기
② recycle 혼합형 반응기
③ recycle 미분형 반응기(plug type)
④ 미분형 반응기(plug type)

해설

㉠ 체류시간 = 평균 체류시간
입구조건을 기준으로 반응기 부피와 동일한 부피의 유체를 처리하는 데 필요한 시간
㉡ 체류시간 분포함수
상이한 유체요소들이 반응기 내에서 보낸 시간을 정량적으로 기술하는 함수
$\int_{t_1}^{t_2} E(t)dt$: t_1과 t_2 사이 시간 동안 반응기에 체류한 후 떠나는 물질의 분율
∴ 미분형 반응기의 분포가 가장 좁다.

38 다음 두 반응이 평행하게 동시에 진행되는 반응에 대해 목적물의 선택도를 높이기 위한 설명으로 옳은 것은?

$$A \xrightarrow{k_1} V \left(\text{목적물}, \ \tau_v = k_1 C_A^{a_1} \right)$$
$$A \xrightarrow{k_2} W \left(\text{비목적물}, \ \tau_w = k_2 C_A^{a_2} \right)$$

① a_1과 a_2가 같으면 혼합 흐름 반응기가 관형 흐름 반응기보다 훨씬 더 낫다.
② a_1이 a_2보다 작으면 관형 흐름 반응기가 적절하다.
③ a_1이 a_2보다 작으면 혼합 흐름 반응기가 적절하다.
④ a_1과 a_2가 같으면 관형 흐름 반응기가 혼합 흐름 반응기보다 훨씬 더 낫다.

해설

고농도로 유지시키기 위해서는 회분식 반응기, 관형 흐름 반응기가 적합하고, 저농도로 유지시키기 위해서는 플러그 흐름 반응기가 적합하다.

39 반감기가 50시간인 방사능액체를 10L/h의 속도를 유지하며 직렬로 연결된 두 개의 혼합탱크(각 4,000L)에 통과시켜 처리할 때 감소되는 방사능의 비율(%)은? (단, 방사능 붕괴는 1차 반응으로 가정한다.)

① 93.67 ② 95.67
③ 97.67 ④ 99.67

해설

N개의 동일한 크기 CSTR 직렬 연결
$$C_N = \frac{C_0}{(1+k\tau)^N}$$

반감기가 50h이므로 $\left(t_{1/2} = \frac{\ln 2}{k} \right)$

$k = \frac{\ln 2}{50} \text{h}^{-1}, \ \tau = V/V_0$

$$\frac{C_N}{C_0} = \frac{1}{\left(1 + \frac{\ln 2}{50\text{h}} \cdot \frac{4{,}000\text{L}}{10\text{L/h}}\right)^2} = 0.0233$$

∴ $1 - 0.0233 = 0.9767 \times 100\% = 97.67\%$

정답 36 ② 37 ④ 38 ③ 39 ③

40 다음은 n차$(n>0)$ 단일 반응에 대한 한 개의 혼합 및 플러그 흐름 반응기 성능을 비교 설명한 내용이다. 옳지 않은 것은? (단, V_m은 혼합 흐름 반응기 부피, V_p는 플러그 흐름 반응기 부피를 나타낸다.)

① V_m은 V_p보다 크다.
② V_m / V_p는 전화율의 증가에 따라 감소한다.
③ V_m / V_p는 반응차수에 따라 증가한다.
④ 부피 변화 분율이 증가하면 V_m / V_p가 증가한다.

해설

$n \neq 0$이면 항상 $V_m > V_p$

㉠ CSTR : $V = \dfrac{F_{A0}X}{-r_A}$

㉡ PFR : $V = F_{A0}\displaystyle\int_0^1 \dfrac{dX}{-r_A}$

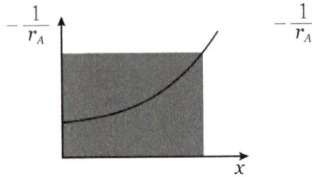 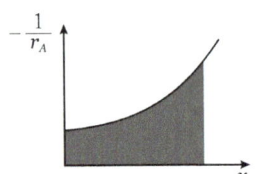

제3과목 단위공정관리

41 F_1, F_2가 다음과 같을 때, $F_1 + F_2$의 값으로 옳은 것은?

- F_1 : 물과 수증기가 평형상태에 있을 때의 자유도
- F_2 : 소금의 결정과 포화수용액이 평형상태에 있을 때의 자유도

① 2 ② 3
③ 4 ④ 5

해설

$F_1 = 2 - \pi + C = 2 - 2 + 1 = 1$
$F_2 = 2 - \pi + C = 2 - 2 + 2 = 2$
(고체소금, 수용액의 액체 ⇒ 상이 2개)
∴ $F_1 + F_2 = 3$

42 NaCl 수용액이 15℃에서 포화되어 있다. 이 용액 1kg을 65℃로 가열하면 약 몇 g의 NaCl을 더 용해시킬 수 있는가? (단, 15℃에서의 용해도는 358g/1,000g H₂O이고, 65℃에서의 용해도는 373g/1,000g H₂O이다.)

① 7.54 ② 10.53
③ 15.05 ④ 20.3

해설

$x : 1,000 = 358 : 1,358 (15℃)$
∴ $x = 264g(NaCl)$
$1,000 - 264 = 736g(물)$
$y : 736 = 373 : 1,000 (65℃)$
∴ $y = 274.5g$
⇒ $y - x = 274.5 - 264 = 10.5g$

43 4HCl + O₂ → 2H₂O + 2Cl₂ 반응으로 촉매 존재하에 건조공기로 건조염화수소를 산화시켜 염소를 생산한다. 이때 공기를 30% 과잉으로 사용하면 반응기에 들어가는 기체 중 HCl의 부피 조성은 몇 %인가? (단, 공기 중 산소의 부피 조성은 21%)

① 35.05 ② 39.25
③ 75.54 ④ 80.05

해설

HCl : 4mol
과잉 공기 : $1\text{mol} \times \dfrac{100}{21} \times 1.3 = 6.19\text{mol}$

$\dfrac{4}{6.19 + 4} \times 100 = 39.25\%$

44 뉴턴 유체가 관속을 흐를 때 관 중심으로부터 거리 r만큼 떨어진 점에서 전단응력 τ는?

① r에 비례한다. ② r에 반비례한다.
③ r^2에 비례한다. ④ r^2에 반비례한다.

해설

관 중심에서 멀어질수록 벽면에 가까워지므로 전단응력 증가
∴ r 커지면 τ 증가
$\tau = \mu \dfrac{du}{dy}$

정답 40 ② 41 ② 42 ② 43 ② 44 ①

45 1atm, 100℃의 1,000kg/h 포화수증기(ΔH = 2,676 kJ/kg)와 1atm, 400℃의 과열수증기(ΔH = 3,278 kJ/kg)가 단열 혼합기로 유입되어 1atm, 300℃의 과열수증기(ΔH = 3,074 kJ/kg)가 배출될 때 배출되는 양(kg/h)은?

① 2,921　　② 2,931
③ 2,941　　④ 2,951

해설

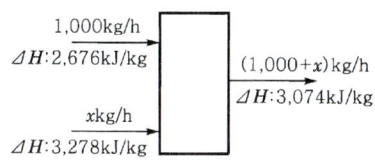

$(1,000)(2,676) + x(3,278) = 3,074(1,000 + x)$
$204x = 398 \times 10^3$
∴ $x = 1950.98$ kg/h
∴ 배출되는 양 = 2950.98 kg/h

46 18℃, 1atm에서 $H_2O(L)$의 생성열은 −68.4kcal/mol 이다. 다음 반응에서의 반응열이 42kcal/mol인 것을 이용하여 등온등압에서 CO(g)의 생성열을 구하면 몇 kcal/mol인가?

$$C(s) + H_2O(l) \rightarrow CO(g) + H_2(g)$$

① 110.4　　② −110.4
③ 26.4　　④ −26.4

해설

$C(s) + H_2O(l) \rightarrow CO(g) + H_2(g)$
$\Delta H_R = 42$ kcal/mol
· $(\Delta H_f)_{H_2O(l)} = -68.4$ kcal/mol
· $(\Delta H_f)_{CO(g)} = ?$
sol) $\Delta H_R = \Sigma(\Delta H_f)_P - \Sigma(\Delta H_f)_R$
　　　　$= (\Delta H_f)_{CO(g)} - (-68.4) = 42$
∴ $(\Delta H_f)_{CO(g)} = 42 - 68.4$
　　　　　　　　　　$= -26.4$ kcal/mol

47 어떤 기체의 열용량 C_P를 다음과 같이 나타낼 때 C의 단위는? (단, 온도 T의 단위는 [K]이고, C_P의 단위는 [cal/mol·K]이다.)

$$C_P = a + bT + cT^2$$

① cal/mol·K　　② cal/mol·K^2
③ cal/mol·K^3　　④ 무차원이다.

해설

전체 단위 : [cal/mol·K]
$CT^2 = C_P \rightarrow C = \dfrac{C_P}{T^2} = \dfrac{[\text{cal/mol·K}]}{[K^2]}$

$C = \left[\dfrac{\text{cal}}{\text{mol·}K^3}\right]$

48 과열수증기가 190℃(과열), 10bar에서 매시간 2,000 kg/h로 터빈에 공급되고 있다. 증기는 1bar 포화증기로 배출되며 터빈은 이상적으로 가동된다. 수증기의 엔탈피가 다음과 같다고 할 때 터빈의 출력은 몇 kW인가?

$$\widehat{H}_{in}(10\text{bar, }190℃) = 3,201\text{kJ/kg}$$
$$\widehat{H}_{out}(1\text{bar, 포화증기}) = 2,675\text{kJ/kg}$$

① $W = -1,200$ kW　　② $W = -292$ kW
③ $W = -130$ kW　　④ $W = -30$ kW

해설

$\dfrac{2,675\text{kJ}}{\text{kg}} \cdot \dfrac{2,000\text{kg}}{\text{h}} \cdot \dfrac{1\text{h}}{3,600\text{s}} = 1,486$ kW

$\dfrac{3,201\text{kJ}}{\text{kg}} \cdot \dfrac{2,000\text{kg}}{\text{h}} \cdot \dfrac{1\text{h}}{3,600\text{s}} = 1,778$ kW

∴ $1,486 - 1,778 = -292$ kW

정답 45 ④　46 ④　47 ③　48 ②

49 노벽의 두께가 200mm이고, 그 외측은 75mm의 석면판으로 보온되어 있다. 노벽의 내부온도가 400℃이고, 외측온도가 38℃일 경우 노벽의 면적이 10m²라면 열손실은 약 몇 kcal/h인가? (단, 노벽과 석면판의 평균 열전도도는 각각 3.3, 0.13kcal/m·h·℃이다.)

① 3,070   ② 5,678
③ 15,300 ④ 30,600

해설

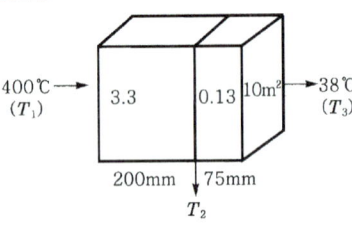

$$q = -K_1 A_1 \frac{400 - T_2}{dl_1} \qquad q = K_2 A_2 \frac{T_2 - 38}{dl_2}$$

$$+ \begin{vmatrix} 400 - T_2 = \dfrac{q dl_1}{AK_1} \\ T_2 - 38 = \dfrac{q}{A_i} \cdot \dfrac{dl_2}{K_2} \end{vmatrix}$$

$$362 = \frac{q}{A}\left(\frac{dl_1}{K_1} + \frac{dl_2}{K_2}\right)$$

여기서, $q : 5678.17, \; A : 10m^2$
$dl_1 : 0.2m, \; dl_2 : 0.075m$
$K_1 : 3.3, \; K_2 : 0.13$

50 82℃에서 벤젠의 증기압은 811mmHg, 톨루엔의 증기압은 314mmHg이다. 같은 온도에서 벤젠과 톨루엔의 혼합용액을 증발시켰더니 증기 중 벤젠의 몰분율은 0.5이었다. 용액 중의 톨루엔의 몰분율은 약 얼마인가? (단, 이상기체이며 라울의 법칙이 성립한다고 본다.)

① 0.72 ② 0.54
③ 0.46 ④ 0.28

해설
$P_A = P_A^* x_A$
$y_A = \dfrac{P_A}{P}, \; 0.5 = \dfrac{811 x_A}{811 x_A + 314(1 - x_A)}$
$x_A = 0.28$
$\therefore x_B = 0.72$

51 벤젠, 톨루엔의 혼합물로 그 비점에서 정류탑에 공급한다. 원액 중 벤젠의 몰분율은 0.2, 유출액은 0.96, 관출액은 0.04의 조건에서 매시 90kmol을 처리한다. 환류비는 최소환류비의 1.5배이다. 상부 조작선의 방정식을 옳게 나타낸 것은? (단, 벤젠의 액조성이 0.2일 때 평형증기의 조성은 0.375이다.)

① $y_{n+1} = 3.34 x_n + 0.834$
② $y_{n+1} = 0.833 x_n + 0.834$
③ $y_{n+1} = 3.34 x_n + 0.16$
④ $y_{n+1} = 0.833 x_n + 0.16$

해설

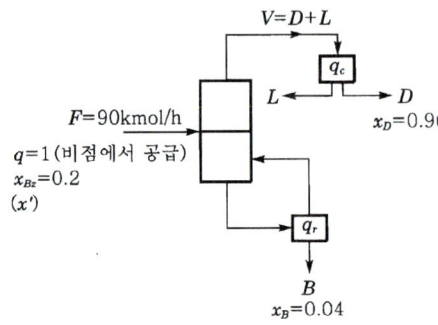

㉠ $R = \dfrac{L}{D} = R_{min} \times 1.5 \; (x_{Bz}' = 0.2, \; y_{Bz}' = 0.375)$
$\Rightarrow R_{min} = \dfrac{x_0 - y'}{y' - x'} = \dfrac{0.96 - 0.375}{0.375 - 0.2} = 3.34$
$\therefore R = 3.34 \times 1.5 ≒ 5$

㉡ 상부조작선 방정식
$y_{n+1} = \dfrac{R}{R+1} x_n + \dfrac{x_0}{R+1} = \dfrac{5}{6} x_n + \dfrac{0.96}{6} = 0.833 x_n + 0.16$

52 100℃, 765mmHg에서 기체 혼합물의 분석값이 CO_2 14vol%, O_2 6vol%, N_2 80vol%이었다. 이때 CO_2 분압은 약 몇 mmHg인가?

① 14   ② 31
③ 107 ④ 765

해설
부피비 = 압력비 = 몰비
765mmHg × 0.14 = 107.1mmHg

정답 49 ② 50 ① 51 ④ 52 ③

53 충전탑 내의 편류(channeling)현상이 가장 클 때는?

① 기체의 유속이 작을 때
② 액체의 유속이 클 때
③ 규칙 충전일 때
④ 불규칙 충전일 때

해설
편류는 한 방향으로 액체가 흐르는 현상으로 불규칙하게 충전물을 넣어야 한다.

54 열풍에 의한 건조에서 항률 건조속도에 대한 설명으로 틀린 것은?

① 총괄 열전달 계수에 비례한다.
② 열풍온도와 재료 표면온도의 차이에 비례한다.
③ 재료 표면온도에서의 증발잠열에 비례한다.
④ 건조면적에 반비례한다.

해설
항률 건조속도(R_C)

$$R_C = \left(\frac{W}{A}\right)\left(-\frac{dw}{d\theta}\right)_c = k_H(H_i - H) = \frac{h(t_G - t_i)}{\lambda_i} \, [\text{kg/m}^2 \cdot \text{h}]$$

여기서, h : 총괄 열전달계수
k_H : 총괄 물질전달계수
λ_i : t_i에서 증발잠열
t_G : 열풍온도
t_i : 재료 표면온도
H_i : 습도
A : 건조면적

∴ 재료 표면온도에서의 증발잠열에 반비례한다.

55 30℃, 1atm의 공기 중의 수증기 분압이 21.9mmHg일 때 건조공기당 수증기 질량[kg(H₂O)/kg(dry air)]은 얼마인가? (단, 건조공기의 분자량은 29이다.)

① 0.0272
② 0.0184
③ 0.272
④ 0.184

해설
$$H = \frac{18}{29} \times \frac{p}{P-p} = \frac{18}{29} \times \frac{21.9}{760-21.9} = 0.0184$$

56 물 증발잠열을 구할 수 있는 방법 중 2가지 물질의 증기압을 동일 온도에서 비교하여 대수좌표에 나타낸 것은?

① Cox 선도
② Duhring 도표
③ Othmer 도표
④ Watson 도표

해설
Othmer 도표의 설명이다.

57 밀폐된 용기 안에 물과 공기가 75℃, 760mmHg 상태에서 평형을 이루고 있다. 이때 기체상태에서의 수분의 몰분율은? (단, 75℃에서 물의 증기압은 289mmHg로 가정한다.)

① 0.17
② 0.29
③ 0.38
④ 0.62

해설
$$\frac{289}{760} = 0.38$$

58 몰 조성이 79% N₂ 및 21% O₂인 공기가 있다. 20℃, 740mmHg에서 이 공기의 밀도는 약 몇 g/L인가?

① 1.17
② 1.34
③ 3.21
④ 6.45

해설
㉠ 공기의 평균분자량
$\underbrace{0.79}_{N_2의\,몰조성} \times 28 + \underbrace{0.21}_{O_2의\,몰조성} \times 32 = 28.84 = M$

㉡ $PV = nRT$에서 $n = \frac{W}{M}$이므로

$PV = \frac{W}{M}RT \rightarrow PM = \frac{W}{V}RT = dRT$

$\therefore d = \frac{PM}{RT}$

$= \frac{\left(\frac{740\text{mmHg}}{760\text{mmHg}}\right) \times \left(\frac{1\text{atm}}{1}\right) \times 28.84}{0.082 \times 293\text{K}}$

$= 1.17 \text{g/L}$

정답 53 ③ 54 ③ 55 ② 56 ③ 57 ③ 58 ①

59 비중 0.9인 액체의 절대압력이 3.6kgf/cm²일 때 두 (head)로 환산하면 약 몇 m에 해당하는가?

① 3.24
② 4
③ 25
④ 40

해설
$P = \rho g h$
$P = 3.6 \dfrac{\text{kgf}}{\text{cm}^2} \Rightarrow \dfrac{3.6\text{kgf}}{\text{cm}^2} \left| \dfrac{9.8\text{N}}{1\text{kgf}} \right| \dfrac{1{,}000\text{cm}^2}{1\text{m}^2}$
$= 35.28 \times 10^3 \dfrac{\text{N}}{\text{m}^2}$
$\rho = 900 \dfrac{\text{kg}}{\text{m}^3}$
$g = 9.8 \dfrac{\text{m}}{\text{sec}^2}$
$h = \dfrac{P}{\rho g} = \dfrac{35.28 \times 10^3 \dfrac{\text{N}}{\text{m}^2}}{900 \dfrac{\text{kg}}{\text{m}^3} \times 9.8 \dfrac{\text{m}}{\text{sec}^2}} = 40\text{m}$

60 어떤 액위 저장탱크로부터 펌프를 이용하여 일정한 유량으로 액체를 뽑아내고 있다. 이 탱크로는 지속적으로 일정량의 액체가 유입되고 있다. 탱크로 유입되는 액체의 유량이 기울기가 1인 1차 선형변화를 보인 경우 정상상태로부터의 액위의 변화 $H(t)$를 옳게 나타낸 것은? (단, 탱크의 단면적은 A이다.)

① $\dfrac{1}{At^2}$
② $\dfrac{At}{2}$
③ $\dfrac{t^2}{2A}$
④ $\dfrac{1}{At^3}$

해설

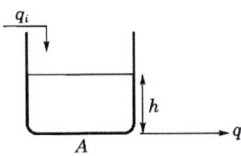

탱크로 유입되는 액체의 유량이 기울기가 1인 1차 선행변화
$\dfrac{dq_i}{dt} = 1, \int_{q_0}^{q_i} dq_i = \int_0^t dt$
$\therefore q_i = t + q_0$
$\dfrac{dV}{dt} = A\dfrac{dh}{dt} = q_i - q_0 = t$
$\therefore \dfrac{dh}{dt} = \dfrac{t}{A}, \ h(t) = \dfrac{t^2}{2A}$

제4과목 화공계측제어

61 되먹임 제어계에 대한 설명으로 옳은 것은?

① 원래 안정한 공정에 되먹임 제어기를 설치하면 항상 안정하다.
② 원래 불안정한 공정은 되먹임 제어기를 설치해도 안정화할 수 없다.
③ 되먹임 제어기 설치하면 정상상태에서 항상 오프셋이 제거된다.
④ 되먹임 제어기 설치하면 폐루프 응답이 원래의 개루프 응답보다 빨라질 수 있다.

해설
되먹임 제어계
- 계의 안정성은 K_C, τ_I, τ_D값에 따라 달라진다.
- 적분공정에서 비례제어만으로 설정점의 계단 변화에 대한 Offset 제거는 가능하지만, 입력 유량의 계단 변화에 대한 Offset 제거는 불가능하다.
- 되먹임 제어계를 통해 응답속도가 빨라질 수 있다.

62 바닥면적 0.1m²의 빈 수직탱크에 물이 $f(t) = 2\text{L/min}$의 유속으로 공급될 때 시간에 따른 물 높이[m] 변화 $h(t)$의 $H(s)$는? (단, Laplace 변수 s의 단위는 [1/min]이다.)

① $H(s) = \dfrac{0.01}{s^2}$
② $H(s) = \dfrac{0.02}{s^2}$
③ $H(s) = \dfrac{0.1}{s^2}$
④ $H(s) = \dfrac{0.2}{s^2}$

해설
$2\text{L/min} = \dfrac{2\text{L}}{\text{min}} \left| \dfrac{1\text{m}^3}{1{,}000} \right. = \dfrac{1}{500}\text{m}^3/\text{min}$

$\dfrac{1/500(\text{m}^3/\text{min})}{0.1\text{m}^2} = 0.02\text{m/min}$

$h(t) = 0.02(\text{m/min})t \Rightarrow H(s) = \dfrac{0.02}{s^2}$

정답 59 ④ 60 ③ 61 ④ 62 ②

63 다음의 식이 나타내는 이론은 무엇인가?

$$\lim_{s \to 0} s \to F_{(s)} = \lim_{t \to \infty} s \cdot f_{(t)}$$

① 스토크스의 정리(Stokes Theorem)
② 최종값 정리(Final Theorem)
③ 지그러-니콜스의 정리(Ziegle-Nichols Theorem)
④ 테일러의 정리(Taylers Theorem)

해설
최종값 정리
$$\lim_{t \to \infty} f(t) = \lim_{s \to 0} s \cdot F_{(s)}$$

64 다음의 전달함수를 역변환한 것은?

$$F_{(s)} = \frac{5}{(s-3)^3}$$

① $f_{(t)} = 5e^{3t}$
② $f_{(t)} = \frac{5}{2}e^{-3t}$
③ $f_{(t)} = \frac{5}{2}t^2 e^{3t}$
④ $f_{(t)} = 5t^2 e^{-3t}$

해설
$F_{(s)} = \frac{a}{(s+b)^{n+1}}$, $f_{(t)} = \frac{a}{n}t^n e^{-bt}$
$F_{(s)} = \frac{5}{(s-3)^3}$ 이므로 $f_{(t)} = \frac{5}{2}t^2 e^{3t}$

65 다음 중 1차계의 시상수 τ에 대하여 잘못 설명한 것은?

① 계의 저항과 용량(capacitance)과의 곱과 같다.
② 입력이 단위계단함수일 때 응답이 최종치의 85%에 도달하는 데 걸리는 시간과 같다.
③ 시상수가 큰 계일수록 출력함수의 응답이 느리다.
④ 시간의 단위를 갖는다.

해설
1차계 전달함수
$G(s) = \frac{1}{\tau s + 1}$, $X(s) = \frac{1}{s}$
$Y(s) = \frac{1}{\tau s + 1} \cdot \frac{1}{s} = \frac{1}{s} - \frac{\tau}{\tau s + 1} \to y(t) = 1 - e^{-t/\tau}$

$t = \tau$일때 $y(\tau) = 0.632$이므로 τ는 최종치의 63%에 도달하는 데 걸리는 시간과 같다.

66 2차계 시스템에서 시간의 변화에 따른 응답곡선은 아래와 같을 때 Overshoot은?

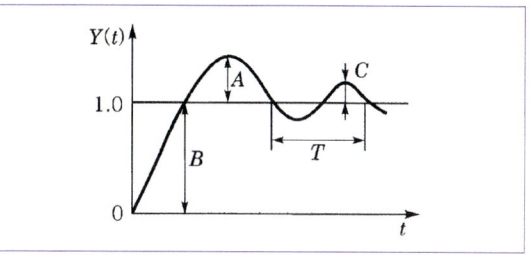

① $\frac{A}{B}$
② $\frac{C}{B}$
③ $\frac{C}{A}$
④ $\frac{C}{T}$

해설
설정치가 1
목표: B, 초과량: A
∴ Overshoot = $\frac{A}{B}$

67 저감쇠(under damped) 2차 공정의 특성이 아닌 것은?

① damping 계수(damping factor)가 클수록 상승시간(rise time)이 짧다.
② 감쇠비(decay ratio)는 overshoot의 제곱으로 표시된다.
③ overshoot은 항상 존재한다.
④ 공진(resonance)이 발생할 수도 있다.

해설

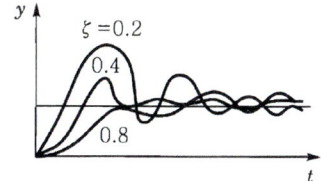

$t_\tau = \frac{i(\pi - \varnothing)}{\sqrt{1-\xi^2}}\left(\varnothing = \tan^{-1}\frac{\sqrt{1-\xi^2}}{\xi}\right)$

damping ratio가 클수록 rise time은 커진다.

정답 63 ② 64 ③ 65 ② 66 ① 67 ①

68 다음 입력과 출력의 그림에서 나타내는 것은? (단, L은 이동거리(cm)이고, V는 이동속도(cm/s)이다.)

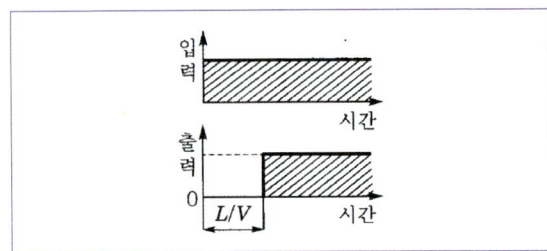

① CR 회로의 동작 응답
② 용수철계의 응답
③ 데드타임의 공정 응답
④ 적분요소의 계단상 응답

해설
수송지연 또는 Dead time
$\theta = \dfrac{\text{length of pipe}}{\text{fluid velocity}} = \dfrac{L}{V}$

69 다음의 블록선도는 제어기 내부 구조를 나타낸다. 이 선도가 나타내는 제어 모드는?

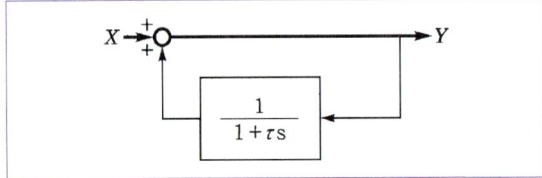

① 비례(P) 제어
② 비례적분(PI) 제어
③ 비례미분(PD) 제어
④ 비례적분미분(PID) 제어

해설
$G = \dfrac{1}{1 - \dfrac{1}{\tau s + 1}} = \dfrac{1 + \tau s}{\tau s + 1 - 1} = \dfrac{1}{\tau s} + 1$ 이므로
PI 제어에 해당한다.

70 피드백 제어계의 총괄 전달함수는?

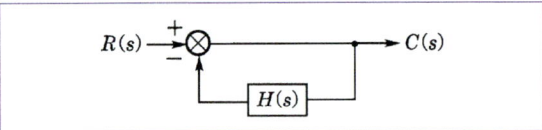

① $\dfrac{1}{-H(s)}$ ② $\dfrac{1}{1+H(s)}$
③ $\dfrac{1}{H(s)}$ ④ $\dfrac{1}{1-H(s)}$

해설
$\dfrac{C}{R} = \dfrac{R \to C \text{경로에 있는 모습}}{1 + \text{폐회로에 있는 모습}} = \dfrac{1}{1 + H(s)}$

71 블록선도 (a)와 (b)가 등가이기 위한 m의 값은?

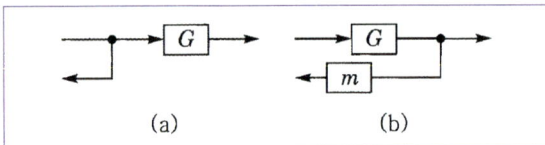

① G ② $1/G$
③ G^2 ④ $1-G$

해설
$G \cdot m = 1$이어야 (a), (b)가 등가
$\therefore m = \dfrac{1}{G}$

72 다음 그림은 외란의 단위계단 변화에 대해 잘 조율된 P, PI, PD, PID에 의한 제어계 응답을 보인 것이다. 이 중 PID 제어기에 의한 결과는 어떤 것인가?

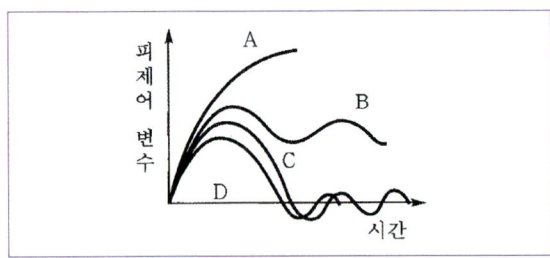

① A   ② B
③ C   ④ D

해설
PID 제어기를 사용하면 off-set를 없애주고, Reset 시간도 단축시킨다.

정답 68 ③ 69 ② 70 ② 71 ② 72 ④

73 PID 제어기 조율에 관한 내용 중 옳은 것은?

① 시상수가 작고, 측정잡음이 큰 공정에는 미분동작을 크게 설정한다.
② 시간지연이 큰 공정은 미분과 적분동작을 모두 크게 설정한다.
③ 적분공정의 경우 제어기의 적분동작을 더욱 크게 설정한다.
④ 시상수가 작을수록 미분동작은 작게, 적분동작은 크게 설정한다.

해설
① 시상수가 작고, 측정음이 큰 공정에는 미분동작을 작게 설정한다.
② 시간지연이 큰 공정은 미분동작은 크게, 적분동작을 작게 설정한다.
③ 적분공정의 경우 제어기의 적분동작을 작게 설정한다.

74 측정 가능한 외란(measurable disturbance)을 효과적으로 제거하기 위한 제어기는?

① 앞먹임 제어기(Feedforward Controller)
② 되먹임 제어기(Feedback Controller)
③ 스미스 예측기(Smith Predictor)
④ 다단 제어기(Cascade Controller)

해설
앞먹임 제어기 : 측정 가능한 외란을 효과적으로 제거하기 위한 제어기

75 다음 전달함수를 갖는 계 중 sin 응답에서 Phase lead를 나타내는 것은?

① $\dfrac{1}{\tau s + 1}$
② $e^{-\tau s}$
③ $1 + \dfrac{1}{\tau s}$
④ $1 + \tau s$

해설
sin 응답에서 Phase lead를 나타내는 전달함수는 $k_c(1+\tau s)$의 형태이다.

76 다음과 같은 보드선도(Bode plot)로 표시되는 제어기는?

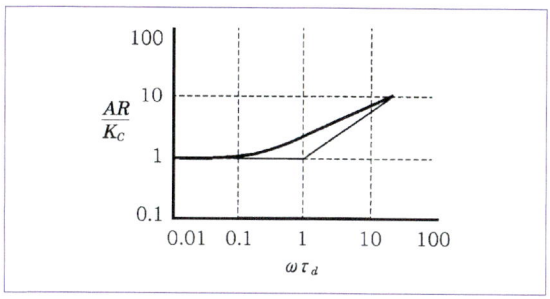

① 비례제어기
② 비례-적분 제어기
③ 비례-미분 제어기
④ 적분-미분 제어기

해설
비례-미분 제어기
$G(s) = K_c(1+\tau_D s)$
$AR = |G(j\omega)| = \sqrt{\omega^2 + \tau_D^2 + 1}$

77 다음 그림에서와 같은 제어계에서 안정성을 갖기 위한 K_c의 범위(lower bound)를 가장 옳게 나타낸 것은?

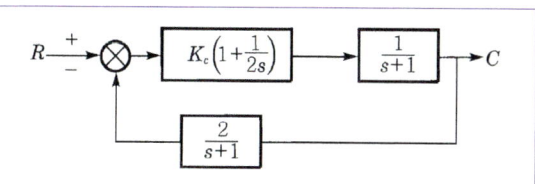

① $K_c > 0$
② $K_c > \dfrac{1}{2}$
③ $K_c > \dfrac{2}{3}$
④ $K_c > 2$

해설
특성방정식
$1 + K_c\left(1+\dfrac{1}{2s}\right)\left(\dfrac{1}{s+1}\right)\left(\dfrac{2}{s+1}\right) = 0$
$2s(s+1)^2 + K_c(2s+1)\cdot 2 = 0$
$s^3 + 2s^2 + (2K_c+1)s + K_c = 0$
(Routh array)

1	$2K_c+1$
2	K_c
$\dfrac{2(2K_c+1)-K_c}{2}$	0
K_c	

→ $3K_c+2>0$, $K_c>0$ ∴ $K_c>0$

정답 73 ④ 74 ① 75 ④ 76 ③ 77 ①

78 제어기를 설계할 때에 대한 설명으로 옳지 않은 것은?

① 일반적으로 강인성(robustness)을 좋게 하면 제어기 성능이 저하된다.
② 제어기의 튜닝은 잔류오차(offset)가 없고 부드럽고 빠르게 설정값에 접근하도록 이루어져야 한다.
③ 설정값의 변화와 외란의 변화에 대해서 다르게 제어기를 튜닝하는 것이 좋다.
④ 공정이 가진 시간지연이 길어져도 제어루프가 가질 수 있는 최대 성능은 변화가 없다.

해설
시간지연이 길어지면 최대 성능은 나빠진다.

79 개회로 제어계(open loop transfer function)가 $K\dfrac{N}{D}$일 때 해당된 폐회로계의 특정방정식은? (단, 측정부의 전달함수는 1이다.)

① $1 + K\dfrac{N}{D} = 0$ ② $1 - K\dfrac{N}{D} = 0$
③ $K\dfrac{N}{D} = 0$ ④ $\dfrac{1}{1 + K\dfrac{N}{D}} = 0$

해설
open loop에서 $G(s) = K\dfrac{N}{D}$

closed loop에서 $G(s) = \dfrac{K\dfrac{N}{D}}{1 + K\dfrac{N}{D}}$

따라서 특정방정식은 $1 + K\dfrac{N}{D} = 0$

80 어떤 1차계의 전달함수가 $\dfrac{2}{0.1s + 2}$이다. 이 계에 $X = \sin 2t$의 forcing function이 주어졌다면 이때 Phase lag는?

① $6.3°$ ② $5.7°$
③ $4.9°$ ④ $4.3°$

해설
$\tan^{-1}(w \times \tau) = \tan^{-1}(2 \times 0.05) = 5.7°$

정답 78 ④ 79 ① 80 ②

M/E/M/O

제13회 적중 예상문제

제1과목 공업합성

01 석유화학에서 방향족 탄화수소의 정제방법 중 용제추출법에 있어서 추출용제가 갖추어야 할 요건 중 옳은 것은?

① 방향족 탄화수소에 대한 용해도가 낮을 것
② 추출용제와 원료유와의 비중차가 작을 것
③ 추출용제와 방향족 탄화수소와의 선택성이 높을 것
④ 추출용제와 추출해야 할 방향족 탄화수소의 비점차가 작을 것

해설
① 방향족 탄화수소에 대한 용해도가 클 것
② 추출용제와 원료유와의 비중차가 클 것
④ 추출용제와 추출해야 할 방향족 탄화수소의 비점차가 클 것

02 다음 중 35wt% HCl 용액 1,000kg에서 HCl의 물질량(kmol)은?

① 6.59   ② 7.59
③ 8.59   ④ 9.59

해설
$1,000kg \times 0.35 = 350kg$: HCl 양
HCl 분자량 : $(1+35.5)kg/kmol$
∴ $350kg / 36.5 \dfrac{kg}{kmol} = 9.59 kmol$

03 질산제조에서 암모니아 산화에 사용되는 촉매에 대한 설명 중 옳은 것은?

① 가장 널리 사용되는 것은 Pt-Bi이다.
② Pt계의 일반적인 수명은 1개월 정도이다.
③ 공업적으로 Fe-Bi계는 작업범위가 가장 넓다.
④ 산화코발트의 조성은 Co$_3$O$_4$이다.

해설
질산제조 시 암모니아 산화에 사용되는 촉매 : Co$_3$O$_4$

04 200kg의 인산(H$_3$PO$_4$) 제조 시 필요한 인광석의 양은 약 몇 kg인가? (단, 인광석 내에는 30%의 P$_2$O$_5$가 포함되어 있으며, P$_2$O$_5$의 분자량은 142이다.)

① 241.5   ② 362.3
③ 483.1   ④ 603.8

해설
$P_2O_5 + 3H_2O \rightarrow 2H_3PO_4$
1.02kmol   2.04kmol

$1.02 kmol \times \dfrac{142kg}{1kmol} \times \dfrac{100}{30} = 482.8kg$

05 솔베이법의 기본 공정에서 사용되는 물질로 가장 거리가 먼 것은?

① CaCO$_3$ ② NH$_3$
③ HNO$_3$ ④ NaCl

해설
솔베이법의 기본 공정에서 사용되는 물질
㉠ CaCO$_3$, ㉡ NH$_3$, ㉢ NaCl

06 소다회를 이용하거나 또는 조중조의 현탁액을 수증기로 열분해하여 Na$_2$CO$_3$ 용액을 제조 후 석회유를 가하여 가성소다(NaOH)를 제조하는 방법은?

① 가성화법   ② 암모니아 소다법
③ 솔베이법   ④ 르브랑법

해설
② 암모니아 소다법 : 석회석과 식염을 주원료로 하고 암모니아를 부원료로 하여 소다화(탄산나트륨무수물)를 제조하는 소다회 제조법으로, 공업적으로 가장 중요하다.
③ 솔베이법 : 탄산나트륨 제법의 중간 생성물로 얻어진다.
NaCl + NH$_3$ + CO$_2$ + H$_2$O → NaHCO$_3$(s)↓ + NH$_4$Cl(aq)
④ 르브랑법 : 식염에서 탄산나트륨을 제조하는 방법인데, 르브랑에 의해 고안되었다. 상온에서 소금에 황산을 작용시키는 단계, 황산수소나트륨과 소금을 적열 상태에서 반응시키는 단계, 황산나트륨에 석회석과 석탄 또는 코크스를 섞어서 고온에서 반응시키는 단계의 3공정으로 이루어진다.

정답 01 ③ 02 ④ 03 ④ 04 ③ 05 ③ 06 ①

07 자동차용 가솔린에 요구되는 성질이 아닌 것은?

① 연소열이 나쁜 유분을 포함하지 않을 것
② 고무질이 적을 것
③ 반응성이 중성일 것
④ 옥탄가가 낮을 것

해설
④ 옥탄가가 높을 것

08 암모니아 합성용 수소가스의 기본적인 정제순서를 옳게 나타낸 것은?

① 워터가스 전화 - 황화합물 제거 - CO_2 제거 - CO 제거 - CH_4 제거
② CO_2 제거 - 황화합물 제거 - 워터가스 전화 - CO 제거 - CH_4 제거
③ 워터가스 전화 - CO_2 제거 - 황화합물 제거 - CO 제거 - CH_4 제거
④ 황화합물 제거 - 워터가스 전화 - CO_2 제거 - CO 제거 - CH_4 제거

해설
합성 암모니아의 원료가스 정제
㉠ 황화합물 제거(건식법, 습식법)
㉡ 수성가스의 전화
$$CO + H_2O \xrightarrow{400 \sim 600℃} CO_2 + H_2 + 10,400kcal$$
㉢ 탄산가스의 제거 : CO_2 양 많을 때는 고압 수세에 의하여, 적을 때는 암모니아수 또는 아민화합물의 수용액으로 먼저 대부분 제거하고 나머지는 NaOH 용액으로 제거
㉣ 일산화탄소의 제거
　• 흡수법
$$Cu(NH_3)_nCO_3 + 2CO \xrightleftharpoons[약80℃]{약20℃} Cu_2(NH_3)_nCO_3 \cdot 2CO$$
　• 메탄화법 및 메탄올-메탄화법
$$CO + 3H_2 \xrightarrow[고압 정제란]{300 \sim 400℃} CH_4 + H_2O + 50.8kcal$$
$$CO + 2H_2 \xrightarrow{Z_nO - Cr_2O_2} CH_3OH + 24.75kcal$$
㉤ CH_4 제거

09 다니엘 전지(Daniel Cell)를 사용하여 전자기기를 작동시킬 때 측정한 전압(방전전압)과 충전 시 전지에 인가하는 전압(충전전압)에 대한 관계와 그 설명으로 옳은 것은?

① 충전전압은 방전전압보다 크다. 이는 각 전극에서의 반응과 용액의 저항 때문이며, 전극의 면적과는 관계가 없다.
② 충전전압은 방전전압보다 크다. 이는 각 전극에서의 반응과 용액의 저항 때문이며, 전극의 면적이 클수록 그 차이는 증가한다.
③ 충전전압은 방전전압보다 작다. 이는 각 전극에서의 반응과 용액의 저항 때문이며, 전극의 면적과는 관계가 없다.
④ 충전전압은 방전전압보다 작다. 이는 각 전극에서의 반응과 용액의 저항 때문이며, 전극의 면적이 클수록 그 차이는 증가한다.

해설
다니엘 전지
$(-)Zn \parallel ZnSO_4$ 용액 $\parallel CuSO_4$ 용액 $\parallel Cu(+)$

10 부식전류가 크게 되는 원인으로 가장 거리가 먼 것은?

① 용존 산소농도가 낮을 때
② 온도가 높을 때
③ 금속이 전도성이 큰 전해액과 접촉하고 있을 때
④ 금속표면의 내부응력의 차가 클 때

해설
① 용존 산소농도가 높을 때

11 니트로화제로 주로 공업적으로 사용되는 혼산은?

① 염산 + 인산
② 질산 + 염산
③ 질산 + 황산
④ 황산 + 염산

해설
니트로화제 : 질산 + 황산

정답 07 ④　08 ④　09 ①　10 ①　11 ③

12 부타디엔에 무수말레인산을 부가하여 환상화합물을 얻는 방법은?

① Diels-Alder 반응
② Wolff-Kishner 반응
③ Gattermann-Koch 반응
④ Fridel-Craft 반응

해설

Diels-Alder 반응 : 부타디엔 $\xrightarrow{\text{무수말레인산}}$ 환상화합물

13 다음 중 유리기(free radical) 연쇄반응으로 일어나는 반응은?

① $CH_2 = CH_2 + H_2 \rightarrow CH_3 - CH_3$
② $CH_4 + Cl_2 \rightarrow CH_3Cl + HCl$
③ $CH_2 = CH_2 + Br_2 \rightarrow CH_2Br - CH_2Br$
④ $C_6H_6 + HNO_3 \xrightarrow{H_2SO_4} C_6H_5NO_2 + H_2O$

해설

② 햇빛을 촉매로 하여 할로겐 원소와 반응시키면 치환반응에 의하여 치환체와 염화수소가 발생한다.

14 초산과 메탄올을 산촉매하에서 반응시키면 에스테르와 물이 생성된다. 물의 산소원자는 어디에서 왔는가?

① 초산의 C=O
② 초산의 OH
③ 메탄올의 OH
④ 알 수 없다.

해설

$CH_3COOH + CH_3OH \rightarrow CH_3COOCH_3 + H_2O$

15 석유정제에 사용되는 용제가 갖추어야 하는 조건이 아닌 것은?

① 선택성이 높아야 한다.
② 추출할 성분에 대한 용해도가 높아야 한다.
③ 용제의 비점과 추출성분의 비점의 차이가 적어야 한다.
④ 독성이나 장치에 대한 부식성이 적어야 한다.

해설

용제의 비점과 추출성분의 비점의 차이가 커서, 추출시 상분리가 용이해야 한다.

16 가솔린 유분 중에서 휘발성이 높은 것을 의미하고 한국과 유럽의 석유화학공업에서 분해에 의해 에틸렌 및 프로필렌 등의 제조에 주된 공업원료로 사용되고 있는 것은?

① 경유
② 등유
③ 나프타
④ 중유

해설

나프타의 설명이다.

17 고분자의 수평균분자량을 측정하는 방법으로 가장 거리가 먼 것은?

① 광산란법
② 삼투압법
③ 비등점상승법
④ 빙점강하법

해설

㉠ 고분자의 수평균분자량 측정방법
  • 삼투압법
  • 비등점상승법
  • 빙점강하법
㉡ 고분자의 중량평균분자량 측정방법 : 광산란법

정답 12 ① 13 ② 14 ② 15 ③ 16 ③ 17 ①

18 카르복시산과 아민의 축합반응으로 얻어지는 화합물은?

① 에테르(ether) ② 에스테르(ester)
③ 케톤(ketone) ④ 아미드(amide)

해설
R–COOH + R'NH$_2$ → RCONHR' + H$_2$O
　　　　　　　　　　아미드

19 같은 몰수의 두 종류의 단량체 사이에서 이루어지는 선형 축합 중합체의 경우 전환율과 수평균 중합도 사이에는 Carothers식에 의한 관계를 가정할 수 있다. 전환율이 99%인 경우, 얻어지는 축합 고분자의 수평균 중합도는?

① 10 ② 100
③ 1,000 ④ 10,000

해설
수평균 중합도 $= \dfrac{1}{1-\text{전환율}} = \dfrac{1}{1-0.99} = 100$

20 순도 77% 아염소산나트륨(NaClO$_2$) 제품 중 당량 유효염소 함량(%)은? (단, Na, Cl의 원자량은 각각 23g/mol, 35.5g/mol이다.)

① 92.82 ② 112.12
③ 120.82 ④ 222.25

해설
NaClO$_2$ + 4HCl → NaCl + 2H$_2$O + 4Cl
유효염소 $= \dfrac{염소}{아염소산나트륨} = \dfrac{4\times 35.5}{90.5}\times 0.77 = 1.2082$
∴ $1.2082\times 100 = 120.82\%$

제2과목 반응운전

21 에너지에 관한 설명으로 옳은 것은?

① 계의 최소 깁스(Gibbs) 에너지는 항상 계와 주위의 엔트로피 합의 최대에 해당한다.
② 계의 최소 헬름홀츠(Helmholtz) 에너지는 항상 계와 주위의 엔트로피 합의 최대에 해당한다.
③ 온도와 압력이 일정할 때 자발적 과정에서 깁스(Gibbs) 에너지는 감소한다.
④ 온도와 압력이 일정할 때 자발적 과정에서 헬름홀츠(Helmholtz) 에너지는 감소한다.

해설
$dG = dH - d(TS) = -SdT + VdP$
$dH = dE + d(PV) = TdS + VdP$
$dE = dQ - dW = TdS - PdV$
$dA = dE - d(TS) = -SdT - PdV$
온도, 압력이 일정할 때 자발적 변화과정에서 엔트로피는 증가하므로 깁스 에너지는 감소한다.

22 이상기체의 반 데르 발스(Van der Waals) 상태방정식을 만족시키는 각 기체에 대해 일정한 온도에서 내부에너지의 부피에 대한 변화율, 즉 $\left(\dfrac{\partial U}{\partial V}\right)_T$를 나타낸 올바른 식은? (단, 반 데르 발스(Van der Waals) 상태방정식은 $P = \dfrac{RT}{V-b} - \dfrac{a}{V^2}$이다.)

① $RT/(V-b)$ ② a/V^2
③ a/V ④ $RT/(V-b)^2$

해설
$dU = TdS - PdV \Rightarrow \left(\dfrac{\partial U}{\partial V}\right)_T = T\left(\dfrac{\partial S}{\partial V}\right)_T - P$
$\left(\dfrac{\partial S}{\partial V}\right)_T = \left(\dfrac{\partial P}{\partial T}\right)_V$ (Maxwell)
∴ $\left(\dfrac{\partial U}{\partial V}\right)_T = T\left(\dfrac{\partial P}{\partial T}\right)_V - P$
$P = \dfrac{RT}{V-b} - \dfrac{a}{V^2}$ 이므로 $\left(\dfrac{\partial P}{\partial T}\right)_V = \dfrac{R}{V-b}$
∴ $\left(\dfrac{\partial U}{\partial V}\right)_T = \dfrac{RT}{V-b} - P = \dfrac{RT}{V-b} - \left(\dfrac{RT}{V-b} - \dfrac{a}{V^2}\right) = \dfrac{a}{V^2}$

정답 18 ④ 19 ② 20 ③ 21 ③ 22 ②

23 이상기체의 열용량에 대한 설명으로 옳은 것은?

① 이상기체의 열용량은 상태함수이다.
② 이상기체의 열용량은 온도에 무관하다.
③ 이상기체의 열용량은 압력에 무관하다.
④ 모든 이상기체는 같은 값의 열용량을 갖는다.

해설
이상기체의 열용량은 온도의 함수이며, Q(열) = 경도함수이다.

24 크기가 동일한 3개의 상자 A, B, C에 상호작용이 없는 입자 10개가 각각 4개, 3개, 3개씩 분포되어 있고, 각 상자들은 막혀 있다. 상자들 사이의 경계를 모두 제거하여 입자가 고르게 분포되었다면 통계 열역학적인 개념의 엔트로피 식을 이용하여 경계를 제거하기 전후의 엔트로피 변화량은 약 얼마인가? (단, k는 Boltzmann 상수이다.)

① $8.343k$ ② $15.324k$
③ $22.321k$ ④ $50.024k$

해설
$S = K\ln\Omega$
$\Omega = \dfrac{(4+3+3)!}{4!3!3!} = 4,200$
$\therefore S = K\ln 4,200 = 8.343k$

25 그림에서 동력 W를 계산하는 식은?

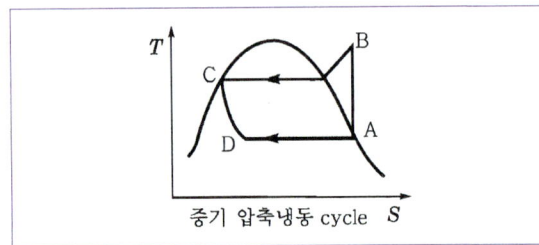
증기 압축냉동 cycle

① $W = (H_B - H_C) - (H_A - H_D)$
② $W = (H_B - H_C) - (H_D - H_A)$
③ $W = (H_A - H_D) - (H_B - H_C)$
④ $W = (H_D - H_A) - (H_B - H_C)$

해설
$W = |Q_H| - |Q_C| = (H_B - H_C) - (H_A - H_D) = H_B - H_A$

26 이상기체의 단열과정에서 온도와 압력에 관계된 식이다. 옳게 나타낸 것은? (단, 열용량비 $\gamma = \dfrac{C_P}{C_V}$이다.)

① $\dfrac{T_2}{T_1} = \left(\dfrac{P_2}{P_1}\right)^{\frac{\gamma-1}{\gamma}}$ ② $\dfrac{T_2}{T_1} = \left(\dfrac{P_1}{P_2}\right)^{\gamma}$

③ $\dfrac{T_1}{T_2} = \ln\left(\dfrac{P_1}{P_2}\right)$ ④ $\dfrac{T_2}{T_1} = \left(\dfrac{P_2}{P_1}\right)$

해설
이상기체의 단열과정에서
㉠ $P_1 V_1^{\gamma} = P_2 V_2^{\gamma}$
㉡ $T_1 V_1^{\gamma-1} = T_2 V_2^{\gamma-1}$
㉢ $T_1 P_1^{\frac{1-\gamma}{\gamma}} = T_2 P_2^{\frac{1-\gamma}{\gamma}}$

27 어떤 화학반응에서 평형상수의 온도에 대한 미분계수가 다음과 같이 표시된다. 이 반응에 대한 설명으로 옳은 것은?

$$\left(\dfrac{\partial \ln K}{\partial T}\right)_P > 0$$

① 이 반응은 흡열반응이며, 온도상승에 따라 K값은 커진다.
② 이 반응은 흡열반응이며, 온도상승에 따라 K값은 작아진다.
③ 이 반응은 발열반응이며, 온도상승에 따라 K값은 커진다.
④ 이 반응은 발열반응이며, 온도상승에 따라 K값은 작아진다.

해설
$\dfrac{d\ln K}{dT} = \dfrac{\Delta H°}{RT^2}$ (반트-호프의 법칙)
$\dfrac{d\ln K}{dT} > 0$ 이면
$\dfrac{\Delta H}{RT^2} > 0$ 이다.
$\therefore \Delta H > 0$: 흡열반응
온도가 상승할수록 정반응이 일어나 K는 커진다.

정답 23 ③ 24 ① 25 ① 26 ① 27 ①

28 다음 사이클(cycle)이 나타내는 내연기관은?

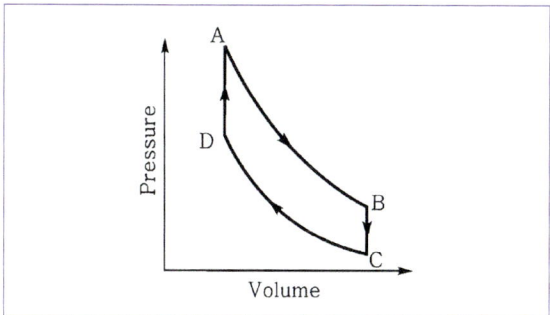

① 공기표준 오토엔진
② 공기표준 디젤엔진
③ 가스터빈
④ 제트엔진

해설
2개의 단열, 2개의 정용 과정 ⇒ 공기표준 otto 엔진

29 그림과 같은 압력-엔탈피 선도($\ln P$ 대 H)에서 엔탈피 변화($H_2 - H_1$)는 무엇에 해당하는가?

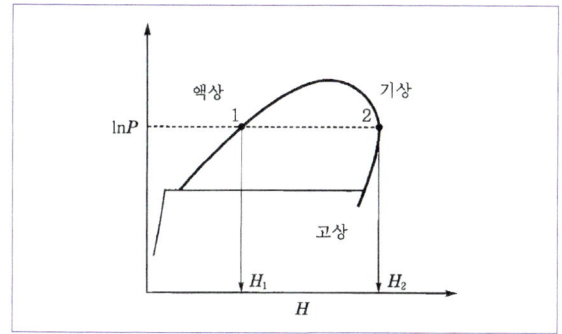

① 승화열
② 혼합열
③ 증발열
④ 용해열

해설
압력-엔탈피 선도
$H_2 - H_1$ = 기상의 엔탈피 - 액상의 엔탈피 = 증발열

30 기체반응물 $A(C_{A0} = 1\text{mol/L})$를 혼합 흐름 반응기($V = 0.1\text{L}$)에 넣어서 반응시킨다. 반응식이 $2A \to R$이고, 실험결과가 다음 표와 같을 때, 이 반응의 속도식($-r_A$: mol/L·h)은?

u_0[L/h]	C_{Af}[mol/L]
1.5	0.334
3.6	0.500
9.0	0.667
30.0	0.857

① $-r_A = (30h^{-1})C_A$
② $-r_A = (36h^{-1})C_A$
③ $-r_A = (100L/mol \cdot h)C_A^2$
④ $-r_A = (150L/mol \cdot h)C_A^2$

해설
X_A를 개선하기 위한 과정
$\varepsilon_A = y_{A0}\delta = \dfrac{1-2}{2} = -0.5$
$C_A = \dfrac{C_{A0}(1-X_A)}{1+\varepsilon_A X_A}$
$X_A = \dfrac{C_{A0} - C_A}{C_{A0} - \dfrac{1}{2}C_A}$

u_0	C_A	X_A
1.5	0.34	0.800
3.6	0.5	0.667
9.0	0.667	0.500
3.0	0.857	0.250

$r = \dfrac{V}{v_0 C_{A0}} = \dfrac{X_A}{kC_A^n}$ 에서

각각의 값을 대입하여 계산하면 $k=100, n=2$임을 알 수 있다.
∴ $-r_A = (100L/\text{mol} \cdot h)C_A^2$

31 다음 중 기-액 상평형 자료의 건전성을 검증하기 위하여 사용하는 것으로 가장 옳은 것은?

① 깁스-두헴(Gibbs-Duhem)식
② 클라우지우스-클레이페이론(Clausisus-Clapeyron)식
③ 맥스웰 관계(Maxwell relation)식
④ 헤스의 법칙(Hess's Law)

해설
Gibbs-Duhem식 중 일반적인 식
$\left(\frac{\partial M}{\partial T}\right)_{P,x} dT + \left(\frac{\partial M}{\partial P}\right)_{T,x} dP - \sum(x_i d\overline{M_i}) = 0$
온도(T)와 압력(P)이 일정하면, $\sum(x_i d\overline{M_i}) = 0$으로 상평형에서 유용한 Gibbs-Duhem식이 된다.

32 다음은 CH_3CHO의 기상 열분해 반응에 대해 정용등온 회분식 반응기에서 얻은 값이다. 이 반응의 차수에 가장 가까운 값은?

$CH_3CHO \rightarrow CH_4 + CO$		
분해량(%)	20	40
분해속도(mmHg/min)	5.54	3.07

① 1차 ② 1.7차
③ 2.1차 ④ 2.8차

해설
$-\frac{dC_A}{dt} = kC_A^n = kC_{A0}^n(1-X_A)^n$

$\therefore X_A = 0.2 \rightarrow C_A = (0.8C_{A_0})^n$
$X_A = 0.4 \rightarrow C_A = (0.6C_{A_0})^n$
$\therefore 5.54 = k(0.8C_{A_0})^n \cdots ㉠$
$3.07 = k(0.6C_{A_0})^n \cdots ㉡$
$\frac{㉠}{㉡} \rightarrow \frac{5.54}{3.07} = \left(\frac{0.8}{0.6}\right)^n$
$\therefore n = 2.05$

33 고체 촉매에 의한 기상 반응 A + B = R에 있어서 성분 A와 B가 같은 양이 존재할 때 성분 A의 흡착과정이 율속인 경우의 초기 반응속도와 전압의 관계는? (단, a, b는 정수이고, p는 전압이다.)

① $\gamma_0 = \frac{p}{a+bp}$ ② $\gamma_0 = \frac{p}{(a+bp)^2}$

③ $\gamma_0 = \left(\frac{p}{a+bp}\right)^2$ ④ $\gamma_0 = \frac{p^2}{a+bp}$

해설
A + B = R에서 흡착과정이 율속일 때
초기 반응속도와 전압의 관계는 $\therefore r = \frac{p}{a+bp}$

34 일차 비가역 반응에서 반감기 $t_{1/2}$은? (단, k는 반응상수, C_{A_0}는 초기농도이다.)

① $t_{\frac{1}{2}} = \frac{C_{A_0}}{2k}$ ② $t_{\frac{1}{2}} = \frac{\ln 2}{k}$

③ $t_{\frac{1}{2}} = \frac{1}{kC_{A_0}}$ ④ $t_{\frac{1}{2}} = \frac{3}{2kC_{A_0}^2}$

해설
$-r_A = kC_A = \frac{dC_A}{dt}$
$\int_0^{\frac{1}{2}} kdt = \int_{C_A}^{\frac{1}{2}C_A} \frac{dC_A}{C_A}$
$\therefore t_{\frac{1}{2}} = \frac{\ln 2}{k}$

35 어떤 반응의 속도상수가 25℃에서 $3.46 \times 10^{-5} s^{-1}$이며 65℃에서는 $4.91 \times 10^{-3} s^{-1}$이었다면, 이 반응의 활성화에너지(kcal/mol)는?

① 49.6 ② 37.2
③ 24.8 ④ 12.4

해설
$\ln \frac{k_2}{k_1} = \frac{E}{R}\left(\frac{1}{T_1} - \frac{1}{T_2}\right)$
$E = \frac{\ln k_2/k_1}{\frac{1}{R}\left(\frac{1}{T_1} - \frac{1}{T_2}\right)} = 24.8 \text{kcal}$

정답 31 ① 32 ③ 33 ① 34 ② 35 ③

36 $A + B \rightarrow R$인 2차 반응에서 C_{A0}와 C_{B0}의 값이 서로 다를 때 반응속도상수 k를 얻기 위한 방법은?

① $\ln \dfrac{C_B C_{A0}}{C_{B0} C_A}$와 t를 도시(plot)하여 원점을 지나는 직선을 얻는다.

② $\ln \dfrac{C_B}{C_A}$와 t를 도시(plot)하여 원점을 지나는 직선을 얻는다.

③ $\ln \dfrac{1-X_A}{1-X_B}$와 t를 도시(plot)하여 절편이 $\ln \dfrac{C_{A0}^2}{C_{B0}}$ 인 직선을 얻는다.

④ 기울기가 $1 + (C_{A0} - C_{B0})^2 k$인 직선을 얻는다.

해설

2차 반응 $A + B \rightarrow R$

$\dfrac{dC_A}{dt} = kC_A C_B$

$C_{A0} \dfrac{dX_A}{dt} = kC_{A0}(1-X_A)(C_{B0} - C_{A0}X_A)$

이를 풀면

$\dfrac{1}{C_{A0}} \int \dfrac{dX_A}{(1-X_A)(\dfrac{C_{B0}}{C_{A0}} - X_A)} = kt$

$\dfrac{1}{C_{B0} - C_{A0}} \int \left(\dfrac{1}{1-X_A} - \dfrac{1}{\dfrac{C_{B0}}{C_{A0}} - X_A} \right) dX_A = kt$

$\ln \left(\dfrac{\dfrac{C_{B0}}{C_{A0}} - X_A}{\dfrac{C_{B0}}{C_{A0}}(1-X_A)} \right) = (C_{B0} - C_{A0})kt$

여기에 $X_A = \dfrac{C_{A0} - C_A}{C_{A0}}$를 대입하면 $\ln \dfrac{C_B C_{A0}}{C_{B0} C_A} = (C_{B0} - C_{A0})kt$ 를 얻는다.

37 어떤 반응의 반응속도와 전환율의 상관관계가 아래의 그래프와 같다. 이 반응을 상업화한다고 할 때 더 경제적인 반응기는? (단, 반응기의 유지보수 비용은 같으며, 설치비를 포함한 가격은 반응기 부피에만 의존한다고 가정한다.)

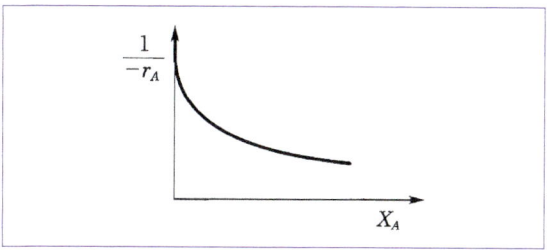

① 플러그 흐름 반응기
② 혼합 흐름 반응기
③ 어느 것이나 상관 없음
④ 플러그 흐름 반응기와 혼합 흐름 반응기를 연속으로 연결

해설

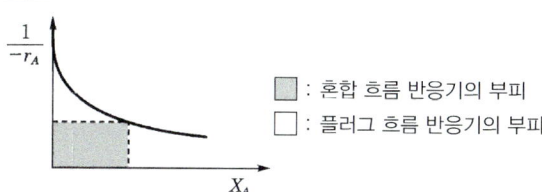

⇒ 혼합 흐름 반응기가 부피가 더 적게 들어 경제적이다.

38 $A \xrightarrow{k_D} D$, $A \xrightarrow{k_U} U$, 목적반응(D로의 반응)차수(a_1)가 비목적반응차수(a_2)보다 큰 경쟁반응에서 원하는 생성물을 최대화시키는 방법이 아닌 것은?

① PFR에서 순수 반응물 입구로 직접 도입한다.
② PFR보다 CSTR의 선택도를 크게 한다.
③ 액상 반응이면 희석제 사용을 억제한다.
④ CSTR보다 PFR의 선택도를 크게 한다.

해설

㉠ 선택도(selectivity) $= \dfrac{r_D}{r_U} = \dfrac{k_D C_A^{a_1}}{k_U C_A^{a_2}} = \left(\dfrac{k_D}{k_U} \right) C_A^{a_1 - a_2}$

㉡ $a_1 > a_2$이므로 CSTR보다 PFR의 선택도를 크게 한다.

정답 36 ② 37 ② 38 ②

39 공간시간 $\tau = 1\min$인 똑같은 혼합 반응기 4개가 직렬로 연결되어 있다. 반응속도상수가 $k = 0.5\min^{-1}$인 1차 액상 반응이며 용적 변화율은 0이다. 첫째 반응기의 입구 농도가 1mol/L일 때 네 번째 반응기의 출구 농도(mol/L)는 얼마인가?

① 0.098 ② 0.125
③ 0.135 ④ 0.198

해설

$$\tau = \frac{C_{A0}X_A}{-r_A} = \frac{C_{A0} - C_A}{kC_A}$$

$$1 = \frac{1 - C_A}{0.5 C_A} \rightarrow C_A = \frac{2}{3} \text{mol/L (첫 번째 출구 농도)}$$

→ 같은 크기, 4개

$$\therefore \left(\frac{2}{3}\right)^4 = 0.198$$

$$k = \frac{C_{A0}X_A}{C_{A0}(1-X_A)} = \frac{0.8}{1-0.8} = 4$$

$$\ln(k_2/k_1) = -\frac{\Delta H}{R}\left(\frac{1}{T_2} - \frac{1}{T_1}\right)$$

→ $T_2 = 127℃$

40 $A \to B$인 1차 반응에서 플러그 흐름 반응기의 공간시간(space time) τ를 옳게 나타낸 것은? (단, 밀도는 일정하고 X_A는 A의 전환율, k는 반응속도상수이다.)

① $\tau = \dfrac{X_A}{1-X_A}$

② $\tau = \dfrac{C_{A0}-C_A}{kC_A}$

③ $\tau = \dfrac{-\ln(1-X_A)}{k}$

④ $\tau = C_A + \ln(1-X_A)$

해설

$A \to B$, PFR, $\varepsilon = 0$(밀도 일정), 1차 반응(매우 중요)

	CSTR($\varepsilon = 0$)	PFR($\varepsilon = 0$)	CSTR($\varepsilon \neq 0$)
1차	$k\tau = \dfrac{x}{1-x}$	$k\tau = -\ln(1-x)$	$k\tau = \dfrac{x}{1-x}(H\epsilon x)$
2차	$k\tau C_{A0} = \dfrac{x}{(1-x)^2}$	$k\tau C_{A0} = \dfrac{x}{1-x}$	$k\tau C_{A0} = \dfrac{x}{(1-x)^2}(H\epsilon x)$

※ 단, 위 식은 $A \to B$의 기본꼴인 1차식 2차식에만 쓸 수 있다.

제3과목 단위공정관리

41 어떤 공업용수 내에 칼슘(Ca) 함량이 100ppm이면 무게 백분율(wt%)로 환산하면 얼마인가? (단, 공업용수의 비중은 1.0이다.)

① 0.01% ② 0.1%
③ 1%   ④ 10%

해설

$100 \times 10^{-6} \times 100 \times 10^{-2} = 0.01\%$

42 30℃, 1atm의 건조한 공기가 일정한 속도로 관속을 흐르고 있다. 건조공기의 유량을 조사하기 위해 매분 5kg의 속도로 NH₃ 가스를 넣으면 혼합되어 나가는 기체의 분석결과는 다음 그림과 같이 나타낼 수 있다. 이때 건조공기는 몇 m³/min의 속도로 흐르겠는가? (단, 혼합기체의 비율은 mol%로 나타낸다.)

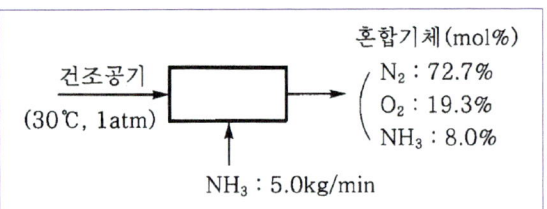

① 54 ② 64
③ 74 ④ 84

해설

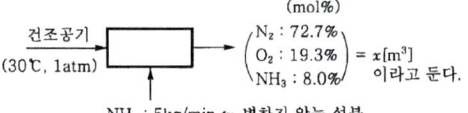

㉠ NH₃를 30℃, 1atm 상태하에서 부피속도로 바꾸면,

$$\frac{5\text{kg}}{\min} \cdot \frac{1\text{kmol}}{17\text{kgNH}_3} \cdot \frac{22.4\text{m}^3}{1\text{kmol}} \cdot \frac{1\text{atm}}{273\text{K}} \cdot \frac{303\text{K}}{1\text{atm}} = 7.31\text{m}^3/\min$$

㉡ NH₃ 성분은 변하지 않으므로

$7.31\text{m}^3/\min = x\text{ Mm}^3 \times 0.08$

$\therefore x = 91.38\text{m}^3/\min$

여기서, 건조공기만의 양은

$91.38 \times 0.92 = 84.07\text{m}^3/\min$

정답 39 ④ 40 ③ 41 ① 42 ④

43 15wt% 황산용액에 80wt% 황산용액 100kg을 혼합하였더니 20wt% 황산용액이 되었다면 15wt% 황산용액의 무게는?

① 1,100kg ② 1,200kg
③ 1,300kg ④ 1,400kg

해설

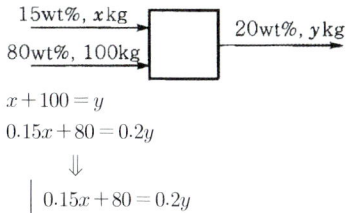

$x + 100 = y$
$0.15x + 80 = 0.2y$
⇓
$\begin{vmatrix} 0.15x + 80 = 0.2y \\ 0.2x + 20 = 0.2y \end{vmatrix}$
$-0.05x = -60$
$x = 1,200kg$

44 정압비열 0.24kcal/kg·℃ 의 공기가 수평관 속을 흐르고 있다. 입구에서 공기온도가 21℃, 유속이 90m/s이고, 출구에서 유속은 150m/s이며, 외부와 열교환이 전혀 없다고 보면 출구에서의 공기온도는?

① 10.2℃ ② 13.8℃
③ 28.2℃ ④ 31.8℃

해설
energy balance
$\frac{1}{2}mV_1^2 + mC_pT_1 = \frac{1}{2}mV_2^2 + mC_pT_2$
$C_p = \frac{0.24\text{kcal}}{\text{kg}\cdot\text{℃}} \left| \frac{1,000\text{cal}}{1\text{kcal}} \right| \frac{4.186\text{J}}{1\text{cal}} = 1,005\text{J/kg}\cdot\text{℃}$
$\frac{1}{2} \times 90^2 + 1,005 \times 21 = \frac{1}{2} \times 150^2 + 1,005 T_2$
∴ $T_2 = 13.8$

45 완전 흑체에서 복사에너지에 관한 설명으로 옳은 것은?

① 복사면적에 반비례하고, 절대온도에 비례
② 복사면적에 비례하고, 절대온도에 비례
③ 복사면적에 반비례하고, 절대온도의 4승에 비례
④ 복사면적에 비례하고, 절대온도의 4승에 비례

해설
$Q = AT^4$
복사면적에 비례하고, 절대온도의 4승에 비례

46 100℃ 기준으로 물질 A의 평균 열용량은 표와 같다. 물질 A 10g을 200℃에서 400℃까지 가열하기 위하여 필요한 열량은 몇 cal인가?

온도[℃]	C_P[cal/g·℃]
100	1.2
200	1.5
400	1.7

① 3,000 ② 3,400
③ 3,600 ④ 3,800

해설
$Q = C \cdot m \cdot \Delta T$, 100℃ 기준
$\Delta H = Q \rightarrow \Delta H$: 상태함수
$Q = \Delta H_{400℃} - \Delta H_{200℃}$
$= (1.7)(10)(300) - (1.5)(10)(100) = 3,600$

47 25℃에서 정용반응열(ΔH_V)이 -326.1kcal일 때 같은 온도에서 정압반응열($\Delta H_P : kcal$)은?

$C_2H_5OH(L) + 3O_2(g) \rightarrow 3H_2O(L) + 2CO_2(g)$

① 325.5 ② -325.5
③ 326.7 ④ -326.7

해설
$C_2H_5OH(L) + 3O_2(g) \rightarrow 3H_2O(L) + 2CO_2(g)$
$\begin{cases} \Delta H_V = -326.1\text{kcal} \\ \Delta H_P = ? \end{cases}$
$\Delta H_V = \Delta U + \Delta(PV)$
$\Delta Q_P = Q_V + \Delta n_g RT = -326.1 + (2-3) \times 1.987 \times 298$
↳ 592.13cal
$= -326.7\text{kcal}$

48 압력용기에 연결된 지름이 일정한 관(pipe)을 통하여 대기로 기체가 흐를 경우에 대한 설명으로 옳은 것은?

① 무제한 빠른 속도로 흐를 수 있다.
② 빛의 속도에 근접한 속도로 흐를 수 있다.
③ 초음속으로 흐를 수 없다.
④ 종류에 따라서 초음속으로 흐를 수 있다.

해설
음속보다 낮은 속도의 흐름이 지름 및 단면적이 일정한 관을 통과하여 관의 출구에서 도달 가능하다.

정답 43 ② 44 ② 45 ④ 46 ③ 47 ④ 48 ③

49 어떤 촉매반응기의 공극률 ε가 0.4이다. 이 반응기 입구의 공탑유속이 0.2m/s라면 촉매층 세공에서의 유속은 몇 m/s가 되겠는가?

① 2.0　　② 1.0
③ 0.8　　④ 0.5

해설
$\frac{0.2}{0.4} = 0.5$

50 완전흑체에서 복사에너지에 관한 설명으로 옳은 것은 어느 것인가?

① 복사면적에 반비례하고, 절대온도에 비례
② 복사면적에 비례하고, 절대온도에 비례
③ 복사면적에 반비례하고, 절대온도의 4승에 비례
④ 복사면적에 비례하고, 절대온도의 4승에 비례

해설
슈테판-볼츠만 법칙
$q = \sigma A T^4$

51 그림은 분자확산 때의 농도구배를 그린 것이다. A와 B를 옳게 나타낸 것은?

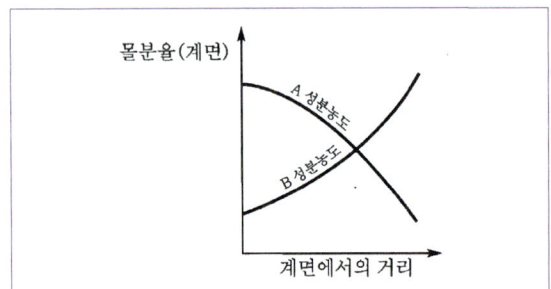

① A : 확산, B : 정지
② A : 정지, B : 확산
③ A, B : 동방향 확산
④ A, B : 반대방향 확산

해설
A : 확산, B : 정지

52 공기를 왕복 압축기를 사용하여 절대압력 1기압에서 64기압까지 3단(3stage)으로 압축할 때 각단의 압축비는?

① 3　　② 4
③ 21　　④ 64

해설
$(64)^{\frac{1}{3}} = 4$

53 어떤 증류탑의 실제단수가 25단이고 그 효율이 60%일 때 McCabe-Thiele법으로 구한 이론 단수는?

① 10단　　② 15단
③ 20단　　④ 25단

해설
단효율 = $\frac{이론단수}{실제단수} \times 100$

$0.6 = \frac{이론단수}{25}$ ⇒ 이론단수 = 15단

54 다음 중 상계점(plait point)에 대한 설명 중 틀린 것은?

① 추출상과 추잔상의 조성이 같아지는 점
② 분배곡선과 용해도곡선과의 교점
③ 임계점(critical point)으로 불리기도 하는 점
④ 대응선(tie-line)의 길이가 0이 되는 점

해설
상계점 특징
㉠ 균일상 : 불균일상으로 되는 경계점
㉡ tie line 길이가 0인 점이다.
㉢ 추출 불능이다.
㉣ 추제성분이 많은 쪽이 추출상이다.

정답 49 ④　50 ④　51 ①　52 ②　53 ②　54 ②

55 CO_2 25vol%와 NH_5 75vol%의 기체 혼합물 중 NH_3의 일부가 흡수탑에서 산에 흡수되어 제거된다. 흡수탑을 떠나는 기체 중 NH_3 함량이 37.5vol%일 때, NH_3의 제거율은? (단, CO_2의 양은 변하지 않으며, 산용액은 증발하지 않는다고 가정한다.)

① 15% ② 20% ③ 62.5% ④ 80%

해설
전체 부피를 100이라고 가정
CO_2가 25, NH_3가 75 존재, 제거되는 NH_3를 x라고 두면
$0.375 = \dfrac{75-x}{100-x}$
$x = 60$
$\therefore \dfrac{60}{75} \times 100 = 80\%$

56 건구온도와 습구온도의 상관관계에 대한 설명 중 틀린 것은?

① 공기가 건조할수록 건구온도와 습구온도차는 커진다.
② 공기가 건조할수록 건구온도가 낮아진다.
③ 공기가 수증기로 포화될 때 건구온도와 습구온도차는 같다.
④ 공기가 습할수록 습구온도는 높아진다.

해설
공기가 건조할수록 건구온도는 높아진다.

57 80wt% 수분을 함유하는 습윤펄프를 건조하여 처음 수분의 70%를 제거하였다. 완전 건조펄프 1kg당 제거된 수분의 양은 얼마인가?

① 1.2kg ② 1.5kg ③ 2.3kg ④ 2.8kg

해설
건조펄프 1kg, 80wt% 수분의 습윤펄프
∴ 습윤펄프는 5kg
그 중 4kg이 수분이고 그 중 70% 제거하므로
$0.7 \times 4 = 2.8$kg

58 25℃, 대기압하에서 0.38mH_2O의 수두압으로 포화된 습윤공기 100m³가 있다. 이 공기 중의 수증기량은 약 몇 kg인가? (단, 대기압은 755mmHg이고, 1기압은 수두로 10.3mH_2O이다.)

① 2.71 ② 12.2 ③ 24.7 ④ 37.1

해설
$h = \dfrac{0.38\text{m}H_2O \times 100\text{m}^3}{\dfrac{8.314\text{Pa} \cdot \text{m}^3}{\text{K} \cdot \text{mol}} \times 298\text{K}} \times \dfrac{101,300\text{Pa}}{760\text{mmHg}} \times \dfrac{760\text{mmHg}}{10.3\text{m}H_2O}$
$= 150.8445$mol
$\therefore 1.5\text{kmol} \times \dfrac{18\text{kg}}{\text{kmol}} = 2.7152$kg

59 분쇄에 대한 일반적인 설명으로 틀린 것은?

① 볼밀(ball mill)은 마찰분쇄 방식이다.
② 볼밀(ball mill)의 회전수는 지름이 클수록 커진다.
③ 롤분쇄기의 분쇄량은 분쇄기의 폭에 비례한다.
④ 일반 볼밀(ball mill)에 비해 쇠막대를 넣은 로드밀(rod mill)의 회전수는 대개 더 느리다.

해설
② 볼밀의 회전수는 지름이 클수록 작아진다.

60 다음 중 이상기체의 밀도를 옳게 설명한 것은 어느 것인가?

① 온도에 비례한다.
② 압력에 비례한다.
③ 분자량에 반비례한다.
④ 이상기체 상수에 비례한다.

해설
$\rho = \dfrac{W}{V} = \dfrac{nM_W}{V} = \dfrac{nPM_W}{RT}$

정답 55 ④ 56 ② 57 ④ 58 ① 59 ② 60 ②

제4과목 화공계측제어

61 자동차를 운전하는 것을 제어시스템의 가동으로 간주할 때 도로의 차선을 유지하며 자동차가 주행하는 경우 자동차의 핸들은 제어시스템을 구성하는 요소 중 어디에 해당하는가?

① 감지기
② 조작변수
③ 구동기
④ 피제어변수

해설
차선을 유지하기 위해 자동차의 핸들을 조정하므로 핸들은 조작변수에 해당한다.

62 차압 전송기(differential pressure transmitter)의 가능한 용도가 아닌 것은?

① 액체 유량 측정
② 액위 측정
③ 기체 분압 측정
④ 절대압 측정

해설
차압 전송기의 용도
액체 유량 측정, 액위 측정, 절대압 측정 등이 있다.

63 $\dfrac{s+a}{(s+a)^2+\omega^2}$ 은 어느 함수의 Laplace trans-form 인가?

① $t\cos\omega t$
② $e^{-at}\cos\omega t$
③ $t\sin\omega t$
④ $e^{at}\cos\omega t$

해설
$e^{-at}\cos\omega t \xrightarrow{LT} \dfrac{s+a}{(s+a)^2+\omega^2}$

64 다음 공정과 제어기를 고려할 때 정상상태(steady-state)에서 $y(t)$값은 얼마인가?

- 제어기
$$u(t) = 1.0(1.0 - y(t)) + \dfrac{1.0}{2.0}\int_0^t (1 - y(\tau))dx$$
- 공정
$$\dfrac{d^2y(t)}{dt^2} + 2\dfrac{dy(t)}{dt^2} + y(t) = u(t-0.1)$$

① 1
② 2
③ 3
④ 4

해설
공정 식을 라플라스 변환하면
$(s^2+2s+1)Y(s) = U(s)e^{-0.1s}$
제어기 식을 라플라스 변환하면
$U(s) = \dfrac{1}{s} - Y(s) + \dfrac{1}{2s^2} - \dfrac{Y(s)}{2s}$
$\left(\because \int_0^t (1-y(\tau))d\tau \xrightarrow{\mathcal{L}} \dfrac{1}{s^2} - \dfrac{Y(s)}{s}\right)$
$\dfrac{1}{s} + \dfrac{1}{2s^2} - Y(s)\left(1 + \dfrac{1}{2s}\right)$

이를 공정 식에 대입하면,
$(s^2+2s+1)Y(s) = \left[\dfrac{1}{s} + \dfrac{1}{2s^2} - Y(s)\left(1+\dfrac{1}{2s}\right)\right]e^{-0.1s}$

$Y(s) = \dfrac{\dfrac{1}{s}\left(1+\dfrac{1}{2s}\right)e^{-0.1s}}{(s+1)^2 + \left(1+\dfrac{1}{2s}\right)e^{-0.1s}}$

최종값 정리를 이용하면
$\lim_{t\to\infty} y(t) = \lim_{s\to 0} sY(s) = 1$

65 PI 제어기가 반응기 온도 제어루프에 사용되고 있다. 다음의 변화에 대하여 계의 안정성 한계에 영향을 주지 않는 것은?

① 온도전송기의 span 변화
② 온도전송기의 영점 변화
③ 밸브의 trim 변화
④ 반응기 원료 조성 변화

해설
온도전송기의 영점 변화는 단순히 출력변수 값에 영향을 미치며, 안정성 한계에 영향을 주지 않는다.

정답 61 ② 62 ③ 63 ② 64 ① 65 ②

66 다음 중 가장 느린 응답을 보이는 공정은?

① $\dfrac{1}{(2s+1)}$ ② $\dfrac{10}{(2s+1)}$

③ $\dfrac{1}{(10s+1)}$ ④ $\dfrac{1}{(s+10)}$

해설
시간상수가 클수록 응답이 느리다.

67 $f(t)$의 Laplace 변환 $L(f(t))$를 $F(s)$라 할 때 다음 Laplace 변환의 특성 중 틀린 것은?

① $\lim_{t \to \infty} f(t) = \lim_{s \to 0} s \cdot F(s)$

② $L\left\{\int_0^1 f(t)dt\right\} = \dfrac{F(s)}{s}$

③ $L\{e^{-at}f(t)\} = F(s+a)$

④ $L\{f(t-t_0)\} = F(s) - F(t_0)$

해설
$L\{f(t-t_0)\} = F(s) \cdot e^{-t_0 s}$

68 어떤 자동제어계의 출력이 다음과 같이 주어질 때 $C(t)$의 정상상태 값은?

$$C(s) = \dfrac{5}{s(s^2+s+2)}$$

① $\dfrac{2}{5}$ ② 2

③ $\dfrac{5}{2}$ ④ 5

해설
$\lim_{t \to \infty} C(t) = \lim_{s \to 0} sC(s)$
$= \lim_{s \to 0} s \cdot \dfrac{5}{s(s^2+s+2)}$
$= \lim_{s \to 0} \dfrac{5}{s^2+s+2} = \dfrac{5}{2}$

69 다음 중 $G(s) = \dfrac{e^{-3s}}{(s-1)(s+2)}$의 계단응답(Step Response)에 대해 옳게 설명한 것은?

① 계단입력을 적용하자 곧바로 출력이 초기값에서 움직이기 시작하여 1로 진동하면서 수렴한다.
② 계단입력을 적용하자 곧바로 출력이 초기값에서 움직이기 시작하여 진동하지 않으면서 발산한다.
③ 계단입력에 대해 시간이 3만큼 지난 후 진동하지 않고 발산한다.
④ 계단입력에 대해 진동하면서 발산한다.

해설
$G(s) = \dfrac{e^{-3s}}{(s-1)(s+2)}$ 에서 전달함수는 양의 극점$(s=1)$을 가지므로 시간지연의 크기 3만큼 지난 후 발산한다.

70 아래와 같은 제어계에서 블록선도에서 $T_R'(s)$가 1/s 일 때, 서보(servo) 문제의 정상상태 잔류편차(offset)는?

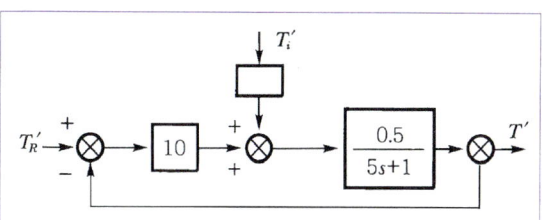

① 0.133 ② 0.167
③ 0.189 ④ 0.213

해설
$\dfrac{Y(s)}{X(s)} = \dfrac{\dfrac{5}{5s+1}}{1+\dfrac{1}{5s+1}} = \dfrac{5}{5s+6}$, $Y(s) = \dfrac{5}{5s+6} \cdot \dfrac{1}{s}$

최종값 정리에서
$\lim_{t \to \infty} Y(t) = \lim_{s \to 0} sY(s) = \lim_{s \to 0} \dfrac{5}{5s+6} = \dfrac{5}{6}$ 이므로

Offset $= 1 - \dfrac{5}{6} = 0.167$

정답 66 ③ 67 ④ 68 ③ 69 ③ 70 ③

71 아래와 같은 블록 다이어그램의 총괄 전달함수 (overall tarnsfer function)는?

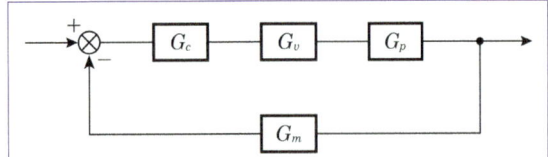

① $\dfrac{G_cG_vG_pG_m}{1-G_cG_vG_p}$ ② $\dfrac{G_cG_vG_pG_m}{1+G_cG_vG_p}$

③ $\dfrac{G_cG_vG_p}{1-G_cG_vG_pG_m}$ ④ $\dfrac{G_cG_vG_p}{1+G_cG_vG_pG_m}$

해설

$\dfrac{\overline{T_a}}{T} = \dfrac{G_cG_vG_p}{1+G_cG_vG_pG_m}$

72 그림과 같은 닫힌 루프계에서 입력 R에 대한 출력 Y의 전달함수는?

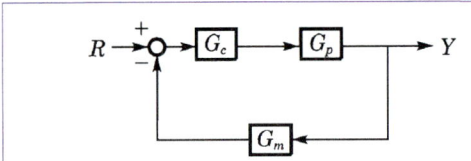

① $\dfrac{Y}{R} = \dfrac{1}{1+G_cG_pG_m}$ ② $\dfrac{Y}{R} = G_cG_p$

③ $\dfrac{Y}{R} = \dfrac{G_cG_pG_m}{1+G_cG_pG_m}$ ④ $\dfrac{Y}{R} = \dfrac{G_cG_p}{1+G_cG_pG_m}$

해설

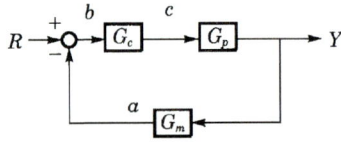

$a = Y \times G_m$
$b = R - a = R - YG_m$
$c = b \times G_c = (R - YG_m)G_c = RG_c - YG_mG_c$
$Y = c \times G_p = (RG_c - YG_mG_c)G_p = RG_cG_p - YG_mG_cG_p$
$\therefore \dfrac{Y}{R} = \dfrac{G_pG_c}{1+G_mG_cG_p}$

73 개루프 안정공정(open-loop stable process)에 다음 제어기를 적용하였을 때, 일정한 설정치에 대해 off-set이 발생하는 것은?

① P형 ② I형
③ PI형 ④ PID형

해설

개루프 안정공정에 일정한 설정치에 대해 off-set이 발생하는 것 : PD형, P형

74 이상적인 PID 제어기를 실용하기 위한 변형 중 적절하지 않은 것은? (단, K_c는 비례이득, τ는 시간상수를 의미하며 하첨자 I과 p는 각각 적분과 미분제어기를 의미한다.)

① 설정치의 일부만을 비례동작에 반영 :
$K_cE(s) = K_c(R(s) - Y(s))$
$\downarrow$
$K_cE(s) = K_c(\alpha R(s) - Y(s)), 0 \le \alpha \le 1$

② 설정치의 일부만을 적분동작에 반영 :
$\dfrac{1}{\tau_1 s}E(s) = \dfrac{1}{\tau_1 s}(R(s) - Y(s))$
$\downarrow$
$\dfrac{1}{\tau_1 s}E(s) = \dfrac{1}{\tau_1 s}(\alpha R(s) - Y(s)), 0 \le \alpha \le 1$

③ 설정치를 미분하지 않음 :
$\tau_D s E(s) = \tau_D s(R(s) - Y(s))$
$\downarrow$
$\tau_D s E(s) = -\tau_D s Y(s)$

④ 미분동작의 잡음에 대한 민감성을 완화시키기 위한 filtered 미분동작 :
$\tau_D s \to \dfrac{\tau_D s}{as+1}$

해설

설정치에 가중치를 부여하는 것은 비례동작의 한계를 극복하는 방법(①)이므로 적합하지 않다.

정답 71 ④ 72 ④ 73 ① 74 ②

75 운전자의 눈을 가린 후 도로에 대한 자세한 정보를 주고 운전을 시킨다면 이는 어느 공정제어 기법이라고 볼 수 있는가?

① 되먹임 제어 ② 비례 제어
③ 앞먹임 제어 ④ 분산 제어

해설
도로에 대한 자세한 정보가 미리 주어지기 때문에 앞먹임 제어이다.

76 일차계 전달함수 $G(s) = \dfrac{1}{s+1}$의 구석점 주파수(corner frequency)에서 이 일차계 2개가 직렬로 연결된 Goverall(s)의 위상각(phase angle)은 얼마인가?

① $-\dfrac{\pi}{4}$ ② $-\dfrac{\pi}{2}$
③ $-\pi$ ④ $-\dfrac{3}{2}\pi$

해설
$$G(s) = \dfrac{1}{s^2 + 2s + 1} \to \tau = 1, \xi = 1$$
$$\phi = -\tan^{-1}\left(\dfrac{2\tau\xi w}{1-\tau^2 w^2}\right) = -\tan^{-1}(\infty) = -\dfrac{\pi}{2}$$

77 위상지연 180°인 주파수는?

① 고유 주파수
② 공명(resonant) 주파수
③ 구석(corner) 주파수
④ 교차(crossover) 주파수

해설
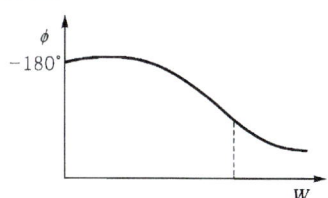

78 제어계가 안정하려면 특성방정식의 모든 근이 s 평면상의 어느 영역에 있어야 하는가?

① 실수부(+), 허수부(−)
② 실수부(+)
③ 허수부(−)
④ 근이 존재하지 않아야 함

해설
계가 안정하기 위해서 특성방정식의 근은 음의 실수이어야 한다.

79 그림과 같은 단면적이 3m²인 액위계(liquid level system)에서 $q_0 = 8\sqrt{h}$ m³/min이고 평균 조작 수위($\bar{h}$)는 4m일 때, 시간상수(time constant; min)는?

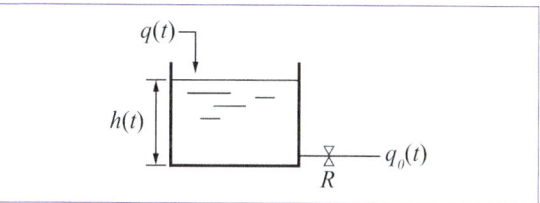

① $\dfrac{4}{9}$ ② $\dfrac{3\sqrt{3}}{4}$
③ $\dfrac{3}{4}$ ④ $\dfrac{3}{2}$

해설
IN − OUT + GEN = ACC에서
액위 시스템인 경우
$$pq(t) - pq_0(t) = \dfrac{d(\rho V)}{dt}$$
이를 정리하면, $A\dfrac{dh}{dt} = q_i - q_o$
$q_o = 8\sqrt{h}$를 h_s에서 선형화하면,
$q_o = 8\sqrt{h} + \dfrac{4}{\sqrt{h_s}}(h - h_s) = 8 + 2h$이므로,
$A\dfrac{dh}{dt} = q_i - (2h + 8)$
이를 편차변수에 대하여 다시 쓰면,
$3\dfrac{dh'}{dt} + 2h' = q_i'$
라플라스 변환하면
$(3s+2)H(s) = Q(s)$
$\dfrac{H(s)}{Q(s)} = \dfrac{1/2}{3/2 s + 1}$, 그러므로 시간상수는 $\dfrac{3}{2}$min이다.

정답 75 ③ 76 ② 77 ④ 78 ② 79 ④

80 센서는 선형이 되도록 설계되는 것에 반하여, 제어밸브는 quick opening 혹은 equal percentage 등으로 비선형 형태로 제작되기도 한다. 다음 중 그 이유로 가장 타당한 것은?

① 높은 압력에 견디도록 하는 구조가 되기 때문
② 공정 흐름과 결합하여 선형성이 좋아지기 때문
③ stainless steal 등 부식에 강한 재료로 만들기가 쉽기 때문
④ 충격파를 방지하기 위하여

> **해 설**
> 제어밸브를 비선형 형태로 제작하는 이유 : 공정 흐름과 결합하여 선형성이 좋아지기 때문

정답 80 ②

M/E/M/O

제14회 적중 예상문제

제1과목 공업합성

01 H_2와 Cl_2를 원료로 하여 염산을 제조하는 공정에 대한 설명 중 틀린 것은?

① HCl 합성반응기는 폭발의 위험성이 있으므로 강도가 높고 부식에 강한 순철 재질로 제조한다.
② 합성된 HCl은 무색투명한 기체로서 염산용액의 농도는 기상 중의 HCl 농도에 영향을 받는다.
③ 일정 온도에서 기상 중의 HCl 분압과 액상 중의 HCl 증기압이 같을 때 염산농도는 최대치를 갖는다.
④ 고농도의 염산을 제조 시 HCl이 물에 대한 용해열로 인하여 온도가 상승하게 된다.

해설
① 순철 HCl이 반응하여 부식될 우려가 있다. 순철은 보통 합금이나 촉매 등의 실험용으로 사용된다.

02 염화수소가스를 물 50kg에 용해시켜 20%의 염산용액을 만들려고 한다. 이때 필요한 염화수소는 약 몇 kg인가?

① 12.5 ② 13.0
③ 13.5 ④ 14.0

해설
$HCl = x$
$\dfrac{x}{50+x} \times 100 = 20$
$100x = 1000 + 20x$
$\therefore x = 12.5\text{kg}$

03 접촉식에 의한 황산의 제조 공정에서 이산화황이 산화되어 삼산화항으로 전환하여 평형상태에 도달한다. 삼산화항 1몰을 생산하기 위해서 필요한 공기 최소량은 표준상태를 기준으로 약 몇 L인가? (단, 이상적인 반응을 가정한다.)

① 53L ② 40.3L
③ 20.16L ④ 10.26L

해설
$SO_2 + \dfrac{1}{2}O_2 \rightarrow SO_3$
O_2 : 0.5mol 필요
공기 1mol당 O_2 0.21mol 함유하므로
$\therefore 0.5 \times \dfrac{1}{0.21} \times 22.4\text{L} = 53.3\text{L}$

04 HCl의 합성법이 아닌 것은?

① Mannheim법
② Hargreaves법
③ Le Blanc법
④ Claude법

해설
HCl의 합성법
㉠ Mannheim법, ㉡ Hargreaves법, ㉢ Le Blanc법

05 중과린산 석회의 제조법은?

① 인광석 + 황산 ② 인광석 + 질산
③ 인광석 + 인산 ④ 인광석 + 염산

해설
중과린산 석회의 제조법 : 인광석 + 인산

정답 01 ① 02 ① 03 ① 04 ④ 05 ③

06 전류효율이 90%인 전해조에서 소금물을 전기분해하면 수산화나트륨과 염소, 수소가 만들어진다. 매일 17.75ton의 염소가 부산물로 나온다면 수산화나트륨의 생산량은 약 몇 ton이 되겠는가?

① 16
② 18
③ 20
④ 22

해설
2NaCl + 2H$_2$O → 2NaOH + H$_2$ + Cl$_2$
NaOH : Cl$_2$ = 2 : 1 = $\frac{X}{40}$: $\frac{17.75}{71}$
∴ X = 20

07 다음 반응에서 1m^{3}의 NH$_3$를 산화시키는 데 필요한 공기량은 약 몇 m^{3}인가? (단, 공기 중 산소는 21.0vol%이다.)

$$NH_3 + 2O_2 \rightleftarrows HNO_3 + H_2O$$

① 9.52
② 15.31
③ 24.55
④ 29.92

해설
$1m^3 \times \frac{2m^3}{1m^3} \times \frac{100}{21} = 9.52m^3$

08 다음 중 수용성 인산 비료는?

① Thomas 인비
② 중과린산석회
③ 용성인비
④ 소성인산 3석회

해설
② 수용성 인산 비료 : 중과린산석회

09 격막식 전해법에서 일반적으로 사용하는 격막 물질은?

① BaNO$_3$
② 겔 형태의 Al$_2$O$_3$
③ 유리섬유
④ 석면

해설
격막식 전해법에서 격막 물질 : 석면

10 다음 중 Ⅲ-Ⅴ 화합물 반도체로만 나열된 것은?

① SiC, SiGe
② AlAs, AlSb
③ CdS, CdSe
④ PbS, PbTe

해설
Ⅲ-Ⅴ 화합물 반도체 : AlAs, AlSb

11 지방산의 작용기를 표현한 일반식은?

① R-CO-R
② R-COOH
③ R-OH
④ R-COO

해설
① R-CO-R : 케톤
② R-COOH : 카르복실산
③ R-OH : 알코올
④ R-COO-R' : 에스테르

12 공업적 접촉개질 프로세스 중 MoO$_3$-Al$_2$O$_3$계 촉매를 사용하는 것은?

① Platforming
② Houdriforming
③ Ultraforming
④ Hydroforming

해설

개질 방법	사용하는 촉매
Hydroforming	MnO$_3$, Al$_2$O$_3$
Platforming	Pt, Al$_2$O$_3$
Ultraforming	촉매 재생
Rheniforming	Pt-Re, Al$_2$O$_3$, SiO$_2$

정답 06 ③ 07 ① 08 ② 09 ④ 10 ② 11 ② 12 ④

13 질산과 황산의 혼산에 글리세린을 반응시켜 만드는 물질로 비중이 약 1.6이고 다이너마이트를 제조할 때 사용되는 것은?

① 글리세릴 디니트레이트
② 글리세릴 모노니트레이트
③ 트리니트로톨루엔
④ 니트로글리세린

해설

$C_6H_5CH_3 + 3HNO_3 \xrightarrow{H_2SO_4} C_6H_2CH_3(NO_2)_3 + 3H_2O$

14 니트로벤젠을 환원시켜 아닐린을 얻을 때 다음 중 가장 적합한 환원제는?

① Zn + Water
② Zn + Acid
③ Alkaline Sulfide
④ Zn + Alkali

해설

아닐린($C_6H_5NH_2$)의 제법 : 니트로벤젠 증기에 수소를 혼합한 뒤 촉매를 사용한 후 환원시킨다(환원제-아세트산).

15 이원자분자 H_2, F_2, HF, HBr에 대한 결합-해리 에너지가 큰 것부터 바르게 나열한 것은?

① HF-HBr-F_2-H_2
② F_2-H_2-HF-HBr
③ F_2-HBr-HF-H_2
④ HF-H_2-HBr-F_2

해설

해리 에너지
어떤 분자에서 특정 결합이 끊어지는 현상.
다른 하나는 산·염기나 이온결합물질이 용매 속에서 이온화되는 현상.

16 감압 증류 공정을 거치지 않고 생산된 석유화학 제품으로 옳은 것은?

① 윤활유
② 아스팔트
③ 나프타
④ 벙커C유

해설

㉠ 감압증류 : 상압증류에 의해 생성된 비점이 높은 찌꺼기유를 이용하여 비점이 높은 유분을 얻기 위해 50mmHg 정도로 감압하여 증류하는 조작
　예 윤활유, 아스팔트, 벙커C유 등
㉡ 상압증류 : 먼저 탈염조작을 한 후, 파이프 스틸이라는 가열로에서 가열한다. 수십단위의 칸막이가 있는 상압증류탑에 들어가서 비점 차이로 분리하는 것
　예 나프타, 등유, 경유 등

17 수소화 정제법에 대한 설명으로 틀린 것은 어느 것인가?

① 고온·고압하에서 촉매를 사용한다.
② 황, 질소 및 산소화합물 등을 제거하는 방법이다.
③ 원료유를 수소와 혼합하여 이용한다.
④ 환경오염 때문에 현재는 사용되지 않는다.

해설

④ 현재 사용하고 있다.

18 일반적인 성질이 열경화성 수지에 해당하지 않는 것은?

① 페놀 수지
② 폴리우레탄
③ 요소 수지
④ 폴리프로필렌

해설

폴리프로필렌 : 열가소성 수지

19 다음 중 열가소성 수지인 것은?

① 우레아 수지
② 페놀 수지
③ 폴리에틸렌 수지
④ 에폭시 수지

해설

㉠ 열가소성 수지 : 폴리에틸렌 수지
㉡ 열경화성 수지 : 우레아 수지, 페놀 수지, 에폭시 수지

정답 13 ④　14 ②　15 ④　16 ③　17 ④　18 ④　19 ③

20 어떤 유지 2g 속에 들어있는 유리지방산을 중화시키는 데 KOH 200mg 사용되었다. 이 시료의 산가(acid value)는?

① 0.1　　② 1
③ 10　　④ 100

해설
$\frac{200\text{mg}}{2} = 100\text{mg}$

제2과목 반응운전

21 열과 일 사이의 에너지 보존의 원리를 표현한 법칙은?

① 보일 샤를의 법칙
② 열역학 제1법칙
③ 열역학 제2법칙
④ 열역학 제3법칙

해설
열역학 제1법칙은 에너지 보존의 법칙이다.

22 부피를 온도와 압력의 함수로 나타낼 때 부피팽창률(β)과 등온압축률(κ)의 관계를 나타낸 식으로 옳은 것은?

① $\frac{dV}{V} = (\beta)dT - (\kappa)dP$
② $\frac{dV}{V} = (\beta)dT + (\kappa)dP$
③ $\frac{dV}{V} = (\beta)dP - (\kappa)dT$
④ $\frac{dV}{V} = (\beta)dP + (\kappa)dT$

해설
$\frac{dV}{V} = (\beta)dT - (\kappa)dP$

23 반 데르 발스 방정식 $\left(P + \frac{a}{V^2}\right)(V-b) = RT$에서 P는 atm, V는 L/mol 단위로 하면, 상수 a의 단위는?

① $L^2 \cdot atm/mol^2$　　② $atm \cdot mol^2/L^2$
③ $atm \cdot mol/L^2$　　④ atm/L^2

해설
$\frac{a}{V^2}$의 단위는 압력의 단위인 atm과 같다. 따라서 a의 단위는 $atm \cdot L^2/mol^2$과 같다.

24 엔트로피에 관한 설명 중 틀린 것은?

① 엔트로피는 혼돈도(randomness)를 나타내는 함수이다.
② 융점에서 고체가 액화될 때의 엔트로피 변화는 $\Delta S = \frac{\Delta H_m}{T_m}$로 표시할 수 있다.
③ $T = 0K$에서 엔트로피 $S = 1$이다.
④ 엔트로피 감소는 질서도(orderliness)의 증가를 의미한다.

해설
엔트로피는 혼돈도와 질서도를 나타내는 함수로 $\Delta S = \frac{\Delta Q}{T}$로 표현할 수 있다.

25 그림과 같이 상태 A로부터 상태 C로 변화하는 데 A → B → C의 경로로 변하였다. 경로 B → C과정에 해당하는 것은?

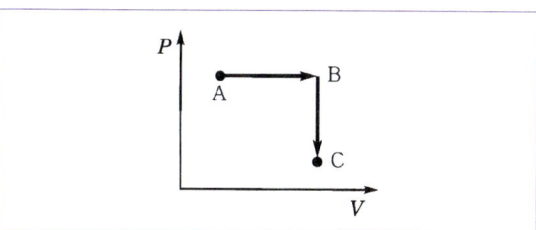

① 등온과정　　② 정압과정
③ 정용과정　　④ 단열과정

해설
A → B : 정압과정, B → C : 정용과정

정답 20 ④　21 ②　22 ①　23 ①　24 ③　25 ③

26 PV^n = 상수인 폴리트로픽 변화(polytropic change)에서 정용과정인 변화는? (단, n은 정수이고, $\gamma = \dfrac{C_P}{C_V}$ 이다.)

① $n = 0$ ② $n = \pm\infty$
③ $n = 1$ ④ $n = \gamma$

해설
폴리트로픽 변화에서 정용과정일 때 $n = \pm\infty$이다.
(PV^n = 상수)

27 Joule–Thomson coefficient(μ)에 관한 설명 중 틀린 것은?

① $\mu = \left(\dfrac{\partial T}{\partial P}\right)_H$ 로 정의된다.
② 일정 엔탈피에서 발생되는 변화에 대한 값이다.
③ 이상기체의 점도에 비례한다.
④ 실제 기체에서도 그 값은 0이 될 수 있다.

해설
$\mu = \left(\dfrac{\partial T}{\partial P}\right)_H$, inversion point에서 μ값은 0이 된다.

28 순수한 성분이 액체에서 기체로 변화하는 상의 전이에 대한 설명 중 옳지 않은 것은?

① 1몰당 깁스(Gibbs) 자유에너지 G는 불연속이다.
② 1몰당 엔트로피 S는 불연속이다.
③ 1몰당 부피 V는 불연속이다.
④ 액체는 일정 온도에서의 감압 또는 일정 압력에서의 가열에 의해 기체로 상·전이가 일어난다.

해설
$G^l = G^v$: 순수한 성분이 액체에서 기체로 변화할 때 깁스 자유에너지는 연속이다.

29 40℃, 20atm에서 혼합가스의 성분이 아래의 표와 같을 때, 각 성분의 퓨가시티 계수(ϕ)는?

구분	조성(mol%)	퓨가시티(f)
Methane	70	13.3
Ethane	20	3.64
Propane	10	1.64

① Methane : 0.95   Ethane : 0.93
   Propane : 0.91
② Methane : 0.93   Ethane : 0.91
   Propane : 0.82
③ Methane : 0.95   Ethane : 0.91
   Propane : 0.82
④ Methane : 0.98   Ethane : 0.93
   Propane : 0.82

해설
$\hat{\phi}_i = \dfrac{\hat{f}_i}{P} = \dfrac{f_i}{X_i P}$

여기서, $\hat{\phi}_i$: 혼합가스에서 퓨가시티 계수
$\hat{f}_i$: 혼합가스에서 퓨가시티
f_i : 순수성분의 퓨가시티

$\therefore \hat{\phi}_{메탄} = \dfrac{13.3}{0.7 \times 20} = 0.95$

$\hat{\phi}_{에탄} = \dfrac{3.64}{0.2 \times 20} = 0.91$

$\hat{\phi}_{프로판} = \dfrac{1.64}{0.1 \times 20} = 0.82$

30 벤젠(1)-톨루엔(2)의 기-액 평형에서 라울의 법칙이 만족된다면 90℃, 1atm에서 기체의 조성 y_1은 얼마인가? (단, $P_1^{sat} = 1.5atm$, $P_2^{sat} = 0.5atm$이다.)

① $\dfrac{1}{3}$ ② $\dfrac{1}{4}$
③ $\dfrac{1}{2}$ ④ $\dfrac{3}{4}$

해설
$y_A = \left(\dfrac{P_A^{\,0}}{P}\right)\left(\dfrac{P - P_B^{\,0}}{P_A^{\,0} - P_B^{\,0}}\right) = \left(\dfrac{1.5\text{atm}}{10\text{atm}}\right)\left(\dfrac{1\text{atm} - 0.5\text{atm}}{1.5\text{atm} - 0.5\text{atm}}\right)$
$= 1.5 \times 0.5 = 0.75 = \dfrac{3}{4}$

정답 26 ② 27 ③ 28 ① 29 ③ 30 ④

31 비기초반응의 반응속도론을 설명하기 위해 자유 라디칼, 이온과 극성물질, 분자, 전이착제의 중간체를 포함하여 반응을 크게 2가지 유형으로 구분하여 해석할 때, 다음과 같이 진행되는 반응은?

- Reactants → (Intermediates)*
- (intermediates)* → Products

① Chain reaction
② Parallel reaction
③ Elementary reaction
④ Non-chain reaction

해설
연쇄반응은 중간체가 반응물과 반응하여 생성물을 형성시키는 반응인데, 주어진 반응은 중간체가 생성물을 만들기 때문에 비연쇄반응이다.

32 부피가 2L인 액상혼합반응기로 농도가 0.1mol/L인 반응물이 1L/min 속도로 공급된다. 공급한 반응물의 출구농도가 0.01mol/L일 때, 반응물 기준 반응속도(mol/L·min)는?

① 0.045 ② 0.062
③ 0.082 ④ 0.100

해설
CSTR에서 $\tau = \dfrac{V}{v_0} = \dfrac{C_{A0} - C_A}{-r_A} = 2\min$

$\therefore -r_A = \dfrac{C_{A0} - C_A}{2\min} = 0.045 \text{mol/L} \cdot \min$

33 다음의 병행반응에서 A가 반응물질, R이 요구하는 물질일 때 순간수율(instantaneous fractional yield)은?

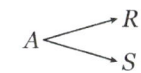

① $dC_R/(-dC_A)$ ② dC_R/dC_A
③ $dC_S/(-dC_A)$ ④ dC_S/dC_A

해설
순간수율 $\phi_R = \dfrac{dC_R}{-dC_A}$

34 불균일 촉매반응에서 확산이 반응율속 영역에 있는지를 알기 위한 식과 가장 거리가 먼 것은 어느 것인가?

① Thiele modulus
② Weisz-Prater 식
③ Mears 식
④ Langmuir-Hishelwood 식

해설
① Thiele 계수 : 구형 촉매 입자에서 확산과 반응에 대한 식이다.
$$\phi_n^2 = \dfrac{k_n R^2 C_{As}^{n-1}}{D_c} = \dfrac{\text{표면반응 속도}}{\text{확산속도}}$$
k_n : n차 반응의 반응속도 상수
R : 촉매 입자 반지름
D_c : 벌크 확산 계수
큰 ϕ_n 값의 경우 확산이 율속단계, 작은 ϕ_n 값의 경우 표면반응이 율속단계에 해당한다.
② Wies Prater parameter
$$C_{WP} = \eta\phi_n^2 = \dfrac{\text{측정된 실제 반응속도}}{\text{확산속도}}$$
$C_{WP} \gg 1$인 경우 반응은 내부확산에 의해 진적으로 지배된다.
$C_{WP} \ll 1$인 경우 확산 저항은 없으며 입자 내부의 농도 구배가 없다.
④ Langmuir hinshelwood 식은 표면 흡착에 관한 식이다.

35 액상 비가역반응 $A \to R$의 반응 속도식은 $-r_A = kC_A$로 표시된다. 농도 20kmol/m³의 반응물 A를 정용 회분반응기에 넣고 반응을 진행시킨 지 4시간 만에 A의 농도가 2.7kmol/m³로 되었다면 k값은 몇 h^{-1}인가?

① 0.5 ② 1
③ 2   ④ 4

해설
$-\dfrac{dC_A}{dt} = kC_A \to \ln C_A/C_{A0} = -kt$
$\ln 2.7/20 = -k \cdot 4(h) \to k = 0.5h^{-1}$

정답 31 ④ 32 ① 33 ① 34 ④ 35 ①

36 회분식 반응기에서 일어나는 다음과 같은 1차 가역 반응에서 A만으로 시작했을 때 A의 평형 전화율은 60%이다. 평형상수 K는 얼마인가?

$$A \underset{k_1}{\overset{k_2}{\rightleftarrows}} P$$

① 1.5　　② 2
③ 2.5　　④ 3

해설

$K = \dfrac{[P]}{[A]} = \dfrac{x}{1-x} = \dfrac{0.6}{0.4} = 1.5$

37 그림과 같이 직렬로 연결된 혼합 흐름 반응기에서 액상 1차 반응이 진행될 때 입구의 농도가 C_0이고, 출구의 농도가 C_2일 때 총 부피가 최소로 되기 위한 조건이 아닌 것은?

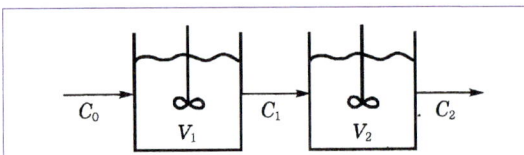

① $C_1 = \sqrt{C_0 C_2}$　　② $\dfrac{d(\tau_1 + \tau_2)}{dC_1} = 1$
③ $\tau_1 = \tau_2$　　④ $V_1 = V_2$

해설

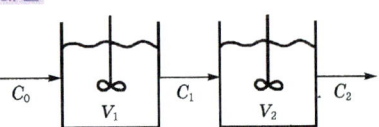

$C_{Ai} = 1 = \dfrac{C_{Ai}}{C_{A0}}, \ \tau_i = \dfrac{V_i}{V_O}$

$\tau_i = \dfrac{C_{Ai-i} - C_{Ai}}{kC_{Ai}}$

$\therefore \dfrac{C_{Ai-1}}{C_{Ai}} = 1 + k\tau_t$

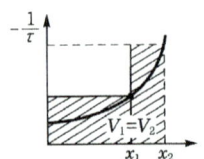

38 다음과 같은 1차 병렬 반응이 일정한 온도의 회분식 반응기에서 진행되었다. 반응시간이 1,000s일 때 반응물 A가 90% 분해되어 생성물은 R이 S의 10배로 생성되었다. 반응 초기에 R과 S의 농도를 0으로 할 때, k_1 및 k_1/k_2은 각각 얼마인가?

$$A \to R, \ r_1 = k_1 C_A$$
$$A \to 2R, \ r_2 = k_2 C_A$$

① $k_1 = 0.131/\min, k_1/k_2 = 20$
② $k_1 = 0.046/\min, k_1/k_2 = 10$
③ $k_1 = 0.131/\min, k_1/k_2 = 10$
④ $k_1 = 0.046/\min, k_1/k_2 = 20$

해설

$C_A = C_{A0} e^{-kt}, \ 10 = e^{1,000K}$
$k = 2.30 \times 10^{-3}/s$
$r_1 = 10 \times 2r_2 \Rightarrow \dfrac{k_1}{k_2} = 20$
$k = k_1 + k_2 = \dfrac{21}{20} k_1 = 2.3 \times 10^{-3}/s$
$k_1 = \dfrac{20}{21} \times 2.3 \times 10^{-3}/s = 0.131/\min$

39 평형 전화율에 미치는 압력과 비활성물질의 역할에 대한 설명으로 옳지 않은 것은?

① 평형상수는 반응속도론에 영향을 받지 않는다.
② 평형상수는 압력에 무관하다.
③ 평형상수가 1보다 많이 크면 비가역반응이다.
④ 모든 반응에서 비활성물질의 감소는 압력의 감소와 같다.

해설

비활성물질이 감소하면 반응농도가 증가한다. 압력이 감소하므로 부피가 커져 반응농도가 감소한다.

정답 36 ①　37 ②　38 ①　39 ④

40 순수한 기체 반응물 A가 2L/s의 속도로 등온 혼합반응기에 유입되어 분해반응(A→3B)이 일어나고 있다. 반응기의 부피는 1L이고 전화율은 50%이며, 반응기로부터 유출되는 반응물의 속도 4L/s일 때, 반응물의 평균 체류시간(s)은?

① 0.25초　② 0.5초
③ 1초　④ 2초

해설

$$V = \frac{F_{A0} - F_A}{r_A} = \frac{F_{A0} - F_A}{-kC_A}$$

$$C_A = \frac{C_{A0}(1-X)}{1+\varepsilon X}$$

$$\varepsilon = y_{A0} \cdot \delta$$
$$\delta = 2, y_{A0} = 1$$
$$\therefore \varepsilon = 2$$

$$C_A = \frac{C_{A0}(1-X)}{1+2X} \quad X = 0.5$$

$$\therefore C_A = 0.25 C_{A0}$$

$$V = \frac{F_{A0} - F_A}{-k \cdot 0.25 C_{A0}} = \frac{2-4}{-2 \cdot 0.25 k}$$

$$\therefore k = 0.25$$

제3과목　단위공정관리

41 기체흡수 시 흡수량이나 흡수속도를 크게 하기 위한 조건이 아닌 것은?

① 접촉시간을 크게 한다.
② 흡수계수를 크게 한다.
③ 농도와 분압 차를 작게 한다.
④ 기-액 접촉면을 크게 한다.

해설

농도와 분압차를 크게 해야 흡수속도가 커진다.

42 어떤 가스의 조성이 부피 비율로 CO_2 40%, C_2H_4 20%, H_2 40%라면 이 가스의 평균 분자량은?

① 23　② 24
③ 25　④ 26

해설

44 × 0.4 + 28 × 0.2 + 2 × 0.4 = 24

43 Na_2SO_4 30wt%를 포함하는 수용액의 조성을 mol 백분율로 표시하면 약 몇 mol%인가?

① 5.2　② 21.8
③ 26.4　④ 30.0

해설

Na_2SO_4 분자량 : 140
수용액 100g 가정 ┬ 30g Na_2SO_4
　　　　　　　　└ 70g H_2O

┌ 30g Na_2SO_4 → 0.214mol
└ 70g H_2O → 3.889mol

$$\frac{0.214}{0.241 + 3.889} \times 100 = 0.052 \times 100 = 5.2 \text{mol}\%$$

44 20℃에서 용액 1L당 NaCl 230g을 함유하고 있는 NaCl 수용액이 있다. 이 온도에서 수용액의 밀도가 1.148g/mL이라면 NaCl의 중량 %는 약 얼마인가?

① 10　② 20
③ 30　④ 40

해설

$$\frac{\text{용액 1L}}{} \left| \frac{1.148g}{mL} \right| \frac{10^3 mL}{1L} = 1,148g \text{ 수용액}$$

$$\therefore \text{NaCl의 중량\%} = \frac{230g}{1,148g} \times 100 \fallingdotseq 20\%$$

45 가역적인 일정 압력의 닫힌계에서 전달되는 열의 양과 같은 값은?

① 깁스 자유에너지 변화
② 엔트로피 변화
③ 내부에너지 변화
④ 엔탈피 변화

해설

$dP = 0$일 때 $H = Q$

정답 40 ①　41 ③　42 ②　43 ①　44 ②　45 ④

46 1atm, 200℃의 과열 수증기의 엔탈피를 0℃의 물을 기준으로 구하면 몇 kcal/kg인가? (단, 1atm, 100℃에서 물의 증발열은 539kcal/kg이고, 수증기의 평균 정압비열은 0.46kcal/kg·℃이다.)

① 200 ② 539
③ 639 ④ 685

해설

$\Delta H_{total} = \Delta H_L + H_S + \Delta H_v,\ \Delta H = cm\Delta T$

$= \dfrac{1\text{kcal}}{\text{kg}\cdot℃} \Big| \dfrac{100℃}{} + 539\text{kcal/kg} + \dfrac{0.46\text{kcal}}{\text{kg}\cdot℃} \Big| \dfrac{100℃}{}$

∴ 685kcal/kg

47 25℃, 1atm 벤젠 1mol의 완전연소 시 생성된 물질이 다시 25℃, 1atm으로 되돌아올 때, 3,241kJ/mol의 열을 방출한다. 이때, 벤젠 3mol의 표준생성열(kJ)은? (단, 이산화탄소와 물의 표준생성엔탈피는 각각 −394kJ/mol, −284kJ/mol이다.)

① 19,371 ② 6,457
③ 75 ④ 24

해설

표준반응열 $\left(\Delta \widehat{H}°_r\right)_{C_6H_6} = -3{,}241\text{kJ/mol}$

$n\left(\Delta \widehat{H}°_r\right) = \sum\limits_P n_1\left(\Delta \widehat{H}°_f\right)_i - \sum\limits_R n_1\left(\Delta \widehat{H}°_f\right)_i = -3{,}241/\text{mol}$

$= (-284\text{kJ/mol})\times 3 + (-394\text{kJ/mol})\times 6$
$\quad -\left(\left(\Delta \widehat{H}°_f\right)_{C_6H_6}\times 1 + 0\right)$

$\left(\Delta \widehat{H}°_r\right)_{C_6H_6} = 75\text{kJ/mol}$

48 FPS 단위로부터 레이놀즈수를 계산한 결과 1,000이었다. MKS 단위로 환산하여 레이놀즈수를 계산하면 그 값은 얼마로 예상할 수 있는가?

① 10 ② 136
③ 1,000 ④ 13,600

해설

레이놀즈수는 무차원이므로 FPS 단위나 MKS 단위와 상관없이 1,000으로 같다.

49 임계전단응력 이상이 되어야 흐르기 시작하는 유체는?

① 유사가소성 유체(pseudoplastic fluid)
② 빙햄가소성 유체(Binghamplastic fluid)
③ 뉴턴 유체(Newtonian fluid)
④ 팽창성 유체(dilatant fluid)

해설

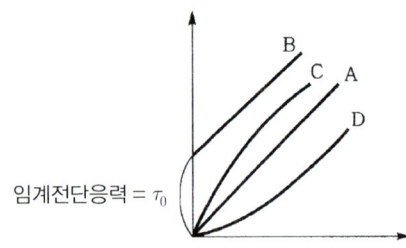

임계전단응력 = τ_0

A : Newtonian
B : Binghamplastic
C : Pseudoplastic
D : Dilatant

50 노벽이 두께 25mm의 내화벽돌과 두께 20cm의 보통 벽돌로 이루어져 있다. 내화벽돌과 보통벽돌의 열전도도는 각각 0.1kcal/m·h·℃, 1.2kcal/m·h·℃이며, 노벽의 내면온도는 1,000℃이고 외면온도는 60℃이다. 외부 노벽으로부터의 단위면적당 열손실은 몇 kcal/m²·h인가?

① 1,236 ② 2,256
③ 3,326 ④ 4,526

해설

$\dfrac{q}{A} = \dfrac{\Delta T}{\sum R}$

$R = B/K$

$R_1 = B_1/K_1 = \dfrac{0.025\text{m}}{} \Big| \dfrac{\text{m}\cdot\text{hr}\cdot℃}{0.1\text{kcal}} = 0.25\text{m}^2\cdot\text{hr}\cdot℃/\text{kcal}$

$R_2 = B_2/K_2 = \dfrac{0.2\text{m}}{} \Big| \dfrac{\text{m}\cdot\text{hr}\cdot℃}{1.2\text{kcal}} = 0.167\text{m}^2\cdot\text{hr}\cdot℃/\text{kcal}$

$R_1 + R_2 = 0.25 + 0.167 = 0.417\text{m}^2\cdot\text{hr}\cdot℃/\text{kcal}$

$\dfrac{q}{A} = \dfrac{(1{,}000-60)℃}{0.417\text{m}^2\cdot\text{hr}\cdot℃/\text{kcal}} = 2{,}254.2\text{kcal/m}^2\cdot\text{hr}$

정답 46 ④ 47 ③ 48 ③ 49 ② 50 ②

51 저수지로부터 10m 높이의 개방탱크에 펌프로 물을 퍼 올리며, 출구의 유속을 3.13m/s로 유지한다. 유로의 마찰손실을 무시하고 온도가 일정할 때 펌프의 이론동력은 약 몇 kgf·m/kg인가?

① 10.5
② 13.1
③ 14.5
④ 16.3

해설

베르누이 방정식

$$\frac{\Delta P}{\rho} + \frac{\Delta U_2^2}{2g_c} + \frac{g}{g}\Delta Z = W - \Delta F$$

$$W = \frac{(3.13)^2}{2 \times 9.8}\text{kgf}\cdot\text{m/kg} + 10\text{kgf}\cdot\text{m/kg} = 10.5\text{kgf}\cdot\text{m/kg}$$

52 증류에서 응축액을 전부 환류시킬 때 농축부 조작선의 기울기에 대한 설명으로 옳은 것은?

① 0이다.
② ∞이다.
③ 1이다.
④ 0보다 작다.

해설

전환류일 경우 $R = \frac{L}{D} = \infty(D=0)$

농축부 조작선 기울기 : $\frac{R}{R+1} = 1$

53 공급원료 1몰을 원료공급단에 넣었을 때 그 중 증류탑의 탈거부(stripping section)로 내려가는 액체의 몰수를 q로 정의한다면, 공급원료가 차가운 액체일 때 q 값은?

① $q > 1$
② $0 < q < 1$
③ $-1 < q < 0$
④ $q < -1$

해설

q선의 방정식

$$y = \underbrace{\frac{q}{q-1}}_{\text{기울기}}x - \underbrace{\frac{x_F}{q-1}}_{\text{절편}}$$

→ 원료가 끓는점 이하일 때 : $q > 1$

$$q = 1 + \frac{C_P(T_b - T_F)}{\lambda}$$

→ 원료가 과열증기일 때 : $q < 0$

$$q = -\frac{C_P(T_F - T_d)}{\lambda}$$

54 체판(sieve plate)의 축방향 왕복운동을 유도하여 액상 간의 혼합이 이루어지는 추출장치는?

① 혼합기-침강기(mixer-settler)
② 교반탑 추출기(agitated tower extractor)
③ 원심 추출기(centrifugal extractor)
④ 맥동탑(pulse column)

해설

맥동탑의 설명이다.

55 흡수용액으로부터 기체를 탈거(stripping)하는 일반적인 방법에 대한 설명으로 틀린 것은?

① 좋은 조건을 위해 온도와 압력을 높여야 한다.
② 액체와 기체가 맞흐름을 갖는 탑에서 이루어진다.
③ 탈거매체로는 수증기나 불활성 기체를 이용할 수 있다.
④ 용질의 제거율을 높이기 위해서는 여러 단을 사용한다.

해설

탈거
- 액체 중에 용해되어 있는 기체를 기상으로 전달하는 조직
- 가열하거나 공기, 기타의 가스, 수증기와 액체를 접촉시킨다.
- 액체를 불활성 기체와 접촉시켜 액체로부터 용질을 제거한다.

56 증발관의 능력을 크게 하기 위한 방법으로 적합하지 않은 것은?

① 액의 습도를 빠르게 해준다.
② 증발관을 열전도가 큰 금속으로 만든다.
③ 장치 내의 압력을 낮춘다.
④ 증기측 격막 계수를 감소시킨다.

해설

증발관 능력을 크게 하려면 격막 계수를 증가시킨다.

정답 51 ① 52 ③ 53 ① 54 ④ 55 ① 56 ④

57 29.5℃에서 물의 포화증기압은 0.04bar이다. 29.5℃, 1.0bar에서 공기의 상대습도가 70%일 때 절대습도를 구하는 식은? (단, 절대습도의 단위는 kg H₂O/kg 건조공기이며 공기의 분자량은 29이다.)

① $\dfrac{(0.028)(18)}{(1.0-0.028)(29)}$ ② $\dfrac{(1-0.028)(29)}{(0.028)(18)}$

③ $\dfrac{(0.028)(18)}{(1.0-0.04)(29)}$ ④ $\dfrac{(0.04)(29)}{(1.0-0.04)(18)}$

해 설

$H_R = \dfrac{p_V}{p_S} \times 100 = 70\%$

$\dfrac{p_V}{0.04} = 0.7$이므로 $p_1 = 0.028$bar이다.

$H = \dfrac{18}{29} \dfrac{p_V}{P-p_V} = \dfrac{18}{29} \dfrac{0.028}{1-0.028} = 0.018$

58 용액의 증기압 곡선을 나타낸 도표에 대한 설명으로 틀린 것은? (단, γ는 활동도 계수이다.)

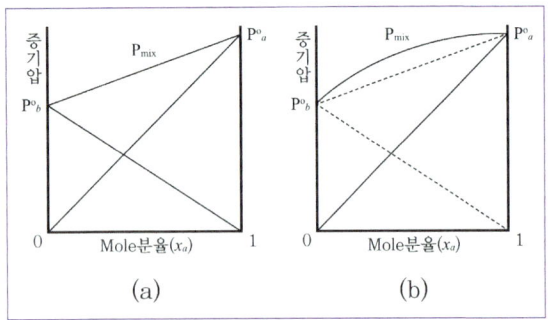

(a)   (b)

① (a)는 $\gamma_a = \gamma_b = 1$로서 휘발도는 정규상태이다.

② (b)는 $\gamma_a < 1, \gamma_b < 1$로서 휘발도가 정규상태보다 비정상적으로 낮다.

③ (a)는 벤젠-톨루엔계 및 메탄-에탄계와 같이 두 물질의 구조가 비슷하여 동종분자간 인력이 이종분자 간 인력과 비슷할 경우에 나타난다.

④ (b)는 물-에탄올계, 에탄올-벤젠계 및 아세톤-CS₂계가 이에 속한다.

해 설

② (b)는 $\gamma_a < 1, \gamma_b < 1$로서 휘발도가 정규상태보다 비정상적으로 높다.

59 다음 중 기계적 분리조작과 가장 거리가 먼 것은?

① 여과 ② 침강
③ 집진 ④ 분쇄

해 설

기계적 분리조작
㉠ 여과
㉡ 침강
㉢ 집진

60 어떤 실린더 내에 기체 I, II, III, IV가 각각 1mol씩 들어 있다. 각 기체의 Van der Waals $[(P+a/V^2)(V-b)=RT]$ 상수 a와 b가 다음표와 같고, 각 기체에서의 기체분자 자체의 부피에 의한 영향 차이는 미미하다고 할 때, 80℃에서 분압이 가장 작은 기체는? (단, a의 단위는 atm·(cm³/mol)²이고, b의 단위는 cm³/mol이다.)

구분	a	b
I	0.254×10^6	26.6
II	1.36×10^6	31.9
III	5.48×10^6	30.6
IV	2.25×10^6	42.8

① I ② II
③ III ④ IV

해 설

Van der Waals 식

$P = \dfrac{RT}{V-b} - \dfrac{a}{V^2}$

R, T, V의 영향이 없으므로 b가 작을수록, a가 클수록 r기체의 부분 압력이 낮다.

정답 57 ① 58 ② 59 ④ 60 ③

제4과목 화공계측제어

61 아날로그 계장의 경우, 센서 전승기의 출력신호, 제어기의 출력신호는 흔히 4~20mA의 전류로 전송된다. 이에 대한 설명으로 틀린 것은?

① 전류신호는 전압신호에 비하여 장거리 전송 시 전자기적 잡음에 덜 민감하다.
② 0%를 4mA로 설정한 이유는 신호선의 단락 여부를 쉽게 판단하고 0% 신호에서도 전자기적 잡음에 덜 민감하게 하기 위함이다.
③ 0~150℃ 범위를 측정하는 전송기의 이득 150/16℃/mA이다.
④ 제어기 출력으로 ATC(Air-To-Close) 밸브를 동작시키는 경우, 8mA에서 밸브열림도(valve position)가 0.75가 된다.

해설
0~150℃ 범위를 측정하는 전송기의 이득은 $\frac{16\text{mA}}{150℃}$이다.

62 증류탑의 일반적인 제어에서 공정출력(피제어) 변수에 해당하지 않는 것은?

① 탑정생산물 조성   ② 증류탑의 압력
③ 공급물 조성   ④ 탑저-액위

해설
공급물의 조성은 입력값으로 피제어변수에 해당하지 않는다.

63 전달함수가 $X(s) = \dfrac{4}{s(s^3+3s^2+3s+2)}$인 함수 $X(t)$의 final value는 얼마인가?

① 1   ② 2
③ 4   ④ 4/9

해설
$\lim_{t\to\infty} X(t) = \lim_{s\to 0} sX(s) = \lim_{s\to 0} \dfrac{4}{s^3+3s^2+3s+2} = 2$

64 2차계에 단위계단압력이 가해져서 자연진동(진폭이 일정한 지속적 진동)을 한다면 이 계의 특징을 옳게 설명한 것은?

① 제동비(damping ratio) 값이 0이다.
② 제동비(damping ratio) 값이 1이다.
③ 시간상수 값이 1이다.
④ 2차계는 자연진동할 수 없다.

해설
2차계 단위계단응답이 자연진동이므로 제동비 값이 0이다.

65 어떤 계의 전달함수는 $\dfrac{1}{\tau s+1}$이며, 이때 $\tau = 0.1$분이다. 이 계에 unit step change가 주어졌을 때 0.1분 후의 응답은?

① $Y(t)=0.39$ ② $Y(t)=0.63$
③ $Y(t)=0.78$ ④ $Y(t)=0.86$

해설
$G_{(s)} = \dfrac{1}{is+1}$, $X_{(s)} = \dfrac{1}{s}$
$Y_{(s)} = \dfrac{1}{is+1} \cdot \dfrac{1}{s} = \dfrac{1}{s} - \dfrac{i}{is+1} \to y(t) = 1-e^{-t/i}$
$i = 0.1$이고, $t=0.1$일 때
$y(0.1) = 1-e^{-1} = 0.63$

66 전달함수의 극(pole)과 영(zero)에 관한 설명 중 옳지 않은 것은?

① 순수한 허수 pole은 일정한 진폭을 가지고 진동이 지속되는 응답모드에 대응된다.
② 양의 zero는 전달함수가 불안정함을 의미한다.
③ 양의 zero는 계단입력에 대해 역응답을 유발할 수 있다.
④ 물리적 공정에서는 pole의 수가 zero의 수보다 항상 같거나 많다.

해설
양의 pole은 전달함수가 불안정함을 나타낸다.

정답 61 ③ 62 ③ 63 ② 64 ① 65 ② 66 ②

67 $Y(s) = 4/(s^3 + 2s^2 + 4s)$ 식을 역라플라스 변환하여 y값을 옳게 구한 것은?

① $y(t) = e^{-t}\left(\cos\sqrt{3}\,t + \dfrac{1}{\sqrt{3}}\sin\sqrt{3}\,t\right)$

② $y(t) = 1 - e^{-t}\left(\cos\sqrt{3}\,t + \dfrac{1}{\sqrt{3}}\sin\sqrt{3}\,t\right)$

③ $y(t) = 4 - e^{-t}\left(\sin\sqrt{3}\,t + \dfrac{1}{\sqrt{3}}\cos\sqrt{3}\,t\right)$

④ $y(t) = 1 - e^{-t}\left(\sin\sqrt{3}\,t + \dfrac{1}{\sqrt{3}}\cos\sqrt{3}\,t\right)$

해설

$$Y(s) = \frac{4}{s^3 + 2s^2 + 4s}$$
$$= \frac{4}{s(s^2 + 2s + 4)}$$
$$= \frac{1}{s} - \frac{s+2}{s^2 + 2s + 4}$$
$$= \frac{1}{s} - \frac{s+2}{(s+1)^2 + 3}$$
$$= \frac{1}{s} - \frac{s+1}{(s+1)^2 + 3} - \frac{\sqrt{3}}{(s+1)^2 + 3} \cdot \frac{1}{\sqrt{3}}$$
$$\therefore y(t) = 1 - e^{-t}\left(\cos\sqrt{3}\,t - \frac{1}{\sqrt{3}}e^{-t}\sin\sqrt{3}\,t\right)$$

68 영점(zero)이 없는 2차 공정의 Bode 선도가 보이는 특성을 잘못 설명한 것은?

① Bode 선도상의 모든 선은 주파수의 증가에 따라 단순 감소한다.
② 제동비(damping factor)가 1보다 큰 경우 정규화 된 진폭비의 크기는 1보다 작다.
③ 위상각의 변화 범위는 0도에서 -180도까지이다.
④ 제동비(damping factor)가 1보다 작은 저감쇠(under damped)인 경우 위상각은 공명진동수에서 가장 크게 변화한다.

해설

2차 공정의 damping ratio가 0.707보다 작을 경우 Bode 선도상의 주파수 증가에 따라 증가 후 감소한다.

69 시간지연 θ이고 시상수가 τ인 시간지연을 가진 1차계의 전달함수는?

① $G(s) = \dfrac{e^{\theta s}}{s + \tau}$ ② $G(s) = \dfrac{e^{\theta s}}{\tau s + 1}$

③ $G(s) = \dfrac{e^{-\theta s}}{s + \tau}$ ④ $G(s) = \dfrac{e^{-\theta s}}{\tau s + 1}$

해설

시간지연의 크기가 τ인 순수한 시간지연 공정 $\Rightarrow G(s) = e^{-\tau s}$

70 아래의 제어계와 동일한 총괄 전달함수를 갖는 블록선도는?

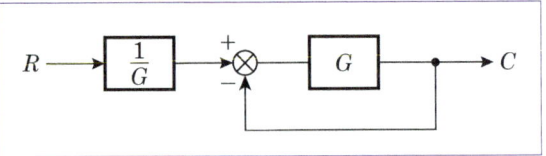

①

②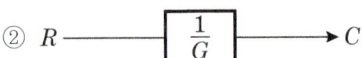

③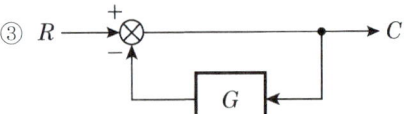

④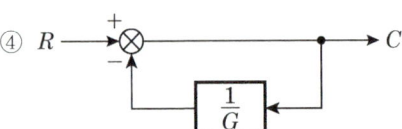

해설

문제 : $\dfrac{C}{R} = \dfrac{1}{1+G}$

① $\dfrac{C}{R} = G$

② $\dfrac{C}{R} = \dfrac{1}{G}$

③ $\dfrac{C}{R} = \dfrac{1}{1+G}$

④ $\dfrac{C}{R} = \dfrac{1}{1+\dfrac{1}{G}} = \dfrac{G}{G+1}$

정답 67 ② 68 ① 69 ④ 70 ③

71 다음 공정에 PI 제어기($K_c = 0.5$, $\tau_I = 1$)가 연결되어 있을 때 설정값에 대한 출력의 닫힌 루프(closed loop) 전달함수는? (단, 나머지 요소의 전달함수는 1이다.)

$$G_p(s) = \frac{2}{2s+1}$$

① $\dfrac{Y(s)}{Y_{SP}(s)} = \dfrac{1}{2s^2 + 2s + 1}$

② $\dfrac{Y(s)}{Y_{SP}(s)} = \dfrac{s+1}{2s^2 + 2s + 1}$

③ $\dfrac{Y(s)}{Y_{SP}(s)} = \dfrac{1}{2s^2 + s + 1}$

④ $\dfrac{Y(s)}{Y_{SP}(s)} = \dfrac{s+1}{2s^2 + s + 1}$

해설

제어기 전달함수 : $0.5\left(1 + \dfrac{1}{s}\right) = \dfrac{0.5(s+1)}{s}$

$\Rightarrow \dfrac{\dfrac{0.5(s+1)}{s} \cdot \dfrac{2}{2s+1}}{1 + \dfrac{0.5(s+1)}{s} \cdot \dfrac{2}{2s+1}} = \dfrac{s+1}{2s^2 + 2s + 1}$

72 PD 제어기에 다음과 같은 입력신호가 들어올 경우, 제어기 출력 형태는? (단, K_c는 1이고, τ_D는 1이다.)

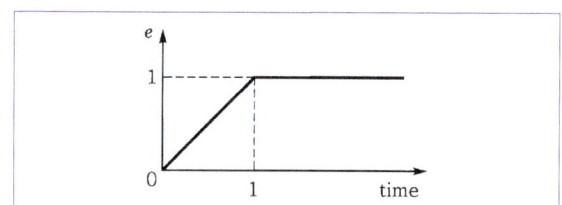

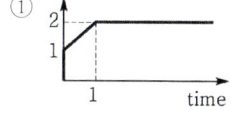 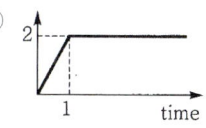

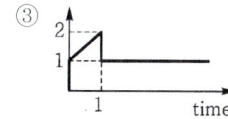 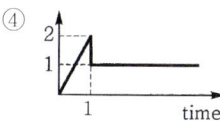

해설

PD : 비례미분제어
$K_c = 1$이므로 이득여유는 1이 된다.
미분제어이므로 반응이 빠르다.

73 제어 결과로 항상 cycling이 나타나는 제어기는?

① 비례 제어기 ② 비례-미분 제어기
③ 비례-적분 제어기 ④ on-off 제어기

해설

On-Off 제어기에서 사이클링은 제어량의 주기적인 변동이다.

74 다음 중 Reset windup 현상에 대한 설명으로 옳은 것은?

① PID 제어기의 미분동작과 관련된 것으로 일정한 값의 제어오차를 미분하면 0으로 reset되어 제어동작에 반영되지 않는 것을 의미한다.
② PID 제어기의 미분동작과 관련된 것으로 잡음을 함유한 제어오차신호를 미분하면 잡음이 크게 증폭되며 실제 제어오차 미분값은 상대적으로 매우 작아지는(reset되는) 것을 의미한다.
③ PID 제어기의 적분동작과 관련된 것으로 잡음을 함유한 제어오차신호를 적분하면 잡음이 상쇄되어 그 영향이 reset되는 것을 의미한다.
④ PID 제어기의 적분동작과 관련된 것으로 공정의 제약으로 인해 제어오차가 빨리 제거될 수 없을 때 제어기의 적분값이 필요 이상으로 커지는 것을 의미한다.

해설

Reset windup 현상 : PID 제어기의 적분동작과 관련된 것으로, 공정의 제약으로 인해 제어오차가 빨리 제거될 수 없을 때 제어기의 적분값이 필요 이상으로 커지는 것

75 라플라스 변환을 이용하여 미분방정식 $\dfrac{dX}{dt} + 5X = 0$, $X(0) = 10$에서 $X(t)$에 관하여 풀면?

① $e^{5t} + 9$ ② $5e^{-5t} + 5$
③ $e^{-5t} + 10$ ④ $10e^{-5t}$

해설

$SX(s) - X(0) + 5X(s) = 0$

$X(s) = \dfrac{10}{S+5} \rightarrow X(t) = 10e^{-5t}$

정답 71 ② 72 ③ 73 ④ 74 ④ 75 ④

76 Amplitude ratio가 항상 1인 계의 전달함수는?

① $\dfrac{1}{s-1}$　② $\dfrac{1}{s-0.1}$
③ $e^{-0.2s}$　④ $s+1$

해설

$s=jw$를 대입해서 $|G(jw)|=AR$ 또는 시간지연 항의 진폭비는 항상 1

77 Closed-loop 전달함수의 특성방정식이 $10s^3+17s^2+8s+1+K_c=0$일 때 이 시스템이 안정할 K_c의 범위는?

① $K_c>1$　② $-1<K_c<12.6$
③ $1<K_c<12.6$　④ $K_c>12.6$

해설

Routh array 법
방정식의 모든 항의 계수는 양수
$\Rightarrow 1+k_c>0 \Rightarrow k_c>-1$

10	8
17	$1+k_c$

$\dfrac{17\times 8 - 10(1+k_c)}{17}>0$

$136-10-10k_c>0$

$\therefore k_c<12.6 \Rightarrow -1<k_c<12.6$

78 불안정한 계에 해당하는 것은?

① $y(s)=\dfrac{\exp(-3s)}{(s+1)(s+3)}$
② $y(s)=\dfrac{1}{(s+1)(s+3)}$
③ $y(s)=\dfrac{1}{s^2+0.5s+1}$
④ $y(s)=\dfrac{1}{s^2-0.5s+1}$

해설

특성방정식의 근이 양의 실수부를 가지고 있으면 불안정하다.

79 다음 중 제어계 설계에서 위상각 여유(phase margin)는 어느 범위일 때 가장 강인(robust)한가?

① 5~10°　② 10~20°
③ 20~30°　④ 30~40°

해설

위상각 여유가 클 때 더 안정하다.

80 제어밸브 입·출구 사이의 불평형 압력(unbalanced force)에 의하여 나타나는 밸브 위치의 오차, 히스테리시스 등이 문제가 될 때 이를 감소시키기 위하여 사용되는 방법으로 가장 거리가 먼 것은?

① C_V가 큰 제어밸브를 사용한다.
② 면적이 넓은 공압 구동기(pneumatic actuator)를 사용한다.
③ 밸프 포지셔너(positioner)를 제어밸브와 함께 사용한다.
④ 복좌형(double seated) 밸브를 사용한다.

해설

① C_V가 작은 제어밸브를 사용한다.

정답 76 ③　77 ②　78 ④　79 ④　80 ①

M/E/M/O

제15회 적중 예상문제

01 연실식 황산제조에서 Gay-Lussac 탑의 주된 기능은 무엇인가?

① 황산의 생성
② 질산의 환원
③ 질소산화물의 회수
④ 니트로실황산의 분해

해설
Gay-Lussac 탑의 주된 기능 : 질소산화물의 회수

02 접촉식에 의한 황산의 제조공정에서 이산화황이 산화되어 삼산화황으로 전환하여 평형상태에 도달한다. 이산화황 1몰 공급량에 대한 공기의 소모량은 표준상태를 기준으로 약 몇 L인가? (단, 이상적인 반응을 가정한다.)

① 53
② 40.3
③ 20.16
④ 10.26

해설
$2SO_2 + O_2 \rightarrow 2SO_3$
1mol   0.5mol

$0.5\text{mol} \times \dfrac{22.4\text{L}}{1\text{mol}} \times \dfrac{100}{21} = 53.33\text{L}$

03 다음 중 질산 제조 시 가장 널리 사용되는 촉매는?

① V_2O_5
② Fe-Co
③ Pt-Rh
④ Cr_2O_3

해설
질산 제조 시 가장 널리 사용하는 촉매 : Pt-Rh

04 합성염산 제조에 있어 식염용액의 전해로 생성되는 염소와 수소를 서로 반응 합성할 때 수소를 과잉으로 넣어 반응시키는 이유는?

① 반응을 정량적으로 진행시키기 위하여
② 반응열의 일부를 수소가스 가열로 소모시키기 위하여
③ 반응장치의 부식을 방지하기 위하여
④ 폭발을 방지하기 위하여

해설
합성염산 제조 시 염소와 수소를 서로 반응 합성할 때 수소를 과잉으로 넣어 반응시키는 이유 : 폭발을 방지하기 위하여

05 암모니아 소다법에서 암모니아와 함께 생성되는 부산물에 해당하는 것은?

① H_2SO_4
② NaCl
③ NH_4Cl
④ $CaCl_2$

해설
암모니아 소다법
① $NaCl + NH_3 + CO_2 + H_2O \rightarrow NaHCO_3 + NH_4Cl$
② $2NaHCO_3 \rightarrow Na_2CO_3 + H_2O + CO_2$
③ $2NH_4Cl + Ca(OH)_2 \rightarrow CaCl_2 + 2H_2O + 2NH_3$

06 전류효율이 100%인 전해조에서 소금물을 전기분해하면 수산화나트륨과 염소, 수소가 만들어진다. 매일 0.5ton의 수소가 부산물로 나온다면 수산화나트륨의 생산량은 약 몇 ton이 되겠는가?

① 14
② 16
③ 18
④ 20

해설
$2NaCl + 2H_2O \rightarrow 2NaOH + H_2 + Cl_2$
                        500kmol   250kmol

$500\text{kmol} \times \dfrac{40\text{kg}}{1\text{kmol}} \times \dfrac{1\text{ton}}{1,000\text{kg}} = 20\text{ton}$

정답 01 ③ 02 ① 03 ③ 04 ④ 05 ④ 06 ④

07 암모니아 합성을 위한 CO가스 전화공정에서 다음과 같은 조성의 A, B 두 가스를 사용할 때 A 가스 100에 대하여 B 가스를 얼마의 비로 혼합하면 암모니아 합성원료로 적합할 수 있는가? (단, CO 전화 반응효율은 100%로 가정한다.)

구분	H_2(%)	CO(%)	CO_2(%)	N_2(%)
A	50	38	12	–
B	40	20	–	40

① 147　　② 157
③ 167　　④ 177

해설
$N_2 + 3H_2 \rightarrow 2NH_3$
$CO + H_2O \rightarrow CO_2 + H_2$
⇨ A가스 : H_2 = 100 × (0.5 + 0.38) = 88
　B가스 : H_2 = X × (0.4 + 0.2) = 0.6X
$\frac{1}{3}(88 + 0.6X) = \frac{0.4X}{N_2 량}$
∴ X = 146.6 ≒ 147

08 인광석에 인산을 작용시켜 수용성 인산분이 높은 인산비료를 얻을 수 있는데 이에 해당하는 것은?

① 토마스인비　　② 침강 인산석회
③ 소성인비　　　④ 중과린산석회

해설
중과린산석회의 설명이다.

09 열가소성 수지에 해당하는 것은?

① 폴리비닐알코올
② 페놀수지
③ 요소수지
④ 멜라민수지

해설
㉠ 열가소성 수지 : 폴리비닐알코올, 폴리염화비닐(PVC 수지), 폴리에틸렌수지, 폴리스티렌수지, 아크릴수지, 실리콘(규소)수지 등
㉡ 열경화성 수지: 페놀수지, 요소수지, 멜라민수지 등

10 다음 중 Nylon 6 제조의 주된 원료로 사용되는 것은?

① 카프로락탐　　② 세바크산
③ 아디프산　　　④ 헥사메틸렌디아민

해설
Nylon 6 제조의 주된 원료 : ε-카프로락탐의 개환 중합에 의해 제조한다.

11 다음 가수분해에 관한 설명 중 틀린 것은 어느 것인가?

① 무기화합물의 가수분해는 산·염기 중화반응의 역반응을 의미한다.
② 니트릴(nitrile)은 알칼리 환경에서 가수분해되어 유기산을 생성한다.
③ 화합물이 물과 반응하여 분리되는 반응이다.
④ 알켄(Alkene)은 알칼리 환경에서 가수분해된다.

해설
④ 알켄은 알칼리 환경에서 가수분해되지 않는다.

12 페놀의 공업적 제조방법 중에서 페놀과 부산물로 아세톤이 생성되는 합성법은?

① Raschig법　　② Cumene법
③ Dow법　　　　④ Touluene법

해설
② Cumene법

$C_6H_6 + CH_2=CH-CH_3 \xrightarrow{산촉매} C_6H_5-CH(CH_3)_2$
(벤젠)
$CH_3-CH-CH_3$ → $CH_3-C(CH_3)(OOH)$ (쿠멘히드로퍼옥사이드)
$+O_2 \longrightarrow$
$\xrightarrow{산분해}$ 페놀 $+ CH_3COCH_3$
(페놀)　（아세톤）

정답 07 ①　08 ④　09 ①　10 ①　11 ④　12 ②

13 벤젠으로부터 아닐린을 합성하는 단계를 순서대로 옳게 나타낸 것은?

① 수소화, 니트로화
② 암모니아화, 아민화
③ 니트로화, 수소화
④ 아민화, 암모니아화

해설

니트로화, 수소화 :

$C_6H_5NO_2 + 3H_2 \xrightarrow{Fe,\ Sn + HCl} C_6H_5NH_2 + 2H_2O$

14 다음 물질 중 벤젠의 술폰화 반응에 사용되는 물질로 가장 적합한 것은?

① 묽은 염산
② 클로로술폰산
③ 진한 초산
④ 발연황산

해설

벤젠술폰화

$\bigcirc-H + HOSO_3H \xrightarrow[\text{가열}]{SO_3} \bigcirc-SO_3H + H_2O$

15 다음 중 석유의 성분으로 가장 거리가 먼 것은?

① C_3H_8
② C_2H_4
③ C_6H_6
④ $C_2H_5OC_2H_5$

해설

석유의 성분 : 탄소와 수소로 이루어진다.

16 다음 중 석유류에서 접촉분해반응의 특징이 아닌 것은?

① 고체 산을 촉매로 사용한다.
② 대부분 카르보늄 이온 반응기구로 진행된다.
③ 디올레핀이 다량 생성된다.
④ 분해 생성물은 탄소수 3개 이상의 탄화수소가 많이 생성된다.

해설

③ 고옥탄가의 가솔린을 만드는 방법이다.

17 $RCH = CH_2$와 할로겐화 메탄 등의 저분자 물질을 중합하여 제조되는 짧은 사슬의 중합체는?

① 덴드리머(dendrimer)
② 아이오노머(ionomer)
③ 텔로머(telomer)
④ 프리커서(precusor)

해설

③ 텔로머의 설명이다.

18 다음 고분자 중 T_g(glass transition tempe-rature)가 가장 높은 것은?

① Polycarbonate
② Polystyrene
③ Polyvinyl chloride
④ Polyisoprene

해설

T_g가 높은 순서 : ① > ② > ③ > ④

19 25℃에서 정용열량계의 용기에서 벤젠을 태워 CO_2와 액체인 물로 변화했을 때의 발열량이 780,090cal/mol이었다. 25℃에서의 표준연소열은?(단, 반응은 $C_6H_6(l) + \frac{15}{2}O_2(g) \to 3H_2O(l) + 6CO_2(g)$이며, 반응에 사용된 기체는 이상기체라 가정한다.)

① 약 -780,980cal
② 약 -783,090cal
③ 약 -786,011cal
④ 약 -779,498cal

해설

$\Delta H = \Delta u + \Delta(PV)$
정용열량계 : $\Delta u = q$
$PV = nRT$
$\therefore \Delta H = q + RT\Delta n$
$= -780,090 + 1.987 \times 298 \left(6 - \frac{15}{2}\right)$
$= -780,090$ cal

정답 13 ③ 14 ④ 15 ④ 16 ③ 17 ③ 18 ① 19 ①

20 어떤 유지 2g 속에 들어있는 유리지방산을 중화시키는 데 KOH가 200mg 사용되었다. 이 시료의 산가(acid value)는?

① 0.1   ② 1
③ 10   ④ 100

해설
$\frac{200\text{mg}}{2} = 100\text{mg}$

제2과목 반응운전

21 실제기체가 이상기체 상태에 가장 가까울 때의 압력, 온도 조건은?

① 고압저온   ② 고압고온
③ 저압저온   ④ 저압고온

해설
실제기체가 저압고온에 있으면 이상기체와 비슷하게 행동한다.

22 다음 중 상태함수가 아닌 것은?

① 일
② 몰 엔탈피
③ 몰 엔트로피
④ 몰 내부 에너지

해설
Q, W는 경로 함수

23 가역단열 과정은 다음 중 어느 과정과 같은가?

① 등엔탈피 과정   ② 등엔트로피 과정
③ 등압 과정   ④ 등온 과정

해설
가역단열 과정은 $\Delta S = \frac{dQ}{T}$에서 $dQ = 0$이므로 $\Delta S = 0$이기 때문에 등엔트로피 과정이다.

24 단열된 상자가 같은 부피로 3등분 되었는데, 2개의 상자에는 각각 아보가드로(Avogadro) 수의 이상기체 분자가 들어 있고 나머지 한 개에는 아무 분자도 들어 있지 않다고 한다. 모든 칸막이가 없어져서 기체가 전체 부피를 차지하게 되었다면 이 때 엔트로피 변화값 기체 1몰당 ΔS에 해당하는 것은?

① $\Delta S = R\ln(2/3)$ ② $\Delta S = RT\ln(2/3)$
③ $\Delta S = R\ln(3/2)$ ④ $\Delta S = RT\ln(3/2)$

해설
$\Delta S = R\ln\frac{P_2}{P_1} = R\ln\frac{2}{3}$

25 360℃ 고온 열저장고와 120℃ 저온 열저장고 사이에서 작동하는 열기관이 60kW의 동력을 생산한다면 고온 열저장고로부터 열기관으로 유입되는 열량(Q_H; kW)은?

① 20   ② 85.7
③ 90   ④ 158.3

해설
$\frac{T_h - T_c}{T_h} = \frac{240K}{633K} = \frac{|Q_n - Q_c|}{Q_h}$

$\frac{240}{633} = \frac{60}{Q_h}$

$\therefore Q_h = 158.3 kW$

26 성분 A, B, C가 혼합되어 있는 계가 평형을 이룰 수 있는 조건으로 가장 거리가 먼 것은? (단, μ는 화학포텐셜, f는 퓨가시티, α, β, γ는 상, T^b는 비점을 나타낸다.)

① $\mu_A^\alpha = \mu_A^\beta = \mu_A^\gamma$ ② $T^\alpha = T^\beta = T^\gamma$
③ $T_A^b = T_B^b = T_C^b$ ④ $\hat{f}_A^\alpha = \hat{f}_A^\beta = \hat{f}_A^\gamma$

해설
㉠ $\mu_A^\alpha = \mu_A^\beta = \mu_A^\gamma$ ㉡ $\hat{\rho}_A^\alpha = \hat{\rho}_B^\beta = \hat{f}_C$
㉢ $T^\alpha = T^\beta = T^\gamma$ ㉣ $P^\alpha = P^\beta = P^\gamma$

정답 20 ④ 21 ④ 22 ① 23 ② 24 ① 25 ④ 26 ③

27 이성분 혼합용액에 관한 라울(Raoult)의 법칙으로 옳은 것은? (단, y_i, x_i는 기상 및 액상의 몰분율을 의미한다.)

① $y_1 = \dfrac{x_1 P_1^{sat}}{P_2^{sat} + x_1(P_1^{sat} - P_2^{sat})}$

② $y_1 = \dfrac{x_2 P_2^{sat}}{P_2^{sat} + x_1(P_1^{sat} - P_2^{sat})}$

③ $y_1 = \dfrac{x_1 P_1^{sat}}{P_2^{sat} + x_1(P_2^{sat} - P_1^{sat})}$

④ $y_1 = \dfrac{x_2 P_2^{sat}}{P_2^{sat} + x_1(P_2^{sat} - P_1^{sat})}$

해설

$y_1 = \dfrac{P_1}{P_t} = \dfrac{x_1 P_1^{sat}}{x_1 P_1^{sat} + x_2 P_2^{sat}}$

$= \dfrac{x_1 P_1^{sat}}{x_1 P_1^{sat} + (1-x_1) P_2^{sat}}$

$= \dfrac{x_1 P_1^{sat}}{P_2^{sat} + x_1(P_1^{sat} - P_2^{sat})}$

28 다음과 같은 반응이 1,105K에서 일어나며, 반응 평형 상수 K는 1.0이다. 초기에 1몰의 일산화탄소와 2몰의 물로 반응이 진행된다면 최종 반응좌표(몰)는 얼마인가? (단, 혼합물은 이상기체로 본다.)

$$CO(g) + H_2O(g) \rightleftarrows CO_2(g) + H_2(g)$$

① 0.333 ② 0.500
③ 0.667 ④ 0.700

해설

	CO(g)	+	H$_2$O(g)	⇌	CO$_2$(g)	+	H$_2$(g)
초기	1		2		0		0
반응	$-\varepsilon$		$-\varepsilon$		$+\varepsilon$		$+\varepsilon$
결과	$1-\varepsilon$		$2-\varepsilon$		ε		ε

$K = \dfrac{\varepsilon^2}{(1-\varepsilon)(2-\varepsilon)} = 1$

$\therefore \varepsilon^2 = \varepsilon^2 - 3\varepsilon + 2$

$\therefore \varepsilon = \dfrac{2}{3} = 0.667$

29 기체-액체 평형을 이루는 순수한 물에 대한 다음 설명 중 옳지 않은 것은?

① 자유도는 1이다.
② 같은 조건에서 기체의 내부에너지는 액체의 내부에너지보다 크다.
③ 같은 조건에서 기체의 엔트로피가 액체의 엔트로피보다 크다.
④ 같은 조건에서 기체의 깁스에너지가 액체의 깁스에너지보다 크다.

해설

① $F = 2 - \pi + N = 2 - 2 + 1 = 1$
②, ③ 기체의 내부에너지와 엔트로피는 액체의 내부에너지와 엔트로피보다 크다.
  • 내부에너지 – 물체 자체가 보유한 에너지
  • 엔트로피 – 계의 무질서 정도
④ 순수한 물이 기–액 평형을 이루면 기체와 액체의 깁스에너지가 같다.

30 비가역반응($A + B \rightarrow AB$)의 반응속도식이 아래와 같을 때, 이 반응의 예상되는 메커니즘은? (단, k_-는 역반응속도 상수이고, '*'표시는 중간체를 의미한다.)

$$r_{AB} = k_1 C_B^2$$

① $A + A \underset{k_{-1}}{\overset{k_1}{\rightleftarrows}} A^*$, $A^* + B \overset{k_2}{\rightarrow} A + AB$

② $A + A \underset{k_{-1}}{\overset{k_1}{\rightleftarrows}} A^*$, $A^* + B \underset{k_{-2}}{\overset{k_2}{\rightleftarrows}} A + AB$

③ $B + B \underset{k_{-1}}{\overset{k_1}{\rightleftarrows}} B^*$, $A + B^* \underset{k_{-2}}{\overset{k_2}{\rightleftarrows}} AB + B$

④ $B + B \underset{k_{-1}}{\overset{k_1}{\rightleftarrows}} B^*$, $A + B^* \underset{k_{-2}}{\overset{k_2}{\rightleftarrows}} AB + B$

해설

반응속도식

비가역반응($A + B \rightarrow AB$), $r_{AB} = k_1 C_B^2$

B에 관하여 2차이므로 다음과 같이 예상할 수 있다.

$-B + B \underset{k_{-1}}{\overset{k_1}{\rightleftarrows}} B_2^*$ $A + B_2^* \underset{k_{-2}}{\overset{k_2}{\rightleftarrows}} AB + B$

정답 27 ① 28 ③ 29 ④ 30 ③

31 Arrhenius law에 따라 작도한 다음 그림 중에서 평행반응(parallel reaction)에 가장 가까운 그림은?

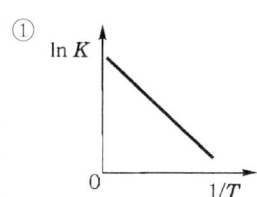
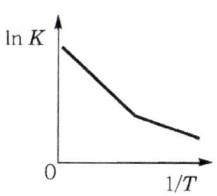
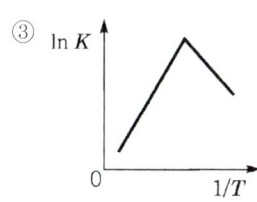
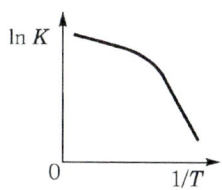

해설
평형반응의 그림은 ②번이다.

32 $A \to R$의 반응에서 0℃와 100℃ 사이에서 반응이 진행되는데 두 온도 사이에서 A와 R의 비열이 같고 반응엔탈피 $\Delta Hr_{298} = -18{,}000$cal이었다면 ΔHr_{373}은 얼마인가?

① -3.375cal ② $-18{,}000$cal
③ $+3.375$cal ④ $+18{,}000$cal

해설
엔탈피는 상태함수이며, 경로에 의존하지 않는다.
$\Delta Hr_{298} = \Delta Hr_{373}$이다.
∴ $-18{,}000$cal

33 반응차수가 1차인 반응의 반응물 A를 공간시간(space time)이 같은 보기의 반응기에서 반응을 진행시킬 때, 반응기 부피 관점에서 가장 유리한 반응기는?

① 혼합흐름반응기
② 플러그흐름반응기
③ 플러그흐름반응기와 혼합흐름반응기의 직렬 연결
④ 전환율에 따라 다르다.

해설
$n > 0$일 때 플러그흐름반응기가 항상 유리하다.

34 기초 2차 액상반응 $2A \to 2R$을 순환비가 2인 등온 플러그 흐름 반응기에서 반응시킨 결과 50%의 전환율을 얻었다. 동일 반응에서 순환류를 폐쇄시킨다면 전환율은?

① 0.6 ② 0.7
③ 0.8 ④ 0.9

해설
순환식 PFR
$$\tau = C_{A0}(R+1) \int_{X_{A_0}}^{X_A} \frac{dX_A}{kC_A^2} = \frac{R+1}{kC_{A_0}} \int_{X_{A_0}}^{X_A} \frac{dX_A}{(1-X_A)^2}$$

$$X_{A_0} = \frac{R}{R+1} X_A$$

$$\therefore \tau = \frac{3}{kC_{A_0}} \int_{\frac{1}{3}}^{\frac{1}{2}} \frac{dX_A}{(1-X_A)^2} = \frac{3}{kC_{A_0}} \left[\frac{1}{1-X_A}\right]_{\frac{1}{3}}^{\frac{1}{2}} = \frac{3}{2kC_{A_0}}$$

순환비 0 → $\tau = \frac{1}{kC_{A_0}} \int_0^{X_A} \frac{dX_A}{(1-X_A)^2} = \frac{1}{kC_{A_0}}\left(\frac{X_A}{1-X_A}\right)$

$\therefore \frac{3}{2kC_{A_0}} = \frac{1}{kC_{A_0}}\left(\frac{X_A}{1-X_A}\right)$

$X_A = 0.6$

35 회분식 반응기 내에서 균일계 액상 1차 반응 $A \to R$과 관계가 없는 것은?

① 반응속도는 반응물 A의 농도에 정비례한다.
② 전화율 X_A는 반응시간에 정비례한다.
③ $-\ln \dfrac{C_A}{C_{A0}}$와 반응시간과의 관계는 직선으로 나타난다.
④ 반응속도상수의 차원은 시간의 역수이다.

해설
$$-\frac{dC_A}{dt} = kC_A$$

$$\int_{C_{A0}}^{C_A} \frac{dC_A}{C_A} = -kt$$

$$\ln \frac{C_A}{C_{A0}} = -kt$$

$$\ln \frac{C_{A0}(1-X_A)}{C_{A0}} = \ln(1-X_A) = -kt$$

반응률 X_A는 반응시간에 정비례하지 않는다.

정답 31 ② 32 ② 33 ② 34 ① 35 ②

36 고체 촉매반응에서 기공 확산저항에 대한 설명 중 옳은 것은?

① 유효인자(effectiveness factor)가 작을수록 실제 반응속도가 작아진다.
② 고체 촉매반응에서 기공 확산저항만이 율속단계가 될 수 있다.
③ 기공 확산저항이 클수록 실제 반응속도는 증가된다.
④ 기공 확산저항은 항상 고체 입자의 형태에는 무관하다.

해설
유효인자 = 실제 반응속도 / 이상 반응속도

37 혼합반응기(CSTR)에서 균일액상반응 $A \to R$, $-r_A = kC_A^2$인 반응이 일어나 50%의 전화율을 얻었다. 이때 이 반응기의 다른 조건은 변하지 않았고 반응기 크기만 6배로 증가한다면 전화율은 얼마인가?

① 0.65 ② 0.75
③ 0.85 ④ 0.95

해설
$$V = \frac{F_A X}{-r_A} = \frac{F_A X}{kC_A^2} = \frac{F_A X}{kC_{A0}^2(1-X)^2}$$
$$\to \frac{VkC_{A0}^2}{F_A} = \frac{X}{(1-X)^2} = 2$$
$$6 \times \frac{VkC_A^2}{F_A} = \frac{X}{(1-X)^2} = 12$$
$$\therefore X = 0.75$$

38 순환식 플러그 흐름 반응기에 대한 설명으로 옳은 것은?

① 순환비는 (계를 떠난 양)/(환류량)으로 표현된다.
② 순환비가 무한인 경우, 반응기 설계식은 혼합 흐름식 반응기와 같게 된다.
③ 반응기 출구에서의 전환율과 반응기 입구에서의 전환율의 비는 용적 변화율 제곱에 무관하다.
④ 반응기 입구에서의 농도는 용적 변화율에 무관하다.

해설
반응기 입·출구에서의 전환율의 비는 용적 변화율에 비례한다.

39 다단완전 혼합류 조작에 있어서 1차 반응에 대한 체류시간을 옳게 나타낸 것은? (단, k는 반응속도 정수, t는 각 단의 용적이 같을 때 한 단에서의 체류시간, X_{An}는 n단 직렬인 경우의 최종단출구에서 A의 전화율, n은 단수이다.)

① $kt = (1-X_{An})^{1/n} - 1$
② $\dfrac{t}{k} = (1-X_{An})^{1/n} - 1$
③ $kt = (1-X_{An})^{-1/n} - 1$
④ $\dfrac{t}{k} = (1-X_{An})^{-1/n} - 1$

해설
$$\tau_t = N \cdot \tau_i = \frac{N}{k}\left[\left(\frac{C_{Ao}}{C_{AN}}\right)^{\frac{1}{N}} - 1\right]$$

40 이상기체법칙이 적용된다고 가정할 경우 용적이 5.5m³인 용기에 질소 28kg을 넣고 가열하여 압력이 10atm이 될 때 도달하는 기체의 온도(°C)는?

① 81.51 ② 176.31
③ 287.31 ④ 397.31

해설
$PV = nRT$, $P = 10$atm
$V = 5.5$m³
$\Rightarrow 5.5\text{m}^3 \left|\dfrac{1,000L}{1m^3}\right. \Rightarrow 5,500L$
$n = \dfrac{28}{28} = 1$kmol, $R = 82 \dfrac{\text{atm} \cdot L}{\text{kmol} \cdot K}$
$T = xK$
$T = \dfrac{PV}{nR}$
$= \dfrac{10 \times 5,500}{1 \times 82} = 670K$
$\therefore 670 - 273 ≒ 397°C$

제3과목 단위공정관리

41 H_2SO_4 15%인 폐산에 99% 농황산을 가하여 45%의 산 1,500kg을 만들려고 한다. 폐산 몇 kg에 농황산 몇 kg을 혼합해야 하는가?

① 750kg 폐산, 750kg 농황산
② 850kg 폐산, 650kg 농황산
③ 600kg 폐산, 900kg 농황산
④ 900kg 폐산, 600kg 농황산

해설

폐산을 x로 하고 구하면 다음과 같다.
$0.15 \times x + 0.9 \times (1,500 - x) = 0.45 \times 1,500$
$\therefore x = 900kg$
농황산 = 600kg

42 NaOH 6g을 물에 녹여 전체 용액 100mL를 만들었다면 이 용액의 몰농도는?

① 1.5M   ② 0.15M
③ 6.0M   ④ 0.6M

해설

mol의 농도 = $\dfrac{\text{용질 mol의 수}}{\text{용액 1L}}$

NaOH 분자량 : 39

mol의 농도 = $\dfrac{(6g) \div (39)}{0.1L} = 1.54M$

43 에너지소비율 7.1×10^{12}W은 매년 몇 칼로리식 소모되는 양인가?

① 2.2×10^{20} cal/year
② 5.3×10^{19} cal/year
③ 3.2×10^{19} cal/year
④ 4.3×10^{20} cal/year

해설

$\dfrac{7.1 \times 10^{12} J}{sec} \times \dfrac{60 sec}{1 min} \times \dfrac{60 min}{1 hr} \times \dfrac{24 hr}{1 day} \times \dfrac{365 day}{1 year} \times \dfrac{1 cal}{4.184 J}$
$= 5.3 \times 10^{19}$ cal/year

44 1L·atm은 약 몇 cal인가?

① 17.4   ② 20.7
③ 24.2   ④ 29.4

해설

$\dfrac{1l \cdot atm}{} \dfrac{1.01325 \times 10^5 N/m^2}{1 atm} \dfrac{1 m^3}{10^3 l} \dfrac{1 cal}{4.164 J} = 24.217 cal$

45 Methyl acetate가 다음 반응식과 같이 고압 촉매반응에 의하여 합성될 때, 이 반응의 표준반응열(kcal/mol)은? (단, 표준 연소열은 CO(g)가 −67.6kcal/mol, $CH_3COOCH_3(g)$는 −397.5kcal/mol, $CH_3OCH_3(g)$는 −348.8kcal/mol이다.)

$$CH_3OCH_3(g) + CO(g) \rightarrow CH_3COOCH_3(g)$$

① 814   ② 28.9
③ −614   ④ −18.9

해설

반응열
㉠ 생성열 : 생성열−반응물
㉡ 연소열 : 반응물−생성물
$\therefore -67.6 -348.8 -(-397.5)() = -18.9 kcal/mol$

46 분자량이 296.5인 oil의 20℃에서의 점도를 측정하는데 Ostwald 점도계를 사용했다. 이 온도에서 증류수의 통과시간이 10초이고 oil의 통과시간이 2.5분 걸렸다. 같은 온도에서 증류수의 밀도와 oil의 밀도가 각각 $0.9982g/cm^3$, $0.879g/cm^3$이라면 이 oil의 점도는?

① 0.13 Poise   ② 0.17 Poise
③ 0.25 Poise   ④ 2.17 Poise

해설

Ostwald 점도계 → 등적

$\mu \propto \dfrac{t \cdot P}{V}$

$\dfrac{\text{오일점도}}{0.01} = \dfrac{0.879 \times 150}{0.01 \times 10}$

$\therefore$ 오일점도 = 13.1cP = 0.13P

정답 41 ④ 42 ① 43 ② 44 ③ 45 ④ 46 ①

47 유체가 내경이 100mm인 관에서 내경이 200mm 인 관으로 확대되어 들어간다. 이때 확대손실계 수를 구하면?

① 0.250 ② 0.750
③ 0.500 ④ 0.563

해설
$$K_e = \left(1 - \frac{A_1}{A_2}\right)^2 = \left(1 - \frac{D_1^2}{D_2^2}\right)^2 = \left(1 - \frac{(100)^2}{(200)^2}\right)^2 = 0.5625$$

48 개천의 유량을 측정하기 위하여 Dilution method를 사용하였다. 처음 개천물을 분석하였더니 Na₂SO₄의 농도가 180ppm이었다. 1시간에 걸쳐 Na₂SO₄ 10kg을 혼합한 후 하류에서 Na₂SO₄를 측정하였더니 3,300 ppm이었다. 이 개천물의 유황은 약 몇 kg/h인가?

① 3,195 ② 3,250
③ 3,345 ④ 3,395

해설
초기 Na₂SO₄ = $x \times 180 \times 10^{-6}$ kg
1시간 뒤 Na₂SO₄ = $(x+10) \times 3,300 \times 10^{-6}$ kg
$x \times 180 \times 10^{-6}$ kg + 10 = $(x+10) \times 3,300 \times 10^{-6}$ kg
∴ $x = 3194.55$ kg
이 일이 1시간 동안 벌어졌으므로
개천물 유량 = 3,195 kg/h

49 복사열 전달에서 총괄 교환인자 F_{12}가 다음과 같이 표현되는 경우는? (단, ε_1, ε_2는 복사율이다.)

$$F_{12} = \frac{1}{\frac{1}{\varepsilon_1} + \frac{1}{\varepsilon_2} - 1}$$

① 두 면이 무한히 평행한 경우
② 한 면이 다른 면으로 완전히 포위된 경우
③ 한 점이 반구에 의하여 완전히 포위된 경우
④ 한 면이 무한 평면이고 다른 면은 한 점인 경우

해설
무한히 큰 두 평면이 서로 평행한 경우 식은 다음과 같다.
$$F_{12} = \frac{1}{\frac{1}{\varepsilon_1} + \frac{1}{\varepsilon_2} - 1}$$

50 2중관 열교환기를 사용하여 500kg/h의 기름을 240℃의 포화수증기를 써서 60℃에서 200℃까지 가열하고자 한다. 이때 총괄전열계수 500kcal/m²·h·℃, 기름의 정압비열은 1.0kcal/kg·℃이다. 필요한 가열면적은 몇 m²인가?

① 3.1 ② 2.4
③ 1.8 ④ 1.5

해설
$q = Cm\Delta T$, $q = UA\overline{\Delta T}_L$
$$q = \frac{1 \text{kcal}}{\text{kg}\cdot℃} \left| \frac{500 \text{kg}}{\text{h}} \right| \frac{140℃}{} = 70,000 \text{kcal/h}$$

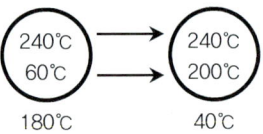

$$\overline{\Delta T}_L = \frac{180 - 40}{\ln\left(\frac{180}{40}\right)} = 93.08℃$$

$$A = \frac{q}{U\Delta T_L}$$
$$= \frac{70,000 \text{kcal}}{\text{h}} \left| \frac{\text{m}^2 \cdot \text{h} \cdot ℃}{500 \text{kcal}} \right| \frac{}{93.08℃}$$
∴ A = 1.5m²

51 증류탑을 설계할 때 환류비가 커질수록 탑지름, 소요단수, 냉각 및 가열비용에 대한 내용으로 옳은 것은?

① 탑지름 : 증가, 소요단수 : 증가, 냉각 및 가열비용 : 증가
② 탑지름 : 증가, 소요단수 : 감소, 냉각 및 가열비용 : 증가
③ 탑지름 : 감소, 소요단수 : 감소, 냉각 및 가열비용 : 증가
④ 탑지름 : 증가, 소요단수 : 감소, 냉각 및 가열비용 : 감소

해설
환류비(R)가 커질수록 탑지름은 증가, 소요단수는 감소, 냉각 및 가열 비용은 증가한다.

정답 47 ④ 48 ① 49 ① 50 ④ 51 ②

52 정류에 있어서 전 응축기를 사용할 경우 환류비를 3으로 할 때 유출되는 탑위제품 1mol/h당 응축기에서 응축해야 할 증기량은 몇 mol/h인가?

① 3.5
② 4
③ 4.5
④ 5

해설

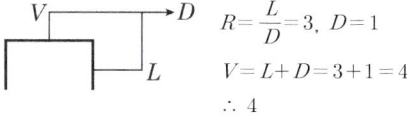

$R = \dfrac{L}{D} = 3$, $D = 1$

$V = L + D = 3 + 1 = 4$

∴ 4

53 액-액 추출에서 Plait point(상계점)에 대한 설명 중 틀린 것은?

① 임계점(critical point)이라고도 한다.
② 추출상과 추잔상에서 추질의 농도가 같아지는 점이다.
③ Tie line의 길이는 0이 된다.
④ 이 점을 경계로 추제성분이 많은 쪽이 추잔상이다.

해설

추제가 많은 쪽은 추출상이며, 원용매가 많은 쪽이 추잔상이다.

54 기체 흡수에 대한 설명 중 옳은 것은?

① 기체 속도가 일정하고 액 유속이 줄어들면 조작선의 기울기는 증가한다.
② 액체와 기체의 몰 유량비(L/V)가 크면 조작선과 평형곡선의 거리가 줄어들어 흡수탑의 길이를 길게 하여야 한다.
③ 액체와 기체의 몰 유량비(L/V)는 맞흐름 탑에서 흡수의 경제성에 미치는 영향이 크다.
④ 물질전달에 대한 구동력은 조작선과 평형선 간의 수직거리에 반비례한다.

해설

조작선의 기울기 : $\dfrac{L_n}{V_{n+1}}$

55 건조특성곡선에서 항율 건조기간으로부터 감율 건조기간으로 이행하는 점을 무엇이라 하는가?

① 자유 함수율
② 평형 함수율
③ 수축 함수율
④ 임계 함수율

해설

임계 함수율의 설명이다.

56 초미분쇄기(ultrafine grinder)인 유체-에너지 밀(mill)의 기본원리는?

① 절단
② 압축
③ 가열
④ 마멸

해설

입자의 크기를 작게 하는 분쇄는 comminution, crushing, grinding, milling이란 용어로 사용된다. 고체를 분쇄하여 비표면적의 증가로 건조, 추출, 용해능력이 향상되고 가공재료 중 유효한 성분의 추출과 혼합능력과 가공효율을 향상시킨다.

㉠ 고체를 분쇄하는 매커니즘 : 압축, 충격, 마모, 절단 등으로 분류
  • 압축(compression) : 딱딱한 고체를 조분쇄하는 데 쓰임
  • 충격(impact) : 조분쇄나 미분쇄에 함께 쓰임
  • 미모(friction) : 연하고 마모가 잘 되는 물질을 미분말로 분쇄
  • 절단(cutting) : 일정한 크기나 모양의 입자를 생산하는 데 쓰임

㉡ 분쇄기의 분쇄 매커니즘

Milling Machine	Compression	Impact
Jaw crusher	○	
Gyratory crusher	○	
Roll crusher	○	
Edge runner	○	
Hammer crusher		○
Ball mill		○
Jet mill		○
Disc crusher		

Milling Machine	Friction	Shear	Bend
Jaw crusher			
Gyratory crusher			○
Roll crusher		○	
Edge runner	○	○	
Hammer crusher			
Ball mill	○		
Jet mill	○		
Disc crusher	○	○	

㉢ 유체-에너지 밀 : 다른 분쇄기에 비해 불가피한 온도상승이 없고, 건식 연속용으로 비교적 용이하게 $3\mu m$까지 초미분쇄를 얻을 수 있는 점이 특징이나, 일반적으로 분쇄시스템이 복잡하고, 에너지 효율이 낮다.

정답 52 ② 53 ④ 54 ③ 55 ④ 56 ④

57 다음 중 증발, 건조, 결정화, 분쇄, 분급의 기능을 모두 가지고 있는 건조장치는?

① 적외선 복사 건조기 ② 원통 건조기
③ 회전 건조기 ④ 분무 건조기

해설
분무 건조기의 설명이다.

58 습한 재료 10kg을 건조한 후 고체의 무게를 측정하였더니 7kg이었다. 처음 재료의 함수율은 얼마인가? (단, 단위는 kgH$_2$O/kg 건조 고체)

① 약 0.43 ② 약 0.53
③ 약 0.62 ④ 약 0.70

해설
함수율 = $\frac{10-7}{7}$ = 0.43

59 세기 성질(intensive property)이 아닌 것은 어느 것인가?

① 온도 ② 압력
③ 엔탈피 ④ 화학퍼텐셜

해설
㉠ 크기 성질 : 물질의 양에 따라 측정값이 변하는 성질
  예) 엔탈피
㉡ 세기 성질 : 물질의 양에 관계없이 측정값이 일정한 성질
  예) 온도, 압력, 화학포텐셜

60 제어계의 응답 중 편차(offset)의 의미를 가장 옳게 설명한 것은?

① 정상상태에서 제어기 입력과 출력의 차
② 정상상태에서 공정 입력과 출력의 차
③ 정상상태에서 제어기 입력과 공정 출력의 차
④ 정상상태에서 피제어 변수의 희망값과 실제값의 차

해설
편차 : 정상상태에서 피제어 변수의 희망값과 실제값의 차

제4과목 화공계측제어

61 물리적으로 실현 불가능한 계는? (단, x는 입력변수, y는 출력변수이고 $\theta > 0$ 이다.)

① $y = \frac{dx}{dt} + x$ ② $\frac{dy}{dt} = x(t - \theta)$

③ $\frac{dx}{dt} + y = x$ ④ $\frac{d^2 y}{dt^2} + y = x$

해설
x는 입력변수이고, y는 출력변수이므로 $\frac{dx}{dy}$는 물리적으로 실현 불가능하다.

62 $1 + e^{-\frac{1}{2}t}$ 식을 라플라스 변환하면?

① $\frac{4s+1}{2s^2+s}$ ② $\frac{2s+1}{s^2+s}$

③ $\frac{4s+1}{2s^2+1}$ ④ $\frac{4s+2}{2s^2-s}$

해설
$1 + e^{-\frac{1}{2}t} \rightarrow \frac{1}{s} + \frac{1}{s+\frac{1}{2}} = \frac{1}{s} + \frac{2}{2s+1} = \frac{4s+1}{2s^2+s}$

63 $\frac{dy}{dt} + 3y = 1$, $y(0) = 1$에서 라플라스 변환 $Y(s)$는 어떻게 주어지는가?

① $\frac{1}{s+3}$ ② $\frac{1}{s(s+3)}$

③ $\frac{s+1}{s(s+3)}$ ④ $\frac{-1}{(s+3)}$

해설
양변 Laplace 취하면
$\mathcal{L}\left(\frac{dy}{dt} + 3y\right) = \mathcal{L}(1)$
$\mathcal{L}\left(\frac{dy}{dt}\right) + 3\mathcal{L}(y) = s\mathcal{L}(y) - y(0) + 3\mathcal{L}(y) = \frac{1}{s}$
$\rightarrow (s+3)Y(s) = 1 + \frac{1}{s} = \frac{s+1}{s}$
$\therefore Y(s) = \frac{1}{s(s+3)}$

정답 57 ④ 58 ① 59 ③ 60 ④ 61 ① 62 ① 63 ②

64 온도 측정장치인 열전대를 반응기 탱크에 삽입한 접전의 온도를 T_m, 유체와 접점 사이의 총 열전단계수(overall heat transfer coefficient)를 U, 접점의 표면적을 A, 탱크의 온도를 T, 접점의 질량을 m, 접점의 비열을 C_m이라고 하였을 때 접점의 에너지 수지 식은? (단, 열전대의 시간상수 $(\tau) = \dfrac{mC_m}{UA}$ 이다.)

① $\tau \dfrac{dT_m}{dt} = T - T_m$

② $\tau \dfrac{dT}{dt} = T - T_m$

③ $\tau \dfrac{dT_m}{dt} = T_m - T$

④ $\tau \dfrac{dT}{dt} = T_m - T$

해설

$\dfrac{dQ}{dt} = UA(T - T_m), \; dQ = mC_m dT_m$ 이므로

$\dfrac{mC_m dT_m}{dt} = UA(T - T_m)$ 따라서 $\tau \dfrac{dT_m}{dt} = T - T_m$

---

65 특성방정식이 $1 + \dfrac{G_c}{(2s+1)(5s+1)} = 0$과 같이 주어지는 시스템에서 제어기 G_c로 비례제어기를 이용할 경우 진동응답이 예상되는 경우는? (단, K_c는 비례이득이다.)

① $K_c = 0$

② $K_c = 1$

③ $K_c = -1$

④ K_c에 관계없이 진동이 발생된다.

해설

G_c로 비례제어기를 이용하기 때문에

$(2s+1)(5s+1) + k_c = 0$

$10s^2 + 7s + 1 + k_c = 0$

$D = 49 - 40(1+k_c) < 0$ (안정 ⇒ 진동)

$9 - 40k_c < 0$

∴ $k_c > \dfrac{9}{40}$ 만족하는 답은 $k_c = 1$뿐이다.

---

66 다음 공정의 단위임펄스 응답은?

$$G_{(s)} = \dfrac{4s^2 + 5s - 3}{s^3 + 2s^2 - s - 2}$$

① $y_{(t)} = 2e^t + e^{-t} + e^{-2t}$

② $y_{(t)} = e^t + 2e^{-t} + e^{-2t}$

③ $y_{(t)} = e^t + e^{-t} + 2e^{-2t}$

④ $y_{(t)} = 2e^t + 2e^{-t} + e^{-2t}$

해설

$G_{(s)} = \dfrac{4s^2 + 5s - 3}{s^3 + 2s^2 - s - 2}, \; X_{(s)} = 1$

$Y_{(s)} = \dfrac{4s^2 + 5s - 3}{s^3 + 2s^2 - s - 2}$

$= \dfrac{4s^2 + 5s - 3}{(s+1)(s-1)(s+2)}$

$= \dfrac{1}{s-1} + \dfrac{2}{s+1} + \dfrac{1}{s+2}$

∴ $y_{(t)} = e^t + 2e^{-t} + e^{-2t}$

---

67 어떤 1차계의 함수가 $6\dfrac{dY}{dt} = 2X - 3Y$일 때 이계의 전달함수의 시정수(times constant)는?

① $\dfrac{2}{3}$

② 3

③ $\dfrac{1}{2}$

④ 2

해설

$\mathcal{L}\left(6\dfrac{dY}{dt}\right) = 2\mathcal{L}(X) - 3\mathcal{L}(Y)$

(양변 Laplace 취하면)

→ $6SY(s) = 2X(s) - 3Y(s)$

→ $Y(s)(6s+3) = 2X(s)$

∴ $G(s) = \dfrac{Y(s)}{X(s)} = \dfrac{2}{6s+3} = \dfrac{\frac{2}{3}}{2s+1}$

∴ $K = \dfrac{2}{3}, \; \tau = 2$

정답 64 ① 65 ② 66 ② 67 ④

68 다음 그림과 같은 시스템의 안정도에 대해 옳은 것은?

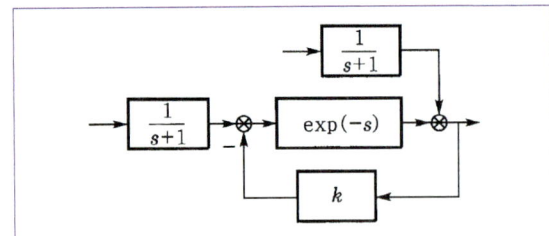

① $-1 < k < 0$이면, 이 공정은 안정하다.
② $k > 3$이면, 이 공정은 안정하다.
③ $0 < k < 1$이면, 이 공정은 안정하다.
④ $k > 1$이면, 이 공정은 안정하다.

해설
전달함수를 계산하면
$$G(s) = \frac{e^{-s}}{1+ke^{-s}} \frac{1}{s+1}$$
한편, 1차 Pade 근처에서 $e^{-s} = \frac{1-s/2}{1+s/2} = \frac{2-s}{2+s}$ 이므로
$$G(s) = \frac{2-s}{2+s+k(2-s)-s} \frac{1}{s+1}$$
$$= \frac{2-s}{(1-k)s^2 + (3+k)s + (2+2k)}$$
따라서 특성방정식은 $(1-k)s^2 + (3+k)s + (2+2k) = 0$
이때 $1-k > 0$이어야 하므로 $0 < k < 1$이면 이 공정은 안정하다.

69 블록선도의 전달함수 $\left(\dfrac{Y(s)}{X(s)}\right)$는?

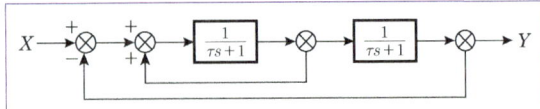

① $\dfrac{1}{\tau s + 1}$
② $\dfrac{1}{(\tau s + 1)^2}$
③ $\dfrac{1}{\tau s^2 + \tau s + 1}$
④ $\dfrac{1}{\tau^2 s^2 + \tau s + 1}$

해설
$$G_1 = \frac{\frac{1}{\tau s + 1}}{1 - \frac{1}{\tau s + 1}} = \frac{1}{\tau s}$$

$$\frac{Y(s)}{X(s)} = \frac{\frac{G_1}{\tau s + 1}}{1 + \frac{G_1}{\tau s + 1}} = \frac{1}{\tau s(\tau s + 1) + 1} = \frac{1}{\tau^2 s^2 + \tau s + 1}$$

70 공정이득(gain)이 2인 공정을 설정치(set point)가 1이고 비례 이득(Proportional gain)이 1/2인 비례(Prorotional)제어기로 제어한다. 이 때 오프셋은 얼마인가?

① 0
② 1/2
③ 3/4
④ 1

해설
$$G(s) = \frac{K_c \cdot K_P}{1 + K_c \cdot K_P} = \frac{1}{2}$$
$$\therefore offset = 1 - \frac{1}{2} = \frac{1}{2}$$

71 전달함수가 $G(s) = \dfrac{1}{\tau s + 1}$ 인 1차계에 크기 M인 계단변화가 도입되었을 때의 응답은? (단, 정상상태는 0으로 간주한다.)

① $\dfrac{1}{M}(1 - e^{-t})$
② $M(1 - e^{-\frac{t}{\tau}})$
③ $Mte^{-\frac{t}{\tau}}$
④ $M - e^{-\frac{t}{\tau}}$

해설
$$Y(s) = \frac{M}{s} \frac{1}{\tau s + 1} = \frac{M}{s} - \frac{\tau M}{\tau s + 1} = \frac{M}{s} - \frac{M}{s + 1/\tau}$$
이므로 역변환하면, $y = M(1 - e^{-\frac{t}{\tau}})$

72 Anti Reset Windup에 관한 설명으로 가장 거리가 먼 것은?

① 제어기 출력이 공정 입력 한계에 걸렸을 때 작동한다.
② 적분 동작에 부과된다.
③ 큰 설정치 변화에 공정 출력이 크게 흔들리는 것을 방지한다.
④ Offest을 없애는 동작이다.

해설
Anti Reset Windup
적분 제어에서 제어기 출력이 공정 입력 한계에 걸리는 현상(Reset Windup)을 없애기 위한 동작이다.

정답 68 ③ 69 ④ 70 ② 71 ② 72 ④

73 PID 제어기의 비례이득, 적분시간, 미분시간이 각각 $k_e = 1.0$, $\tau_i = 10\min$, $\tau_d = 2\min$이었다. 그런데 이 제어기가 고장이 나서 새로운 제어기로 교체를 하였는데 이 제어기의 적분시간의 단위가 초(sec)였다. 새로운 제어기가 기존 것과 똑같은 제어기가 되기 위해서는 파라미터를 어떻게 정하여야 하는가?

① $k_e = 1.0, \tau_i = 10\text{sec}, \tau_d = 2\text{sec}$
② $k_e = 1.0, \tau_i = 600\text{sec}, \tau_d = 120\text{sec}$
③ $k_e = 60.0, \tau_i = 600\text{sec}, \tau_d = 120\text{sec}$
④ $k_e = 60.0, \tau_i = 10\text{sec}, \tau_d = 2\text{sec}$

해설

$$G(s) = k_e\left(1 + \tau_D s + \frac{1}{\tau_i s}\right)$$

비례이득은 단위 상관 없음, 분단위→초단위로 바꿔주면 됨.

74 앞먹임 제어(feedforward control)의 특징으로 옳은 것은?

① 공정모델값과 측정값과의 차이를 제어에 이용
② 외부교란변수를 사전에 측정하여 제어에 이용
③ 설정점(set point)을 모델값과 비교하여 제어에 이용
④ 공정의 이득(gain)을 제어에 이용

해설

앞먹임 제어는 외부 교란 변수를 사전에 측정하여 제어에 이용한다.

75 전달함수 $\dfrac{(0.2s-1)(0.1s+1)}{(s+1)(2s+1)(3s+1)}$에 대해 잘못 설명한 것은?

① 극점(pole)은 -1, -0.5, $-1/3$이다.
② 영점(zero)은 $1/0.2$, $-1/0.1$이다.
③ 전달함수는 안정하다
④ 전달함수의 역수 전달함수는 안정하다.

해설

④ 전달함수의 역수 전달함수는 불안정하다.

76 다음 중 위상지연이 180°인 주파수는?

① 고유 주파수
② 공명(resonant) 주파수
③ 구석(corner) 주파수
④ 교차(crossover) 주파수

해설

주파수
- 고유주파수 : $\zeta = 0$
- 공명주파수 : AR이 최대
- 구석주파수 : $\tau w = 1$
- 교차주파수 : 위상지연이 180°

77 다음 비선형공정을 정상상태의 데이터 y_s, u_s에 대해 선형화한 것은?

$$\frac{dy(t)}{dt} = y(t) + y(t)u(t)$$

① $\dfrac{d(y(t)-y_s)}{dt} = u_s(u(t)-u_s) + y_s(y(t)-y_s)$
② $\dfrac{d(y(t)-y_s)}{dt} = u_s(y(t)-y_s) + y_s(u(t)-u_s)$
③ $\dfrac{d(y(t)-y_s)}{dt} = (1+u_s)(u(t)-u_s) + y_s(y(t)-y_s)$
④ $\dfrac{d(y(t)-y_s)}{dt} = (1+u_s)(y(t)-y_s) + y_s(u(t)-u_s)$

해설

$\dfrac{dy(t)}{dt} = y(t) + y(t)u(t)$ ······ ⓐ

st steady state

$\dfrac{dy_s}{dt} = y_s + y_s u_s$ ······ ⓑ

ⓐ−ⓑ : $\dfrac{d(y(t)-y_s)}{dt}$
$= y(t) - y_s + y(t)u(t) - y_s u_s$
$= y(t) - y_s + y(t)u_s - y(t)u_s + y(t)\mu(t) - y_s u_s$
$= (y(t)-y_s) + u_s(y-y_s) + y(u-u_s)$
$= (1+u_s)(y-y_s) + y_s(u-u_s)$

정답 73 ② 74 ② 75 ④ 76 ④ 77 ④

78 다음 미분방정식을 Laplace 변환하여 $Y(s)$를 구한 것은?

$$\frac{d^2y}{dt^2}+3\frac{dy}{dt}+y=1, \quad y(0)=\frac{dy}{dt}(0)=0$$

① $Y(s)=\dfrac{s^2+3s+1}{s}$

② $Y(s)=\dfrac{s}{s^2+3s+1}$

③ $Y(s)=\dfrac{1}{s(s^2+3s+1)}$

④ $Y(s)=\dfrac{1}{s^2+3s+1}$

해설

$Y(0)=\dfrac{dy(0)}{dt}=0$이므로

$s^2Y(s)+3sY(s)+Y(s)=\dfrac{1}{s}$

$Y(s)(s^2+3s+1)=\dfrac{1}{s}$

∴ $Y(s)=\dfrac{1}{s(s^2+3s+1)}$

79 $G(jw)=\dfrac{10(jw+5)}{jw(jw+1)(jw+2)}$에서 w가 아주 작을 때, 즉, $w\to 0$일 때의 위상각은?

① $-90°$ ② $0°$
③ $+90°$ ④ $+180°$

해설

$G(jw)=\dfrac{10(jw+5)}{jw(jw+1)(jw+2)}$

$=\dfrac{10(jw+5)(-jw)(-jw+1)(-jw+2)}{jw(jw+1)(jw+2)(-jw)(-jw+1)(-jw+2)}$

$=\dfrac{-10w^4-130w^2+(20w^3-100w)j}{분모}$

$=\dfrac{허수부}{실수부}=\dfrac{2w^2-10}{-w^3-13w}$

$\tan^{-1}\left(\dfrac{2w^2-10}{-w^3-13w}\right)$에서, $w\to 0$이면

위상각은 $-90°$

80 발열이 있는 반응기의 온도제어를 위해 그림과 같이 냉각수를 이용한 열교환으로 제열을 수행하고 있다. 다음 중 옳은 설명은?

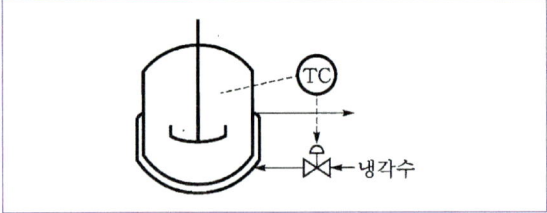

① 공압 구동부와 밸브형은 각각 ATO(Air-To-Open), 선형을 택하여야 한다.
② 공압 구동부와 밸브형은 각각 ATC(Air-To-Close), Equal Percentage(등비율)형을 택하여야 한다.
③ 공압 구동부와 밸브형은 각각 ATO(Air-To-Open), Equal Percentage(등비율)형을 택하여야 한다.
④ 공압 구동부와 밸브형은 각각 ATC(Air-To-Close)를 택해야 하지만 밸브형은 이 정보만으로는 결정하기 어렵다.

해설

밸브 조작에 실패했을 때 밸브가 개방되어있어야 냉각수를 공급해 반응기를 냉각할 수 있다. 그러므로 Air to Close(Fail to Open)이다. 전체적인 공정 흐름이 주어지지 않았으므로 적합한 밸브형은 알 수 없다.

정답 78 ③ 79 ① 80 ④

PART 03

과년도 기출문제

CBT로 시행한 2022년 제3회차 부터
복원한 기출문제임을 알려드립니다.

2022년 제3회 7월 2일 시행

제1과목 공업합성

01 염산 제조에 있어서 단위 시간에 흡수되는 HCl 가스량(G)을 나타내는 식은? (단, K는 HCl가스 흡수계수, A는 기상-액상의 접촉면적, △P는 기상-액상과의 HCl 분압차이다.)

① $G = K^2 A$
② $G = K \triangle P$
③ $G = \dfrac{K}{A} \triangle P$
④ $G = KA \triangle P$

해설
염산 제조 G(HCl 가스량) = $KA \triangle P$
여기서 K : HCl가스 흡수계수
　　　A : 기상-액상의 접촉면적
　　　△P : 기상-액상과의 HCl 분압차

02 에틸렌을 황산 존재하에서 가수분해시켜 제조하는 제품은?

① CH_3CH_2OH
② $CH_3COOHC=CH$
③ CH_3CHO
④ CH_3COOH

해설
에틸렌을 황산 존재하에서 가수분해시키면 에탄올이 생성된다.

03 연실법 Glover 탑의 질산 환원공정에서 35wt% HNO_3 25kg으로부터 NO를 약 몇 kg 얻을 수 있는가?

① 2.17kg
② 4.17kg
③ 6.17kg
④ 8.17kg

해설
25kg HNO_3 × 1mol/0.063kg HNO_3 × 0.35 = 139mol이며,
139mol × 0.03kg NO/1mol = 4.17kg NO

04 염화수소가스를 물 100kg에 용해시켜 30%의 염산용액을 만들려고 한다. 이때 필요한 염화수소는 약 몇 kg인가?

① 21.44
② 42.86
③ 53.13
④ 60.04

해설
$\dfrac{x}{100+x} = 0.3$
x (염화수소의 양) = 42.86kg

05 인산비료에서 유효 인산 또는 가용성 인산이란?

① 수용성 인산만이 비효를 갖는 것
② 구용성 인산만이 비효를 갖는 것
③ 불용성 인산만이 비효를 갖는 것
④ 수용성 인산과 구용성 인산이 비효를 갖는 것

해설
유효 인산 또는 가용성 인산 : 수용성 인산과 구용성 인산이 비효를 갖는 것

06 황산 60%, 질산 24%, 물 16%의 혼산 100kg을 사용하여 벤젠을 니트로화할 때, 질산이 화학양론적으로 전량 벤젠과 반응하였다면 DVS 값은 얼마인가?

① 4.54
② 3.50
③ 2.63
④ 1.85

해설
DVS = $\dfrac{\text{황산의 양}}{\text{반응 후의 물의 양}}$

$24 \times \dfrac{18}{63} = 6.86$ ∴ DVS = $\dfrac{60}{16+6.86} = 2.62$

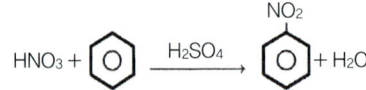

정답 01 ④　02 ①　03 ②　04 ②　05 ④　06 ③

07 질산을 68% 이상으로 농축할 때 주로 사용되는 탈수제는?

① CaO
② Silica gel
③ H_2SO_4
④ P_2O_5

해설
질산을 68% 이상 농축시 탈수제는 H_2SO_4이다.

08 격막법 전해조에서 양극과 음극 용액을 다공성의 격막으로 분리하는 주된 이유로 옳은 것은?

① 설치 비용을 절감하기 위해
② 전류 저항을 높이기 위해
③ 부반응을 작게 하기 위해
④ 전해 속도를 증가시키기 위해

해설
격막법은 식염수 용액을 흑연양극과 철음극을 이용하여, 전기분해 할 때에 양극실과 음극실에서 생성하는 물질의 혼합을 피하기 위해 두전극실 사이에 격막(석면)을 사용하여 분리시켜, 음극실에는 가성소다와 수소를 양극실에서는 염소를 얻는 방법이다. 양극에서 발생하는 Cl_2가 음극액과 접촉하면 부반응을 일으키므로 두 극 간을 격막으로 분리한다.

09 반도체에서 Si의 건식 식각에 사용하는 기체가 아닌 것은?

① CF_4
② HBr
③ C_6H_6
④ CClF

해설
Si의 건식 식각에 사용하는 기체 : CF_4, HBr, CClF

10 아닐린에 대한 설명으로 옳지 않은 것은?

① 비점이 약 184℃인 액체이다.
② 니트로벤젠은 아닐린으로 환원될 수 있다.
③ 상업적으로 가장 많이 이용되는 제조공정은 벤젠의 암모니아 첨가 분해반응이다.
④ 알코올과 에테르에 녹는다.

해설
③ 상업적으로 가장 많이 이용되는 제조공정은 클로벤젠을 Cu촉매, 가압하에서 암모니아와 가열하여 만든다.

11 염화비닐은 아세틸렌에 다음 중 어느 것을 작용시키면 생성되는가?

① NaCl
② KCl
③ HCl
④ HOCl

해설
H−C≡C−H + HCl → $CH_2=CHCl$ (염화비닐)

12 CuO 존재 하에 염화벤젠에 NH_3를 첨가하고 가압하면 생성되는 주요 물질은?

①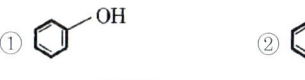
②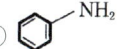
③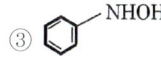
④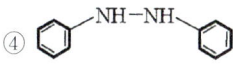

해설
$C_6H_5Cl + NH_3 \xrightarrow{CuO}$ $+ HCl$

13 다음 중 삼산화황과 디메틸에테르를 반응시킬 때 주생성물은?

① $(CH_3)_3SO_3$
② $(CH_3)_2SO_4$
③ CH_3-OSO_3H
④ $CH_3-SO_2-CH_3$

해설
$SO_3 + CH_3OCH_3 \rightarrow (CH_3)_2SO_4$

14 LPG에 대한 설명 중 틀린 것은?

① C_3, C_4의 탄화수소가 주성분이다.
② 상온, 상압에서는 기체이다.
③ 그 자체로 매우 심한 독한 냄새가 난다.
④ 가압 또는 냉각시킴으로써 액화한다.

해설
③ 무색 투명하고 거의 냄새가 나지 않는다.

정답 07 ③ 08 ③ 09 ③ 10 ③ 11 ③ 12 ② 13 ② 14 ③

15 정유 공정에서 감압증류법을 사용하여 유분을 감압하는 가장 큰 이유는 무엇인가?

① 공정 압력손실을 줄이기 위해
② 석유의 열분해를 방지하기 위해
③ 고온에서 증류하여 수율을 증가시키기 위해
④ 제품의 점도를 낮추어 주기 위해

해설
감압증류법을 사용하여 유분을 감압하는 가장 큰 이유는 석유의 열분해를 방지하기 위해서이다.

16 접착속도가 매우 빨라서 순간접착제로 흔히 사용되는 성분은?

① 시아노아크릴레이트
② 아크릴에멀젼
③ 벤조퀴논
④ 폴리이소부틸렌

해설
시아노아크릴레이트의 성질
㉠ 10~30초 내에 순간적으로 붙게 하는 합성수지
㉡ 공기 중의 수분에 의해 중화반응을 일으켜 중합체로 접착됨.

17 플라스틱 분류에 있어서 열경화성 수지로 분류되는 것은?

① 폴리아미드 수지
② 폴리우레탄 수지
③ 폴리아세탈 수지
④ 폴리에틸렌 수지

해설
플라스틱 분류
㉠ 열가소성 수지 : 폴리아미드 수지, 폴리아세탈 수지, 폴리에틸렌 수지 등
㉡ 열경화성 수지 : 폴리우레탄 수지, 페놀수지, 에폭시수지 등

18 아세틸렌에 HCl이 부가될 때 주로 생성되는 물질과 관계 깊은 것은?

① 아세트알데히드
② PVC
③ PVA
④ 아크릴로니트릴

해설
$$H-C\equiv C-H + HCl \xrightarrow{HgCl_2} \underset{\text{염화비닐}}{CH_2=CH-Cl} \xrightarrow{\text{중합}} \underset{\underset{PVC}{Cl}}{CH_2CH}$$

19 수(水)처리와 관련된 다음의 설명 중 옳은 것으로만 나열한 것은?

㉠ 물의 경도가 높으면 관 또는 보일러의 벽에 스케일이 생성된다.
㉡ 물의 경도는 석회소다법 및 이온교환법에 의하여 낮출 수 있다.
㉢ COD는 화학적 산소요구량을 말한다.
㉣ 물의 온도가 증가할 경우 용존산소의 양은 증가한다.

① ㉠, ㉡, ㉢
② ㉡, ㉢, ㉣
③ ㉠, ㉢, ㉣
④ ㉠, ㉡, ㉣

해설
㉣ 물의 온도가 증가할 경우 용존산소의 양은 감소한다.

20 섬유유연제, 살균제에 사용되는 계면활성제는?

① 양이온성 계면활성제
② 음이온성 계면활성제
③ 양쪽이온성 계면활성제
④ 비이온성 계면활성제

해설
① 양이온성 계면활성제 : 섬유유연제, 살균제 등

정답 15 ② 16 ① 17 ② 18 ② 19 ① 20 ①

제2과목 반응운전

21 727℃에서 다음 반응의 평형압력 $K_P = 1.3atm$이다. $CaCO_3(s)$ 30g을 10L 부피의 용기에 넣고 727℃로 가열하여 평형에 도달하게 하였다. CO_2가 이상기체 방정식을 만족시킨다고 할 때 평형에서 반응하지 않은 $CaCO_3(s)$의 몰%는 얼마인가? (단, $CaCO_3$의 분자량은 100이다.)

$$CaCO_3(s) \rightarrow CaO(s) + CO_2(g)$$

① 12% ② 17%
③ 24% ④ 47%

해설

$CaCO_3(s) \rightarrow CaO(s) + CO_2(g)$
gas가 CO_2 1개, $K_P = 1.3atm$이므로
$P_{CO_2} = 1.3atm$
$PV = nRT$
$(1.3atm)(10L)$
$= n(0.082atm \cdot L/mol \cdot K)(1,000K)$
∴ $n = 0.1583mol$
$CaCO_3 = 0.1583mol$

처음 $CaCO_3 \dfrac{30g}{100g/mol} = 0.3mol$

∴ 반응하지 않은 $CaCO_3$는
$\dfrac{(0.3 - 0.1583)}{0.3} \times 100\% = 47.23\%$

22 다음과 같은 임계 물성을 가진 두 개의 분자(A와 B)가 동일한 이심 인자를 가지고 있다. 대응상태 원리가 성립한다고 할 때, 분자 A의 물성을 기준으로 분자 B의 물성을 옳게 유추한 것은? (단, 분자 A의 물성은 300K, 101.325kPa에서 $V = 24,000cm^3/mol$이다.)

- 분자 A : $T_C = 190K$, $P_C = 4,600kPa$
- 분자 B : $T_C = 305K$, $P_C = 4,900kPa$

① $T = 300K$
   $P = 101.325kPa$
   $V = 36.214cm^3/mol$
② $T = 481.6K$
   $P = 107.8kPa$
   $V = 36.214cm^3/mol$
③ $T = 300K$
   $P = 101.325kPa$
   $V = 26.215cm^3/mol$
④ $T = 481.6K$
   $P = 107.8kPa$
   $V = 26.215cm^3/mol$

해설

대응상태 원리

- A환산온도 : $\dfrac{300K}{190K} = 1.579$

- A환산온도 압력 : $\dfrac{101.325kPa}{4,600kPa} = 0.022$

A와 B를 같은 조건에서 비교해야 함.
B 온도 : $305K \times 1.579 = 481.6K$
B 압력 : $4,900kPa \times 0.022 = 107.8kPa$
이심인자가 같음

$\dfrac{101.325 \times 24,000}{300K} = \dfrac{107.8 \times V}{481.595K}$

∴ $V = 36.214cm^3/mol$

정답 21 ④ 22 ②

23 고립계의 평형 조건을 나타내는 식으로 옳은 것은?
(단, G : 깁스(Gibbs) 에너지, N : 몰수, H : 엔탈피, S : 엔트로피, U : 내부에너지, V : 부피)

① $(\frac{\partial S}{\partial U})_{V,N} = 0$

② $(\frac{\partial S}{\partial V})_{G,V} = 0$

③ $(\frac{\partial S}{\partial N})_{H,N} = 0$

④ $(\frac{\partial S}{\partial H})_{N,V} = 0$

해설

열역학 제2법칙에서 계의 총 엔트로피는 증가하므로,

$ds주위 = \frac{dQ주위}{T} = -\frac{dQ}{T}$ 에서

$ds_{tot} + \frac{-dQ}{T} \geq 0$

즉, $dQ \leq TdS_{tot}$

한편, $dQ = dU_{tot} + PdV_{tot}$ 이므로

$dU_{tot} + PdV_{tot} - TdS_{tot} \leq 0$ 이 성립하는데,

고립계에서 'V, N = 일정'이므로 $dU \leq TdS$가 성립한다.
(등호는 평형에서 성립한다.)

이를 정리하면 평형에서,

$(\frac{\partial S}{\partial U})_{V,N} = 0$

24 공기가 10Pa, 100m³에서 일정압력 조건에서 냉각된 후 일정 부피 하에서 가열되어 20Pa, 50m³가 되었다. 이 공정이 가역적이라고 할 때 계에 공급된 일의 양은 얼마인가?

① 100J　② 500J
③ 1000J　④ 2000J

해설

$W = \int pdV = p\Delta V = (100Pa)(100-50)(m^3) = 500J$

(∴ 일정 부피 조건에서 W = 0이므로)

25 열역학 제3법칙은 무엇을 의미하는가?

① 절대 0도에 대한 정의

② $\lim_{t \to 0} S = 1$

③ $\lim_{t \to 0} S = 0$

④ $\Delta S = RT\ln 2$

해설

열역학 제3법칙은 엔트로피의 절대값을 정의한 법칙이다.
$\lim S = 1, T \to 0$

26 C_P 3.5R(R ; ideal gas constant)인 1몰의 이상기체가 10bar, 0.005 m³에서 1bar로 가역정용과정을 거쳐 변화할 때, 내부에너지 변화(ΔU ; J)와 엔탈피 변화(ΔH ; J)는?

① $\Delta U = -11,250, \Delta H = -15,750$

② $\Delta U = -11,250, \Delta H = -9,750$

③ $\Delta U = -7,250, \Delta H = -15,750$

④ $\Delta U = -7,250, \Delta H = -9,750$

해설

$\Delta U = nC_V \Delta T$, $\Delta H = nC_P \Delta T$

여기서, $PV = nRT$

$T = \frac{PV}{nR}$

$= \frac{1,000,000 N/m^3 \cdot 0.005 m^3}{8.314 Nm/K} = 6.014K$

$T = \frac{PV}{nR}$

$= \frac{100,000 N/m^3 \cdot 0.005 m^3}{8.314 Nm/K} = 601.4K$

$\Delta T = 601.4 - 6,014 = -5,413K$

$\Delta U = nC_V \Delta T$

$= \frac{5}{2} \cdot 8.314 \cdot (-5,413) = -11,250J$

$\Delta H = nC_P \Delta T$

$= \frac{7}{2} \cdot 8.314 \cdot (-5,413) = -15,750J$

정답 23 ① 24 ② 25 ③ 26 ①

27 오토(otto) 사이클의 효율(η)을 표시하는 식으로 옳은 것은? (단, k = 비열비, r_V = 압축비, r_f = 팽창비이다.)

① $\eta = 1 - \left(\dfrac{1}{r_V}\right)^{k-1}$

② $\eta = 1 - \left(\dfrac{1}{r_V}\right)^{k}$

③ $\eta = 1 - \left(\dfrac{1}{r_V}\right)^{(k-1)/k}$

④ $\eta = 1 - \left(\dfrac{1}{r_V}\right)^{k-1} \cdot \dfrac{r_f^{k-1}}{k(r_f - 1)}$

해설

otto 기관(공기표준 사이클)

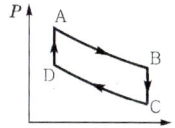

- CD : 단열압축
- DA : 연소
  정적 과정 → 압력↑
- AB : 일을 한다.
  단열 팽창
- BC : 밸브를 연다.
  정적→압력↓

2개의 단열공정, 2개의 정적 과정

$\eta = \dfrac{\omega}{Q_{DA}} = \dfrac{|Q_{DA}| - |Q_{BC}|}{Q_{DA}}$ (연소에서 열을 받는다.)

$Q_{DA} = C_V(T_A - T_B)$
$Q_{BC} = C_V(T_B - T_C)$

온도 측정만으로도 열효율은 측정할 수 있다.

$\eta = \dfrac{C_V(T_A - T_D) - C_V(T_B - T_C)}{C_V(T_A - T_D)} = 1 - \dfrac{T_B - T_C}{T_A - T_D}$

$\gamma = \dfrac{V_C}{V_B}$

$T_B = \dfrac{P_B V_B}{R} = \dfrac{P_B V_C}{R}$

$\therefore V_B = V_C$

$T_C = \dfrac{P_C V_C}{R}$

$T_A = \dfrac{P_A V_A}{R} = \dfrac{P_A V_D}{R}$

$\therefore V_A = V_D$

$T_D = \dfrac{P_D V_D}{R}$

$\eta = 1 - \dfrac{V_C(P_B - P_C)}{V_D(P_A - P_D)} = 1 - \gamma\dfrac{(P_B - P_C)}{(P_A - P_B)}$

단열과정

$P_A V_A^K = P_B V_B^K$

$\begin{cases} P_A V_D^K = P_B V_C^K (V_B = V_A, V_C = V_D) \\ P_D V_D^K = P_C V_C^K \to \dfrac{P_B}{P_C} = \dfrac{P_A}{P_D} \end{cases}$

$\dfrac{P_C}{P_D} = \left(\dfrac{V_D}{V_C}\right)^K = \left(\dfrac{1}{\gamma}\right)^K$

$\eta = 1 - \gamma\dfrac{P_B - P_C}{P_A - P_D} = 1 - \gamma\dfrac{(P_B/P_C - 1)P_C}{(P_A/P_D - 1)P_D} = 1 - \gamma\dfrac{P_C}{P_D}$

$= 1 - \gamma\left(\dfrac{1}{\gamma}\right)^K = 1 - \left(\dfrac{1}{\gamma}\right)^{K-1}$

28 퓨가시티(fugacity)에 관한 설명 중 틀린 것은? (단, G_i는 성분 i의 깁스 자유에너지, f는 퓨가시티이다.)

① 이상기체의 압력 대신 비이상기체에서 사용된 새로운 함수이다.

② $dG_i = RT\dfrac{dP}{P}$ 에서 P대신 퓨가시티를 쓰면 이 식은 실제기체에 적용할 수 있다.

③ $\lim\limits_{P \to 0} \dfrac{f}{P} = \infty$ 의 등식이 성립된다.

④ 압력과 같은 차원을 갖는다.

해설

fugacity
㉠ 이상기체의 압력 대신 비이상기체에서 사용된 새로운 함수이다.
㉡ 압력과 같은 차원을 갖는다.
㉢ $dG_i = RT\dfrac{dP}{P}$ 에 P대신 fugacity를 쓰면 이 식은 실제기체에 적용 가능하다.

29 주어진 온도와 압력에서 화학반응의 평형조건은?

① $\triangle S = 0$ ② $\triangle A = 0$
③ $\triangle H = 0$ ④ $\triangle G = 0$

해설

$\dfrac{G}{RT}$ 가 최소일 때 평형이 된다.

정답 27 ① 28 ③ 29 ④

30 같은 몰수의 벤젠과 톨루엔의 액체 혼합물이 303.15K에서 증기와 기-액 상평형을 이루고 있다. 라울의 법칙을 가정할 때 계의 총 압력과 벤젠의 증기 조성은 얼마인가? (단, 303.15k에서 벤젠의 증기압은 15.9 kPa이며, 톨루엔의 증기압은 4.9kPa이다.)

① 전압 = 20.8kPa, 증기의 벤젠조성 = 0.236
② 전압 = 20.8kPa, 증기의 벤젠조성 = 0.764
③ 전압 = 10.4kPa, 증기의 벤젠조성 = 0.236
④ 전압 = 10.4kPa, 증기의 벤젠조성 = 0.764

해설

같은 몰수 $X_1 = X_2 = 0.5$
벤젠 : 1
톨루엔 : 2
$P_t = X_1 P_1 + X_2 P_2$
$= 0.5 \times 15.9 + 0.5 \times 4.9 = 10.4\,kPa$
$Y_1 = \dfrac{P_1}{P_t} = X_1 P_1^{sat}/P_t = \dfrac{(0.5)(15.9)}{10.4} = 0.764$

31 A가 분해되는 정용 회분식 반응기에서 C_{A0} = 4mol/L이고, 8분 후의 A의 농도 C_A를 측정한 결과 2mol/L이었다. 속도상수 K는 얼마인가? (단, 속도식은 $-r_A = \dfrac{kC_A}{1+C_A}$ 이다.)

① $0.15\,min^{-1}$
② $0.18\,min^{-1}$
③ $0.21\,min^{-1}$
④ $0.34\,min^{-1}$

해설

$\dfrac{dC_A}{dt} = \dfrac{-K \cdot C_A}{1+C_A}$

$\int_{C_{A0}}^{C_A} \left(\dfrac{1}{C_A}+1\right)dC_A$

$= -K \int_0^s dt$

$= \left(\ln\dfrac{C_A}{C_{A0}} + C_A - C_{A0}\right) = 8K$

$= \ln\dfrac{1}{2}(2-4) = -8K$

∴ $0.34\,min^{-1}$

32 다음과 같은 반응에서 최초 혼합물인 반응물 A가 25%, B가 25%인 것에 불활성기체가 50% 혼합되었다고 한다. 반응이 완결되었을 때 용적변화율 ε_A는 얼마인가?

$$2A + B \rightarrow 2C$$

① -0.125
② -0.25
③ 0.5
④ 0.875

해설

$\varepsilon_A = y_{A0} \cdot \delta = 0.25 \times \dfrac{2-3}{2} = -0.125$

33 기상 1차 촉매반응 A → R에서 유효인자가 0.8이면 촉매 기공 내의 평균농도 $\overline{C_A}$와 촉매 표면농도 C_{AS}의 농도비($\dfrac{\overline{C_A}}{C_{AS}}$)로 옳은 것은?

① $\tanh(1.25)$
② 1.25
③ $\tanh(0.2)$
④ 0.8

해설

기상 1차 촉매반응 A → R에서 유효인자

$\eta = \dfrac{\overline{C_A}}{C_{AS}} = \dfrac{\tanh\phi}{\phi} = 0.8$

34 자동촉매반응(autocatalytic reaction)에 대한 설명으로 옳은 것은?

① 전화율이 작을 때는 관형 흐름 반응기가 유리하다.
② 전화율이 작을 때는 혼합 흐름 반응기가 유리하다.
③ 전화율과 무관하게 혼합 흐름 반응기가 항상 유리하다.
④ 전화율과 무관하게 관형흐름 반응기가 항상 유리하다.

해설

자동촉매반응에서 전화율이 작을 때는 혼합 흐름 반응기가 유리하다.

정답 30 ④ 31 ④ 32 ① 33 ④ 34 ②

35 1개의 혼합 흐름 반응기에 크기가 2배되는 반응기를 추가로 직렬로 연결하여 A 물질을 액상분해 반응시켰다. 정상상태에서 원료의 농도가 1mol/L이고, 제1반응기의 평균공간시간 96초이었으며 배출농도가 0.5 mol/L이었다. 제2반응기의 배출농도가 0.25mol/L일 경우 반응속도식은?

① $1.25C_A^2$ mol/L·min ② $3.0C_A^2$ mol/L·min
③ $2.46C_A^2$ mol/L·min ④ $4.0C_A^2$ mol/L·min

해설

$\tau = \dfrac{V}{V_0}$ 이고 $V_0 = \text{const}$ 이므로 V가 2배가 되면 τ도 2배가 된다.

∴ 두 번째 CSTR의 $\tau = 192s$

if) 2차 반응이면 $-r_A = -\dfrac{dC_A}{dt} = kC_A^2$

$\dfrac{1}{C_A^2}dC_A = -kdt$

$-\left(\dfrac{1}{C_A} - \dfrac{1}{C_{A_0}}\right) = -kdt$

$k = \dfrac{1}{t}\left(\dfrac{1}{C_A} - \dfrac{1}{C_{A_0}}\right)$

1st reactor

$k = \dfrac{1}{96s}\left(\dfrac{1}{0.5\text{mol}} - \dfrac{1}{1\text{mol}}\right) = \dfrac{1}{96}$ L/mol·s

2st reactor

$k = \dfrac{1}{19s}\left(\dfrac{1}{0.25\text{mol}} - \dfrac{1}{0.5\text{mol}}\right) = \dfrac{1}{96}$ L/mol·s

∴ 2차 반응이 맞고 $r_A = 1.25C_A^2$ mol/L·min

36 회분식 반응기에서 아세트산에틸을 가수분해시키면 1차 반응속도식에 따른다고 한다. 만일 어떤 실험조건에서 아세트산에틸을 정확히 30% 분해시키는데 40분이 소요되었을 경우에 반감기는 몇 분인가?

① 58 ② 68
③ 78 ④ 88

해설

$C_A = \left(1 - \dfrac{30}{100}\right)^{\frac{4}{40}} = 2^{-\frac{t}{x}}$

양변에 log를 취하면 $\dfrac{t}{40}\log 0.7 = \dfrac{t}{x}\log \dfrac{1}{2}$

$x = \dfrac{40\log\dfrac{1}{2}}{\log 0.7} = 78$

37 온도가 27℃에서 37℃로 될 때 반응속도가 2배로 빨라진다면 활성화 에너지는 약 몇 cal/mol인가?

① 1,281 ② 1,376
③ 12,810 ④ 13,760

해설

$k = Ae^{-\dfrac{E}{RT}}$

$\dfrac{k_2}{k_1} = 2 = \dfrac{Ae^{-\dfrac{E}{RT_2}}}{Ae^{-\dfrac{E}{RT_1}}} = e^{\dfrac{E}{R}\left(\dfrac{1}{T_1} - \dfrac{1}{T_2}\right)}$

 ln

$\ln 2 = \dfrac{E}{R}\left(\dfrac{1}{T_1} - \dfrac{1}{T_2}\right) = \dfrac{E}{8.314}\left(\dfrac{1}{300} - \dfrac{1}{310}\right)$

∴ E = 5.359 × 10⁴ J/mol = 12,800cal/mol

38 다음 반응에서 C_{A0} = 1mol/L, $C_{R0} = C_{S0}$ = 0이고 속도상수 $k_1 = k_2$ = 0.1min⁻¹이며 100L/h의 원료유입에서 R을 얻는다고 한다. 이때 성분 R의 수득률을 최대로 할 수 있는 플러그 흐름 반응기의 크기를 구하면 얼마인가?

$$A \xrightarrow{k_1} R \xrightarrow{k_2} S$$

① 16.67L ② 26.67L
③ 36.67L ④ 46.67L

해설

직렬연결된 PFR에서 수득률이 최대일 때 공간시간은 k의 평균의 역수다.

τ = 10min

그러므로 $\tau = \dfrac{V}{V_0}$ 에서

$V = \tau V_0$
$= 10\text{min} \dfrac{100L}{h} \cdot \dfrac{1h}{60\text{min}}$
$= 16.67L$

정답 35 ① 36 ③ 37 ③ 38 ④

39 이상기체 반응물 A가 1L/s의 속도로 체적 1L의 혼합흐름 반응기에 공급되어 50%가 반응된다. 반응식이 A → 3R일 때 일정한 온도와 압력하에서 반응물 A의 평균 체류시간(mean residence time)은 몇 초인가?

① 0.5 ② 1.0
③ 1.5 ④ 2.0

해설

$\varepsilon_A = \dfrac{3-1}{1} = 2$

$V = V_0(1+\varepsilon_A X_A) = V_0(1+2 \cdot 0.5) = 2V_0$

(출구 유속 = 2 · 입구 유속)

τ = 1s, 체류시간 = 0.5s

40 A → R 반응이 회분식 반응기에서 일어날 때 1시간 후의 전화율은? (단, $-r_A = 3C_A^{0.5}$ mol/L · h, C_{A0} = 1mol/L이다.)

① 0 ② 1/2
③ 2/3 ④ 1

해설

$-r_A = -\dfrac{dC_A}{dt} = 3C_A^{0.5}$ 이므로

$2\sqrt{C_A} - 2\sqrt{C_{A0}} = -3t$

$X_A = 1$이면 $C_A = 0$이므로 $t = \dfrac{2}{3}h$, 그러므로 1시간 후의 전화율은 1이다.

제3과목 단위공정관리

41 같은 용적, 같은 압력하에 있는 같은 온도의 두 이상기체 A와 B의 몰수 관계로 옳은 것은? (단, 분자량은 A > B이다.)

① 주어진 조건으로는 알 수 없다.
② A > B
③ A < B
④ A = B

해설

$P_1 = P_2$, $V_1 = V_2$, $T_1 = T_2$

$n_1 = \dfrac{P_1 V_1}{RT_1}$, $n_2 = \dfrac{P_2 V_2}{RT_2} \Rightarrow n_1 \Rightarrow n_2$

42 다음의 조성을 갖는 연료가스(fuel gas)의 평균 분자량은 약 얼마인가?

| CO_2 : 11.9%, CO : 1.6%, O_2 : 4.1%, N_2 : 82.4% |

① 18.25 ② 28.84
③ 30.07 ④ 35.05

해설

$\dfrac{1}{M_w}$(평균 분자량)

= 44×0.119+28×0.016+32×0.041+28×0.824 = 30.07

43 18℃, 1atm에서 $H_2O(L)$의 생성열은 −68.4kcal/mol이다. 18℃, 1atm에서 다음 반응의 반응열이 42kcal/mol이다. 이를 이용하여 18℃, 1atm에서의 CO(g) 생성열을 구하면 몇 kcal/mol인가?

| $C(s) + H_2O(L) \rightarrow CO(g) + H_2(g)$ |

① +110.4 ② +26.4
③ −26.4 ④ −110.4

해설

42 = CO 생성열 + 68.4
∴ CO 생성열 = −26.4

정답 39 ① 40 ④ 41 ④ 42 ③ 43 ③

44 40℃에서 20g의 수산화나트륨을 80mL의 물에 녹였다. 용액의 밀도를 1.2g/cm³라고 할 때 용액의 부피는 물 80mL보다 몇 mL 증가하겠는가? (단, 물의 비중은 1이라 가정한다.)

① 2.6　　② 3.3
③ 4.8　　④ 5.4

해설

㉠ $\dfrac{80mLH_2O}{} \Big| \dfrac{1gH_2O}{mL} = 80gH_2O$

㉡ $\rho_{용액} = \dfrac{m}{V} = \dfrac{20gNaOH + 80gH_2O}{V} = 1.2g/cm^3$

∴ $V = 83.33cm^3$ (용액의 부피)

⇒ 물 부피보다 3.33cm³ 증가

45 질량이 14ton인 트럭과 2.5ton인 승용차가 정면으로 충돌하였다. 충돌하는 순간 트럭과 승용차는 각각 시속 90km로 달리고 있었다. 충돌 후 두 차가 모두 정지하였다면 얼마의 운동에너지(J)가 다른 에너지로 변화하였는가?

① 0　　② 7.782×10^4
③ 4.384×10^5　　④ 5.156×10^6

해설

운동에너지(Ek)

$Ek = \dfrac{1}{2}mV^2$

$= \dfrac{1}{2}(14,000kg) \times \left(\dfrac{90,000m}{3,600s}\right)^2 + \dfrac{1}{2}(2,500) \times \left(\dfrac{90,000m}{3,600s}\right)^2$

$= 5.156 \times 10^6 J$

46 원통관 내에서 레이놀즈(Reynolds) 수가 1,600인 상태로 흐르는 유체의 Fanning 마찰계수는?

① 0.01　　② 0.02
③ 0.03　　④ 0.04

해설

$f = 16/Re = 16/1,600 = 0.01$

47 표준상태에서 200L의 C_2H_6 가스를 완전히 액화한다면 약 몇 g의 액체 C_2H_6가 되겠는가? (단, C_2H_6의 압축인자는 0.95이다.)

① 134　　② 141
③ 157　　④ 282

해설

0℃, 1atm
200L C_2H_6(g)

$PV = ZnRT = Z\dfrac{m}{M}RT$

$P = \dfrac{m}{V} = \dfrac{PM}{ZRT} = \dfrac{1atm \times 30g/mol}{0.95 \times \dfrac{1atm \times 22.4L}{1atm \times 273K} \times 273K} = 1.41g/L$

∴ 1.41g/L × 200L = 282g

48 단열 과정에서의 P, V, T 관계를 옳게 나타낸 것은? (단, 비열비 r = $\dfrac{C_P}{C_V}$이다.)

① $\dfrac{T_1}{T_2} = \left(\dfrac{P_1}{P_2}\right)^{\frac{r-1}{r}}$　　② $\dfrac{P_1}{P_2} = \left(\dfrac{V_1}{V_2}\right)^{r-1}$

③ $\dfrac{T_1}{T_2} = \left(\dfrac{V_1}{V_2}\right)^r$　　④ $\dfrac{V_2}{V_1} = \left(\dfrac{P_1}{P_2}\right)^{\frac{r-1}{r}}$

해설

단열과정에서의 $P-V-T$의 관계

$\dfrac{T_2}{T_1} = \left(\dfrac{V_1}{V_2}\right)^{r-1} = \left(\dfrac{P_2}{P_1}\right)^{\frac{r-1}{r}}$

49 다음 면적이 0.25m²인 250℃ 상태의 물체가 있다. 50℃ 공기가 그 위에 있을 때 전열속도는 약 몇 kW인가? (단, 대류에 의한 열전달계수는 30W/m²·℃이다.)

① 1.5　　② 1,875
③ 1,500　　④ 1,875

해설

30 × 0.25 × (250 − 50) = 1,500W = 1.5kW

정답 44 ②　45 ④　46 ①　47 ④　48 ①　49 ①

50 500mL 플라스크에 4g의 N_2O_4를 넣고 50℃에서 해리시켜 평형에 도달하였을 때 전압이 3.63atm이었다. 이때 해리도는 약 몇 %인가? (단, 반응식은 $N_2O_4 \rightarrow 2NO_2$이다.)

① 27.5　　② 37.5
③ 47.5　　④ 57.5

해설

해리도 = $\dfrac{\text{해리된 양}}{\text{원래 양}}$

N_2O_4 mol 수 : $4g \div 92g/mol = 0.04347$ mol

$N_2O_4 \rightarrow 2NO_2$
0.04347
$\dfrac{-\alpha}{0.04347-\alpha} \quad \dfrac{+2\alpha}{2\alpha}$ ⇒ 전체 mol수 : $0.04347 + \alpha$

$PV = nRT$

$n = \dfrac{PV}{RT} = \dfrac{3.63atm}{323K} \left| \dfrac{0.5L}{} \right| \dfrac{kmol}{0.082atm \cdot L} = 0.06853$ mol

$0.06853 = 0.04347 + \alpha$
$\alpha = 0.025$ mol

해리도 = $\dfrac{0.025}{0.04347} \times 100 = 57.51\%$

51 유체가 난류(Re>30,000)로 흐르고 있는 오리피스 유량계에 사염화탄소(비중 1.6) 마노미터를 설치하여 50cm의 읽음값을 얻었다. 유체비중이 0.8일 때, 오리피스를 통과하는 유체의 유속(m/s)은? (단, 오리피스 계수는 0.61이다.)

① 1.91　　② 4.25
③ 12.1　　④ 15.2

해설

$V = C_v \sqrt{2gh\left(\dfrac{s'}{s} - 1\right)}$

$= C_v \sqrt{2 \times 9.8 \times 0.5\left(\dfrac{1.6}{0.8} - 1\right)}$

$= 0.61 \sqrt{2 \times 9.8 \times 0.5\left(\dfrac{1.6}{0.8} - 1\right)}$

$= 1.91$ m/s

52 다음 중 나머지 셋과 서로 다른 단위를 갖는 것은 어느 것인가?

① 열전도도 ÷ 길이
② 총괄열전달계수
③ 열전달속도 ÷ 면적
④ 열유속(heat flux) ÷ 온도

해설

나머지는 $kcal/m^2 \cdot hr \cdot ℃$
③은 $kcal/m^2 \cdot hr$이다.

53 다중효용관에 대한 설명으로 틀린 것은?

① 마지막 효용관의 증기 공간 압력이 가장 높다.
② 첫 번째 효용관에는 생수증기(raw steam)가 공급된다.
③ 수증기와 응축기 사이의 압력차는 다중효용관에서 두 개 또는 그 이상의 효용관에 걸쳐 분산된다.
④ 다중효용관 설계에 있어서 보통 원하는 결과는 소모된 수증기량, 소요 가열 면적, 여러 효용관에서 근사적 온도, 마지막 효용관을 떠나는 증기량 등이다.

해설

다중효용관은 수증기의 효율을 높이기 위해 증발관을 2중 이상으로 설치하여 증발관에서 발생한 증기를 다시 이용하는 것을 목적으로 한다. 최종증발관으로 갈수록 압력이 낮아져 응축기와 진공장치를 설치한다.

54 비중이 1인 물이 흐르고 있는 관의 양단에 비중이 13인 수은으로 구성된 U자형 마노미터를 설치하고 압력차를 측정해보니 약 0.4기압이었다. 마노미터에서 수은의 높이차는 약 몇 m인가?

① 0.16　　② 0.33
③ 0.64　　④ 1.23

해설

$P = g(\rho' - \rho)h$

$h = \dfrac{0.4atm}{9.8m} \left| \dfrac{s^2}{} \right| \dfrac{m^3}{12 \times 10^3 kg} \left| \dfrac{1.01325 \times 10^5 kg}{1atm \, m \cdot s^2} \right| = 0.345$ m

정답 50 ④　51 ①　52 ③　53 ①　54 ②

55 40℃에서 벤젠과 톨루엔의 혼합물이 기액 평형에 있다. Raoult의 법칙이 적용된다고 볼 때 다음 설명 중 옳지 않은 것은? (단, 40℃에서의 증기압은 벤젠 180 mmHg, 톨루엔 60mmHg이고, 액상의 조성은 벤젠 30mol%, 톨루엔 70mol%이다.)

① 기상의 평형분압은 톨루엔 42mmHg이다.
② 기상의 평형분압은 벤젠 54mmHg이다.
③ 이 계의 평형전압은 240mmHg이다.
④ 기상의 평형조성은 벤젠 56.25mol%, 톨루엔 43.75mol%이다.

해설

$x_B = 0.3$, $x_T = 0.7$, $P_B^{sat} = 180\text{mmHg}$
$P_T^{sat} = 60\text{mmHg}$
Raoult's law : $y_i P = x_i P_i^{sat}$

$y_B P = x_B P_B^{sat}$
$+ y_T P = x_T P_T^{sat}$
─────────────────
$(y_B + y_T) P = x_B P_B^{sat} + x_T P_T^{sat}$

∴ $P = (0.3)(180) + (0.7)(60) = 96\text{mmHg}$

56 증발관의 효율을 크게 하기 위한 방법으로 가장 거리가 먼 것은?

① 관석을 제거하거나 생성속도를 늦춘다.
② 감압하여 비점을 떨어뜨린다.
③ 증발관을 열전도도가 큰 금속으로 만든다.
④ 액측 경막열전달계수를 작게 한다.

해설

액측 경막 열전달계수를 크게 한다.

57 1atm, 25℃에서 상대습도가 50%인 공기 1m³ 중에 포함되어 있는 수증기의 양은? (단, 25℃에서의 증기압은 24mmHg이다.)

① 11.6g
② 12.5g
③ 28.8g
④ 51.5g

해설

$\dfrac{1m^3}{} \bigg| \dfrac{1,000L}{1m^3} \bigg| \dfrac{1mol}{24.6L} \bigg| \dfrac{24mmHg}{760mmHg} \bigg| \dfrac{18g}{1mol} \times \dfrac{50}{100} = 11.6g$

58 NaCl 10%, KCl 3%, H₂O 87% 의 수용액 18,400kg을 증발기(evaporator)에서 농축하여 NaCl 결정만이 석출되고 NaCl 16.8%, KCl 21.6%, H₂O 61.6%의 농축액을 얻었다면 석출된 NaCl의 양은 얼마인가?

① 4,700kg
② 1,840kg
③ 1,411kg
④ 1,250kg

해설

NaCl 1,840kg (10%) (1,840 − x)kg (16.8%)
KCl 5,520kg (3%) → 5,520kg (21.6%)
H₂O 16,008kg (87%) (16,008 − y)kg (61.6%)
x = 석출량
$5,520 : 21.6 = 1,840 − x : 16.8$
∴ $x = 1,411$kg

59 "분쇄에 필요한 일은 분쇄전후의 대표 입경의 비(D_{p1}/D_{p2})에 관계되며 이 비가 일정하면 일의 양도 일정하다."는 법칙은 무엇인가?

① Sherwood 법칙
② Rittinger 법칙
③ Bond 법칙
④ Kick 법칙

해설

Kick 법칙 $W = k_K \ln \dfrac{D_{P_1}}{D_{P_2}}$

60 3atm의 압력과 가장 가까운 값을 나타내는 것은?

① 309.9kgf/cm²
② 441psi
③ 22.8cmHg
④ 30.3975N/cm²

해설

1atm = 1.0332kg/cm² = 101,325Pa(N/m²) = 10.1325N/cm²
∴ 3atm = 3 × 10.1325 = 30.3975N/cm²

정답 55 ③ 56 ④ 57 ① 58 ③ 59 ④ 60 ④

제4과목 화공계측제어

61 Routh-Hurwitz 안전성 판정이 가장 정확하게 적용되는 공정은? (단, 불감시간은 dead time을 뜻한다.)

① 선형이고, 불감시간이 있는 공정
② 선형이고, 불감시간이 없는 공정
③ 비선형이고, 불감시간이 있는 공정
④ 비선형이고, 불감시간이 없는 공정

해설
Routh-Hurwitz 안전성 판정은 공정이 선형이고, dead time이 없을수록 정확하게 적용할 수 있다.

62 출력과 입력이 서로 독립적이며 신호가 귀환되지 않는 제어계는?

① 귀환 제어계   ② 폐회로 제어계
③ 개회로 제어계 ④ 자동조정 제어계

해설
개회로 제어계에서는 출력과 입력이 서로 독립적이며 신호가 귀환되지 않는다.

63 $F(s) = \dfrac{4(s+2)}{s(s+1)(s+4)}$ 인 신호의 최종값(final value)은?

① 2   ② ∞
③ 0   ④ 1

해설
$$\frac{4(s+2)}{s(s+1)(s+4)} = \frac{(s+2)}{(s+1)}\left(\frac{1}{s} - \frac{1}{s+4}\right)$$
$$= \frac{2}{s} - \frac{2}{3(s+4)} - \frac{4}{3(s+1)}$$
$$\xrightarrow{\mathcal{L}^{-1}} 2 - \frac{2}{3}e^{-4t} - \frac{4}{3}e^{-t}$$
$$\lim_{t \to \infty}\left(2 - \frac{2}{3}e^{-4t} - \frac{4}{3}e^{-t}\right) = 2$$

64 그림과 같은 지연시간 a인 단위 계단함수의 Laplace 변환식은?

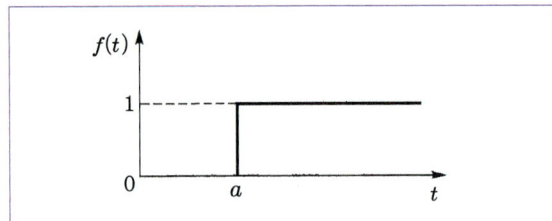

① $\dfrac{1}{s}$ ② $\dfrac{a}{s}$
③ $\dfrac{e^{-as}}{s}$ ④ $\dfrac{ae^{-as}}{s}$

해설
$1 \xrightarrow{\mathcal{L}} \dfrac{1}{S}$

a만큼 지연 : e^{-as}

∴ $\dfrac{1}{s}e^{-as}$

65 되먹임(feedback) 제어기를 조율할 때 비례(P) 모드의 제어기 이득에 비하여 비례적분(PI) 모드의 제어기 이득은 조금 작은 값을 사용한다. 그 이유에 대한 설명으로 가장 타당한 것은?

① 적분 모드에 의하여 안정성이 약해지는 것을 보상하기 위함이다.
② PI 모드는 P 모드에 비해 오프셋(offset)이 커도 되기 때문이다.
③ PI 모드는 P 모드에 비해 오프셋(offset)이 작아야 하기 때문이다.
④ 제어계의 물리적 실현가능성(physical realizability)을 높이기 위함이다.

해설
적분제어의 경우 위상지연을 일으키고 불안정을 증가시키므로 안정성을 위해 상대적으로 이득을 적게 준다.

정답 61 ② 62 ③ 63 ① 64 ③ 65 ①

66 전달함수 G(s)의 단위계단(unit step) 입력에 대한 응답을 y_s, 단위충격(unit impulse) 입력에 대한 응답을 y_I라 한다면 y_s와 y_I의 관계는?

① $\dfrac{dy_I}{dt} = y_s$ ② $\dfrac{dy_s}{dt} = y_I$

③ $\dfrac{d^2 y_I}{dt^2} = y_s$ ④ $\dfrac{d^2 y_s}{dt^2} = y_I$

해설

$y_s = G(s) \cdot \dfrac{1}{s}$, $y_I = G(s)$

$\dfrac{dy_s}{dt} = y_t$

67 교반탱크에 50L의 5%의 소금용액이 들어있고 여기에 물이 5L/min의 유속으로 공급되고 혼합용액이 같은 유속으로 배출될 때 이 탱크의 소금 농도가 0.25%로 될 때까지 걸리는 시간은 몇 분인가?

① 10 ② 20
③ 30 ④ 40

해설

$0.05\left(1 - \dfrac{5}{50}\right)^t = 0.0025$

$\left(\dfrac{9}{10}\right)^t = 0.05$

$t \log \dfrac{9}{10} = \log 0.05$

$t = \dfrac{\log 0.05}{\log \dfrac{9}{10}} = 28.4$

68 과소감쇠 2차계(underdamped system)의 경우 decay ratio는 overshoot를 α라 할 때 띤 관계가 있는가?

① α이다. ② $α^2$이다.
③ $α^3$이다. ④ $α^4$이다.

해설

· overshoot $= e^{\left(\dfrac{-\pi\varepsilon}{\sqrt{1-\varepsilon^2}}\right)} = α$

· decay ratio $= e^{\left(\dfrac{-2\pi\varepsilon}{\sqrt{1-\varepsilon^2}}\right)} = α^2$

69 2차계의 전달함수가 다음 식과 같을 때 시간상수(τ)와 제동계수(damping ratio) ξ값을 옳게 나타낸 것은?

$$\dfrac{Y(s)}{X(s)} = \dfrac{4}{9s^2 + 10.8s + 9}$$

① τ = 1, ξ = 0.4 ② τ = 1, ξ = 0.6
③ τ = 3, ξ = 0.4 ④ τ = 3, ξ = 0.6

해설

$\dfrac{Y(s)}{X(s)} = \dfrac{4}{9s^2 + 10.8s + 9}$

$= \dfrac{\dfrac{4}{9}}{s^2 + 1.2s + 1}$

$= \dfrac{K}{\tau^2 s^2 + 2\pi\xi s + 1}$

∴ τ = 1, ξ = 0.6

70 전달함수와 원하는 closed-loop 응답이 각각 $G(s) = \dfrac{3}{(5s+1)(7s+1)}$, $(C/R)_d = \dfrac{1}{6s+1}$일 때 얻어지는 제어기의 유형과 해당되는 제어기의 파라미터를 옳게 나타낸 것은?

① P 제어기, $K_c = \dfrac{1}{3}$

② PD 제어기, $K_c = \dfrac{2}{3}$, $\tau_D = \dfrac{35}{6}$

③ PI 제어기, $K_c = \dfrac{1}{3}$, $\tau_I = 12$

④ PID 제어기, $K_c = \dfrac{2}{3}$, $\tau_I = 12$, $\tau_D = \dfrac{35}{12}$

해설

$Gd(s) = \dfrac{HG(s)}{1+HG(s)} \to \dfrac{1}{6s+1} = \dfrac{\dfrac{3H}{(5s+1)(7s+1)}}{1 + \dfrac{3H}{(5s+1)(7s+1)}}$

$H = \dfrac{35s^2 + 12s + 1}{18s} = \dfrac{12}{18} + \dfrac{1}{18s} + \dfrac{35}{18}s$

$K_c\left(1 + \dfrac{1}{\tau_I s} + \tau_I s\right), \dfrac{2}{3}\left(1 + \dfrac{1}{12s} + \dfrac{35s}{12}\right)$

∴ $K_c = \dfrac{2}{3}$, $\tau_I = 12$, $\tau_D = \dfrac{35}{12}$, PID 제어기

정답 66 ② 67 ③ 68 ② 69 ② 70 ④

71 전달함수에 관한 설명으로 틀린 것은?

① 보통공정(Usual Process)의 경우 분모의 차수가 분자의 차수보다 크다.
② 공정출력의 Laplace 변환을 공정입력의 Laplace 변환으로 나눈 것이다.
③ 공정입력과 공정출력 사이의 동특성(Dynamics)을 Laplace 영역에서 표시한 것이다.
④ 비선형공정과 선형공정 모두 전달함수로 완벽하게 표현될 수 있다.

해설
Laplace 변환의 주 용도는 선형 미분방정식이나 일정한 계수를 가진 선형(혹은 선형화된 비선형) 미분방정계에 대한 해를 구하기 위한 것이다.

72 사람이 차를 운전하는 경우 우회전하는 것을 공정제어계와 비교해 볼 때 최종 조작변수에 해당된다고 볼 수 있는 것은?

① 사람의 눈   ② 사람의 머리
③ 사람의 손   ④ 사람의 귀

해설
운전을 할 경우 최종 조작변수는 사람의 손이다.

73 그림 (a)와 (b)가 등가이기 위한 블록선도 (b)에서의 m의 값은?

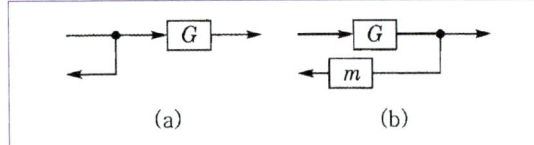

① G ② $\dfrac{1}{G}$
③ G^2 ④ $1-G$

해설
$G \cdot m = 1$이어야 (a), (b)가 등가
$\therefore m = \dfrac{1}{G}$

74 초기상태가 공정 입·출력값이 0이고 정상상태일 때, 선형 공정에 계단입력 u(t) = 1을 시간 t = 0에서 입력했더니(u(t) = 0, t < 0; u(t) = 1, t≥0) 공정출력 y(t)는 y(1) = 0.1, y(2) = 0.2, y(3) = 0.4, y(4) = 0.8이었다. 펄스입력 u(t) = 1, 0 ≤ t ≤ 1 ; u(t) = 0, t ≥ 1에 대한 y(t)는 무엇인가?

① y(1)=0.1, y(2)=0.1, y(3)=0.3, y(4)=0.7
② y(1)=0.1, y(2)=0.1, y(3)=0.2, y(4)=0.4
③ y(1)=0, y(2)=0, y(3)=0.3, y(4)=0.6
④ y(1)=0.1, y(2)=0.2, y(3)=0.2, y(4)=0.6

해설
y(1) = 0.1 − 0 = 0.1
y(2) = 0.2 − 0.1 = 0.1
y(3) = 0.4 − 0.2 = 0.2
y(4) = 0.8 − 0.4 = 0.4

75 $G(s) = \dfrac{10}{s(2s+1)^2}$ 으로 표현되는 공정의 제어계에 대한 설명 중 잘못된 것은?

① P 제어기를 사용하면 설정값 계단 변화에 대해 잔류오차(offset)가 발생하지 않는다.
② P 제어기를 사용하면 입력측 외란(input disturbance)계단 변화에 대해 잔류오차(offset)가 발생하지 않는다.
③ P 제어기를 사용하면 출력측 외란(output disturbance) 계단 변화에 대해 잔류오차(offset)가 발생하지 않는다.
④ P 제어기를 사용하는 경우 제한된 비례이득 범위에서만 제어계의 안정성이 보장된다.

해설
입력측 외란이 들어올 경우 P 제어기만으로 offset을 없앨 수 없으며, 적분동작을 도입해야 한다.

정답 71 ④ 72 ③ 73 ② 74 ② 75 ②

76 다음 공정의 임계주파수(ultimate frequence)는?

$$G(s) = \frac{e^{-s}}{2s+1}$$

① 0.027
② 0.081
③ 1.54
④ 1.84

해설

위상각 = $\tan^{-1}(-2\omega) - \omega = -\pi$
∴ $\omega = 1.84$

77 다음 중 안정한 공정을 보여주는 폐루프 특성방정식은?

① $s^4 + 5s^3 + s + 1$
② $s^3 + 6s^2 + 11s + 10$
③ $3s^3 + 5s^2 + s - 1$
④ $s^3 + 16s^2 + 5s + 170$

해설

특성방정식의 근이 모두 음수이면 안정

78 다음의 공정 중 임펄스입력이 가해졌을 때 진동특성을 가지며 불안정한 출력을 가지는 것은?

① $G(s) = \dfrac{1}{s^2 - 2s + 2}$
② $G(s) = \dfrac{1}{s^2 - 2s - 3}$
③ $G(s) = \dfrac{1}{s^2 + 3s + 3}$
④ $G(s) = \dfrac{1}{s^2 + 3s + 4}$

해설

특성방정식의 근 중 양수가 있으면 불안정, 허수부가 있으면 진동

79 다음 중 비선형계에 해당하는 것은?

① 0차 반응이 일어나는 혼합 반응기
② 1차 반응이 일어나는 혼합 반응기
③ 2차 반응이 일어나는 혼합 반응기
④ 화학반응이 일어나지 않는 혼합조

해설

2차 반응 $T_A = kGA^2$ → 비선형계

80 증류탑의 응축기와 재비기에 수은기둥 온도계를 설치하고 운전하면서 한 시간마다 온도를 읽어 다음 그림과 같은 데이터를 얻었다. 이 데이터와 수은기둥 온도값 각각의 성질로 옳은 것은?

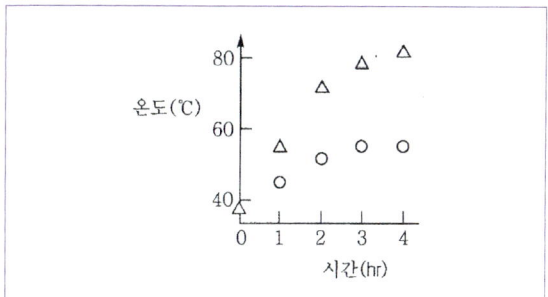

① 연속(continuous), 아날로그
② 연속(continuous), 디지털
③ 이산시간(discrete-time), 아날로그
④ 이산시간(discrete-time), 디지털

해설

데이터 값이 시간마다 온도를 읽었으므로 이산시간이고, 수은기둥 온도계를 사용하여 온도를 읽었으므로 아날로그이다.

2023년 제1회 3월 1일 시행

제1과목 공업합성

01 황산 중에 들어있는 비소산화물을 제거하는데 이용되는 물질은?

① NaOH
② KOH
③ NH_3
④ H_2S

해설
H_2S를 사용하여 황화물로 비소산화물을 침전 제거한다.

02 연실법 황산제조 공정 중 glover 탑에서 질소산화물 공급에 HNO_3를 사용할 경우, 36wt%의 HNO_3 20kg으로 약 몇 kg의 NO를 발생시킬 수 있는가?

① 0.8
② 1.7
③ 2.2
④ 3.4

해설
HNO_3의 양 : $\dfrac{36kg}{100kg} \times 20kg = 7.2kg = 0.114kmol$

$4HNO_2 \longrightarrow 4NO + 2H_2O + 3O_2$
0.114kmol   0.114kmol

$0.114kmol \times \dfrac{30kg}{1kmol} = 3.42kg$

03 질산 공업에서 암모니아 산화반응은 촉매 존재하에서 일어난다. 이 반응에서 주반응에 해당하는 것은?

① $2NH_3 \to N_2 + 3H_2$
② $2NO \to N_2 + O_2$
③ $4NH_3 + 3O_2 \to 2N_2 + 6H_2O$
④ $4NH_3 + 5O_2 \to 4NO + 6H_2O$

해설
주반응 : NH_3와 예열된 공기와의 혼합가스를 900~1,000℃의 백금 - 로듐 촉매 위를 통하여 NO를 만든다.

04 인 31g을 완전연소시키려면 표준상태에서 몇 L의 산소가 필요한가? (단, P의 원자량은 31이다.)

① 11.2
② 22.4
③ 28
④ 31

해설
$4P + 5O_2 \to 2P_2O_5$
1mol   1.25mol

$1.25mol \times \dfrac{22.4L}{1mol} = 28L$

05 염안 소다법에 의한 Na_2CO_3 제조 시 생성되는 부산물은?

① NH_4Cl
② NaCl
③ CaO
④ $CaCl_2$

해설
염안 소다법에 의한 Na_2CO_3 제조 시 생성되는 부산물은 NH_4Cl이다.

06 다음 중 암모니아 소다법의 핵심공정 반응식을 옳게 나타낸 것은?

① $2NaCl + H_2SO_4 \to Na_2SO_4 + 2HCl$
② $2NaCl + SO_2 + H_2O + \dfrac{1}{2}O_2 \to Na_2SO_4 + 2HCl$
③ $NaCl + 2NH_3 + CO_2 \to NaCO_2NH_2 + NH_4Cl$
④ $NaCl + NH_3 + CO_2 + H_2O \to NaHCO_3 + NH_4Cl$

해설
암모니아 소다법의 핵심공정 : 액체 암모니아를 용매로 사용하는 방법이다.

정답 01 ④ 02 ④ 03 ④ 04 ③ 05 ① 06 ④

07 석유화학공정 중 전화(conversion)와 정제로 구분할 때 전화공정에 해당하지 않는 것은?

① 분해(cracking)
② 개질(reforming)
③ 알킬화(alkylation)
④ 스위트닝(sweetening)

해 설

정제공정
㉠ 분해, ㉡ 개질, ㉢ 알킬화

08 Cu | CuSO₄(0.05M), HgSO₄(s) | Hg 전지의 기전력은 25℃에서 0.418V이다. 이 전지의 자유에너지(kcal) 변화량은?

① -9.65
② -19.3
③ 9.65
④ 19.3

해 설

$\Delta G° = -nFE_o$
구리 1mol당 전자 2mol 이동
∴ n = 2

$$\frac{-2mol}{} \left| \frac{96,500C}{mol} \right| \frac{0.418J}{1V} \left| \frac{1J/s}{1V} \right| \frac{1cal}{4.184J} \left| \frac{1kcal}{1,000cal} \right|$$

= -19.3kcal

09 실리콘 진성반도체의 전도대(conduction band)에 존재하는 전자수가 $6.8 \times 10^{12}/m^3$이며, 전자 이동도(mobility)는 $0.19m^2/V \cdot s$, 가전자대(valence band)에 존재하는 정공(hole)의 이동도는 $0.0425m^2/V \cdot s$ 일 때 전기전도도는 얼마인가? (단, 전자의 전하량은 1.6×10^{-19} Coulomb이다.)

① $2.06 \times 10^{-7} \ \Omega^{-1} m^{-1}$
② $2.53 \times 10^{-7} \ \Omega^{-1} m^{-1}$
③ $2.89 \times 10^{-7} \ \Omega^{-1} m^{-1}$
④ $1.09 \times 10^{-6} \ \Omega^{-1} m^{-1}$

해 설

전기전도도 = 전자수 × 이동도의 합 × 전하량
= $(6.8 \times 10^{12}/m^3)(0.19 + 0.0425 m^2/V \cdot s)(1.6 \times 10^{-19}C)$
= $2.53 \times 10^{-7} \ \Omega^{-1} m^{-1}$

10 헥산(C_6H_{14})의 구조이성질체 수는?

① 4개
② 5개
③ 6개
④ 7개

해 설

㉠ C - C - C - C - C - C

㉡ C - C - C - C - C
          |
          C

㉢ C - C - C - C - C
          |
          C

㉣ C - C - C - C
    | |
    C   C

㉤ C - C - C - C
        |
        C
        |
        C

11 다음의 과정에서 얻어지는 물질로 ( ) 안에 알맞은 것은?

$$CH_2=CH_2 \xrightarrow{O_2/Ag} CH_2-CH_2 \xrightarrow{H_2O} (\quad)$$
$$\qquad\qquad\qquad\qquad \backslash O /$$

① 에탄올
② 에텐디올
③ 에틸렌글리콜
④ 아세트알데히드

해 설

에틸렌옥사이드를 물과 반응시켜 만든다.

12 산과 알코올이 어떤 반응을 일으켜 에스테르가 생성되는가?

① 검화
② 환원
③ 축합
④ 중화

해 설

$$CH_3COOH + C_2H_5OH \xrightarrow[\text{축합}]{C-H_2SO_4} CH_3COOC_2H_5 + H_2O$$

정답 07 ④ 08 ② 09 ② 10 ② 11 ③ 12 ③

13 올레핀을 코발트 촉매 존재하에서 고압반응시켜 알데히드를 합성하는 반응은?

① 쿠멘(cumene) 반응　② 옥소(oxo)반응
③ 디아조(diazo) 반응　④ wolff-kisher 반응

해설

oxo 반응

$$R\text{—}\!\!=\!\!+H_2+CO \longrightarrow R\text{—}\underset{H}{\overset{}{C}}\text{—}\underset{}{\overset{O}{C=O}} + R\text{—}\underset{H}{\overset{}{C=O}}$$
　　　　　　　　　　　선형　　　　　가지형

14 다음 중 가스용어 LNG의 의미에 해당하는 것은?

① 액화석유가스　② 액화천연가스
③ 고화천연가스　④ 액화프로판가스

해설

LNG : 액화천연가스

15 원유 정유공정에서 비점이 낮은 순으로부터 옳게 나열된 것은?

① 가스→경유→중유→등유→나프타→아스팔트
② 가스→경유→등유→중유→아스팔트→나프타
③ 가스→나프타→등유→경유→중유→아스팔트
④ 가스→나프타→경유→등유→중유→아스팔트

해설

원유 정유공정에서 비점이 낮은 순서
가스 → 나프타 → 등유 → 경유 → 중유 → 아스팔트

16 다음 중 열가소성 수지는?

① 페놀 수지　② 초산비닐 수지
③ 요소 수지　④ 멜라민 수지

해설

㉠ 열가소성 수지 : 초산비닐 수지
㉡ 열경화성 수지 : 페놀 수지, 요소 수지, 멜라민 수지

17 다음 중 천연고무와 가장 관계가 깊은 것은?

① Propane　② Ethylene
③ Isoprene　④ Isobutene

해설

천연고무는 이소프렌의 중합체인 고분자 화합물로 나타낸다.

$$CH_2=C-CH=CH_2 \qquad \left[CH_2-C=CH-CH_2\right]_n$$
　　　$|$　　　　　　　　　　　　　$|$
　　CH_3　　　　　　　　　　　CH_3
　이소프렌　　　　　　　　　　천연고무

18 다음 중 선형 저밀도 폴리에틸렌에 관한 적합한 설명이 아닌 것은?

① 촉매 없이 1-옥텐을 첨가하여 라디칼 중합법으로 제조한다.
② 규칙적인 가지를 포함하고 있다.
③ 낮은 밀도에서 높은 강도를 갖는 장점이 있다.
④ 저밀도 폴리에틸렌보다 강한 인장강도를 갖는다.

해설

① 정제된 에틸렌을 고압, 고온에 중합시켜 제조한다.

19 벤젠을 니트로화하여 니트로벤젠을 만들 때에 대한 설명으로 옳지 않은 것은?

① 혼산을 사용하여 니트로화 한다.
② NO_2^+이 공격하는 친전자적 치환반응이다.
③ 발열반응이다.
④ DVS의 값은 7이 가장 적합하다.

해설

④ DVS 값은 2.5~3.5가 가장 적합하다.

정답 13 ②　14 ②　15 ③　16 ②　17 ③　18 ①　19 ④

20 반도체 제조 공정 중 패턴이 형성된 표면에서 원하는 부분을 화학반응 혹은 물리적 과정을 통하여 제거하는 공정을 의미하는 것은?

① 세정공정　　② 에칭공정
③ 포토리소그래피　　④ 건조공정

해설
에칭공정의 설명이다.

제2과목　반응운전

21 온도와 증기압의 관계를 나타내는 식은?

① Gibbs-Duhem equation
② Antoine equation
③ Van Laar equation
④ Van der Waals equation

해설
Antoine equation : 온도와 증기압의 관계를 나타낸 식

22 다음 중 상태함수(State function)가 아닌 것은?

① 내부에너지　　② 엔트로피
③ 자유에너지　　④ 일

해설
일은 상태함수가 아니라 경로함수다.

23 500K의 열저장소(Heat Reservoir)로부터 300K의 열저장소로 열이 이동된다. 이동된 열의 양이 100kJ 이라고 할 때 전체 엔트로피 변화량은 얼마인가?

① 50.0kJ/K　　② 13.3kJ/K
③ 0.500kJ/K　　④ 0.133kJ/K

해설
$(\Delta S)_{total} = Q\left(\dfrac{1}{T_2} - \dfrac{1}{T_1}\right) = 100\left(\dfrac{1}{300} - \dfrac{1}{500}\right) = 0.133 \text{kJ/K}$

24 $Z = 1 + BP$와 같은 비리얼 방정식(virial equation) 으로 표시할 수 있는 기체 1몰을 등온가역 과정으로 압력 P_1에서 P_2까지 변화시킬 때 필요한 일 W를 옳게 나타낸 식은? (단, Z는 압축인자이고 B는 상수이다.)

① $RW = RT\ln\dfrac{P_1}{P_2}$

② $W = RT\ln\dfrac{P_1}{P_2} + B$

③ $W = RT\ln\dfrac{P_1}{P_2} + BRT$

④ $W = 1 + RT\ln\dfrac{P_1}{P_2}$

해설
$Z = 1 + BP, \ \dfrac{PV}{RT} = 1 + BP$

$PV = RT + RTBP, \ P(V - BRT) = RT$

$\therefore P = \dfrac{RT}{V - BRT}$

$W = \int P dV$
$= \int \left(\dfrac{RT}{V - BRT}\right)dV = RT[\ln(V - BRT)]_{V_1}^{V_2}$
$= RT\ln\left(\dfrac{V_2 - BRT}{V_1 - BRT}\right) = RT\ln\left(\dfrac{\frac{RT}{P_2}}{\frac{RT}{P_1}}\right) = RT\ln\left(\dfrac{P_1}{P_2}\right)$

25 0℃, 1atm 이상기체 1mol을 10atm으로 가역 등온 압축할 때, 계가 받은 일(cal)은? (단, C_P와 C_V는 각각 5cal/mol·K, 3 cal/mol·K이다.)

① 1.987　　② 22.40
③ 273　　④ 1,249

해설
가역 등온 압축
$W = -Q = -nRT\ln\dfrac{V_f}{V_1} = nRT\ln\dfrac{P_f}{P_i}$

$= \dfrac{1mol}{} \cdot \dfrac{8.31447J}{mol\, K} \cdot \dfrac{273K}{} \cdot \dfrac{1cal}{4.184J} \ln\dfrac{10}{1}$

$= 1,249 cal$

정답 20 ② 21 ② 22 ④ 23 ④ 24 ① 25 ④

26 공기 표준 디젤 사이클의 P-V선도에 해당하는 것은?

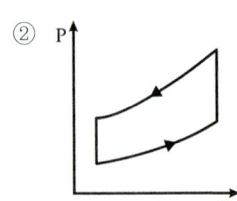

해설
표준 디젤

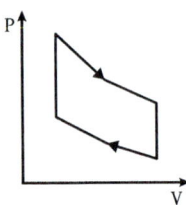

27 발열반응인 경우 표준엔탈피 변화(△H₀)는 (−)의 값을 갖는다. 이때 온도 증가에 따라 평형상수(K)는 어떻게 되는가? (단, 현열은 무시한다.)

① 증가한다.　　② 감소한다.
③ 감소했다 증가한다.　④ 증가했다 감소한다.

해설
아레니우스 식
$K = A\exp\left(-\dfrac{\Delta H}{RT}\right)$에서 ΔH가 음의 값을 갖는 경우 온도 증가에 따라 평형상수는 감소한다.

28 3성분계의 기-액 상평형 계산을 위하여 필요한 최소의 변수의 수는 몇 개인가? (단, 반응이 없는 계로 가정한다.)

① 1개　　② 2개
③ 3개　　④ 4개

해설
F = 2 − 상 + 종 = 2 − 2 + 3 = 3

29 다음 중 이상용액의 성질은? (단, $\hat{\phi}_i$: 용액 중 성분 i의 퓨가시티계수, γ_i : 성분 i의 활동도계수, $\hat{a}_i = \dfrac{\hat{f}_i^0}{f_i^0}$, f_i^0 : 표준상태에서 이상기체 i의 퓨가시티, $\hat{f}_i^0$: 표준상태에서 용액 중 성분 i의 퓨가시티, x_i : 성분 i의 액상 몰분율이다.)

① $\hat{\phi}_i = 1$　　② $\hat{\phi}_i = \phi_i$
③ $\ln \gamma_i = 1$　　④ $\ln(\hat{a}_i/x_i) = 1$

해설
② $\hat{\phi}_i = \phi_i$
용액 중 i성분 퓨가시티계수와 순수성분 퓨가시티계수는 같다.

30 300J/mol의 활성화 에너지를 갖는 반응의 650K의 반응속도는 500K에서의 반응속도보다 몇 배 빨라지는가?

① 1.02　　② 2.02
③ 3.02　　④ 4.02

해설
$k = k_0 e^{-E/RT}$
$k_1 = k_0 e^{-E/RT}$, $k_2 = k_0 e^{-E/RT}$
$\therefore \dfrac{k_0 e^{-300/(8.314\times 650)}}{k_0 e^{-300/(8.314\times 500)}} = 1.02$

31 기상 촉매반응의 유효인자(effectiveness factor)에 영향을 미치는 인자로 다음 중 가장 거리가 먼 것은?

① 촉매 입자의 크기
② 촉매 반응기의 크기
③ 반응기 내의 전체 압력
④ 반응기 내의 온도

해설
기상 촉매반응에 유효인자에 영향을 미치는 인자
㉠ 촉매 입자의 크기
㉡ 반응기 내외 전체 압력
㉢ 반응기 내의 온도

정답 26 ③　27 ②　28 ③　29 ②　30 ①　31 ②

32 반응물 A가 회분반응기에서 비가역 2차 액상반응으로 분해하는데 5분 동안에 50%가 전환된다고 할 때, 75% 전환에 걸리는 시간(min)은?

① 5.0
② 7.5
③ 15.0
④ 20.0

해설

회분반응기, 비가역 2차 액상 반응

$$\frac{1}{C_A} - \frac{1}{C_{A0}} = kt, \quad \frac{X_A}{1-X_A} = C_{A0}kt$$

5분 동안 $X_A = 0.5$가 되었으므로 $5\min = \frac{1}{kC_{A0}^2}$, 그러므로 75% 전환에 걸리는 시간은 $t = \frac{3}{kC_{A0}^2} = 15\min$이다.

---

33 90mol%의 A 45mol/L와 10mol%의 불순물 B 5mol/L와의 혼합물이 있다. A/B를 100/1 수준으로 품질을 유지하고자 한다. D는 A 또는 B와 다음과 같이 반응한다. 완전반응을 가정했을 때, 필요한 품질을 유지하기 위해서 얼마의 D를 첨가해야 하는가?

$$A + D \to R, \quad -r_A = C_A C_D$$
$$B + D \to S, \quad -r_B = 7C_B C_D$$

① 19.7mol
② 29.7mol
③ 39.7mol
④ 49.7mol

해설

$A+D \to R \quad -\frac{dC_A}{dt} = C_A C_D$

$B+D \to S \quad -\frac{dC_B}{dt} = 7C_B C_D$ 에서 $\frac{dC_A}{dC_B} = \frac{C_A}{7C_B}$ 이므로

이를 적분하면, $\int_{C_D}^{C_A}\frac{dC_A}{C_A} = \int_{C_D}^{C_B}\frac{dC_B}{7C_B}$, $7\ln\frac{C_A}{45} = \ln\frac{C_B}{5}$

$\left(\frac{C_A}{45}\right)^7 = \frac{C_B}{5}$ 이다.

한편, 공정 품질 기준은 $\frac{C_A}{C_B} = \frac{100}{1}$ 이므로 $\left(\frac{100C_B}{45}\right)^7 = \frac{C_B}{5}$ 이어야 한다.

$C_B = \left(\frac{45^7}{5\times 100^7}\right)^{\frac{1}{6}} = 0.3\text{mol/L}, \quad C_A = 30\text{mol/L}$

여기서 $C_A + C_B = 30 + 0.3 = 30.3$이므로, 첨가해야 하는 D의 양은 $50 - 30.3 = 19.7\text{mol/L}$이다. 따라서 1L당 19.7mol의 D를 첨가해야 한다.

---

34 플러그 흐름 반응기에서의 반응이 아래와 같을 때, 반응시간에 따른 C_B의 관계식으로 옳은 것은? (단, 반응 초기에는 A만 존재하며, 각각의 기호는 C_{A0} : A의 초기농도, t : 시간, k : 속도상수이며, $k_2 = k_1 + k_3$를 만족한다.)

$$A \xrightarrow{k_1} B \xrightarrow{k_2} C$$
$$A \xrightarrow{k_3} D$$

① $k_3 C_{A0} t e^{-k_1 t}$
② $k_1 C_{A0} t e^{-k_2 t}$
③ $k_1 C_{A0} e^{-k_3 t} + k_2 C_B$
④ $k_1 C_{A0} e^{-k_2 t} + k_2 C_B$

해설

$\frac{dC_B}{dt} = k_1 C_A - k_2 C_B$

$\frac{-dC_A}{dt} = k_1 C_A + k_3 C_A = k_2 C_A$

적분하면

$k_2 t = \ln\frac{C_{A0}}{C_A} \to C_A = C_{A0} e^{-k_2 t}$

$\frac{dC_B}{dt} = k_1 C_{A0} e^{-k_2 t} - k_2 C_B$

$\frac{dC_B}{dt} = k_2 C_B = k_1 C_{A0} e^{-k_2 t}$

Laplace

$sf(s) + k_2 f(s) = \int_0^\infty k_1 C_{A0} e^{-k_2 t} \cdot e^{-st} dt$

(초기 A만 존재하므로 $f(0)=0$)

$\to k_1 C_{A0} \int_0^\infty e^{-(k_2+s)t} dt = k_1 C_{A0} \left[-\frac{1}{k_2+s} e^{-(k_2+s)t}\right]_0^\infty$

$f(s) = \frac{k_1 C_{A0}}{(k_2+s)^2} \xrightarrow{\mathcal{L}^{-1}} f(t) = k_1 C_{A0} t e^{-k_2 t}$

정답 32 ③ 33 ① 34 ②

35 두 1차 반응이 등온회분식 반응기에서 다음과 같이 진행되었다. 반응시간이 60분일 때 반응물 A가 90% 분해되어서 S에 대한 R의 몰비가 10.1로 생성되었다. 최초의 반응 시에 R과 S가 없었다면 k_1은 얼마이겠는가?

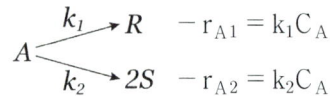

① 0.0321/min ② 0.0333/min
③ 0.0366/min ④ 0.0384/min

해설

$-\ln(1-X_A) = kt$
$\ln 10 = 60k$, $k = 0.0384$
$k = k_1 + k_2$
$r_R : r_S = -r_{A1} : -2r_{A2} = k_1 : 2k_2 = 10.1 : 1$
$\therefore k_2 = \dfrac{k_1}{20.2}$, $k = \dfrac{k_1}{20.2} + k_1$
$k_1 = 0.0366/\text{min}$

S에 대한 R의 몰비 10.1
$\Rightarrow k_1/k_2 = 20.2$, $A \begin{smallmatrix} k_1 \\ \nearrow \\ \searrow \\ k_2 \end{smallmatrix} \begin{smallmatrix} R \\ \\ 2S \end{smallmatrix}$ … ①

$-\dfrac{dC_A}{dt} = (k_1 + k_2)C_A$

$\ln C_A/C_{A0} = -(k_1 + k_2)t$ … ②

$C_A/C_{A_0} = 0.1$, $t = 60$이므로
①, ②를 연립해서 풀면
$\therefore k_1 = 0.0366$, $k_2 = 0.00181$

36 반응속도상수에 영향을 미치는 변수가 아닌 것은?

① 반응물의 몰수
② 반응계의 온도
③ 반응활성화 에너지
④ 반응에 첨가된 촉매

해설

반응속도상수에 영향을 미치는 변수
㉠ 반응계의 온도
㉡ 반응활성화 에너지
㉢ 반응에 첨가된 촉매

37 반응물 A의 농도를 C_A, 시간을 t라고 할 때 0차 반응이 직선으로 도시(plot)되는 것은?

① C_A vs t
② $\ln C_A$ vs t
③ $\dfrac{1}{C_A}$ vs t
④ $\dfrac{1}{\ln C_A}$ vs t

해설

0차 반응

$-r = k = \dfrac{dC_A}{dt}$

$kdt = dC_A$

$kt = C_A$

$\therefore t$ vs C_A

38 평균 체류시간이 같은 관형반응기와 혼합반응기에서 $A \to R(-r_A = kC_A^n)$로 표시되는 화학반응이 일어날 때 관형반응기의 전화율 X_P와 혼합반응기의 전화율 X_m에 관한 설명으로 옳은 것은? (단, n은 반응차수이다.)

① 반응차수 n에 관계없이 항상 X_P는 X_m보다 크다.
② 반응차수 n에 관계없이 항상 X_m은 X_P보다 크다.
③ 반응차수 n이 0보다 크면 X_P는 X_m보다 크다.
④ 반응차수 n이 0보다 크면 X_m은 X_P보다 크다.

해설

일반적인 반응

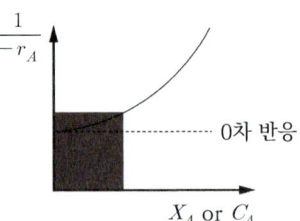

㉠ n이 증가할수록 경사가 급해진다.
㉡ n이 일정하면 X_A가 클수록 경사가 급해진다.
혼합반응기는 사각 면적이고, 관형반응기는 적분 면적이다.
즉, X_A가 일정하면 $\dfrac{V_M}{\text{혼합}} > \dfrac{V_P}{\text{관형}}$

동일 부피에서는 $X_{AM} > X_{AP}$

정답 35 ③ 36 ① 37 ① 38 ③

39 순환반응기에서 반응기 출구 전화율이 입구 전화율의 2배일 때 순환비는?

① 0
② 0.5
③ 1.0
④ 2.0

해설

$X_{Ai} = \left(\dfrac{R}{R+1}\right) X_{Af}$, 이때 $X_{Af} = 2X_{Ai}$이므로

$X_{Ai} = \dfrac{R}{R+1} \times 2X_{Ai}$

∴ $R = 1$

40 다음 그림은 기초적 가역반응에 대한 농도-시간 그래프이다. 그래프의 의미를 가장 잘 나타낸 것은? (단, 반응방향 위 숫자는 상대적 반응속도 비율을 의미한다.)

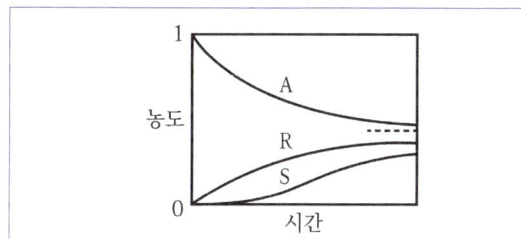

① $A \underset{1}{\overset{1}{\rightleftarrows}} R \underset{1}{\overset{1}{\rightleftarrows}} S$

② $A \underset{1}{\overset{1}{\rightleftarrows}} R \overset{1}{\rightarrow} S$

③ $A \underset{1}{\overset{1}{\rightleftarrows}} R$, $A \underset{1}{\overset{1}{\rightleftarrows}} S$

④ $A \underset{1}{\overset{1}{\rightleftarrows}} R$, $A \underset{10}{\overset{10}{\rightleftarrows}} S$

해설

A, R, S 모두 평형에 도달하고 R과 S의 최종 농도가 다르므로
$A \underset{1}{\overset{1}{\rightleftarrows}} R \underset{1}{\overset{1}{\rightleftarrows}} S$이다.

제3과목 단위공정관리

41 30wt%의 A와 70wt% B의 혼합물에서 A의 몰분율은 얼마인가? (단, A의 분자량은 60이고, B의 분자량은 140이다.)

① 0.3
② 0.4
③ 0.5
④ 0.6

해설

A와 B의 혼합물의 양을 100g이라 가정하면 A는 30%이므로 30g, B는 70%이므로 70g

$x_A = \dfrac{n_A}{n_A + n_B}$

$= \dfrac{\frac{30}{60}}{\frac{30}{60} + \frac{70}{140}}$

$= 0.5$

42 어느 석회석 성분을 분석하니, $CaCO_3$ 92.89wt%, $MgCO_3$ 5.41wt%, 불용성분이 1.70wt%였다. 이 석회석 100kg에서 몇 kg의 CO_2를 회수할 수 있겠는가? (단, Ca의 분자량은 40, Mg의 분자량은 24.3이다.)

① 43.7
② 47.3
③ 54.8
④ 58.2

해설

100kg $CaCO_3$ 92.89wt%

→ $92.89\text{kg} \times \dfrac{10^3 \text{mol}}{100} = 928.9 \text{mol}$

$CaCO_3 \times \dfrac{1 \text{mol } CO_2}{1 \text{mol } CaCO_3} \times \dfrac{44 \text{g } CO_2}{1 \text{mol } CO_2} = 40.87 \text{kg}$

$MgCO_3$ 5.41wt%

→ $5.41\text{kg} \times \dfrac{10^3 \text{mol}}{84.3 \text{kg}} = 64.17 \text{mol}$

$MgCO_3 \times \dfrac{1 \text{mol } CO_2}{1 \text{mol } MgCO_3} \times \dfrac{44 \text{g } CO_2}{1 \text{mol } CO_2} = 2.82 \text{kg}$

∴ 40.87kg + 2.82kg = 43.69kg
불용성분 1.7wt%
$CaCO_3 \rightarrow CaO + CO_2$
$MgCO_3 \rightarrow MgO + CO_2$

정답 39 ③ 40 ① 41 ③ 42 ①

43 질량 조성이 N_2가 70%, H_2가 30%인 기체의 평균 분자량은 얼마인가?

① 4.7g/mol ② 5.7g/mol
③ 20.2g/mol ④ 30.2g/mol

해설

질량 조성

$N_2 - 70\%$: $0.7 \times \dfrac{1\text{mol}}{28\text{g}} = 0.025\text{mol}$

$H_2 - 30\%$: $0.3 \times \dfrac{1\text{mol}}{2\text{g}} = 0.15\text{mol}$

몰분율

$N_2 = \dfrac{0.025}{0.175} = 0.143$

$H_2 = \dfrac{0.15}{0.175} = 0.857$

· 평균 분자량

$0.143 \times 28\text{g/mol} + 0.857 \times 2\text{g/mol} = 5.718$

44 다음 단위환산 관계 중 틀린 것은?

① $1.0\text{g/cm}^3 = 1,000\text{kg/m}^3$
② $0.2386\text{J} = 0.057\text{cal}$
③ $0.4536\text{kgf} = 9.80665\text{N}$
④ $1.013\text{bar} = 101.3\text{kPa}$

해설

③ 1kgf = 9.80665N

45 임계상태에 대한 설명으로 옳은 것은?

① 임계온도 이하의 기체는 압력을 아무리 높여도 액체로 변화시킬 수 없다.
② 임계압력 이하의 기체는 온도를 아무리 낮추어도 액체로 변화시킬 수 없다.
③ 임계점에서 체적에 대한 압력의 미분값이 존재하지 않는다.
④ 증발잠열이 0이 되는 상태이다.

해설

임계상태 : 증발잠열이 0이 되는 상태

46 용해도에 영향을 미치는 조건에 대한 설명이 틀린 것은?

① 온도 증가는 기체의 용해도를 감소시킨다.
② 온도 증가는 고체, 액체의 용해도를 증가시킨다.
③ 압력은 고체, 액체, 기체의 용해도에 크게 영향을 미친다.
④ 분자구조에 따라서 극성은 극성을, 비극성은 비극성을 녹인다.

해설

용해도란 일정 온도에서 용매 100g에 녹을 수 있는 용질의 최대 g수이다. 고체와 액체는 일반적으로 온도가 증가하면 용해도는 증가하며 압력에 무관하다. 기체는 온도가 증가하면 용해도는 감소하고, 압력이 증가하면 용해도는 증가한다.

47 압력용기에 연결된 지름이 일정한 관(pipe)을 통하여 대기로 기체가 흐를 경우에 대한 설명으로 옳은 것은?

① 무제한 빠른 속도로 흐를 수 있다.
② 빛(光)의 속도에 근접한 속도로 흐를 수 있다.
③ 초음속으로 흐를 수 없다.
④ 종류에 따라서 초음속으로 흐를 수 있다.

해설

③ 초음속으로 흐를 수 없다.
압력용기에 연결된 관을 통해 기체가 흐를 경우, 빛의 속도나 초음속으로는 흐를 수 없다.

48 이상기체상수 R의 단위를 $\dfrac{\text{mmHg} \cdot \text{L}}{\text{K} \cdot \text{mol}}$로 하였을 때 다음 중 R값에 가장 가까운 것은?

① 1.98 ② 62.32
③ 82   ④ 108

해설

$R = 0.082 \dfrac{\text{atm} \cdot \text{L}}{\text{mol} \cdot \text{K}}$

$\Rightarrow \dfrac{0.082\text{atm} \cdot \text{L}}{\text{mol} \cdot \text{K}} \Big| \dfrac{760\text{mmHg}}{1\text{atm}} = 62.32$

정답 43 ② 44 ③ 45 ④ 46 ③ 47 ③ 48 ②

49 다음 화학방정식으로부터 CH$_4$의 표준생성열을 구하면 얼마인가?

> (1) CH$_4$ + 2O$_2$ → CO$_2$ + 2H$_2$O(L)
>   △H$_{298}$ = −50,900J
> (2) H$_2$O(L) → H$_2$ + 0.5O$_2$
>   △H$_{298}$ = 16,350J
> (2) C(s) + O$_2$ → CO$_2$
>   △H$_{298}$ = −22,500J

① −12,050J
② −9,470J
③ −6,890J
④ −4,300J

해설

$$-(1)-(2)\times(2)+(3)$$

CO$_2$ + 2H$_2$O → CH$_4$ + 2O$_2$	ΔH = 50,900J
2H$_2$ + O$_2$ → 2H$_2$O	ΔH = −32,700J
+ C + O$_2$ → CO$_2$	ΔH = −22,500J
2H$_2$ + C → CH$_4$	ΔH = −4,300J

50 공극률(porosity)이 0.3인 충전탑 내를 유체가 유효속도(superficial velocity) 0.9m/s로 흐르고 있을 때 충전탑 내의 평균속도는 몇 m/s인가?

① 0.2
② 0.3
③ 2.0
④ 3.0

해설

$$\overline{u}(평균유속) = \frac{\overline{V_0}(유효속도\text{ or }공탑속도)}{\varepsilon(공극률)}$$
$$= \frac{0.9\text{m/s}}{0.3} = 3.0\text{m/s}$$

51 복사에너지를 크게 할 수 있는 방법으로 적당하지 않은 것은?

① 복사면적을 크게 한다.
② 물체를 흑체로 한다.
③ 온도를 고온으로 한다.
④ 복사능(emissivity)을 작게 한다.

해설

복사에너지를 크게 하려면 복사능을 크게 해야 한다.

52 열교환기에 사용되는 전열튜브(tube)의 두께를 Birmingham Wire Gauge(BWG)로 표시하는데 다음 중 튜브의 두께가 가장 두꺼운 것은?

① BWG 12
② BWG 14
③ BWG 16
④ BWG 18

해설

BWG가 작을수록 튜브의 두께가 두껍다.

53 기-액 평형의 원리를 이용하는 분리공정에 해당하는 것은?

① 증류(distillation)
② 액체 추출(liquid extraction)
③ 흡착(adsorption)
④ 침출(leaching)

해설

증류는 액체 혼합물을 끓는점 차이를 이용하여 분리하는 방법으로 기-액 평형의 원리를 이용한다.

54 82℃ 벤젠 20mol%, 톨루엔 80mol% 혼합용액을 증발시켰을 때 증기 중 벤젠의 몰분율은? (단, 벤젠과 톨루엔의 혼합용액은 이상용액의 거동을 보인다고 가정하고, 82℃에서 벤젠과 톨루엔의 포화증기압은 각각 811mmHg, 314mmHg이다.)

① 0.360
② 0.392
③ 0.721
④ 0.785

해설

$P_{total} = P_B X_B + P_T X_T = 811 \times 0.2 + 314 \times 0.8$

$y = \dfrac{P_B X_B}{P_{total}} = \dfrac{811 \times 0.2}{143.4} = 0.392$

정답 49 ④ 50 ④ 51 ④ 52 ① 53 ① 54 ②

55 기체흡수에서 편류(channeling)에 대한 설명으로 가장 적절한 것은?

① 액체가 작은 물줄기로 모여 어느 한쪽의 경로를 따라 충전물을 통해 흐르는 현상
② 충전탑에서 기체속도가 높아서 액체가 범람하는 현상
③ 액체로의 용질흡수량이 증가하여 액체의 온도가 올라가는 현상
④ 액체의 유량을 증가시키면 탈거(stripping)에 의한 용질회수가 더욱 어려워지는 현상

해설
편류란 액체가 작은 물줄기로 모여 어느 한쪽의 경로를 따라 충전물을 통해 흐르는 현상이다.

56 건조조작에서 대료의 임계 함수율(critical moisture content)이란 무엇인가?

① 건조속도가 0일 때 함수율이다.
② 감률 건조기간이 끝날 때의 함수율이다.
③ 항률 건조기간에서 감률 건조기간으로 바뀔 때의 함수율이다.
④ 건조조작이 끝날 때의 함수율이다.

해설
임계 함수율
항률 건조기간 → 감률 건조기간으로 바뀔 때의 함수율

57 벤젠과 톨루엔은 이상 용액에 가까운 용액을 만든다. 80℃에서 벤젠과 톨루엔의 증기압은 각각 743mmHg 및 280mmHg이다. 이 온도에서 벤젠의 몰분율이 0.2인 용액의 증기압은?

① 352.6mmHg ② 362.6mmHg
③ 372.6mmHg ④ 382.6mmHg

해설
$y_1P + y_2P = x_1P_1^* + x_2P_2^* = 0.2 \times 743 + 0.8 \times 280 = 372.6$

58 어떤 여름날의 일기가 낮의 온도 32℃, 상대습도 80%, 대기압 738mmHg에서 밤의 온도 20℃, 대기압 745mmHg로 수분이 포화되어 있다. 낮의 수분 몇 %가 밤의 이슬로 변하였는가? (단, 32℃와 20℃에서 포화 수증기압은 각각 36mmHg, 17.5mmHg이다.)

① 39.3% ② 40.7%
③ 51.5% ④ 60.7%

해설
상대습도 $H_R = \dfrac{P}{P_S} \times 100$

∴ 낮의 수증기 분압 = 0.8 × 36mmHg = 28.8mmHg
  낮의 건조공기 = 738 − 28.8 = 709.2mmHg
20℃에서는 공기 중에 17.5mmHg의 수증기만 존재 가능
∴ 밤의 수증기 분압 = 17.5mmHg
  밤의 건조공기 = 745 − 17.5 = 727.5mmHg
온도에 따라 대기압이 다르므로 몰습도로 비교

$$\dfrac{\dfrac{28.8}{709.2} - \dfrac{17.5}{727.5}}{\dfrac{28.8}{709.2}} = 0.407$$

∴ 40.7%

59 혼합에 영향을 주는 물리적 조건에 대한 설명으로 옳지 않은 것은?

① 섬유상의 형상을 가진 것은 혼합하기가 어렵다.
② 건조분말과 습한 것의 혼합은 한 쪽을 분할하여 혼합한다.
③ 밀도차가 클 때는 밀도가 큰 것이 아래로 내려가므로 상하가 고르게 교환되도록 회전방법을 취한다.
④ 액체와 고체의 혼합·반죽에서는 습윤성이 적은 것이 혼합하기 쉽다.

해설
④ 액체와 고체의 혼합·반죽에서는 습윤성이 큰 것이 혼합하기 쉽다.

정답 55 ① 56 ③ 57 ④ 58 ② 59 ④

60 세기 성질(intensive property)이 아닌 것은?

① 엔트로피 ② 온도
③ 압력 ④ 화학포텐셜

해설
㉠ 크기 성질 : 물질의 양에 따라 측정값이 변하는 성질
㉡ 세기 성질 : 물질의 양에 관계없이 측정값이 일정한 성질

제4과목 화공계측제어

61 다음 중 공정제어의 일반적인 기능에 관한 설명으로 가장 거리가 먼 것은?

① 외란의 영향을 극복하며 공정을 원하는 상태에 유지시킨다.
② 불안정한 공정을 안정화시킨다.
③ 공정의 최적 운전조건을 스스로 찾아준다.
④ 공정의 시운전 시 짧은 시간 안에 원하는 운전상태에 도달할 수 있도록 한다.

해설
공정의 최적의 조건을 스스로 찾을 수 없다.

62 연속 입출력 흐름과 내부 전기가열기가 있는 저장조의 온도를 설정값으로 유지하기 위해 들어오는 입력흐름의 유량과 내부 가열기에 공급 전력을 조작하여 출력흐름의 온도와 유량을 제어하고자 하는 시스템을 분류한다면 어떠한 것에 해당하는가?

① 다중 입력 – 다중 출력 시스템
② 다중 입력 – 단일 출력 시스템
③ 단일 입력 – 단일 출력 시스템
④ 단일 입력 – 다중 출력 시스템

해설
두개의 입력, 두 개의 출력량 조절
→ MIMO(Multiple Input Multiple Out put)

63 다음 식으로 나타낼 수 있는 이론은?

$$\lim_{s \to 0} s \cdot F(s) = \lim_{t \to \infty} (t)$$

① Final Theorem
② Stokes Theorem
③ Taylers Theorem
④ Ziegle-Nichols Theorem

해설
최종값 정리
$$\lim_{t \to \infty} f(t) = \lim_{s \to \infty} s \cdot F(s)$$

64 다음의 함수를 라플라스로 전환한 것으로 옳은 것은?

$$f(t) = e^{2t}\sin 2t$$

① $F(s) = \dfrac{\sqrt{2}}{(s+2)^2+2}$

② $F(s) = \dfrac{\sqrt{2}}{(s-2)^2+2}$

③ $F(s) = \dfrac{2}{(s-2)^2+4}$

④ $F(s) = \dfrac{2}{(s+2)^2+4}$

해설
$\sin 2t \xrightarrow{\mathcal{L}^{-1}} \dfrac{2}{s^2+4}$

$\therefore e^{2t}\sin 2t \xrightarrow{\mathcal{L}^{-1}} \dfrac{2}{(s-2)^2+4}$

65 $\dfrac{s+a}{(s+a)^2+w^2}$ 의 라플라스 역변환은?

① $t\cos\omega t$ ② $e^{-at}\cos\omega t$
③ $t\sin\omega t$ ④ $e^{at}\cos\omega t$

해설
$e^{-at}\cos\omega t \xrightarrow{LT} \dfrac{s+a}{(s+a)^2+\omega^2}$

정답 60 ① 61 ③ 62 ① 63 ① 64 ③ 65 ②

66 전달함수가 $G(s) = \dfrac{2}{s^2-1}$ 인 1차계의 단위임펄스 응답은?

① $0.5(e^t + e^{-t})$ ② $2(1-e^{-t})$
③ $e^t - e^{-t}$ ④ $2e^{-t}$

해설

$G(s) = \dfrac{2}{s^2-1} = \dfrac{2}{(s+1)(s-1)} = \dfrac{a}{s+1} + \dfrac{b}{s-1}$

$= \dfrac{(a+b)s - (a-b)}{s^2-1}$

$\rightarrow a = -1, \; b = 1$

$G(s) = \dfrac{-1}{s+1} + \dfrac{1}{s-1}$ (Impulse이므로 그대로 역변환)

$\Rightarrow e^t - e^{-t}$

67 다음 중 2차계의 주파수 응답에서 정규화된 진폭비 ($\dfrac{AR}{k}$)의 최대값에 대한 설명으로 옳은 것은?

① 감쇠계수(damping factor)가 $\dfrac{\sqrt{2}}{2}$ 보다 작으면 1이다.

② 감쇠계수(damping factor)가 $\dfrac{\sqrt{2}}{2}$ 보다 크면 1이다.

③ 감쇠계수(damping factor)가 $\dfrac{\sqrt{2}}{2}$ 보다 작으면 $\dfrac{1}{2\tau}$ 이다.

④ 감쇠계수(damping factor)가 $\dfrac{\sqrt{2}}{2}$ 보다 크면 $\dfrac{1}{2\tau}$ 이다.

해설

2차계 주파수 응답

정규 진폭비 : $AR_N = \dfrac{AR}{K} = \dfrac{1}{\sqrt{(1-\tau^2\omega^2)^2 + (2\tau\omega\zeta)^2}}$

$0 < \zeta < \dfrac{\sqrt{2}}{2}$ 일 때 AR_N은 최댓값을 갖는다.

ζ가 $\dfrac{\sqrt{2}}{2}$ 보다 크면 $(AR_N)_{max}$ 는 1이다.

68 전달함수가 $G(s) = \dfrac{3}{s^2+3s+2}$ 과 같은 2차계의 단위계단(unit step) 응답은?

① $\dfrac{3}{2}e^{-t} + 3(1+e^{-2t})$

② $-3e^{-t} + \dfrac{3}{2}(1+e^{-2t})$

③ $3e^{-t} - 3(1+e^{-2t})$

④ $e^{-t} - 3(1+e^{-2t})$

해설

$\dfrac{3}{s(s^2+3s+2)} = \dfrac{3}{2s} - \dfrac{3}{s+1} + \dfrac{3}{2(s+2)}$

$\xrightarrow{\mathcal{L}^{-1}} \dfrac{3}{2} - 3e^{-t} + \dfrac{3}{2}e^{-2t}$

69 다음 블록선도에서 전달함수 $\dfrac{Y(s)}{X(s)}$ 중 옳은 것은?

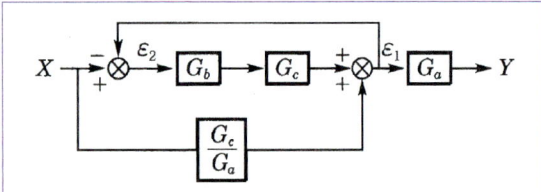

① $\dfrac{G_aG_bG_c + G_c}{1+G_aG_b}$ ② $\dfrac{G_aG_bG_c + G_c}{1+G_bG_c}$

③ $\dfrac{G_aG_bG_c + G_b}{1+G_aG_b}$ ④ $\dfrac{G_aG_bG_c + G_b}{1+G_bG_c}$

해설

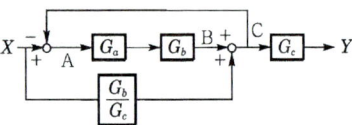

$B = AG_aG_b$

$A = X - C$

$C = B + \dfrac{G_b}{G_c}X$

$C = \dfrac{G_aG_b + \dfrac{G_b}{G_c}}{1+G_aG_b}X$

$Y = CG_c = \dfrac{G_aG_bG_c + G_b}{1+G_aG_b} = \dfrac{G_b(1+G_aG_c)}{1+G_aG_b}$

정답 66 ③ 67 ② 68 ② 69 ②

70 다음 block 선도로부터 전달함수 $Y(s)/X(s)$를 구하면?

① $\dfrac{G_aG_bG_c}{1+G_aG_bG_c}$

② $\dfrac{G_aG_bG_c}{1+G_aG_b-G_bG_c}$

③ $\dfrac{G_bG_c}{1+G_aG_bG_c}$

④ $\dfrac{G_aG_bG_c}{1+G_aG_b+G_bG_c}$

해설

$A = [X-B]G_a + C$
$B = AG_b$
$C = BG_c$
$Y_{(s)} = C = BG_c = AG_bG_c$
$A - XG_a - BG_a + Y = XG_a - AG_aG_b + Y$ 에서
$A = \dfrac{XG_a + Y}{G_aG_b + 1}$
$\therefore Y = \dfrac{XG_aG_bG_c + YG_bG_c}{G_aG_b + 1} = \dfrac{G_aG_bG_c}{1+G_aG_b-G_bG_c}X$

71 $G(s) = \dfrac{K}{(\tau s)^2 + 2\varepsilon\tau s + 1}$ 2차계의 주파수 응답에서 감쇠계수 값에 관계없이 위상의 지연이 90°가 되는 경우는? (단, τ시정수이고, w는 주파수이다.)

① $w\tau = 1$ 일 때
② $w = \tau$ 일 때
③ $w\tau = \sqrt{2}$
④ $w = \tau^2$ 일 때

해설

2차계에서 $\omega\tau = 1$일 때 위상의 지연이 90°가 되며 이때를 구석점 주파수라고 한다.

72 Error(e)에 단위계단 변화(unit step change)가 있었을 때 다음과 같은 제어기 출력응답(response ; P)을 보이는 제어기는?

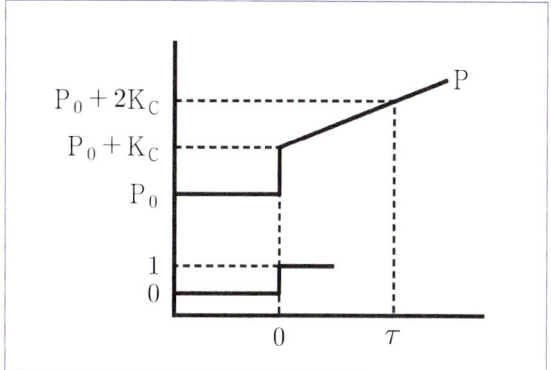

① PID
② PD
③ PI
④ P

해설

출력응답이 reset-time은 일정하고, off-set은 사라졌으므로 PI 제어기를 사용한다.

73 PID 제어기의 전달함수의 형태로 옳은 것은? (단, K_C는 비례이득, τ_I는 적분시간상수, τ_D는 미분시간상수를 나타낸다.)

① $K_C\left(s + \dfrac{1}{\tau_I} + \dfrac{\tau_D}{s}\right)$

② $K_C\left(s + \dfrac{1}{\tau_I}\int sdt + \tau_D\dfrac{ds}{dt}\right)$

③ $K_C\left(1 + \dfrac{1}{\tau_I s} + \tau_D s\right)$

④ $K_C\left(1 + \tau_I s + \tau_D s^2\right)$

해설

P형 : K_c
PI형 : $K_c\left(1 + \dfrac{1}{\tau_I s}\right)$
PD형 : $K_c(1 + \tau_D s)$
PID형 : $K_c\left(1 + \dfrac{1}{\tau_I s} + \tau_D s\right)$

정답 70 ② 71 ① 72 ③ 73 ③

74 주어진 계(system)가 안정한 계(stable system)가 되기 위해서 가져야 할 조건은?

① 모든 제한된 입력(bounded input)에 대해 모두 제한된 출력(bounded output)이 얻어져야 한다.
② 모든 제한된 입력에 대해 모두 제한되지 않은 (unbounded) 출력이 얻어져야 한다.
③ 모든 제한되지 않은 입력에 대해 모두 제한된 출력이 얻어져야 한다.
④ 모든 제한되지 않은 입력에 대해 모두 제한되지 않은 출력이 얻어져야 한다.

해설
계가 안정한 계가 되기 위해서는 모든 제한된 입력에 대해 모두 제한된 출력이 얻어져야 한다.

75 다음 시스템이 안정하기 위한 조건은?

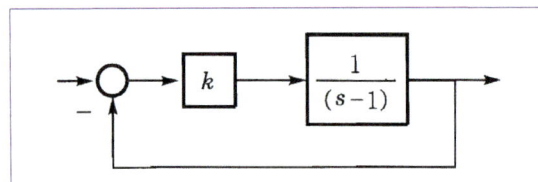

① 0<k<1   ② k>1
③ k<1   ④ k>0

해설
특성방정식을 구하면
$1 + \dfrac{K}{s-1} = 0$
$s - 1 + k = 0$ 이고,
$s = 1 - k < 0$ 이므로 $k > 1$

76 다음 보데(bode)선도에서 위상각 여유(Phase margin)는 몇 도인가?

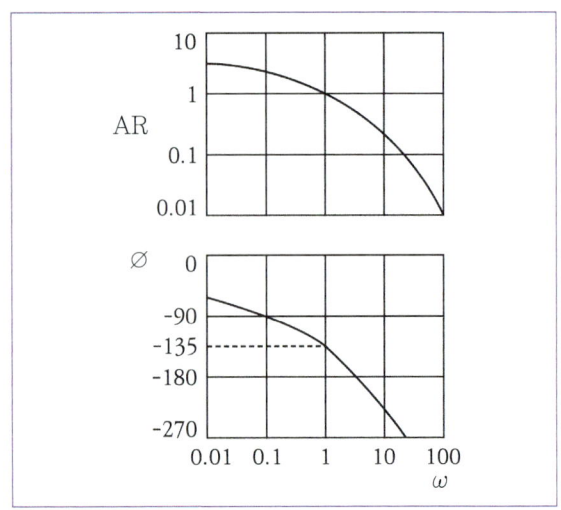

① 30°   ② 45°
③ 90°   ④ 135°

해설
위상 여유 = 180° + $KG(j\omega)$ = 180° − 135° = 45°

77 공정 $G(s) = \dfrac{\exp(-\theta s)}{s+1}$을 위하여 PI 제어기 $G(s) = 5\left(1 + \dfrac{1}{s}\right)$를 설치하였다. 이 폐루프가 안정성을 유지하는 불감시간(dead time) θ의 범위는?

① 0≤θ<0.314   ② 0≤θ<3.14
③ 0≤θ<0.141   ④ 0≤θ<1.41

해설
$G_{OL} = G(s)C(s) = \dfrac{5e^{-\theta s}}{s}$

$s = j\omega$를 대입하면
$G_{OL}(j\omega) = \dfrac{5}{j\omega}e^{-\theta \omega j} = \dfrac{5}{\omega}[\sin(-\theta \omega) - \cos(-\theta \omega)j]$

$\tan\phi = -\dfrac{\cos(-\theta \omega)}{\sin(-\theta \omega)}$

Bode 안정성 판별법에서 위상각이 −180°일 때 진폭비가 1보다 작으면 안정하므로, $\cos(-\theta \omega_{c0}) = 0$에서 $\omega_{c0} = \dfrac{\pi}{2\theta}$

진폭비 $AR = \dfrac{5}{\omega} < 1$이어야 하므로 $\theta < \dfrac{\pi}{10}$이어야 한다.

정답 74 ① 75 ② 76 ② 77 ①

78 $Q(H) = C\sqrt{H}$ 로 나타나는 식을 정상상태(H_s)근처에서 선형화했을 때 옳은 것은? (단, C는 비례정수이다.)

① $Q \simeq C\sqrt{H_s} + \dfrac{C(H-H_s)}{2\sqrt{H_s}}$

② $Q \simeq C\sqrt{H_s} + C(H-H_s)2\sqrt{H_s}$

③ $Q \simeq C\sqrt{H_s} + \dfrac{C(H-H_s)}{\sqrt{H_s}}$

④ $Q \simeq C\sqrt{H_s} + C\sqrt{H_s}(H_s - H)$

해설

$$Q(H) \simeq Q_s(H_s) + \frac{dQ}{dH}\bigg|_{H_s}(H-H_s)$$
$$= C\sqrt{H_s} + \frac{C}{2}H_s^{-\frac{1}{2}}(H-H_s)$$
$$= C\sqrt{H_s} + \frac{C(H-H_s)}{2\sqrt{H_s}}$$

79 탑상에서 고순도 제품을 생산하는 증류탑의 탑상 흐름의 조성을 온도로부터 추론(inferential) 제어하고자 한다. 이때 맨 위 단보다 몇 단 아래의 온도를 측정하는 경우가 있는 데 다음 중 그 이유로 가장 타당한 것은?

① 응축기의 영향으로 맨 위 단에서는 다른 단에 비하여 응축이 많이 일어나기 때문에
② 제품의 조성에 변화가 일어나도 맨 위 단의 온도 변화는 다른 단에 비하여 매우 작기 때문에
③ 맨 위 단은 다른 단에 비하여 공정 유체가 넘치거나(flooding) 방울져 떨어지기(weeping) 때문에
④ 운전 조건의 변화 등에 의하여 맨 위 단은 다른 단에 비하여 온도는 변동(fluctuation)이 심하기 때문에

해설

증류탑에서 맨 위 단보다 몇 단 아래의 온도를 측정하는 경우 제품의 조성에 변화가 일어나도 맨 위 단의 온도 변화는 다른 단에 비하여 매우 작기 때문에

80 다음 전달함수로 표현된 공정의 위상각은?

$$G(s) = \frac{Ke^{-s}}{3s+1}$$

① $\tan^{-1}(3\omega)$
② $\tan^{-1}(-3\omega)$
③ $\tan^{-1}(-3\omega) + \omega$
④ $\tan^{-1}(-3\omega) - \omega$

해설

$G(s) = \dfrac{Ke^{-s}}{3s+1}$

지연 없는 공정 $G'(s) = \dfrac{K}{3s+1}$

$G'(jw) = \dfrac{1}{3jw+1} = \dfrac{1}{1+9w^2}(1-3jw)$

$\phi = \tan^{-1}(-3w)$

$G(s)$는 $G'(s)$보다 1만큼 지연되는 공정이므로
$\phi = \tan^{-1}(-3w) - w$

정답 78 ① 79 ② 80 ④

2023년 제2회 5월 13일 시행

01 황산제조에서 연실의 주된 작용이 아닌 것은?

① 반응열을 발산시킨다.
② 생성된 산무의 응축을 위한 공간을 부여한다.
③ Glover탑에서 나오는 SO_2 가스를 산화시키기 위한 시간과 공간을 부여한다.
④ 가스 중의 질소산화물을 H_2SO_4에 흡수시켜 회수하여 함질황산을 공급한다.

해설
가스 중의 질소산화물을 황산에 흡수시켜 회수하여 함질황산을 공급하는 것은 게이뤼삭탑의 설명이다.

02 20℃에서 용액 1L당 NaCl 230g을 함유하고 있는 NaCl 수용액이 있다. 이 온도에서 수용액의 밀도가 1.148g/mL라면 NaCl의 중량%는 약 얼마인가?

① 10   ② 20
③ 30   ④ 40

해설
$$\frac{용액\ 1L}{}\left|\frac{1.148g}{mL}\right|\frac{10^3 mL}{1L} = 1,148g\ 수용액$$
$$\therefore NaCl의\ 중량\% = \frac{230g}{1,148g} \times 100 ≒ 20\%$$

03 무수염산의 제법에 속하지 않는 것은?

① 직접합성법   ② 농염산증류법
③ 염산분해법   ④ 흡착법

해설
무수염산의 제법
㉠ 직접합성법, ㉡ 농염산증류법, ㉢ 흡착법

04 인광석을 산분해하여 인산을 제조하는 방식 중 습식법에 해당하지 않는 것은?

① 황산 분해법   ② 염산 분해법
③ 질산 분해법   ④ 아세트산 분해법

해설

05 수분 14wt%, NH_4HCO_3 3.5wt%가 포함된 $NaHCO_3$ 케이크 1000kg에서 $NaHCO_3$가 단독으로 열분해되어 생기는 물의 질량(kg)은? (단, $NaHCO_3$의 열분해는 100% 진행된다.)

① 68.65   ② 88.39
③ 98.46   ④ 108.25

해설
$2NaHCO_3 \rightarrow Na_2CO_3 + H_2O + CO_2$
• $NaHCO_3$의 분자량
 $(23 + 1 + 12 + 16 \times 3)$kg/kmol = 83kg/kmol
• 존재하는 $NaHCO_3$의 양
 $1,000$kg $\times (1 - 0.14 - 0.035) = 825$kg
• 반응하는 $NaHCO_3$ 몰수 = 825kg/83kg/kmol
• 생성되는 물의 몰수 = 반응한 $NaHCO_3$ 몰수 $\times \frac{1}{2}$
 $= \frac{825}{83} \times \frac{1}{2}$ kmol
 $= 4.97$ kmol
∴ 18kg/kmol × 4.97kmol = 89kg

정답 01 ④　02 ②　03 ③　04 ④　05 ②

06 NaOH 제조공정 중 식염수용액의 전해공정 종류가 아닌 것은?

① 격막법　　② 증발법
③ 수은법　　④ 이온교환막법

해설
식염수용액의 전해공정 종류
㉠ 수은법
㉡ 격막법
㉢ 이온교환막법

07 산성토양이 된 곳에 알칼리성 비료를 사용하고자 할 때 다음 중 가장 적합한 비료는?

① 과린산석회　　② 염안
③ 석회질소　　　④ 요소

해설
석회질소의 설명이다.

08 순도가 90%인 황산암모늄 100kg이 있다. 이 중 질소의 함량은 몇 kg이 되는가?

① 9.1　　② 10.2
③ 19.1　　④ 26.4

해설
황산암모늄[$(NH_4)_2SO_4$]
$100 \times \dfrac{90}{100} \times \dfrac{28}{132} = 19.09 \text{kg}$

09 반도체 제조과정 중에서 식각공정 후 행해지는 세정공정에 사용되는 piranha 용액의 주 원료에 해당하는 것은?

① 질산, 암모니아　　② 불산, 염화나트륨
③ 에탄올, 벤젠　　　④ 황산, 과산화수소

해설
세정공정에 사용되는 piranha 용액의 주원료 : 황산, 과산화수소

10 유기화합물 RCOOH에 해당하는 것은?

① 아민(amine)
② 카르복시산(carboxylic acid)
③ 에스테르(ester)
④ 알데히드(aldehyde)

해설
① 아민 : $R-NH_2$
③ 에스테르 : $R-COO-R'$
④ 알데히드 : $R-CHO$

11 Fischer-Tropsch 반응을 옳게 표현한 것은?

① $nCO + (2n+1)H_2 \rightarrow C_nH_{2n+2} + nH_2O$
② $C_nH_{2n+2} + H_2O \rightarrow CH_4 + CO_2$
③ $CH_3OH + H_2 \rightarrow HCHO + H_2O$
④ $CO_2 + H_2 \rightarrow CO + H_2O$

해설
Fischer-Tropsch 반응
$nCO + (2n+1)H_2 \rightarrow C_nH_{2n+2} + nH_2O$

12 아세톤을 염산 존재하에서 페놀과 반응시켰을 때 생성되는 주 물질은?

① 아세토페논
② 벤조페논
③ 벤질알코올
④ 비스페놀 A

해설

정답 06 ② 07 ③ 08 ③ 09 ④ 10 ② 11 ① 12 ④

13 말레산 무수물을 벤젠의 공기 산화법으로 제조하고자 한다. 이때 사용되는 촉매는 무엇인가?

① 산화바나듐
② Si-Al$_2$O$_3$ 담체로 한 Nickel
③ PdCl$_2$
④ LiH$_2$PO$_4$

해설

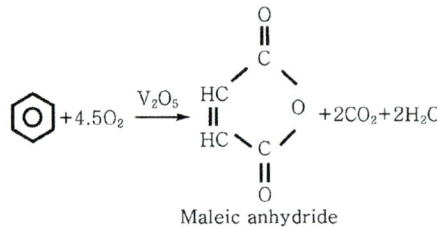

14 LPG에 대한 설명 중 틀린 것은?

① C$_3$, C$_4$의 탄화수소가 주성분이다.
② 상온, 상압에서는 기체이다.
③ 그 자체로 매우 심한 독한 냄새가 난다.
④ 가압 또는 냉각시킴으로써 액화한다.

해설

③ 그 자체로 거의 냄새가 나지 않는다.

15 탄화수소의 분해에 대한 설명 중 옳지 않는 것은?

① 열분해는 자유라디칼에 의한 연쇄반응이다.
② 열분해는 접촉분해에 비해 방향족과 이소파라핀이 많이 생성된다.
③ 접촉분해에서는 촉매를 사용하여 열분해보다 낮은 온도에서 분해시킬 수 있다.
④ 접촉분해에서는 방향족이 올레핀보다 반응성이 낮다.

해설

② 열분해는 접촉분해에 비해 올레핀계가 많이 생성된다.

16 다음 중 천연고무와 가장 관계가 깊은 것은?

① Propane   ② Ethylene
③ Isoprene   ④ Isobutene

해설

천연고무 구조
화학식 : Isoprene(cis-1, 4-isoprene)

$$\left(\begin{array}{c} CH_2 \\ H_3C \end{array} C = C \begin{array}{c} CH_2 \\ H \end{array}\right)_n$$

17 열분산이 용이하고 반응 혼합물의 점도를 줄일 수 있으나 연쇄이동반응으로 저분자량의 고분자가 얻어지는 단점이 있는 중합방법은?

① 용액중합   ② 괴상중합
③ 현탁중합   ④ 유화중합

해설

② 괴상중합 : 부가 중합에 있어서 용매를 쓰지 않고 단량체만을 중합시키는 방법이다.
③ 현탁중합 : 비수용성인 단위체를 물속에 분산시켜 중합하는 방법
④ 유화중합 : 단위체를 물속에 분산시켜 중합하는 방법

18 비닐고분자의 일종으로 비닐단량체(VCM)의 중합으로 형성되는 폴리염화비닐(PVC)에 해당하는 것은?

① 선삼공중합체   ② 축중합체
③ 환상중합체   ④ 부가중합체

해설

폴리염화비닐(PVC)은 부가중합체이다.

19 디젤 연료의 성능을 표시하는 하나의 척도는?

① 옥탄가   ② 유동점
③ 세탄가   ④ 아닐린점

해설

세탄가
착화성이 높은 n-세탄(지수 100)과 착화성이 낮은 α-메틸나프탈렌(지수 0)을 적당히 혼합하여 표준연료를 만들고, 표준엔진을 사용하여 표준연료와 시료연료가 같은 착화성을 나타낼 때 세탄의 부피를 의미한다.

정답 13 ① 14 ③ 15 ② 16 ③ 17 ① 18 ④ 19 ③

20 다음 중 고옥탄가의 가솔린을 제조하기 위한 공정은?

① 접촉개질
② 알킬화 반응
③ 수증기 분해
④ 중합반응

해설
옥탄가를 높이기 위한 방법으로 접촉개질과 알킬화 반응을 이용한다.

제2과목 반응운전

21 이상기체를 등온하에서 압력을 증가시키면 엔탈피는?

① 증가한다.
② 감소한다.
③ 일정하다.
④ 초기에 증가하다 점차로 감소한다.

해설
이상기체에서 엔탈피는 온도의 함수이다. 그러므로 등온 상태에서 압력을 증가시켜도 엔탈피는 일정하다.

22 기체상의 부피를 구하는데 사용되는 식과 가장 거리가 먼 것은?

① 반데르 발스 방정식(Van der Waals Equation)
② 래킷 방정식(Rackett Equation)
③ 펭-로빈슨 방정식(Peng-Robinson Equation)
④ 베네딕트-웹-루빈 방정식(Benedict-Webb-Rubin Equation)

해설
래킷 방정식 : 액체에 대한 상관관계식
$V^{sat} = V_c Z_c (1-T_r)^{2/7}$
$Z^{sat} = \dfrac{P_r}{T_r} Z_c [1+(1-T_r)^{2/7}]$

23 열역학 제2법칙에 대한 설명 중 틀린 것은?

① 고립계로 생각되는 우주의 엔트로피는 증가한다.
② 어떤 순환공정도 계가 흡수한 열을 완전히 계에 의해 행하여지는 일로 변환시키지 못한다.
③ 열이 고온부로부터 저온부로 이동하는 현상은 자발적이다.
④ 열기관의 최대효율은 100%이다.

해설
열역학 제2법칙은 엔트로피 증가법칙(비가역 과정)으로 열기관의 최대효율은 100% 미만이다.

24 어떤 물질의 정압 비열이 아래와 같다. 이 물질 1kg이 1atm의 일정한 압력하에 0°C에서 200°C로 될 때 필요한 열량(kcal)은? (단, 이상기체이고 가역적이라 가정한다.)

$$C_p = 0.2 + \dfrac{5.7}{t+73} [\text{kcal/kg} \cdot \text{°C}], \ (t : \text{°C})$$

① 24.9
② 37.4
③ 47.5
④ 56.8

해설
$\Delta H = \int_{t_1}^{t_2} m C_P dt$ 이때, $m=1kg$, $C_P = \dfrac{5.7}{t+73}$ 이므로
$\int_{0℃}^{200℃} (1kg)\left(0.2 + \dfrac{5.7}{t+73}\right)dt = 0.2t\big[_0^{200} + 5.7 In(t+73)\big]_0^{200}$
$= 0.2(200-0) + 5.7 In\dfrac{273}{73} = 47.5℃$

25 다음 열역학식 중 틀린 것은? (단, H : 엔탈피, Q : 열량, P : 압력, V : 부피, G : 깁스에너지, S : 엔트로피, W : 일)

① $H = Q - PV$
② $G = H - TS$
③ $\Delta S = \int dQrev/T$
④ $W = -\int PdV$

해설
① $H = U + PV$

26 줄-톰슨(Joule-Thomson) 팽창과 엔트로피와의 관계를 옳게 설명한 것은?

① 엔트로피와 관련이 없다.
② 엔트로피가 일정해진다.
③ 엔트로피가 감소한다.
④ 엔트로피가 증가한다.

해설
줄-톰슨 팽창은 등엔탈피과정, 비가역과정이므로 엔트로피는 증가한다.

27 그림과 같은 공기표준 오토사이클의 효율을 옳게 나타낸 식은? (단, a는 압축비이고 r은 비열비(C_p/C_v)이다.)

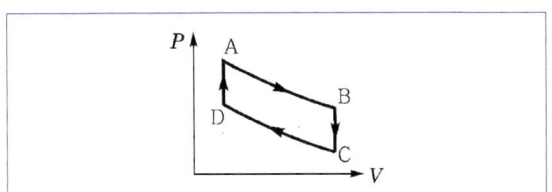

① $1-a^r$
② $1-a^{r-1}$
③ $1-(\frac{1}{a})^r$
④ $1-(\frac{1}{a})^{r-1}$

해설
$\eta_{otto\,cycle} = 1-\left(\frac{1}{a}\right)^{\gamma-1}$ γ : 비열, α : 압축비

28 다음의 액상에서의 과잉에너지 함수를 나타낸 것 중 국부조성 모델이 아닌 것은?

① 반 라르(Van Laar)모델
② 윌슨(Wilson)모델
③ NRTL모델
④ UNIQUAC모델

해설
국부조성 model
㉠ Wilson model
㉡ NRTL model
㉢ UNIQUAC model

29 화학반응의 평형상수(K)에 관한 내용 중 틀린 것은? (단, a_i, v_i는 각각 i성분의 활동도와 양론수이며 ΔG^0는 표준 깁스(Gibbs) 자유에너지 변화량이다.)

① $K = \Pi(\hat{a_i})^{v_i}$
② $\ln K = -\frac{\Delta G^0}{RT^2}$
③ K는 무차원이다.
④ K는 온도에 의존하는 함수이다.

해설
② $\ln K = -\frac{\Delta G^0}{RT}$

30 설탕물을 만들다가 설탕을 너무 많이 넣어 아무리 저어도 컵 바닥에 설탕이 여전히 남아있을 때의 자유도는? (단, 물의 증발은 무시한다.)

① 1
② 2
③ 3
④ 4

해설
$F = 2 - 2 + 2 = 2$

31 어떤 반응에서 $-r_A = 0.05C_A$(mol/cm³ · h)일 때 농도를 mol/L, 그리고 시간을 min으로 나타낼 경우 속도상수의 값은?

① 7.33×10^{-4}
② 8.33×10^{-4}
③ 9.33×10^{-4}
④ 10.33×10^{-4}

해설
$-r_A = K_1 C_A = 0.05/\text{h} \times C_A(\text{mol/cm}^3)$
$K = \dfrac{0.05}{\text{h}} \Big| \dfrac{\text{h}}{60\text{min}} = 8.33 \times 10^{-4}$

정답 26 ④ 27 ④ 28 ① 29 ② 30 ② 31 ②

32 다음은 Arrhenius 법칙에 의해 도시(plot)한 활성화 에너지(Activation energy)에 대한 그래프이다. 이 그래프에 대한 설명으로 옳은 것은?

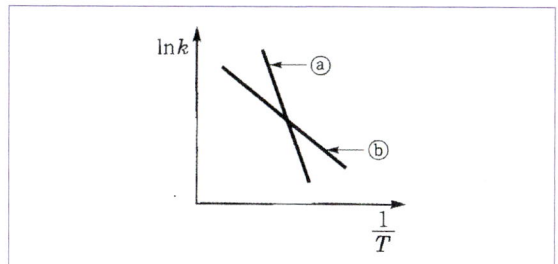

① 직선 ⓑ보다 ⓐ의 활성화 에너지가 크다.
② 직선 ⓐ보다 ⓑ의 활성화 에너지가 크다.
③ 초기에는 직선 ⓐ의 활성화 에너지가 크나 후기에는 ⓑ가 크다.
④ 초기에는 직선 ⓑ의 활성화 에너지가 크나 후기에는 ⓐ가 크다.

해설

Arrhenius equation : 반응속도상수와 온도의 측정

$$k = A \cdot e^{-\frac{E_a}{RT}}$$

여기서, A : 비례 인자,
E_a : 활성화 에너지

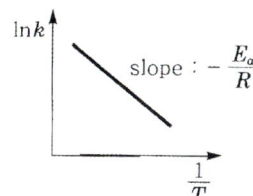

33 물질 A는 A → 5S로 반응하고 A와 S가 모두 기체일 때, 이 반응의 부피변화율 ϵ_A를 구하면? (단, 초기에는 A만 있다.)

① 1 ② 1.5
③ 4 ④ 5

해설

$$\varepsilon_A = \frac{5-1}{1} = 4$$

34 Michaelis – Menten 반응(A → R, 효소반응)의 속도식은? (단, $[E_0]$: 효소의 초기농도, $[M]$: Michaelis – Menten 상수, $[A]$: A의 농도)

① $r_R = k[A][E_0]/([M]+[A])$
② $r_R = k[A][M]/([E_0]+[A])$
③ $r_R = k[A][E_0]/([M]+[E_0])$
④ $r_R = k[A][E_0]/([M]-[A])$

해설

효소반응

(1) $S + E \xrightarrow{k_1} E \cdot S$

(2) $E + S \xrightarrow{k_2} E \cdot S$

(P) $E \cdot S + W \xrightarrow{k_p} P + E$

유사 정상상태를 가정하여 $-r_S$를 계산하면,
($[A]$는 A의 농도이며, $[E_t] = [E] + [E \cdot S]$)

$$-r_S = \frac{k_1 k_p [W][E_t][S]}{k_1[S] + k_2 + k_p[W]}$$

이때, 물의 농도는 반응 전후에 일정하다고 가정하면,
i) 전환수 $k_{cat} = k_p[W]$

ii) 미카엘리스 상수 $K_M = \dfrac{k_2 + k_{cat}}{k_1}$

iii) 최고 반응속도 $V_{max} = k_{cat}[E_t]$

이를 대입하면, $-r_S = r_R = \dfrac{V_{max}[S]}{K_M + [S]}$

35 일반적으로 A → P 와 같은 반응에서 반응물의 농도가 C = 1.0×10 mol/L일 때 그 반응속도가 0.020 mol/L·s 이고 반응속도상수가 k = 2×10⁻⁴ L/mol·s 라고 한다면 이 반응의 차수는?

① 1차 ② 2차
③ 3차 ④ 4차

해설

$-r_A = KC_A^\alpha$

0.020 mol/L·s = 2×10⁻⁴ L/mol·s × 10^α mol^α/L^α
2.0×10⁻² mol/L·s = 2×10^(α−4) mol^(α−1)/L^(α−1)·s
∴ α = 2차

정답 32 ① 33 ③ 34 ① 35 ②

36 기초반응 A → S, A → R 에서 R의 순간 수율 ø(R/A)를 C_A에 대해 그린 결과가 그림에 곡선으로 표시되어 있다. 원하는 물질 R의 총괄 수율이 직사각형으로 표시되는 경우, 어떤 반응기를 사용하였는가?

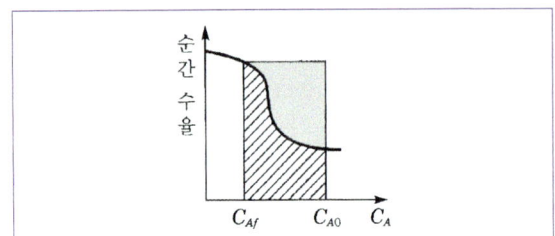

① plug flow reactor
② mixed flow reactor와 plug flow reactor
③ mixed flow reactor
④ laminar flow reactor

해설
$PFR \rightarrow \int_{C_{A0}}^{C_A} r_A dC_A$

$MFR \rightarrow \dfrac{r_A}{C_{A0} - C_A}$

37 다음의 액체상 1차 반응이 plug flow 반응기(PFR)와 mixed flow 반응기(MFR)에서 각각 일어난다. 반응물 A의 전화율을 똑같이 80%로 할 경우 필요한 MFR의 부피는 PFR 부피의 몇 약 배인가?

$$A \rightarrow R, \quad r_A = -kC_A$$

① 5.0
② 2.5
③ 0.5
④ 0.2

해설
PFR에서 1차일 때 $kt = k\dfrac{V}{V_0} = -\ln(1-X_A)$

MFR에서 1차일 때 $KC_A^{n-1}\tau = \dfrac{X_A}{(1-X_A)^n}(1+\varepsilon_A X_A)^n$

액상반응, 등온 기상반응, 비압축성에서 $\varepsilon_A = 0$

즉, $\dfrac{\cancel{K}\dfrac{V_{MFR}}{V_0}}{\cancel{K}\dfrac{V_{PFR}}{V_0}} = \dfrac{\dfrac{X_A}{1-X_A}}{-\ln(1-X_A)} = \dfrac{\dfrac{0.8}{1-0.8}}{-\ln(1-0.8)}$

∴ $\dfrac{V_{MFR}}{V_{PFR}} = 2.5$

38 완전혼합이 이루어지는 혼합 반응기에 관한 설명 중 옳은 것은?

① 혼합반응기의 내부농도는 출구농도보다 높다.
② 혼합반응기의 내부농도는 출구농도보다 낮다.
③ 혼합반응기의 내부농도는 출구농도와 일치한다.
④ 혼합반응기의 내부농도는 출구농도와 무관하다.

해설
이상적인 혼합반응기는 반응기 내부가 완전히 혼합됨으로 반응기 내부농도와 출구농도가 일치한다.

39 공간시간과 평균체류시간에 대한 설명 중 틀린 것은?

① 밀도가 일정한 반응계에서는 공간시간과 평균체류시간은 항상 같다.
② 부피가 팽창하는 기체반응의 경우 평균체류시간은 공간시간보다 작다.
③ 반응물의 부피가 전화율과 직선관계로 변하는 관형반응기에서 평균체류시간은 반응속도와 무관하다.
④ 공간시간과 공간속도의 곱은 항상 1이다.

해설
부피 변화에 따라 속도식이 변하므로 평균체류시간 또한 변화가 있다.

40 불포화상태 공기의 상대습도(relative humidity)를 Hr, 비교습도(percentage humidity)를 Hp로 표시할 때 그 관계를 옳게 나타낸 것은? (단, 습도가 0% 또는 100%인 경우는 제외한다.)

① Hp = Hr
② Hp > Hr
③ Hp < Hr
④ Hp + Hr = 0

해설
$Hr = \dfrac{P_v}{P_s}$, $Hp = \dfrac{P_v(P-P_s)}{P_s(P-P_v)}$

$P_s > P_v$이므로 $Hp < Hr$

제3과목 단위공정관리

41 질량조성이 N_2가 70%, H_2가 30%인 기체의 평균 분자량은 얼마인가?

① 4.7g/mol
② 5.7g/mol
③ 20.2g/mol
④ 30.2g/mol

해설

- $N_2 : \dfrac{70}{28} = 2.5\,\text{mol}$
- $H_2 : \dfrac{30}{2} = 15\,\text{mol}$

∴ 평균 분자량 = $\dfrac{100}{17.5} = 5.7\,\text{g/mol}$

42 100g의 Na_2SO_4를 200g의 물에 녹인 다음 이 용액을 냉각시켜 100g의 $Na_2SO_4 \cdot 10H_2O$를 결정화시켜 제거했다면 남아 있는 용액 중 Na_2SO_4의 양은? (단, Na와 S의 원자량은 각각 23, 32이다.)

① $100 - 100 \times \dfrac{142}{322}$
② $100 - 200 \times \dfrac{142}{322}$
③ $100 - 100 \times \dfrac{142}{180}$
④ $100 - 200 \times \dfrac{142}{180}$

해설

남아 있는 용액 중 Na_2SO_4의 양
= 초기 Na_2SO_4의 양 − 100g의 $Na_2SO_4 \cdot 10H_2O$ 중에서 Na_2SO_4의 양

$= 100\text{g} - 100\text{g} \times \dfrac{Na_2SO_4\text{의 분자량}}{Na_2SO_4 \cdot 10H_2O\text{의 분자량}}$

$= 100 - 100 \times \dfrac{142}{322}$

43 반대수(semi-log) 좌표계에서 직선을 얻을 수 있는 식은? (단, F와 Y는 종속변수이고, t와 x는 독립변수이며, a와 b는 상수이다.)

① $F(t) = at^b$
② $F(t) = ae^{bt}$
③ $y(x) = ax^2 + b$
④ $y(x) = ax$

해설

semi-log 좌표가 나오려면 양변에 ln or log를 취하면 한쪽만 ln or log가 있어야 한다.

② $F(t) = ae^{bt}$
↓
$\ln F(t) = \ln a + bt$

44 25℃에서 용액 4L에 960g의 NaCl을 포함한 염화나트륨 수용액의 염화나트륨의 몰 농도는? (단, 이 온도에서의 수용액의 밀도는 1.15g/cm³이다.)

① 4.1M
② 10.5M
③ 16.4M
④ 51M

해설

25℃, 4L, 960g NaCl
몰 농도(g/L)
$= \dfrac{960\text{g}}{4\text{L}} \times \dfrac{1\,\text{mol NaCl}}{58\,\text{g NaCl}}$
$= 4.137\,\text{g/L} \fallingdotseq 4.1\text{M}$

45 열화학반응식을 이용하여 클로로포름의 생성열을 계산하면 약 얼마인가?

$CHCl_3(g) + \dfrac{1}{2}O_2(g) + H_2O(aq)$
$\rightleftarrows CO_2 3HCl(aq)$
  $\Delta H_R = -121{,}800\,\text{cal}$ ·········· ⓐ

$H_2(g) + \dfrac{1}{2}O_2(g) \rightarrow H_2O(L)$
  $\Delta H_1 = -68{,}317.4\,\text{cal}$ ·········· ⓑ

$C(s) + O_2(g) \rightleftarrows CO_2(g)$
  $\Delta H_2 = -94{,}051.8\,\text{cal}$ ·········· ⓒ

$\dfrac{1}{2}H_2(g) + \dfrac{1}{2}Cl_2 \rightleftarrows HCl(g)$
  $\Delta H_3 = -40{,}023\,\text{cal}$ ·········· ⓓ

① 28,108cal
② −28,108cal
③ 24,003cal
④ −24,003cal

해설

클로로포름 생성식은
$C(s) + \dfrac{1}{2}H_2(g) + \dfrac{3}{2}Cl_2(g) \rightarrow CHCl_3(g)$ ⋯ ①
ⓐ = −ⓑ − ① + 3×ⓓ + ⓒ
∴ ① = 68,317.4 + 3×40,023 − 94,051.8 + 121,800
   = −24,003.4

46 지하 240m 깊이에서부터 지하수를 양수하여 20m 높이에 가설된 물탱크에 15kg/s의 양으로 물을 올리고 있다. 이때 위치에너지(potential energy)의 증가분($\triangle E_p$)은 얼마인가?

① 35,280J/s ② 3,600J/s
③ 3,250J/s   ④ 205J/s

해설
$mgh = 15kg/s \times 9.8m/s^2 \times 240m = 35,280 J/s$

47 다음 중 -10℃ 고체를 가열하여 10℃ 액체로 융해하였을 때 내부에너지 변화에 대한 설명으로 옳은 것은?

① 내부에너지의 변화는 엔탈피 변화와 거의 같다.
② 내부에너지의 변화가 없다.
③ 내부에너지의 변화는 부피의 변화값에만 의존한다.
④ 내부에너지의 변화는 없으나 엔탈피는 변한다.

해설
-10℃ 고체 → -10℃ 액체
내부에너지의 변화는 엔탈피 변화와 거의 비슷하다.

48 2성분 혼합의 액·액 추출에서 평형관계를 나타내는 데 필요한 자유도의 수는 얼마인가?

① 1 ② 2
③ 3 ④ 4

해설
$F_{(혼합시)} = C - P + 2$
성분수 : 2 상의 수 : 1
$= 2 - 1 + 2 = 3$

49 단면이 가로 5cm, 세로 20cm인 직사각형 관로의 상당직경(cm)은?

① 16 ② 12
③ 8   ④ 4

해설
$4 \times \dfrac{면적}{둘레길이} = 4 \times \dfrac{(5 \times 20)cm^2}{2 \times (5+20)cm} = 8cm$

50 노즐 흐름에서 충격파에 대한 설명으로 옳은 것은?

① 급격한 단면적 증가로 생긴다.
② 급격한 속도 감소로 생긴다.
③ 급격한 압력 감소로 생긴다.
④ 급격한 밀도 증가로 생긴다.

해설
노즐 흐름에서 급격한 압력의 감소가 급격한 속도의 증가로 이어진다(압력에너지 → 속도에너지).

51 냉각하는 벽에서 응축되는 증기의 형태는 막상응축(film type condensation)과 적상응축(drop wise condensation)으로 나눌 수 있다. 적상응축의 전열계수는 막상응축에 비하여 대략 몇 배가 되는가?

① 1배   ② 5~8배
③ 80~100배   ④ 1,000~2,000배

해설
적상응축의 전열계수는 막상응축에 비하여 5~8배가 된다.

52 이중열교환기에 있어서 내부관의 두께가 매우 얇고, 관벽 내부경막열전달계수 h_i가 외부경막열전달계수 h_o와 비교하여 대단히 클 경우 총괄열전달계수 U에 대한 식으로 가장 적합한 것은?

① $U = h_i + h_o$
② $U = h_i$
③ $U = h_o$
④ $U = \dfrac{1}{\sqrt{1/h_i + 1/h_o}}$

해설
$U = \dfrac{1}{\dfrac{1}{h_0}+\dfrac{1}{h_{do}}+\dfrac{L}{K}\dfrac{D_0}{D_{Lm}}+\dfrac{D_0}{h_{di}D_i}+\dfrac{D_0}{h_i D_i}}$

$h_i \gg h_0$, 오염계수, 전도 무시
$\rightarrow U = h_0$

정답 46 ① 47 ① 48 ③ 49 ③ 50 ③ 51 ② 52 ③

53 1atm에서 메탄올의 몰분율이 0.4인 수용액을 증류하면 몰분율은 0.73으로 된다. 메탄올과 물의 비휘발도는?

① 3.1
② 4.1
③ 4.7
④ 5.7

해설

$$\alpha_{AB} = \frac{\frac{Y_A}{X_A}}{\frac{Y_B}{X_B}} \text{(휘발성 : } A > B) = \frac{\frac{0.73}{0.4}}{\frac{0.27}{0.6}} = 4.0556$$

54 수심 20m 지점의 물의 압력은 몇 kgf/cm²인가? (단, 수면에서의 압력은 1atm이다.)

① 1.033
② 2.033
③ 3.033
④ 4.033

해설

$P = \rho gh + P_{대기압}$

$$P = \frac{10^3 \text{kg}}{\text{m}^3} \cdot \frac{20\text{m}}{} \cdot \frac{9.8\text{m}}{\text{s}^2} + \frac{1\text{atm}}{} \cdot \frac{1.01325 \times 10^5 \text{N/m}^2}{1\text{atm}}$$

$$= \frac{(196{,}000 + 101\text{m}325)\text{N}}{\text{m}^2} \cdot \frac{1\text{kgf}}{9.8\text{N}} \cdot \frac{1\text{m}^2}{100^2\text{cm}^2} = 3.034$$

∴ 3.034kgf/cm^2

55 벤젠과 톨루엔의 2성분계 정류조작에 있어서의 자유도(degrees of freedom)는 얼마인가?

① 0
② 1
③ 2
④ 3

해설

$F = 2 - \pi + N = 2 - 2 + 2 = 2$

56 기체흡수는 어떤 원리를 이용하는 분리인가?

① 밀도
② 점도
③ 용해도
④ 분자량

해설

기체의 용해도 평형 $C = H_P$

57 다음 중 자동차의 페인트 건조에 사용된 이래 공업적으로 많이 이용되고 있는 건조기는?

① 동결 건조기
② 고주파 건조기
③ 적외선 복사 건조기
④ 유동층 건조기

해설

적외선 복사 건조기는 자동차 페인트 건조에 사용된다.

58 다음 중 일반적으로 가장 작은 크기로 입자를 축소시킬 수 있는 장치는?

① 칼날 절단기(knife cutter)
② 조파쇄기(jaw crusher)
③ 선회파쇄기(gyratory crusher)
④ 유체-에너지 밀(fluid-energy mill)

해설

가장 작은 크기로 입자를 축소시킬 수 있는 장치 : 유체-에너지 밀

59 450K, 500kPa에서의 공기 밀도로 옳은 값은? (단, 공기의 평균 분자량은 29이다.)

① 3.877kg/m³
② 0.128kg/m³
③ 1.128g/cm³
④ 3.877g/cm³

해설

$PV = nRT = \frac{W}{M}RT$

$\frac{PM}{RT} = \frac{W}{V} = e$

$P = 500\text{kPa} = \frac{500 \times 10^3 \text{Pa}}{} \cdot \frac{1\text{atm}}{1.013 \times 10^5 \text{Pa}} = 4.94\text{atm}$

$R = 0.082$, $T = 450K$

$\frac{4.94 \times 29}{0.082 \times 450} = 3.879 \text{kg/m}^3$

정답 53 ② 54 ③ 55 ③ 56 ③ 57 ③ 58 ④ 59 ①

60 교반기 중 점도가 높은 액체의 경우에는 적합하지 않으나 점도가 낮은 액체의 다량 처리에 많이 사용되는 것은?

① 프로펠러(propeller)형 교반기
② 리본(ribbon)형 교반기
③ 앵커(anchor)형 교반기
④ 나선형(screw)형 교반기

해설
프로펠러형 교반기의 설명이다.

제4과목 화공계측제어

61 어떤 반응기에 원료가 정상상태에서 100L/min의 유속으로 공급될 때 제어밸브의 최대 유량을 정상상태 유량의 4배로 하고 IP 변환기를 설정하였다면 정상상태에서 변환기에 공급된 표준전류신호는 몇 mA인가? (단, 제어밸브는 선형 특성을 가진다.)

① 4   ② 8
③ 12   ④ 16

해설
표준전류신호는 4~20mA이다.
유속이 0일 때 4mA, 최대 유량에서 20mA라고 생각하면
$I = \dfrac{Q(L/min)}{25} + 4(mA)$ 이므로,
정상상태(100L/min)에서의 표준전류신호는 8mA이다.

62 함수 e^{-bt}의 라플라스 변환 함수는?

① $\dfrac{1}{(s-b)}$ ② e^{-bs}
③ $\dfrac{1}{(s+b)}$ ④ $s+b$

해설
$e^{-bs} \xrightarrow{\mathcal{L}} \dfrac{1}{s+b}$ (시간 지연)

63 차압 전송기(differential pressure transmitter)의 가능한 용도가 아닌 것은?

① 액체유량 측정   ② 기체분압 측정
③ 액위 측정   ④ 절대압 측정

해설
차압 전송기는 기체의 부분압력을 측정할 수 없다.

64 함수 $f(t)$의 라플라스 변환은 다음과 같다. $\lim\limits_{t \to 0} f(t)$를 구하면?

$$f(s) = \dfrac{(s+1)(s+2)}{s(s+3)(s-4)}$$

① 1   ② 2
③ 3   ④ 4

해설
$\lim\limits_{t \to \infty} f(t) = \lim\limits_{s \to \infty} sF(s) = \lim\limits_{s \to \infty} \dfrac{(s+1)(s+2)}{(s+3)(s-4)} = 1$

65 다음 미분방정식 해의 라플라스 함수는?

$$\dfrac{d^2x}{dt^2} + 4\dfrac{dx}{dt} - 5x = 10$$

$$\dfrac{dx(0)}{dt} = x(0) = 0$$

① $\dfrac{10}{s^2+4s-5}$ ② $\dfrac{10}{s(s^2+4s-5)}$
③ $\dfrac{1}{s^2+4s-5}$ ④ $\dfrac{10}{1/s^2+4/s-5}$

해설
$s^2X(s) - sX(0) - X(0) + 4sX(s) - X(0) - 5X(s) = \dfrac{10}{s}$
$(s^2+4s-5)X(s) = \dfrac{10}{s}$
$\therefore X(s) = \dfrac{10}{s(s^2+4s-5)}$

정답 60 ① 61 ② 62 ③ 63 ② 64 ① 65 ②

66 어떤 액위(liquid level) 탱크에서 유입되는 유량 (m³/min)과 탱크의 액위(h) 간의 관계는 다음과 같은 전달함수로 표시된다. 탱크로 유입되는 유량에 크기 1인 계단변화가 도입되었을 때 정상상태에서 h의 변화폭은?

$$\frac{Hs}{Q(s)} = \frac{1}{2s+1}$$

① 6 ② 3
③ 2 ④ 1

해설

$Q(s) = \frac{1}{s}$

$H(s) = \frac{1}{2s+1} \cdot \frac{1}{s} = \frac{a}{2s+1} + \frac{b}{s} = \frac{as+2bs+b}{(2s+1)s}$

→ $b = 1, a = -2$

$= \frac{1}{s} - \frac{2}{2s+1} \xrightarrow{\mathcal{L}^{-1}} 1 - \frac{2}{2}e^{-\frac{t}{2}} = 1 - e^{-\frac{t}{2}}$

정상상태 : $t \to \infty$
∴ $h(t) = 1$

67 X_1에서 X_2로의 전달함수와 X_2에서 X_3로의 전달함수가 각각 다음과 같이 표현될 때 X_1에서 X_3로의 전달함수는?

$$X_{(2)} = \frac{2}{(2s+1)}X_1, \quad X_{(3)} = \frac{1}{(3s+1)}X_2$$

① $\frac{2}{(2s+1)(3s+1)}$

② $\frac{2}{(2s+1)} + \frac{1}{(3s+1)}$

③ $2(2s+1)(3s+1)$

④ $\frac{(2s+1)}{2(3s+1)}$

해설

$\frac{X_3}{X_1} = \frac{X_2}{X_1} \times \frac{X_1}{X_2} = \frac{2}{(2s+1)} \cdot \frac{1}{(3s+1)}$

68 어떤 제어계의 임펄스(impulse) 응답이 $\sin t$일 때 이 계의 전달함수는?

① $\frac{1}{s+1}$ ② $\frac{s}{s+1}$

③ $\frac{1}{s^2+1}$ ④ $\frac{s}{s^2+1}$

해설

$y(t) = \sin t$

$Y(s) = \frac{1}{s^2+1} = G(s)X(s)$

$X(s) = 1$이므로, $G(s) = \frac{1}{s^2+1}$

69 2차계의 과소감쇠(under damped) 단위계단 응답에서 상승시간(궁극적인 값에 처음으로 도달하는데 걸리는 시간)을 계산하는 방법은? (단, 공정이득이 1인 경우이다.)

① 단위계단 응답이 0이 되는 첫 번째 시간을 구한다.
② 단위계단 응답이 1이 되는 첫 번째 시간을 구한다.
③ 단위계단 응답의 미분값이 0이 되는 첫 번째 시간을 구한다.
④ 단위계단 응답의 미분값이 1이 되는 첫 번째 시간을 구한다.

해설

공정이득이 1인 2차계의 과소감쇠 단위계단 응답에서 상승시간은 응답이 1이 되는 첫 번째 시간이다.

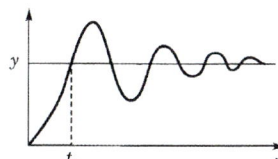

정답 66 ④ 67 ① 68 ③ 69 ②

70 다음 블록선도에서 서보 문제(servo problem)의 전달함수는?

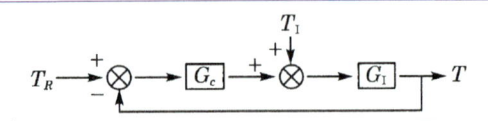

① $\dfrac{G_cG_I}{1+G_cG_I}$ ② $\dfrac{G_c}{1+G_cG_I}$

③ $\dfrac{G_cG_I}{1+G_c}$ ④ $\dfrac{G_I}{1+G_cG_I}$

해설
서보 문제의 경우 외란은 고려하지 않으므로
$G_{(s)} = \dfrac{G_CG_I}{1+G_CG_I}$

71 다음 그림은 교반되는 탱크를 나타낸 것이다. 용액의 온도는 T이고, 주위온도는 T_1이다. 주위로의 열손실을 나타내는 열전달 저항을 R이라 하고, 탱크 내 액체의 총괄 열용량을 C라고 할 때 이 시스템을 나타낸 블록 다이어그램으로 적합한 것은? (단, 열전달의 크기는 온도차이/R이다.)

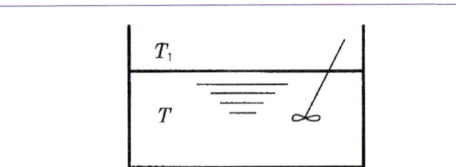

① $T_1 \longrightarrow \boxed{1+\dfrac{1}{RC_S}} \longrightarrow T$

② $T_1 \longrightarrow \boxed{\dfrac{1}{1+RC_S}} \longrightarrow T$

③ $T_1 \longrightarrow \boxed{\dfrac{RC}{1+RC_S}} \longrightarrow T$

④ $T_1 \longrightarrow \boxed{\dfrac{RS}{1+RC_S}} \longrightarrow T$

해설
시간상수 = 용량 × 저항
입력과 출력의 차원이 같으므로 분자는 1이다.
$\therefore G_{(s)} = \dfrac{1}{RC_S+1}$

72 다음 공정에서 각속도 ω = 0.5rad/min 의 정현파가 입력될 때 진폭비는? (단, s의 단위는 [1/min] 이다.)

$$G(s) = \dfrac{3}{2s+1}$$

① 0.71   ② 1.73
③ 2.12   ④ 3.03

해설
$AR = \dfrac{k}{\sqrt{i^2w^2+1}} = \dfrac{3}{\sqrt{2^2\times0.5^2+1}} = \dfrac{3}{\sqrt{2}} = 2.12$

73 주파수 3에서 amplitude ratio가 $\dfrac{1}{2}$ 이고, phase angle 이 $-\dfrac{n}{3}$ 인 공정에서 공정입력 $u(t)=2\sin(3t)$를 적용할 때 시간이 많이 지난 후의 공정출력 $y(t)$는?

① $y(t)=\sin(t)$ ② $y(t)=2\sin(t+\pi/3)$
③ $y(t)=4\sin(3t)$ ④ $y(t)=\sin(3t-\pi/3)$

해설
진폭비 $\dfrac{1}{2}$, 위상각 $-\dfrac{\gamma}{3}$, 공정입력이 $u(t)=2\sin(3t)$이므로
$y(t)=\dfrac{1}{2}\times2\sin\left(3t-\dfrac{\pi}{3}\right)=\sin\left(3t-\dfrac{\pi}{3}\right)$

74 어떤 제어계의 특성방정식은 $1+\dfrac{K_cK}{rs+1}=0$으로 주어진다. 이 제어시스템이 안정하기 위한 조건은? (단, τ는 양수이다.)

① $K_cK > -1$ ② $K_cK < 0$
③ $\dfrac{K_cK}{\tau} > 1$ ④ $K_c < 1$

해설
$1+\dfrac{K_cK}{\tau s+1}=0$
$\tau s + 1 + K_cK = 0$
$s = -\dfrac{1+K_cK}{n}$
제어시스템이 안정하려면 $s<0$이어야 하고, $n>0$이므로,
$K_cK > -1$

정답 70 ① 71 ② 72 ③ 73 ④ 74 ①

75 되먹임(feedback) 제어기를 조율할 때 비례(P) 모드의 제어기 이득에 비하여 비례적분(PI) 모드의 제어기 이득은 조금 작은 값을 사용한다. 그 이유에 대한 설명으로 가장 타당한 것은?

① 적분 모드에 의하여 안정성이 약해지는 것을 보상하기 위함이다.
② PI 모드는 P 모드에 비해 오프셋(offset)이 커도 되기 때문이다.
③ PI 모드는 P 모드에 비해 오프셋(offset)이 작아야 하기 때문이다.
④ 제어계의 물리적 실현가능성(physical realizability)을 높이기 위함이다.

해설
적분제어의 경우 위상지연을 일으키고 불안정을 증가시키므로 안정성을 위해 상대적으로 이득을 적게 준다.

76 단면적이 A인 어떤 탱크가 있다. 수면으로부터 h만큼 깊이의 탱크 벽에 오리피스 구멍을 만들었다. 이 오리피스를 통해 나오는 유체의 유량은?

① h에 비례한다.
② $h^{\frac{1}{2}}$에 비례한다.
③ h^2에 비례한다.
④ $h^{\frac{3}{2}}$에 비례한다.

해설
$\frac{V^2}{2} = gh$에서 $V = \sqrt{2gh}$ 이고 $q = A\sqrt{2gh}$

77 선형계가 안정하려면 특성방정식의 근들이 복소평면의 어디에 위치하여야 하는가?

① 복소평면 실수축의 위쪽 반평면
② 복소평면 허수축의 오른쪽 반평면
③ 복소평면 허수축의 왼쪽 반평면
④ 복소평면 실수축의 아래쪽 반평면

해설
선형계가 안정하려면 특성방정식의 근들이 복소평면 허수축의 왼쪽 반평면에 있어야 한다.

78 동적계(Dynamic System)를 전달함수로 표현하는 경우를 옳게 설명한 것은?

① 선형계의 동특성을 전달함수로 표현할 수 없다.
② 비선형계를 선형화하고 전달함수로 표현하면 비선형 동특성을 근사할 수 있다.
③ 비선형계를 선형화하고 전달함수로 표현하면 비선형 동특성을 정확히 표현할 수 있다.
④ 비선형계의 동특성을 선형화하지 않아도 전달함수로 표현할 수 있다.

해설
동적계에서 선형 동특성을 전달함수로 표현할 수 있으며, 비선형계를 선형화하고 전달함수로 표현하면 비선형 동특성을 근사할 수 있다.

79 특성방정식이 $1 + \dfrac{G_c}{(2s+1)(5s+1)} = 0$과 같이 주어지는 시스템에서 제어기($G_C$)로 비례제어기를 이용할 경우 진동응답이 예상되는 경우는?

① $K_C = -1$
② $K_C = 0$
③ $K_C = 1$
④ K_C에 관계없이 진동이 발생된다.

해설
G_c로 비례제어기를 이용하기 때문에
$(2s+1)(5s+1) + K_c = 0$
$10s^2 + 7s + 1 + K_c = 0$
$D = 49 - 40(1+K_c) < 0$ (안정 ⇒ 진동)
$9 - 40K_c < 0$
$\therefore K_c > \dfrac{9}{40}$, 만족하는 답은 $K_c = 1$뿐이다.

80 현대의 화학공정에서 공정제어 및 운전을 엄격하게 요구하는 주요 요인으로 가장 거리가 먼 것은?

① 공정 간의 통합화에 따른 외란의 고립화
② 엄격해지는 환경 및 안전 규제
③ 경쟁력 확보를 위한 생산공정의 대형화
④ 제품 질의 고급화 및 규격의 수시 변동

해설
외란의 고립화는 운전을 엄격하게 요구하는 요인과는 거리가 멀다.

정답 75 ① 76 ② 77 ③ 78 ② 79 ③ 80 ①

2023년 제3회 7월 8일 시행

제1과목 공업합성

01 공업적으로 인산을 제조하는 방법 중 인광석의 산분해법에 주로 사용되는 산은?

① 염산　　　② 질산
③ 초산　　　④ 황산

해설

$[Ca_2(PO_4)_2]_3 \cdot CaF_2 + 7H_2SO_4 + 3H_2O$
$\rightarrow 3CaH_4(PO_4)_2 \cdot 2H_2O + 7CaSO_4 + HF$

02 황산용액의 포화조에 암모니아 가스를 주입하여 황산암모늄을 제조할 때 85wt% 황산 1,000kg을 암모니아 가스와 반응시키면 약 몇 kg 의 황산암모늄 결정이 석출되겠는가? (단, 반응온도에서 황산암모늄 용해도는 97.5g/100g · H_2O이며, 수분의 증발 및 분리공정 중 손실은 없다.)

① 788.7　　　② 895.7
③ 998.7　　　④ 1095.7

해설

$H_2SO_4 + 2NH_3 \rightarrow (NH_4)_2SO_4$
H_2SO_4 용액 1,000kg (85Wt 황산) → H_2O : 150kg
H_2SO_4 분자량 98, $(NH_4)_2SO_4$ 분자량 132

$\dfrac{850}{98} = \dfrac{x}{132}$

$\therefore x = 1,145 kg$

용해도 : 97.5g/100g · H_2O

$\dfrac{97.5}{100} = \dfrac{x}{150}$

$\therefore y = 146.25 kg$

$\therefore 1,145 - 146.25 = 998.7 kg$

03 암모니아 산화에 의한 질산제조 공정에 있어서 조건이 옳지 않은 것은?

① NH_3와 공기의 혼합기체를 촉매하에 반응시켜 NO를 만든다.
② 백금, 백금 · 로듐 합금 등의 촉매를 사용할 수 있다.
③ NO를 매우 높은 고온에서 산화하여 NO_2로 한다.
④ NO_2를 물에 흡수시켜 HNO_3로 한다.

해설

③ NO를 매우 낮은 저온에서 산화하여 NO_2로 한다.

04 가성소다(NaOH)를 만드는 방법 중 격막법과 수은법을 비교한 것으로 옳은 것은?

① 격막법에서는 막이 파손될 때에 폭발이 일어날 위험이 없다.
② 제품의 가성소다 품질은 격막법보다 수은법이 좋다.
③ 수은법에서는 고농도를 만들기 위해서 많은 증기가 필요하기 때문에 보일러용 연료가 많이 필요하다.
④ 전류 밀도에 있어서 격막법은 수은법의 5~6배가 된다.

해설

격막법
- NaOH 농도가 낮으므로 농축비가 많이 든다.
- 제품의 순도가 낮다.

수은법
- 제품의 순도가 높다.
- 전력비가 많이 든다.
- 수은을 사용하므로 공해의 원인이 된다.
- 이론 분해 전압이 격막법보다 더 크다.

정답 01 ④　02 ③　03 ③　04 ②

05 전류효율이 100%인 전해조에서 소금물을 전기분해하면 수산화나트륨과 염소, 수소가 만들어진다. 매일 10ton의 염소가스가 부산물로 나온다면 수산화나트륨의 생산량은 약 몇 ton이 되겠는가?

① 8.54　　② 9.25
③ 10.26　　④ 11.27

해설

$2NaCl + 2H_2O \rightarrow 2NaOH + H_2 + Cl_2$
　　　　　　　　281.7kmol　　　　140.85kmol

$281.7kmol \times \dfrac{40kg}{1kmol} \times \dfrac{1ton}{1,000kg} = 11.27ton$

06 다음 중 이론 질소량이 가장 높은 질소질 비료는 어느 것인가?

① 요소　　② 황산암모늄
③ 석회질소　　④ 질산칼슘

해설

① $(NH_2)_2CO = \dfrac{28}{60} \times 100 = 46.67\%$

② $(NH_4)_2SO_4 = \dfrac{28}{132} \times 100 = 21.21\%$

③ $CaCN_2 + C = \dfrac{28}{92} \times 100 = 30.44\%$

④ $Ca(NO_3)_2 = \dfrac{28}{164} \times 100 = 17.07\%$

07 양쪽성 물질에 대한 설명으로 옳은 것은?

① 동일한 조건에서 여러 가지 축합반응을 일으키는 물질
② 수계 및 유계에서 계면활성제로 작용하는 물질
③ pK_a 값이 7 이하인 물질
④ 반응조건에 따라 산으로도 작용하고 염기로도 작용하는 물질

해설

양쪽성 물질 : Al, Zn, Sn, Pb, As이다.

08 격막식 전해조에서 전해액은 양극에 도입되어 격막을 통해 음극으로 흐르고, 음극실의 OH^-이 역류한다. 이때 격막실 전해조 양극의 재료는?

① 철망　　② Ni
③ Hg　　④ 흑연

해설

격막식 전해조 양극 재료 : 흑연

09 다음 중 n형 반도체만으로 구성되어 있는 것은?

① CulO, CoO　　② TiO_2, ZnO
③ NTO, CuO　　④ Ag_2O, SnO_2

해설

n형 반도체 : TiO_2, ZnO

10 모노글리세라이드를 옳게 설명한 것은?

① 양쪽성 계면활성제이다.
② 비이온 계면활성제이다.
③ 양이온 계면활성제이다.
④ 음이온 계면활성제이다.

해설

② 비이온 계면활성제 : 이온으로 분리되지 않는 계면활성제 (예 모노글리세라이드)

11 H_2와 Cl_2의 직접결합에 의한 합성염산법에서 사용되는 장치가 아닌 것은?

① 촉매실　　② 연소실
③ 냉각기　　④ 흡수기

해설

합성염산법에서 사용되는 장치 : 연소실, 냉각기, 흡수기

정답 05 ④　06 ①　07 ④　08 ④　09 ②　10 ②　11 ①

12 오산화바나듐(V_2O_5) 촉매하에 나프탈렌을 공기 중 400℃에서 산화시켰을 때 생성물은?

① 프탈산 무수물
② 초산 무수물
③ 말레산 무수물
④ 푸마르산 무수물

해설
프탈산 무수물의 설명이다.

13 니트로벤젠을 환원시켜 아닐린을 얻고자 할 때 사용하는 것은?

① Fe, HCl   ② Ba, H_2O
③ C, NaOH   ④ S, NH_4Cl

해설
아닐린 : 니트로벤젠을 주석(또는 철)과 염산으로 환원하여 아닐린을 만든다.

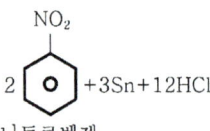

14 산화 에틸렌의 수화반응으로 만들어지는 것은 어느 것인가?

① 아세트알데히드
② 에틸렌글리콜
③ 에틸알코올
④ 글리세린

해설
$H_2C - CH_2 + H_2O(excess) \rightarrow CH_2 - CH_2$
　　＼O／　　　　　　　　　　　｜　　｜
　　　　　　　　　　　　　　　 OH　 OH

15 LPG에 대한 설명 중 옳은 것은?

① C_3, C_4의 탄화수소가 주성분이다.
② 액체 상태는 물보다 무겁다.
③ 그 자체로 매우 심한 독한 냄새가 난다.
④ 액화가 불가능하다.

해설
② 액체 상태는 물보다 가볍다.
③ 순수한 것은 냄새가 없다.
④ 상온, 상압에서는 기체이지만 상온에서도 비교적 낮은 압력으로 액화가 가능하다.

16 휘발유의 안티-노킹(anti-knocking)성의 정도를 표시하는 값은?

① 산가   ② 세탄가
③ 옥탄가   ④ API도

해설
휘발유의 안티노킹성을 나타내는 지표는 옥탄가이다.

17 Poly(vinyl alcohol)의 주원료 물질에 해당하는 것은?

① 비닐알코올   ② 염화비닐
③ 초산비닐   ④ 플루오르화비닐

해설
Poly의 주원료 물질 : 초산비닐

18 폴리카보네이트의 합성방법은?

① 비스페놀 A와 포스겐의 축합반응
② 비스페놀 A와 포름알데히드의 축합반응
③ 하이드로퀴논과 포스겐의 축합반응
④ 하이드로퀴논과 포름알데히드의 축합반응

해설
폴리카보네이트 = 비스페놀 A + 포스겐의 축합반응

정답 12 ① 13 ① 14 ② 15 ① 16 ③ 17 ③ 18 ①

19 아세톤을 염산 존재하에서 페놀과 작용시켰을 때 생성되는 주물질은?

① 벤조산 ② 벤조페논
③ 벤질알코올 ④ 비스페놀 A

해설

아세톤 + 페놀 → 비스페놀 A (반응식 구조도)

20 HNO₃ 14.5%, H₂SO₄ 50.5%, HNOSO₄ 12.5%, H₂O 20.0%, nitrobody 2.5% 의 조성을 가지는 혼산을 사용하여 toluene으로부터 mono nitrotoluene 을 제조하려고 한다. 이때 1,700kg의 toluene을 12,000kg의 혼산으로 니트로화했다면 DVS(dehydrating value of sulfuric acid)는?

① 1.87 ② 2.21
③ 3.04 ④ 3.52

해설

$C_6H_6CH_5$ + HNO_2 → $C_6H_4NO_2CH_3$ + H_2O
18.48kmol 27.62kmol   18.48kmol

HNO_3 1,740kg에서 생기는 물의 양

$18.48\text{kmol} \times \dfrac{18\text{kg}}{1\text{kmol}} = 332.64\text{kg}$

$DVS = \dfrac{6,060}{332.64 + 2,400}$
$= 2.2170$

제2과목 반응운전

21 초임계 유체에 대한 설명으로 틀린 것은?

① 비등현상이 없다.
② 액상과 기상의 구분이 없다.
③ 열을 가하면 온도는 변하지 않고 체적만 증가한다.
④ 온도가 임계온도보다 높고, 압력도 임계압력보다 높은 범위이다.

해설

초임계 유체는 임계온도, 임계압력 이상의 상태를 말하며 열을 가하면 온도는 증가하지만 상태변화는 일어나지 않는다.

22 반 데르 발스(Van der Waals)의 상태식에 따르는 n mol의 기체가 최초의 용적 V_1에서 최후용적 V_2로 정온가역적으로 팽창할 때 행한 일의 크기를 나타낸 식은?

① $W = nRT\ln\dfrac{V_1 - nb}{V_2 - nb} - n^2a\left(\dfrac{1}{V_1} - \dfrac{1}{V_2}\right)$

② $W = nRT\ln\dfrac{V_2 - nb}{V_1 - nb} - n^2a\left(\dfrac{1}{V_1} + \dfrac{1}{V_2}\right)$

③ $W = nRT\ln\dfrac{V_2 - nb}{V_1 - nb} + n^2a\left(\dfrac{1}{V_2} - \dfrac{1}{V_1}\right)$

④ $W = nRT\ln\dfrac{V_2 - nb}{V_1 - nb} + n^2a\left(\dfrac{1}{V_1} + \dfrac{1}{V_2}\right)$

해설

n mol의 기체가 정온가역 팽창시 한 일

sol) Van der Waals equation

$\left(P + \dfrac{n^2a}{V^2}\right)(V - nb) = nRT$ 에서

$P = \dfrac{nRT}{V - nb} - \dfrac{n^2a}{V^2}$ …… ⓐ

⇒ 정온가역 팽창시 한 일은

$\triangle u = Q - W = 0$

$Q = W = \int_{V_1}^{V_2} PdV$ (P에 ⓐ대입)

$= \int_{V_1}^{V_2}\left(\dfrac{nRT}{V - nb} - \dfrac{n^2a}{V^2}\right)dV$

$= nRT\ln\dfrac{V_2 - nb}{V_1 - nb} + n^2a\left(\dfrac{1}{V_2} - \dfrac{1}{V_1}\right)$

정답 19 ④ 20 ② 21 ③ 22 ③

23 어떤 화학반응의 평형상수의 온도에 대한 미분계수가 0보다 작다고 한다. 즉, $\left(\dfrac{\partial \ln K}{\partial T}\right)_P < 0$이다. 이때에 대한 설명으로 옳은 것은?

① 이 반응은 흡열반응이며, 온도가 증가하면 K값은 커진다.
② 이 반응은 발열반응이며, 온도가 증가하면 K값은 작아진다.
③ 이 반응은 발열반응이며, 온도가 증가하면 K값은 커진다.
④ 이 반응은 흡열반응이며, 온도가 증가하면 K값은 작아진다.

해설
반트호프의 법칙에 의해
$\dfrac{d(\ln K)}{d(T)} = \dfrac{\triangle H}{RT^2} < 0$이면
⇒ $\triangle H < 0$: 발열반응
T가 높으면 역반응이 일어난다.

24 A, B 성분의 이상용액에서 혼합에 의한 함수변화값을 나타낸 것 중 틀린 것은? (단, x_A, x_B는 액상의 몰분율을 나타낸다.)

① $\triangle G = RT(x_A \ln x_A + x_B \ln x_B)$
② $\triangle V = 0$
③ $\triangle H = \infty$
④ $\triangle S = -R\sum_i x_i \ln x_i$

해설
$G^E = \triangle G - RT\sum_i x_i \ln x_i$
$S^E = \triangle S + R\sum_i x_i \ln x_i$
$V^E = \triangle V$
$H^E = \triangle H$
이상용액에 대해 과잉성질은 0이다.

25 이상기체 혼합물에 대한 설명 중 옳지 않은 것은? (단, $\Gamma_i(T)$는 일정온도 T에서의 적분상수, y_i는 이상기체 혼합물 중 성분 i의 몰분율이다.)

① 이상기체의 혼합에 의한 엔탈피 변화는 0이다.
② 이상기체의 혼합에 의한 엔트로피 변화는 0이다.
③ 동일한 T, P에서 순수한 것과 혼합물의 몰부피는 같다.
④ 이상기체 혼합물의 깁스(Gibss) 에너지는 $G^{ig} = \sum_i y_i \Gamma_i(T) + RT \sum_i y_i \ln(y_i P)$이다.

해설
이상기체의 혼합에 의한 부피 및 엔탈피 변화는 0이지만 엔트로피는 변화한다.

26 액체상태의 물이 수증기와 평형을 이루고 있다. 이 계의 자유도수를 구하면?

① 0
② 1
③ 2
④ 3

해설
$F_{비반응계} = C - P + 2$
성분수 : 1   상의 수 : 2
$= 1 - 2 + 2 = 1$

27 0℃ 순수한 물 50kg과 100℃ 물 50kg을 대기압하에서 혼합할 때 엔트로피의 변화량은?

① 0
② 약 1.2kcal 증가
③ 약 20kcal 증가
④ 약 120kcal 감소

해설
$\triangle S_t = \triangle S_1 + \triangle S_2$ (혼합 시 최종 물온도 : 50℃)
$\triangle S_1 = mC_P \ln\dfrac{T_2}{T_1} - R\ln\dfrac{P_2}{P_1}$ (대기압하므로 → 0)
$= 1\text{kcal/kg} \cdot \text{℃} \times 50\text{kg H}_2\text{O}(l) \times \ln\dfrac{323}{273} = 8.41\text{kcal/℃}$
$\triangle S_2 = mC_P \ln\dfrac{T_2}{T_1}$
$= 1\text{kcal/kg} \cdot \text{℃} \times 50\text{kg H}_2\text{O}(l) \times \ln\dfrac{323}{373} = -7.20\text{kcal/℃}$
$\therefore \triangle S_t = 8.41 - 7.20 = 1.21\text{kcal/℃}$

정답 23 ② 24 ③ 25 ② 26 ② 27 ②

28 3성분계의 기체와 액체가 공존하는 시스템이 존재한다. 이 시스템을 열역학적으로 완전히 표시하려면 다음 중 최소한 어떤 조건이 주어져야 완전한 계산이 가능한가? (단, 반응이 없는 것으로 본다.)

① 온도와 압력
② 온도 및 조성 1개
③ 온도, 압력 및 조성 1개
④ 온도, 압력 및 조성 2개

해설

$F_{비반응계} = \underset{\underset{성분수\,:\,1}{\downarrow}}{C} - \underset{\underset{상의\,수\,:\,2}{\downarrow}}{P} + 2$

$= 3 - 2 + 2 = 3$(온도, 압력, 조성 1개)

29 줄-톰슨(Joule-Thomson)의 계수 $\mu = \left(\dfrac{\partial T}{\partial P}\right)_H$에 관한 설명으로 틀린 것은?

① 조름(throttling)공정에 의한 온도변화 방향을 예상할 수 있다.
② $\mu < 0$인 기체가 단열팽창 시에는 온도가 증가된다.
③ $\mu > 0$인 기체가 단열팽창 시에는 온도가 증가된다.
④ $\mu = 0$인 기체가 단열팽창 시에는 온도의 변화가 없다.

해설

Joule-Thomson 계수

$\mu_{JT} = \left(\dfrac{\partial T}{\partial P}\right)_H = \dfrac{T_2 - T_1}{P_2 - P_1}$

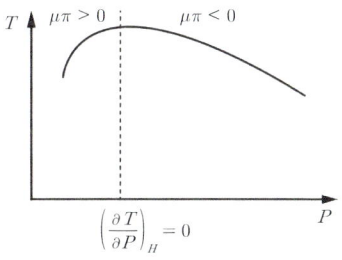

30 깁스-뒤엠(Gibbs-Duhem)식에서 얻어진 공존방정식인 다음의 식이 성립될 수 있는 경우로 가장 거리가 먼 것은? 단, P는 전압, X_1과 Y_1은 각각 액상 및 기상의 조성을 나타낸다.

$$\dfrac{dP}{dY_1} = \dfrac{P(Y_1 - X_1)}{Y_1(1 - Y_1)}$$

① 저압인 경우
② 온도가 일정한 경우
③ 진한 용액인 경우
④ 2상이 공존할 경우

해설

묽은 용액일수록 이상용액에 가깝기 때문에 진한 용액인 경우 성립될 수 없다.

31 비가역 1차 반응에서 속도정수가 $2.5 \times 10^{-3} s^{-1}$이었다. 반응물의 농도가 2.0×10^{-2} mol/cm³일 때의 반응속도는 몇 mol/cm³·s인가?

① 0.4×10^{-1}
② 1.25×10^{-1}
③ 2.5×10^{-5}
④ 5.0×10^{-5}

해설

$k = 2.5 \times 10^{-3} s^{-1}$
$C_A = 2.0 \times 10^{-2}$ mol/cm³
∴ $-r_A = kC_A = 2.5 \times 10^{-3} s^{-1} \times 2.0 \times 10^{-2}$ mol/cm³
$= 5.0 \times 10^{-5}$ mol/cm³·sec

32 비가역 액상반응에서 공간시간 τ가 일정할 때 전환율이 초기농도에 무관한 반응차수는?

① 0차
② 1차
③ 2차
④ 0차, 1차, 2차

해설

$-r_A = kC_A = \dfrac{dC_A}{dt}$

$-\int_{C_{A0}}^{C_A} \dfrac{dC_A}{C_A} = kt$

$-\ln\dfrac{C_{A0}(1-X_A)}{C_{r0}} = -\ln(1-X_A) = kt$

∴ 1차 반응은 X_A와 C_{A0}가 무관

33 균일계 액상반응이 회분식 반응기에서 등온으로 진행되고, 반응물의 20%가 반응하여 없어지는데 필요한 시간이 초기농도 0.2mol/L, 0.4mol/L, 0.8mol/L일 때 모두 25분이었다면, 이 반응의 차수는?

① 0차　　② 1차
③ 2차　　④ 3차

해설
초기농도에 무관한 반응
1차 반응일 때($n=1$차)
$t = \dfrac{1}{k} \ln \dfrac{1}{1-X_A}$

34 A물질 분해반응의 반응속도상수는 0.345min⁻¹이고 A의 초기농도는 2.4mol/L일 때, 정용 회분식 반응기에서 A의 농도가 0.9mol/L가 될 때까지 필요한 시간(min)은?

① 1.84　　② 2.84
③ 3.84　　④ 4.84

해설
$-\dfrac{dC_A}{dt} = kC_A$ 적분

$-\ln \dfrac{C_A}{C_{A_0}} = kt$

$-\dfrac{1}{k} \ln \dfrac{C_A}{C_{A_0}} = t$

$t = -\dfrac{1}{0.345} \ln \dfrac{0.9}{2.4} = 2.843 \text{min}$

35 A $\xrightarrow{1}$ R의 0차 반응에서 초기농도 C_{A_0}가 증가하면 전화율 X_A는? (단, 다른 조건은 모두 같다고 가정한다.)

① 증가한다.
② 감소한다.
③ 일정하다.
④ 초기에는 증가하다 점차로 감소한다.

해설
A → R의 1차 반응에서
$kt = \ln \dfrac{1}{1-X}$
∴ X_A는 C_{A_0}와 관계없고 일정하다.

36 다음과 같은 경쟁반응에서 원하는 반응을 가장 좋게 하는 접촉방식은? (단, n>P, m<Q)

$$A + B \begin{cases} \xrightarrow{k_1} R + T \text{ (원하는 반응)} \\ \xrightarrow{k_2} S + U \end{cases}$$

$$dR/dt = k_1 C_A^{\,n} C_B^{\,m}$$
$$dS/dt = k_2 C_A^{\,P} C_B^{\,Q}$$

①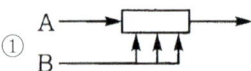
②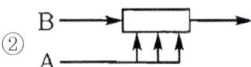
③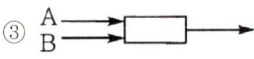
④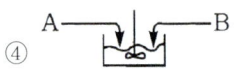

해설
㉠ $\dfrac{dR}{dt} = k_1 C_A^{\,n} C_B^{\,m}$　　$n > P$

㉡ $\dfrac{ds}{dt} = k_2 C_A^{\,P} C_B^{\,Q}$　　$m < Q$

⇒ ㉠÷㉡

$\dfrac{dR}{ds} = \dfrac{k_1}{k_2} C_A^{\,n-P} C_B^{\,m-Q}$

여기서 $n-P$는 양수, $m-Q$는 음수이다.
∴ $C_A \uparrow$, $C_B \downarrow$ 일수록 유리

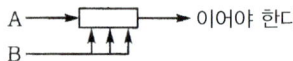 이어야 한다.

37 자기촉매반응에서 목표 전화율이 반응속도가 최대가 되는 반응 전화율보다 낮을 때 사용하기에 유리한 반응기는? (단, 반응생성물의 순환이 없는 경우이다.)

① 혼합 반응기
② 플러그 반응기
③ 직렬 연결한 혼합 반응기와 플러그 반응기
④ 병렬 연결한 혼합 반응기와 플러그 반응기

해설
혼합 반응기의 설명이다.

정답 33 ③　34 ②　35 ③　36 ①　37 ①

38 A → 2R인 기체상 반응은 기초 반응(elementary reaction)이다. 이 반응이 순수한 A로 채워진 부피가 일정한 회분식(batch) 반응기에서 일어날 때 10분 반응 후 전화율이 80%이었다. 이 반응을 순수한 A를 사용하며, 공간시간(space time)이 10분인 mixed flow 반응기에서 일으킬 경우 A의 전화율은 약 얼마인가?

① 91.5%   ② 80.5%
③ 65.5%   ④ 51.5%

해설

$$\varepsilon_A = 1 \cdot \frac{2-1}{1} = 1, \quad C_A = C_{A_0}(1-X_A)$$

$$t = C_{A_0}\int_0^{X_A}\frac{dX_A}{kC_A} = C_{A_0}\int_0^{X_A}\frac{dX_A}{kC_{A_0}(1-X_A)} = -\frac{1}{k}\ln(1-X_A)$$

$X_A = 0.8, \ t = 10 \rightarrow k = 0.161$

MFR $C_A = C_{A_0}\dfrac{(1-X_A)}{(1+X_A)}, \ \tau = \dfrac{C_{A_0}X_A}{kC_A}$

$10\min = \dfrac{X_A}{0.161\dfrac{(1-X_A)}{(1+X_A)}}$

→ 2차 방정식을 풀면 $X_A = 0.5150 = 51.5\%$

39 다음과 같은 평행반응이 진행되고 있을 때 원하는 생성물이 S라면 반응물의 농도는 어떻게 조절해 주어야 하는가?

$$A + B \xrightarrow{k_1} R, \quad \frac{dC_R}{dt} = k_1 C_A^{0.5} C_B^{1.8}$$

$$A + B \xrightarrow{k_2} S, \quad \frac{dC_S}{dt} = k_2 C_A C_B^{0.3}$$

① C_A를 높게, C_B를 낮게
② C_A를 낮게, C_B를 높게
③ C_A와 C_B를 높게
④ C_A와 C_B를 낮게

해설

$-r_R = k_1 C_A^{0.5} C_B^{1.8}, \ -r_S = k_2 C_A C_B^{0.3}$

C_A가 높으면 $-r_S$가 더 빠르고 C_B가 높으면 $-r_R$이 더 빠르므로 C_A는 높게, C_B는 낮게

40 회분식 반응기에서 0.5차 반응을 10min 동안 수행하니 75%의 액체 반응물 A가 생성물 R로 전화되었다. 같은 조건에서 15min간 반응을 시킨다면 전화율은 약 얼마인가?

① 0.75   ② 0.85
③ 0.90   ④ 0.94

해설

$$-r_A \frac{dC_A}{dt} = kC_A^{0.5}$$

$$kdt = \frac{dC_A}{C_A^{0.5}}$$

$$\int_0^t kdt = \int_{C_{A_0}}^{0.75C_{A_0}}\frac{dC_A}{C_A^{0.5}} = 0.94$$

제3과목 단위공정관리

41 표준상태에서 분자량이 30인 이상기체 100kg의 부피는 약 얼마인가?

① 55m³   ② 65m³
③ 75m³   ④ 85m³

해설

기체의 몰수 = $\dfrac{100\text{kg}}{30\text{kg/kmol}} = 3.334\text{kmol}$

표준상태 기체 1mol = 22.4L
∴ 3,334 × 22.4 = 74681.6L = 74.7m³

42 그림과 같은 순환조작에서 A, B, C, D, E의 각 흐름의 조성관계를 옳게 나타낸 것은?

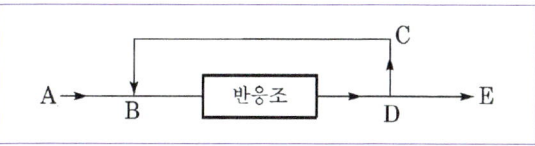

① A = B = C   ② C = D = E
③ A = B = D   ④ A = D = E

해설

C = D = E

43 CO_2 75vol% 과 NH_3 25vol%의 기체 혼합물을 KOH로 CO_2를 제거하였더니 유출가스의 조성은 25vol% CO_2이었다. CO_2 제거효율은 약 몇 % 인가? (단, NH_3의 양은 불변이다.)

① 10
② 33
③ 67
④ 89

해설

KOH로 흡수하기 전 CO_2는 75vol%였는데 유출가스 조성 중 25vol%가 CO_2이므로

∴ 제거효율 $= \dfrac{50 vol\%}{75 vol\%} \times 100\% = 67\%$

44 이상기체의 법칙이 적용된다고 가정할 때 용적이 5.5m³인 용기에 질소 28kg을 넣고 가열하여 압력이 10atm이 될 때 도달하는 기체의 온도는 약 몇 ℃인가?

① 698
② 498
③ 598
④ 398

해설

$PV = nRT$, $P = 10atm$

$V = 5.5m^3 \Rightarrow \dfrac{5.5m^3}{} \Big| \dfrac{1{,}000L}{1m^3} = 5{,}500L$

$n = \dfrac{28}{28} = 1kmol$, $R = 82 \dfrac{atm \cdot L}{kmol \cdot K}$, $T = xK$

$T = \dfrac{PV}{nR} = \dfrac{10 \times 5{,}500}{1 \times 82} = 670K$

∴ $670 - 273 ≒ 397℃$

45 상변화에 수반되는 열을 결정하는데 사용되는 Clausius-Clapeyron 식에 대한 설명 중 옳은 것은?

① 온도에 대한 포화증기압 도시(plot)의 최대값으로부터 잠열을 결정할 수 있다.
② 온도에 대한 포화증기압 도시(plot)의 최소값으로부터 잠열을 결정할 수 있다.
③ 온도역수에 대한 포화증기압 대수치 도시(plot)의 기울기로부터 잠열을 구할 수 있다.
④ 온도역수에 대한 포화증기압 대수치 도시(plot)의 절편으로부터 잠열을 구할 수 있다.

해설

Clausius-Clapeyron식

$\ln P = -\dfrac{\Delta \dot{H}ap}{R} \times \dfrac{1}{T} + \dfrac{\Delta \dot{S}ap}{R}$

46 높이 20m에 있는 질량이 30kg인 물체의 위치에너지는 몇 kgf·m인가?

① 61.22
② 400
③ 600
④ 5,880

해설

$30kg \times 9.81m/s^2 \times 20m$

$= 5{,}886N \cdot m \times \dfrac{1kgf}{9.81N}$

$= 600 kgf \cdot m$

47 18℃, 1atm에서 $H_2O(l)$의 생성열은 -68.4kcal/mol이다. 18℃, 1atm에서 $C(s) + H_2O(l) \to CO(g) + H_2(g)$의 반응열이 42kcal이다. 이를 이용하여 18℃, 1atm에서의 $CO(g)$ 생성열을 구하면 몇 kcal/mol인가?

① +110.4
② +26.4
③ -26.4
④ -110.4

해설

$C(s) + H_2O(l) \to CO(g) + H_2(g)$

$\Delta H_R = 42 kcal/mol$

- $(\Delta H_f)_{H_2O(l)} = -68.4 kcal/mol$
- $(\Delta H_f)_{CO(g)} = ?$

sol) $\Delta H_R = \Sigma(\Delta H_f)_P - \Sigma(\Delta H_f)_R$
$= (\Delta H_f)_{CO(g)} - (-68.4) = 42$

∴ $(\Delta H_f)_{CO(g)} = 42 - 68.4 = -26.4 kcal/mol$

48 분배의 법칙이 성립하는 영역은 어떤 경우 인가?

① 결합력이 상당히 큰 경우
② 용액의 농도가 묽을 경우
③ 용질의 분자량이 큰 경우
④ 화학적으로 반응할 경우

해설

분배의 법칙이 성립되는 영역 : 용액의 농도가 묽은 경우

정답 43 ③ 44 ④ 45 ③ 46 ② 47 ③ 48 ②

49 다음 중 기체 수송장치가 아닌 것은?

① 선풍기(fan)
② 회전펌프(rotary pump)
③ 송풍기(blower)
④ 압축기(compressor)

해설
② 회전펌프 : 액체 수송장치

50 다음 중 왕복식 펌프는?

① 기어 펌프(gear pump)
② 볼류트 펌프(volute pump)
③ 플런저 펌프(plunger pump)
④ 터빈 펌프(turbine pump)

해설

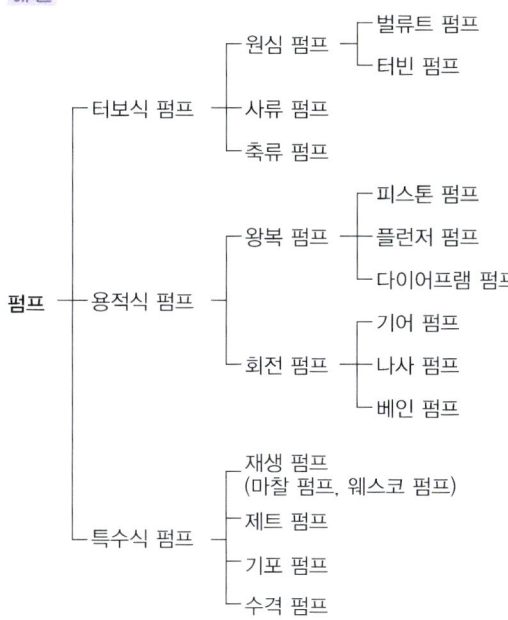

51 흑체의 전체 복사능은 절대온도의 4승에 비례한다는 법칙은?

① Stefan-Boltzmann 법칙
② McAdams 법칙
③ Planck 법칙
④ Wien 법칙

해설
Stefan-Boltzmann : 흑체의 전체 복사능은 절대온도의 4승에 비례

52 자연대류의 원인이 되는 것은?

① 농도 차이   ② 밀도 차이
③ 압력 차이   ④ 정도 차이

해설
자연대류는 외력 없이 일어나는 대류이므로 농도 차이이다.

53 물-HCl의 공비혼합물이 염산농도 20.2wt%에서 물을 가질 때 10wt% 염산용액을 단순증류하여 얻을 수 있는 가장 진한 농도의 염산은 몇 wt%인가?

① 10   ② 20.2
③ 30.2   ④ 36.5

해설
단순증류 시 농축될 수 있는 한계가 몇 %인지를 생각한다. 문제 속 20.2%에서 물을 가진다는 말은 증류로 물을 날리다가 더 이상 단순증류로는 물이 날아가지 않는다는 것이다.

54 다중효용 증발기(multiple effect evaporator)에 대한 설명으로 틀린 것은?

① 증발기를 직렬로 연결하여 조작한다.
② 최종 증발기의 압력이 높으므로 응축기와 진공장치가 필요 없다.
③ 한 증발기에서 증발한 수증기를 다른 증발기의 열원으로 사용한다.
④ 가열 수증기의 경제성을 증대시킨다.

해설
순류식 급액의 경우 고압관에서 저압관으로 액이 이동하며, 응축기와 진공 펌프가 필요하다.

55 최소 환류비에 대한 설명으로 옳은 것은?

① 탑상의 유출액이 가장 적을 때의 환류비이다.
② 탑하의 유출액이 가장 적을 때의 환류비이다.
③ 이론단수가 무한대일 때의 환류비이다.
④ 이론단수가 최소일 때의 환류비이다.

해설
최소 환류비 : 이론단수가 ∞일 때의 환류비

정답 49 ② 50 ③ 51 ① 52 ① 53 ② 54 ② 55 ③

56 McCabe-Thiele의 최소 이론단수를 구한다면, 정류부 조작선의 기울기는?

① 1.0 ② 0.5
③ 2.0 ④ 0

해설
최소 이론단수려면 전환류일 때이다.
전환류 : $R = \infty$
정류부 조작선 : $y_{n+1} = \dfrac{R}{R+1}x_n + \dfrac{X_D}{R+1}$
∴ 기울기 : 1

57 부피로 아세톤 15vol%를 함유하고 있는 질소와 아세톤의 혼합가스가 있다. 20℃, 750mmHg에서의 아세톤의 비교포화도는? (단, 20℃에서의 아세톤의 증기압은 185mmHg이다.)

① 45.98% ② 53.90%
③ 57.89% ④ 60.98%

해설
$H_P = \dfrac{H}{H_s} \times 100 = \dfrac{\dfrac{p}{P-p}}{\dfrac{P_s}{P-P_s}} \times 100$

$= \dfrac{\dfrac{112.5}{750-112.5}}{\dfrac{185}{750-185}} \times 100$

$= 53.9\%$

58 30℃, 750mmHg에서 percentage humidity(비교습도%H)는 20%이고, 30℃에서 포화증기압은 31.8mmHg이다. 공기 중의 실제 증기압은?

① 6.58mmHg ② 7.48mmHg
③ 8.38mmHg ④ 9.29mmHg

해설
$\dfrac{\dfrac{x}{750-x}}{\dfrac{31.8}{750-31.8}} = 0.2 \Rightarrow x = 6.58$

59 다음 중 고점도를 갖는 액체를 혼합하는데 가장 적합한 교반기는?

① 공기(air) 교반기
② 터빈(turbine) 교반기
③ 프로펠러(propeller) 교반기
④ 나선형 리본(helical-ribbon) 교반기

해설
나선형 리본 교반기는 고점도를 갖는 액체를 혼합하는 데 가장 적합하다.

60 어떤 장치의 압력계가 게이지압 26.7mmHg의 진공을 나타내었고 이때의 대기압은 745mmHg였다. 이 장치의 절대압은 몇 mmHg인가?

① 26.7 ② 718.3
③ 771.7 ④ 733.3

해설
745mmHg − 26.7mmHg = 718.3mmHg

제4과목 화공계측제어

61 $f(s) = \dfrac{s^4 - 6s^2 + 9s - 8}{s(s-2)(s^3 + 2s^2 - s - 2)}$의 라플라스 변환을 갖는 함수 f(t)에 대하여 f(0)를 구하는데 이용할 수 있는 이론과 f(0)의 값으로 옳은 것은?

① 초기치 정리(Initial value theorem), 1
② 최종치 정리(Final value theorem), −2
③ 함수의 변이이론(Translation theorem of function), 1
④ 로피탈 정리이론(L'Hopital's theorem), −2

해설
• $f(x) = \lim\limits_{s \to 0} sF(s)$: 최종값 정리
• $f(0+) = \lim\limits_{s \to \infty} sF(s)$: 초기값 정리

정답 56 ① 57 ② 58 ① 59 ④ 60 ② / 61 ①

62 피드백 제어계의 총괄 전달함수는?

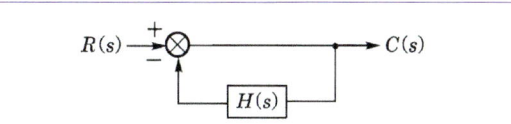

① $\dfrac{1}{-H(s)}$ ② $\dfrac{1}{1+H(s)}$

③ $\dfrac{1}{H(s)}$ ④ $\dfrac{1}{1-H(s)}$

해설

$\dfrac{C}{R} = \dfrac{R \to C \text{ 경로에 있는 모습}}{1+\text{폐회로에 있는 모습}} = \dfrac{1}{1+H(s)}$

63 Disturbance(외부교란)가 시간에 따라 변화할 때 제어변수가 고정된 set point에 따르도록 조절변수를 제어하는 것을 무슨 제어라고 칭하는가?

① 조정(regulatory) 제어
② 서보(servo) 제어
③ 감시 제어
④ 예측 제어

해설

조정(regulatory) 제어의 설명이다.

64 다음 그림의 펄스 Laplace 변환은?

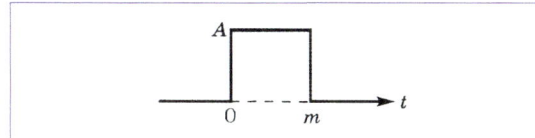

① $\dfrac{A}{s}(1-e^{-ms})$ ② $As(1-e^{-ms})$

③ $\dfrac{As}{1-e^{-ms}}$ ④ Ase^{-ms}

해설

$y(t)=0 \quad t<0$
$y(t)=A \quad 0 \leq t < m$
$y(t)=0 \quad t \geq m$

$\therefore Y(s) = \dfrac{A}{s}(1-e^{-ms})$

65 직렬로 연결된 일차계(first-order system)의 수가 증가함에 따라서 전체 시스템의 계단응답(step response)은 어떻게 되는가?

① 변화하지 않는다.
② 직선적으로 빨라진다.
③ 늦어진다.
④ 지수함수적으로 빨라진다.

해설

직렬로 연결된 일차계의 수가 증가하면 전체 시스템의 계단응답은 늦어진다.

66 $Y(s) = \dfrac{1}{s^2(s^2-5s-6)}$ 함수의 역 Laplace 변환으로 옳은 것은?

① $-\dfrac{5}{36} + \dfrac{1}{4}e^{-2t} - \dfrac{1}{9}e^{-3t}$

② $\dfrac{1}{6} + \dfrac{1}{4}e^{-2t} - \dfrac{1}{9}e^{-3t}$

③ $\dfrac{1}{6}t + \dfrac{5}{36}(\dfrac{1}{4}e^{-2t} - \dfrac{1}{9}e^{-3t})$

④ $-\dfrac{5}{36} + \dfrac{1}{6}t + \dfrac{1}{4}e^{-2t} - \dfrac{1}{9}e^{-3t}$

해설

$Y(s) = \dfrac{1}{s^2(s^2+5s+6)} = \dfrac{A}{s} + \dfrac{B}{s^2} + \dfrac{C}{s+2} + \dfrac{D}{s+3}$

양변에 $(s+3)$을 곱하고 $s=-3$을 대입하면
$D = -\dfrac{1}{9}$

양변에 $(s+2)$를 곱하고 $s=-2$를 대입하면
$C = \dfrac{1}{4}$

양변에 s^2을 곱하고 $s=0$을 대입하면
$B = \dfrac{1}{6}$

두 번째 식을 통분해 첫 번째 식과 비교하면
$A = -\dfrac{5}{36}$

$\therefore Y(s) = -\dfrac{5}{36s} + \dfrac{1}{6s^2} + \dfrac{1}{4(s+2)} - \dfrac{1}{9(s+3)}$

$\xrightarrow{\mathcal{L}^{-1}} y(t) = -\dfrac{5}{36} + \dfrac{1}{6}t + \dfrac{1}{4}e^{-2t} - \dfrac{1}{9}e^{-3t}$

정답 62 ② 63 ① 64 ① 65 ③ 66 ④

67 2차계 공정의 동특성을 가지는 공정에 계단입력이 가해졌을 때 응답 특성 중 맞는 것은?

① 압력의 크기가 커질수록 진동응답, 즉 과소감쇠 응답이 나타날 가능성이 커진다.
② 과소감쇠응답 발생 시 진동주기는 공정이득에 비례하여 커진다.
③ 과소감쇠응답 발생 시 진동주기는 공정이득에 비례하여 작아진다.
④ 출력의 진동 발생 여부는 감쇠계수 값에 의하여 결정된다.

해설
2차계 공정의 동특성
㉠ $\xi > 1$: 과도 감쇠
㉡ $\xi = 1$: 임계 감쇠
㉢ $0 < \xi < 1$: 과소 감쇠

68 다음은 parallel cascade 제어시스템의 한 예이다. D(s)와 Y(s) 사이의 전달함수 Y(s)/D(s)는?

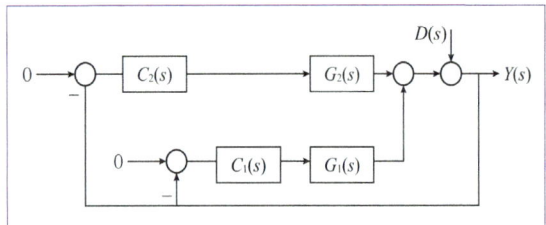

① $\dfrac{Y(s)}{D(s)} = \dfrac{1}{1 + C_1(s)G_1(s) + C_2(s)G_2(s)}$

② $\dfrac{Y(s)}{D(s)} = \dfrac{C_2(s)G_2(s)}{1 + C_1(s)G_1(s)}$

③ $\dfrac{Y(s)}{D(s)} = \dfrac{C_1(s)G_1(s)}{1 + C_2(s)G_2(s)}$

④ $\dfrac{Y(s)}{D(s)} = \dfrac{C_1(s)G_1(s) + C_2(s)G_2(s)}{1 + C_1(s)G_1(s) + C_2(s)G_2(s)}$

해설

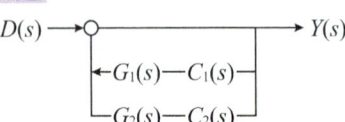

69 공정의 정상상태 이득(k), ultimate gain(K_{cu}) 그리고 ultimate period(P_u)를 실험으로 구하였다. $k = 1$, $K_{cu} = 4$, $P_u = 6.28$일 때, 이와 같은 결과를 주는 일차시간지연 모델, $G(s) = \dfrac{ke^{-\theta s}}{\tau s + 1}$의 시간상수 τ를 구하면?

① 1.41
② 2.24
③ 3.16
④ 3.87

해설
$K_{cu} = \dfrac{1}{M} = \dfrac{1}{AR} = 4$이므로, $AR = \dfrac{1}{4}$

$P_u = \dfrac{2\pi}{\omega} = 6.28$이므로, $\omega = 1$

$AR = \dfrac{k}{\sqrt{\tau^2\omega^2 + 1}}$에서 $k = 1$, $\omega = 1$이므로

$AR = \dfrac{1}{\sqrt{\tau^2 + 1}} = \dfrac{1}{4}$

$\therefore \tau = 3.87$

70 $\dfrac{K}{\tau^2 s^2 + \zeta \tau s + 1}$인 2차계 공정에서 단위계단 입력에 대한 공정응답으로 옳은 것은? (단, $\zeta, \tau > 0$이다.)

① ζ가 1보다 작을수록 overshoot이 작다.
② ζ가 1보다 작을수록 진동주기가 작다.
③ 진동주기는 K와 τ에는 무관하다.
④ K가 클수록 응답이 빨라진다.

해설
Overshoot
$OS = \exp\left(-\dfrac{\pi\zeta}{\sqrt{1-\zeta^2}}\right)$

주기
$P = \dfrac{2\pi\tau}{\sqrt{1-\zeta^2}}$이므로

ζ가 1보다 작을수록 Overshoot는 커지고, 진동주기는 작아진다.

정답 67 ④ 68 ④ 69 ④ 70 ②

71 현장에서 PI 제어기를 시행착오를 통하여 결정하는 방법이 아래와 같다. 이 방법을 $G(s) = \dfrac{1}{(s+1)^3}$인 공정에 적용하여 1단계 수행 결과 제어기 이득이 4일 때, 폐루프가 불안정해지기 시작하는 적분상수는?

- 1단계 : 적분상수를 최대값으로 하여 적분동작을 없애고 제어기 이득의 안정한 최대값을 실험을 통하여 구한 후 이 최대값의 반을 제어기 이득으로 한다.
- 2단계 : 앞의 제어기 이득을 사용한 상태에서 안정한 적분상수의 최소값을 실험을 통하여 구한 후 이것의 3배를 적분상수로 한다.

① 0.17　　② 0.56
③ 2　　　④ 2.4

해설

특성방정식을 쓰면,
$1 + \dfrac{1}{(s+1)^3} 4\left(1 + \dfrac{1}{\tau s}\right) = 0$
$\tau s^4 + 3\tau s^3 + 3\tau s^2 + 5\tau s + 4 = 0$
$s = iw$를 대입하면
$\tau(iw)^4 + 3\tau(iw)^3 + 2\tau(iw)^2 + 5\tau iw + 4 = 0$
$(\tau w^4 - 2\tau w^2 + 4) + (5\tau w - 3\tau w^3)i = 0$
실수부 : $5 - 3w^2 = 0, w^2 = \dfrac{5}{3}$
허수부 : $\tau\left(\dfrac{5}{3}\right)^2 - 2\tau\left(\dfrac{5}{3}\right) + 4 = 0, \tau = 1.8$

3배한 값이 1.8이므로 폐루프가 불안정해기 시작하는 적분상수 $\tau = 0.6$이다.

72 복사에 의한 열전달 식은 $q = kcAT^4$으로 표현된다고 한다. 정상상태에서 $T = T_s$일 때 이 식을 선형화시키면? (단, k, c, A는 상수이다.)

① $4kcAT_s^3(T - 0.75T_s)$
② $kcA(T - T_s)$
③ $3kcAT_s^3(T - T_s)$
④ $kcAT_s^4(T - T_s)$

해설

$q = kcAT^4 \approx kcAT_s^4 + \dfrac{d}{d_T}q(T - T_s)$
$= kcAT_s^4 + 4kcAT_s^3(T - T_s)$

73 다음 그림은 외란의 단위계단 변화에 대해 잘 조율된 P, PI, PD, PID에 의한 제어계 응답을 보인 것이다. 이 중 PID 제어기에 의한 결과는 어떤 것인가?

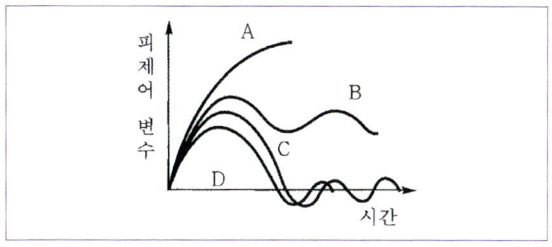

① A　　② B
③ C　　④ D

해설

PID 제어기를 사용하면 off-set을 없애주고, Reset 시간도 단축시킨다.

74 다음의 블록선도(Block diagram)에 있어서 총괄전달함수는 어떻게 되는가?

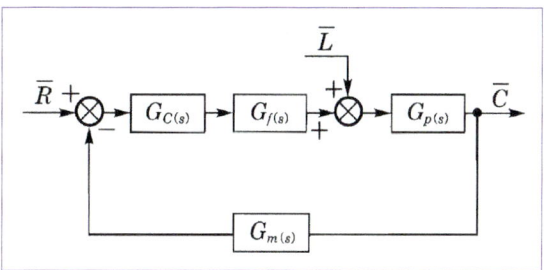

① $\dfrac{\overline{C}}{\overline{R}} = \dfrac{G_{p(s)}}{1 + G_{c(s)}G_{f(s)}G_{p(s)}}$

② $\dfrac{\overline{C}}{\overline{R}} = \dfrac{G_{c(s)}G_{f(s)}G_{p(s)}}{1 + G_{c(s)}G_{f(s)}G_{m(s)}}$

③ $\dfrac{\overline{C}}{\overline{R}} = \dfrac{G_{p(s)}}{1 + G_{c(s)}G_{f(s)}G_{p(s)}G_{m(s)}}$

④ $\dfrac{\overline{C}}{\overline{R}} = \dfrac{G_{c(s)}G_{f(s)}G_{p(s)}}{1 + G_{c(s)}G_{f(s)}G_{m(s)}G_{p(s)}}$

해설

외부교란 변수를 고려하지 않는 SERVO 문제의 경우

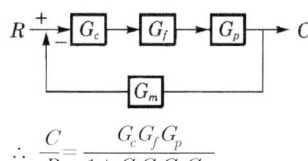

$\therefore \dfrac{C}{R} = \dfrac{G_c G_f G_p}{1 + G_c G_f G_p G_m}$

75 블록다이아그램의 3차 제어계에서 다음 중 계가 안정한 경우에 해당하는 것은?

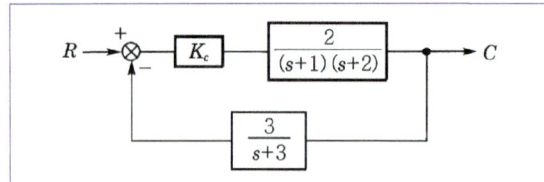

① $K_c = 10$ ② $0 < K_C < 10$
③ $K_C > 10$ ④ $K_C < 10$

해설

$$G(i) = \frac{\frac{2K_c}{(s+1)(s+2)}}{1+\frac{6K_c}{(s+1)(s+2)(s+3)}}$$

$$= \frac{2K_c \cdot s + 6K_c}{s^3 + 6s^2 + 11s + 6K_c + 6}$$

Routh array, $6K_c + 6 > 0$에서 $K_c > -1$

1 : 11
6 : $6K_c + 6$

$\frac{66-(6K_c+6)}{6} > 0$이므로 $K_c < 10$

따라서, $-1 < K_c < 10$

76 0~500℃ 범위의 온도를 4~20mA로 전환하도록 스팬 조정이 되어 있던 온도센서에 맞추어 조율되었던 PID 제어기에 대하여, 0~250℃ 범위의 온도를 4~20mA로 전환하도록 온도센서의 스팬을 재조정한 경우, 제어 성능을 유지하기 위하여 PID 제어기의 조율은 어떻게 바뀌어야 하는가? (단, PID 제어기의 피제어 변수는 4~20mA 전류이다.)

① 비례이득값을 2배 늘린다.
② 비례이득값을 1/2로 줄인다.
③ 적분상수값을 1/2로 줄인다.
④ 제어기 조율을 바꿀 필요없다.

해설

온도센서의 스팬을 재조정한 경우 제어 성능을 유지하기 위하여 PID 제어기의 조율은 비례이득값을 $\frac{1}{2}$로 줄인다.

77 공정의 안정성에 대한 언급 중 옳지 않은 것은?

① 근궤적(Root-locus)으로 폐회로의 안정성을 판별할 수 있다.
② 불안정한극점(Pole)이 원점으로부터 멀어질수록 천천히 발산한다.
③ 영점(Zero)은 안정성에 전혀 영향을 미치지 못한다.
④ Bounded 1nput Bounded Output(BIBO)안 정성 관점에서 지속적인 진동을 일으키는 극점은 안정한 것으로 판정한다.

해설

불안정한 극점이 원점으로부터 멀어질수록 빠르게 발산한다.

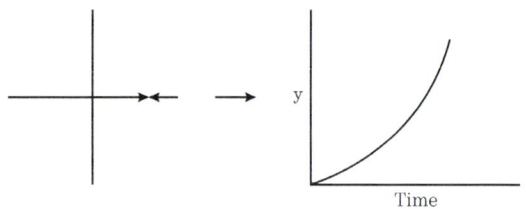

78 다음의 Nyquist 선도에서 불안전한 폐루프계(closed-loop system)를 나타낸 그림은? (단, 개루프계(open-loop system)는 unstable poles을 갖지 않는다.)

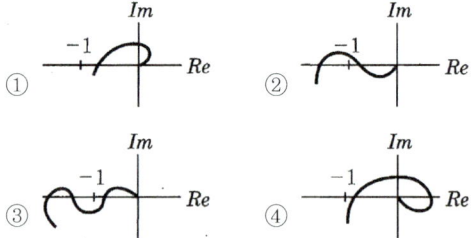

해설

개루프계가 안정할 때 폐루프계가 불안정하려면 (-1,0)을 감싸야 한다.

정답 75 ② 76 ② 77 ② 78 ②

79 어떤 제어계의 특성방정식이 다음과 같을 때 임계주기(ultimate period)는 얼마인가?

$$s^3 + 6s^2 + 9s + 1 + K_c = 0$$

① $\dfrac{\pi}{2}$
② $\dfrac{2}{3}\pi$
③ π
④ $\dfrac{3}{2}\pi$

해설

$s = jw$를 대입
$-jw^3 - 6w^2 + 9jw + 1 + K_c = 0$
$(1 + K_c - 6w^2) + (9w - w^3)j = 0$
허수부가 0이 되는 $w = 3$, 따라서 임계주기는 $\dfrac{2\pi}{w} = \dfrac{2}{3}\pi$

80 제어밸브 입출구 사이의 불평형 압력(unbalanced force)에 의하여 나타나는 밸브위치의 오차, 히스테리시스 등이 문제가 될 때 이를 감소시키기 위하여 사용되는 방법으로 가장 거리가 먼 것은?

① C_v가 큰 제어밸브를 사용한다.
② 면적이 넓은 공압 구동기(pneumatic actuator)를 사용한다.
③ 밸브 포지셔너(positioner)를 제어밸브와 함께 사용한다.
④ 복좌형(double seated) 밸브를 사용한다.

해설

제어밸브 입출구 사이의 불평형 압력에 의하여 나타나는 문제의 해결법 : 면적이 넓은 공압구동기를 사용한다. 밸브 포지셔너를 제어밸브와 함께 사용한다. 복좌형 밸브를 사용한다.

2024년 제1회 2월 5일 시행

제1과목 공업합성

01 다음 중 접촉식 황산 제조와 관계가 먼 것은 어느 것인가?

① 백금 촉매 사용
② V_2O_5 촉매 사용
③ SO_3 가스를 황산에 흡수시킴
④ SO_3 가스를 물에 흡수시킴

해설
접촉식 황산 제조에 쓰이는 촉매는 Pt 촉매와 V_2O_5 촉매가 있다. 촉매를 사용하여 SO_2를 SO_3로 전환시킨 후 냉각하여 흡수탑에서 98% 황산에 흡수시킨다.

02 순수 HCl 가스를 제조하는 방법은?

① 질산 분해법
② 흡착법
③ Hargreaves법
④ Deacon법

해설
순수 HCl 가스를 제조하는 방법
㉠ 직접 합성법
㉡ 농염산의 증류법(스트립법)
㉢ 흡착법(건조 흡탈착법)

03 다음의 반응식으로 질산이 제조될 때 전체 생성물 중 질산의 질량 %는?

$$NH_3 + 2O_2 \rightarrow HNO_3 + H_2O$$

① 58
② 68
③ 78
④ 88

해설
• 1mol HNO_3 = 63g
• 1mol H_2O = 18g
$\dfrac{63}{63+18} \times 100 = 77.78\%$

04 염산을 르블랑(LeBlanc)법으로 제조하기 위하여 소금을 원료로 사용한다. 100% HCl 3000kg을 제조하기 위한 85% 소금의 이론량은 약 얼마인가? (단, NaCl M.W = 58.5, HCl M.W = 36.5이다.)

① 3,636kg
② 4,646kg
③ 5,657kg
④ 6,667kg

해설
NaCl + H_2O → HCl + NaOH
HCl 3,000kg
∴ HCl 몰수 = $\dfrac{3,000}{36.5}$ = 82.2mol
NaCl 몰수 = 82.2mol
소금 양 × 0.85 = 82.2mol
∴ 소금 이론 양 = 96.7mol
96.7mol × 58.5g/mol = 5,657kg

05 염소(Cl_2)에 대한 설명으로 틀린 것은?

① 염소는 식염수의 전해로 제조할 수 있다.
② 염소는 황록색의 유독가스이다.
③ 염소는 수분을 함유하지 않아도 철, 구리 등을 급격하게 부식시킨다.
④ 염소는 살균용, 표백용으로 이용된다.

해설
③ 염소는 습기가 있으면 철 등을 부식시키므로 수분과 격리시켜야 한다.

06 소금물을 전기분해하여 공업적으로 가성소다를 제조할 때 다음 중 적합한 방법은?

① 격막법
② 건식법
③ 침전법
④ 중화법

해설
$2Na^+ + 2Cl^- + 2H_2O \rightarrow 2Na^+ + 2OH^- + Cl_2 + H_2$

정답 01 ④ 02 ② 03 ③ 04 ③ 05 ③ 06 ①

07 요소비료를 합성하는데 필요한 CO_2의 원료로 석회석(탄산칼슘 함량 85wt%)을 사용하고자 한다. 요소비료 1ton을 합성하기 위해 필요한 석회석의 양(ton)은? (단, Ca의 원자량은 40g/mol이다.)

① 0.96
② 1.96
③ 2.96
④ 3.96

해설

$2NH_3 + CO_2 \rightarrow NH_4CO_2NH_2 \rightarrow NH_2CONH_2 + H_2O$
　　44kg　　　　：　　　60kg
　　x　　　　：　　　1,000kg
∴ x = 733.33kg

$CaCO_3 \rightarrow CaO + CO_2$
　100　　：　　44
$y \times 0.85$ ：　733.33
∴ y = 1,960.8kg = 1.96

08 니트로화합물 중 트리니트로톨루엔에 관한 설명으로 틀린 것은?

① 물에 매우 잘 녹는다.
② 톨루엔을 니트로화하여 제조할 수 있다.
③ 폭발물질로 많이 이용된다.
④ 공업용 제품은 담황색 결정형태이다.

해설
트리니트로톨루엔은 물에 녹지 않는다.

09 말레산 무수물을 벤젠의 공기산화법으로 제조하고자 한다. 이때 사용되는 촉매는 무엇인가?

① 바나듐펜톡사이드(오산화바나듐)
② Si-Al_2O_3 담체로 한 Nickel
③ $PdCl_2$
④ LiH_2PO_4

해설
벤젠 $\xrightarrow{V_2O_5}$ 말레산 → 말레 무수물

10 가성소다(NaOH)를 만드는 방법 중 격막법과 수은법을 비교한 것으로 옳은 것은?

① 전류밀도에 있어서 격막법은 수은법의 5~6배가 된다.
② 제품의 가성소다 품질은 수은법보다 격막법이 좋다.
③ 수은법에서는 고농도를 만들기 위해서 많은 증기가 필요하기 때문에 보일러용 연료가 많이 필요하다.
④ 격막법에서는 막이 파손될 때에 폭발이 일어날 위험이 있다.

해설
① 전류밀도는 격막법보다는 수은법이 2.5~6배 정도 높다.
② 수은법으로 제조한 것은 농도가 진하여 불순물이 적어 그대로 사용할 수 있으나 격막법은 품질이 떨어진다.
③ 수은법에서는 고농도를 만들기 위해서 전력비가 많이 든다.

11 반도체공정 중 노광 후 포토레지스트로 보호되지 않는 부분을 선택적으로 제거하는 공정을 무엇이라 하는가?

① 에칭
② 조립
③ 박막형성
④ 리소그래피

해설
에칭의 설명이다.

12 페놀(phenol)을 만들기 위한 중간반응 중에서 술폰화 반응단계에 해당하는 것은?

① $C_6H_5S_3Na + 2NaOH$
　→ $C_6H_5ONa + Na_2SO_3 + H_2O$
② $C_6H_6 + HOSO_3H \rightarrow C_6H_5SO_3H + H_2O$
③ $C_6H_5S_3H + NaOH \rightarrow C_6H_5S_3Na + H_2O$
④ $C_6H_5S_3Na + HCl \rightarrow C_6H_5OH + NaCl$

해설
② 술폰화 반응단계 :

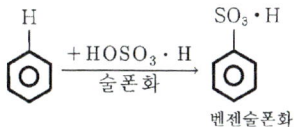

13 접촉개질 반응으로부터 얻어지는 화합물은?

① 벤젠 ② 프로필렌
③ 가지화 C5 유분 ④ 이소뷰틸렌

해설
접촉개질 반응은 방향족 탄화수소를 얻는다.

14 도시가스 제조 프로세스 중 접촉분해공정에 대한 설명으로 옳지 않은 것은?

① 일정온도, 압력하에서 수증기 비를 증가시키면 CH_4, CO_2의 생성이 많아진다.
② 반응압력을 올리면 CH_4, CO_2의 생상이 많아진다.
③ 반응온도를 상승시키면 CO, H_2가 많이 생성된다.
④ 촉매를 사용하여 반응온도는 400~800℃이며 탄화수소와 수증기를 촉매 반응시키는 방법이다.

해설
나프타와 가스 조성의 변화

구분		H_2, CO	CH_4, CO_2
온도	상승	증가	감소
	하강	감소	증가
압력	상승	감소	증가
	하강	증가	감소

15 석유 유분에서 접촉분해와 비교한 열분해반응의 특징이 아닌 것은?

① 코크스나 타르의 석출이 많다.
② 디올레핀이 비교적 많이 생성된다.
③ 방향족 탄화수소가 적다.
④ 분자 지방족 중 특히 C_3~C_6의 탄화수소가 많다.

해설
열분해 특징
㉠ 올레핀이 많으며, C_1~C_2 계열의 가스가 많다.
㉡ 대부분 지방족이다.
㉢ 코크스나 타르의 석출이 많다.
㉣ 디올레핀이 비교적 많다.
㉤ 유리기 기구를 가진다.

16 융점이 327℃이며, 이 온도 이하에서는 용매가공이 불가능할 정도로 매우 우수한 내약품성을 지니고 있어 화학공정 기계의 부식방지용 내식재료로 많이 응용되고 있는 고분자 재료는 무엇인가?

① 폴리에틸렌
② 폴리테트라 플로로에틸렌
③ 폴리카보네이트
④ 폴리이미드

해설
폴리테트라 플로로에틸렌의 설명이다.

17 용액중합에 대한 설명으로 옳지 않은 것은?

① 용매회수, 모노머 분리 등의 설비가 필요하다.
② 용매가 생장라디칼을 정지시킬 수 있다.
③ 유화중합에 비해 중합속도가 빠르고 고분자량의 폴리머가 얻어진다.
④ 괴상 중합에 비해 반응온도 조절이 용이하고 균일하게 반응을 시킬 수 있다.

해설

벌크중합	장점	• 간단한 중합 방법, 반응물 수가 적음. • 저비용의 중합방법, 고분자 합성과 사용이 용이함.
	단점	• 자동가속화, 고분자 합성 중 발열로 인한 열전달의 문제점
용액중합	장점	• 용매가 고분자 합성의 발열을 흡수함. • 자가 가속화 반응 회피 가능 • 고분자가 용액에 최종적으로 남아 있고, 바로 사용 가능함.
	단점	• 용매를 적용하고, 반응종료 후 회수해야 함. • 어떤 지점에서 용매와 고분자를 분리해야 함. • 용매로 인하여 환경 문제 가능성 • 중합속도가 늦고, 고분자의 분자량이 낮다.

정답 13 ① 14 ① 15 ④ 16 ② 17 ③

18 아세틸렌에 무엇을 작용시키면 염화비닐이 생성되는가?

① HCl ② Cl₂
③ HOCl ④ KCl

해설
H−C≡C−H + HCl → CH₂=CHCl
　　　　　　　　　　염화비닐

19 장치재료의 선택에는 재료가 사용되는 환경에서의 안정성이 중요한 변수가 된다. 다음의 재료 변화에 대한 설명 중 반응기구가 다른 것은?

① PbS로부터 Pb의 석출
② Fe 표면 위에 녹 [Fe(OH)₃] 생성
③ Al 표면 위에 Al₂O₃ 생성
④ 산용액 내에서 Cu와 Zn 금속이 접할 때 Zn의 용출

해설
①은 환원반응, ②, ③, ④는 산화반응이다.

20 석유계 아세틸렌의 제조법이 아닌 것은 어느 것인가?

① 아크분해법
② 부분연소법
③ 저온분유법
④ 수증기분해법

해설
석유계 아세틸렌 제조법
㉠ 아크분해법
㉡ 부분연소법
㉢ 수증기분해법

제2과목 반응운전

21 비리얼계수에 대한 다음 설명 중 옳은 것을 모두 나열하면?

> (1) 단일 기체의 비리얼계수는 온도만의 함수이다.
> (2) 혼합 기체의 비리얼계수는 온도 및 조성의 함수이다.

① (1) ② (2)
③ (1), (2) ④ 모두 틀림

해설
비리얼계수는 단일 기체는 온도만의 함수이며, 혼합 기체는 온도 및 조성의 함수이다.

22 다음 평형상태에 대한 설명 중 옳은 것은 어느 것인가?

① $(dG^t)_{T,P} > 0$가 성립한다.
② $(dG^t)_{T,P} < 0$가 성립한다.
③ $(dG^t)_{T,P} = 1$이 성립한다.
④ $(dG^t)_{T,P} = 0$이 성립한다.

해설
평형일 때 자유에너지 변화는 0이며, 엔트로피 변화는 최대이다.

23 오토기관(Otto cycle)의 열효율을 옳게 나타낸 식은? (단, r는 압축비, γ는 비열비이다.)

① $1 - \left(\dfrac{1}{r}\right)^{\gamma}$　　② $1 - \left(\dfrac{1}{r}\right)^{\gamma+1}$

③ $1 - \left(\dfrac{1}{r}\right)^{\gamma-1}$　　④ $1 - \left(\dfrac{1}{r}\right)^{\frac{1}{\gamma-1}}$

해설
공기 표준 오토 사이클

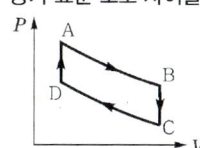

- A → B : 단열팽창
- B → C : 등적방열
- C → D : 단열압축
- D → A : 등압가열

24 27°C, 1atm의 질소 14g을 일정 체적에서 압력이 2배가 되도록 가역적으로 가열하였을 때 엔트로피 변화 ($\triangle S$; cal/K)는? (단, 질소를 이상기체라 가정하고, C_p는 7cal/mol·K이다.)

① 1.74
② 3.48
③ −1.74
④ −3.48

해설

$dS = \dfrac{dQ}{T} = \dfrac{C_V dT}{T}$

$\Delta S = C_V \ln \dfrac{T_2}{T_1}$

$C_V = C_p - R = 5.013 \text{cal/mol·K}$

$\dfrac{P}{T} =$ 일정, $T_2 = 2T_1$

$\Delta S = \dfrac{5.013 \text{cal}}{\text{mol·K}} \left| \dfrac{0.5 \text{mol}}{} \right| \dfrac{\ln 2}{} = 1.737 \text{cal/K}$

25 가역단열 공정이 진행될 때 올바른 표현식은 어느 것인가?

① $\triangle H = 0$
② $\triangle U = 0$
③ $\triangle A = 0$
④ $\triangle S = 0$

해설

가역단열 과정은 $\Delta S = \dfrac{dQ}{T}$에서 $dQ = 0$이므로 $\Delta S = 0$이기 때문에 등엔트로피 과정이다.

26 기체에 대한 설명 중 옳은 것은?

① 기체의 압축인자는 항상 1보다 작거나 같다.
② 임계점에서는 포화증기의 밀도와 포화액의 밀도가 같다.
③ 기체혼합물의 비리얼계수(virial coefficient)는 온도와 무관한 상수이다.
④ 압력이 0으로 접근하면 모든 기체의 잔류부피(residual volume)는 항상 0으로 접근한다.

해설

기체는 임계점에서 포화증기의 밀도와 포화액의 밀도가 같다.

27 어떤 과학자가 자기가 만든 열기관이 80°C와 10°C 사이에서 작동하면서 100cal의 열을 받아 20cal의 유용한 일을 할 수 있다고 주장한다. 이 과학자의 주장에 대한 판단으로 옳은 것은?

① 열역학 제0법칙에 위배된다.
② 열역학 제1법칙에 위배된다.
③ 열역학 제2법칙에 위배된다.
④ 타당하다.

해설

$\eta = \dfrac{W}{|Q_H|} = 1 - \dfrac{T_C}{T_H} = 1 - \dfrac{(273+10)}{(273+80)} = 0.198$

∴ 이 사이클이 할 수 있는 최대 일은 0.198kcal이다. 따라서 열역학 제2법칙에 위배된다.

28 액상반응의 평형상수를 옳게 나타낸 것은? (단, v_i : 성분 i의 양론수(stoichiometric number), x_i : 성분 i의 액상 몰분율, y_i : 성분 i의 기상 몰분율, $\hat{a}_i = \dfrac{\hat{f}_i}{f_i^0}$, f_i^0 : 표준상태에서의 순수한 액체 i의 퓨가시티, $\hat{f}_i$: 순수한 액체 i의 퓨가시티이다.)

① $K = P^{-v_i}$
② $K = RT \ln x_i$
③ $K = \prod_i y_i^{v_i}$
④ $K = \prod_i \hat{a}_i^{v_i}$

해설

$M_i = T_i(T) + RT \ln \hat{f}_i$

$G_i^0 = T_i(T) + RT \ln f_i^0$

$M_i - G_i^0 = RT \ln \dfrac{\hat{f}_i}{f_i^0} = RT \ln \hat{a}_i$

평형일 때 $\sum V_i M_i = 0$이므로

$\sum V_i (G_i^0 + RT \ln \hat{a}_i) = 0$

$\ln \prod_i (\hat{a}_i)^{V_i} = -\dfrac{\sum V_i G_i^0}{RT}$

$\prod_i (\hat{a}_i)^{V_i} = \exp \dfrac{-\sum V_i G_i^0}{RT} \equiv K$

정답 24 ① 25 ④ 26 ② 27 ③ 28 ④

29 어떤 화학반응에서 평형상수 K의 온도에 대한 미분계수가 다음과 같이 표시된다. 이 반응에 대한 설명으로 옳은 것은?

$$\frac{d\ln K}{dT} < 0$$

① 흡열반응이며, 온도 상승에 따라 K의 값이 커진다.
② 흡열반응이며, 온도 상승에 따라 K의 값은 작아진다.
③ 발열반응이며, 온도 상승에 따라 K의 값은 커진다.
④ 발열반응이며, 온도 상승에 따라 K의 값은 작아진다.

해설

$\frac{d\ln K}{dT} < 0$이면 $\frac{\Delta H}{RT^2} < 0$이다.

∴ $\Delta H < 0$: 발열반응

온도가 상승할수록 정반응이 일어나 K는 커진다.

30 2성분계 혼합물이 기-액 상평형을 이루고 압력과 기상 조성이 주어졌을 때 압력과 액상 조성을 계산하는 방법을 "DEW P"라 정의할 때, DEW P에 포함될 필요가 없는 식은? (단, A, B, C는 상수이다.)

① $P = P_i^{sat} + x_1 P_1^{sat}$

② $\ln P_i^{sat} = A_1 - \frac{B_i}{T + C_i}$

③ $x_1 = \frac{P - P_2^{sat}}{P_1^{sat} - P_2^{sat}}$

④ $\dfrac{1}{\dfrac{y_1}{P_1^{sat}} + \dfrac{y_2}{P_2^{sat}}}$

31 화학평형에서 열역학에 의한 평형상수에 다음 중 가장 큰 영향을 미치는 것은?

① 계의 온도
② 불활성물질의 존재 여부
③ 반응속도론
④ 계의 압력

해설

화학평형에서 열역학에 의한 평형상수에 가장 큰 영향을 미치는 것 : 계의 온도

32 균일 반응 $A + \frac{3}{2}B \rightarrow P$에서 반응속도가 옳게 표현된 것은?

① $r_A = \frac{2}{3}r_B$ ② $r_A = r_B$

③ $r_B = \frac{2}{3}r_A$ ④ $r_B = r_P$

해설

$aA + bB \rightarrow cC$

$r_A = \frac{a}{b}r_B = -\frac{a}{c}r_C$

33 다음 그림은 농도-시간의 곡선이다. 이 곡선에 해당하는 반응식을 옳게 나타낸 것은?

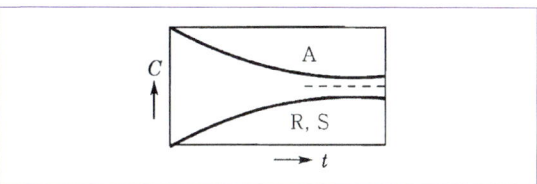

① 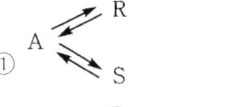 ②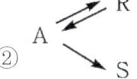

③ 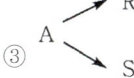 ④ $A \rightleftarrows R \rightarrow S$

해설

A, R, S 모두 평형에 도달하고 R과 S의 최종 농도가 다르므로 A⇌R⇌S이다.

정답 29 ④ 30 ① 31 ① 32 ① 33 ①

34 부피 100L이고 space time이 5min인 혼합흐름 반응기에 대한 설명으로 옳은 것은?

① 이 반응기는 1분에 20L의 반응물을 처리할 능력이 있다.
② 이 반응기는 1분에 0.2L의 반응물을 처리할 능력이 있다.
③ 이 반응기는 1분에 5L의 반응물을 처리할 능력이 있다.
④ 이 반응기는 1분에 100L의 반응물을 처리할 능력이 있다.

해설

$\tau = \dfrac{V}{F_{A0}}$

$\therefore F_{A0} = \dfrac{V}{\tau} = \dfrac{100L}{5min} = 20L/min$

35 다음과 같은 연속 반응에서 각 반응이 기초반응이라고 할 때 R의 수율을 가장 높게 할 수 있는 반응계는? (단, 각 경우 전체 반응기의 부피는 같다.)

$$A \rightarrow R \rightarrow S$$

①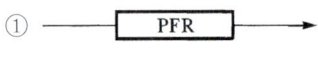

②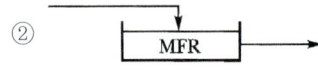

③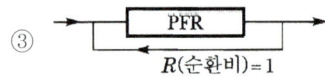

④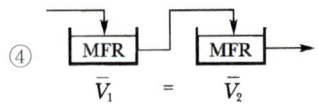

해설

기초반응이므로 반응의 차수는 화학양론계수와 일치한다.
그러므로 1차 직렬반응이다. 1차 직렬반응에서 중간 생성물의 수득률을 높이려면 PFR을 이용해야 한다.

36 다음과 같은 연속(직렬) 반응에서 A와 R의 반응속도가 $-r_A = k_1 C_A$, $r_R = k_1 C_A - k_2$일 때 회분식 반응기에서 $\dfrac{C_R}{C_{A0}}$를 구하면? (단, 반응은 순수한 A만으로 시작한다.)

$$A \rightarrow R \rightarrow S$$

① $1 + e^{-k_1 t} + \dfrac{k_2}{C_{A0}} t$

② $1 + e^{-k_1 t} - \dfrac{k_2}{C_{A0}} t$

③ $1 - e^{-k_1 t} + \dfrac{k_2}{C_{A0}} t$

④ $1 - e^{-k_1 t} - \dfrac{k_2}{C_{A0}} t$

해설

$A \xrightarrow{k_1} R \xrightarrow{k_2} S$: 연속반응

$\begin{cases} -r_A = k_1 C_A \\ r_R = k_1 C_A - k_2 \end{cases}$

BR에서 $\dfrac{C_R}{C_{A0}} = ?$

㉠ $-r_A = -\dfrac{dC_A}{dt} = k_1 C_A \xrightarrow{적분} \ln\dfrac{C_A}{C_{A0}}$

$= -k_1 t \rightarrow C_A = C_{A0} \cdot e^{-k_1 t}$

㉡ $r_R = -\dfrac{dC_R}{dt} = k_1 C_A - k_2$

($C_A = C_{A0} \cdot e^{-k_1 t}$ 대입)

$= -k_1 C_{A0} \cdot e^{-k_1 t} - k_2$

$\Rightarrow dC_R = (k_1 C_{A0} \cdot e^{-k_1 t} - k_2) \cdot dt$

$\xrightarrow{적분} C_R = \int_0^t k_1 C_{A0} \cdot e^{-k_1 t} dt - \int_0^t k_2 dt$

$= \left\{k_1 C_{A0}\left(-\dfrac{1}{k_1}\right) \cdot e^{-k_1 t}\right\} - k_1 C_{A0}\left(-\dfrac{1}{k_1}\right) - k_2 t$

$= -C_{A0} \cdot e^{-k_1 t} + C_{A0} - k_2 t$

$\therefore \dfrac{C_R}{C_{A0}} = 1 - e^{-k_1 t} - \dfrac{k_2}{C_{A0}} t$

정답 34 ① 35 ① 36 ④

37 직렬반응 A → R → S의 각 단계에서 반응속도상수가 같으면 회분식 반응기 내의 각물질의 농도는 반응시간에 따라서 어느 그래프처럼 변화하는가?

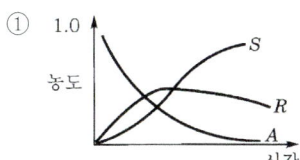
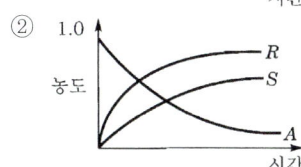
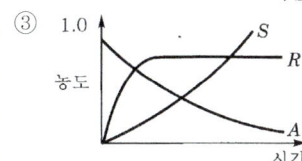
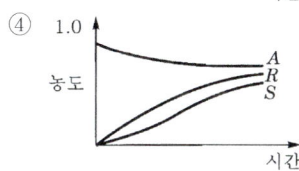

해설

$A \rightarrow R \rightarrow S$
'연계 연속반응' 또는 '직렬반응'이라 한다.

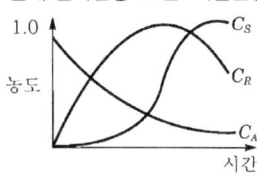

㉠ C_R이 최대가 되는 시간

$$t = \frac{1}{K} \begin{cases} \text{관형반응기 } K = \dfrac{K_2 - K_1}{\ln \dfrac{K_2}{K_1}} \\ \text{혼합반응기 } K = \sqrt{K_1 K_2} \\ K_1 = K_2 \text{ 일경우는 } K = K_1 = K_2 \end{cases}$$

㉡ C_R의 최대농도

$C_{R_{max}} = C_{A0} \left(\dfrac{K_1}{K_2}\right)^{\frac{K_2}{K_2-K_1}}$ (관형반응기)

$C_{R_{max}} = C_{A0} \dfrac{1}{\left\{\left(\dfrac{K_2}{K_1}\right)^{0.5} + 1\right\}^2}$ (혼합반응기)

38 공간시간(space time)에 대한 설명으로 옳은 것은?
① 한 반응기 부피만큼의 반응물을 처리하는 데 필요한 시간을 말한다.
② 반응물이 단위부피의 반응기를 통과하는데 필요한 시간을 말한다.
③ 단위시간에 처리할 수 있는 원료의 몰수를 말한다.
④ 단위시간에 처리할 수 있는 원료의 반응기 부피의 배수를 말한다.

해설

공간시간 : 한 반응기의 부피만큼의 반응물을 처리하는 데 필요한 시간

39 일정한 온도로 조작되고 있는 순환비가 3인 순환플러그 흐름 반응기에서 1차 액체반응(A → R)이 40%까지 전화되었다. 만일 반응계의 순환류를 폐쇄시켰을 경우 변경되는 전화율(%)은? (단, 다른 조건은 그대로 유지한다.)

① 0.26 ② 0.36
③ 0.46 ④ 0.56

해설

$V = F_{A0}(R+1)\int_{X_{Ai}}^{X_{Af}} \dfrac{dX_A}{-r_A}$

$-r_A = KC_{A0}(1-X_A)$

$X_{Ai} = \left(\dfrac{R}{R+1}\right)X_{Af} = \dfrac{3}{4}X_{Af}$

$\tau = 4F_{A0}\int_{\frac{3}{4}X_{Af}}^{X_{Af}} \dfrac{dX_A}{KC_{A0}(1-X_A)}$

$= \dfrac{4F_{A0}}{KC_{A0}}\int_{\frac{3}{4}X_{Af}}^{X_{Af}} \dfrac{dX_A}{1-X_A}$

$\dfrac{C_{A0}\tau}{F_A} = \tau = \dfrac{4}{K}\left[-\ln(1-X_A)\right]_{\frac{3}{4}X_{Af}}^{X_{Af}}$

$K\tau = 4\left[-\ln\dfrac{1-X_{Af}}{1-\dfrac{3}{4}X_{Af}}\right] X_{Af} = 0.4$

$K\tau = 4\left[-\ln\dfrac{0.6}{0.7}\right] = 0.617$

순환류 폐쇄 : R = 0 = PFR
$K\tau = -\ln(1-X_{Af}) = 0.617$,
$X_{Af} = 0.46$

40 A ⇌ R인 액상반응에 대한 25℃에서의 평형상수(K_{298})는 300이고 반응열($\triangle Hr$)은 -18,000cal/mol일 때, 75℃에서 평형 전환율은?

① 55%　② 69%
③ 79%　④ 93%

해설

$-r_A = K_1\left(C_A - \dfrac{C_R}{K}\right) = 0(평형)$

$KC_A = C_R \rightarrow KC_{A0}(1-X_e) = C_{A0}X_e$

$K(348K) = 300\exp\left\{\dfrac{\Delta Hr}{R}\left(\dfrac{1}{T_1} - \dfrac{1}{T_2}\right)\right\} \Rightarrow K = 3.8$

$3.8(1-X_e) = X_e$

$X_e = 0.79$

제3과목　단위공정관리

41 다음 조작에서 조성이 다른 흐름은? (단, 정상 상태이다.)

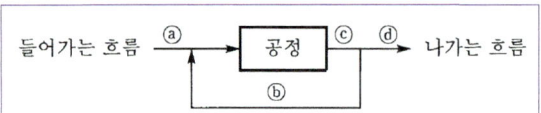

① ⓐ　② ⓑ
③ ⓒ　④ ⓓ

해설

흐름 ⓑ, ⓒ, ⓓ는 모두 흐름 ⓐ가 공정을 거친 이후의 흐름이므로 조성이 같다.

42 다음 중 차원이 다른 하나는?

① 일　② 열
③ 에너지　④ 엔트로피

해설

①, ②, ③ : N·m = J

④ $\Delta s = \dfrac{\delta Q}{T} = kJ/k$

43 25℃에서 용액 2L에 480g의 NaCl을 포함한 수용액에서 NaCl의 몰분율은 얼마인가? (단, 이 온도에서의 수용액 밀도는 1.15g/cm³이다.)

① 0.075　② 0.126
③ 0.208　④ 0.792

해설

- 용액의 양 = $\dfrac{2L \mid 1.15g \mid 1cm^3 \mid 10^3mL}{cm^3 \mid 1mL \mid 1L}$ = 2,300g
- 물 양 : 2,300 - 480 = 1,820g
- 물 mol : 1,820 ÷ 18 = 101.11mol
- NaCl mol수 : 480 ÷ 56 = 8.57mol
- NaCl mol분율 = $\dfrac{8.57}{101.11 + 8.57}$ = 0.078

44 두께가 50mm이고 열전달 표면적이 2.85m²이며 평균 열전도도가 0.052kcal/m·h·℃인 평판 보온재가 있다. 이 보온재의 단위면적당 저항은 몇 h·℃/kcal인가?

① 0.34　② 0.933
③ 1.273　④ 2.136

해설

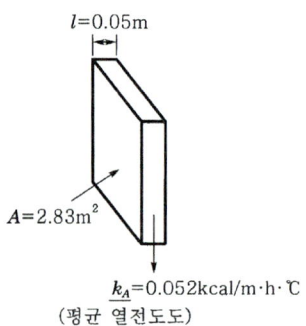

$R = \dfrac{1}{kA} = \dfrac{0.05}{0.052 \times 2.83} ≒ 0.34$ h·℃/kcal

45 1기압 20℃의 공기가 10L의 용기에 들어있다. 공기 중 산소만 제거하여 전체 체적을 질소만 차지한다면 압력은 약 몇 mmHg가 되는가? (단, 공기는 질소 79%, 산소 21%로 되어 있다.)

① 160　　② 510
③ 600　　④ 760

해설
$P_1 V_1 = P_2 V_2$
$1\text{atm} \times 10\text{L} = x\text{atm} \times 10 \times 0.79$
$x = 1.26\text{atm}$

46 이상기체의 정압열용량(C_p)과 정용열용량(C_v)에 대한 설명 중 틀린 것은?

① C_v가 C_p보다 기체상수(R)만큼 작다.
② 정용계를 가열시키는데 열량이 정압계보다 더 많이 소요된다.
③ C_p는 보통 개방계의 열출입을 결정하는 물리량이다.
④ C_v는 보통 폐쇄계의 열출입을 결정하는 물리량이다.

해설
② 정용계를 가열시키는데 열량이 정압계보다 더 적게 소요된다.

47 표준상태에서 56m³의 용적을 가진 프로판 기체를 완전히 액화하였을 때 얻을 수 있는 액체 프로판은 몇 kg인가?

① 28.6　　② 110
③ 125　　④ 246

해설
$PV = nRT$, $P = 1\text{atm}$
$V = 56\text{m}^2 \Rightarrow \dfrac{55\text{m}^2 \mid 1,000\text{L}}{1\text{m}^2} = 55,000\text{L}$
$n = \dfrac{W}{44}\text{kmol}$, $R = 82\dfrac{\text{atm} \cdot \text{L}}{\text{kmol} \cdot \text{K}}$
$T = 273\text{K}$, $W = 110\text{kg}$

48 원심 펌프의 장점에 대한 설명으로 가장 거리가 먼 것은?

① 대량 유체 수송이 가능하다.
② 구조가 간단하다.
③ 처음 작동 시 Priming 조작을 하면 더 좋은 양정을 얻는다.
④ 용량에 비해 값이 싸다.

해설
Priming : 펌프를 운전하기 전에 미리 유체를 채워 넣는 작업. 펌프를 작동시키기 전에 필요한 작업으로, 더 좋은 양정을 얻기 위한 작업이라고 보기는 어렵다.

49 비중 1.2, 운동점도 0.254St인 어떤 유체가 안지름이 1inch인 관을 0.25m/s의 속도로 흐를 때, Reynolds 수는?

① 2.5　　② 95
③ 250　　④ 300

해설
동점도 $= \dfrac{\mu}{\rho} = 0.254\text{St} = 0.254\dfrac{\text{cm}^2}{\text{s}}$
$R_e = \dfrac{\sigma DV}{\mu}$
$D = 1\text{inch} = 2.54\text{cm}$
$V = 0.25\text{m/s} = 25\text{cm/s}$
$\therefore Re = \dfrac{s}{0.254\text{cm}^2} \mid \dfrac{2.54\text{cm}}{1\text{m}^2} \mid \dfrac{25\text{cm}}{s} = 250$

50 열전달은 3가지의 기본인 전도, 대류, 복사로 구성된다. 다음 중 열전달 메커니즘이 다른 하나는?

① 자동차의 라디에이터가 팬에 의해 공기를 순환시켜 열을 손실하는 것
② 용기에서 음식을 조리할 때 젓는 것
③ 뜨거운 커피잔의 표면에 바람을 불어 식히는 것
④ 전자레인지에 의해 찬 음식물을 데우는 것

해설
④ : 복사
①, ②, ③ : 대류

정답 45 ③　46 ②　47 ②　48 ③　49 ③　50 ④

51 복사에서 스테판-볼츠만(Stefan-Boltzamann)법칙에 대한 설명에 해당하는 것은?

① 온도평형에서 그 물체의 흡수율에 대한 총 복사력의 비는 그 물체의 온도에만 의존한다.
② 어떤 주어진 온도에서 최대 단색광 복사력은 절대온도에 역비례한다.
③ 큰 표면에 의해 차단되는 작은 표면으로부터 나오는 에너지는 오직 시간에만 의존한다.
④ 흑체의 총 복사력은 절대온도의 4승에 비례한다.

해설
Stefan-Boltzmann : 흑체의 총 복사력은 절대온도의 4승에 비례

52 2중효용관 증발기에서 비점상승이 무시되는 액체를 농축하고 있다. 제1증발관에 들어가는 수증기의 온도는 110℃이고 제2증발관에서 용액 비점은 82℃이다. 제1, 2증발관의 총괄 열전달계수는 각각 300 W/m²·℃, 100W/m²·℃일 경우 제1증발관 액체의 비점(℃)은?

① 110   ② 103
③ 96   ④ 89

해설
$Q = UA\Delta T$에서 $\Delta T \propto \dfrac{1}{U}$이므로
$\Delta T_1 : \Delta T_2 = 1 : 3$이다.
한편, $\Delta T = 110 - 82 = 28℃$이므로 $\Delta T_1 = 7℃$이다.
따라서 제1증발관 액체의 비점은 110-7 = 103℃

53 최고공비혼합물에 대한 설명으로 틀린 것은?

① 휘발도가 정규상태보다 비정상적으로 높다.
② 같은 분자간 인력이 다른 분자간 인력보다 작다.
③ 활동도계수가 1보다 작다.
④ 증기압이 이상용액보다 작다.

해설
휘발도가 정규상태보다 비정상적으로 낮다.

54 흡수용액으로부터 기체를 탈거(desorption)하는 일반적인 방법에 대한 설명으로 틀린 것은?

① 좋은 조건을 위해 온도와 압력을 높여야 한다.
② 액체와 기체가 맞흐름을 갖는 탑에서 이루어진다.
③ 탈거매체로는 수증기나 불활성기체를 이용할 수 있다.
④ 용질의 제거율을 높이기 위해서는 여러 단을 사용한다.

해설
좋은 조건을 위해 온도와 압력은 낮춰야 한다.

55 추제(solvent)의 선택요인으로 옳은 것은?

① 선택도가 작다.   ② 회수가 용이하다.
③ 값이 비싸다.   ④ 화학결합력이 크다.

해설
① 선택도가 크다.   ③ 값이 싸다.
④ 화학결합이 작다.

56 증발 잠열 $\overline{\Delta H_V}$는 Clausius-Clapeyron식에서 추정할 수도 있다. 어떤 증기압이 453K에서 2atm, 490K에서 5atm일 때 이 범위에서 $\overline{\Delta H_V}$가 일정하다고 가정하면 다음 중 옳게 나타낸 식은?

① $\log \dfrac{2}{5} = \dfrac{\overline{\Delta H_V}}{(2.3)(1.987)}\left(\dfrac{1}{490} - \dfrac{1}{453}\right)$

② $\log \dfrac{5}{2} = \dfrac{\overline{\Delta H_V}}{(2.3)(1.987)}\left(\dfrac{1}{490} - \dfrac{1}{453}\right)$

③ $\log \dfrac{2}{5} = \dfrac{\overline{\Delta H_V}}{(2.3)(0.082)}\left(\dfrac{1}{490^2} - \dfrac{1}{453^2}\right)$

④ $\log \dfrac{5}{2} = \dfrac{\overline{\Delta H_V}}{(2.3)(0.082)}\left(\dfrac{1}{490^2} - \dfrac{1}{453^2}\right)$

해설
Clausius-Clapeyron식
$\dfrac{d\ln P}{dT} = \dfrac{\overline{\Delta H_V}}{RT^2}$

$\log \dfrac{2}{5} = \dfrac{\overline{\Delta H_V}}{(2.3)(1.987)}\left(\dfrac{1}{490} - \dfrac{1}{453}\right)$

정답 51 ④ 52 ② 53 ① 54 ① 55 ② 56 ①

57 복사에너지를 크게 할 수 있는 방법으로 적당하지 않은 것은?

① 복사면적을 크게 한다.
② 물체를 흑체로 한다.
③ 온도를 고온으로 한다.
④ 복사능(emissivity)을 작게 한다.

해설
복사에너지를 크게 하려면 복사능을 크게 해야 한다.

58 다음 중 진공증발에서 진공으로 조작할 때 진공펌프대신 향류식 응축기에서 사용할 수 있는 것은 무엇인가?

① 하강관(down take)
② 대기각(barometric leg)
③ 접촉응축기(contact condenser)
④ 표면응축기(surface condenser)

해설
대기각 : 진공증발에서 진공으로 조작할 때 진공펌프 대신 향류식 응축기에서 사용할 수 있다.

59 1atm, 25℃에서 상대습도가 50%인 공기 1m³ 중에 포함되어 있는 수증기의 양은? (단, 25℃에서 수증기의 증기압은 24mmHg이다.)

① 11.6g
② 12.5g
③ 28.8g
④ 51.5g

해설
수증기 분압 = 24 × 0.5 = 12mmHg
$PV = nRT$
$n = \dfrac{0.0821 \text{atm} \cdot \text{L/mol} \cdot \text{K} \times 298\text{K}}{1\text{atm} \times 1{,}000\text{L}} = 40.873\text{mol}$ (공기 몰수)

∴ 수증기 양 = $40.873 \times \dfrac{12}{760} = 0.645\text{mol}$

0.645mol × 18g/mol = 11.62g

60 수심 20m 지점의 물의 압력은 몇 kgf/cm²인가? (단, 수면에서의 압력은 1atm이다.)

① 1.033
② 2.033
③ 3.033
④ 4.033

해설
$P = \rho g h + P_{대기압}$
$P = \dfrac{10^3 \text{kg}}{\text{m}^3} \Big| \dfrac{20\text{m}}{} \Big| \dfrac{9.8\text{m}}{s^2} + \dfrac{1\text{atm}}{} \Big| \dfrac{1.01325 \times 10^5 \text{N/m}^2}{1\text{atm}}$

$= \dfrac{(196{,}000 + 101{,}325)\text{N}}{\text{m}^2} \Big| \dfrac{1\text{kgf}}{9.8\text{N}} \Big| \dfrac{1\text{m}^2}{100^2 \text{cm}^2} = 3.034$

∴ 3.034kgf/cm²

제4과목 화공계측제어

61 $y = 3k^3$일 경우 $k = 10$ 부근에서 y를 선형화하면 다음 중 어느 것인가?

① $y = 3 \times 10^3 + 9 \times 10^2 (k-10)$
② $y - 3 \times 10^3 \quad 9 \times 10^2 (k-10)$
③ $y = 9 \times 10^2 + 3 \times 10^2 (k-10)$
④ $y = 9 \times 10^2 - 3 \times 10^2 (k-10)$

해설
$y = 3k^3 \simeq 3k_s^3 + 9k_s^2(k - k_s)$
$= 3 \times 10^3 + 9 \times 10^2 (k-10)$

62 사람이 원하는 속도, 원하는 방향으로 자동차를 운전할 때 일어나는 상황이 공정제어 시스템과 비교될 때 연결이 잘못된 것은?

① 눈 – 계측기
② 손 – 제어기
③ 발 – 최종 제어 요소
④ 공정 – 자동차

해설
손은 최종 제어 요소이다.

정답 57 ④ 58 ② 59 ① 60 ③ 61 ① 62 ②

63 다음과 같은 f(t)에 대응하는 라플라스 함수는?

$$f(t) = e^{-at}\cos wt$$

① $\dfrac{w}{(s+a)^2+w^2}$ ② $\dfrac{s+a}{(s+a)^2+w^2}$

③ $\dfrac{s}{s^2+w^2}$ ④ $\dfrac{1}{(s+a)^2+w^2}$

해설

$\cos\omega t \xrightarrow{\mathcal{L}} \dfrac{s}{s^2+\omega^2} \Rightarrow e^{-at}\cos\omega t \xrightarrow{\mathcal{L}} \dfrac{s+a}{(s+a)^2+\omega^2}$

64 그림과 같은 응답을 보이는 시간함수에 대한 라플라스 함수는?

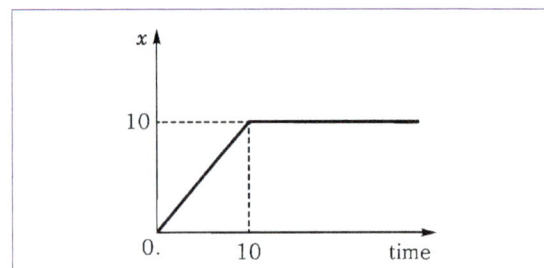

① $\dfrac{1}{s^2} + \dfrac{e^{-10s}}{s}$

② $\dfrac{10}{s^2} + \dfrac{e^{-10s}}{s}$

③ $\dfrac{(1-e^{-10s})}{s^2}$

④ $\dfrac{(1-e^{-10s})}{s^2} + 10\dfrac{e^{-10s}}{s}$

해설

$f(t)=\begin{cases} t & 0 \le t < 10 \\ 10 & 10 \le t \end{cases}$
$= t[u(t)-u(t-10)] + 10u(t-10)$
$= tu(t) - (t-10)u(t-10)$
$\rightarrow F(s) = \dfrac{1}{s^2} - \dfrac{e^{-10s}}{s^2} = \dfrac{(1-e^{-10s})}{s^2}$

65 교반탱크에 100L의 물이 들어있고 여기에 10%의 소금용액이 5L/min의 유속으로 공급되고 혼합액이 같은 유속으로 배출될 때 이 탱크의 소금농도식의 Laplace 변환은?

① $Y(s) = 0.05\left(\dfrac{1}{s} - \dfrac{1}{s+0.05}\right)$

② $Y(s) = 0.05\left(\dfrac{1}{s} - \dfrac{1}{s+0.1}\right)$

③ $Y(s) = 0.1\left(\dfrac{1}{s} - \dfrac{1}{s+0.1}\right)$

④ $Y(s) = 0.1\left(\dfrac{1}{s} - \dfrac{1}{s+0.05}\right)$

해설

$\dfrac{dY(t)}{dt} = 0.5 - 0.05Y(t) \rightarrow sY(s) - Y(0) = \dfrac{0.5}{s} - 0.05Y(s)$

$Y(s) = \dfrac{0.5}{s(s+0.05)} = \dfrac{10}{s} - \dfrac{10}{s+0.05}$

소금농도식의 Laplace 변환은 물의 양으로 나누어주면

$Y(s) = 0.1\left(\dfrac{1}{s} - \dfrac{1}{s+0.05}\right)$

66 시정수가 0.1분이며 이득이 1인 1차 공정의 특성을 지닌 온도계가 90°C로 정상상태에 있다. 특정 시간(t = 0)에 이 온도계를 100°C인 곳에 옮겼을 때, 온도계가 98°C를 가리키는 데 걸리는 시간(분)은? (단, 온도계는 단위계단응답을 보인다고 가정한다.)

① 0.161   ② 0.230
③ 0.303   ④ 0.404

해설

$G(s) = \dfrac{1}{\tau s+1} = \dfrac{1}{0.1s+1} = \dfrac{10}{S+10}$

$f(t) = 10 \rightarrow F(s) = \dfrac{10}{S}$

$Y(s) = G(s)F(s) = \dfrac{10}{S+10} \times \dfrac{10}{S} = 10\left(\dfrac{1}{S} - \dfrac{1}{S+10}\right)$

$y(t) = 10(1-e^{-10t})$

$y(t) = 8$에서, $1-e^{-10t} = 0.8$

$\therefore t = 0.161$

정답 63 ② 64 ③ 65 ④ 66 ①

67 1차 공정의 계단응답에서 시간상수 τ의 2배만큼의 시간이 경과하면 응답은 최종응답(정상상태)의 몇 %에 도달하는가?

① 63.2   ② 78.8
③ 86.5   ④ 95.5

해설

1차 공정 계단응답
$y(t) = KA(1-e^{-t/\tau})$
$y(2t) = KA(1-e^{-2}) = 0.865KA$

68 전달함수 $G(s) = \dfrac{10}{s^2 + 1.6s + 4}$인 2차계의 시정수가 τ와 damping factor ξ의 값은?

① $\tau = 0.5$, $\xi = 0.8$ ② $\tau = 0.8$, $\xi = 0.4$
③ $\tau = 0.4$, $\xi = 0.5$ ④ $\tau = 0.5$, $\xi = 0.4$

해설

$G(s) = \dfrac{10}{s^2+1.6s+4} = \dfrac{2.5}{\dfrac{s^2}{4}+0.4s+1} = \dfrac{k}{\tau^2 s^2 - 2\tau\xi s + 1}$

$\therefore \tau = \dfrac{1}{2},\ \xi = 0.4$

69 전달함수가 $\dfrac{2s+1}{3s+1}$인 장치에 크기가 2인 계단입력이 들어왔을 때의 시간에 따른 응답은?

① $2\left(1 - \dfrac{1}{2}e^{-t/2}\right)$ ② $2\left(1 - \dfrac{1}{3}e^{-t/3}\right)$
③ $2\left(1 - \dfrac{2}{3}e^{-t/3}\right)$ ④ $2\left(1 + \dfrac{1}{3}e^{-t/2}\right)$

해설

$G(s) = \dfrac{2s+1}{3s+1}$

$X(s) = \dfrac{2}{s}$

$Y(s) = G(s) \cdot X(s)$
$= \dfrac{2s+1}{3s+1} \cdot \dfrac{2}{s}$
$= \dfrac{2}{s} - \dfrac{2}{3\left(s+\dfrac{1}{3}\right)} \rightarrow y(t) = 2\left(1-\dfrac{1}{3}e^{-\frac{t}{3}}\right)$

70 다음 블록선도에서 외란 U 제거 문제에 대한 U와 C 간의 총괄전달함수는 무엇인가? (단, $G = G_C G_1 G_2$이다.)

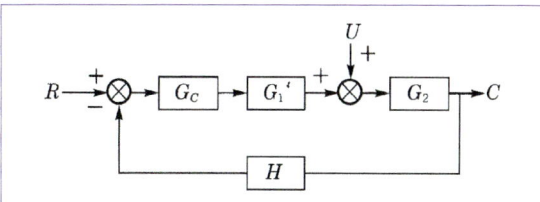

① $\dfrac{C}{U} = \dfrac{G_2}{1+GH}$ ② $\dfrac{C}{U} = \dfrac{G_2}{1-GH}$
③ $\dfrac{C}{U} = \dfrac{G}{1+GH}$ ④ $\dfrac{C}{U} = \dfrac{G}{1-GH}$

해설

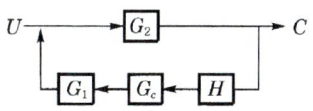

$\therefore \dfrac{C}{U} = \dfrac{G_2}{1+G_1 G_2 G_C H} = \dfrac{G_2}{1+GH}$

71 다음 그림의 되먹임(feedback) 제어계에서 $G(s) = \dfrac{K(s+1)}{s^2+1}$, $H(s) = 1$, $K = 5$이다. 폐회로 전달함수를 구하면?

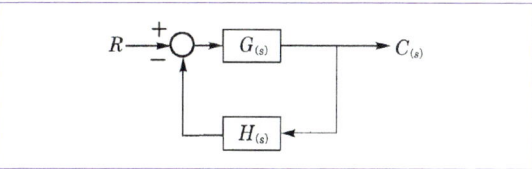

① $\dfrac{5(s+1)}{s^2+5s+6}$ ② $\dfrac{(s^2+2)}{s^2+5s+6}$
③ $\dfrac{5(s+1)}{s^2+2}$ ④ $\dfrac{5}{s^2+2}$

해설

$\dfrac{G_{(s)}}{1+G_{(s)}H_{(s)}} = \dfrac{\dfrac{5(s+1)}{s^2+1}}{1+\dfrac{5(s+1)}{s^2+1}} = \dfrac{5(s+1)}{s^2+5s+6}$

정답 67 ③   68 ④   69 ②   70 ①   71 ①

72 offset은 없어지지 않으나 최종치(final value)에 도달하는 시간이 가장 많이 단축되는 제어기(controller)는?

① PI controller ② P controller
③ D controller ④ PID controller

해설
적분제어는 offset을 제거하며, 최종치에 가장 빨리 도달하는 제어기는 P제어기이다.

73 목표값과 측정값의 차이인 오차가 단위계단함수로 유지될 때 비례적분 제어기 출력의 기울기는?

① 적분시간의 역수
② 적분시간과 비례제어 이득의 곱
③ 비례제어 이득
④ 비례제어 이득을 적분시간으로 나눈 값

해설
PI 제어기에서 $G_c = K_c\left(1 + \dfrac{1}{\tau_1 s}\right)$이므로, 비례적분 제어기 출력의 기울기는 비례제어 이득을 적분시간으로 나눈 값이다.

74 PID 제어기를 이용한 설정치 변화에 대한 제어의 설명 중 옳지 않은 것은?

① 일반적으로 비례이득을 증가시키고 적분시간의 역수를 증가시키면 응답이 빨라진다.
② P 제어기를 이용하면 모든 공정에 대해 항상 정상상태 잔류오차(steady-state offset)가 생긴다.
③ 시간지연이 없는 1차 공정에 대해서는 비례이득을 매우 크게 증가시켜도 안정성에 문제가 없다.
④ 일반적으로 잡음이 없는 느린 공정의 경우 D모드를 적절히 이용하면 응답이 빨라지고 안정성이 개선된다.

해설
P 제어기를 이용할 경우 공정 자체에 적분기능이 있을 경우 잔류오차가 생기지 않는다.

75 임계진동 시 공정입력이 $u(t) = \sin(\pi t)$, 공정출력이 $y(t) = -6\sin(\pi t)$인 어떤 PID제어계에 Ziegler-Nichols 튜닝룰을 적용할 때, 제어기의 비례이득(K_C), 적분시간(τ_I), 미분시간(τ_D)은? (단, K_C와 P_u는 각각 최대이득과 최종주기를 의미하며, Ziegler-Nichols 튜닝룰에서 비례이득(K_C) = $0.6K_u$, 적분시간(τ_I) = $P_u/2$, 미분시간(τ_D) = $P_u/8$이다.)

① $K_C = 3.6$, $\tau_I = 1$, $\tau_D = 0.25$
② $K_C = 0.1$, $\tau_I = 1$, $\tau_D = 0.25$
③ $K_C = 3.6$, $\tau_I = \pi/2$, $\tau_D = \pi/8$
④ $K_C = 0.1$, $\tau_I = \pi/2$, $\tau_D = \pi/8$

해설
$K_c = 0.6K_u$, $K_u = \dfrac{1}{AR} = \dfrac{1}{6}$

$P_u = \dfrac{2\pi}{\omega_u} = \dfrac{2\pi}{\pi} = 2$

$\tau_I = \dfrac{P_u}{2} = \dfrac{2}{2} = 1$

$\tau_D = \dfrac{P_u}{8} = \dfrac{2}{8} = 0.25$

76 다음 중 안정도 판정을 위한 개회로 전달함수가 $\dfrac{2K(1+\tau S)}{S(1+2S)(1+3S)}$인 피드백 제어계가 안정할 수 있는 K와 τ의 관계는?

① $12K < (5 + 2\tau K)$ ② $12K < (5 + 10\tau K)$
③ $12K > (5 + 10\tau K)$ ④ $12K > (5 + 2\tau K)$

해설
특성방정식

$1 + \dfrac{2K(1+\tau s)}{s(1+2s)(1+3s)} = 0$, $s(1+2s)(1+3s) + 2K(1+\tau s) = 0$

정리하면 $6s^3 + 5s^2 + (2K\tau+1)s + 2K = 0$

routh array 방법 → $\begin{matrix} 6 & 2K\tau+1 \\ 5 & 2K \end{matrix}$

$b_1 = \dfrac{5(2K\tau+1) - 12K}{5}$, $b_2 = 0$, $c_1 = 2K$

$\Rightarrow b_1 \cdot c_1 > 0$

$5(2K\tau+1) - 12K > 0$

$12K < 5 + 10K\tau$

77
3개의 안정한 pole들로 구성된 어떤 3차계에 대한 Bode diagram에서 위상각은?

① $0° \sim -180°$ 사이의 값
② $0° \sim 180°$ 사이의 값
③ $0° \sim -270°$ 사이의 값
④ $0° \sim 270°$ 사이의 값

해설
1차계당 $-90°$, 3개 → $0 \sim -270°$

78
Routh법에 의한 제어계의 안정성 판별조건과 관계없는 것은?

① Routh array의 첫 번째 열에 전부 양(+)의 숫자만 있어야 안정하다.
② 특성방정식이 S에 대해 n차 다항식으로 나타나야 한다.
③ 제어계에 수송지연이 존재하면 Routh법은 쓸 수 없다.
④ 특성방정식의 어느 근이든 복소수축의 오른쪽에 위치할 때는 계가 안정하다.

해설
Routh 법칙
근 값이 음일 때 안정계이다.
인수분해하였을 때 $(S+1)(S+2)(S+3)(S+4)$ 이런 식으로 나와야 한다.
이것을 만족하기 위해서는
㉠ 누락 항이 없어야 한다.
㉡ 부호 변동이 없고 최고차 항은 반드시 ㉠보다 커야 한다. 즉, (+)가 되어야 한다.
㉢ 수열을 정리할 때 1열이 전부 (+)부호이어야 한다.

79
제어기 설계를 위한 공정모델과 관련된 설명으로 틀린 것은?

① PID 제어기를 Ziegler-Nichols 방법으로 조율하기 위해서는 먼저 공정의 전달함수를 구하는 과정이 필수로 요구된다.
② 제어기 설계에 필요한 모델은 수지식으로 표현되는 물리적 원리를 이용하여 수립될 수 있다.
③ 제어기 설계에 필요한 모델은 공정의 입출력 신호만을 분석하여 경험적 형태로 수립될 수 있다.
④ 제어기 설계에 필요한 모델은 물리적 모델과 경험적 모델을 혼합한 형태로 수립될 수 있다.

해설
open-loop의 전달함수를 구하는 방법을 사용할 때는 필수로 요구되지만, 실험적으로 제어기 이득 값을 바꾸면서 K_{cu} 값을 구할 때는 전달함수를 구할 필요가 없다.

80
정상상태에서의 x와 y의 값을 각각 0, 2라 할 때 함수 $f(x,y) = e^x + y^2 - 5$를 주어진 정상상태에서 선형화하면?

① $x + 4y - 8$
② $x + 4y - 5$
③ $x + 2y - 8$
④ $x + 2y - 5$

해설
$$f(x, y) \approx f(x_0, y_0) + \left(\frac{\partial f}{\partial x}\right)_{x_0, y_0} + \left(\frac{\partial f}{\partial y}\right)_{x_0, y_0} (y - y_0)$$
$f(0, 2) = e^0 + 2^2 - 5 = 0$
$\left(\frac{\partial f}{\partial x}\right)_{x_0, y_0} = e^0 = 1, \left(\frac{\partial f}{\partial y}\right)_{x_0, y_0} = 2 \cdot 2 = 4$
$\Rightarrow 0 + 1(x - 0) + 4(y + 2) = x + 4y - 8$

정답 77 ③ 78 ④ 79 ① 80 ①

2024년 제2회 5월 9일 시행

제1과목 공업합성

01 염화수소가스의 합성에 있어서 폭발이 일어나지 않도록 주의하여야 할 사항이 아닌 것은?

① 공기와 같은 불활성 가스로 염소가스를 묽게 한다.
② 석영괘, 자기괘 등 반응완화 촉매를 사용한다.
③ 생성된 염화수소 가스를 냉각시킨다.
④ 수소가스를 과잉으로 사용하여 염소가스를 미반응 상태가 안되도록 한다.

해설
염산 제조 시에 수소를 과잉으로 넣어 폭발을 방지한다.

02 접촉식 황산 제조공정 중 SO_2를 SO_3로 산화하는 공정에서 SO_3 가스 생성촉진을 위한 운전조건으로 가장 효과적인 방법은?

① 사용하는 공기 중의 N_2의 함량을 높인다.
② 사용하는 공기량을 감소시킨다.
③ 낮은 온도를 유지하면서 촉매를 사용한다.
④ 가급적 높은 온도로 유지한다.

해설
SO_3 가스 생성촉진을 위한 운전조건 : 원료가스의 온도를 450℃ 정도로 낮춘 다음 촉매를 사용하여 상압에서 반응시킨다.

03 다음의 O_2 : NH_3의 비율 중 질산 제조공정에서 암모니아 산화율이 최대로 나타나는 것은? (단, Pt 촉매를 사용하고 NH_3 농도가 9%인 경우이다.)

① 9 : 1
② 2.3 : 1
③ 1 : 9
④ 1 : 2.3

해설
암모니아 산호율이 최대인 것은 산소와 암모니아와의 비율이 2.3 : 1일 때이다.

04 95.6% 황산 100g을 40% 발연황산을 이용하여 100% 황산으로 만들려고 한다. 이론적으로 필요한 발연황산의 무게는?

① 42.4g
② 48.9g
③ 53.6g
④ 60.2g

해설
$95.6\% = 100gH_2SO_4$
$4.4\% = 4.4gH_2O$

$4.4gH_2O \times \dfrac{1molH_2O}{18gH_2O} \times \dfrac{1molSO_3}{1molH_2O} \times \dfrac{80gSO_3}{1molSO_3} = 19.56gSO_3$

농도 40%

$\therefore \dfrac{19.56}{0.4} = 48.9g$

05 합성염산 제조 시 원료기체인 H_2와 Cl_2는 어떻게 제조하여 사용하는가?

① 공기의 액화
② 공기의 아크방전법
③ 소금물의 전해
④ 염화물의 치환법

해설
㉠ 소금물의 전해 : $2NaCl + 2H_2O \rightarrow 2NaOH + H_2 + Cl_2$
㉡ 합성염산 반응 : $H_2 + Cl_2 \rightarrow 2HCl$

06 어떤 유지 2g 속에 들어 있는 유리지방산을 중화시키는데 KOH가 200mg 사용되었다. 이 시료의 산가(acid value)는?

① 0.1
② 1
③ 10
④ 100

해설
$2g : 1g = 200g : x(g)$
$x = \dfrac{1g \times 200g}{2g}$, $x = 100g$

정답 01 ③ 02 ② 03 ② 04 ② 05 ③ 06 ④

07 질소비료 중 이론적으로 질소함유량이 가장 높은 비료는?

① 황산암모늄(황안)　② 염화암모늄(염안)
③ 질산암모늄(질안)　④ 요소

해설

① $\dfrac{N_2}{(NH_4)_2SO_4} \times 100 \to \dfrac{28}{132} \times 100 = 21.21\%$

② $\dfrac{N}{NH_4Cl} \times 100 \to \dfrac{14}{53.5} \times 100 = 26.17\%$

③ $\dfrac{N_2}{NH_4NO_3} \times 100 \to \dfrac{28}{80} \times 100 = 35\%$

④ $\dfrac{N_2}{(NH_2)_2CO} \times 100 \to \dfrac{28}{60} \times 100 = 46.67\%$

08 n형 반도체만으로 구성되어 있는 것은?

① Cu_2O, CoO　② TiO_2, Ag_2O
③ Ag_2O, SnO_2　④ SnO_2, CuO

해설

n형 반도체 : SnO_2, CuO, TiO_2, ZnO 등

09 반도체 제조공정 중 보편화되어 있는 단결정 제조방법은?

① Czochralski 방법　② Van der Waals 방법
③ 텅스텐 공법　　　④ 금속 부식 방법

해설

① 종자를 용융실리콘과 접촉시킨 후 천천히 위로 끌어올리면서 냉각고화하면 성장한다.

10 칼륨 광물 실비나이트(Sylvinite) 중 KCl의 함량은? (단, 원자량은 K : 39.1, Na : 23, Cl : 35.5이다.)

① 36.05%　② 46.05%
③ 56.05%　④ 66.05%

해설

Sylvinite(KCl, NaCl) = $\dfrac{74.6}{74.6 + 58.5} = 56.05\%$

11 아닐린을 $Na_2Cr_2O_7$을 산화제로 황산용액 중에서 저온(5℃)에서 산화시켜 얻을 수 있는 생성물은?

① 벤조퀴논　② 아조벤젠
③ 니트로벤젠　④ 니트로페놀

해설

아닐린($C_6H_5NH_2$) $\xrightarrow{Na_2Cr_2O_7, \text{산화}}$ 벤조퀴논

12 다음 중 암모니아 산화반응 시 촉매로 주로 쓰이는 것은?

① Nd − Mo　② Ra
③ Pt − Rh　④ Al_2O_3

해설

$4NH_3 + 5O_2 \xrightarrow{Pt-Rh} 4NO_2 + 6H_2O + 216kcal$

13 방향족 아민에 1당량의 황산을 가했을 때의 생성물에 해당하는 것은?

① 아닐린 + H_2SO_4 → $C_6H_5NH \cdot SO_3H$
② 아닐린 + H_2SO_4 → 나프탈렌 유도체(NH_2, SO_3H)
③ 아닐린 + H_2SO_4 → 설파닐산(NH_2, SO_3H para)
④ 아닐린 + H_2SO_4 → (NH_2, SO_3H, SO_3H)

해설

염기성을 띤 아닐린은 산과 반응하여 아닐린의 염을 만든다.

정답 07 ④　08 ④　09 ①　10 ③　11 ①　12 ③　13 ③

14 R-COOH와 $SOCl_2$ 또는 PCl_5를 반응시킬 때 주 생성물은?

① R-Cl
② R-CH_2Cl
③ R-COCl
④ R-$CHCl_2$

해설

$$R-COOH \xrightarrow{SOCl_2 \text{ 또는 } PCl_5} R-COCl$$

15 불순물을 제거하는 석유정제공정이 아닌 것은 어느 것인가?

① 코킹법
② 백토처리
③ 메록스법
④ 용제추출법

해설

불순물을 제거하는 석유정제공정
㉠ 백토처리
㉡ 메록스법
㉢ 용제추출법

16 황산의 원료인 아황산가스를 황화철광(iron pyrite)을 공기로 완전연소하여 얻고자 한다. 황화철광의 10%가 불순물이라 할 때 황화철광 1톤을 완전연소하는 데 필요한 이론 공기량은 표준상태 기준으로 약 몇 m^3인가? (단, Fe의 원자량은 56이다.)

① 460
② 580
③ 2,200
④ 2,480

해설

$4FeS_2 + 11O_2 \rightarrow 8SO_2 + 2Fe_2O_3$

10% 불순물 900kg FeS_2

$900kg(FeS_2) \times \dfrac{1kmol(FeS_2)}{120kg(FeS_2)} = 7.5kmol$

산소 : $7.5kmol \times \dfrac{11}{4} = 20.6kmol$

공기 : $20.6 \times \dfrac{100}{21} = 98.1kmol$

$98.1kmol \times \dfrac{22.4L}{1mol} \times \dfrac{1,000L}{1kmol} \times \dfrac{1m^3}{1,000L}$

$= 2,200 m^3$

17 석유화학공정에 대한 설명 중 틀린 것은?

① 비스브레이킹 공정은 열분해법의 일종이다.
② 열분해란 고온하에서 탄화수소 분자를 분해하는 방법이다.
③ 접촉분해공정은 촉매를 이용하지 않고 탄화수소의 구조를 바꾸어 옥탄가를 높이는 공정이다.
④ 크래킹은 비점이 높고 분자량이 큰 탄화수소를 분자량이 작은 저비점의 탄화수소로 전환하는 것이다.

해설

접촉분해법
경유나 등유와 같이 비점이 높은 유분을 SiO_2-Al_2O_3 or 합성제올라이트와 같이 촉매를 이용하여 고옥탄가의 가솔린을 만드는 법

18 다음 중 선형 저밀도 폴리에틸렌에 관한 설명이 아닌 것은?

① 촉매 없이 1-옥텐을 첨가하여 라디칼 중합법으로 제조한다.
② 규칙적인 가지를 포함하고 있다.
③ 낮은 밀도에서 높은 강도를 갖는 장점이 있다.
④ 저밀도 폴리에틸렌보다 강한 인장강도를 갖는다.

해설

선형 저밀도 폴리에틸렌(LLDPE)은 선형이지만, 부텐-1 또는 옥텐-1과 같은 단위체가 도입되어 많은 가지를 가지고 있다.

19 Nylon 6 합성 섬유의 원료는?

① Caprolactam
② Hexamethylene diamine
③ Hexamethylene triamine
④ Hexamethylene tetraamine

해설

Nylon 6 제조의 주된 원료
ε-카프로락탐의 개환 중합에 의해 제조한다.

정답 14 ③ 15 ① 16 ③ 17 ③ 18 ① 19 ①

20 폐수처리나 유해가스를 효과적으로 처리할 수 있는 광촉매를 이용한 처리기술이 발달되고 있는데, 다음 중 광촉매로 많이 사용되고 있는 물질로 아나타제, 루틸 등의 결정상이 존재하는 것은?

① MgO
② CuO
③ TiO_2
④ FeO

해설
TiO_2의 설명이다.

제2과목 반응운전

21 372℃, 100atm에서의 수증기부피(L/mol)는? (단, 수증기는 이상기체라 가정한다.)

① 0.229
② 0.329
③ 0.429
④ 0.529

해설
$PV = nRT \Rightarrow \dfrac{V}{n}(\text{L/mol}) = \dfrac{RT}{P} = \dfrac{0.082 \times 645}{100} = 0.529$

22 다음 계에서 열효율(η)의 표현으로 옳은 것은? (단, Q_H : 외계로부터 전달받은 열, Q_C : 계로부터 전달된 열, W : 순 일)

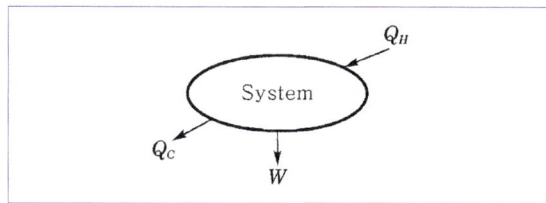

① $\eta = \dfrac{W}{Q_C}$
② $\eta = -\dfrac{W}{Q_H}$
③ $\eta = \dfrac{Q_C}{Q_H - W}$
④ $\eta = \dfrac{Q_C + W}{Q_H}$

해설
$\eta = -\dfrac{W}{Q_H}$

23 내부에너지의 관계식이 다음과 같을 때 괄호 안에 들어갈 식으로 옳은 것은? (단, 닫힌계이며, U : 내부에너지, S : 엔트로피, T : 절대온도이다.)

$$dU = TdS + (\quad)$$

① PdV
② −PdV
③ VdP
④ −VdP

해설
$dU = TdS - PdV$

24 열역학 제2법칙의 수학적 표현은?

① $dU = dQ - PdV$
② $dH = TdS + VdP$
③ $\dfrac{|Q_H|}{|Q_C|} = \dfrac{T_H}{T_C}$
④ $\triangle S_{total} \geq 0$

해설
열역학 제2법칙 : 엔트로피는 $ds = \dfrac{dQ}{T}$로 정의되며, 모든 변화 과정에 대해 $\Delta S_{total} \geq 0$이다.

25 기체 1mole이 0℃, 1atm에서 10atm으로 가역압축되었다. 압축 공정 중 압축 후의 온도가 높은 순으로 배열된 것은? (단, 이 기체는 단원자 분자이며, 이상기체로 가정한다.)

① 등온 > 정용 > 단열
② 정용 > 단열 > 등온
③ 단열 > 정용 > 등온
④ 단열 = 정용 > 등온

해설
정적과정에서 $\triangle u = C_V \triangle T$인 내부에너지는 온도만의 함수이다.

26 공기표준 오토 사이클(Otto cycle)에 해당하는 선도는?

① 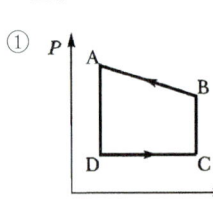 ②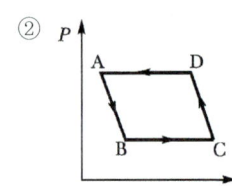

③ 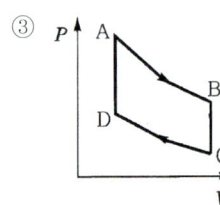 ④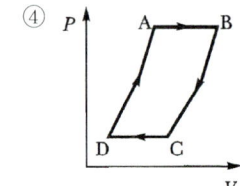

해설

Otto cycle

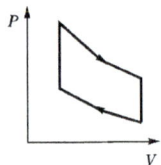

27 일산화탄소 가스의 산화반응의 반응열이 −68,000 cal/mol일 때, 500℃에서 평형상수는 e^{28}이었다. 동일한 반응이 350℃에서 진행됐을 때의 평형상수는? (단, 위의 온도범위에서 반응열은 일정하다.)

① $e^{38.7}$ ② $e^{48.7}$
③ $e^{98.7}$ ④ e^{120}

해설

$In\dfrac{k_2}{k_1}=-\dfrac{\Delta H}{R}\left(\dfrac{1}{T_2}-\dfrac{1}{T_1}\right)$

$k_2 = k_1 \exp\left\{\dfrac{\Delta H}{R}\left(\dfrac{1}{T_1}-\dfrac{1}{T_2}\right)\right\}$

여기서, $k_1 = e^{28}$
$T_1 = 773K$
$T_2 = 623K$
$\Delta H = -68,000 cal/mL$
$R = 1.987 cal/mL \cdot K$
∴ $k_2 = e^{38.7}$

28 10atm, 260℃의 과열증기(엔트로피 : 1.66kcal/kg・K)가 단열가역적으로 2atm까지 팽창한다면 수증기의 질량 %는 얼마인가? (단, 2atm일 때 포화증기와 포화액체의 엔트로피는 각각 1.70, 0.36kcal/kg・K이다.)

① 97   ② 94
③ 89.5 ④ 88.7

해설

가역단열 → 등엔트로피과정
$S = S_V \cdot V + S_L \cdot L$
$1.70X + 0.36(1-X) = 1.66$
∴ $1.34X = 1.3$
$X = 0.97 = 97\%$

29 벤젠과 톨루엔으로 이루어진 용액이 기상과 액상으로 평형을 이루고 있을 때 이 계에 대한 자유도는?

① 0   ② 1
③ 2   ④ 3

해설

$F = 2 - \pi + N = 2$
여기서, $\pi = 2$, $N = 2$

30 일정 온도와 일정 압력에서 일어나는 화학반응의 평형판정기준을 옳게 표현한 식은? (단, 하첨자 tot는 총변화량을 의미한다.)

① $(\Delta G_{tot})_{T,P} = 0$ ② $(\Delta H_{tot})_{T,P} > 0$
③ $(\Delta G_{tot})_{T,P} < 0$ ④ $(\Delta H_{tot})_{T,P} = 0$

해설

일정한 T, P에 있는 닫힌계에서 전체 Gibbs 에너지는 비가역공정에서 감소해야 하고, G^t가 최솟값을 가질 때 도달한다.
- 화학 평형 : $(\Delta G)_{T,P} = 0$
- 자발적 반응 : $(\Delta G)_{T,P} < 0$
- 비자발적 반응 : $(\Delta G)_{T,P} > 0$

정답 26 ③ 27 ① 28 ① 29 ③ 30 ①

31 그림과 같은 반응물과 생성물의 에너지 상태가 주어졌을 때 반응열 관계로 옳은 것은?

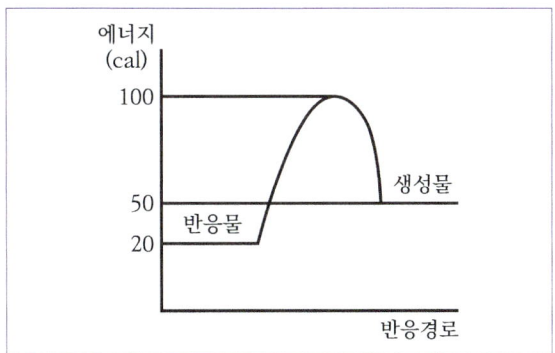

① 발열반응이며, 발열량은 20cal이다.
② 발열반응이며, 발열량은 50cal이다.
③ 흡열반응이며, 흡열량은 30cal이다.
④ 흡열반응이며, 흡열량은 50cal이다.

해설
생성물 E = 50cal
반응물 = 20cal
∴ 반응물에서 생성물이 되기 위해 30cal 열흡수

32 A가 R이 되는 효소반응이 있다. 전체 효소 농도를 [E_0], 미카엘리스(Michaelis) 상수를 [M]이라고 할 때 이 반응의 특징에 대한 설명으로 틀린 것은?

① 반응속도가 전체 효소 농도 [E_0]에 비례한다.
② A의 농도가 낮을 때 반응속도는 A의 농도에 비례한다.
③ A의 농도가 높아지면서 0차 반응에 가까워진다.
④ 반응속도는 미카엘리스 상수 [M]에 비례한다.

해설
미카엘리스 멘텐 방정식
$$V = \frac{V_{max}[S]}{K_M + [S]}$$
④ 반응속도는 미카엘리스 상수 [M]에 반비례한다.
효소 반응
$$-r_A = \frac{V_{max}[S]}{[M]+[S]},\ V_{max} = k_{cat}[E_0]$$

33 체적 $0.212m^3$의 로켓엔진에서 수소가 6kmol/s의 속도로 연소된다. 이때 수소의 반응속도는 약 몇 $kmol/m^3 \cdot s$인가?

① 18.0 ② 28.3
③ 38.7 ④ 49.0

해설
$$-r_{H_2} = -\frac{1}{V_R} \times \frac{dN_{H_2}}{dt} = \frac{1}{0.212m^3} \times \frac{6kmol}{s}$$
$$= 28.30 kmol/m^3 \cdot s$$

34 액상 반응물 A가 다음과 같이 반응할 때 원하는 물질 R의 순간수율 $\left(\phi\left(\frac{R}{A}\right)\right)$을 옳게 나타낸 것은?

$$(A \xrightarrow{k_1} R,\ r_R = k_1 C_A)$$
$$(2A \xrightarrow{k_2} S,\ r_S = k_2 C_A^2)$$

① $\dfrac{1}{1 + (\dfrac{k_2}{k_1})C_A}$ ② $\dfrac{1}{1 + (\dfrac{k_1}{k_2})C_A}$

③ $\dfrac{1}{1 + (\dfrac{2k_1}{k_2})C_A}$ ④ $\dfrac{1}{1 + (\dfrac{2k_2}{k_1})C_A}$

해설
순간수율 : $\dfrac{dC_R}{-dC_A}$

$$\frac{k_1 C_A}{k_1 C_A + 2k_2 C_A^2} = \frac{1}{1 + \dfrac{2k_2}{k_1}C_A},\ \left(2A \to S에서 -\frac{r_A}{2} = r_S\right)$$

35 "분쇄에 필요한 일은 분쇄전후 대표 입경의 비(D_{p1}/D_{p2})에 관계되며 이 비가 일정하면 일의 양도 일정하다."는 법칙은 무엇인가?

① Sherwood 법칙 ② Rittinger 법칙
③ Bond 법칙 ④ Kick 법칙

해설
Kick 법칙 : $n = 1$, $W = K_c ln\dfrac{D_{p1}}{D_{p2}}$

정답 31 ③ 32 ④ 33 ② 34 ④ 35 ④

36 어떤 기체 A가 분해되는 단일성분의 비가역반응에서 A의 초기농도가 340mol/L인 경우 반감기가 100초이고, A기체의 초기농도가 288mol/L인 경우 반감기가 140초라면 이 반응의 반응차수는?

① 0차　　　② 1차
③ 2차　　　④ 3차

해설

1차 반응의 반감기는 농도와 상관없으므로 1차 반응은 아님 $\left(t_{1/2} = \dfrac{\ln 2}{k}\right)$.

3차 반응이라고 가정하면,

$-r_A = kC_A^3 \Rightarrow -r_A = -\dfrac{dC_A}{dt}$

$kC_A^3 = kC_{A0}^3(1-X)^3 = C_{A0}\dfrac{dX}{dt}$

$kC_{A0}^2 \displaystyle\int_0^{t_{1/2}} dt = \int_0^{0.5}(1-X)^{-3}dX$

$kC_{A0}^2 t_{1/2} = \dfrac{3}{2}$

$\therefore k = \dfrac{3}{2C_{A0}^2 t_{1/2}}$

$C_{A0} = 340\text{mol/L}, t_{1/2} = 100s$ 와 $C_{A0} = 288\text{mol/L}, t_{1/2} = 140s$ 일 때를 각각 대입하면 일정한 k가 나오므로 3차 반응

37 다음 반응에서 R이 요구하는 물질일 때 어떻게 반응시켜야 하는가?

$A + B \rightarrow R$, desired	$r_1 = k_1 C_A C_B^2$
$R + B \rightarrow S$, unwanted	$r_2 = k_2 C_R C_B$

① A에 B를 한 방울씩 넣는다.
② B에 A를 한 방울씩 넣는다.
③ A와 B를 동시에 넣는다.
④ A와 B의 농도를 낮게 유지한다.

해설

$\dfrac{dC_R}{dt} = K_1 C_A C_B^2, \dfrac{dC_R}{dt} = K_2 C_R C_B$

$\therefore \dfrac{dC_R}{dC_S} = \dfrac{K_1 C_A C_B}{K_2 C_R} = \dfrac{K_1}{K_2} C_A C_B C_R^{-1}$

$\therefore C_A \uparrow \quad C_B \uparrow \quad C_R \downarrow$

즉, A를 B를 동시에 넣는다.

38 A → R로 표시되는 화학반응의 반응열이 △Hr = 1,800cal/mol·A로 일정할 때 입구온도 95℃인 단열반응기에서 A의 전화율이 50% 이면, 반응기의 출구온도는 몇 ℃인가? (단, A와 R의 열용량은 각각 10cal/mol·K이다.)

① 5　　　② 15
③ 25　　　④ 35

해설

$\Delta T = \dfrac{\Delta Hr \times X_A}{C} = \dfrac{-1{,}800 \times \dfrac{1}{2}}{10} = -90℃$

39 반응물 A는 1차 반응 A → R에 의해 분해된다. 서로 다른 2개의 플러그흐름반응기에 다음과 같이 반응물의 주입량을 달리하여 분해 실험을 하였다. 두 반응기로부터 동일한 전화율 80%를 얻었을 경우 두 반응기의 부피비 V_2/V_1은 얼마인가? (단, F_{A0}는 공급물 속도이고, C_{A0}는 초기 농도이다.)

- 반응기 1 : $F_{A0} = 1$, $C_{A0} = 1$
- 반응기 2 : $F_{A0} = 2$, $C_{A0} = 1$

① 0.5　　　② 1
③ 1.5　　　④ 2

해설

PFR 1차 부피 공식
$k\tau = -\ln(1-X_A), X_A = 0.80$

$\tau = \dfrac{V}{u_0} = \dfrac{C_{A_0}V}{F_{A_0}}$

$k\dfrac{C_{A_0}V}{F_{A_0}} = -\ln(1-X_A)$

$V = -\dfrac{F_{A_0}}{kC_{A_0}}\ln(1-X_A)$

㉠ $F_{A_0} = 1$, $C_{A_0} = 1$
$V_1 = -\dfrac{1}{k}\ln(1-0.80) = -\dfrac{\ln(0.2)}{k} = \dfrac{1.6}{k}$

㉡ $F_{A_0} = 2$, $C_{A_0} = 1$
$V_2 = -\dfrac{2}{k}\ln(1-0.80) = \dfrac{3.2}{k}$　　　$\therefore \dfrac{V_2}{V_1} = 2$

정답 36 ④　37 ③　38 ①　39 ④

40 비가역 직렬반응 A → R → S 에서 1단계는 2차반응, 2단계는 1차반응으로 진행되고 R이 원하는 제품일 경우 다음 설명 중 옳은 것은?

① A의 농도를 높게 유지할수록 좋다.
② 반응 온도를 높게 유지할수록 좋다.
③ 혼합흐름 반응기가 플러그 반응기보다 성능이 더 좋다.
④ A의 농도는 R의 수율과 직접 관계가 없다.

해설
비가역 직렬반응 $A \rightarrow R \rightarrow S$에서 R의 수득률을 높이기 위해서는 $A \rightarrow R$의 반응이 많이 일어날수록, $R \rightarrow S$의 반응이 적게 일어날수록 좋다. 한편 $A \rightarrow R$은 2차 반응, $R \rightarrow S$은 1차 반응이므로 농도를 높게 유지할수록 좋다.

제3과목 단위공정관리

41 20wt% 소금수용액의 밀도가 10℃에서 1.20g/mL 이다. 소금의 몰분율과 노르말 농도는 각각 얼마인가? (단, NaCl 분자량은 58이다.)

① 0.072, 4.31N
② 0.38, 4.31N
③ 0.072, 4.14N
④ 0.38, 4.14N

해설
20g → 소금 $\frac{20}{58}$ mol NaCl

80g → 물 $\frac{80}{18}$ mol H_2O

소금의 몰분율

$= \dfrac{\frac{20}{58}}{\frac{20}{58}+\frac{80}{18}} = 0.072$

$\dfrac{100 \text{g NaCl}}{} \left| \dfrac{\text{mL}}{1.2 \text{g}} \right. = 83.3 \text{mL}$

소금의 노르말 농도

$\dfrac{20\text{g}}{83.3\text{mL}} \left| \dfrac{1\text{eq}}{58\text{g}} \right| \dfrac{1,000\text{mL}}{1\text{L}} = 4.139\text{N}$

여기서, $N = \dfrac{\text{eq}}{\text{L}}$

42 보일러에 Na_2SO_3를 가하여 공급수 중의 산소를 제거한다. 보일러 공급수 2,000톤에 산소 함량 9ppm일 때 이 산소를 제거하는데 필요한 Na_2SO_3의 이론양 [kg]은 약 얼마인가? (단, 반응식 : $2Na_2SO_3 + O_2 \rightarrow 2Na_2SO_4$)

① 708
② 448
③ 142
④ 71

해설
산소 함유량 $= 2,000 \times 10^3 \text{kg} \times (9 \times 10^{-6}) = 18\text{kg}$

산소 함유량 $= \dfrac{18\text{g}}{} \left| \dfrac{1\text{K} \cdot \text{mol}}{32\text{g}} \right. = 0.5 \text{kmol}$

$2Na_2SO_3 + O_2 \rightarrow 2Na_2SO_4$
O_2 1mol & Na_2SO_3 2mol 반응
Na_2SO_3은 1kmol
Na_2SO_3 분자량 : 124
124kg Na_2SO_3 필요

43 지하 220m 깊이에서부터 지하수를 양수하여 20m 높이에 가설된 물탱크에 15kg/s의 양으로 물을 올리고 있다. 이때 위치 에너지(potential energy)의 증가분($\triangle E_p$)은 얼마인가?

① 35,280J/s
② 3,600J/s
③ 3,250J/s
④ 205J/s

해설
$\Delta E_P = mgh$
$= (15 kg/s)(9.8 m/s^2)(220+20m) = 35,280 J/s$

44 "고체나 액체의 열용량은 그 화합물을 구성하는 개개 원소의 열용량의 합과 같다."는 누구의 법칙인가?

① Dulong Petit
② Kopp
③ Trouton
④ Hougen Watson

해설
Kopp 법칙의 설명이다.

정답 40 ① 41 ③ 42 ③ 43 ① 44 ②

45 표준상태에서 측정한 프로판가스 100m³을 액화하였다. 액체 프로판은 몇 kg인가?

① 196.43
② 296.43
③ 396.43
④ 469.43

해설

$PV = nRT (C_3H_8 = 44)$

$P = 1\text{atm}$

$V = 100\text{m}^3 \Rightarrow \dfrac{100\text{m}^3 \mid 1,000\text{L}}{1\text{m}^2} = 10^5 \text{L}$

$n = \dfrac{W(\text{kg})}{44} \text{kmol}$

$R = 82 \dfrac{\text{ratm} \cdot \text{L}}{\text{kmol} \cdot \text{K}}$

$T = 273\text{K} \Rightarrow W = 196.55\text{kg}$

---

46 다음 실험 데이터로부터 CO의 표준생성열(△H)을 구하면 몇 kcal/mol인가?

$C(S) + O_2(g) \rightarrow CO_2(g)$,
$\Delta H = -94.052 \text{kcal/mol}$
$CO(g) + \frac{1}{2}O_2(g) \rightarrow CO_2(g)$,
$\Delta H = -67.636 \text{kcal/mol}$

① −26.452
② −41.22
③ 26.42
④ 41.22

해설

$C + O_2 \rightarrow CO_2,\ \Delta H : -94.052$

$CO_2 \rightarrow CO + \frac{1}{2}O_2,\ \Delta H : 67.636$

$C + \frac{1}{2}O_2 \rightarrow CO,\ \Delta H : -26.452 \text{kcal/mol}$

---

47 이상기체 상수 R의 단위를 $\dfrac{\text{mmHg} \cdot \text{L}}{\text{K} \cdot \text{mol}}$로 하였을 때 다음 중 R값에 가장 가까운 것은?

① 1.9
② 62.3
③ 82.3
④ 108.1

해설

$R = 0.082 \text{atm} \cdot \text{L/K} \cdot \text{mol} \times 760 \text{mmHg/atm}$
$= 62.32 \text{mmHg} \cdot \text{L/K} \cdot \text{mol}$

---

48 콘크리트벽의 두께가 10cm이고, 바깥 표면의 온도는 5℃이고, 안쪽 표면의 온도가 20℃일 때 벽을 통한 열손실은 몇 kcal/m²·h인가? (단, 콘크리트의 열전도도는 0.002cal/cm·s·℃이다.)

① 0.03
② 0.003
③ 10.8
④ 108

해설

$k = \dfrac{0.002\text{cal} \mid 100\text{cm} \mid 3,600\text{sec} \mid 1\text{kcal}}{\text{cm} \cdot \text{sec} \cdot \text{℃} \mid 1\text{m} \mid 1\text{hr} \mid 10^3\text{cal}}$

$= 0.72 \text{kcal} \cdot \text{m} \cdot \text{hr} \cdot \text{℃}$

$q = \dfrac{kA\Delta T}{t} = \dfrac{0.72 \times 15℃}{0.1} = 108 \text{kcal/m}^2 \cdot \text{h}$

---

49 캐비테이션(cavitation) 현상을 잘못 설명한 것은?

① 공동화(空洞化) 현상을 뜻한다.
② 펌프 내의 증기압이 낮아져서 액의 일부가 증기화하여 펌프 내에 응축하는 현상이다.
③ 펌프의 성능이 나빠진다.
④ 임펠러 흡입부의 압력이 유체의 증기압보다 높아져 증기는 임펠러의 고압부로 이동하여 갑자기 응축한다.

해설

캐비테이션 현상은 임펠러 흡입부의 압력이 낮아져 액체 내에 증기기포가 발생하는 현상이다.

---

50 40℃의 물의 점도는 0.00654g/cm·s이고 열진도도는 0.539kcal/m·h·℃이다. 이때 물의 Prandtl number는?

① 2.34
② 4.37
③ 5.14
④ 9.58

해설

$P_\gamma = \dfrac{Cp\mu}{K} = \dfrac{0.539\text{kcal} \mid 1\text{hr}}{\text{m} \cdot \text{hr} \cdot \text{℃} \mid 60\text{sec}} = 8.98 \times 10^{-3} = 4.37$

정답 45 ① 46 ① 47 ② 48 ④ 49 ④ 50 ②

51 벽의 두께가 100mm인 물질의 양 표면의 온도가 각각 $t_1 = 300°C$, $t_2 = 30°C$일 때, 이 벽을 통한 열손실(flux; kcal/m²·h)은? (단, 벽의 평균 열전도도는 0.02kcal/m·h·°C이다.)

① 29
② 54
③ 81
④ 108

해설

$$g = k\frac{(t_1 - t_2)}{L} = 0.02 \times \frac{(300-30)}{0.1} = 54 \text{kcal/m}^2 \cdot \text{h}$$

52 열전달에서의 Fourier 법칙과 유사한 성질을 갖는 물질전달에서의 법칙은?

① Raoult의 법칙
② Rittinger의 법칙
③ Fenske의 법칙
④ Fick의 법칙

해설

- Fourier 법칙 : $\dfrac{dq}{dA} = -k\dfrac{dT}{dx}$
- Fick 법칙 : $J_A = -D_V \dfrac{dC_A}{db}$

53 Ponchon-Savarit method에 대한 설명으로 옳지 않은 것은?

① 엔탈피·농도 도표상의 포화액체와 포화증기선이 직선이 아니어도 된다.
② 증류 성분에 있어서 몰 증발잠열에 현저한 차이가 있고 각 성분의 엔탈피를 알 수 있을 때 유효하다.
③ 증류 이론단수와 각 단에 출입하는 물질량 및 열량을 산출할 수 있다.
④ 작도법이 단순하여 실무에 적합하다.

해설

Ponchon-Savarit method는 엔탈피를 통해 이론 단수를 산출하는 방법으로 조작선이 곡선이기 때문에 작도법이 단순하지 않다. McCabe-Thiele법은 조작선이 직선이므로 작도법이 단순하다.

54 A와 B의 혼합용액에서 γ를 활동도 계수라 할 때 최고공비 혼합물이 가지는 γ값의 범위를 옳게 나타낸 것은?

① $\gamma_A = 1$, $\gamma_B = 1$
② $\gamma_A < 1$, $\gamma_B > 1$
③ $\gamma_A < 1$, $\gamma_B < 1$
④ $\gamma_A > 1$, $\gamma_B > 1$

해설

최고공비 혼합물이 가지는 γ값의 범위 : $\gamma_A < 1, \gamma_B < 1$

55 0°C, 2atm하에 있는 산소가 있다. 이 기체를 같은 압력에서 10°C 가열하였다면 처음 체적의 몇 %가 증가하였는가?

① 0.54
② 3.66
③ 7.33
④ 103.66

해설

$0°C \xrightarrow{O_2} 10°C, 2\text{atm} \rightarrow 2\text{atm}$

sol) $\dfrac{P_1 V_1}{T_1} = \dfrac{P_2 V_2}{T_2} (P_1 = P_2)$

$\dfrac{V_2}{V_1} = \dfrac{T_2}{T_1} = \dfrac{283}{273} = 1.0366$, ∴ 3.66%

56 1atm, 25°C에서 상대습도가 50%인 공기 1m³ 중에 포함되어 있는 수증기의 양은? (단, 25°C에서 수증기의 증기압은 24mmHg이다.)

① 25
② 33.3
③ 50.0
④ 66.4

해설

$CH_4 + C_2H_6 + 6O_2 + N_2$
　1　:　1　:　6　:　1

$3CO_2 + 5H_2O + N_2 + \dfrac{1}{2}O_2$
　3　:　5　:　1　:　$\dfrac{1}{2}$

O_2 : 60mL → 15mL(45mL 소비)
N_2 : 60mL → 60mL
CO_2 :　　→ 25mL

정답 51 ② 52 ④ 53 ④ 54 ③ 55 ② 56 ②

57 수증기를 증발관의 열원으로 이용할 때의 장점이 아닌 것은?

① 가열이 균일하여 국부적인 과열의 염려가 적다.
② 증기기관의 폐증기를 이용할 수 있다.
③ 비교적 값이 싸며 쉽게 얻을 수 있다.
④ 열전도도가 작고 열원쪽의 열전달계수가 작다.

해설
수증기를 증발관 열원으로 쓰면 열전도도가 크고 열원쪽 열전달계수도 크다.

58 32℃, 760mmHg에서 공기가 300m³의 용기 속에 들어있다. 이때 산소가 차지하는 분압은? (단, 공기 중 산소의 부피는 21%이다.)

① 120mmHg   ② 160mmHg
③ 200mmHg   ④ 380mmHg

해설
기체에서 몰% = 부피% = 압력%
760mmHg × 0.21 = 160mmHg

59 혼합에 영향을 주는 물리적 조건에 대한 설명으로 옳지 않은 것은?

① 섬유상의 형상을 가진 것은 혼합하기가 어렵다.
② 건조분말과 습한 것의 혼합은 한 쪽을 분할하여 혼합한다.
③ 밀도차가 클 때는 밀도가 큰 것이 아래로 내려가므로 상하가 고르게 교환되도록 회전방법을 취한다.
④ 액체와 고체의 혼합 반죽에서는 습윤성이 적은 것이 혼합하기 쉽다.

해설
습윤성이 커야 혼합하기 쉽다.

60 원유의 비중을 나타내는 지표로 사용되는 것은?

① Baume   ② Twaddell
③ API   ④ Sour

해설
API(American Petroleum Institute)
원유의 비중을 나타내는 지표로서 일반적으로 탄소수가 많을수록 비중이 커진다.

제4과목 화공계측제어

61 자동차를 운전하는 것을 제어시스템의 가동으로 간주할 때 도로의 차선을 유지하며 자동차가 주행하는 경우 자동차의 핸들은 제어시스템을 구성하는 요소 중 어디에 해당하는가?

① 감지기   ② 조작변수
③ 구동기   ④ 피제어변수

해설
자동차를 운전할 때 핸들은 조작변수에 해당한다.

62 화학공장에서 공정제어의 필요성에 대한 설명으로 다음 중 가장 거리가 먼 것은?

① 균일한 제품을 생산하여 제품의 질을 향상시키기 위해 필요하다.
② 온도나 압력 등의 공정변수들을 잘 관리하여 사고를 예방하기 위해 필요하다.
③ 생산비 절감 및 생산성 향상을 위해 필요하다.
④ 공장운전의 완전 무인화를 위해 필요하다.

해설
화학공장에서 공정제어의 필요성
㉠ 균일한 제품을 생산하여 제품의 질을 향상시키기 위해
㉡ 온도나 압력 등의 공정변수를 잘 관리하여 사고를 예방하기 위해
㉢ 생산비 절감 및 생산성 향상을 위해

정답 57 ④ 58 ② 59 ④ 60 ③ 61 ② 62 ④

63 그림과 같이 표시되는 함수의 Laplace 변환으로 옳은 것은?

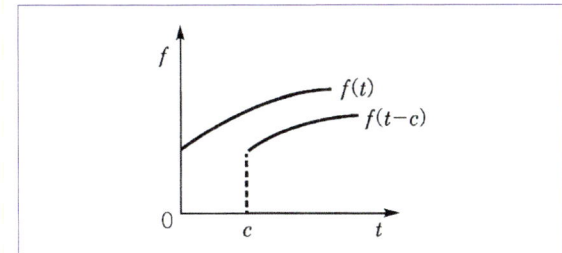

① $e^{-cs}L[f]$
② $e^{cs}L[f]$
③ $L[f(s-c)]$
④ $L[s(s+c)]$

해설
$f(t-c)$는 $f(t)$에서 c만큼 지연되었으므로, $\mathcal{L}[f(t-c)] = e^{-cs}L[f(t)]$이다.

64 그림과 같은 단위계단함수의 Laplace 변환은?

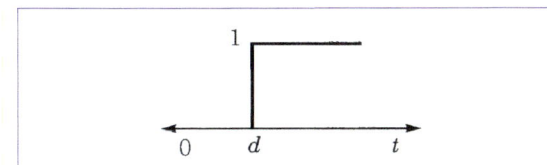

① $\dfrac{1}{s-d}$
② $\dfrac{e^{-ds}}{s}$
③ $\dfrac{d}{s}$
④ se^{-ds}

해설
$1 \xrightarrow{\mathcal{L}} \dfrac{1}{S}$

d만큼 지연 : e^{-ds}

$\therefore \dfrac{1}{S}e^{-ds}$

65 운전자의 눈을 가린 후 도로에 대한 자세한 정보를 주고 운전을 시킨다면 이는 어느 공정제어 기법이라고 볼 수 있는가?

① 되먹임 제어
② 비례 제어
③ 앞먹임 제어
④ 분산 제어

해설
도로에 대한 자세한 정보가 미리 주어지기 때문에 앞먹임 제어이다.

66 $Y(s) = 4/(s^3 + 2s^2 + 4s)$식을 역라플라스 변환하여 $y(t)$ 값을 옳게 구한 것은?

① $y(t) = e^{-t}\left[\cos\sqrt{3}\,t + \dfrac{1}{\sqrt{3}}\sin\sqrt{3}\,t\right]$
② $y(t) = 1 - e^{-t}\left[\cos\sqrt{3}\,t + \dfrac{1}{\sqrt{3}}\sin\sqrt{3}\,t\right]$
③ $y(t) = 4 - e^{-t}\left[\sin\sqrt{3}\,t + \dfrac{1}{\sqrt{3}}\cos\sqrt{3}\,t\right]$
④ $y(t) = 1 - e^{-t}\left[\sin\sqrt{3}\,t + \dfrac{1}{\sqrt{3}}\cos\sqrt{3}\,t\right]$

해설
$Y(s) = \dfrac{4}{s^2 + 2s^2 + 4s} = \dfrac{4}{s(s^2 + 2s^2 + 4)}$

$= \dfrac{1}{s} - \dfrac{s+2}{s^2 + 2s^2 + 4} = \dfrac{1}{s} - \dfrac{s+2}{(s+1)^2 + 3}$

$= \dfrac{1}{s} - \dfrac{s+1}{(s+1)^2 + 3} - \dfrac{\sqrt{3}}{(s+1)^2 + 3} \cdot \dfrac{1}{\sqrt{3}}$

$\therefore y(t) = 1 - e^{-t}\cos\sqrt{3}\,t - \dfrac{1}{\sqrt{3}}e^{-t}\sin\sqrt{3}\,t$

67 시간상수 τ가 0.1분이고, 이득 K_p가 1이며 1차공정의 특성을 지닌 온도계가 초기에 90℃를 유지하고 있다. 이 온도계를 100℃의 물속에 넣었을 때 온도계 읽음이 98℃가 되는 데 걸리는 시간은 얼마인가?

① 0.082분
② 0.124분
③ 0.161분
④ 0.216분

해설
$G(s) = \dfrac{1}{\tau s + 1} = \dfrac{1}{0.1s + 1} = \dfrac{10}{S + 10}$

$f(t) = 10 \to F(s) = \dfrac{10}{S}$

$Y(s) = G(s)F(s)$
$= \dfrac{10}{S+10} \times \dfrac{10}{S}$
$= 10\left(\dfrac{1}{S} - \dfrac{1}{S+10}\right)$

$\therefore y(t) = 10(1 - e^{-10t})$

$y(t) = 10(1 - e^{-10t}) = 8$이 되려면

$1 - e^{-10t} = 0.8$

$\therefore t = 0.161$

정답 63 ① 64 ② 65 ③ 66 ② 67 ③

68 다음의 공정 중 임펄스 입력이 가해졌을 때 진동특성을 가지며 불안정한 출력을 가지는 것은?

① $G(s) = \dfrac{1}{s^2 - 2s + 2}$

② $G(s) = \dfrac{1}{s^2 - 2s - 3}$

③ $G(s) = \dfrac{1}{s^2 + 3s + 3}$

④ $G(s) = \dfrac{1}{s^2 + 3s + 4}$

해설
특성방정식의 근 중 양수가 있으면 불안정, 허수부가 있으면 진동이다.

69 다음 블록선도에서 전달함수 $G_{(s)} = C_{(s)}/R_{(s)}$ 를 옳게 구한 것은?

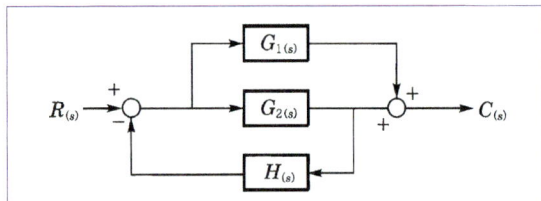

① $\dfrac{C}{R} = \dfrac{G_{1(s)} + G_{2(s)}}{1 + G_{2(s)}H_{(s)}}$

② $\dfrac{C}{R} = \dfrac{G_{1(s)} G_{2(s)}}{1 + G_{2(s)}H_{(s)}}$

③ $\dfrac{C}{R} = \dfrac{G_{1(s)}}{1 + G_{2(s)}H_{(s)}}$

④ $\dfrac{C}{R} = \dfrac{G_{1(s)} - G_{2(s)}}{1 + G_{1(s)}H_{(s)}}$

해설

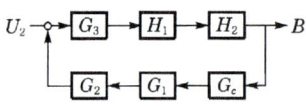

$A = R - BH$
$B = AG_2 \quad > A - \dfrac{R}{1+G_2H}$
$C = B + AG_1 = \dfrac{(G_1+G_2)}{1+G_2H}R$

$\therefore \dfrac{C}{R} = \dfrac{G_1+G_2}{1+G_2H}$

70 2차계의 정현응답에서 위상각 $|\Phi|$의 범위는?

① 0~45° ② 0~90°
③ 0~180° ④ 0~270°

해설
2차계의 정현응답에서 위상각 $|\Phi|$의 범위는 0~180°이다.

71 다음 블록선도에서 전달함수 $\dfrac{B}{U_{2(s)}}$ 로 옳은 것은?
(단, $G = G_c G_1 G_2 G_3 H_1 H_2$)

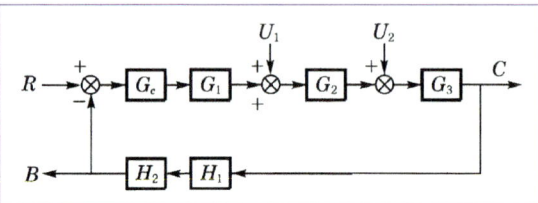

① $\left(\dfrac{G_2 G_3}{1+G}\right)$ ② $\left(\dfrac{G_c G_1 G_2 G_3}{1+G}\right)$

③ $\left(\dfrac{G_3 H_1 H_2}{1+G}\right)$ ④ $\left(\dfrac{G_2 G_3 H_1 H_2}{1+G}\right)$

해설

$\dfrac{B}{V_2} = \dfrac{G_3 H_1 H_2}{1+G_c G_1 G_2 G_3 H_1 H_2} = \dfrac{G_3 H_1 H_2}{1+G}$

72 전달함수가 다음과 같은 2차 공정에서 $\tau_1 > \tau_2$이다. 이 공정에 크기 A인 계단 입력 변화가 야기되었을 때 역응답이 일어날 조건은?

$$G(s) = \dfrac{Y(s)}{X(s)} = \dfrac{K(\tau_d s + 1)}{(\tau_1 s + 1)(\tau_2 s + 1)}$$

① $\tau_d > \tau_1$ ② $\tau_d < \tau_2$
③ $\tau_d > 0$ ④ $\tau_d < 0$

해설
$s = -\dfrac{1}{\tau_d} > 0$(영점이 양수) → $\tau_d < 0$

정답 68 ① 69 ① 70 ③ 71 ③ 72 ④

73 안정한 closed loop에 대한 설명 중 옳은 것은?

① error가 시간이 경과함에 따라 감소한다.
② error가 시간이 경과함에 따라 진동 발산한다.
③ error가 시간이 경과함에 따라 커진다.
④ error가 초기에는 일정하나 점차적으로 커진다.

해설
안정한 closed loop는 error가 시간에 따라 감소하거나 0인 경우를 나타낸다.

74 PI 제어기가 반응기 온도제어루프에 사용되고 있다. 다음의 변화에 대하여 계의 안정성 한계에 영향을 주지 않는 것은?

① 온도전송기의 span 변화
② 온도전송기의 영점 변화
③ 밸브의 trim 변화
④ 반응기 원료 조성 변화

해설
온도 전송기의 영점 변화는 출력 변수값에 영향을 미친다.

75 PID 제어기 조율과 관련한 설명으로 옳은 것은?

① Offset을 제거하기 위해서는 적분동작을 넣어야 한다.
② 빠른 공정일수록 미분동작을 위주로 제어하도록 조율한다.
③ 측정잡음이 큰 공정일수록 미분동작을 위주로 제어하도록 조율한다.
④ 공정의 동특성 빠르기는 조율 시 고려사항이 아니다.

해설
② 미분동작은 응답을 빠르게 한다.
③ 미분동작은 측정 잡음이 큰 경우에 적합하지 않다.
④ 공정의 동특성 빠르기는 조율 시 고려사항이다.

76 특성방정식에 관한 설명으로 옳은 것은?

① 특성방정식의 근 중 하나라도 복소수근을 가지면 그 시스템은 불안정하다.
② 특성방정식의 근 모두가 실근이면 그 시스템은 안정하다.
③ 특성방정식의 근이 허수축에서 멀어질수록 응답은 빨라진다.
④ 특성방정식의 근이 실수축에서 멀어질수록 진동 주기가 커진다.

해설
특성방정식의 근이 허수축에서 멀어질수록 시상수가 작아지므로 응답이 빨라진다.

77 다음 그림의 블록선도에서 $T_R'(s) = \dfrac{1}{s}$일 때, 서보(servo) 문제의 정상상태 잔류편차(offset)는 얼마인가?

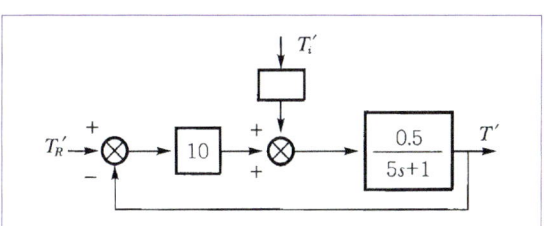

① 0.133
② 0.167
③ 0.189
④ 0.213

해설
총괄 전달함수
$$\dfrac{\dfrac{5}{5s+1}}{1+\dfrac{5}{5s+1}} = \dfrac{5}{5s+6}$$

최종값 정리
$$\lim_{s \to 0} \dfrac{5}{s(5s+6)} \cdot s = \dfrac{5}{6}$$

off set
$$1 - \dfrac{5}{6} = \dfrac{1}{6} = 0.167$$

정답 73 ① 74 ② 75 ① 76 ③ 77 ②

78 특성방정식이 $1 + K_c/(S+1)(S+2) = 0$으로 표현되는 선형 제어계에 대하여 Routh-Hurwitz의 안정 판정에 의한 K_c의 범위를 구하면?

① $K_c < -1$ ② $K_c > -1$
③ $K_c > -2$ ④ $K_c < -2$

해설
$1 + K_c/(S+1)(S+2) = 0$
$S^2 + 3S + (2 + K_c) = 0$
Routh-Array
$\begin{Bmatrix} 1 & 2+K_c \\ 3 & 0 \end{Bmatrix} \Rightarrow \dfrac{3(2+K_c)}{3} > 0 \rightarrow 2 + K_c > 0$
$\therefore K_c > -2$

79 증류탑의 응축기와 재비기에 수은기둥 온도계를 설치하고 운전하면서 한 시간마다 온도를 읽어 다음 그림과 같은 데이터를 얻었다. 이 데이터와 수은기둥 온도 값 각각의 성질로 옳은 것은?

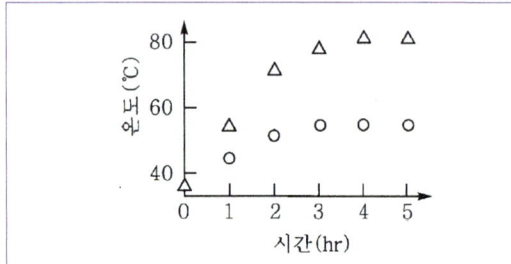

① 연속(continuous), 아날로그
② 연속(continuous), 디지털
③ 이산시간(discrete-time), 아날로그
④ 이산시간(discrete-time), 디지털

해설
데이터가 불연속적으로 있으므로 이산시간, 수은기둥 온도계로 데이터를 얻었으므로 아날로그 데이터이다.

80 다음 비선형 공정을 정상상태의 데이터 y_s, u_s에 대해 선형화한 것은?

$$\frac{dy(t)}{dt} = y(t) + y(t)u(t)$$

① $\dfrac{d(y(t) - y_s)}{dt} = (1 + u_s)(y(t) - y_s) + y_s(u(t) - u_s)$

② $\dfrac{d(y(t) - y_s)}{dt} = (1 + u_s)(u(t) - u_s) + y_s(y(t) - y_s)$

③ $\dfrac{d(y(t) - y_s)}{dt} = u_s(u(t) - u_s) + y_s(y(t) - y_s)$

④ $\dfrac{d(y(t) - y_s)}{dt} = u_s(y(t) - y_s) + y_s(u(t) - u_s)$

해설
$\dfrac{dy(t)}{dt} = y(t) + y(t)u(t)$ ⋯⋯ ⓐ

at steady state
$\dfrac{dy_s}{dt} = y_s + y_s u_s$

ⓐ−ⓑ : $\dfrac{d(y(t) - y_A)}{dt}$ ⋯⋯ ⓑ
$= y(t) - y_s + y(t)u(t) - y_s u_s$
$= y(t) - y_s + y(t)u_s - y(t)u_s + y(t)y(t) - y_s u_s$
$= (y(t) - y_s) + u_s(y - y_s) + y(u - u_s)$
$= (1 + u_s)(y - y_s) + y(u - u_s)$

정답 78 ③ 79 ③ 80 ①

M/E/M/O

2024년 제3회 7월 5일 시행

제1과목 공업합성

01 접촉식 황산제조에서 SO_3 흡수탑에 사용하기에 적합한 황산의 농도와 그 이유를 바르게 나열한 것은?

① 76.5%, 황산 중 수증기 분압이 가장 낮음
② 76.5%, 황산 중 수증기 분압이 가장 높음
③ 98.3%, 황산 중 수증기 분압이 가장 낮음
④ 98.3%, 황산 중 수증기 분압이 가장 높음

해설
접촉식 황산제조에서 SO_3 흡수탑에 사용하기에 적합한 황산의 농도와 그 이유 : 98.3%, 황산 중 수증기 분압이 가장 낮다.

02 N_2O_4와 H_2O가 같은 몰 비로 존재하는 용액에 산소를 넣어 HNO_3 30kg을 만들고자 한다. 이때 필요한 산소의 양은 약 몇 kg인가? (단, 반응은 100% 일어난다고 가정한다.)

① 3.5
② 3.8
③ 4.1
④ 4.5

해설
$2N_2O_4 + 2H_2O + O_2 \rightarrow 4HNO_3$
                       0.119kmol 0.476kmol

$0.119\text{kmol} \times \dfrac{32\text{kg}}{1\text{kmol}} = 3.81\text{kg}$

03 다음 중 염산의 생산과 가장 거리가 먼 것은?

① 직접합성법
② NaCl의 황산분해법
③ 칠레초석의 황산분해법
④ 부생염산 회수법

해설
염산의 제법
㉠ 직접합성법, ㉡ NaCl의 황산분해법, ㉢ 부생염산 회수법

04 200kg의 인산(H_3PO_4) 제조 시 필요한 인광석의 양은 약 몇 kg인가? (단, 인광석 내에는 30%의 P_2O_5가 포함되어 있으며, P_2O_5의 분자량은 142이다.)

① 241.5
② 362.3
③ 483.1
④ 603.8

해설
$P_2O_5 + 3H_2O \rightarrow 2H_3PO_4$
1.02kmol   2.04kmol

$\therefore 1.02\text{kmol} \times \dfrac{142\text{kg}}{1\text{kmol}} \times \dfrac{100}{30} = 482.8\text{kg}$

05 가성소다 전해법 중 수은법에 대한 설명으로 틀린 것은?

① 양극은 흑연, 음극은 수은을 사용한다.
② Na^+는 수은에 녹아 엷은 아말감을 형성한다.
③ 아말감은 물과 반응시켜 $NaOH$와 H_2를 생성한다.
④ 아말감 중 Na 함량이 높으면 분해 속도가 느려지므로 전해질 내에서 H_2가 제거된다.

해설
④ 아말감 중 Na 함량이 높으면 분해 속도가 느려지므로 전해질 내에서 H_2가 발생한다.

06 다음 중 비료의 3요소에 해당하는 것은?

① N, P_2O_5, CO_2
② K_2O, P_2O_5, CO_2
③ N, K_2O, P_2O_5
④ N, P_2O_5, C

해설
비료의 3요소
작물의 생육에 필요한 여러 가지 필수 원소 중에서 작물이 비교적 다량으로 요구하고 토양 중에 부족하기 쉬운 영양소인 질소(N), 인(P), 칼륨(K)을 말한다.

정답 01 ③ 02 ② 03 ③ 04 ③ 05 ④ 06 ③

07 상대습도가 85%이고 대기압이 750mmHg이며 기온이 30℃일 때 절대습도는 얼마인가? (단, 30℃에서 수증기의 포화증기압은 31.8mmHg이다.)

① 0.0116kg H_2O/kg 건조공기
② 0.0157kg H_2O/kg 건조공기
③ 0.0204kg H_2O/kg 건조공기
④ 0.0232kg H_2O/kg 건조공기

해설

H_R(상대습도) = 85%, P_o = 750mmHg, t = 30℃
P_s(포화증기압) = 31.8mmHg, P_a(공기 중 수증기 분압)

㉠ $H_R = \dfrac{P_a}{P_s} \times 100 = 85\%$

∴ $P_a = 31.8 \times 0.85 = 27.03$ mmHg

㉡ H(절대습도) = $\dfrac{\text{수증기의 질량}}{\text{건조공기의 질량}}$

$= \dfrac{18}{29} \times \dfrac{P_a}{P_o - P_a}$

$= \dfrac{18}{29} \times \dfrac{27.03}{750 - 27.03}$

$= 0.0232$ kg H_2O/kg dryair

08 암모니아 합성용 수성가스(water gas)의 주성분은?

① H_2O, CO
② CO_2, H_2O
③ CO, H_2
④ H_2O, N_2

해설

수성가스(water)의 주성분 : C + H_2O → CO + H_2

09 다음 중 직접적으로 전지의 성능을 나타내는 것이 아닌 것은?

① 에너지 밀도
② 충 · 방전 횟수
③ 자기방전율
④ 전해질

해설

직접적으로 전자의 성능을 나타내는 것
㉠ 에너지 밀도
㉡ 충 · 방전 횟수
㉢ 자기방전율

10 유지 성분의 공업적 분리 방법으로 다음 중 가장 거리가 먼 것은?

① 분별결정법
② 원심분리법
③ 감압증류법
④ 분자증류법

해설

유지 성분의 공업적 분리방법
㉠ 분별결정법
㉡ 감압증류법
㉢ 분자증류법

11 술(에탄올)을 마시고 나서 숙취의 원인이 되는 물질은?

① 아세탈
② 아세틸코린
③ 아세딜에텔
④ 아세트알데히드

해설

술을 마시고 나서 숙취의 원인이 되는 물질은 아세트알데히드이다.

12 프로필렌, CO 및 H_2의 혼합가스를 촉매하에서 고압으로 반응시켜 카르보닐 화합물을 제조하는 반응은?

① 옥소 반응
② 에스테르화 반응
③ 니트로화 반응
④ 스위트닝 반응

해설

oxo반응의 설명이다.

13 아세틸렌을 출발물질로 하여 염화구리와 염화암모늄 수용액을 통해 얻은 모노비닐아세틸렌과 염산을 반응시키면 얻는 주생성물은?

① 클로로히드린
② 염화프로필렌
③ 염화비닐
④ 클로로프렌

해설

$2C_2H_2 \xrightarrow[\text{중합}]{Cu_2Cl_2} \underset{\text{비닐아세틸렌}}{CH_2=CH-C\equiv CH}$

$CH_2=CH-C\equiv CH + HCl \rightarrow \underset{\text{클로로프렌}}{CH_2=CH-(CCl)=CH_2}$

정답 07 ④ 08 ③ 09 ④ 10 ② 11 ④ 12 ① 13 ④

14 일산화탄소와 수소를 CO와 Fe 촉매 존재하에 반응시켜 파라핀과 올레핀계 탄화수소를 합성하는 반응은?

① Oxo 반응
② Bergius법
③ hydroforming법
④ Fischer-Tropsch 반응

해설

피셔·트롭시법 반응
$(2n+1)H_2 + nCO \rightarrow C_nH_{2n+2} + nH_2O$

15 다음 중 옥탄가가 가장 낮은 것은?

① Butane
② 1-Pentene
③ Toluene
④ Cyclohexane

해설

옥탄가 : 가솔린의 안티노킹성 표시 척도
n-파라핀 < 올레핀 < 나프텐계 < 방향족
㉠ 방향족 : 측쇄가 길수록 옥탄가 저하
㉡ n-파라핀 : C가 적을수록 옥탄가 높음.
㉢ iso-파라핀 : 가지가 많을수록, 중앙부에 집중할수록 옥탄가 높음.

16 석유 정제에 사용되는 용제가 갖추어야 하는 조건이 아닌 것은?

① 선택성이 높아야 한다.
② 추출할 성분에 대한 용해도가 높아야 한다.
③ 용제의 비점과 추출성분의 비점의 차이가 적어야 한다.
④ 독성이나 장치에 대한 부식성이 작아야 한다.

해설

③ 용제의 비점과 추출성분의 비점의 차이가 커야 한다.

17 다음 중 에폭시 수지의 합성과 관련이 없는 물질은?

① 비스페놀-에이
② 에피클로로 하이드린
③ 톨루엔 디이소시아네이트
④ 멜라민

해설

에폭시 수지란 비스페놀-에이와 에피클로로 하이드린의 축합물이다.

18 고분자 합성에 의하여 생성되는 범용 수지 중 부가반응에 의하여 얻는 수지가 아닌 것은?

① $-[O-R-O-\underset{\underset{O}{\|}}{C}]_n-$

② $-[CH_2-CHCl]_n-$

③ $-[CH_2-CH(C_6H_5)]_n-$

④ $-[CH_2-CH_2]_n-$

해설

부가반응 : 불포화 결합에 다른 분자가 결합하는 반응(이중, 삼중 결합이 있는 화합물에서 가능) ⇒ 에틸렌은 부가(첨가)반응이 일어난다.

19 환경친화적인 생분해성 고분자가 아닌 것은?

① 지방족폴리에스테르
② 폴리카프로락톤
③ 폴리이소프렌
④ 전분

해설

환경친화적인 생분해성 고분자
㉠ 지방족폴리에스테르
㉡ 폴리카프로락톤
㉢ 전분

정답 14 ④ 15 ② 16 ③ 17 ③ 18 ① 19 ③

20 활성슬러지법 중에서 막을 폭기조에 직접 투입하여 하수를 처리하는 방법으로 2차 침전지가 필요없게 되는 장점이 있는 것은?

① 단계폭기법 ② 산화구법
③ 막분리법 ④ 회전원판법

해설
막분리법의 설명이다.

제2과목 반응운전

21 온도가 323.15K인 경우 실린더에 충전되어 있는 기체 압력이 300kPa(계기압)이다. 이상기체로 간주할 때 273.15K에서의 계기압력은 얼마인가? (단, 실린더의 부피는 일정하며, 대기압은 1atm이라 간주한다.)

① 253.58kPa ② 237.90kPa
③ 354.91kPa ④ 339.23kPa

해설
절대압 = 대기압 + 계기압 = 101.325 + 300 = 401.325kPa
이상기체이므로 $\dfrac{401.325}{323.15K} = \dfrac{x}{273.15K}$
∴ x = 339.23kPa
계기압 = 339.23 − 101.325 = 237.90kPa

22 초임계 유체(Supercritical fluid) 영역의 특징으로 틀린 것은?

① 초임계 유체 영역에서는 가열해도 온도는 증가하지 않는다.
② 초임계 유체 영역에서는 액상이 존재하지 않는다.
③ 초임계 유체 영역에서는 액체와 증기의 구분이 없다.
④ 임계점에서는 액체의 밀도와 증기의 밀도가 같아진다.

해설
초임계 유체는 액체와 증기의 구분이 없는 상태로 상태변화가 일어나지 않는다. 하지만 온도와 압력의 변화는 일어날 수 있다.

---

23 150kPa, 300K에서 2몰의 이상기체 부피는?

① $0.03326m^3$ ② $0.3326m^3$
③ $3.326m^3$ ④ $33.26m^3$

해설
$PV = nRT$
$150 \times 10^3 V = 2 \times 8.314 \times 300$
$V = \dfrac{2 \times 8.314 \times 300}{150 \times 10^3} = 0.03326 m^3$

24 일정한 T, P에 있는 닫힌계가 평형상태에 도달하는 조건에 해당하는 것은?

① $(dG^t)_{T, P} = 0$ ② $(dG^t)_{T, P} > 0$
③ $(dG^t)_{T, P} < 0$ ④ $(dG^t)_{T, P} = 1$

해설
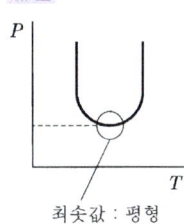
최솟값 : 평형

∴ 미분한 것 0
$(dG^t)_{T,P} = 0$

25 100℃에서 물의 엔트로피 값은 0.3kcal/kg·K이다. 증발열이 539.1kcal/kg이라면 100℃에서의 수증기의 엔트로피 값은 약 몇 kcal/kg·K인가?

① 5.69 ② 2.85
③ 1.74 ④ 0.87

해설
수증기 엔트로피 값
= 물 엔트로피(ΔS_1) + 증발하면서 엔트로피(ΔS_2)
⇒ $\Delta S_2 = \int \dfrac{dq}{T} = \dfrac{\Delta q}{T} = \dfrac{539.1}{373}$ = 1.44kcal/kg·K
∴ 수증기 엔트로피 값 = 1.44 + 0.3 = 1.74kcal/kg·K

정답 20 ③ 21 ② 22 ① 23 ① 24 ① 25 ③

26 어떤 이상기체의 정적 열용량이 1.5R일 때, 정압열용량은?

① 0.67R
② 0.5R
③ 1.5R
④ 2.5R

해설

정적 열용량(C_V), 정압 열용량(C_P)
이상기체의 경우 다음 식을 만족한다.
$C_P = C_V + R$
그러므로 $C_P = C_V + R = 1.5 + R = 2.5R$

27 다음 내연기관 사이클(cycle) 중 같은 조건에서 그 열역학적 효율이 가장 큰 것은?

① 카르노 사이클(Carnot cycle)
② 오토 사이클(Otto cycle)
③ 디젤 사이클(Diesel cycle)
④ 사바테 사이클(Sabathe cycle)

해설

카르노 사이클(Carnot cycle)은 내연기관 사이클(cycle) 중 같은 조건에서 열역학적 효율이 가장 크다.

28 흐름열량계(Flow Calorimeter)를 이용하여 엔탈피 변화량을 측정하고자 한다. 열량계에서 측정된 열량이 2,000W라면, 입력 흐름과 출력 흐름의 비엔탈피(Specific Enthalpy)의 차이는 몇 J/g인가? (단, 흐름열량계의 입력 흐름에서는 0℃의 물이 5g/s의 속도로 들어가며, 출력 흐름에서는 3기압, 300℃의 수증기가 배출된다.)

① 400
② 2,000
③ 10,000
④ 12,000

해설

비엔탈피의 차이 = $\dfrac{2,000W}{5g/s} = \dfrac{2,000J/s}{5g/s} = 400J/g$

29 화학반응에서 정방향으로 반응이 계속 일어나는 경우는? (단, △G : 깁스 자유에너지 변화량, K : 평형상수이다.)

① △G = K
② △G = 0
③ △G > 0
④ △G < 0

해설

$\Delta G < 0$

30 액체상태의 물이 얼음 및 수증기와 평형을 이루고 있다. 이 계의 자유도수를 구하면 얼마인가?

① 0
② 1
③ 2
④ 3

해설

$F = 2 - \pi + N = 2 - 3 + 1 = 0$

31 어떤 반응의 온도를 24℃에서 34℃로 증가시켰더니 반응 속도가 2.5배로 빨라졌다면, 이때의 활성화 에너지는 몇 kcal인가?

① 10.8
② 12.8
③ 16.6
④ 18.6

해설

$In\dfrac{k_2}{k_1} = -\dfrac{E_a}{R}\left(\dfrac{1}{T_1} - \dfrac{1}{T_2}\right) \Rightarrow In2.5 = -\dfrac{E_a}{1.987}\left(\dfrac{1}{297} - \dfrac{1}{307}\right)$

$\therefore E_a = 16.6 kcal/mol$

32 N_2O_2의 분해반응은 1차 반응이고 반감기가 20,500s일 때 8시간 후 분해된 분율은 얼마인가?

① 0.422
② 0.522
③ 0.622
④ 0.722

해설

$C_A = 2^{-\frac{t}{20,500}}$, $1 - x = 2^{-\frac{8 \times 3,000}{20,500}}$

$\therefore x = 0.622$

정답 26 ④ 27 ① 28 ① 29 ④ 30 ① 31 ③ 32 ③

33 일반적으로 암모니아(ammonia)의 상업적 합성반응은 다음 중 어느 화학반응에 속하는가?

① 균일(homogeneous) 비촉매 반응
② 불균일(heterogeneous) 비촉매 반응
③ 균일촉매(homogeneous catalytic) 반응
④ 불균일촉매(heterogeneous catalytic) 반응

해설

암모니아의 상업적 합성은 촉매반응이며, 촉매와 암모니아는 다른 상이므로 불균일 촉매 반응이다.
질소와 수소로부터 암모니아를 합성하는 가역평형반응은 다음과 같다.
$N_2 + 3H_2 \rightleftarrows 2NH_3 + 22,000cal(at\ 18℃)$
(하버-보시법)
㉠ NH_3 합성 최적 조건 : 압력 150~220atm, 온도 500±5℃ 정도
㉡ 촉매 : 최근 철을 주촉매로 한 철촉매(Fe_3O_4)가 사용된다. 조촉매로 CaO, K_2O, Al_2O_3를 사용하여 선택성과 활성을 높인다.

※ **화학반응의 분류**
- 균일계(homogeneous system) : 단일상에서만 반응이 일어나는 경우
- 불균일계(heterogeneous system) : 적어도 두 상 이상이 있어야 반응이 그 속도로 진행되는 경우

※ **촉매반응**
- 균질계 촉매반응 : 대부분 유기금속화합물을 촉매로 하여 액상에서 반응이 진행된다. 유기금속화합물은 금속에 리잔드라 불리는 유기분자들이 배위되어 유기용매에 잘 녹는다.
- 불균질계 촉매반응 : 대부분의 촉매는 고체로 존재하고 반응물은 액상이나 기상으로 존재한다. 화학반응은 촉매 표면에서 일어난다.

[불균질계 촉매반응에서 가능한 상의 조합]

촉매	반응물	예
액체	기체	인산에 의한 알켄의 중합반응
고체	액체	Au 촉매에 의한 과산화수소의 분해반응
	기체	Fe 촉매에 의한 암모니아의 합성 반응
	액체+기체	Pd 촉매에 의한 니트로벤젠의 수소화 반응

- 생체촉매반응 : 효소(enzyme)에 의해 진행되는 반응

34 화학반응의 온도 의존성을 설명하는 이론 중 관계가 가장 먼 것은?

① 아레니우스(Arrhenius) 법칙
② 전이상태 이론
③ 분자충돌 이론
④ 볼츠만(Boltzmann) 법칙

해설

① 아레니우스 법칙 : $K = A\hat{e}(-E\eth/RT)$
② 전이상태 이론 : 화학반응의 원자·분자의 재조합 과정에서 적어도 하나의 포텐셜 장벽이 있고, 그 중에서 가장 높은 장벽을 넘는 횟수로 반응속도를 통계역학적으로 계산하는 방법
③ 분자충돌 이론 : 반응물질의 농도가 증가하면 충돌횟수가 많아지므로 반응속도가 빨라진다.
④ 볼츠만 법칙 : 흑체면으로부터 그 위쪽 빈 공간에 발산하는 열복사에너지는 그 온도만으로 정해지며, 전 에너지는 절대온도의 4제곱에 비례한다는 것

35 $A \to R$인 반응의 속도식이 $-r_A = 1mol/L \cdot s$로 표현된다. 순환식 반응기에서 순환비를 3으로 반응시켰더니 출구 농도 C_{Af}가 5mol/L로 되었다. 원래 공급물에서의 A농도가 10mol/L, 반응물 공급속도가 10mol/s이라면 반응기의 체적은 얼마인가?

① 3.0L ② 4.0L
③ 5.0L ④ 6.0L

해설

$$\tau = \frac{C_{A0}V}{F_{A0}} = C_{A0}(R+1)\int_{X_A}^{X_{Af}}\frac{dX}{-r_A}$$

$$V = \frac{-F_{A0}}{C_{A0}}(R+1)\int_{C_A}^{C_{Af}}\frac{dC_A}{-r_A}$$

$$= \frac{F_{A0}}{C_{A0}}(R+1)\int_{C_A}^{C_{Af}}dC_A$$

$$= \frac{10mol/s}{10mol/L}(3+1)\int_{\frac{10+R\times 5}{1+R}}^{5}dC_A$$

$$= 4\int_{\frac{25}{4}}^{5}dC_A = 5$$

∴ $V = 5L/s$

36 액상 반응을 위해 다음과 같이 CSTR 반응기를 연결하였다. 이 반응의 반응 차수는?

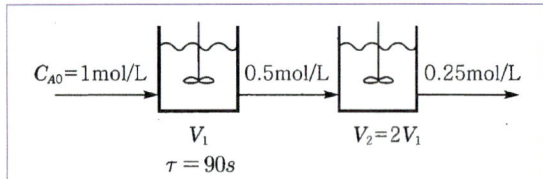

① 1 ② 1.5
③ 2 ④ 2.5

해설

$\tau = \dfrac{V}{V_v}$ 이므로 V가 2배가 되면 τ도 2배가 된다.

→ $\tau_2 = 180s$

$k\tau = \dfrac{X_A}{C_{A0}(1-X_A)^2}$ (2차)

$k_1 = \dfrac{0.5}{(1-0.5)^2 \times 90 \times 1} = 0.022$

$k_2 = \dfrac{0.5}{(1-0.5)^2 \times 180 \times 0.5} = 0.022$

37 $A \xrightarrow{k_1} R$ 및 $A \xrightarrow{k_2} 2S$인 두 액상 반응이 동시에 등온 회분반응기에서 진행된다. 50분 후 A의 90%가 분해되어 생성물 비는 9.1mol R/1mol S이다. 반응차수는 각각 1차일 때, 반응속도상수 k_2는 몇 min^{-1}인가?

① 2.4×10^{-6} ② 2.4×10^{-5}
③ 2.4×10^{-4} ④ 2.4×10^{-3}

해설

$\dfrac{k_1}{k_2} = 18.2$, $A \begin{array}{c} \xrightarrow{k_1} R \\ \xrightarrow{k_2} S \end{array}$

$-\dfrac{dC_A}{dt} = -(k_1+k_2)t$

$\ln\dfrac{C_A}{C_{A0}} = -(k_1+k_2)t$ ··· ①

$\dfrac{C_A}{C_{A_0}} = 0.1$, $\dfrac{k_1}{k_2} = 18.2$이므로 ①식에 대입해서 정리

$\Rightarrow k_2 = 2.4 \times 10^{-3}$

38 크기가 다른 3개의 혼합 흐름 반응기(mixed flow reactor)를 사용하여 2차 반응에 의해서 제품을 생산하려 한다. 최대의 생산율을 얻기 위한 반응기의 설치 순서로서 옳은 것은? (단, 반응기의 부피 크기는 A > B > C이다.)

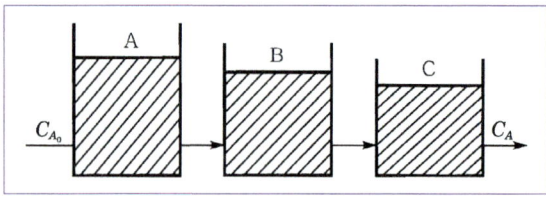

① A → B → C ② B → A → C
③ C → B → A ④ 순서에 무관

해설

최대의 생산율을 얻으려 한다면 혼합 흐름 반응기를 작은 것부터 배치해야 하며, 만약 PFR이 섞여 있다면 PFR을 먼저 위치시켜야 한다.

39 플러그 흐름 반응기에서 순수한 A가 공급되어 아래와 같은 비가역 병렬 액상반응이 A의 전화율 90%로 진행된다. A의 초기농도가 10mol/L일 경우 반응기를 나오는 R의 농도(mol/L)는?

$$A \to R \quad dC_R/dt = 100C_A$$
$$A \to S \quad dC_S/dt = 100C_A^2$$

① 0.19 ② 1.7
③ 1.9   ④ 5.0

해설

비가역 병렬 액상반응

순간 선택도를 적분하면 최종 농도를 알 수 있다.

$\varphi\left(\dfrac{R}{A}\right) = \dfrac{100C_A}{100C_A + 100C_A^2} = \dfrac{1}{1+C_A}$

$C_A = C_{A0}(1-X_A) = 1mol/L$

$C_R = \displaystyle\int_{C_A}^{C_{A0}} \varphi\left(\dfrac{R}{A}\right)dC_A = \int_{C_{A0}}^{C_A} \dfrac{1}{1+C_A}dC_A = -[\ln(1+C_A)]_{10}^{1}$

$= -\ln\dfrac{1+1}{1+10} = 1.7mol/L$

정답 36 ③ 37 ④ 38 ③ 39 ②

40 어느 조건에서 Space time이 3초이고, 같은 조건 하에서 원료의 공급률이 초당 300L일 때 반응기의 체적은 몇 L인가?

① 100
② 300
③ 600
④ 900

해설
$\tau = \dfrac{V}{V_0}$, $V = V_0 + \tau = 300\text{L/S} \times 3\text{S} = 900\text{L}$

제3과목 단위공정관리

41 10ppm SO_2을 %로 나타내면?

① 0.0001%
② 0.001%
③ 0.01%
④ 0.1%

해설
$10\text{ppm} = 10 \times \dfrac{1}{10^6} = 10 \times \dfrac{1}{10^6} \times 10^2 \% = 0.001\%$

42 염화칼슘의 용해도는 20℃에서 140.0g/100g H_2O, 80℃에서 160.0g/100g H_2O이다. 80℃에서의 염화칼슘 포화용액 50g을 20℃로 냉각시키면 약 몇 g의 결정이 석출되는가?

① 3.85
② 5.95
③ 7.05
④ 9.05

해설
㉠ 80℃에서의 염화칼슘 포화용액 50g 속의 염화칼슘량은?
  260g : 160g = 50g : x(g)
  ∴ x = 30.77g($CaCl_2$)
    H_2O는 19.23g
㉡ 20℃로 냉각시키면
  100g : 140g = 19.23g : $x(g)$
  ∴ x = 26.92g($CaCl_2$)만 녹음
㉢ 20℃에서 석출되는 $CaCl_2$은?
  30.77 − 26.92 = 3.85g $CaCl_2$ 석출

43 질소와 수소의 혼합물이 1,000기압을 유지하고 있다. 질소의 분압이 450기압이라면 이 혼합물의 평균 분자량은 얼마인가?

① 16.7
② 15.7
③ 14.7
④ 13.7

해설
압력비 = 몰비
질소 분자량 : 28, 수소 분자량 : 2
$\overline{M}$ = (0.45)(28) + (0.55)2 = 13.7
∴ 13.7

44 이상기체에서 단열공정(adiabatic process)에 대한 관계를 옳게 나타낸 것은? (단, K는 비열비이다.)

① $\dfrac{T_2}{T_1} = \left(\dfrac{P_2}{P_1}\right)^{\frac{1-K}{K}}$
② $\dfrac{T_2}{T_1} = \left(\dfrac{P_2}{P}\right)^{K-1}$
③ $\dfrac{T_2}{T_1} = \left(\dfrac{P_2}{P_1}\right)^{\frac{K-1}{K}}$
④ $\dfrac{T_2}{T_1} = \left(\dfrac{P_2}{P_1}\right)^{1-K}$

해설
단열 공정 관계식(이상기체)
$\dfrac{T_2}{T_1} = \left(\dfrac{V_1}{V_2}\right)^{K-1} = \left(\dfrac{P_2}{P_1}\right)^{\frac{K-1}{K}}$
∴ $r = \dfrac{C_p}{C_s}$ (비열비)

45 임계상태에 관련된 설명으로 옳지 않은 것은?

① 임계상태는 압력과 온도의 영향을 받아 기상거동과 액상거동이 동일한 상태이다.
② 임계온도 이하의 온도 및 임계압력 이상의 압력에서 기체는 응축하지 않는다.
③ 임계점에서의 온도를 임계온도, 그 때의 압력을 임계 압력이라고 한다.
④ 임계상태를 규정짓는 임계압력은 기상거동과 액상거동이 동일해지는 최저압력이다.

해설
임계상태 : 증발잠열이 0이 되는 상태

정답 40 ④ 41 ② 42 ① 43 ④ 44 ③ 45 ②

46 총괄 에너지 수지식을 간단하게 나타내면 다음과 같을 때 α는 유체의 속도에 따라서 변한다. 유체가 층류일 때 다음 중 α에 가장 가까운 값은? (단, H_i는 엔탈피, V_{iave}는 평균유속, Z는 높이, g는 중력가속도, Q는 열량, W_s는 일이다.)

$$H_2 - H_1 + \frac{1}{2\alpha}(V_{2ave}^2 - V_{1ave}^2) + g(Z_2 - Z_1) = Q - W_s$$

① 0.5 ② 1
③ 1.5 ④ 2

해설
층류, $\frac{1}{2\alpha} = 1$ ∴ α = 0.5

47 25℃에서 벤젠이 bomb 열량계 속에서 연소되어 이산화탄소와 물이 될 때 방출된 열량을 실험으로 재어 보니 벤젠 1mol당 780,890cal였다. 25℃에서의 벤젠의 표준연소열은 약 몇 cal인가? (단, 반응식은 다음과 같으며 이상기체로 가정한다.)

$$C_6H_6(\ell) + 7\frac{1}{2}O_2(g) \rightarrow 3H_2O(L) + 6CO_2(g)$$

① -781,778 ② -781,588
③ -781,201 ④ -780,003

해설
bomb 열량계는 정용
$\Delta H = \Delta U + \Delta PV = Q - W + \Delta PV = Q + RT\Delta n$
$= -780,890 + 1.987 \times 298 \times (6 - 7.5) = -781,778$

48 다음 동력의 단위환산 값 중 1kW와 가장 거리가 먼 것은?

① 10.97kgf·m/s ② 0.239kcal/s
③ 0.948BTU/s   ④ 1,000,000mW

해설
1kW = 1,000W = 1,000J/s = 1,000kg·m²/s²
$= \frac{1,000}{9.8}$ kgf·m/s = 102.04kgf·m/s

49 다음에서 $F_1 + F_2$는 얼마인가?

- F1 : 액체물과 수증기가 평형상태에 있을 때의 자유도
- F2 : 소금의 결정과 포화수용액이 평형상태에 있을 때의 자유도

① 2 ② 3
③ 4 ④ 5

해설
$F_1 = 2 - \pi + N = 2 - 2 + 1 = 1$
$F_2 = 2 - \pi + N = 2 - 2 + 2 = 2$
$F_1 + F_2 = 3$

50 안지름 10cm의 원관에 비중 0.8, 점도 1.6cP인 유체가 흐르고 있다. 층류를 유지하는 최대 평균유속은 얼마인가?

① 2.2cm/s ② 4.2cm/s
③ 6.2cm/s ④ 8.2cm/s

해설
$Re = \frac{DeV}{\mu} = \frac{10 \times 0.8 \times V}{0.016} = 2,100$
∴ V = 4.2cm/s

51 원관 내 25℃의 물을 65℃까지 가열하기 위해서 100℃의 포화수증기를 관 외부로 도입하여 그 응축열을 이용하고 100℃의 응축수가 나오도록 하였다. 이 때 대수평균 온도차는 몇 ℃인가?

① 0.56 ② 0.85
③ 52.5 ④ 55.5

해설
대수평균 온도차 $= \frac{\Delta_1 - \Delta_2}{\ln\left(\frac{\Delta_1}{\Delta_2}\right)} = \frac{75 - 35}{\ln\left(\frac{75}{35}\right)} = \frac{40}{\ln\left(\frac{75}{35}\right)} = 52.5℃$

정답 46 ① 47 ① 48 ① 49 ② 50 ② 51 ③

52 두께 30cm의 벽돌로 된 평판노벽을 두께 9cm 석면으로 보온하였다. 내면온도와 외면온도가 각각 1,000℃와 40℃일 때 벽돌과 석면 사이의 계면온도는 몇 ℃가 되는가? (단, 벽돌노벽과 석면의 열전도도는 각각 3.0, 0.1kcal/m·h·℃이다.)

① 296 ② 632
③ 864 ④ 904

해설

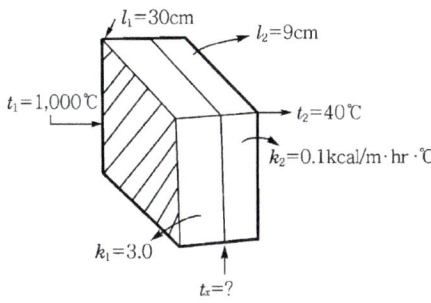

$q = \dfrac{\Delta T}{R} = \dfrac{\Delta T_1}{R_1} = \dfrac{\Delta T_2}{R_2}$ (정상상태)

$R_1 = \dfrac{l_1}{k_1 A} = \dfrac{0.3}{30} = 0.1$

$R_2 = \dfrac{l_2}{k_2 A} = \dfrac{0.09}{0.1} = 0.9$

$\dfrac{\Delta T}{R_1 + R_2} = \dfrac{\Delta T_1}{R_1}$ 이므로

$\dfrac{1,000 - 40}{0.1 + 0.9} = \dfrac{1,000 - t_x}{0.1}$

$\therefore t_x = 904℃$

53 Fick의 법칙에 대한 설명으로 옳은 것은?

① 확산속도는 농도구배 및 접촉면적에 반비례한다.
② 확산속도는 농도구배 및 접촉면적에 비례한다.
③ 확산속도는 농도구배에 반비례하고 접촉면적에 비례한다.
④ 확산속도는 농도구배에 비례하고 접촉면적에 반비례한다.

해설

Fick의 법칙 : $N_A = -D_G A \dfrac{dC_A}{dX}$ 이므로 확산속도는 농도구배에 비례하고 접촉면적에 비례한다.

54 공비 혼합물에 관한 설명으로 거리가 먼 것은?

① 보통의 증류방법으로 고순도의 제품을 얻을 수 없다.
② 비점도표에서 극소 또는 극대점을 나타낼 수 있다.
③ 상대휘발도가 1이다.
④ 전압을 변화시켜도 공비 혼합물의 조성과 비점이 변하지 않는다.

해설

전압을 변화시켜도 공비 혼합물의 조성과 비점이 변한다.

55 다음 $x-y$ 도표에서 최소 환류비를 결정하기 위한 농축부 조작선은 어느 것인가?

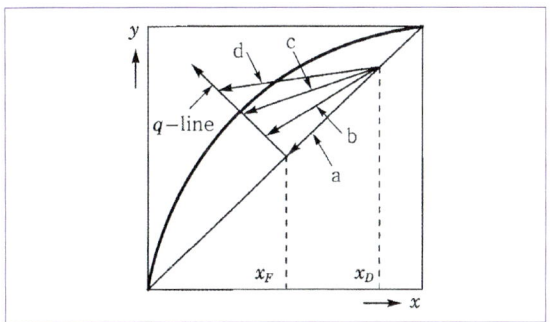

① a ② b
③ c ④ d

해설

최소 환류비 : 단수가 ∞로 가야 한다.

56 추출조작 시 추제(solvent)의 선택도에 대한 설명으로 옳지 않은 것은?

① 선택도는 추질과 원용매의 분배계수로부터 구한다.
② 선택도가 1.0인 경우 분리효과를 최대로 얻을 수 있다.
③ 선택도가 클수록 분리효과가 작아진다.
④ 선택도가 클수록 보다 적은 양의 추제가 사용된다.

해설

선택도가 클수록 분리 잘됨.

정답 52 ④ 53 ② 54 ④ 55 ③ 56 ③

57 충전탑의 높이가 2m이고 이론단수가 5일 때, 이론단의 상당높이(HETP; m)는?

① 0.4　　② 0.8
③ 2.5　　④ 10

해설

상당높이(HETP; m) = $\dfrac{\text{충전탑 높이}}{\text{이론단수}}$

$0.4 = \dfrac{2m}{5}$

58 교반기 중 점도가 높은 액체의 경우에는 적합하지 않으나 저점도 액체의 다량 처리에 많이 사용되는 교반기는?

① 프로펠러(propeller)형 교반기
② 기본(ribbon)형 교반기
③ 앵커(anchor)형 교반기
④ 나선형(screw)형 교반기

해설

교반장치
㉠ 노형 교반기(paddle type agitator) : 점도가 비교적 낮은 액체에 이용하는데 젖은 노를 약간 경사지게 하여 액체가 아래 위로 운동을 하게 한다든지, 두 개의 노가 서로 반대방향으로 돌리게하여 교반하는 것
㉡ 공기 교반기(air agitator) : 액체 속에 공기를 불어 넣어서 이 공기의 유동으로 액을 교반시키는 것으로 설비가 간단하면서도 능률이 좋다.
㉢ 프로펠러형 교반기(propeller type agitator) : 점도가 높은 액체나 무거운 고체가 섞인 액체의 교반에는 적당하지 못하며, 점도가 낮은 액체의 다량 처리에 좋다.
㉣ 터빈형 교반기(turbine type agitator) : 급격한 교반을 할 필요가 있을 때 좋다.
㉤ 나선형(screw type) 교반기와 리본형(ribbon type) : 이 두 교반기는 점도가 큰 액체에 사용하는 것으로 교반 및 운반도 한다.
㉥ 제트형 교반기(jet agitator) : 한쪽 또는 양쪽에서 액을 분출구로부터 뿜어내어 교반시키는 것이다. 노즐(Nozzle)부에서 분출된 것을 노즐 교반기라 한다.

59 증발관의 능력을 크게 하기 위한 방법으로 적합하지 않은 것은?

① 액의 속도를 빠르게 해준다.
② 증발관을 열전도도가 큰 금속으로 만든다.
③ 장치 내의 압력을 낮춘다.
④ 증기측 격막계수를 감소시킨다.

해설

증기측 격막계수를 증가시켜야 한다.

60 어떤 기체의 임계압력이 2.9atm이고, 반응기 내의 계기압력이 30psig였다면 환산압력은?

① 0.727　　② 1.049
③ 0.99　　④ 1.112

해설

절대압력 = 계기압력 + 대기압

환산압력 = $\dfrac{\text{절대압력}}{\text{임계압력}} = \dfrac{\dfrac{30}{14.7}\text{atm} + 1\text{atm}}{2.9\text{atm}}$

∴ 1.049(*1atm = 14.7psi)

제4과목 화공계측제어

61 공정의 제어 성능을 적절히 발휘하는 데에 장애가 되는 요소가 아닌 것은?

① 측정변수와 제어되는 변수의 일치
② 제어밸브의 무 반응영역
③ 공정 운전상의 제약
④ 공정의 지연시간

해설

측정변수와 제어되는 변수의 일치는 제어성능의 장애요소가 아니다.

62 어떤 증류탑의 응축기에서 유입되는 증기의 유량은 V, 주성분의 몰분율은 y, 재순환되는 액체 유량은 R, 생성물로 얻어지는 유량은 D, 생성물의 주성분 몰분율은 x이다. 응축기 드럼 내의 액체량(hold-up)을 M이라 할 때 성분수지식으로 맞는 것은?

① $M\dfrac{dx}{dt} = Vy - Dx$

② $\dfrac{d}{dt}(Mx) = Vy - (R+D)x$

③ $x\dfrac{dM}{dt} = V - (R+D)x$

④ $\dfrac{dM}{dt} = V - (R+D)x$

해설

증류탑에서 성분수지식 : $\dfrac{d}{dt}(Mx) = Vy - (R+D)x$

정답 57 ① 58 ① 59 ④ 60 ② 61 ① 62 ②

63 그림과 같이 나타나는 함수의 Laplace 변환은?

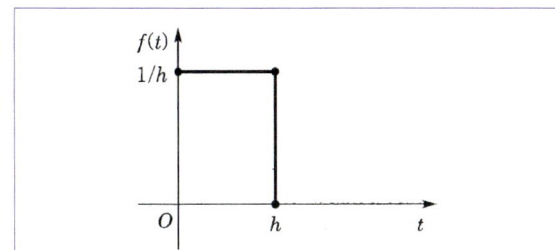

① $\dfrac{1}{h}$, $\dfrac{1-e^{hs}}{s}$ ② $\dfrac{1}{h}$, $\dfrac{1-e^{-hs}}{s}$

③ h, $\dfrac{1-e^{hs}}{s}$ ④ h, $\dfrac{1-e^{-hs}}{s}$

해설

$\dfrac{1}{h} \xrightarrow{\mathcal{L}} \dfrac{1}{h} \cdot \dfrac{1}{s}$

h만큼 지연 → e^{-hs}

64 $f(t) = 1$의 Laplace 변환은?

① s ② $\dfrac{1}{s}$

③ s^2 ④ $\dfrac{1}{s^2}$

해설

$f(t) = 1 \to F(S) = \dfrac{1}{S}$

65 $\dfrac{dy}{dt} + 3y = 1$, $y(0) = 1$에서 라플라스 변환 $Y(s)$는 어떻게 주어지는가?

① $\dfrac{1}{s+3}$ ② $\dfrac{1}{s(s+3)}$

③ $\dfrac{s+1}{s(s+3)}$ ④ $\dfrac{-1}{(s+3)}$

해설

$\dfrac{dy}{dt}+3y=1 \to sY(s)-Y(0)+3Y(s)=\dfrac{1}{s}$

$(s+3)Y(s)=\dfrac{s+1}{s}$

$\therefore Y(s)=\dfrac{s+1}{s(s+3)}$

66 시간상수가 1min이고 이득(gain)이 1인 1차계의 단위응답이 최종치의 10%로부터 최종치의 90%에 도달할 때까지 걸린 시간(rise time; t_r, min)은?

① 2.20 ② 1.01
③ 0.83 ④ 0.21

해설

$\dfrac{Y(s)}{X(s)} = \dfrac{K}{\tau s+1} = \dfrac{1}{s+1}$, $X(s) = \dfrac{1}{s}$

$Y(s) = \dfrac{1}{s+1}\dfrac{1}{s} = \dfrac{1}{s} - \dfrac{1}{s+1}$

이를 역변환하면, $y(t) = 1-e^{-t}$

i) 최종치의 10% : $0.1 = (1-e^{-t})$, $t = 0.105$
ii) 최종치의 90% : $0.9 = (1-e^{-t})$, $t = 2.302$

그러므로 걸린 시간은 $t_r = 2.302 - 0.105 = 2.2$

67 시상수가 τ인 안정한 일차계의 계단응답에서 시간이 2τ만큼 경과했을 때의 응답은 최종값의 몇 %에 달하는가?

① 63.2 ② 75.2
③ 86.5 ④ 94.9

해설

$y(t) = 1-e^{-\frac{t}{\tau}}$ 에서 t = 2τ이면
$y(t) = 1-e^{-2} = 0.865 = 86.5\%$

68 피드포워드(feedforward) 제어에 대한 설명 중 옳지 않은 것은?

① 화학공정 제어에서는 lead-lag 보상기로 피드포워드 제어기를 설계하는 일이 많다.
② 피드포워드 제어기는 폐루프 제어시스템의 안정도(stability)에 주된 영향을 준다.
③ 일반적으로 제어계 설계 시 피드포워드 제어는 피드백 제어기와 함께 구성된다.
④ 피드포워드 제어기의 설계는 공정의 정적 모델, 혹은 동적 모델에 근거하여 설계될 수 있다.

해설

제어계 설계 시 피드포워드 제어의 피드백 제어 외에 캐스케이드 제어 등을 사용할 수 있다.

69 시간지연의 크기가 τ인 순수한 시간지연 공정의 전달함수는?

① $G(s) = e^{-\tau s}$

② $G(s) = \dfrac{1}{\tau s + 1}$

③ $G(s) = \dfrac{1}{e^{-\tau s}}$

④ $G(s) = \dfrac{e^{-\tau s}}{s+1}$

해설

시간지연 전달함수 $\Rightarrow e^{-\tau s}$

70 다음 그림과 같은 제어계의 전달함수 $\dfrac{Y_{(s)}}{X_{(s)}}$는?

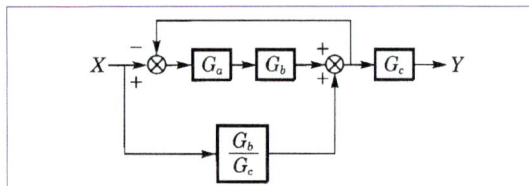

① $\dfrac{Y_{(s)}}{X_{(s)}} = \dfrac{G_b(1+G_aG_c)}{1+G_aG_bG_c}$

② $\dfrac{Y_{(s)}}{X_{(s)}} = \dfrac{G_c(1+G_aG_b)}{1+G_aG_c}$

③ $\dfrac{Y_{(s)}}{X_{(s)}} = \dfrac{G_b(1+G_aG_c)}{1+G_aG_b}$

④ $\dfrac{Y_{(s)}}{X_{(s)}} = \dfrac{G_c(1+G_aG_b)}{1+G_aG_b}$

해설

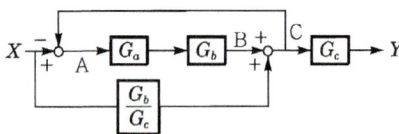

$B = AG_aG_b$

$C = B + \dfrac{G_b}{G_c}X > C = \dfrac{G_aG_b + \dfrac{G_b}{G_c}}{1+G_aG_b}X$

$A = X - C$

$Y = CG_c = \dfrac{G_aG_bG_c + G_b}{1+G_aG_b} = \dfrac{G_b(1+G_aG_c)}{1+G_aG_b}$

71 다음과 같은 블록선도에서 폐회로 응답의 시간상수 τ에 대한 옳은 설명은?

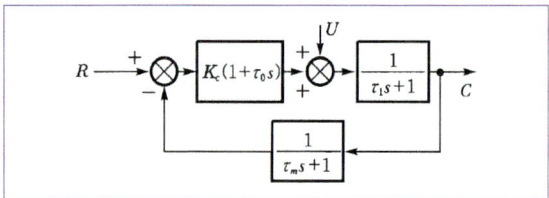

① τ_1이 감소하면 증가한다.

② τ_0가 감소하면 증가한다.

③ K_c가 증가하면 감소한다.

④ τ_m이 증가하면 감소한다.

해설

$C/R = \dfrac{k_c(1+\tau_0 s)\left(\dfrac{1}{\tau_1 s+1}\right)}{1+k_c(1+\tau_0 s)\left(\dfrac{1}{\tau_m s+1}\right)\left(\dfrac{1}{\tau_1 s+1}\right)}$

$= \dfrac{k_c(1+\tau_0 s)(\tau_1 s+1)}{(\tau_m s+1)(\tau_1 s+1)+k_c(1+\tau_0 s)}$

72 1차 공정의 동특성을 보이며 시간상수가 0.1min인 온도계가 50℃의 항온조 속에 놓여 있었다. 어느 순간(t = 0)부터 이 항온조의 온도가 진폭을 2℃로 하고 주파수를 20rad/min으로 하여 진동한다면 이 온도계의 위상지연(phases lag)은 몇 min인가?

① 0.002 ② 0.015
③ 0.055 ④ 1.11

해설

$G(s) = \dfrac{1}{0.1s+1}$, $\omega = 20\text{rad/min}$

$S = j\omega$을 대입하면

$\dfrac{1}{0.1j\omega+1} = \dfrac{1}{2.0j+1} = \dfrac{1-2.0j}{5}$

$\tan^{-1}\left(\dfrac{-2.0}{1}\right) = -1.11\text{rad}$

$\dfrac{1.11rad}{20\text{rad/min}} = 0.055\text{min}$

정답 69 ① 70 ③ 71 ③ 72 ③

73 그림과 같은 음의 피드백(negative feedback)에 대한 설명으로 틀린 것은? (단, 비례상수 K는 상수이다.)

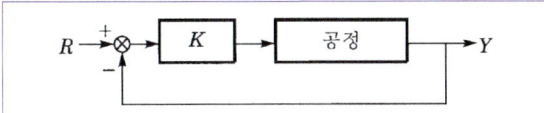

① 불안정한 공정을 안정화 시킬 수 있다.
② 안정한 공정을 불안정하게 만들 수 있다.
③ 설정치(R) 변화에 대해 offset이 발생한다.
④ K값에 상관없이 R값 변화에 따른 응답(Y)에 진동이 발생하지 않는다.

해설
④ K값에 상관없이 R값 변화에 따른 응답(Y)에 진동이 발생한다.

74 다음 블록선도에서 $\dfrac{C}{R}$의 전달함수는?

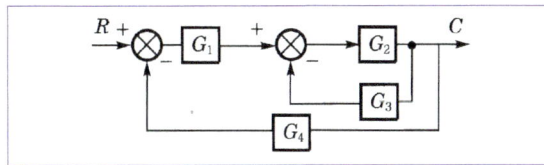

① $\dfrac{G_1 G_2}{1 + G_1 G_2 + G_3 G_4}$

② $\dfrac{G_1 G_2}{1 + G_2 G_3 + G_1 G_2 G_4}$

③ $\dfrac{G_3 G_4}{1 + G_1 G_2 G_3 G_4}$

④ $\dfrac{G_1 G_2}{1 + G_1 + G_2 + G_3 + G_4}$

해설

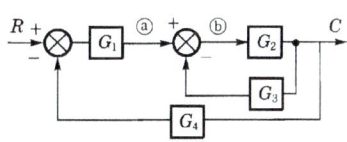

ⓐ $= G_1(R - G_4 C)$
ⓑ $= G_1(R - G_4 C) - G_3 C$
$C = G_2 [G_1(R - G_4 C) - G_3 C] = G_1 G_2 R - G_1 G_2 G_4 C - G_2 G_3 C$
$C/R = \dfrac{G_1 G_2}{1 + G_2 G_3 + G_1 G_2 G_4}$

75 PID 제어기의 비례, 적분, 미분 동작이 폐루프 응답에 미치는 효과 중 틀린 것은?

① 비례동작이 클수록 폐루프 응답이 빨라진다.
② 적분동작은 오프셋을 제거하고 시스템의 안정성을 증가시킨다.
③ 미분동작은 오차의 변화율만을 고려하며 오차 크기 자체에는 무관하다.
④ 적분동작은 위상지연, 미분동작은 위상앞섬의 효과가 있다.

해설
적분동작은 오프셋을 제거하는 한편, 시스템의 안정성은 비례이득 값에 따라서 달라질 수 있다.

76 다음 중 제어계의 안정성을 판별하는 방법과 가장 관련이 없는 것은?

① Bode 선도   ② Routh array
③ Nyquist 선도   ④ Analog 선도

해설
제어계의 안정성을 판별하는 방법에는 Routh array, Bode 선도, Nyquist 선도, 근궤적법 등이 있다.

77 특성방정식에 대한 설명 중 틀린 것은?

① 주어진 계의 특성방정식의 근이 모두 복소평면의 왼쪽 반평면에 놓이면 계는 안정하다.
② Routh test에서 주어진 계의 특성방정식이 Routh array의 처음 열의 모든 요소가 0이 아닌 양의 값이면 주어진 계는 안정하다.
③ 주어진 계의 특성방정식이 $S^4 + 3S^3 - 4S^2 + 7 = 0$일 때 이 계는 안정하다.
④ 특성방정식이 $S^3 + 2S^2 + 2S + 40 = 0$인 계에는 양의 실수부를 가지는 2개의 근이 있다.

해설
특성방정식의 모든 계수는 양수이어야 계가 안정하다.
$S^4 + 3S^3 - 4S^2 + 7 = 0$에서 -4는 음수이므로 계는 안정하지 않다.

정답 73 ④ 74 ② 75 ② 76 ④ 77 ③

78 Routh-Hurwitz 안전성 판정이 가장 정확하게 적용되는 공정은? (단, 불감시간은 dead time을 뜻한다.)

① 선형이고 불감시간이 있는 공정
② 선형이고 불감시간이 없는 공정
③ 비선형이고 불감시간이 있는 공정
④ 비선형이고 불감시간이 없는 공정

해설
Routh-Hurwitz 안전성 판정
특성방정식의 각 항의 부호를 통해 안전성을 조사하므로 선형방정식이며, 시간지연이 없어야 한다.

79 다음 중 비선형계에 해당하는 것은?

① 0차 반응이 일어나는 혼합 반응기
② 1차 반응이 일어나는 혼합 반응기
③ 2차 반응이 일어나는 혼합 반응기
④ 화학반응이 일어나지 않는 혼합조

해설
2차 반응 $\gamma_A = kC_A^2 \rightarrow$ 비선형계

80 다음은 열교환기에서의 온도를 제어하기 위한 제어 시스템을 나타낸 것이다. 제어목적을 달성하기 위한 조절변수는?

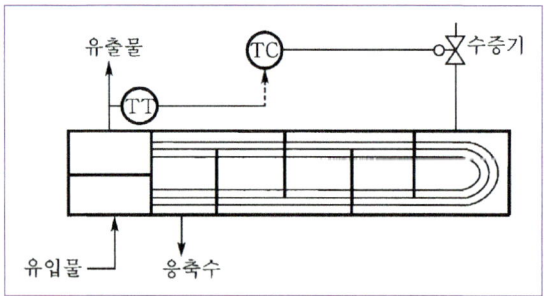

① 유출물 온도
② 수증기 유량
③ 응축수 유량
④ 유입물 온도

해설
유출물의 온도를 제어하기 가장 적절한 조절 변수는 수증기 유량이다.

M/E/M/O

2025년 제1회 2월 7일 시행

제1과목 공업합성

01 염화수소가스의 직접 합성 시 화학반응식이 다음과 같을 때 표준상태 기준으로 200L의 수소가스를 연소시킬 때 발생되는 열량(kcal)은?

$$H_{2(g)} + Cl_{2(g)} \rightarrow 2HCl_{(g)} + 44.12 kcal$$

① 365
② 394
③ 407
④ 603

해설

수소 1mol(2g)일 때, 44.12kcal 발생

표준상태이므로 $\dfrac{W}{V} = \rho = \dfrac{PM}{RT}$

$= \dfrac{1atm}{mol} \bigg| \dfrac{2g}{0.082L \cdot atm} \bigg| \dfrac{mol \cdot k}{273k}$

$\rho_{H_2} = 0.089 g/L \Rightarrow 200L \times 0.089 g/L = 17.87g$

$\therefore \dfrac{17.87g}{2g/mol} \times 44.12 kcal = 394 kcal$

02 질산을 공업적으로 제조하기 위하여 이용하는 다음 암모니아 산화반응에 대한 설명으로 옳지 않은 것은?

$$4NH_3 + 5O_2 \rightarrow 4NO + 6H_2O$$

① 바나듐(V_2O_5) 촉매가 가장 많이 이용된다.
② 암모니아와 산소의 혼합가스는 폭발성이 있기 때문에 $[O_2]/[NH_3] = 2.2 \sim 2.3$이 되도록 주의한다.
③ 산화율에 영향을 주는 인자 중 온도와 압력의 영향이 크다.
④ 반응온도가 지나치게 높아지면 산화율은 낮아진다.

해설

① 백금(Pt) 촉매가 가장 많이 이용된다.

03 다음 중 CFC-113에 해당되는 것은?

① $CFCl_3$
② $CFCl_2CF_2Cl$
③ CF_3CHCl_2
④ $CHClF_2$

해설

CFC-113 : $CFCl_2CF_2Cl$

04 염화수소의 pK_a 값은 -7이라고 하면 k_a 값은 얼마인가?

① 10^7
② 10^3
③ 10^{-3}
④ 10^{-7}

해설

$pK_a = -\log K_a$ 이므로
$-\log K_a = -7$
$K_a = 1 \times 10^7$

05 암모니아 함수의 탄산화 공정에서 주로 생성되는 물질은?

① NaCl
② $NaHCO_3$
③ Na_2CO_3
④ NH_4HCO_3

해설

$NaCl + 2NH_3 + CO_2 \rightarrow NaCO_3NH_2 + NH_4Cl$
$NaCO_2NH_3 + H_2O \rightarrow NaHCO_3 + NH_3$

06 암모니아 소다법에서 NH_3 회수에 사용하는 것은?

① $CaCO_3$
② $CaCl_2$
③ $Ca(OH)_2$
④ H_2O

해설

암모니아 소다법에서 NH_3 회수에 사용하는 것 : $Ca(OH)_2$

정답 01 ② 02 ① 03 ② 04 ① 05 ② 06 ③

07 암모니아 소다법에서 조중조의 하소(calcination) 때 생성되는 물질은?

① $NaHCO_3$ ② Na_2CO_3
③ $NaOH$ ④ $CaCl_2$

해설

암모니아 소다법
㉠ $NaCl + NH_2 + CO_2 + H_2O \rightarrow NaHCO_3 + NH_4Cl$
㉡ $2NaHCO_3 \rightarrow Na_2CO_3 + CO_2 + H_2O$
㉢ $2NH_4Cl + Ca(OH)_2 \rightarrow 2NH_3 + CaCl_2 + H_2O$
암모니아 소다법에서 조중조의 하소 때 Na_2CO_3가 생성된다.

08 요소비료 제조방법 중 카바메이트 순환방식의 제조방법으로 약 210℃, 400atm의 비교적 고온, 고압에서 반응시키는 것은?

① IG법 ② Inventa법
③ Du Pont법 ④ CCC법

해설

Du Pont법의 설명이다.

09 전지 Cu|CuSO₄(0.05M), HgSO₄(s)|Hg의 기전력은 25℃에서 약 0.418V이다. 이 전지의 자유에너지 변화는?

① -9.65kcal ② -19.3kcal
③ -96kcal ④ -193kcal

해설

$\Delta G^n = -nFE$
구리 1mol당 전자 2mol 이동
∴ $n = 2$

$\dfrac{-2\text{mol} \mid 96,500\text{C} \mid 0.418\text{V} \mid 1\text{J/s} \mid 1\text{cal} \mid 1\text{kcal}}{\text{mol} \mid \mid 1\text{V} \mid 4.184\text{J} \mid 1,000\text{cal}}$
= -19.3kcal

10 다음 화합물 중 산성이 가장 강한 것은?

① $C_6H_5SO_3H$ ② C_6H_5OH
③ C_6H_5COOH ④ CH_3CH_2COOH

해설

산성이 강한 순서
$CH_3CH_2COOH > C_6H_5SO_3H > C_6H_5COOH > C_6H_5OH$

11 황산제조의 원료로 사용되는 것이 아닌 것은?

① 황철광 ② 자류철광
③ 자철광 ④ 황동광

해설

황산제조 원료 : 황철광(pyrite, FeS_2), 자황철광(FeS), 황동광($CuFeS_2$), 자류철광(pyrrhotite : 황 함량 25~35%), 금속재련 폐가스(부생 SO_2), 섬아연광(ZnS), 방연광(galena, PbS), 함황원유 등

12 Friedel-Crafts 반응에 사용하지 않는 것은?

① CH_3COCH_3 ② $(CH_3CO)_2O$
③ $CH_3CH=CH_2$ ④ CH_3CH_2Cl

해설

Friedel-Crafts 반응

13 Friedel-Craft 반응에 사용되는 촉매는?

① $AlCl_3$ ② ZnO
③ V_2O_5 ④ PCl_5

해설

Friedel-Crafts 반응
$C_6H_6 + CH_3Cl \xrightarrow{AlCl_3} C_6H_5CH_3 + HCl$

14 에틸렌과 프로필렌을 공이량화(co-dimerization)시킨 후 탈수소시켰을 때 생성되는 주물질은?

① 이소프렌 ② 클로로프렌
③ n-펜탄 ④ n-헥센

해설

C_2H_4 또는 $2CH_2=CHCH_3$
공이량화 → $H_2C=C(CH_3)-CH=CH_2$ (이소프렌)

정답 07 ② 08 ③ 09 ② 10 ① 11 ③ 12 ① 13 ① 14 ①

15 석유 유분을 냉각하였을 때, 파라핀 왁스 등이 석출되기 시작하는 온도를 나타내는 용어는?

① Solidifying point ② Cloud point
③ Nodal point ④ Aniline point

해설
Cloud point의 설명이다.

16 윤활유 정제에 많이 사용되는 용제(solvent)는?

① Furfural ② Benzene
③ Toluene ④ n-Hexane

해설
윤활유 정제에 많이 사용되는 용제 : Furfural

17 다음 중 포름알데히드를 사용하는 축합형 수지가 아닌 것은?

① 페놀 수지 ② 멜라민 수지
③ 요소 수지 ④ 알키드 수지

해설
알키드 수지는 축합형 수지가 아니다.

18 열경화성 수지와 열가소성 수지로 구분할 때 다음 중 나머지 셋과 분류가 다른 하나는?

① 요소 수지 ② 폴리에틸렌
③ 염화비닐 ④ 나일론

해설
㉠ 열가소성 수지 : 폴리에틸렌, 염화비닐, 나일론
㉡ 열경화성 수지 : 요소 수지

19 Cyclone의 주된 집진원리에 해당되는 것은?

① 여과 ② 원심력
③ 전하작용 ④ 작용·반작용

해설
먼지 저감기술 : 사이클론(cyclone) 등과 같은 원심력 집진기술

20 아래와 같은 장/단점을 갖는 중합반응공정으로 옳은 것은?

[장점]
• 반응열 조절이 용이하다.
• 중합속도가 빠르면서 중합도가 큰 것을 얻을 수 있다.
• 다른 방법으로는 제조하기 힘든 공중합체를 만들 수 있다.

[단점]
첨가제에 의한 제품오염의 문제점이 있다.

① 괴상중합 ② 용액중합
③ 현탁중합 ④ 유화중합

해설
유화중합
㉠ 중합열의 분산 용이, 대량생산 가능
㉡ 유화제를 사용하여 단량체를 분산매 중에 분산시키고 수용성 개시제를 사용해 중합시키는 방법
㉢ 유화제에 의한 오염
㉣ 세정과 건조 필요

제2과목 반응운전

21 다음 맥스웰(Maxwell) 관계식의 부호가 옳게 표시된 것은?

$$\left(\frac{\partial S}{\partial V}\right)_T = (a)\left(\frac{\partial P}{\partial T}\right)_V$$

$$\left(\frac{\partial S}{\partial P}\right)_T = (b)\left(\frac{\partial V}{\partial T}\right)_P$$

① a : (+), b : (+) ② a : (+), b : (-)
③ a : (-), b : (-) ④ a : (-), b : (+)

해설
Maxwell 방정식

$$\left(\frac{\partial V}{\partial S}\right)_P = \left(\frac{\partial T}{\partial P}\right)_S, \left(\frac{\partial P}{\partial S}\right)_V = -\left(\frac{\partial T}{\partial V}\right)_S$$

$$\left(\frac{\partial S}{\partial V}\right)_T = \left(\frac{\partial P}{\partial T}\right)_V, -\left(\frac{\partial S}{\partial P}\right)_T = \left(\frac{\partial V}{\partial T}\right)_P$$

정답 15 ② 16 ① 17 ④ 18 ① 19 ② 20 ④ 21 ②

22 1기압 100℃에서 끓고 있는 수증기의 밀도(density)는? (단, 수증기는 이상기체로 본다.)

① 22.4g/L ② 0.59g/L
③ 18.0g/L ④ 0.95g/L

해 설
100℃(373K)
$PV = nRT$
$\quad = \dfrac{질량}{분자량} \times RT$
$\therefore 밀도 = \dfrac{질량}{부피} = \dfrac{(18g/mol)(1atm)}{(0.082atm/mol \cdot K)(373K)} = 0.59g/L$

23 상태함수에 대한 설명으로 옳은 것은?

① 최초와 최후의 상태에 관계없이 경로의 영향으로만 정해지는 값이다.
② 점함수라고도 하며, 일에너지를 말한다.
③ 내부에너지만 정해지면 모든 상태를 나타낼 수 있는 함수를 말한다.
④ 내부에너지와 엔탈피는 상태함수이다.

해 설
① 최초와 최후의 상태에 관계있고 경로의 영향을 받지 않는다.
② 점함수라고도 하며 일과 열은 경로함수이다.
③ 완전 미분적분함수로서 내부에너지는 상태함수이다.

24 과열상태의 증기가 150psia, 500℉에서 노즐을 통하여 30psia로 팽창한다. 이 과정이 단열, 가역적으로 진행하여 평형을 유지한다고 할 때 노즐의 출구에서의 증기상태는 어떠한지 알고자 한다. 다음 설명 중 틀린 것은?

① 엔트로피 변화는 없다.
② 수증기표(steam table)를 이용한다.
③ 몰리에 선도를 이용한다.
④ 기체인지 액체인지는 알 수 없다.

해 설
과열상태의 증기가 단열, 가역적으로 평형하므로 노즐의 출구에서는 기체상태이다.

25 240kPa에서 어떤 액체의 상태량이 V_f는 $0.00177m^3/kg$, V_g는 $0.105m^3/kg$, H_f는 181kJ/kg, H_g는 496kJ/kg일 때, 이 압력에서의 U_{fg}(kJ/kg)는? (단, V는 비체적, U는 내부에너지, H는 엔탈피, 하첨자 f는 포화액, g는 건포화증기를 나타내고 U_{fg}는 $U_g - U_f$를 의미한다.)

① 24.8 ② 290.2
③ 315.0 ④ 339.8

해 설
$H = U + PV$
$U = H - PU$
$U_f = 181,000 - 240,000 \times 0.00177$
$\quad = 181,000 - 424.8$
$\quad = 180,575.2$
$U_g = 496,000 - 240,000 \times 0.105$
$\quad = 496,000 - 25,200$
$\quad = 470,800$
$U_{fg} = 470,800 - 180575.2$
$\quad = 290,224.8 J/kg$
$\therefore U_{fg} = 290.2 kJ/kg$

26 액체로부터 증기로 바뀌는 정압 경로를 밟는 순수한 물질에 대한 깁스 자유에너지(G)와 절대온도(T)의 그래프를 옳게 표시된 것은?

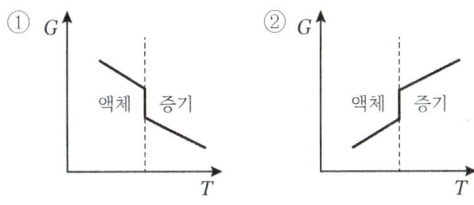
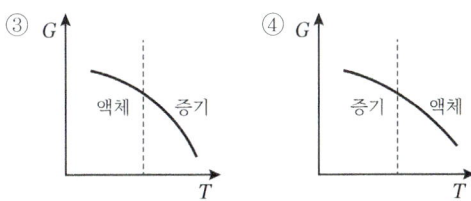

해 설
정압과정에서 온도 T가 증가할수록 물질 시료의 척도인 깁스 자유에너지(G)는 감소한다.

정답 22 ② 23 ④ 24 ④ 25 ② 26 ③

27 $PV^n = C$일 경우 폴리트로픽 지수 n의 값에 따라 변화하는 과정으로 틀린 것은? (단, C는 상수이고, $\gamma = \dfrac{C_P}{C_V}$이다.)

① n = 0, P = C, 등압변화
② n = 1, PV = C, 등온변화
③ n = γ, PV^γ = C, 등압변화
④ n = ∞, V = C, 정용변화

해설
폴리트로픽 공정은 n의 값에 따라 다음과 같이 변화한다.
- n = 0, P = C, 등압과정
- n = 1, PV = C, 등온과정
- n = γ, PV^γ = C, 단열과정
- n = ∞, V = C, 정용과정

28 다음은 이상용액의 혼합특성을 나타내는 열역학적 함수이다. 옳지 않은 것은? (단, G, V, U, S, T는 각각 깁스(Gibbs) 자유에너지, 부피, 내부에너지, 엔트로피, 온도이며, R은 기체상수, X_i는 몰분율, 첨자 id는 이상용액 물성을 의미한다.)

① $\Delta G^{id}/RT = \sum X_i \ln X_i$
② $\Delta V^{id} = 0$
③ $\Delta U^{id} = 0$
④ $\Delta S^{id}/R = 0$

해설
④ $\Delta S^{id}/R = -\sum X_i \ln X_i$

29 촉매 작용의 일반적인 특성에 대한 설명으로 옳지 않은 것은?

① 활성화 에너지가 촉매를 사용하지 않을 경우에 비해 낮아진다.
② 촉매 작용에 의하여 평형 조성을 변화시킬 수 있다.
③ 촉매는 여러 반응에 대한 선택성이 높다.
④ 비교적 적은 양의 촉매로도 다량의 생성물을 생성시킬 수 있다.

해설
② 촉매 작용에 의하여 평형 조성을 변화시킬 수 없다.
촉매
- 정촉매를 사용할 경우 활성화 에너지가 낮아진다.
- 평형에 영향을 미치지 않는다.

30 다음중 역행응축(retrograde condensation)현상을 가장 유용하게 쓸 수 있는 경우는?

① 기체를 임계점에서 응축시켜 순수성분을 분리시킨다.
② 천연가스 채굴 시 동력 없이 액화천연가스를 얻는다.
③ 고체 혼합물을 기체화시킨 후 다시 응축시켜 비휘발성 물질만을 얻는다.
④ 냉동의 효율을 높이고 냉동제의 증발잠열을 최대로 이용한다.

해설
역행응축이란 포화증기상태에서 압력을 감소시킬 때 액화가 일어났다가 다시 이슬점에 도달할 때까지 증발하는 것을 말한다.
→ 지하구조 내에는 가스의 공급이 소진되면서 압력이 감소하는 경향이 있다.

31 비압축성 유체의 성질이 아닌 것은?

① $\left(\dfrac{\partial H}{\partial P}\right)_T = 0$
② $\left(\dfrac{\partial V}{\partial T}\right)_P = 0$
③ $\left(\dfrac{\partial V}{\partial P}\right)_T = 0$
④ $\left(\dfrac{\partial U}{\partial P}\right)_T = 0$

해설
$\left(\dfrac{\partial H}{\partial P}\right)_T = 0$
㉠ 물질에 관계없이 일정 압력 공정
㉡ 물질의 엔탈피가 압력에 무관

32 양론식 A + 3B → 2R + S가 2차 반응 $-r_A = K_1 C_A C_B$일 때 r_A, r_B와 r_R의 관계식으로 옳은 것은?

① $r_A = r_B = r_R$
② $-r_A = -r_B = r_R$
③ $-r_A = -\left(\dfrac{1}{3}\right)r_B = \left(\dfrac{1}{2}\right)r_R$
④ $-r_A = -3r_B = -2r_R$

해설
aA + bB → cC일 때 $-\dfrac{r_A}{a} = -\dfrac{r_B}{b} = \dfrac{r_C}{c}$

정답 27 ③ 28 ④ 29 ② 30 ② 31 ① 32 ③

33 Arrhenius 법칙에서 속도상수 k와 반응온도 T의 관계를 옳게 설명한 것은?

① k와 는 직선관계가 있다.

② $\ln k$와 $\dfrac{1}{T}$은 직선관계가 있다.

③ $\ln k$와 $\ln\left(\dfrac{1}{T}\right)$은 직선관계가 있다.

④ $\ln k$와 T는 직선관계가 있다.

해설

Arrhenius 법칙 : $k = A \cdot \exp\left(\dfrac{-E_a}{RT}\right)$

양변에 ln 취하면 $\ln k = \ln A - \dfrac{E_a}{R} \cdot \dfrac{1}{T}$

∴ $\ln k$ 와 $\dfrac{1}{T}$은 직선관계, 기울기 $= -\dfrac{E_a}{k}$, 절편 $= \ln A$

34 다음 중 반응이 진행되는 동안 반응기 내의 반응물과 생성물의 농도가 같을 때 반응속도가 가장 빠르게 되는 경우가 발생하는 반응은?

① 연속반응(Series reaction)
② 자동 촉매반응(Autocatalytic reaction)
③ 균일 촉매반응(Homogeneous reaction)
④ 가역 반응(Reversible reaction)

해설

자동촉매반응

$-r_A = RC_A C_R$

$C_{Ao} + C_R = C_A + C_R = C_{To} : C_R = C_{To} - C_A$

$\to -r_A = -K(C_{To} - C_A) = K(-C_A^2 + C_{To} C_A)$

∴ $-r_A = -K\left(C_A - \dfrac{C_{To}}{2}\right)^2 + \dfrac{KG_o^2}{4}$

∴ $C_A = \dfrac{C_{To}}{2}$ 일 때(max)

$C_A = \dfrac{C_A + C_R}{2} \to C_A = C_R$ 일 때 max

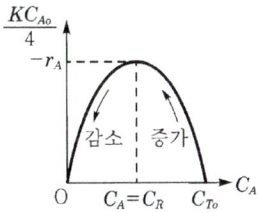

자동촉매반응에서 반응기 내에 반응물과 생성물의 농도가 같을 때 반응속도가 가장 빠르다.

35 다음과 같은 균일계 액상 등온반응을 혼합반응기에서 A의 전환율 90%, R의 총괄수율 0.75로 진행시켰다면, 반응기를 나오는 R의 농도(mol/L)는? (단, 초기농도는 $C_{AO} = 10$mol/L, $C_{RO} = C_{SO} = 0$이다.)

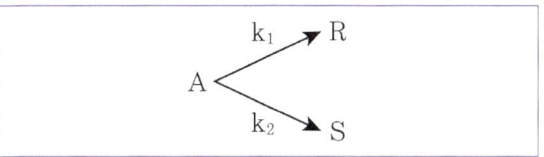

① 0.675
② 0.75
③ 6.75
④ 7.50

해설

총괄수율

$\Phi = \dfrac{C_R}{C_{Ao} - C_{Af}} = 0.75$

$\dfrac{C_R}{C_{Ao} - C_{Ao}(1-X)} = \dfrac{C_R}{C_{Ao} X} = 0.75$

$C_R = C_{Ao} \times 0.75$
$\quad = 10 \text{mol/L} \cdot 0.9 \cdot 0.75 = 6.75 \text{mol/L}$

36 어떤 단일성분 물질의 분해반응은 1차 반응이며 정용 회분식 반응기에서 99%까지 분해하는데 6,646초가 소요되었을 때, 30%까지 분해하는데 소요되는 시간(s)은?

① 515
② 540
③ 720
④ 813

해설

$-r_A = kC_A$

$kC_A \cdot V = N_{Ao} \dfrac{dX}{dt}$

$kC_{Ao}(1-X) = C_{Ao} \dfrac{dX}{dt}$

$k \cdot 6{,}646 s = \displaystyle\int_0^{0.99} \dfrac{1}{1-X} dX$

$\Rightarrow k = \dfrac{\ln 100}{6{,}646} s^{-1}$

$kt = \displaystyle\int_0^{0.3} \dfrac{1}{1-X} dX = \ln \dfrac{1}{0.7}$

∴ $t = \ln \dfrac{10}{7} / \dfrac{\ln 100}{6{,}646} s^{-1} = 515 s$

정답 33 ② 34 ② 35 ③ 36 ①

37 부피유량 u가 일정한 관형반응기 내에서 1차 반응 A → B가 일어난다. 부피유량이 10L/min, 반응속도상수 k가 0.23/min일 때 유출농도를 유입농도의 10%로 줄이는데 필요한 반응기의 부피는? (단, 반응기의 입구조건 V = 0일 때 $C_A = C_{A0}$이다.)

① 100L ② 200L
③ 300L ④ 400L

해설

$$\tau = \frac{V}{V_0}$$
$$= C_{A_0}\int \frac{dX_A}{-r_A}$$
$$= C_A \int \frac{dX_A}{kC_A}$$
$$= \frac{1}{k}\int \frac{dX_A}{1-X_A}$$
$$= -\frac{1}{k}\ln(1-X_A)$$
$$V = 10\frac{L}{min}\cdot\left(-\frac{1}{0.23}min\right)\ln(1-0.9) = 100L$$

38 100℃, 1atm에서 $2A \to R+S$을 반응시키는데 20%의 비활성 물질을 포함하는 원료를 회분식 반응기에서 처리할 경우, 반응물 A는 95%가 전환되고 이때 소요된 시간이 5분 10초이다. 만일 동일 조성의 반응물을 100mol/h의 속도로 플러그 흐름 반응기로 처리하여 95% 전환시키고자 할 경우 필요한 반응기 크기는 몇 L이겠는가? (단, 이 반응은 기상 반응이며 이상기체라고 가정한다.)

① 235 ② 329
③ 540 ④ 660

해설

$\varepsilon_A = 0$
$PV = nRT$
$n/V = \frac{P}{RT} = 0.03265 mol/L$

비활성 물질 20%
→ $0.03265 \times 0.8 mol/L = 0.02612 mol/L$

$\frac{100 mol/h}{0.02612 mol/L} = 1.063 L/s$

→ $310s(5분 10초) \times 1.063 L/s = 329.7 ≒ 329L$

39 다음은 어떤 가역반응의 단열 조작선의 그림이다. 조작선의 기울기는 $\frac{C_p}{-\Delta Hr}$로 나타내는데 이 기울기가 큰 경우에는 어떤 형태의 반응기가 가장 좋겠는가?(단, C_p는 열용량, ΔHr은 반응열을 나타낸다.)

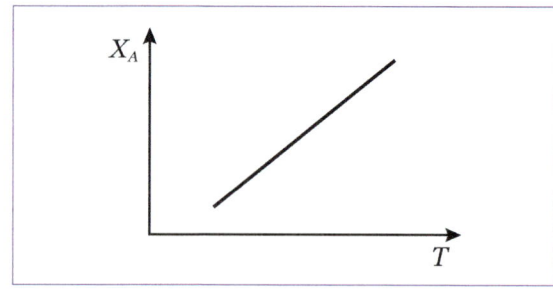

① 플러그 흐름 반응기
② 혼합 흐름 반응기
③ 교반형 반응기
④ 순환 반응기

해설

$\Delta Hr < 0$인 반응에서 단열 조작선의 기울기가 클 때 플러그 흐름 반응기를 선택하는 것이 좋다.

$\frac{C_p}{-\Delta Hr}$ 이 작은 경우 CSTR, 큰 경우 PFR

40 기상반응 $A \to 4R$이 흐름반응기에서 일어날 때 반응기 입구에서는 A가 50%, inert gas가 50% 포함되어 있다. 전환율이 100%일 때 반응기 입구에서 체적속도가 1이면 반응기 출구에서 체적속도는 얼마인가? (단, 반응기의 압력은 일정하다.)

① 0.5 ② 1
③ 1.5 ④ 2.5

해설

$\varepsilon_A = 0.5 \cdot \frac{4-1}{1} = 1.5$
$V = r_0(1+\varepsilon_A) = 2.5$

정답 37 ① 38 ② 39 ① 40 ④

제3과목 단위공정관리

41 양대수좌표(log-log graph)에서 직선이 되는 식은?

① $Y = bx^a$
② $Y = be^{ax}$
③ $Y = bx + a$
④ $\log Y = \log b + ax$

해설
$\log Y = \log bx^a$
$\log Y = \log b + \dfrac{a}{\log} x$

42 가스의 조성이 CH₄ 85vol%, C₂H₆ 13vol%, N₂ 2vol%일 때 이 가스의 평균분자량은?

① 15.6
② 18.06
③ 20.22
④ 22.13

해설
부피분율 = 압력분율 = 몰분율
M_{CH_4} = 16, $M_{C_2H_6}$ = 30, M_{N_2} = 28
$\overline{M}$ = (16)(0.85) + (30)(0.13) + (28)(0.02) = 18.06

43 분자량 $M_1 [g/mol]$인 기체 $n_1 [mol]$과 분자량 $M_2 [g/mol]$인 기체 $n_2 [mol]$로 혼합기체의 평균 분자량의 표현으로서 옳은 것은?

① $\dfrac{(M_1 n_1 + M_2 n_2)}{(n_1 + n_2)}$
② $\dfrac{(M_1 n_2 + M_2 n_1)}{(n_1 + n_2)}$
③ $\dfrac{(n_1 + n_2)}{(M_2 n_1 + M_1 n_2)}$
④ $\left(\dfrac{M_1}{n_1} + \dfrac{M_2}{n_2}\right)$

해설
평균 분자량
$\overline{M} = x_1 M_1 + x_2 M_2$
$= \dfrac{n_1}{n_1 + n_2} M_1 + \dfrac{n_2}{n_1 + n_2} M_2 = \dfrac{n_1 M_1 + n_2 M_2}{n_1 + n_2}$

44 다음과 같은 베르누이 방정식이 적용되는 조건이 아닌 것은?

$$\frac{P}{r} + \frac{V^2}{2g} + Z = 일정$$

① 정상상태의 흐름
② 이상유체의 흐름
③ 압축성 유체의 흐름
④ 동일 유선상의 유체

해설
베르누이 방정식의 조건
㉠ 이상유체
㉡ 정상상태
㉢ 비압축성 유체
㉣ 동일 유선상의 유체

45 1기압, 300℃에서 과열수증기의 엔탈피는 약 몇 kcal/kg인가? (단, 1기압에서 증발잠열은 539kcal/kg, 수증기의 평균비열은 0.45kcal/kg·℃이다.)

① 190
② 250
③ 629
④ 729

해설
100 + 539 + 0.45 × 200 = 729kcal/kg

46 상, 상평형 및 임계온도에 대한 설명 중 틀린 것은?

① 순성분의 기액평형 압력은 그때의 증기압과 같다.
② 3중점에 있는 계의 자유도는 0이다.
③ 평형온도보다 높은 온도의 증기는 과열증기이다.
④ 임계온도는 그 성분의 기상과 액상이 공존할 수 있는 최저온도이다.

해설
임계온도는 그 성분의 기상과 액상이 공존할 수 있는 최고온도이다.

정답 41 ① 42 ② 43 ① 44 ③ 45 ④ 46 ④

47 25℃에서 벤젠이 Bomb 열량계 속에서 연소되어 이산화탄소와 물이 될 때 방출된 열량을 실험으로 재어 보니 벤젠 1mol당 780,890cal이었다. 25℃에서의 벤젠의 표준연소열은 약 몇 cal인가? (단, 반응식은 다음과 같으며 이상기체로 가정한다.)

$$C_6H_6(L) + 7\frac{1}{2}O_2(g) \rightarrow 3H_2O(L) + 6CO_2(g)$$

① -781,778 ② -781,588
③ -781,201 ④ -780,003

해설
$\Delta H = \Delta u + \Delta(PV)$
Bomb열량계는 부피 일정 정용이므로 $\Delta u = q$
이상기체이므로 $PV = nRT$ 적용 가능
∴ $\Delta H = q + RT\Delta n = -780,890\text{cal} + 1.987\text{cal/mol}\cdot K$
$\times 298K \times (6-7.5)\text{mol} = -781,778\text{cal}$

48 온도 200℃, 압력 100atm에서 질소와 수소를 1:3mol 비로 혼합하였을 때 밀도는 얼마인가? (단, 이 기체들은 이상기체법칙을 따른다.)

① 13.8g/L ② 17.8g/L
③ 21.9g/L ④ 34.7g/L

해설
평균 분자량 = (0.25)(28) + (0.75)(2) = 8.5g/mol
$PV = \frac{m}{M}RT$
$\rho = \frac{m}{V} = \frac{PM}{RT}$
$= \frac{100\text{atm} \times 8.5\text{g}}{\text{mol}} \times \frac{K\cdot\text{mol}}{473K \times 0.082\text{atm}\cdot L} = 21.91\text{g/L}$

49 확산에 의한 물질전달현상을 나타낸 Fick 법칙처럼 전달속도, 구동력 및 저항 사이의 관계식으로 일반화되는 점에서 유사성을 갖는 법칙은 다음 중 어느 것인가?

① Stefan-Boltzman 법칙
② Henry 법칙
③ Fourier 법칙
④ Raoult 법칙

해설
Fourier 법칙의 설명이다.

50 관(pipe, tube)의 치수에 대한 설명 중 틀린 것은?

① 파이프의 벽두께는 Schedule Number로 표시할 수 있다.
② 튜브의 벽두께는 BWG(Birmingham Wire Gauge) 번호로 표시할 수 있다.
③ 동일한 외경에서 Schedule Number가 클수록 벽두께가 두껍다.
④ 동일한 외경에서 BWG가 클수록 벽두께가 두껍다.

해설
㉠ Sch No. $= \frac{p(\text{kgf/cm}^2)}{S(\text{kgf/cm}^2)} \times 1,000$
여기서, p : 내부 작용압력, S : 재질 허용응력
→ Sch No.가 클수록 두께가 두꺼워진다.
㉡ BWG
• 응축기, 두께가 두꺼워진다.
• 숫자가 크면 두께가 얇다.
• 열전달이 잘 되기 위해서는 BWG의 두께가 얇아야 한다.

51 운동점도(Kinematic viscosity)의 단위는?

① N·s/m² ② m²/s
③ cP ④ m²/s·N

해설
운동점도의 단위
$v = \frac{\mu}{\rho} = \frac{\text{kg}}{\text{m}\cdot\text{s}} \cdot \frac{\text{m}^3}{\text{kg}} = \text{m}^2/\text{s}$

52 3중 효율 증발기에서 순류공급(forward feed)과 역류공급(backward feed)에 대한 설명으로 옳은 것은?

① 순류공급과 역류공급은 모두 효용관 간의 송액용 펌프가 필요하다.
② 순류공급은 효용관 간의 송액용 펌프가 필요 없다.
③ 순류공급과 역류공급은 모두 효용관 간의 송액용 펌프가 필요 없다.
④ 역류공급은 효용관 간의 송액용 펌프가 필요 없다.

해설
순류공급은 효용관 간의 송액용 펌프가 필요 없고, 역류공급은 펌프가 필요하다.

정답 47 ① 48 ③ 49 ③ 50 ④ 51 ② 52 ②

53 다음 중 정류 조작에서 최소 환류비에 대한 올바른 표현은?

① 이론 단수가 무한대일 때의 환류비이다.
② 이론 단수가 최소일 때의 환류비이다.
③ 탑상 유출물이 제일 적을 때의 환류비이다.
④ 탑저 유출물이 제일 적을 때의 환류비이다.

해설
최소 환류비는 이론 단수가 무한대일 때의 환류비이다.

54 추출에서 추료(feed)에 추제(extracting solvent)를 가하여 잘 접촉시키면 2상으로 분리된다. 이 중 불활성 물질이 많이 남아있는 상을 무엇이라고 하는가?

① 추출상(extract) ② 추잔상(raffinate)
③ 추질(solute)   ④ 슬러지(sludge)

해설
원용매가 풍부한 상은 추잔상이다.
추출상 : 추제가 풍부한 상

55 흡수탑의 높이가 18m, 전달단위수 NTU(Nember of Transfer Unit)가 3일 때 전달단위높이 HTU(Height of a Transfer Unit)는 몇 m인가?

① 54   ② 6
③ 2   ④ 1/6

해설
$HTU = \dfrac{18}{3} = 6m$

56 슬러지나 용액을 미세한 입자의 형태로 가열하여 기체 중에 분산시켜서 건조시키는 건조기는?

① 분무 건조기   ② 원통 건조기
③ 회전 건조기   ④ 유동층 건조기

해설
분무 건조기는 슬러지나 용액을 미세한 입자의 형태로 가열하여 기체 중에 분산시켜서 건조시키는 것이다.

57 다음 그림과 같은 건조속도 곡선(X는 자유수분, R은 건조속도)을 나타내는 고체는? (단, 건조는 A→B→C→D 순서로 일어난다.)

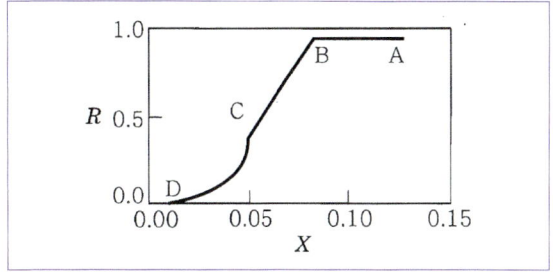

① 비누   ② 수성점토
③ 목재   ④ 다공성 촉매입자

해설
다공성 고체의 건조에 대한 자유수분 X와 건조속도 R의 관계를 나타낸 것이다.

58 다음 중 증기압을 추산(推算)하는 식은?

① Clausius-Clapeyron의 식
② Bernoulli 식
③ Redich-Kwong 식
④ Kirchhoff 식

해설
Clausius-Clapeyron의 식
$$ln\dfrac{P_2}{P_1} = \dfrac{\Delta H}{R}\left(\dfrac{1}{T_1} - \dfrac{1}{T_2}\right)$$
이 식을 통하여 온도 변화에 따른 증기압 변화를 구할 수 있다.

59 분쇄에 대한 설명으로 틀린 것은?

① 최종 입자의 크기가 중요하다.
② 최초 입자의 크기는 무관하다.
③ 파쇄물질의 종류도 분쇄동력의 계산에 관계된다.
④ 파쇄기 소요일량은 분쇄되어 생성되는 표면적에 비례한다.

해설
분쇄 에너지는 생성 입자의 평반근에 반비례한다.

정답 53 ① 54 ② 55 ② 56 ① 57 ④ 58 ① 59 ②

60 실제기체의 거동을 예측하는 비리얼 상태식에 대한 설명 중 옳은 것은?

① 제1비리얼 계수는 압력에만 의존하는 상수이다.
② 제2비리얼 계수는 조성에만 의존하는 상수이다.
③ 제3비리얼 계수는 체적에만 의존하는 상수이다.
④ 제4비리얼 계수는 온도에만 의존하는 상수이다.

해설
비리얼 방정식
기준 : 1mol
$PV=RT$를 $\frac{1}{V}$로 전개하면
$$Z=\frac{P\bar{V}}{RT}=1+B\cdot P+C\cdot P^2+D\cdot P^3+\cdots$$
$$=1+\frac{B'}{V}+\frac{C'}{V^2}+\frac{D'}{V^3}+\cdots$$
($B, C, D, \cdots, B', C', D', \cdots$: 비리얼 계수이고, 온도만의 함수이다.)

제4과목 화공계측제어

61 현대의 화학공정에서 공정제어 및 운전을 엄격하게 요구하는 주요 요인으로 가장 거리가 먼 것은?

① 공정 간의 통합화에 따른 외란의 고립화
② 엄격해지는 환경 및 안전 규제
③ 경쟁력 확보를 위한 생산공정의 대형화
④ 제품 질의 고급화 및 규격의 수시 변동

해설
외란의 고립화는 운전을 엄격하게 요구하는 요인과는 거리가 멀다.

62 어떤 입력측정장치의 측정범위는 0~400psig, 출력범위는 4~20mA로 조정되어 있다. 이 장치의 이득을 구하면 얼마인가?

① 25mA/psig
② 0.01mA/psig
③ 0.08mA/psig
④ 0.04mA/psig

해설
이득 = $\frac{출력범위}{입력범위}=\frac{20-4}{400-0}=0.04$mA/psig

63 다음 중 라플라스 변환의 주요 목적은?

① 비선형 대수방정식을 선형 대수방정식으로 변환
② 비선형 미분방정식을 선형 미분방정식으로 변환
③ 선형 미분방정식을 대수방정식으로 변환
④ 비선형 미분방정식을 대수방정식으로 변환

해설
라플라스 변환의 주요 목적은 선형 미분방정식을 대수방정식으로 변환하는 것

64 어떤 함수의 Laplace transform은 $\frac{1}{S^2}$이다. 이 함수를 나타내는 그래프는?

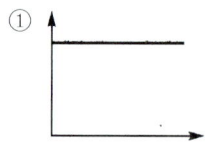

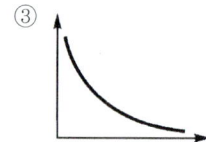
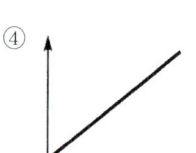

해설
$\mathcal{L}^{-1}\left(\frac{1}{S^2}\right)=t=f(t)$

65 주제어기의 출력신호가 종속제어기의 목표값으로 사용되는 제어는?

① 비율제어
② 내부모델제어
③ 예측제어
④ 다단제어

해설
다단제어에서는 주제어기의 출력신호가 종속제어기의 목표값으로 사용된다.

정답 60 ④ 61 ① 62 ④ 63 ③ 64 ④ 65 ④

66 다음 공정의 단위 임펄스응답은?

$$G_P(s) = \frac{4s^2 + 5s - 3}{s^3 + 2s^2 - s - 2}$$

① $y(t) = 2e^t + e^{-t} + e^{-2t}$
② $y(t) = 2e^t + 2e^{-t} + e^{-2t}$
③ $y(t) = e^t + 2e^{-t} + e^{-2t}$
④ $y(t) = e^t + e^{-t} + 2e^{-2t}$

해설

$G(s) = \dfrac{4s^2 + 5s - 3}{s^3 + 2s^2 - s - 2}$, $X(s) = 1$

$Y(s) = \dfrac{4s^2 + 5s - 3}{s^3 + 2s^2 - s - 2}$

$= \dfrac{4s^2 + 5s - 3}{(s+1)(s-1)(s+2)}$

$= \dfrac{1}{s-1} + \dfrac{2}{s+1} + \dfrac{1}{s+2}$

$\therefore y(t) = e^t + 2e^{-t} + e^{-2t}$

67 전달함수 $y(s) = (1+2s)e(s) + \dfrac{1.5}{s}e(s)$에 해당하는 시간영역에서의 표현으로 옳은 것은?

① $y(t) = 1 + 2\dfrac{de(t)}{dt} + 1.5\int_0^t e(t)dt$
② $y(t) = e(t) + 2\dfrac{de(t)}{dt} + 1.5\int_0^t e(t)dt$
③ $y(t) = e(t) + 2\int_0^t e(t)dt + 1.5\dfrac{dc(t)}{dt}$
④ $y(t) = 1 + 2\int_0^t e(t)dt + 1.5\dfrac{dc(t)}{dt}$

해설

$y(s) = (1+2s)e(s) + \dfrac{1.5}{s}e(s)$에서

$\xrightarrow{\mathcal{L}^{-1}}$ (s가 곱해지면 미분식, 1/s이 곱해지면 적분식)

$y(t) = e(t) + 2\dfrac{de(t)}{dt} + 1.5\int_0^t e(t)dt$

68 다음 블록선도의 제어계에서 출력 C를 구하면?

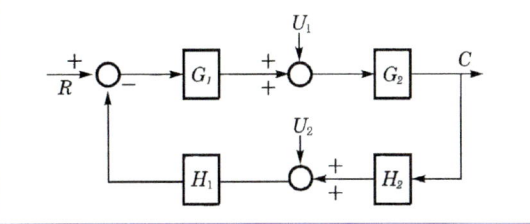

① $\dfrac{G_1G_2R + G_2G_1 + G_1G_2H_1H_2}{1 + G_1G_2H_1H_2}$

② $\dfrac{G_1G_2R + G_2U_1 - G_1G_2H_1U_2}{1 + G_1G_2H_1H_2}$

③ $\dfrac{G_1G_2R - G_2U_1 + G_1G_2H_1H_2}{1 + G_1G_2H_1H_2}$

④ $\dfrac{G_1G_2R - G_2U_1 + G_1G_2H_1H_2}{1 - G_1G_2H_1H_2}$

해설

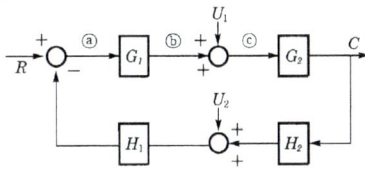

ⓐ $= R - H_1(U_2 + CH_2)$
ⓑ $= G_1\{R - H_1(U_2 + CH_2)\}$
ⓒ $= U_1 + G_1\{R - H_1(U_2 + CH_2)\}$
$C = U_1G_2 + G_1G_2\{R - H_1U_2 - CH_1H_2\}$
$(1 + G_1G_2H_1H_2)C = U_1G_2 + G_1G_2R - U_2G_1G_2H_1$
$C = \dfrac{RG_1G_2 + U_1G_2 - U_2G_1G_2H_1}{1 + G_1G_2H_1H_2}$

69 제어변수의 온도를 측정하는 열전대의 수송지연이 0.5min일 때 제어변수와 측정값 간의 전달함수는?

① $e^{-0.5}$　　② $e^{-0.5s}$
③ $e^{0.5s}$　　④ $e^{-0.5t^2}$

해설

수송지연 $\mathcal{L}[f(t-t_0)] \cdot e^{-t_0 s}F(s)$

따라서, 수송지연이 0.5min이면 전달함수는 $e^{-0.5s}$

정답 66 ③　67 ②　68 ②　69 ②

70 어떤 공정의 동특성은 다음과 같은 미분방정식으로 표시된다. 이 공정을 표준형 2차계로 표현했을 때 시간상수(τ)는? (단, 입력변수와 출력변수 X, Y는 모두 편차변수(deviation variable)이다.)

$$2\frac{d^2Y}{dt^2} + 4\frac{dY}{dt} + 5Y = 6X(t)$$

① 0.632
② 0.854
③ 0.985
④ 0.998

해설
$2s^2Y(s) + 4sY(s) + 5Y(s) = 6X(s)$
$\frac{Y(s)}{X(s)} = \frac{6}{2s^2+4s+5} = \frac{1.2}{0.4s^2+0.8s+1}$
$\tau^2 = 0.4$
$\therefore \tau = 0.632$

71 PID 제어기의 적분제어 동작에 관한 설명 중 잘못된 것은?

① 일정한 값의 설정치와 외란에 대한 잔류오차(offset)를 제거해 준다.
② 적분시간(integral time)을 길게 주면 적분동작이 약해진다.
③ 일반적으로 강한 적분동작이 약한 적분동작보다 폐루프(closed loop)의 안정성을 향상시킨다.
④ 공정변수에 혼입되는 잡음의 영향을 필터링하여 약화시키는 효과가 있다.

해설
적분동작은 강할수록 폐루프의 안정성이 낮아진다.

72 PID 제어기에서 적분동작에 대한 설명 중 틀린 것은?

① 제어기의 입력신호의 절대값을 적분한다.
② 설정점과 제어변수 간의 오프셋을 제거해준다.
③ 적분상수 τ_r가 클수록 적분동작이 줄어든다.
④ 제어가 이득 K_c가 클수록 적분동작이 커진다.

해설
적분 동작 : 오차 신호를 시간에 대해 적분한다.

73 공정 $Y(s) = G(s)X(s)$의 입력 $x(s)$에 다음의 펄스를 넣었을 때의 출력 $y(t)$를 기록하였다. 출력의 빗금 친 면적이 5로 계산되었다면 이 공정의 정상상태 이득은?

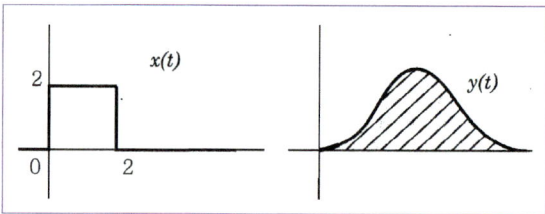

① 0.5
② 1
③ 1.25
④ 5

해설
$G(s) = \frac{Y(s)}{X(s)} = \frac{5}{4} = 1.25$

74 일차계 공정에 사인파 입력이 들어갔을 때 시간이 충분히 지난 후의 출력은?

① 사인파 입력의 주파수가 커질수록 출력의 진폭은 작아진다.
② 공정의 시상수가 클수록 출력의 진폭도 커진다.
③ 공정의 이득이 클수록 출력의 진폭은 작아진다.
④ 출력의 진폭은 사인파 입력의 주파수와 공정의 시상수에는 무관하다.

해설
- 일차계 공정 $G_{(s)} = \frac{K}{is+1}$
- 사인파 입력 $X_{(s)} = \frac{A_u}{s^2+w^2}$
- $Y_{(s)} = \frac{K}{is+1} \cdot \frac{A_w}{s^2+w^2}$
$y_{(t)} = \frac{AK_{wi}}{i^2w^2+1}e^{-\frac{t}{i}} + \frac{AK}{\sqrt{i^2w^2+1}}\sin(wt+\phi_{(w)}), \phi_{(w)} \cdot -\tan_{(iw)}^{-1}$
진폭비 $AR = \frac{K}{\sqrt{i^2w^2+1}}$ 이므로,
사인파 입력의 주파수가 커질수록 출력의 진폭은 작아진다.

75 공정과 제어기가 불안정한 Pole을 가지지 않는 경우에 다음의 Nyquist 선도에서 불안정한 제어계를 나타낸 그림은?

① 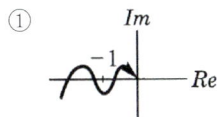 ②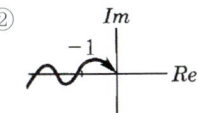

③ 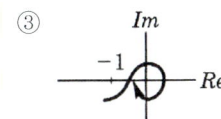 ④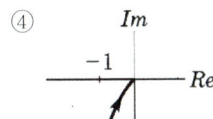

해설

개루프계가 인정할 때 폐루프가 불안정하려면 (−1,0)을 감싸야 한다. Nyquist 선도에서 (−1, 0)을 감싸지 않으면 안정한데, ②번 그림은 감싸고 있으므로 불안정하다.

76 잔류편차를 제거하기 위해 도입되는 제어기의 동작은?

① 비례동작   ② 미분동작
③ 적분동작   ④ on−off 동작

해설

제어기의 적분동작을 사용하면 잔류편차(offset)를 제거할 수 있다.

77 어떤 제어계의 특성방정식이 다음과 같을 때 임계주기(ultimate period)는 얼마인가?

$$s^3 + 6s^2 + 9s + 1 + K_c = 0$$

① $\dfrac{\pi}{2}$ ② $\dfrac{2}{3}\pi$

③ π ④ $\dfrac{3}{2}\pi$

해설

특성방정식에 jw를 대입하면
$(jw)^3 + 6(jw)^2 + 9(jw) + 1 + K_c = 0$
$(-w^3 + 9w)j + (-6w^2 + 1 + K_c) = 0$
$\begin{cases} -w^3 + 9w = 0 \\ -6w^2 + 1 + K_c = 0 \end{cases}$
$\therefore w = 3$
$\therefore$ 임계주기$(T) = \dfrac{2\pi}{w} = \dfrac{2\pi}{3}$

78 Routh법에 의한 제어계의 안정성 판별조건과 관계없는 것은?

① Routh array의 첫 번째 열에 전부 양(+)의 숫자만 있어야 안정하다.
② 특성방정식이 s에 대해 n차 다항식으로 나타나야 한다.
③ 제어계에 수송지연이 존재하면 Routh법은 쓸 수 없다.
④ 특성방정식의 어느 근이든 복소수축의 오른쪽에 위치할 때는 계가 안정하다.

해설

Routh 법칙
근값이 음일 때 안정계이다. 인수분해하였을 때
$(S+1)(S+2)(S+3)(S+4)$ 이런 식으로 나와야 한다.
이것을 만족하기 위해서는
㉠ 누락 항이 없어야 한다.
㉡ 부호 변동이 없고 최고차 항은 반드시 ㉠보다 커야 한다. 즉, (+)가 되어야 한다.
㉢ 수열을 정리할 때 1열이 전부 (+)부호이어야 한다.

79 $y = 3k^3$일 경우 $k = 10$ 부근에서 y를 선형화하면 다음 중 어느 것인가?

① $y = 3 \times 10^3 + 9 \times 10^2(k - 10)$
② $y = 3 \times 10^3 - 9 \times 10^2(k - 10)$
③ $y = 9 \times 10^2 + 3 \times 10^2(k - 10)$
④ $y = 9 \times 10^2 - 3 \times 10^2(k - 10)$

해설

$y = 3k^3 \approx 3k_s^3 + 9k_s^2(k - k_s) = 3 \times 10^3 + 9 \times 10^2(k - 10)$

80 다음 중 제어 시스템을 구성하는 주요 요소로 가장 거리가 먼 것은?

① 측정장치   ② 제어기
③ 외부교란 변수   ④ 제어밸브

해설

외부교란 변수는 제어 시스템의 구성요소가 아니다.

정답 75 ②　76 ③　77 ②　78 ④　79 ①　80 ③

2025년 제2회 5월 10일 시행

제1과목 공업합성

01 접촉식 황산제조에서 SO₃ 흡수탑에 사용하는 황산의 농도[%]로 가장 적합한 것은?

① 100 ② 98.3
③ 76.5 ④ 23.7

해설
접촉식 : 흡수탑에서 사용하는 황산의 농도는 98.3%이다.

02 청바지의 색을 내는 염료로 사용하는 청색 배트 염료에 해당하는 것은?

① 매염아조 염료
② 나프톨 염료
③ 아세테이트용 아조염료
④ 인디고 염료

해설
인디고 염료의 설명이다.

03 질산을 68% 이상으로 농축할 때 주로 사용되는 탈수제는?

① CaO ② Silica gel
③ H_2SO_4 ④ P_2O_5

해설
질산을 68% 이상 농축시 탈수제는 H_2SO_4이다.

04 하루 117ton의 NaCl을 전해하는 NaOH 제조공장에서 부생되는 H_2와 Cl_2를 합성하여 35.5% HCl을 제조할 경우 하루 약 몇 ton의 HCl이 생산되는가? (단, NaCl은 100%, H_2와 Cl_2는 99% 반응하는 것으로 가정한다.)

① 200 ② 185
③ 156 ④ 100

해설
$2NaCl + 2H_2O \rightarrow 2NaOH + H_2 + Cl_2$
117ton/day × 1 : $x$ton/day × 0.365 × 0.99
2 × 58.5kg : 2 × 36.5kg
∴ x = 202ton/day

05 인산의 용도로 가장 거리가 먼 것은?

① 금속 표면처리제
② 공업용 세척제
③ 부식 억제제
④ 유리 범량공업의 산화제

해설
④ 식품, 의약품 등

06 포화식염수에 직류를 통과시켜 수산화나트륨을 제조할 때 환원이 일어나는 음극에서 생성되는 기체는?

① 염화수소 ② 산소
③ 염소 ④ 수소

해설
$2NaCl + 2H_2O \xrightarrow{DC} 2NaOH + \underset{(-)극}{H_2\uparrow} + \underset{(+)극}{Cl_2\uparrow}$

정답 01 ② 02 ④ 03 ③ 04 ① 05 ④ 06 ④

07 다음 중 칼륨비료의 원료가 아닌 것은?

① 해조 ② 초목재
③ 칠레초석 ④ 용광로 Dust

해설

칼륨비료의 원료
식물의 재(ash)는 다량의 칼륨이 포함되어 있기 때문에 예로부터 목초의 재(초목재)가 칼륨비료로 사용되어 왔다. 퇴비, 외양간 두엄과 같은 자급비료의 형태로 시비되어 왔다. 간수, 해조, 칼륨함유 광물, 용광로 더스트, 사탕무의 알코올 발효액 등으로부터 칼륨염을 얻는다.

08 다음 구조를 갖는 물질의 명칭은?

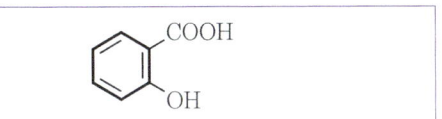

① 석탄산 ② 살리실산
③ 톨루엔 ④ 피크르산

해설

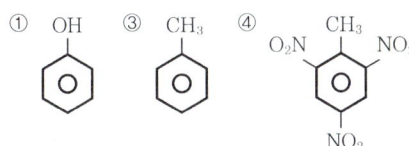

09 반도체에 대한 설명으로 옳은 것은?

① 실리콘(silicon) 고유 반도체에다 V족 원소를 불순물로 첨가할 경우 P형 반도체가 된다.
② 실리콘과 같은 IV족 반도체는 전자소자로서 활용되지 못하고 주로 광소자로서 사용된다.
③ 상온에서 부도체인 고유 반도체를 비고유 반도체로 만들면 전기전도도를 가지게 할 수 있다.
④ 비고유 반도체에 적절한 불순물은 고의로 첨가하면 고유 반도체가 된다.

해설

① III족 원소첨가한 것이 P형 반도체이다.
② V족 원소첨가, P, As, Sb 등 n형 반도체이다.
③ 순수한 실리콘 반도체, 진성 반도체를 고유 반도체라 한다.

10 담체(Carrier)에 대한 설명으로 옳은 것은?

① 촉매의 일종으로 반응속도를 증가시킨다.
② 자체는 촉매작용을 못하고, 촉매의 지지체로 촉매의 활성을 도와준다.
③ 부촉매로서 촉매의 활성을 억제시키는 첨가물이다.
④ 불균일 촉매로서 촉매의 유효면적을 감소시켜 촉매의 활성을 잃게 한다.

해설

담체 자체는 촉매작용을 못하고, 촉매의 지지체로 촉매의 활성을 도와준다.

11 벤젠을 400~500℃에서 V_2O_5 촉매상으로 접촉 기상 산화시킬 때의 주생성물은?

① 나프텐산 ② 푸마르산
③ 프탈산무수물 ④ 말레산무수물

해설

$$C_6H_6 + 4.5O_2 \xrightarrow[400\sim500℃]{V_2O_5} \begin{array}{c} CH-CO \\ \parallel \quad \quad \ \ \ \diagdown \\ \quad \quad \quad \quad O \\ CH-CO \diagup \end{array} + 2CO_2 + 2H_2O$$

말레산무수물

12 다음 중 아세틸렌에 작용시키면 아세틸렌법으로 염화비닐이 생성되는 것은?

① HCl ② NaCl
③ H_2SO_4 ④ HOCl

해설

$C_2H_2 + HCl \rightarrow C_2H_3Cl$(염화비닐, PVC)

정답 07 ③ 08 ② 09 ③ 10 ② 11 ④ 12 ①

13 오산화바나듐(V_2O_5) 촉매하에 벤젠을 공기 중 400℃에서 산화시켰을 때 생성물은?

① 프탈산 무수물　② 스틸벤젠 무수물
③ 말레산 무수물　④ 푸마르산 무수물

해설

$$\bigcirc + 4.5O_2 \xrightarrow{V_2O_5} \begin{pmatrix} O \\ \bigcirc \\ O \end{pmatrix} + 2CO_2 + 2H_2O$$

14 다음 중 옥탄가가 가장 낮은 것은?

① 2-Methyl heptane
② 1-Pentene
③ Toluene
④ Cyclohexane

해설

옥탄가는 가지(branch)의 양이나 고리(ring)의 수가 많을수록 증가한다.

15 중질유 점도를 내릴 목적으로 중질유를 약 20기압과 약 500℃에서 열분해시키는 방법은?

① Visbreaking process
② Coking process
③ Reforming
④ Hydroforming process

해설

Visbreaking process의 설명이다.

16 다음 탄화수소 중 일반적으로 가솔린이 속하는 것은?

① C_1-C_4　② C_5-C_{10}
③ $C_{13}-C_{18}$　④ $C_{22}-C_{28}$

해설

가솔린의 주성분은 $C_5H_{12}\sim C_{10}H_{22}$의 알칸 또는 알켄이다.

17 아디프산과 헥사메틸렌디아민을 원료로 하여 제조되는 물질은?

① 나일론 6　② 나일론 66
③ 나일론 11　④ 나일론 12

해설

축합(Condensation)
유기화합물의 2분자 또는 그 이상의 분자가 반응하여 간단한 분자가 제거되면서 새로운 화합물을 만드는 반응

6,6-나일론 : 아미드(펩티드) 결합

18 플라스틱 분류에 있어서 열경화성 수지로 분류되는 것은?

① 폴리아미드수지　② 폴리우레탄수지
③ 폴리아세탈수지　④ 폴리에틸렌수지

해설

㉠ 열경화성 수지 : 폴리우레탄수지
㉡ 열가소성 수지 : 폴리아미드수지, 폴리아세탈수지, 폴리에틸렌수지

19 접착속도가 매우 빨라서 순간접착제로 사용되는 성분은?

① 시아노아크릴레이트　② 아크릴에멀션
③ 에폭시레진　④ 폴리이소부틸렌

해설

열가소성 접착제는 에멀-2-시아노아크릴레이트(순간접착제)로서, 시아노아크릴레이트는 전자 흡인성 치환기 때문에 물과 같은 약한 염기에 의해서도 음이온 중합이 제시하여 고분자가 된다.

정답 13 ③　14 ①　15 ①　16 ②　17 ②　18 ②　19 ①

20 일반적으로 화장품, 의약품, 정밀화학 제조 등의 화학공업에 주로 사용되는 반응공정은 어떠한 형태인가?

① 회분식 반응공정 ② 연속식 반응공정
③ 유동층 반응공정 ④ 관형 반응공정

해설
회분식 반응공정의 설명이다.

제2과목 반응운전

21 질량 1,500kg의 승용차가 40km/h의 속도로 달린다. 이 승용차의 운동에너지는 몇 N·m인가?

① 1.20×10^6 ② 9.26×10^5
③ 1.20×10^5 ④ 9.26×10^4

해설
$$\frac{1}{2}mV^2 = \frac{1}{2} \times 1,500\text{kg} \times (40\text{km/h})^2$$
$$= \frac{1}{2} \times 1,500\text{kg} \times \left(\frac{40,000\text{m}}{3,600\text{s}}\right)^2 = 9.26 \times 10^4$$

22 압축인자(compressibility factor)인 Z를 표현하는 비리얼 전개(virial expansion)는 다음과 같다. 이에 대한 설명으로 옳지 않은 것은? (단, B, C, D 등은 비리얼 계수이다.)

$$Z = \frac{PV}{RT} = 1 + \frac{B}{V} + \frac{C}{V^2} + \frac{D}{V^3} + \cdots$$

① 비리얼 계수들은 실제기체의 분자상호 간의 작용 때문에 나타나는 것이다.
② 비리얼 계수들은 주어진 기체에서 온도 및 압력에 관계없이 일정한 값을 나타낸다.
③ 이상기체의 경우 압축인자의 값은 항상 1이다.
④ $\frac{B}{V}$ 항은 $\frac{C}{V^2}$ 항에 비해 언제나 값이 크다.

해설
비리얼 계수는 온도만의 함수이다.

23 압력과 온도변화에 따른 엔탈피 변화가 다음과 같은 식으로 표시될 때 □에 해당하는 것은?

$$dH = \square dP + C_P dT$$

① V ② $\left(\frac{\partial V}{\partial T}\right)$
③ $T\left(\frac{\partial V}{\partial T}\right)_P$ ④ $V - T\left(\frac{\partial V}{\partial T}\right)_P$

해설
$dH = \square dP + C_P dT$
$\therefore \left(\frac{\partial H}{\partial P}\right)_T = \square$
$dH = TdS + VdP$ 에서
$\left(\frac{\partial H}{\partial P}\right)_T = T\left(\frac{\partial S}{\partial P}\right)_T + V$
$= \left[-\left(\frac{\partial S}{\partial P}\right)_T = \left(\frac{\partial V}{\partial T}\right)_P\right]$: 맥스웰 방정식에서
$= -T\left(\frac{\partial V}{\partial T}\right)_P + V$
$\therefore \left(\frac{\partial H}{\partial P}\right)_T = V - T\left(\frac{\partial V}{\partial T}\right)_P$

24 기체-액체 평형을 이루는 순수한 물에 대한 다음 설명 중 옳지 않은 것은?

① 자유도는 1이다.
② 같은 조건에서 기체의 내부에너지는 액체의 내부에너지보다 크다.
③ 같은 조건에서 기체의 엔트로피가 액체의 엔트로피보다 크다.
④ 같은 조건에서 기체의 깁스에너지가 액체의 깁스에너지보다 크다.

해설
① $F = 2 - \pi + N = 2 - 2 + 1 = 1$
②, ③ 기체의 내부에너지와 엔트로피는 액체의 내부에너지와 엔트로피보다 크다.
• 내부에너지 - 물체 자체가 보유한 에너지
• 엔트로피 - 계의 무질서 정도
④ 순수한 물이 기-액 평형을 이루면 기체와 액체의 깁스에너지가 같다.

25 세기성질(intensive property)이 아닌 것은?

① 일(work)
② 비용적(specific volume)
③ 몰 열용량(molar heat capacity)
④ 몰 내부에너지(molar internal energy)

해설

㉠ 세기성질 : 비용적, 몰 열용량, 몰 내부에너지, 온도, 압력, 밀도 등
㉡ 크기성질 : 부피, 에너지, 질량, 일 등

26 어떤 가역 열기관이 500℃에서 1,000cal의 열을 받아 일은 생산하고 나머지의 열을 100℃의 열소(heat sink)에 버린다. 열소의 엔트로피 변화(cal/K)는?

① 1,000   ② 417
③ 41.7   ④ 1.29

해설

$$dS = \frac{dQ}{T}$$

$$\therefore \Delta S = \frac{1,000 \text{cal}}{(500+273)\text{K}} = 1.29 \frac{\text{cal}}{\text{K}}$$

27 디젤(Diesel)기관에 관한 설명 중 틀린 것은?

① 디젤(Diesel)기관은 압축과정에서의 온도가 충분히 높아서 연소가 순간적으로 시작한다.
② 같은 압축비를 사용하면 오토(Otto) 기관이 디젤(Diesel)기관보다 효율이 높다.
③ 디젤(Diesel)기관은 오토(Otto) 기관보다 미리 점화하게 되므로 얻을 수 있는 압축비에 한계가 있다.
④ 디젤(Diesel)기관은 연소공정이 거의 일정한 압력에서 일어날 수 있도록 서서히 연료를 주입한다.

해설

㉠ 오토(Otto)기관
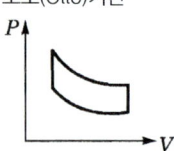
압축비가 클수록 효율이 좋다.(압축비에 한계 존재)

㉡ 디젤(Diesel)기관
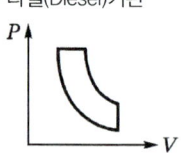
Otto보다 높은 압축비를 가질 수 있어 효율이 높다.

28 다음 그림은 1기압 하에서의 A, B 2성분계 용액에 대한 비점선도(Boiling point diagram)이다. $X_A = 0.40$인 용액을 1기압 하에서 서서히 가열할 때 일어나는 현상을 설명한 내용으로 틀린 것은? (단, 처음 온도는 40℃이고, 마지막 온도는 70℃이다.)

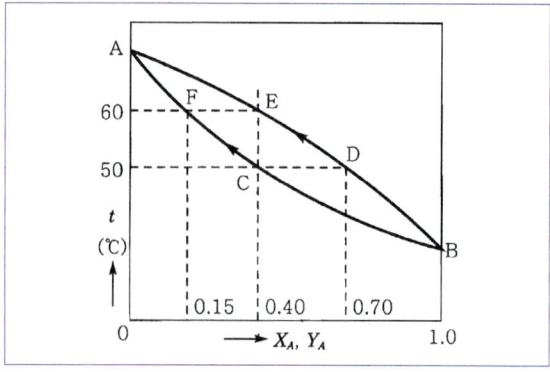

① 용액은 50℃에서 끓기 시작하여 60℃가 되는 순간 완전히 기화한다.
② 용액이 끓기 시작하자마자 생긴 최초의 증기조성은 $Y_A = 0.70$이다.
③ 용액이 계속 증발함에 따라 남아있는 용액의 조성은 곡선 DE를 따라 변한다.
④ 마지막 남은 한 방울의 조성은 $X_A = 0.15$이다.

해설

③ 증기의 조성이 곡선 DE를 따라 변한다.

29 다음은 이상기체일 때 퓨가시티(fugacity), f_i를 표시한 함수들이다. 틀린 것은? (단, $\hat{f}_i$: 용액 중 성분 i의 퓨가시티, f_i : 순수성분 i의 퓨가시티, x_i : 용액의 몰분율, P : 압력)

① $f_i = x_i \hat{f}i$
② $f_i = cP(c = 상수)$
③ $f_i = x_i P$
④ $\lim_{p \to 0} f_i / P = 1$

해설

이상기체일 때 퓨가시티 f_i를 표시한 함수
㉠ $f_i = cP(c = 상수)$
㉡ $\hat{f}_i = x_i P$
㉢ $\lim_{p \to 0} f_i / P = 1$

정답 25 ① 26 ④ 27 ③ 28 ③ 29 ①

30 3성분계의 기-액 상평형 계산을 위하여 필요한 최소의 변수의 수는 몇 개인가? (단, 반응이 없는계로 가정한다.)

① 1개　　② 2개
③ 3개　　④ 4개

해설
$F = C - P + 2$
$C = 3$, $P = 2$이므로
∴ $F = C - P + 2 = 3 - 2 + 3 = 3$

31 반응식이 $0.5A + B \rightarrow R + 0.5S$인 어떤 반응의 속도식은 $r_A = -2C_A^{0.5}C_B$로 알려져 있다. 만약 이 반응식을 정수로 표현하기 위해 $A + 2B \rightarrow 2R + S$로 표현하였을 때의 반응속도식으로 옳은 것은?

① $r_A = -2C_A C_B$
② $r_A = -2C_A C_B^2$
③ $r_A = -2C_A^2 C_B$
④ $r_A = -2C_A^{0.5} C_B$

해설
반응식의 변화는 반응속도에 영향을 미치지 않는다.

32 다음의 반응에서 R의 수율은 반응기의 온도 조건에 따라 달라진다. R의 수율을 높이기 위해서 반응기의 온도를 시간이 지남에 따라 처음에는 낮은 온도로부터 높은 온도까지 변화시켜야 했다. 다음 사항 중 각 경로에서 활성화에너지(E) 관계로 옳은 것은?

$$A \xrightarrow{1} R \xrightarrow{3} S$$
$$A \xrightarrow{2} T$$

① $E_1 > E_2$, $E_1 > E_3$
② $E_1 > E_2$, $E_1 < E_3$
③ $E_1 < E_2$, $E_1 < E_3$
④ $E_1 < E_2$, $E_1 > E_3$

해설
낮은 온도에서 높은 온도까지 변화시키므로 R의 수율을 높이기 위해 $E_1 < E_2$이어야 하고, $A \rightarrow R \rightarrow S$에서 $E_1 > E_3$이어야 한다.

33 다음과 같은 자동촉매반응에서 A가 분해되는 속도 $-r_A$와 A의 농도비 C_A/C_{A0}를 그래프로 그리면 어떤 형태가 되겠는가? (단, C_{A0} : A의 초기농도, C_A : A의 농도, C_R : R의 농도, k : 속도상수)

$$A \rightarrow R \xrightarrow{k} R + R, \quad -r_A = kC_A C_B$$

①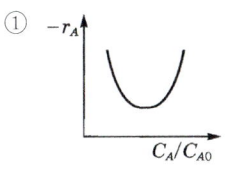
②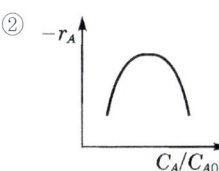
③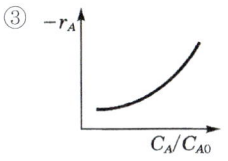
④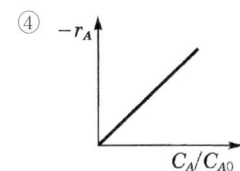

해설
자동촉매반응 : 반응의 생성물 자체가 촉매로 작용
∴ 반응속도가 증가하다가 $C_A = C_R$일 때 최대, 그 이후로 반응속도는 감소

34 균일계 가역 1차 반응 $A \underset{k_2}{\overset{k_1}{\rightleftharpoons}} R$이 회분식 반응기에서 순수한 A로부터 반응이 시작하여 평형에 도달했을 때 A로부터 반응이 시작하여 평형에 도달했을 때 A의 전환율이 85%이었다면 이 반응의 평형상수 K_C는?

① 0.18　　② 0.85
③ 5.67　　④ 12.3

해설
$K_C = \dfrac{[R]}{[A]} = \dfrac{X}{1-X} = \dfrac{0.85}{0.15} = 5.67$

35 다음 중 일반적으로 볼 때 불균일 촉매반응으로 가장 적합한 것은?

① 대부분의 액상 반응
② 콜로이드계의 반응
③ 효소반응과 미생물 반응
④ 암모니아 합성반응

해설

불균일 촉매는 반응물과 다른 상으로 존재한다. 특히 기체나 액체의 반응에서 고체 촉매의 경우가 중요하다.
◑ 암모니아 합성반응

36 반감기가 50시간인 방사능 액체를 10L/h의 속도를 유지하며 직렬로 연결된 두 개의 혼합탱크(각각 v = 4,000L)에 통과시켜 처리한다. 이와 같이 처리시킬 때 방사능이 얼마나 감소하겠는가?

① 93.67% ② 95.67%
③ 97.67% ④ 99.67%

해설

$$t_{1/2} = \frac{\ln 2}{k}$$

$$k = \frac{\ln 2}{t_{1/2}} = \frac{\ln 2}{50}\,\mathrm{hr}^{-1}$$

$$X_{Af} = 1 - \left(1 + \frac{\ln 2}{50} \times \frac{4,000L}{10L/h}\right)^{-2} = 0.9767 = 97.67\%$$

37 Space time이 5분이라면 다음 설명 중 어떤 것을 뜻하는가?

① 원하는 전환율을 얻는 데 걸리는 시간이 $\frac{1}{5}$분이다.
② 분당 반응기 체적의 5배 되는 feed를 처리할 수 있다.
③ 5분만에 100% 전환을 얻을 수 있다.
④ 분당 반응기 체적의 $\frac{1}{5}$배 되는 feed를 처리할 수 있다.

해설

Space time = 5분 → 반응기 부피만큼 처리하는 데 5분 필요

38 2A + B → 2C 반응이 회분 반응기에서 정압 등온으로 진행된다. A, B가 양론비로 도입되며 불활성물이 없고 임의시간 전화율이 X_A일 때 초기 전몰수 N_{t0}에 대한 전몰수 N_t의 비 (N_t/N_{t0})를 옳게 나타낸 것은?

① $1 - \dfrac{X_A}{3}$ ② $1 + \dfrac{X_A}{4}$

③ $1 - \dfrac{X_A^2}{3}$ ④ $1 + \dfrac{X_A^2}{4}$

해설

$$X_A = \frac{C_{A0} - C_A}{C_{A0}}$$

$$X_{t0} = C_{A0} \cdot V,\ N_t = C_A \cdot V$$

$$\frac{N_t}{N_{t0}} = \frac{C_{A1}}{C_{A2}}$$

39 균일 2차 액상 반응(A → R)이 혼합 반응기에서 진행되어 50%의 전환을 얻었다. 다른 조건은 그대로 두고, 반응기만 같은 크기의 플러그 흐름 반응기로 대체시켰을 때 전환율은 어떻게 되겠는가?

① 47% ② 57%
③ 67% ④ 77%

해설

㉠ CSTR

$$\tau_1 = \frac{C_{A_0}X_A}{-r_A} = \frac{C_{A_0}X_A}{kC_A^2} = \frac{C_{A_0}X_A}{kC_{A_0}^2(1-X_A)^2}$$

$$\left(X_A = 0.5 \to \tau = \frac{2}{kC_{A_0}}\right)$$

㉡ PFR

$$\tau_2 = \int \frac{C_{A_0}dX_A}{-r_A}$$

$$= \int \frac{C_{A_0}dX_A}{kC_{A_0}^2(1-X_A)^2}$$

$$= \frac{1}{kC_{A_0}}\left(\frac{-X_A}{1-X_A}\right)$$

$\tau_1 = \tau_2$

$\therefore X_A = \dfrac{2}{3} = 67\%$

정답 35 ④ 36 ③ 37 ④ 38 ① 39 ③

40 1A ⇌ 1B + 1C이 1bar에서 진행되는 기상반응이다. 1몰 A가 수증기 15몰로 희석되어 유입된다. 평형에서 반응물 A의 전화율은? (단, 평형상수 K_P는 100m bar이다.)

① 0.65　② 0.70
③ 0.86　④ 0.91

해설

$C_{A_0} = \dfrac{1}{16} \rightarrow P_A = \dfrac{1}{16} - X$ (X만큼 반응)

$P_B = X,\ P_C = X$

$K_P = \dfrac{P_B \cdot P_C}{P_A} = \dfrac{X^2}{\dfrac{1}{16} X} = 0.1 \quad \therefore X = 0.044$

$X_A = \dfrac{C_{A_0} - C_A}{C_{A_0}} = \dfrac{X}{C_{A_0}} = \dfrac{0.044}{\dfrac{1}{16}} = 0.7$

제3과목　단위공정관리

41 혼합물인 공기의 조성은 질소(N_2) 79mol%, 산소(O_2) 21mol%이다. 공기를 이상기체로 가정했을 때 질소의 질량분율은 얼마인가?

① 0.325　② 0.531
③ 0.767　④ 0.923

해설

공기의 평균 분자량
$28 \times 0.79 + 32 \times 0.21 = 28.84 \text{g/mol}$

$x_{N_2} = \dfrac{0.79 \times 28}{28.84} = 0.767$

42 500mL 용액에 10g NaOH가 들어있을 때 N농도는?

① 0.25　② 0.5
③ 1.0　④ 2.0

해설

$N \text{ 농도} = \dfrac{\text{용질의 g}}{\text{용질의 g당량수}} \times \dfrac{1,000}{cc(mL)} = \dfrac{10}{40} \times \dfrac{1,000}{500} = \dfrac{10,000}{20,000}$
$= 0.5 N$

43 20℃에서 순수한 $MnSO_4$의 물에 대한 용해도는 62.9이다. 20℃에서 포화용액을 만들기 위해서는 100g의 물에 몇 g의 $MnSO_4 \cdot 5H_2O$을 녹여야 하는가? (단, Mn의 원자량 = 55)

① 120.6　② 140.6
③ 160.6　④ 180.6

해설

20℃에서 순수 $MnSO_4$의 용해도가 62.9이므로 몰 100g에 순수 $MnSO_4$가 62.9g 녹아 포화용액 상태임을 알 수 있다. 따라서, xg 의 $MnSO_4 \cdot 5H_2O$를 100g 물에 녹여 포화용액을 만들려면

$162.9 : 62.9 = (100+x) : x \times \dfrac{151}{241}$

$162.9 : 62.9 = (100+x) : x \times \dfrac{151}{241}$

$\therefore x = 160.6 \text{g } MnSO_4 \cdot 5H_2O$

44 뚜껑이 있는 대용량의 저수탱크의 수면에서 10m 아래에 있는 내경 3cm의 구멍으로 물이 유출된다. 유출 수량은 약 얼마인가? (단, 마찰손일은 무시한다.)

① 22.6m^3/h　② 27.6m^3/h
③ 31.6m^3/h　④ 35.6m^3/h

해설

대용량의 저수탱크

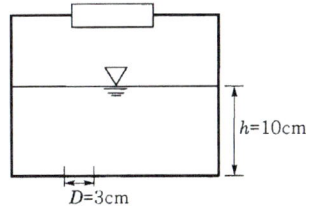

㉠ 배출점에서의 유속(u)
토리첼리의 정리

$\dfrac{1}{2m} \mu^2 = mgh$

$\therefore u = \sqrt{2gh} = \sqrt{2 \times 9.8 \times 10} = 14 \text{m/s}$

㉡ 배출점에서의 유출수량(m^3/h)

$q = Au = \dfrac{\pi}{4}(0.03)^2 \times 14 = 9.891 \times 10^3 m^3/s = 35.61 m^3/h$

정답 40 ②　41 ③　42 ②　43 ③　44 ④

45 20L/min의 물이 그림과 같은 원관에 흐를 때 ⓐ지점에서 요구되는 압력(kPa)은? (단, 마찰손실은 무시하며, D는 관의 내경, P는 압력, h는 높이를 의미한다.)

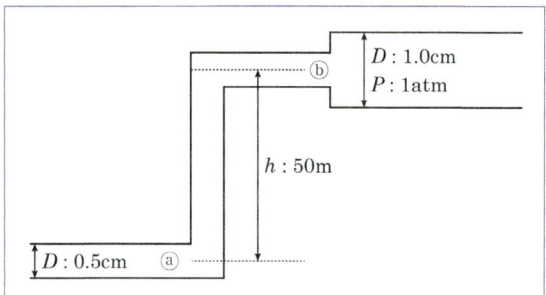

① 45　　　　　② 202
③ 456　　　　　④ 742

해설

베르누이 식 적용

$$\frac{P_2-P_1}{\rho}-\frac{u_1^2-u_2^2}{2}+g(z_1-z_2)$$

$$Q=\frac{20L}{min}\times\frac{1min}{60s}\times\frac{1m^3}{1000L}=3.33\times10^{-3}m^3/s$$

$$u_1=\frac{Q}{A}=\frac{3.33\times10^{-1}m^2/s}{\frac{\pi}{4}\times0.005^2 m^2}=17m/s$$

$$u_1D_1^2=u_2D_2^2$$

$$17\times0.5^2=u_2\times1^2$$

$$\therefore u_2=4.25m/s$$

$$\frac{P_2-P_1}{\rho}=\frac{u_1^2-u_2^2}{2}+g(z_1-z_2)=\frac{17^2-4.25^2}{2}-9.8\times50$$

$$=-354.53J/kg$$

$$\frac{P_1-101.3\times1,000Pa}{1,000}=354.53J/kg$$

$$\therefore P_1=455,830Pa=455.83kPa$$

46 지름이 5cm인 관에서 물이 9.8m/s 유속으로 분출되고 있다. 이 물은 약 몇 m 높이까지 올라가겠는가?

① 4.9　　　　　② 9.8
③ 15　　　　　　④ 19.8

해설

$$\frac{P_1}{\rho}+gZ_1+\frac{V_1^2}{2}+W=\frac{P_2}{\rho}+gZ_2+\frac{V_2^2}{2}+hf$$

$$Z_2+\frac{V_1^2}{2g}=\frac{(9.8)^2}{(2)(9.8)}=4.9m$$

47 0℃, 1atm에서 22.4m³의 가스를 정압하에서 3,000 kcal의 열을 주었을 때 이 가스의 온도는?(단, 가스는 이상기체로 보고 정압 평균분자 열용량은 4.5kcal/kmol·℃이다.)

① 500.0℃　　　　② 555.6℃
③ 666.7℃　　　　④ 700.0℃

해설

$$Q=C\cdot m\cdot\Delta T=C\cdot m\cdot\Delta T$$

$$PV=nRT\rightarrow n=\frac{PV}{RT}$$

$$n=\frac{1atm}{273K}\Big|\frac{22.4m^3}{1m^3}\Big|\frac{10^3 l}{}\Big|\frac{K\cdot mol}{0.082atm\cdot l}$$

$$=1000.625mol≒1kmol$$

$$3,000kcal=\left(\frac{4.5kcal}{kmol\cdot℃}\right)(1kmol)(T-0℃)$$

$$\therefore T=666.7℃$$

48 200g의 CaCl₂가 다음의 반응식과 같이 공기 중의 수증기를 흡수할 경우에 발생하는 열은 약 몇 kcal인가? (단, CaCl₂의 분자량은 111이다.)

CaCl(s) + 6H₂O(L) → CaCl₂·6H₂O(s) + 22.63kcal
H₂O(g) → H₂O(L) + 10.5kcal

① 164　　　　　② 154
③ 60　　　　　　④ 41

해설

$$200g\ CaCl_2=\frac{200}{111}mol,\ H_2O(L)=\frac{200\times6}{111}mol$$

$$\therefore \frac{20}{111}\times22.63+\frac{200\times6}{111}\times10.5=154.288$$

49 맥캐브-티엘(McCabe-Thiele)법으로 최소이론단수가 되려면 정류부의 조작선 기울기값은 얼마인가?

① 0　　　　　　② 1
③ 1.5　　　　　④ 무한대(∞)

해설

최소이론단수가 되려면 정류부 곡선이 $y=x$축과 기울기가 같아야 하므로 "1"이어야 한다.

정답 45 ③　46 ①　47 ③　48 ②　49 ②

50 1.5wt% NaOH 수용액을 10wt% NaOH 수용액으로 농축하기 위해 농축증발관으로 1.5wt% NaOH 수용액을 1,000kg/h로 공급하면 시간당 증발되는 수분의 양은 몇 kg인가?

① 450　　② 650
③ 750　　④ 850

해설

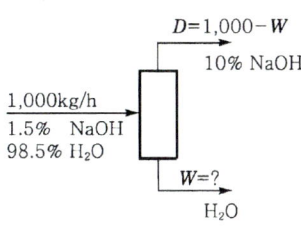

NaOH : $1{,}000 \times 0.015 = (1{,}000 - W) \times 0.10$
∴ $W = 850\,kg$

51 고급 지방산이나 글리세린과 같이 비점이 높은 물질들은 비휘발성 불순물로부터 분리하기가 쉽지 않다. 이와 같이 비점이 높아서 분해의 우려가 있으며 전열이 나쁜 물질 중의 비휘발성 불순물의 분리를 목적으로 할 때, 가장 적합한 방법은?

① 수증기 증류　　② 단증류
③ 추출증류　　　④ 공비증류

해설
수증기 증류의 설명이다.

52 액–액 추출기가 아닌 것은?

① Mixer-settler
② 충전 및 분무 추출탑
③ Bollmann
④ 맥동탑

해설
액–액 추출기에는 mixer-settler, 충전 및 분무 추출탑, 다공판탑, 장애판탑, 맥동탑 등이 있다.

53 노벽이 두께 25mm, 열전도도 0.1kcal/m·h·℃인 내화벽돌과 두께 20mm, 열전도도 0.2kcal/m·h·℃인 내화벽돌로 이루어졌다. 노벽의 내면온도는 1,000℃이고, 외면온도는 60℃이다. 두 내화벽돌 사이에서의 온도는 약 얼마인가?

① 228.6℃　　② 328.6℃
③ 428.6℃　　④ 528.6℃

해설
$Q = \dfrac{\Delta T}{L/kA}$, $Q_{total} = Q_1 = Q_2$

$Q_{전체} = \dfrac{1{,}000 - 60}{\dfrac{0.025}{(0.1)(1)} + \dfrac{0.02}{(0.2)(1)}} = 2685.71$

$2685.71 = \dfrac{1{,}000 - T}{\dfrac{0.025}{(0.1)(1)}}$

∴ $T = 328.57℃$

54 기체 흡수에 관한 설명으로 옳지 않은 것은?

① 기체 속도가 일정하고 액 유속이 줄어들면 조작선의 기울기는 감소한다.
② 액/기(L/V)비가 작으면 조작선과 평형선의 거리가 줄어서 흡수탑의 길이가 길어진다.
③ 일반적으로 경제적인 조언을 위해서는 조작선과 평형선이 대략 평행이 되어야 한다.
④ 항류 흡수탑의 경우에는 합계 기액비가 흡수탑의 경제성에 별로 영향을 미치지 않는다.

해설
$\dfrac{L}{V}$ 값이 커지면 흡수의 추진력이 커진다. 그러므로 흡수 탑의 높이는 작아도 된다.
$\dfrac{L}{V}$ 값은 향류 흡수탑에서 흡수의 경제성에 미치는 영향이 크다.

정답 50 ④　51 ①　52 ③　53 ②　54 ④

55 증발기에서 용액의 비점 상승도가 증가할수록 감소하는 것은?

① 가열면적   ② 유효 온도차
③ 필요한 수증기의 양   ④ 용액의 비점

해설
비점이 상승 = 온도 상승, 유효 온도차 감소

56 불포화상태 공기의 상대습도(relative humidity)를 Hr, 비교습도(percentage humidity)를 Hp로 표시할 때 그 관계를 옳게 나타낸 것은? (단, 습도가 0% 또는 100%인 경우는 제외한다.)

① $Hp = Hr$ ② $Hp > Hr$
③ $Hp < Hr$ ④ $Hp + Hr = 0$

해설
$$Hr = \frac{P_v}{P_s}, \quad Hp = \frac{P_v(P - P_s)}{P_s(P - P_v)}$$
$P_s > P_v$이므로 $Hp < Hr$

57 어떤 여름날의 일기가 낮의 온도 32℃, 상대습도 80%, 대기압 738mmHg에서 밤의 온도 20℃, 대기압 745mmHg로 수분이 포화되어 잇다. 낮의 수분 몇 %가 밤의 이슬로 변하였는가? (단, 32℃와 20℃에서 포화수증기압은 각각 36mmHg, 17.5mmHg이다.)

① 39.3%   ② 40.7%
③ 51.5%   ④ 60.7%

해설
$\frac{P}{36} = 0.8, \quad P = 28.8 \text{mmHg}$

$\frac{P}{17.5} = 1, \quad P = 17.5 \text{mmHg}$

$\frac{18}{29} \times \frac{28.8}{738 - 28.8} = 0.025$

$\frac{18}{29} \times \frac{17.5}{745 - 17.5} = 0.015$

∴ $0.025 - 0.015 = 0.01$

$\frac{0.01}{0.025} = 0.4$

58 막분리 공정 중 역삼투법에서 물과 염류의 수송 매커니즘에 대한 설명으로 가장 거리가 먼 것은?

① 물과 용질은 용액 확산 매커니즘에 의해 별도로 막을 통해 확산된다.
② 치밀층의 저압쪽에서 1atm일 대 순수가 생성된다면 활동도는 사실상 1이다.
③ 물의 플럭스 및 선택도는 압력차에 의존하지 않으나 염류의 플럭스는 압력차에 따라 크게 증가한다.
④ 물 수송의 구동력은 활동도 차이이며, 이는 압력차에서 공급물과 생성물의 삼투압 차이를 뺀 값에 비례한다.

해설
역삼투법은 묽은 수용액으로부터 순수한 물을 제조하는데에 이용된다. 용질은 용액 확산 매커니즘에 의해 별도로 막을 통해 확산하며 치밀한 고분자 중의 물의 농도는 용액 중의 물의 활동도에 비례한다.

59 82℃에서 벤젠의 증기압은 811mmHg, 톨루엔의 증기압은 314mmHg이다. 같은 온도에서 벤젠과 톨루엔의 혼합용액을 증발시켰더니 증기 중 벤젠의 몰분율은 0.5이었다. 용액 중의 톨루엔의 몰분율은 약 얼마인가?(단, 이상기체이며 라울의 법칙이 성립한다고 본다.)

① 0.72   ② 0.54
③ 0.46   ④ 0.28

해설
$P_A = P_A^* x_A$

$y_A = \frac{P_A}{P}, \quad 0.5 = \frac{811 x_A}{811 x_A + 314(1 - x_A)}$

$x_A = 0.28$

∴ $x_B = 0.72$

정답 55 ②   56 ③   57 ②   58 ③   59 ①

60 반 데르 발스(Van der Waals) 상태방정식의 상수 a, b와 임계온도(T_c) 및 임계압력(P_c)과 관계를 잘못 표현한 것은? (단, R은 기체상수이다.)

① $P_c = \dfrac{a}{27b^2}$ ② $T_c = \dfrac{8a}{27Rb}$

③ $a = 27R^2 T_c$ ④ $b = \dfrac{RT_c}{8P_c}$

해설
분자간 인력, 분자 자체 부피에 대해 보정한 항이 있으며, 보정상수 a의 단위는 $Pa \cdot m^6 \cdot kmol^{-2}$이다.

제4과목 화공계측제어

61 사람이 원하는 속도, 원하는 방향으로 자동차를 운전할 때 일어나는 상황이 공정제어 시스템과 비교될 때 연결이 잘못된 것은?

① 눈-계측기 ② 손-제어기
③ 발-최종제어요소 ④ 자동차-공정

해설
② 손-최종조작변수

62 공정제어(process control)의 범주에 들지 않는 것은?

① 전력량을 조절하여 가열로의 온도를 원하는 온도로 유지시킨다.
② 폐수처리장의 미생물 양을 조절함으로써 유출수의 독성을 격감시킨다.
③ 증류탑(distillation column)의 탑상농도(top concentration)를 원하는 값으로 유지시키기 위하여 무엇을 조절할 것인가를 결정한다.
④ 열효율을 극대화시키기 위해 열교환기의 배치를 다시 한다.

해설
열교환기의 배치는 변수를 조절하는 것이 아니므로 공정제어의 범주에 들지 않는다.

63 운전자의 눈을 가린 후 도로에 대한 자세한 정보를 주고 운전을 시킨다면 이는 어느 공정제어 기법이라고 볼 수 있는가?

① 되먹임 제어 ② 비례 제어
③ 앞먹임 제어 ④ 분산 제어

해설
앞먹임 제어의 설명이다.

64 다음 공정에 PI 제어기($K_C = 0.5$, $\tau_1 = 3$)가 연결되어 있는 닫힌루프 제어공정에서 특성방정식은? (단, 나머지 요소의 전달함수는 1이다.)

$$G_P(s) = \dfrac{2}{2s+1}$$

① $2s + 1 = 0$ ② $2s^2 + s = 0$
③ $6s^2 + 6s + 1 = 0$ ④ $6s^2 + 3s + 2 = 0$

해설
$G_P(s) = \dfrac{2}{2s+1}$, $G(s) = 0.5\left(1 + \dfrac{1}{3s}\right)$
⇒ 특성방정식
$1 + \dfrac{2}{2s+1} \times 0.5\left(\dfrac{3s+1}{3s}\right) = 0$
∴ $6s^2 + 6s + 1 = 0$

65 비례미분 제어기의 전달함수를 나타낸 것은? (단, 미분시간 τ_0은 2이고, 비례이득 K_c는 0.5이다.)

① $\dfrac{P(s)}{E(s)} = 0.5(2+s)$ ② $\dfrac{P(s)}{E(s)} = 0.5\left(2 + \dfrac{1}{s}\right)$
③ $\dfrac{P(s)}{E(s)} = 0.5(1+2s)$ ④ $\dfrac{P(s)}{E(s)} = 0.5\left(1 + \dfrac{1}{2s}\right)$

해설
비례미분 제어기의 전달함수 $\dfrac{P(s)}{E(s)} = K_c(1 + \tau_0 s)$
∴ $\dfrac{P(s)}{E(s)} = 0.5(1+2s)$

정답 60 ③ 61 ② 62 ④ 63 ③ 64 ③ 65 ③

66 다음에서 Servo problem인 경우 Proportional control($G_c = K_c$)의 offset은? (단, $T_R(t) = U(t)$인 단위계단신호이다.)

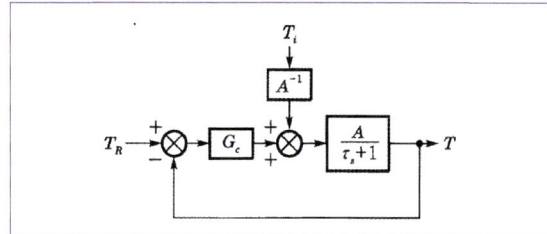

① 0   ② $\dfrac{1}{1-K_cA}$

③ $\dfrac{-1}{1+K_cA}$ ④ $\dfrac{1}{1+K_cA}$

해설

$T_R(t)$에 대한 전달함수 $G(s)$라 하면

㉠ $G(s) = \dfrac{K_c\left(\dfrac{A}{\tau_s+1}\right)}{1+K_c\left(\dfrac{A}{\tau_s+1}\right)} = \dfrac{K_c \cdot A}{K_cA+1+\tau_s}$

㉡ (offset) $= 1 - \lim\limits_{S \to 0} G(s)$

$= 1 - \lim\limits_{S \to 0} \dfrac{K_cA}{K_cA+1+\tau_s}$

$= 1 - \dfrac{K_cA}{K_cA+1} = \dfrac{1}{K_cA+1}$

67 이득이 1인 2차계에서 감쇠계수(damping factor) $\xi < 0.707$일 때 최대 진폭비 $AR_{\max}$는?

① $\dfrac{1}{2\sqrt{1-\xi^2}}$ ② $\sqrt{1-\xi^2}$

③ $\dfrac{1}{2\xi\sqrt{1-\xi^2}}$ ④ $\dfrac{1}{\xi\sqrt{1-2\xi^2}}$

해설

2차계

$AR = \dfrac{K}{\sqrt{(1-\tau^2u^2)^2+(2\tau u\xi)^2}}$

$AR_N = \dfrac{AR}{K}$이 최대인 경우 $\tau w = \sqrt{1-2\xi^2}$

그러므로 $AR_{N \cdot \max} = \dfrac{1}{2\xi\sqrt{1-\xi^2}}$

68 안정한 2차계의 impulse response는 t(시간) → ∞ 에 따라 그 값이 어떻게 변하는가?

① 0에 접근한다.
② 경우에 따라 다르다.
③ 발산한다.
④ 1에 접근한다.

해설

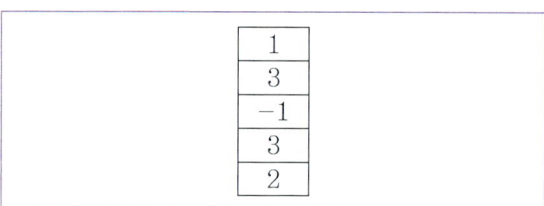

$G_{(s)} = \dfrac{K_c}{t^2s^2+2gis+1}$, $X_{(s)} = 1$

$Y_{(s)} = \dfrac{K_c}{t^2s^2+2gis+1}$

$\lim\limits_{t \to 0} Y_{(t)} = \lim\limits_{s \to \infty} sY_{(s)} = 0$

69 Routh의 판별법에서 수열의 최좌열(最左列)이 다음과 같을 때 이 주어진 계의 특성방정식은 양의 근 또는 양의 실수부를 갖는 근이 몇 개 있는가?

| 1 |
| 3 |
| −1 |
| 3 |
| 2 |

① 0개   ② 1개
③ 2개   ④ 3개

해설

첫 번째 열의 성분들이 부호가 바뀌는 횟수는 허수축 우측에 존재하는 근의 개수와 같다.

70 되먹임 제어(feedbak control)가 가장 용이한 공정은?

① 시간지연이 큰 공정
② 역응답이 큰 공정
③ 응답속도가 빠른 공정
④ 비선형성이 큰 공정

해설

응답속도가 빨라야 feedback 제어가 용이하다.

정답 66 ④ 67 ③ 68 ① 69 ③ 70 ③

71 다음 블록선도의 제어계에서 출력 C를 구하면?

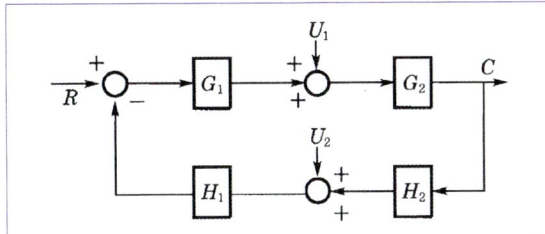

① $\dfrac{G_1G_2R + G_2G_1 + G_1G_2H_1H_2}{1 + G_1G_2H_1H_2}$

② $\dfrac{G_1G_2R + G_2U_1 - G_1G_2H_1U_2}{1 + G_1G_2H_1H_2}$

③ $\dfrac{G_1G_2R - G_2U_1 + G_1G_2H_1H_2}{1 + G_1G_2H_1H_2}$

④ $\dfrac{G_1G_2R - G_2U_1 + G_1G_2H_1H_2}{1 - G_1G_2H_1H_2}$

해설

$\{(R-(CH_2+U_2)H_1)G_1 + U_1\}G_2 = C$

$\Rightarrow C = \dfrac{G_1G_2R + G_2U_1 - G_1G_2H_1U_2}{1 + G_1G_2H_1H_2}$

72 전달함수가 $G(s) = 1/(s^3 + s^2 + s + 0.5)$인 공정을 비례제어할 때 한계이득(폐루프의 안정성을 보장하는 비례이득의 최대치)과 이때의 진동주기로 옳은 것은?

① $1, 2\pi$
② $0.5, 2\pi$
③ $1, \pi$
④ $0.5, \pi$

해설

특성방정식 : $s^3 + s^2 + s + 0.5 + k_c = 0 \to s = jw$ 대입

$\dfrac{-w^2 + 0.5 + k_c}{0} + \dfrac{(w - w^3)}{0}j = 0 \to w = 1,\ k_c = 0.5$

주기 : $\dfrac{2\pi}{w} = 2\pi$

73 PD 제어기에 다음과 같은 입력신호가 들어올 경우, 제어기 출력 형태는? (단, K_c는 1이고, τ_D는 1이다.)

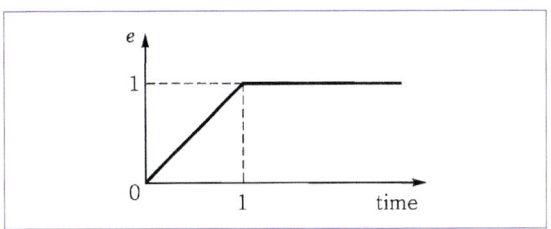

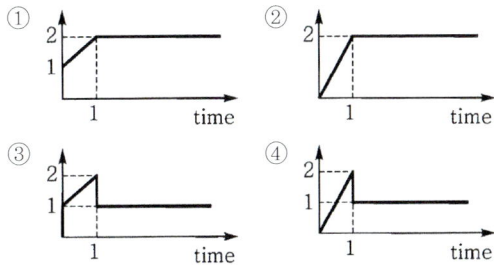

해설

PD : 비례미분제어

$K_c = 1$이므로 이득여유는 1이 된다.

미분제어이므로 반응이 빠르다.

74 제어기 설계를 위한 공정모델과 관련된 설명으로 틀린 것은?

① PID 제어기를 Ziegler-Nichols 방법으로 조율하기 위해서는 먼저 공정의 전달함수를 구하는 과정이 필수로 요구된다.

② 제어기 설계에 필요한 모델은 수지식으로 표현되는 물리적 원리를 이용하여 수립될 수 있다.

③ 제어기 설계에 필요한 모델은 공정의 입출력 신호만을 분석하여 경험적 형태로 수립될 수 있다.

④ 제어기 설계에 필요한 모델은 물리적 모델과 경험적 모델을 혼합한 형태로 수립될 수 있다.

해설

PID 제어기를 Ziegler-Nichols 방법으로 조율할 때 공정의 전달함수를 먼저 구하지 않아도 가능하다.

정답 71 ② 72 ② 73 ③ 74 ①

75 앞먹임 제어(feedforward control)의 특징으로 옳은 것은?

① 공정모델값과 측정값과의 차이를 제어에 이용
② 외부교란변수를 사전에 측정하여 제어에 이용
③ 설정점(set point)을 모델값과 비교하여 제어에 이용
④ 제어기 출력값은 이득(gain)에 비례

해설
앞먹임 제어 특징
외부교란변수를 사전에 측정하여 제어에 이용한다.

76 제어기의 와인드업(windup) 현상에 대한설명 중 잘못된 것은?

① 이 문제를 해소하기 위한 기능을 Anti-windup 이라고 부른다.
② windup이 해소되기까지 제어기는 사실상 제어 불능상태가 된다.
③ 제어기의 출력이 공정으로 바르게 전달되지 못할 때에 나타나는 현상이다.
④ 제어기의 미분동작과 관련된 현상이다.

해설
④ 제어기의 적분동작과 관련된 현상이다.

77 폐루프 특성방정식이 다음과 같을 때 계가 안정하기 위한 K_c의 필요충분조건은?

$$20s^3 + 32s^2 + (13 - 4.8K_c)s + 1 + 4.8K_c$$

① $-0.21 < K_c < 1.59$
② $-0.21 < K_c < 2.71$
③ $0 < K_c < 2.71$
④ $-0.21 < K_c < 0.21$

해설
Routh-array 판별법에 의해
$a_0 > 0, a_2 > 0, a_3 > 0, a_1 a_2 > a_3 a_0$ 이어야 하므로
$1 + 4.8K_c > 0, 32(13 - 4.8K_c) > 20(1 + 4.8K_c)$ 이어야 한다.
$\therefore -0.21 < K_c < 1.59$

78 근의 궤적(root locus)은 특성방정식에서 제어기의 비례이득 K_c가 0으로부터 ∞까지 변할 때, 이 K_c에 대응하는 특성방정식의 무엇을 s평면상에 점철하는 것인가?

① 근
② 이득
③ 감쇠
④ 시정수

해설
근 : 양의 실수부의 복소수근은 진동 발산 응답을 의미한다.

79 그림과 같은 산업용 스팀보일러의 스팀발생기에서 액위(X_2)와 스팀압력(X_6)을 제어하고자 할 때 틀린 설명은? (단, FT, PT, LT는 각각 유량 · 압력 · 액위 전송기를 나타낸다.)

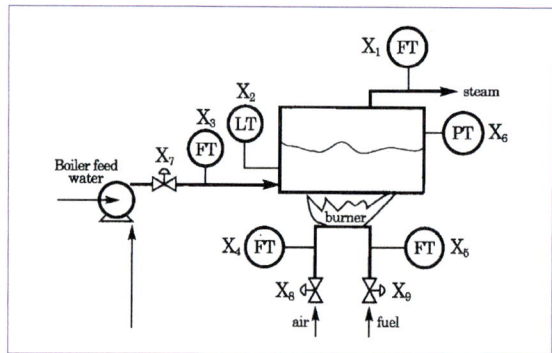

① 압력이 변화하면 공급량이 영향을 받으므로 air, fuel, boiler feed water의 공급 압력 그리고 스팀 공급압력 X_6은 중요한 외란이 된다.
② 제어성능 향상을 위하여 유량 X_3, X_4, X_5를 제어하는 독립된 유량제어계를 구성하고 그 상위에 액위와 압력을 제어하는 다른 제어계(cascade control loop)를 구성하는 것은 바람직하다.
③ 여러 외란 중 X_1은 load 외란이며 X_1의 변화에도 불구하고 액위와 압력을 잘 유지시키기 위해서는 피드포워드 제어기를 추가하는 것이 바람직하다.
④ air와 fuel 유량은 독립적으로 제어하기보다 비율(ratio)을 유지하도록 제어되는 것이 바람직하다.

해설
압력이 변하면 유량이 변하기 때문에 Air, Fuel, Boiler feed water의 공급 압력은 외란이 된다.
스팀 공급 압력은 입력값이다.

정답 75 ② 76 ④ 77 ① 78 ① 79 ①

80 특성방정식의 근 중 하나가 복소평면의 우측 반평면에 존재하면 이 계의 안정성은?

① 안정하다.
② 불안정하다.
③ 초기는 불안정하다가 점진적으로는 안정해진다.
④ 주어진 조건으로는 판단할 수 없다.

해설
특성방정식의 근 중 하나가 복소평면의 우측 반 평면에 존재하면 근의 실수부가 양수이므로 이 계는 불안정하다.

2025년 제3회 8월 9일 시행

제1과목 공업합성

01 접촉식 황산 제조 공정에서 이산화황이 산화되어 삼산화황으로 전환하여 평형상태에 도달한다. 삼산화황 1kmol을 생산하기 위해 필요한 공기의 최소량(Sm^3)은?

① 53.3 ② 40.8
③ 22.4 ④ 11.2

해설

$SO_2 + \frac{1}{2}O_2 \rightarrow SO_3$이므로 $\frac{1}{2}$몰의 산소 필요

⇒ 공기 필요량 $\frac{0.5mol}{0.21} = \frac{50}{21}mol$

∴ $\frac{50}{21} \times 22.4m^3 = 53.3m^3$

02 황산의 원료인 황화철광(iron pyrite)을 공기로 완전연소하여 얻고자 한다. 황화철광의 10%가 불순물이라 할 때 황화철광 1톤을 완전연소하는 데 필요한 이론공기량은 표준상태 기준으로 약 몇 m^3인가? (단, Fe의 원자량은 56이다.)

① 460 ② 580
③ 2,200 ④ 2,480

해설

FeS_2의 몰수

$\frac{900kg}{(56+32 \times 2)kg/kmol} = 7.5kmol$

$4FeS_2 + 11O_2 \rightarrow 2Fe_2O_3 + 8SO_2$
7.5kmol 206.25kmol

$206.25kmol \times \frac{22.4m^3}{1kmol} \times \frac{100}{21} = 2,200m^3$

03 암모니아 산화법에 의한 질산제조에서 백금-로듐(Pt-Rh) 촉매에 대한 설명 중 옳지 않은 것은?

① 백금(Pt) 단독으로 사용하는 것보다 수명이 연장된다.
② 촉매독 물질로서는 비소, 유황 등이 있다.
③ 동일 온도에서 로듐(Rh) 함량이 10%인 것이 2%인 것보다 전화율이 낮다.
④ 백금(Pt) 단독으로 사용하는 것보다 내열성이 강하다.

해설

③ 동일온도에서 로듐(Rh) 함량이 10%인것이 2%인것보다 전화율이 높다.

04 H_2와 Cl_2를 직접 결합시키는 합성염화수소의 제법에서는 활성화된 분자가 연쇄를 이루기 때문에 반응이 폭발적으로 진행된다. 실제 조작에서는 폭발을 막기 위해서 어떤 조치를 하는가?

① 염소를 다소 과잉으로 넣는다.
② 수소를 다소 과잉으로 넣는다.
③ 수증기를 공급하여 준다.
④ 반응압력을 낮추어 준다.

해설

$H_2 + Cl_2 \rightarrow 2HCl + Qkcal$
위 반응에서 실제 조작에서는 폭발을 막기 위해서 수소를 다소 과잉으로 넣는다.

정답 01 ① 02 ③ 03 ③ 04 ②

05 암모니아 소다법에서 탄산화 과정의 중화탑이 하는 주된 작용은?

① 암모니아 함수의 부분 탄산화
② 알칼리성을 강산성으로 변화
③ 침전탑에 도입되는 하소로 가스와 암모니아의 완만한 반응 유도
④ 온도 상승을 억제

해설

암모니아 소다법 중 탄산화 과정의 중화탑은 암모니아 함수의 부분 탄산화 작용을 한다.

06 다음 중 암모니아 소다법의 핵심공정 반응식을 옳게 나타낸 것은?

① $2NaCl + H_2SO_4 \rightarrow Na_2SO_4 + 2HCl$
② $2NaCl + SO_2 + H_2O + \frac{1}{2}O_2 \rightarrow Na_2SO_4 + 2HCl$
③ $NaCl + 2NH_3 + CO_2 \rightarrow NaCO_2NH_2 + NH_4Cl$
④ $NaCl + NH_3 + CO_2 + H_2O \rightarrow NaHCO_3 + NH_4Cl$

해설

암모니아 소다법의 핵심공정 반응식(흡수탑)
$NaCl + NH_3 + CO_2 + H_2O \rightarrow NaHCO_3 + NH_4Cl$

07 다음 중 암모니아 산화반응 시 촉매로 주로 쓰이는 것은?

① Nd-Mo
② Ra
③ Pt-Rh
④ Al_2O_3

해설

$4NH_3 + 5O_2 \xrightarrow{Pt-Rh} 4NO_2 + 6H_2O + 216kcal$

08 다음 중 칼륨 비료에 속하는 것은?

① 유안
② 요소
③ 볏짚재
④ 초안

해설

㉠ 칼륨비료 : 볏짚재
㉡ 질소비료 : 유안(황산암모늄), 요소, 초안(질산암모늄)

09 다음 염의 수용액을 전기분해할 때 음극에서 금속을 얻을 수 있는 것은?

① KOH
② K_2SO_4
③ NaCl
④ $CuSO_4$

해설

$CuSO_4$ 수용액을 전기분해하면
(+)극 : $2H_2O \rightarrow 4H^+ + O_2 + 4e$
(−)극 : $Cu^{2+} + 2e^- \rightarrow Cu$

10 아닐린에 대한 설명으로 옳은 것은?

① 무색·무취의 액체이다.
② 니트로벤젠은 아닐린으로 산화될 수 있다.
③ 비점이 약 184℃이다.
④ 알코올과 에테르에 녹지 않는다.

해설

①무색 또는 담황색의 특이한 아민 같은 냄새가 있는 기름상의 액체이다.
②니트로벤젠을 미량의 철과 염산 존재 하에서 환원 증류하여 만든다.
④알코올과 에테르에 임의로 혼합한다.

정답 05 ① 06 ④ 07 ③ 08 ③ 09 ④ 10 ③

11 아미노화 반응 공정에 대한 설명 중 틀린 것은 어느 것인가?

① 암모니아의 수소원자를 알킬기나 알릴기로 치환하는 공정이다.
② 암모니아의 수소원자 1개가 아실, 술포닐기로 치환된 것을 1개 아미드라고 한다.
③ 아미노화 공정에는 환원에 의한 방법과 암모니아 분해에 의한 방법 등이 있다.
④ Béchamp method는 철과 산을 사용하는 환원 아미노화 방법이다.

해설
아미노화($-NH_2$) 반응
- 아미노기($-NH_2$)를 도입시켜 아민을 만드는 반응
- 환원에 의한 아미노화
  니트로벤젠
  → (Zn + 산) → 아닐린
  → (Zn + 물) → NHOH
  → (Zn + 알칼리) → NH
- 암모놀리시스에 의한 아미노화
  $R-X + NH_3 \rightarrow R-NH_2 + HX$

12 아세트알데히트는 Höchst-Wacker법을 이용하여 에틸렌으로부터 얻어질 수 있다. 이때 사용되는 촉매에 해당하는 것은?

① 제올라이트　② NaOH
③ $PdCl_2$　④ $FeCl_3$

해설
Höchst-Wacker법
에틸렌이 $PdCl_2$와 $CuCl_2$을 염산용액하에서, 공기에 산화시켜 아세트알데히드를 생성한다.
$CH_2 = CH_2 + PdCl_2 + H_2O \rightarrow CH_3CHO + Pd + 2HCl$

13 산과 알코올이 어떤 반응을 일으켜 에스테르가 생성되는가?

① 검화　② 환원
③ 축합　④ 중화

해설
$R-COOH + R'-OH \underset{\text{가수분해}}{\overset{\text{에스테르화}}{\rightleftharpoons}} R-COO-R' + H_2O$

14 이황화탄소를 알칼리셀룰로오스(Cell-ONa)에 반응시켰을 때 주생성물질은?

① 셀룰로오스아세테이트
② 셀룰로오스에테르
③ 셀룰로오스알코올
④ 셀룰로오스크산테이트

해설
이황화탄소 + 알칼리셀룰로오스(Cell-ONa)
→ 셀룰로오스크산테이트

15 석유화학공정에서 열분해와 비교한 접촉분해(catalytic cracking)에 대한 설명 중 옳지 않은 것은?

① 분지지방족 $C_3 \sim C_6$ 피리핀계 탄화수소가 많다.
② 방향족 탄화수소가 적다.
③ 코크스, 타르의 석출이 적다.
④ 디올레핀의 생성이 적다.

해설
② 방향족 탄화수소가 많다.

16 고옥탄가의 가솔린을 제조하는 방법인 접촉분해법의 생성물에 대한 설명으로 옳은 것은?

① 올레핀의 생성이 많으며, 열분해법보다 파라핀계 탄화수소가 적다.
② 방향족 탄화수소가 열분해법보다 많다.
③ 코크스, 타르, 탄소질 물질의 석출이 많다.
④ 디올레핀이 많이 생성된다.

해설
접촉분해법의 생성물을 방향족 탄화수소가 열분해법보다 많다.

정답 11 ② 12 ③ 13 ③ 14 ④ 15 ② 16 ②

17 폴리탄산에스테르 결합을 갖는 열가소성 수지로 비스페놀 A로부터 얻어지며 투명하고 자기소화성을 가지고 있으며, 뛰어난 내충격성, 내한성, 전기적인 성질을 균형 있게 갖추고 있는 엔지니어링 플라스틱은?

① 폴리프로필렌 ② 폴리아미드
③ 폴리이소프렌 ④ 폴리카보네이트

해설
폴리카보네이트의 설명이다.

18 폴리아미드계인 nylon 66이 이용되는 분야에 대한 설명으로 가장 거리가 먼 것은?

① 용융방사한 것은 직물로 사용된다.
② 고온의 전열기구용 재료로 이용된다.
③ 로프 제작에 이용된다.
④ 사출성형에 이용된다.

해설
② 타이어, 벨트, 끈, 여과천 등의 공업용 재료와 의류 제조에 쓰인다.

19 지하수 내에 Ca^{2+} 40mg/L, Mg^{2+} 24.3mg/L가 포함되어 있다. 지하수의 경도를 mg/L $CaCO_3$로 옳게 나타낸 것은? (단, 원자량은 Ca 40, Mg 24.3이다.)

① 32.15 ② 64.3
③ 100 ④ 200

해설
Ca의 경도 = $40 \times \dfrac{50}{20} = 100$

Mg의 경도 = $24 \times \dfrac{50}{12} = 100$

$100 + 100 = 200$mg/L $CaCO_3$

20 합성세제용으로 사용되는 알킬벤젠 술폰산나트륨의 알킬기의 통상적인 탄소수로 다음 중 가장 적당한 것은?

① C_4 ② C_{12}
③ C_{24} ④ C_{48}

해설
합성세제용으로 사용되는 알킬벤젠 술폰산나트륨의 알킬기의 통상적인 탄소수 : C_{12}

제2과목 반응운전

21 2atm의 일정한 외압 조건에 있는 1mol의 이상기체 온도를 10K만큼 상승시켰다면 이상기체가 외계에 대하여 한 최대 일의 크기는 몇 cal인가? (단, 기체상수 R = 1.987cal/mol·K이다.)

① 14.90 ② 19.87
③ 39.74 ④ 43.35

해설
압력이 일정하므로
$W = P\Delta V = nR\Delta T = (1)(1.987)(10) = 19.87$cal

22 어떤 실제기체의 부피를 이상기체로 가정하여 계산하였을 때는 100cm³/mol이고 잔류부피가 10cm³/mol일 때, 실제기체의 압축인자는?

① 0.1 ② 0.9
③ 1.0 ④ 1.1

해설
$V^R = V_{real} - V_{idealgas}$이므로
$V_{real} = 110 \text{cm}^3/\text{mol}$
$Z = \dfrac{PV_{real}}{RT} = \dfrac{V_{real}}{V_{idealgas}} = \dfrac{110}{100} = 1.1$

23 비리얼방정식(virial equation)이 $Z = 1 + BP$로 표시되는 어떤 기체를 가역적으로 등온압축시킬 때 필요한 일의 양은? (단, $Z = \dfrac{PV}{RT}$, B : 비리얼 계수)

① 이상기체의 경우와 같다.
② 이상기체의 경우보다 많다.
③ 이상기체의 경우보다 적다.
④ B값에 따라 다르다.

해설
$W = \int_{V_1}^{V_2} PdV = \int_{V_1}^{V_2} \dfrac{RT}{V - BRT}dV = RT\ln\left[\dfrac{V_2 - BRT}{V_1 - BRT}\right]$

한편, $V - BRT = \dfrac{RT}{P}$이므로 $W = RT\ln\left[\dfrac{P_1}{P_2}\right]$이다.

그러므로 필요한 일의 양은 이상기체의 경우와 같다.

정답 17 ④ 18 ② 19 ④ 20 ② 21 ② 22 ④ 23 ①

24 어떤 화학반응에 대한 $\Delta S°$는 $\Delta H° = \Delta G°$인 온도에서 어떤 값을 갖겠는가? (단, $\Delta S°$: 표준엔트로피 변화, $\Delta H°$: 표준엔탈피 변화, $\Delta G°$: 표준 깁스 에너지 변화, T: 절대온도이다.)

① $\Delta S° > 0$ ② $\Delta S° < 0$
③ $\Delta S° = 0$ ④ $\Delta S° = \dfrac{\Delta H°}{T}$

해설
$\Delta G = \Delta H - T\Delta S$이므로 $\Delta H = \Delta G$인 경우 $\Delta S = 0$이다.

25 유체의 등온압축률(isothermal compressibility, k)은 다음과 같이 정의된다. 이때 이상기체의 등온압축률을 옳게 나타낸 것은?

$$k = -\frac{1}{V}\left(\frac{\partial V}{\partial P}\right)_T$$

① $k = \dfrac{1}{T}$ ② $k = \dfrac{1}{P}$
③ $k = \dfrac{R}{T}$ ④ $k = \dfrac{R}{P}$

해설
$\left(\dfrac{\partial V}{\partial P}\right)_T = nRT\left(-\dfrac{1}{P^2}\right)$
$k = -\dfrac{1}{V}nRT\left(-\dfrac{1}{P^2}\right) = \dfrac{1}{P}$

26 다음의 $P-H$ 선도에서 $H_2 - H_1$의 값은 무엇에 해당하는가?

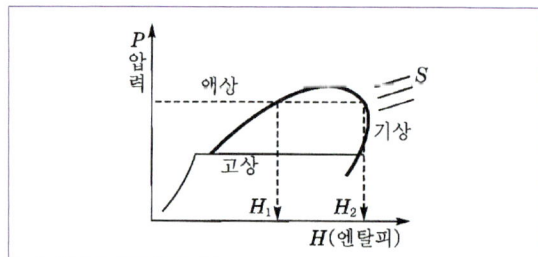

① 혼합열 ② 승화열
③ 증발열 ④ 융해열

해설
증발열 : $H_2 - H_1$

27 기호의 의미가 다음과 같을 때 수식의 설명으로 옳은 것은?

ϕ_i^{sat} : 기체의 퓨가시티계수
y_i : 기상의 몰분율
$\hat{\phi}_i^l$: 용액의 퓨가시티계수
x_i : 용액의 몰분율
f_i^l : i성분의 액상 퓨가시티
f_i^{sat} : i성분의 기상 퓨가시티
P_i^{sat} : 순수성분 i의 증기압
$\hat{f}_i$: 이상용액 중의 각 성분의 퓨가시티

① 증기가 이상기체라면 $\phi_i^{sat} = 1$이다.
② 이상용액인 경우 $f_i^l = x_i \hat{f}_i \hat{\phi}_i^l$이다.
③ 루이스-랜덜의 법칙(Lewis Randal의 rule)에서 $\hat{f}_i = \dfrac{f_i^{sat}}{P}$이다.
④ 라울의 법칙은 $y_i = \dfrac{P_i^{sat}}{P}$이다.

해설
① ㉠ $\phi_i^{sat} = \dfrac{f_i}{p}$(Pure일 경우)
㉡ $\hat{\phi}_i = \dfrac{\hat{f}_i}{y_i p}$(mixture일 경우) → 증기가 이상기체이면
$\begin{cases} f_i = p(pure) \\ \hat{f}_i = y_i p(mixture) \end{cases}$ 이므로 ∴ (○)
③ Lewis-Randal rule
$[\hat{f}_i^i = x_i f_i^l]$
$\hat{\phi}_i^l = \dfrac{f_i}{P}$(이상용액인 경우) ∴ (×)
④ Raoult's law
→ $p_i^{sat} \cdot x_i(r_i) = y_i \cdot p \cdot (\psi_i)$ …(×)

28 줄-톰슨(Joule-Thomson) 팽창이 해당되는 열역학적 과정은?

① 정용 과정 ② 정압 과정
③ 등엔탈피 과정 ④ 등엔트로피 과정

해설
줄-톰슨 팽창 : $\Delta H = 0$(등엔탈피 과정)

정답 24 ③ 25 ② 26 ③ 27 ① 28 ③

29 기상 반응계에서 평형상수 K가 다음과 같이 표시되는 경우는? (단, ν_i는 성분 i의 양론계수이고, $\nu = \sum_i \nu_i$이다.)

$$K = \left(\frac{P}{P^0}\right)^\nu \prod_i y_i^{\nu_i}$$

① 평형 혼합물이 이상기체이다.
② 평형 혼합물이 이상용액이다.
③ 반응에 따른 몰수 변화가 없다.
④ 반응열이 온도에 관계없이 일정하다.

해설

평형상수 식 : $K = \left(\frac{P}{P^0}\right)^\nu \prod_i (y_i \hat{\phi}_i)^{\nu_i}$

이상 기체일 때 퓨가시티 계수는 1이 되므로 기상 반응계에서 평형상수 K가 문제와 같이 표현되는 경우는 이상기체인 경우에 해당된다.

30 부피가 일정한 회분식 반응기에서 반응혼합물 A 기체의 최초 압력을 478mmHg로 할 경우에 반감기가 80s이었다고 한다. 만일 이 A 기체의 반응혼합물에 최초 압력을 315mmHg로 하였을 때 반감기가 120s로 되었다면 반응의 차수는 몇 차 반응으로 예상할 수 있는가? (단, 반응물은 초기 조성이 같고, 비가역 반응이 일어난다.)

① 1차 반응   ② 2차 반응
③ 3차 반응   ④ 4차 반응

해설

$t(반감기) = \frac{2^{n-1}-1}{K(n-1)} C_{A0}^{1-n}$ 으로부터

$n = 1 - \frac{\ln(t_2/t_1)}{\ln(P_{A0}/P_{A01})}$

$= 1 - \frac{\ln(t_2/t_1)}{\ln(C_{A02}/C_{A01})}$

$= 1 - \frac{\ln(120/80)}{\ln(315/478)} = 1.87$

≒ 2차 반응

31 코크스의 불완전연소로 인해 생성된 500℃ 건조가스의 자유도는?(단, 연소를 위해 공급된 공기는 질소와 산소만을 포함하며, 건조가스는 미연소 코크스, 과잉공급 산소가 포함되어 있으며, 건조가스의 추가 연소 및 질소산화물의 생성은 없다고 가정한다.)

① 2   ② 3
③ 4   ④ 5

해설

자유도 분석
$F = 2 - P + C - r - s$
P(상의 수) : 2 (코크스, 기체)
C(성분의 수) : 5 (질소, 산소, 코크스, 이산화탄소, 일산화탄소)
r(독립적인 화학 반응의 수) : 0
s(특수한 조건) : 0
이므로 $F = 5$

32 NO_2의 분해반응은 1차 반응이고 속도상수는 694℃에서 $0.138s^{-1}$, 812℃에서는 $0.37s^{-1}$이다. 이 반응의 활성화에너지는 약 몇 kcal/mol인가?

① 17.42   ② 27.42
③ 37.42   ④ 47.42

해설

$\ln k_1 = -\frac{E_a}{R} \cdot \frac{1}{T} + \ln A$ 이므로

$\ln(0.138) = -\frac{E_a}{1.987} \cdot \frac{1}{694+273} + \ln A$ ⋯ ⓐ

$\ln(0.37) = -\frac{E_a}{1.987} \cdot \frac{1}{812+273} + \ln A$ ⋯ ⓑ

ⓑ−ⓐ 하면

$\ln\left(\frac{0.37}{0.138}\right) = -\frac{E_a}{1.987}\left(\frac{1}{1,085} - \frac{1}{967}\right)$

∴ $E_a = 17.42$

정답 29 ① 30 ② 31 ④ 32 ①

33 어떤 반응의 속도식이 아래와 같이 주어졌을 때, 속도상수(k)의 단위와 값은?

$$r = 0.05 C_A^2 \ [\text{mol/cm}^3 \cdot \text{min}]$$

① $20\,[/\text{hr}]$
② $5 \times 10^{-2}\,[\text{mol/L} \cdot \text{hr}]$
③ $3 \times 10^{-3}\,[\text{L/mol} \cdot \text{hr}]$
④ $5 \times 10^{-2}\,[\text{L/mol} \cdot \text{hr}]$

해설
2차 반응

$$k = \frac{0.05\,\text{cm}^3}{\text{mol} \cdot \text{min}} \bigg| \frac{1\text{L}}{1,000\,\text{cm}^3} \bigg| \frac{60\,\text{min}}{1\text{h}} = 3 \times 10^{-3}\,\text{L/mol}\cdot h$$

34 일반적으로 가스-가스 반응을 의미하는 것으로 옳은 것은?

① 균일계 반응과 불균일계 반응의 중간반응
② 균일계 반응
③ 불균일계 반응
④ 균일계 반응과 불균일계 반응의 혼합

해설
하나의 상에서 일어나는 반응을 균일계 반응이라 하고, 서로 다른 상에서 일어나는 반응을 불균일계 반응이라 한다.

35 반응속도식은 아래와 같은 $A \to R$ 기초반응을 플러그 흐름 반응기에서 반응시킨다. 반응기로 유입되는 A물질의 초기농도가 10mol/L이고, 출구농도가 5mol/L일 때, 이 반응기의 공간시간(hr)은?

$$-r_A = 0.1 C_A \ [\text{mol/L} \cdot \text{hr}]$$

① 8.6 ② 6.9
③ 5.2 ④ 4.3

해설
$$X_A = \frac{C_{A0} - C_A}{C_{A0}} = 0.5$$

1차반응, PFR에서 $k\tau = -\ln(1-X_A)$이므로 $\tau = 6.93h$

36 등온에서 0.9wt% 황산 B와 액상 반응물 A(공급원료 A의 농도는 41bmol/ft^3가 동일 부피로 CSTR에 유입될 때 1차 반응 진행으로 $2 \times 10^8 \text{lb/year}$의 생성물 C (분자량 : 62)가 배출된다. A의 전화율이 0.8이 되기 위한 반응기 체적(ft^3)은? (단, 속도상수는 0.311 min^{-1}이다.)

① 40.4 ② 44.6
③ 49.4 ④ 54.3

해설
$$\tau = \frac{V}{v_0} = \frac{C_{A0}X_A}{kC_{A0}} = \frac{X_A}{k(1-X_A)} = \frac{0.8}{0.311 \times 0.2} = 12.86\,\text{min}$$

생성물 배출속도 $= 2 \times 10^8 \text{lb/year}$
$= 6.14\,\text{lbmol/min}$

A 유입량 $= \frac{6.14}{0.8} = 7.68\,\text{lbmol/min}$

A 공급 농도 $= 4\,\text{lbmol/ft}^3$

∴ A 공급 부피 유량 $= \frac{7.68}{4} = 1.92\,\text{ft}^3/\text{min}$

A 공급 부피=B 공급 부피
∴ 전체 공급 부피 $= 1.92 \times 2 = 3.84\,\text{ft}^3/\text{min}$
$V = \tau v_0 = 12.86 \times 3.84 = 49.4\,\text{ft}^3$

37 다음과 같은 효소발효반응이 플러그 흐름 반응기에서 $C_{A0} = 2\text{mol/L}$, $v = 25\text{L/min}$의 유입속도로 일어난다. 95% 전화율을 얻기 위한 반응기 체적은 약 몇 m^3인가?

$$A \to R, \text{ with enzyme,}$$
$$-r_A = 0.1 C_A/(1+0.5 C_A)\,\text{mol/L} \cdot \text{min}$$

① 1 ② 2
③ 3 ④ 4

해설
$$\tau = \int \frac{C_{A0}dX_A}{-r_A} = \int \frac{C_{A0}dX_A}{\frac{0.1C_A}{(1+0.5C_A)}} = -\int_{C_{A0}}^{C_A}\left(\frac{1+0.5C_A}{0.1C_A}\right)dC_A$$

$= 10\ln C_{A0} + 5C_{A0} - 10\ln C_A - 5C_A = 39.457$
$V = \tau \cdot V'_0 = 986.4\,\text{L} \fallingdotseq 1\,\text{m}^3$

정답 33 ③ 34 ② 35 ② 36 ③ 37 ①

38 회분식 반응기에서 반응시간이 t_F일 때 C_A/C_{A0}의 값을 F라 하면 반응차수 n과 t_F의 관계를 옳게 표현한 식은? (단, k는 반응속도상수이고, $n \neq 1$이다.)

① $t_F = \dfrac{F^{1-n}-1}{k(1-n)}C_{A0}{}^{1-n}$

② $t_F = \dfrac{F^{n-1}-1}{k(1-n)}C_{A0}{}^{n-1}$

③ $t_F = \dfrac{F^{1-n}-1}{k(n-1)}C_{A0}{}^{1-n}$

④ $t_F = \dfrac{F^{n-1}-1}{k(n-1)}C_{A0}{}^{n-1}$

해설

$-\dfrac{dC_A}{db} = kC_A^n$

$-\int_{C_{A_0}}^{C_A} C_A^{-n} dC_A = \int_0^t k\,dt$

$\dfrac{1}{n-1}\left(C_A^{1-n} - C_{A_0}^{1-n}\right) = kt$

$t = \dfrac{(F^{1-n}-1)}{k(n-1)}C_{A_0}^{1-n}$

39 액상 2차 반응에서 A의 농도가 1mol/L일 때 반응속도가 0.1mol/L·s라고 하면 A의 농도가 5mol/L일 때 반응속도(mol/L·s)는? (단, 온도변화는 없다고 가정한다.)

① 1.5
② 2.0
③ 2.5
④ 3.0

해설

액상 2차 반응
$r_A = kC_A^2$
- A의 농도가 1mol/L일 때 반응속도가 0.1mol/L·s
  0.1mol/L·s = k(1)²
  ∴ $k = 0.1$ L/mol·s
  $-r_A = 0.1$ L/mol·s $\times (5\text{mol/L})^2$
  ∴ 2.5mol/L·s

40 반응전화율은 온도에 대하여 나타낸 직교좌표에서 반응기에 열을 가하면 기울기는 단열과정에서보다 어떻게 되는가?

① 증가한다.
② 감소한다.
③ 일정한다.
④ 반응열의 크기에 따라 증가 또는 감소한다.

해설

$X_A = \dfrac{C_P \Delta T - Q}{-\Delta H_r}$

반응기에 열을 가하면 기울기는 단열과정에서보다 감소한다.

제3과목 단위공정관리

41 그림과 같은 공정에서 물질수지도를 작성하기 위해 측정해야 할 최소한의 변수는? (단, A, B, C는 성분을 나타내고, F와 P는 3성분계, W흐름은 2성분계이다.)

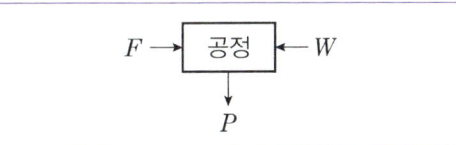

흐름량	몰분율		
	성분A	성분B	성
F	$X_{F,A}$	$X_{F,B}$	$X_{F,C}$
W	$X_{W,A}$	$X_{W,B}$	—
P	$X_{P,A}$	$X_{P,B}$	$X_{P,C}$

① 3
② 4
③ 5
④ 6

해설

총 변수의 수는 11이고, 식의 수는 각 흐름에서 몰분율의 합이 1임을 이용하면 3개, 각 성분의 수지식에서 3개이므로 측정해야 하는 최소한의 변수의 수는 11 − 6 = 5개이다.

정답 38 ③ 39 ③ 40 ② 41 ③

42 25wt%의 알코올 수용액 20g을 증류하여 95wt%의 알코올 용액 x(g)과 5wt%의 알코올 수용액 y(g)으로 분리한다면 x와 y는 각각 얼마인가?

① $x = 4.44, y = 15.56$
② $x = 15.56, y = 4.44$
③ $x = 6.56, y = 13.44$
④ $x = 13.44, y = 6.56$

해설

25wt% 알코올 수용액 20g, 5g 알코올 15g 물에서 95wt% 알코올 x(g), 5wt% 알코올 수용액 y(g)으로 분리한다면
$x + y = 20, \ 0.95x + 0.05y = 5$
∴ $x = 4.44, \ y = 15.56$

43 25℃에서 10L의 이상기체를 1.5L까지 정온압축시켰을 때 주위로부터 2,250cal의 일을 받았다면 이 이상기체는 몇 mol인가?

① 0.5mol   ② 1mol
③ 2mol   ④ 3mol

해설

$W = \int Pdv = nRT \ln \dfrac{V_2}{V_1}$

∴ $n = \dfrac{-2{,}250\text{cal}}{1.987\text{cal/mol·K} \times 298\text{K} \times \ln\left(\dfrac{1.5}{10}\right)} = 2\text{mol}$

44 이상기체를 T_1, T_2까지 일정압력과 일정용적에서 가열할 때 열용량에 관한 식 중 옳은 것은? (단, C_P는 정압열용량이고, C_V는 정적열용량이다.)

① $C_V + C_P = R$
② $C_V \cdot \Delta T = (C_P - R) \cdot \Delta T$
③ $\Delta U = C_V \cdot \Delta T - W$
④ $\Delta U = R \cdot \Delta T \cdot C_P$

해설

$C_P = C_V + R$ 이므로 $C_V \cdot \Delta T = (C_P - R)\Delta T$

45 질소 280kg과 수소 64kg이 반응기에서 500℃, 300atm 조건으로 반응되어 평형점에서 전체 몰수를 측정하였더니 26kmol이었다. 반응기에서 생성된 암모니아(kg)는?

① 272   ② 160
③ 136   ④ 80

해설

N₂ : 280kg/28kg/kmol = 10kmol
H₂ : 64kg/2kg/kmol = 32kmol

	N₂	+	3H₂	→	2NH₃
초기	10		32		0
반응	$-x$		$-3x$		$2x$
나중	$(10-x)$		$(32-3x)$		$2x$

총 몰수 $= 10 - x + 32 - 3x + 2x$
$= 42 - 2x$
$= 26\text{kmol}$
$2x = 16\text{kmol}$
암모니아의 몰질량 : 17kg/kmol
∴ 암모니아 생성량 $= 16\text{kmol} \times 17\text{kg/kmol} = 272\text{kg}$

46 다음과 같은 반응의 표준반응열은 몇 kcal/mol인가? (단, C₂H₅OH, CH₃COOH, CH₃COOC₂H₅의 표준연소열은 각각 −326,700kcal/mol, −208,340kcal/mol, 538,750kcal/mol이다.)

$$C_2H_5OH(L) + CH_3COOH(L)$$
$$\rightarrow CH_3COOC_2H_5(L) + H_2O(L)$$

① −14,240   ② −3,710
③ 3,710   ④ 14,240

해설

표준반응열
= 반응물의 표준연소열 − 생성물의 표준연소열
= {(−326,700) + (−208,340)} − {(−538,750) + 0}
= 3,710kcal/mol

정답 42 ① 43 ③ 44 ② 45 ① 46 ③

47 유체의 성질에 대한 설명으로 가장 거리가 먼 것은?

① 유체란 비틀림(distortion)에 대하여 영구적으로 저항하지 않는 물질이다.
② 이상유체에도 전단응력 및 마찰력이 있다.
③ 전단응력의 크기는 유체의 점도와 미끄럼 속도에 따라 달라진다.
④ 유체의 모양이 변형될 때 전단응력이 나타난다.

해설

이상유체의 특성
비압축성, 전단응력 무시 가능, 점도가 없고, 마찰손실도 없다.

48 공극률(porosity)이 0.3인 충전탑 내를 유체가 유효 속도(superficial velocity) 0.9m/s로 흐르고 있을 때 충전탑 내의 평균 속도는 몇 m/s인가?

① 0.2 ② 0.3
③ 2.0 ④ 3.0

해설

평균 유속 $\bar{\mu}$는 유효속도(superficial velocity) 또는 공탑속도(empty-tower velocity) $\overline{V_0}$에 비례하고 세공도 ε에 반비례한다 (from 맥케이브 단위조작)

$$\bar{\mu} = \frac{\overline{V_0}}{\varepsilon} = \frac{0.9\text{m/s}}{0.3} = 3.0\text{m/s}$$

49 내경 10cm 관을 통해 층류로 물이 흐르고 있다. 관의 중심유속이 2cm/s일 경우 관 벽에서 2cm 떨어진 곳의 유속은 약 몇 cm/s인가?

① 0.42 ② 0.86
③ 1.28 ④ 1.68

해설

$\frac{V}{V_{\max}} = 1 - \left(\frac{r}{r_w}\right)^2$, r : 관 중심에서 떨어진 거리

$\frac{V}{V_{\max}} = 1 - \left(\frac{3}{5}\right)^2 = 0.64$

$V = 0.64 V_{\max}$

∴ 1.28cm/s

50 두 물체가 열적 평형에 있을 때 전체 복사강도(w_1, w_2)와 흡수율(a_1, a_2)의 관계는?

① $w_1 \times w_2 \times a_1 \times a_2 = 1$
② $a_1 \times w_2 = a_2 \times w_1$
③ $a_1 \times w_1 = a_2 \times w_2$
④ $w_1 \times w_2 = a_1 \times a_2$

해설

키르히호프 법칙

$\frac{w_1}{a_1} = \frac{w_2}{a_2}$

51 정압비열이 1cal/g·℃인 물 100g/s을 20℃에서 40℃로 이중 열교환기를 통하여 가열하고자 한다. 사용되는 유체는 비열이 10cal/g·℃이며 속도는 10g/s, 들어갈 때의 온도는 80℃이고, 나올때의 온도는 60℃이다. 유체의 흐름이 병류라고 할 때 열교환기의 총괄 열전도계수는 약 몇 cal/m²·S·℃인가? (단, 이 열교환기의 전열면적은 10m²이다.)

① 5.5 ② 10.1
③ 50.0 ④ 100.5

해설

$Q = UA \cdot \Delta T_m = m \cdot C_p \cdot \Delta T$ (열교환기의 열수지식에 의해)

㉠ $Q = U \cdot 10 \cdot 36.4$
$\left(\Delta T_m = \frac{60 - 20}{\ln 3} = 36.4℃\right)$

㉡ 물이 얻은 열량(Q)
$Q = 100\text{g/s} \cdot 1\text{cal/g} \cdot ℃ \cdot 20℃ = 2,000 cal/s$

㉢ ∴ $U = \frac{2,000\text{cal/s}}{100\text{m}^2 \cdot 36.4℃} ≒ 5.5\text{cal/m}^2 \cdot S \cdot ℃$

52 1mol당 0.1mol의 증기가 있는 습윤공기의 절대습도는?

① 0.069 ② 0.1
③ 0.191 ④ 0.2

해설

$H_c = \frac{0.1\text{mol} \times 18\text{g/mol}}{0.9\text{mol} \times 28.84\text{g/mol}} = 0.069$

정답 47 ② 48 ④ 49 ③ 50 ② 51 ① 52 ①

53 그림은 증류조작에 있어서 q 선에 미치는 급송물의 조건을 나타낸 평형도이다. 그림 중에서 급송물(feed)이 비점에 있을 때의 q 선은?

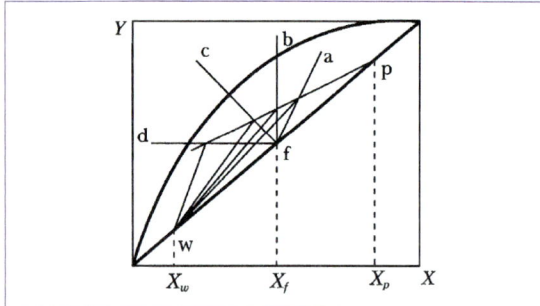

① f-a   ② f-b
③ f-c   ④ f-d

해설

급송물이 비점에 있으면 $q=1$

원료공급선 $y = \dfrac{-q}{1-q}x + \dfrac{x_F}{1-q}$ 이므로 기울기는 ∞ 이다. 그러므로 f-b선이다.

54 모세관 현상이 지배적인 다공성 고체를 건조할 때 건조속도의 특성을 나타낸 그림은?

① 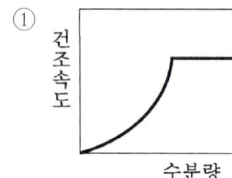   ②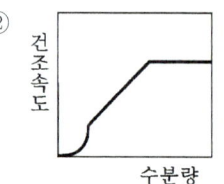

③ 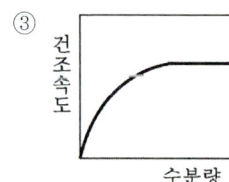   ④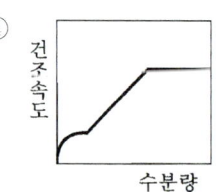

해설

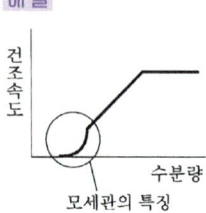

55 다음 그림과 같이 데이터가 증류탑에 대해 주어졌을 때 유출물에 대한 환류비 $\left[reflux\, ratio \left(\dfrac{R}{D}\right)\right]$는 약 얼마인가? (단, 탑정의 흐름, 유출물, 환류액의 조성은 같다.)

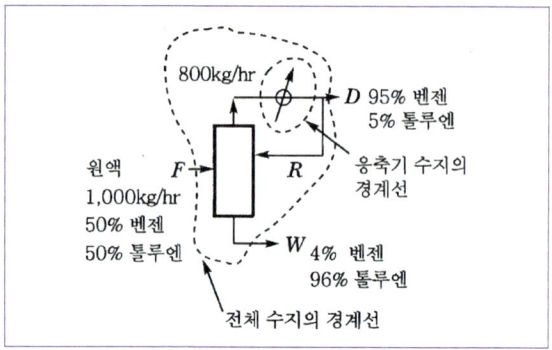

① 0.583   ② 0.779
③ 0.856   ④ 0.978

해설

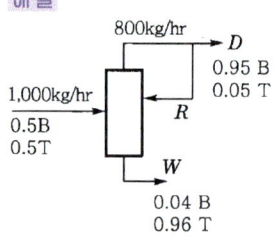

$1,000 = D + W$

$500 = 0.95D + 0.04W$

⇩

$\begin{array}{l} 500 = 0.95D + 0.04W \\ 40 = 0.04D + 0.04W \end{array}$
$-$ ─────────────
$460 = 0.91D \rightarrow D = 505.49\text{kg}$

$R = 800 - 505.49 = 294.51\text{kg}$

환류비 : $\dfrac{R}{D} = \dfrac{294.51}{505.49} = 0.583$

56 결정화시키는 방법이 아닌 것은?

① 압력을 높이는 방법
② 온도를 낮추는 방법
③ 염을 첨가시키는 방법
④ 용매를 제거시키는 방법

해설

① 압력을 낮추는 방법

정답 53 ② 54 ② 55 ① 56 ①

57 그림과 같이 50wt%의 추질을 함유한 추료(F)에 추제(S)를 가하여 교반 후 정치하였더니 추출상(E)과 추잔상(R)으로 나뉘어졌다. 다음 중 틀린 것은?

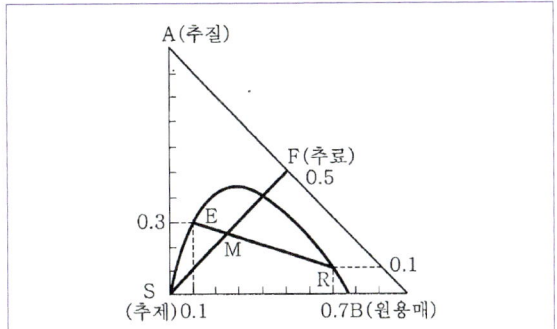

① E의 질량은 $\dfrac{(F+S)\overline{MR}}{\overline{ER}}$

② 추출률은 $\dfrac{(F+S)\overline{MR}\times 0.3}{\overline{ER}\times 0.5F}$

③ 배분계수는 3이다.

④ 선택도는 2.1이다.

해설

$x_E = \dfrac{\overline{MR}}{\overline{ER}}$ 이므로

$m_E = (F+S)x_E = \dfrac{(F+S)\overline{MR}}{\overline{ER}}$

(추출율) $= \dfrac{m_{total}x_E x_A}{Fx_F} = \dfrac{(F+S)\overline{MR}\times 0.3}{\overline{ER}\times 0.5F}$

분배계수 $k_A = y_A/x_A = 0.3/0.1 = 3$

선택도 $\beta = k_A/k_B = \dfrac{y_A/x_A}{y_B/x_B} = \dfrac{0.3/0.1}{0.3/0.7} = 21$

58 표준 대기압에서 압력게이지로 20psi를 얻었다. 절대압은 얼마인가?

① 14.7psi ② 34.7psi
③ 55.7psi ④ 65.7psi

해설

표준 대기압 : 1atm → 14.7psi
절대압 = 대기압 + 게이지압 = 14.7 + 20 = 34.7psi

59 [그림]은 충전흡수탑에서 기체가 유량변화에 따른 압력강하를 나타낸 것이다. 부하점(Loading point)에 해당하는 곳은?

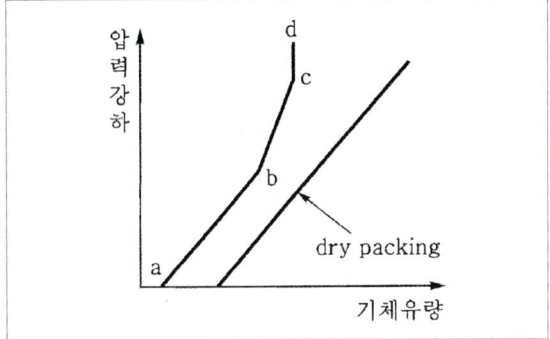

① a ② b
③ c ④ d

해설

b는 부하점, c는 범람점이다.
- 부하점(Loading point) : 충전 물 사이를 액체가 내려가고 기체가 올라갈 때, 충전 탑에는 압력 손실이 발생하는데, 이대 기체속도를 점점 빠르게 하면 압력손실이 이와 비례하게 증가하여 탑 내의 정체량이 증가하는데, 이때의 속도를 부하속도라고 하고, 이 지점을 부하점이라고 한다.
- 범람점(Flooding point) : 기체의 속도가 아주 커서 액체가 흐르지 않고 넘치는 지점. 설계의 기준이 되며 이 지점 이상에서는 향류 조작이 불가능하다.

60 Van der Waals 상태방정식에 관한 설명 중 틀린 것은?

① 고압으로 갈수록 실제기체에 잘 맞는다.
② 분자간 인력에 대해 보정한 항이 있다.
③ 분자 자체 부피에 대해 보정한 항이 있다.
④ 보정상수 a의 단위는 $Pa \cdot m^6 \cdot kmol^{-2}$이다.

해설

고압으로 갈수록 이상기체에 잘 맞는다.

정답 57 ④ 58 ② 59 ② 60 ①

제4과목 화공계측제어

61 다음 공정에 PI 제어기($K_c = 0.5$, $\tau_i = 2$)가 연결되어 있을 때 설정값에 대한 출력의 열린 루프(open-loop) 전달함수는? (단, 나머지 요소의 전달함수는 1이다.)

$$G_p(s) = \frac{2}{3s+1}$$

① $\dfrac{Y(s)}{Y_{sp}(s)} = \dfrac{1}{3s+1}$ ② $\dfrac{Y(s)}{Y_{sp}(s)} = \dfrac{2}{3s+1}$

③ $\dfrac{Y(s)}{Y_{sp}(s)} = \dfrac{s+1}{6s^2+2s}$ ④ $\dfrac{Y(s)}{Y_{sp}(s)} = \dfrac{2s+1}{6s^2+2s}$

해설

$G_c = K_c\left(1 + \dfrac{1}{\tau_1 s}\right) = \dfrac{1}{2}\left(1 + \dfrac{1}{2s}\right)$

$G(s) = G_S \cdot G_C = \dfrac{2}{3s+1} = \dfrac{1}{2}\left(1 + \dfrac{1}{2s}\right) = \dfrac{2s+1}{6s^2+2s}$

62 어떤 반응기에 원료가 정상상태에서 100L/min의 유속으로 공급될 때 제어밸브의 최대유량을 정상상태 유량의 4배로 하고 1/P 변환기를 설정하였다면 정상상태에서 변환기에 공급된 표준 전류신호는 몇 mA인가? (단, 제어밸브는 선형 특성을 가진다.)

① 4 ② 8
③ 12 ④ 16

해설

최대유량이 400L/min이고, 표준 전류신호는 4-20mA이므로 20mA일 때 400L/min, 4mA일 때 0L/min.
정상상태에서 100L/min이므로 표준 전류신호는
$4 + \dfrac{100}{400-0} \times 16 = 8\text{mA}$

63 제어계의 피제어 변수의 목표치를 나타내는 말은?

① 부하(load) ② 골(goal)
③ 설정치(set point) ④ 오차(error)

해설

설정치의 설명이다.

64 다음 미분방정식 해의 라플라스 함수는?

$$\frac{d^2x}{dt^2} + 4\frac{dx}{dt} - 5x = 10$$
$$\frac{dx(0)}{dt} = x(0) = 0$$

① $\dfrac{10}{(s^2+4s-5)}$ ② $\dfrac{10}{s(s^2+4s-5)}$

③ $\dfrac{1}{(s^2+4s-5)}$ ④ $\dfrac{10}{1/s^2 + 4/s - 5}$

해설

양변 Laplace 취하면

$\mathcal{L}\left(\dfrac{d^2x}{dt^2} + 4\dfrac{dx}{dt} - 5x\right) = \mathcal{L}(10)$

$\mathcal{L}\left(\dfrac{d^2x}{dt^2}\right) 4\mathcal{L}\left(\dfrac{dx}{dt}\right) - 5\mathcal{L}(x) = \dfrac{10}{s}$

$s^2\mathcal{L}(x) + 4s\mathcal{L}(x) - 5\mathcal{L}(x) = (s^2 - 4s - 5)\mathcal{L}(x) = \dfrac{10}{s}$

$\therefore \mathcal{L}(x) = \dfrac{10}{s(s^2+4s-5)}$

65 어떤 1차계의 함수가 $6\dfrac{dY}{dt} = 2X - 3Y$일 때 이 계의 전달함수의 시정수(times constant)는?

① $\dfrac{2}{3}$ ② 3
③ $\dfrac{1}{2}$ ④ 2

해설

$\mathcal{L}\left(6\dfrac{dY}{dt}\right) = 2\mathcal{L}(X) - 3\mathcal{L}(Y)$

(양변 Laplace 취하면)
→ $6SY(s) = 2X(s) - 3Y(s)$
→ $Y(s)(6s+3) = 2X(s)$

$\therefore G(s) = \dfrac{Y(s)}{X(s)} = \dfrac{2}{6s+3} = \dfrac{\frac{2}{3}}{2s+1}$

$\therefore K = \dfrac{2}{3}$
$\tau = 2$

정답 61 ④ 62 ② 63 ③ 64 ② 65 ④

66 비례제어계에서 설정값(setpoint)의 변화에 대한 측정값 변화의 총괄전달함수가 $\dfrac{e^{-0.5s}}{s+1+2e^{-0.5s}}$ 로 주어질 때 단위계단함수로 주어진 설정값 변화에 대한 잔류편차는?

① 1/3 ② 2/3
③ 1/2 ④ 0

해설
잔류편차 $= 1 - (s$가 0으로 갈 때 총괄전달함수$)$
$= 1 - \dfrac{1}{1+2} = \dfrac{2}{3}$

67 $y(s) = \dfrac{1}{s(s+1)^2}$ 일 때에 $y(t)$, $t \geq 0$값은?

① $1 + e^{-t} - e^t$ ② $1 + e^{-t} + e^t$
③ $1 - e^{-t} - te^{-t}$ ④ $1 - e^{-t} + te^{-t}$

해설
$\dfrac{1}{s(s+1)^2} = \dfrac{1}{s} - \dfrac{1}{s+1} - \dfrac{1}{(s+1)^2} \xrightarrow{\mathcal{L}^{-1}} 1 - e^{-t} - te^{-t}$

68 $\dfrac{5e^{-2s}}{10s+1}$ 를 근사화했을 때의 근사적 전달함수로 가장 거리가 먼 것은?

① $\dfrac{5(-2s+1)}{10s+1}$ ② $\dfrac{5}{(10s+1)(2s+1)}$
③ $\dfrac{5(-s+1)}{(10s+1)(s+1)}$ ④ $\dfrac{5(-2s+1)}{(10s+1)(2s+1)}$

해설
e^{-2s}의 근사 방법
i) 1차 Pade 근사
$e^{-2s} = \dfrac{1-\dfrac{2s}{2}}{1+\dfrac{2s}{2}} = \dfrac{1-s}{1+s}$

ii) Taylor 1차 전개
$e^{-2s} \simeq 1 - 2s$

iii) 역수를 취하여 Taylor 1차 전개
$e^{-2s} = \dfrac{1}{e^{2s}} \simeq \dfrac{1}{1+2s}$

69 그림과 같은 블록 다이어그램으로 표시되는 제어계에서 R과 C간의 관계를 하나의 블록으로 나타낸 것은? (단, $G_a = \dfrac{G_{C2}G_1}{1+G_{C2}G_1H_2}$ 이다.)

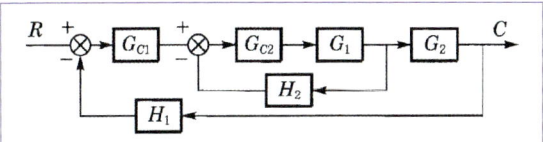

① $R \to \boxed{\dfrac{G_{C2}G_1G_2}{1+G_{C1}G_aG_2H_1}} \to C$

② $R \to \boxed{\dfrac{G_{C1}G_aG_2}{1+G_{C1}G_aG_2H_1}} \to C$

③ $R \to \boxed{\dfrac{G_{C1}G_aG_2}{1+G_{C1}G_{C2}G_1G_2H_1}} \to C$

④ $R \to \boxed{\dfrac{G_aG_2}{1+G_{C1}G_{C2}G_1G_2H_1}} \to C$

해설

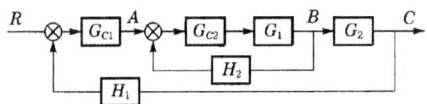

이라 두면
$B/A = \dfrac{G_1G_{C2}}{1+G_1G_{C2}H_2} = X \Rightarrow C/R = \dfrac{G_{C1} \times G_2}{1+G_{C1}G_2 \times H_1}$

70 공정의 전달함수가 $G_{(s)} = \dfrac{(-10s+2)}{(s^2+s+1)}$ 일 때 1인 계단입력을 입력했다면, 공정출력에 대한 설명으로 옳은 것은?

① 초기부터 공정출력이 점점 증가하여 진동하면서 발산한다.
② 초기에 공정출력이 감소하다가 다시 증가하여 발산한다.
③ 초기에 공정출력이 감소하다가 다시 증가하고, 2로 진동하면서 수렴한다.
④ 초기부터 공정출력이 점점 증가하여 1로 진동하면서 수렴한다.

해설
$\lim_{t \to \infty} Y_{(t)} = \lim_{s \to 0} sY_{(s)} = \lim_{s \to 0} \dfrac{-10s+2}{s^2+s+1} = 2$

정답 66 ② 67 ③ 68 ④ 69 ② 70 ③

71 다음 중 0이 아닌 잔류편차(offset)를 발생시키는 제어방식이며 최종값 도달시간을 가장 단축시킬 수 있는 것은?

① P형 ② PI형
③ PD형 ④ PID형

해설
PD형의 설명이다.

72 PID 제어기를 이용한 설정치 변화에 대한 제어의 설명 중 옳지 않은 것은?

① 일반적으로 비례이득을 증가시키고 적분시간의 역수를 증가시키면 응답이 빨라진다.
② P 제어기를 이용하면 모든 공정에 대해 항상 정상상태 잔류오차(steady-state offset)가 생긴다.
③ 시간지연이 없는 1차 공정에 대해서는 비례이득을 매우 크게 증가시켜도 안정성에 문제가 없다.
④ 일반적으로 잡음이 없는 경우 D 모드를 적절히 이용하면 응답이 빨라지고 안정성이 개선된다.

해설
P 제어기를 이용할 경우 공정 자체에 적분기능이 있을 경우 잔류오차가 생기지 않는다.

73 어떤 공정의 전달함수가 $G(s)$이다. $G(0i) = 5$이고 $G(2i) = -2$였다. 공정의 공정이득(k), 임계이득(k_{cu})과 임계주기(P_u)는 무엇인가?

① $k = 5.0, k_{cu} = 0.5, P_u = \pi$
② $k = 0.2, k_{cu} = 0.5, P_u = 2$
③ $k = 5.0, k_{cu} = 2.0, P_u = \pi$
④ $k = 0.2, k_{cu} = 2.0, P_u = 2$

해설
공정이득 : $k = G(0) = 5$
$w = 2$일 때 실수부가 음수이므로 $\omega - 2$에서 위상 각이 -180°이다.
그러므로 $P_u = \dfrac{2\pi}{\omega} = \pi$
임계이득 : 위상 각이 -180°이고 진폭비가 1일 때 이득 :
$k_{cu} \times 2 = 1$이므로 $k_{cu} = 0.5$

74 다음 두 블록선도가 등가인 경우 A요소의 전달함수를 구하면?

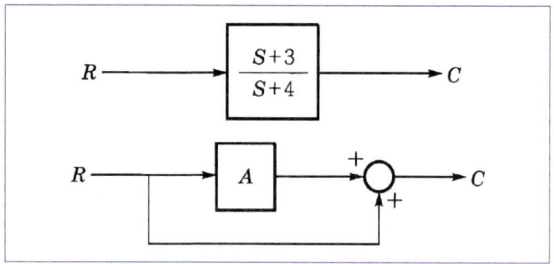

① $-1/(S+4)$ ② $-2/(S+4)$
③ $-3/(S+4)$ ④ $-4/(S+4)$

해설
$C/R = \dfrac{S+3}{S+4} = A + 1 \rightarrow A = -\dfrac{1}{S+4}$

75 다음 그림과 같은 계에서 전달함수 $\dfrac{B}{U_2}$는?

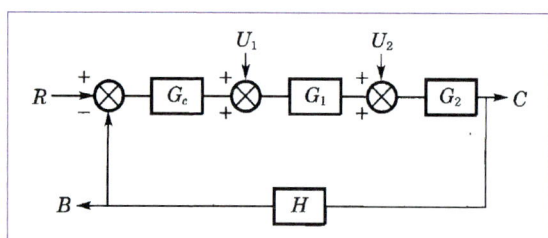

① $\dfrac{B}{U_2} = \dfrac{G_C G_1}{1 + G_C G_1 G_2 H}$

② $\dfrac{B}{U_2} = \dfrac{G_1 G_2}{1 + G_C G_1 G_2 H}$

③ $\dfrac{B}{U_2} = \dfrac{H G_2}{1 + G_C G_1 G_2 H}$

④ $\dfrac{B}{U_2} = \dfrac{G_C G_1 G_2 H}{1 + G_C G_1 G_2 H}$

해설
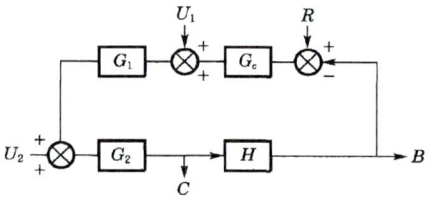

정답 71 ③ 72 ② 73 ① 74 ① 75 ③

76 어떤 2차계의 특성방정식의 두 근이 다음과 같다고 할 때 안정한 공정은?

① $1+3i, 1-3i$
② $-1, 2$
③ $2, 4$
④ $-1+2i, -1-2i$

해설

계가 안정하기 위해서는 특성방정식의 두 근의 실수부가 모두 음수여야 한다.

77 조작변수와 제어변수와의 전달함수가 $\dfrac{2e^{-3s}}{5s+1}$, 외란과 제어변수와의 전달함수가 $\dfrac{-4e^{-4s}}{10s+1}$로 표현되는 공정에 대하여 가장 완벽한 외란 보상을 위한 피드포워드 제어기 형태는?

① $\dfrac{-8}{(10s+1)(5s+1)}e^{-7s}$
② $\dfrac{(10s+1)}{2(5s+1)}e^{-\frac{3}{4}s}$
③ $\dfrac{-2(5s+1)}{(10s+1)}e^{-s}$
④ $\dfrac{2(5s+1)}{(10s+1)}e^{-s}$

해설

조작변수 = R, 제어변수 = C, 외란 = L
피드포워드 제어기를 설계하기 위해(G_f)
$G_P = \dfrac{C}{R} = \dfrac{2e^{-3s}}{5s+1}$ 이고, $G_L = \dfrac{C}{L} = \dfrac{-4e^{-4s}}{10s+1}$
완벽한 외란 보상 : L의 변화에도 C에 영향 없음
$G_f = -\dfrac{G_L}{G_P}$ 이므로
$\therefore G_f = \dfrac{2(5+1)e^{-s}}{10s+1}$

78 다음 중 제어밸브를 나타낸 것은?

① ─▷◁─
② (상자 기호)
③ FN (상자 기호)
④ ─▷▽◁─

해설

① Gate Valve   ④ Control Valve
─▷◁─   ─▷▽◁─

79 제어 결과로 항상 cycling이 나타나는 제어기는 어느 것인가?

① 비례 제어기
② 비례-미분 제어기
③ 비례-적분 제어기
④ on-off 제어기

해설

on-off 제어기는 제어결과 라디오를 끄면 약간 흔들리는 현상과 같은 사이클링 현상을 항상 일으킨다.

80 특성방정식이 $1 + \dfrac{G_c}{(2s+1)(5s+1)} = 0$과 같이 주어지는 시스템에서 제어기 G_c로 비례제어기를 이용할 경우 진동응답이 예상되는 경우는? (단, K_c는 비례이득이다.)

① $K_c = 0$
② $K_c = 1$
③ $K_c = -1$
④ K_c에 관계없이 진동이 발생된다.

해설

G_c로 비례제어기를 이용할 경우 진동응답이 예상되는 경우 : $k_c = 1$

정답 76 ④ 77 ④ 78 ④ 79 ④ 80 ②

저자약력

저자_ **김재호**

- 경남정보대학 외래교수
- 한국폴리텍Ⅰ대학 겸임교수

2026 최신판
화공기사 기출문제집 필기

초판 1쇄 인쇄	2025년 08월 15일
초판 1쇄 발행	2025년 08월 20일
저자	김재호
발행처	도서출판 북엠(Book Maker)
주소	서울특별시 영등포구 경인로82길 3-4
전화	070-7008-4060
교재문의	bookmaker20@naver.com
ISBN	979-11-92584-12-6 13430

정가 30,000원

이 책의 무단 전재 또는 복제 행위는 저작권법 제136조 제1항에 의해 5년 이하의 징역 또는 5,000만원 이하의 벌금에 처하거나 이를 병과할 수 있습니다.

파본은 교환해 드립니다.